全国高等职业教育康复治疗技术专业“十三五”规划教材

正常人体结构

（供康复治疗技术专业使用）

主　编　马永臻　孟繁伟

副主编　程　云　宋海岩　庄　园　张　波

编　者（以姓氏笔画为序）

于清梅（山东医学高等专科学校）

马永臻（山东医学高等专科学校）

王文倩（金华职业技术学院）

庄　园（山东医学高等专科学校）

许　骏（安徽医学高等专科学校）

宋海岩（新乡医学院）

张　波（泰山护理职业学院）

张敏平（泰山护理职业学院）

孟繁伟（山东中医药专科学校）

赵　宏（益阳医学高等专科学校）

高　刚（临沂市妇女儿童医院）

程　云（包头医学院）

魏云艳（枣庄职业学院）

魏永鸽（郑州铁路职业技术学院）

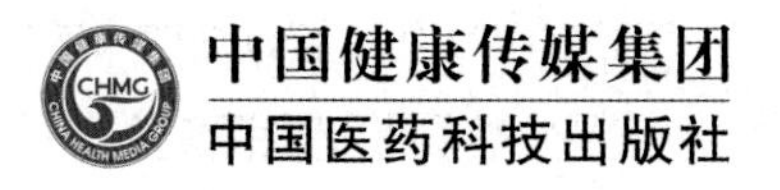

中国健康传媒集团

中国医药科技出版社

内容提要

本教材是“全国高职高专康复医学技术专业‘十三五’规划教材”之一，根据康复医学技术专业教学大纲的基本要求和课程特点编写而成，内容上涵盖人体解剖学、组织学和胚胎学等内容。本教材具有以下特点：①内容体现康复治疗技术专业岗位需求，增加了运动系统、神经系统的内容，适当删减了内脏学、胚胎学内容。②强化理实一体教学，注重理论知识与岗位需求相结合，适当引入临床案例，强化学生临床思维和操作能力培养。③为书网融合教材，即纸质教材有机融合电子教材、教学配套资源（PPT、微课视频等）、题库系统、数字化教学服务（在线教学、在线作业、在线考试），使教学内容更加多样化、立体化、生动化，便教易学。

本教材可供康复治疗技术专业教师和学生使用，也可以作为康复治疗技师职业资格考试的参考用书。

图书在版编目（CIP）数据

正常人体结构 / 马永臻，孟繁伟主编. —北京：中国医药科技出版社，2019.12
全国高等职业教育康复治疗技术专业“十三五”规划教材
ISBN 978-7-5214-1454-7

Ⅰ. ①正…　Ⅱ. ①马…　②孟…　Ⅲ. ①人体结构–高等职业教育–教材　Ⅳ. ①Q983

中国版本图书馆 CIP 数据核字（2019）第 266897 号

美术编辑　陈君杞
版式设计　易维鑫

出版　**中国健康传媒集团**丨中国医药科技出版社
地址　北京市海淀区文慧园北路甲 22 号
邮编　100082
电话　发行：010-62227427　邮购：010-62236938
网址　www.cmstp.com
规格　889×1194mm　1/16
印张　25 1/2
字数　567 千字
版次　2019 年 12 月第 1 版
印次　2019 年 12 月第 1 次印刷
印刷　三河市万龙印装有限公司
经销　全国各地新华书店
书号　ISBN 978-7-5214-1454-7
定价　99.00 元

获取新书信息、投稿、为图书纠错，请扫码联系我们。

数字化教材编委会

主　编　庄　园　马永臻

副主编　于清梅　程　云　张敏平

编　者　（以姓氏笔画为序）

于清梅（山东医学高等专科学校）

马永臻（山东医学高等专科学校）

王文倩（金华职业技术学院）

庄　园（山东医学高等专科学校）

许　骏（安徽医学高等专科学校）

宋海岩（新乡医学院）

张　波（泰山护理职业学院）

张敏平（泰山护理职业学院）

孟繁伟（山东中医药专科学校）

赵　宏（益阳医学高等专科学校）

高　刚（临沂市妇女儿童医院）

程　云（包头医学院）

魏云艳（枣庄职业学院）

魏永鸽（郑州铁路职业技术学院）

全国高等职业教育康复治疗技术专业“十三五”规划教材

出版说明

为深入贯彻《现代职业教育体系建设规划（2014－2020年）》以及《医药卫生中长期人才发展规划（2011－2020 年）》文件的精神，满足高职高专康复治疗技术专业培养目标和其主要职业能力的要求，不断提升人才培养水平和教育教学质量，在教育部、国家卫生健康委员会及国家药品监督管理局的领导和指导下，在全国卫生职业教育教学指导委员会康复治疗技术专业委员会有关专家的大力支持和组织下，在本套教材建设指导委员会主任委员江苏医药职业学院陈国忠教授等专家的指导和顶层设计下，中国医药科技出版社有限公司组织全国 80 余所高职高专院校及其附属医疗机构近 150 名专家、教师历时 1 年精心编撰了“全国高等职业教育康复治疗技术专业‘十三五’规划教材”，该套教材即将付梓出版。

本套教材包括高等职业教育康复治疗技术专业理论课程主干教材共计 13 门，主要供全国高等职业教育康复治疗技术专业教学使用。

本套教材定位清晰、特色鲜明，主要体现在以下方面。

一、紧扣培养目标，满足职业标准和岗位要求

本套教材的编写，始终坚持“去学科、从目标”的指导思想，淡化学科意识，遵从高等职业教育康复治疗技术专业培养目标要求，对接职业标准和岗位要求，培养能胜任基层医疗与康复机构的康复治疗或相关岗位，具备康复治疗基本理论、基本知识，掌握康复评定和康复治疗的基本技术及其应用能力，以及人际沟通、团队合作和利用社会康复资源能力的高端技能型康复治疗技术专门人才，教材内容从理论知识的深度、广度和技术操作、技能训练等方面充分体现了上述要求，特色鲜明。

二、体现专业特色，整体优化，紧跟学科发展步伐

本套教材的编写特色体现在专业思想、专业知识、专业工作方法和技能上。同时，基础课、专业基础课教材的内容与专业课教材内容对接，专业课教材内容与岗位对接，教材内容着重强调符合基层岗位需求。教材内容真正体现康复治疗工作实际，紧跟学科和临床发展步伐，具有科学性和先进性。强调全套教材内容的整体优化，并注重不同教材内容的联系与衔接，避免了遗漏和不必要的交叉重复。

三、对接考纲，满足康复（士）资格考试要求

本套教材中，涉及康复医学治疗技术初级（士）资格考试相关课程教材的内容紧密对接《康复医学治疗技术初级（士）资格考试大纲》，并在教材中插入康复医学治疗技术初级（士）资格考试“考点提示”，有助于学生复习考试，提升考试通过率。

四、书网融合，使教与学更便捷更轻松

全套教材为书网融合教材，即纸质教材与数字教材、配套教学资源、题库系统、数字化教学服务有机融合。通过“一书一码”的强关联，为读者提供全免费增值服务。按教材封底的提示激活教材后，读者可通过 PC、手机阅读电子教材和配套课程资源（PPT、微课、视频等），并可在线进行同步练习，实时反馈答案和解析。同时，读者也可以直接扫描书中二维码，阅读与教材内容关联的课程资源，从而丰富学习体验，使学习更便捷。教师可通过 PC 在线创建课程，与学生互动，开展在线课程内容定制、布置和批改作业、在线组织考试、讨论与答疑等教学活动，学生通过 PC、手机均可实现在线作业、在线考试，提升学习效率，使教与学更轻松。此外，平台尚有数据分析、教学诊断等功能，可为教学研究与管理提供技术和数据支撑。

编写出版本套高质量教材，得到了全国知名专家的精心指导和各有关院校领导与编者的大力支持，在此一并表示衷心感谢。出版发行本套教材，希望受到广大师生欢迎，并在教学中积极使用本套教材和提出宝贵意见，以便修订完善，共同打造精品教材，为促进我国高等职业教育康复治疗技术专业教育教学改革和人才培养做出积极贡献。

中国医药科技出版社

2019 年 11 月

全国高等职业教育康复治疗技术专业“十三五”规划教材

建设指导委员会

前　言

Foreword

正常人体结构是高等职业教育康复治疗技术专业必修的专业基础课程，是基于康复治疗岗位高素质技术技能型人才培养的目标要求，有机整合人体解剖学、组织学和胚胎学，将正常人体形态、结构及其发生、发展规律等基础理论知识与专业课程紧密结合，在知识和能力培养方面更加适合岗位需求。本教材编写坚持“三基、五性、三特定”原则，内容简明扼要，理论联系实际，凸显实用性。

本教材内容除绪论外共 8 篇 27 章，在内容结构上，除正文外，还增设了“学习目标”“知识链接/知识拓展”“案例讨论”“本章小结”和“习题”五个模块，从而达到教学目标明确具体、重点难点突出明显、助教助学清晰到位、岗位结合适宜生动。全书图文并茂，插图形式多样，包括人体解剖标本图、组织切片图、模式图、示意图等，有利于理解和记忆。

本教材为书网融合教材，即纸质教材有机融合电子教材、教学配套资源（PPT、微课视频等）、题库系统、数字化教学服务（在线教学、在线作业、在线考试），使教学内容更加多样化、立体化、生动化，便教易学。

本教材由来自全国高等医学院校教学一线的 14 位教师精心编写，是集体智慧的结晶。编写分工如下：绪论（马永臻），第一篇细胞与基本组织（庄园、高刚），第二篇运动系统（孟繁伟、于清梅、高刚），第三篇内脏学（王文倩、赵宏、程云、魏永鸽、庄园、许骏），第四篇脉管系统（魏云艳、于清梅、程云）、第五篇感觉器（赵宏、宋海岩、程云），第六篇内分泌系统（马永臻），第七篇神经系统（张敏平、张波、宋海岩），第八篇人体胚胎学概要（马永臻）。

本教材主要供全国高职高专康复治疗技术专业教师和学生使用，也可作为基层医务工作者、青年教师及康复治疗技师职业资格考试参考用书。

在本教材编写过程中，得到了全国高等医药教材建设指导委员会、教材评审委员会专家的悉心指导，并得到各编者所在学校的大力支持，在此一并表示衷心感谢！虽然全体编者尽心尽力，力求精益求精，但由于时间仓促，加之编者水平有限，疏漏和不足之处在所难免，恳请使用本教材的师生和读者不吝赐教，以便再版时修正，使教材内容日臻完善。

编　者

2019 年 6 月

目　录

Contents

第二篇　运动系统

第三篇 内 脏 学

第四篇 脉管系统

第五篇 感觉器

第六篇 内分泌系统

第七篇 神经系统

第八篇　人体胚胎学概要

绪　论

一、正常人体结构的研究内容

正常人体结构是研究正常人体的发生发育、形态结构及其功能的科学，是由人体解剖学、组织学和胚胎学组合而成的一门医学基础课程，是康复医学技术专业重要的专业基础课程。其主要任务是探讨和阐明人体各器官与组织的形态特征、位置毗邻、发生发育规律及其功能意义。只有正确认识人体各器官与组织的形态结构，才能区分正常与异常，也才能充分理解人体各器官和系统的生理功能、病理发展过程以及疾病的康复治疗。

人体解剖学（human anatomy）主要是用手术器械解剖及肉眼观察的方法研究人体的形态、结构的科学，又称大体解剖学。按照人体各功能系统（如运动系统、消化系统）描述人体器官形态结构的科学称为系统解剖学；以人体某一局部（如胸部、腹部）为中心，描述各器官的分布、位置关系的科学称为局部解剖学。随着医学技术的发展，解剖学又形成了断层解剖学、临床解剖学、机能解剖学及运动解剖学等分支学科。

组织学（histology）包括细胞学、基本组织和器官组织学，是借助显微镜研究人体微细结构、超微结构或分子水平结构及相关功能关系的科学。组织学的发展以解剖学进展为前提，以细胞学的发展为基础，又与胚胎学的发展密不可分。组织学与生物化学、免疫学、病理学、生殖医学及优生学等相关学科交叉渗透。由于电子显微镜、组织化学和放射自显影技术等的应用，人体微细结构的研究已经发展到亚细胞和分子水平。

胚胎学（embryology）是研究人体胚胎发生、发育机制及规律的科学，包括生殖细胞发生、受精、胚胎早期发生、各器官系统的发育、胚体与母体的关系以及先天畸形等内容。现代胚胎学具有广泛的临床应用价值，辅助生殖技术是在胚胎学的基础上发展起来的，试管婴儿技术就是通过体外受精、早期胚胎体外培养、胚胎移植等技术获得新个体的。

正常人体结构是医学生走进医学大门的“敲门砖”，也是必备的医学基础知识。只有正确理解和掌握人体各器官系统的正常形态结构特征、位置、毗邻与生长发育规律，才能进一步认识和掌握生命活动的过程、疾病发生发展的规律，采取有效措施防病、治病及康复保健，增进健康。

二、人体器官与系统的构成

人体最基本的结构和功能单位是细胞（cell）。细胞数量众多，形态多样，基本结构有细胞膜、细胞质和细胞核。每种细胞具有各自的结构特征、代谢特点与生理功能。许多形态相似、功能相近的细胞，通过细胞间质结合在一起所形成的结构，称组织（tissue），人体共有上皮组织、结缔组织、肌组织和神经组织四种基本组织。两种或两种以上的组织有机地结合在一起，构成器官（organ），如胃、肺、肾、心等，每个器官具有一定的形态，能完成特定的生理功能。共同参与完成某种生理功能的器官，互相联系并有序地排列，构成系统（system），人体有运动、消化、呼吸、泌尿、生殖、脉管、神经、内分泌以及感觉器官

等系统。人体的器官系统虽然各有其形态结构特征和特定的功能，但它们是互相联系和互相影响的，在神经和体液的调节下，共同构成统一的有机体。

三、正常人体结构的常用术语

为了正确描述人体器官的形态结构和位置关系，便于统一认识和交流，国际上制定了统一的解剖学姿势以及轴、面和方位术语。

（一）标准姿势

标准姿势又称解剖学姿势，是指人体直立，两眼向前平视，两足并立，足趾向前，上肢下垂于躯干两侧，手掌向前的姿势。解剖学姿势是用以说明人体各结构、器官之间位置关系的特定标准姿势，在描述人体器官时，不管所描述的标本、模型、局部或人体处于任何位置，都应以解剖学姿势为依据进行描述。

（二）常用方位术语

按解剖学姿势规定表示方位的名词，可以正确地描述各器官或结构的相互位置关系。

1. 上和下　是描述部位高低关系的名词，近颅者为上，近足者为下。如眼位于鼻之上，而口则位于鼻之下。

2. 前和后　近腹侧面者为前，也称腹侧；近背侧面者为后，也称背侧。

3. 内侧和外侧　描述各部位与人体正中面相对的位置关系时，近正中矢状面者称内侧，反之称外侧。如眼位于鼻的外侧、耳的内侧。在前臂和小腿，常将内侧分别称尺侧和胫侧；外侧分别称桡侧和腓侧。

4. 内和外　描述与体腔或空腔器官的相互位置关系时，近腔者为内，反之为外。要与内侧和外侧相区别。

5. 浅和深　描述器官或结构与体表的位置关系时，凡近体表者称浅，反之称深。

6. 近侧与远侧　在四肢，近躯体附着点为近侧，反之为远侧。

（三）轴和面

根据解剖学姿势，人体任何部位均可设置为 3 个互相垂直的轴和面（绪图－1）。

1. 轴　描述关节运动时的术语。①垂直轴：上下方向，与地面垂直且与人体长轴平行的轴，称垂直轴。②矢状轴：前后方向，与地面平行且与人体长轴垂直的轴，称矢状轴。③冠状轴：左右方向，与地面平行且垂直于矢状轴和垂直轴的轴，称冠状轴，又称额状轴。

2. 面　①矢状面：沿前后方向将人体分成左、右两部分的纵切面，称矢状面。其中，通过人体正中线的矢状面，称正中矢状面，它将人体分成对称的两半。②冠状面：从左右方向将人体分成前、后两部分的纵切面，称冠状面，又称额状面。③水平面：与地面平行且与矢状面和冠状面相互垂直的面，称水平面，又称横断面。在内脏器官，垂直其长轴的切面称横切面，平行于长轴

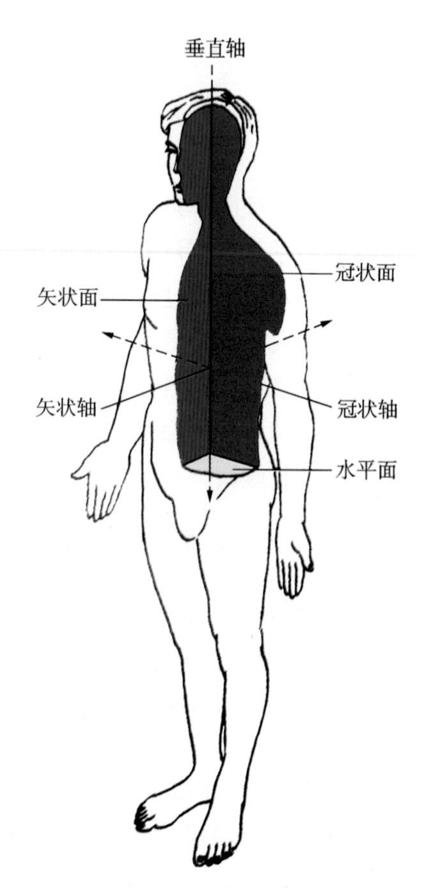

绪图－1　人体的轴和面

的切面统称纵切面。

四、正常人体结构常用的研究技术和方法

（一）光学显微镜技术

1. 普通光学显微镜技术　光学显微镜（简称光镜）是常用的细胞观测工具，一般光镜分辨率约为 0.2μm，可将物体放大 1500 倍。借助光镜能观察到的细胞组织的结构，称微细结构（或光镜结构）。在应用光镜技术时，需把组织制成薄片并染色，以便观察到组织结构。

（1）切片制作　最常用的薄片制作方法是石蜡切片法，其制备程序大致包括：①取材、固定。将新鲜材料切成小块，放入固定液让蛋白质等成分迅速凝固，以保持活体状态的结构；②脱水、透明、包埋。组织块经乙醇脱水、二甲苯透明后，包埋于石蜡中，使其有一定硬度，便于切片；③切片、染色和封固。将组织块切成 5～7μm 的薄片，脱蜡后染色，最后用树胶加盖片封固，便于标本长期保存。

除石蜡切片外，还有：①冰冻切片，常用于酶的研究和快速病理诊断；②涂片，用于液体标本制备；③铺片，用于柔软、薄层组织标本制备；④磨片，用于坚硬组织标本制备，如骨和牙。以上各种制片，经染色后均可在光镜下观察。

（2）染色　是使组织切片着色，便于镜下观察。含氨基、二甲氨基等碱性助色团的染料，称碱性染料，常用的碱性染料是苏木精（hematoxylin）。细胞、组织内的酸性物质或结构与碱性染料亲和力强，如细胞内颗粒和胞质内的酸性物质可被苏木精染成蓝紫色，称嗜碱性。含羧基、羟基等酸性助色团的染料，称酸性染料，常用的酸性染料是伊红（eosin）。细胞、组织内的碱性物质或结构与酸性染料亲和力强，如细胞质、基质及间质内的胶原纤维等可被伊红染成红色，称嗜酸性。若对酸性染料或碱性染料亲和力都不强，称中性。组织学上最常用的染色法是苏木精和伊红染色（简称 HE 染色）。

此外，有些组织结构经硝酸银处理（又称银染）后呈黑色，此现象称嗜银性。有些组织成分用甲苯胺蓝等碱性染料染色后不显蓝色而显紫红色，此现象称异染性。不同的染色方法可以显示不同的细胞或结构，便于镜下观察。

2. 特殊光学显微镜技术　因研究内容与观察对象不同，需借助特殊的显微镜观察，常用的有：①荧光显微镜，是设置了特殊光源、滤片系统的显微镜，观察标本内的自发荧光物质或经荧光素染色或标记的结构；②倒置相差显微镜，利用光的相位差原理观察培养的活细胞形态及生长情况；③激光共聚焦扫描显微镜，是高光敏度、高分辨率的新型生物学仪器，可以更准确地检测、识别细胞内的微细结构及其变化，也可以对细胞的受体移动、膜电位变化、酶活性及物质转运进行测定，并能用激光对细胞及染色体进行切割、分离、筛选和克隆；还可对采集的图像进行分析处理。

（二）电子显微镜技术

电子显微镜（简称电镜）是以电子发射器代替光源，以电子束代替光线，以电磁透镜代替光学透镜，最后将放大的物像投射到荧光屏上进行观察，分辨率比光镜高 1000 倍。在电镜下所见的结构，称超微结构（或电镜结构）。常用的电镜有透射电镜和扫描电镜，透射电镜用于观察细胞内部超微结构，扫描电镜用于观察组织、细胞和器官表面的立体结构。

（三）组织化学和细胞化学技术

组织化学和细胞化学技术运用物理、化学反应原理，研究细胞、组织内某种化学物质的分布和数量，从而探讨与其相关的功能活动。可概括分为以下三类。

1. 一般组织化学和细胞化学技术 在组织切片上加入特定试剂，使其与某种化学物质起反应，并在原位形成有色沉淀产物，通过该产物可对某种化学物质进行定位、定性及定量研究。

2. 荧光组织化学技术 用荧光色素染色标本后，以荧光显微镜观察。荧光显微镜光源的紫外线可激发标本内的荧光物质，使其呈现荧光图像，借以了解细胞、组织中的不同化学成分的分布部位。

3. 免疫细胞化学技术 是近年发展起来的新技术，其基本原理是利用抗原与抗体特异性结合的特点，检测细胞中某种抗原或抗体成分。该方法特异性强、敏感度高，已成为生物学及医学领域的重要研究手段。

除上述常用技术方法外，尚有放射自显影技术、显微分光度测量术、流式细胞术、形态计量术及组织培养技术等也应用于研究。

五、人体器官的变异、异常与畸形

根据中国人体质调查资料，通常把统计学上占优势的结构，称之为正常。有些人某些器官的形态、构造、位置、大小可能与正常形态不完全相同，但与正常值比较接近，相差并不显著，又不影响正常生理功能，称之为变异。若超出一般变异范围，统计学上出现率极低甚至影响正常生理功能者，则称为异常或畸形。

六、正常人体结构的学习方法

（一）结构与功能相联系的观点

人体的形态结构和功能是密切相关的。一定的形态结构决定细胞、组织和器官的功能，如骨骼肌细胞具有收缩的结构，因而以骨骼肌细胞为主组成的肌，与人体运动功能密切相关。功能的改变，也可影响形态结构的发展和变化，如加强体育锻炼，可使骨骼肌变粗、发达；长期卧床，可导致骨骼肌细弱、萎缩。由此可见，结构与功能相互联系、相互制约。

（二）局部和整体统一的观点

人体是许多器官和系统组成的有机体，任何器官或局部都是整体不可分割的一部分，每一个器官、系统的功能并非孤立的局部活动，而是整体功能的组成部分，相互之间存在着密切复杂的联系。因此，应从局部与整体统一的观点出发，以局部理解整体，由整体深入局部。

（三）进化发展与环境统一的观点

人类是由亿万年前的灵长类进化而来的，在形态结构上还保留着灵长类哺乳动物的结构特点，如身体两侧对称、体腔被分成胸腔和腹腔等。现代人类的形态结构，仍在不断地发展和变化，如人体的细胞、组织和器官一直处于新陈代谢、分化发育的动态之中，血细胞处于不断更新之中。人生活在自然和社会的大环境中，从外界环境中摄取物质，又将废物排出到环境中，在进行物质交换的同时，不可避免地受到自然规律和社会现象的影响。

（四）理论联系实际的学习方法

学习正常人体结构的目的是为了实际应用。在学习中要注重理论联系实际，通过观察大体标本、模型和组织切片，加深对理论知识的理解和记忆；本课程研究的是正常人体，

我们自己就是最好的教科书和图谱，把书本知识与自身结合起来，学习效果就会事半功倍。对生活或临床康复治疗中看得见、摸得着、用得上的解剖学知识要在自身活体上反复触摸，准确定位，对照比较，综合分析，牢牢把握。在获得教材知识的同时，还应广泛涉猎参考书，拓宽知识面；参与研究性学习，活跃自己的思维；努力参加社会实践，达到学以致用。

（马永臻）

第一篇

细胞与基本组织

第一章

细　　胞

学习目标

1. **掌握**　细胞的基本组成部分；细胞周期的分期。
2. **熟悉**　常见细胞器的功能；染色质与染色体的关系。
3. **了解**　细胞膜及细胞器的结构；细胞周期各期特点。
4. 学会在光学显微镜下识别不同类型的细胞。
5. 具有将细胞器的类型、数量与细胞的功能相联系的意识。

案例讨论

【案例】

患者，女性，32 岁，孕 18 周，唐氏综合征筛查高风险 1/200，医生建议做羊水穿刺取羊水细胞培养进行核型分析。

【讨论】

1. 正常人体染色体有多少条？
2. 唐氏综合征指的是哪条染色体异常？

细胞（cell）是人体结构和功能的基本单位。人体的细胞大小不一，形态多样，但都与其执行的功能和所处的环境相适应。例如具有收缩功能的肌细胞呈圆柱形或长梭形，接受刺激、传导兴奋的神经细胞则具有很多长短不一的突起。细胞的多样性是逐渐发育分化而形成的。最初它们均来自单一的受精卵，随着胚体不断发育，细胞数量增多，形态多样，且执行不同的功能，这种现象称为细胞分化。

扫码“学一学”

第一节　细胞的结构

尽管人体细胞的形态千差万别，但却具有共同的基本结构。在光学显微镜下可见，细胞均由细胞膜、细胞质和细胞核三部分组成（图 1–1）。在电子显微镜下，细胞结构可进一步分为膜性结构和非膜性结构。膜性结构包括细胞膜和以膜的分化为基础形成的细胞器，非膜性结构是指颗粒状结构或纤维状结构、细胞骨架、基质等。

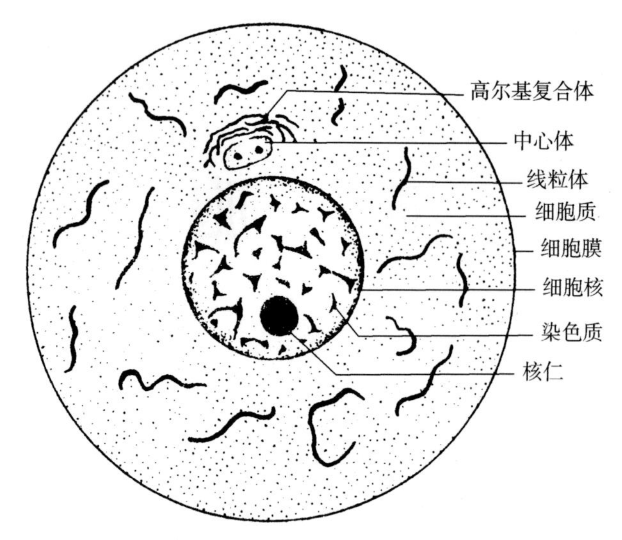

图 1–1　细胞的结构模式图

一、细胞膜

细胞膜是指细胞表面的薄膜，又称质膜，有保持细胞形态和保护细胞的作用。细胞膜在物质交换、接受刺激和传递信息等方面有重要作用。

1. 细胞膜的形态结构　细胞膜在光镜下不易辨认，电镜下可见颜色较深的内外两层和颜色较浅的中间层，呈现出“两暗夹一明”的图像特点，总厚度约 7.5nm，这三层构成单位膜（图 1–2）。细胞质内某些细胞器如内质网、高尔基复合体等的膜性结构，也是单位膜，故又统称为生物膜。

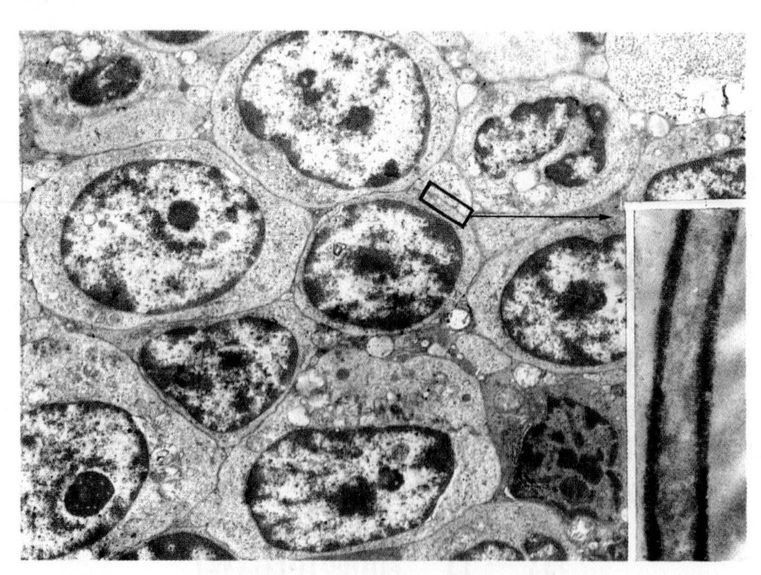

图 1–2　细胞膜电镜图

2. 细胞膜的分子结构　细胞膜主要由类脂、蛋白质和糖类组成，其中类脂和蛋白质为主要成分。目前比较公认的生物膜分子结构是液态镶嵌模型：类脂分子以磷脂为主，一端是头端，为亲水基团；另一端是尾端，为疏水基团。类脂形成双分子层结构，亲水基团朝向膜的内、外表面，而疏水基团朝向膜的中部，此结构为液态，有一定的流动性。在类脂双分子层上镶嵌着球状蛋白质，称为膜蛋白。有的膜蛋白嵌于类脂双分子层中，为“嵌入

蛋白”；有的附着于类脂双分子层的表面，为“附着蛋白”（图 1–3）。

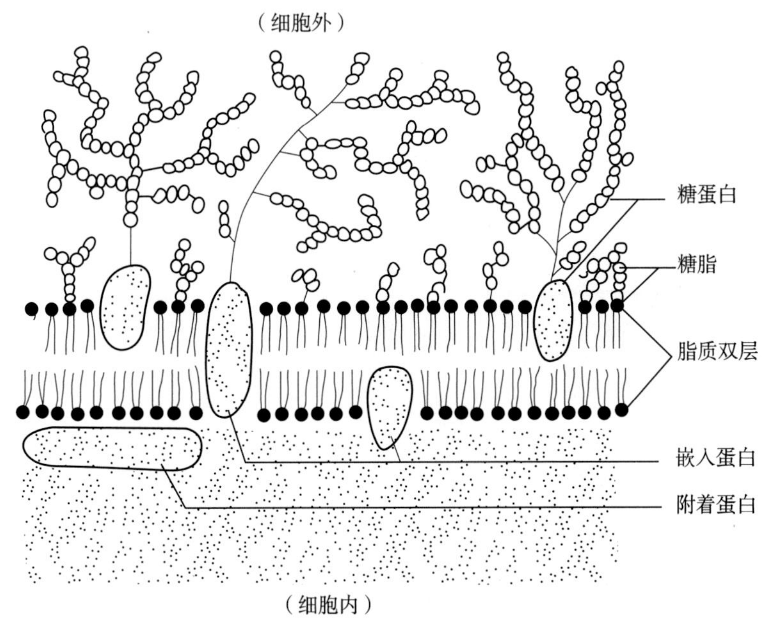

图 1–3 细胞膜液态镶嵌模型示意图

考点提示 细胞膜有保持细胞形态和保护细胞的作用。

二、细胞质

细胞膜与细胞核之间的部分为细胞质，又称胞浆或胞质，包括基质、细胞器和包含物。基质在活体细胞中为透明胶状物，其中有许多具有一定形态的细胞器。细胞的各种生理功能和代谢过程主要通过细胞质来实现。

1. 细胞基质 又称细胞液，是无定形的胶状物，内含水、无机盐离子、糖类、蛋白质等，构成细胞的内环境，为细胞功能活动的进行提供必需的条件。

2. 细胞器 指细胞质内具有特定形态结构和功能的有形成分，包括以下成分（图 1–4）。

（1）线粒体 光镜下呈线状或颗粒状，电镜下为内、外两层单位膜构成的封闭囊状结构。外膜平滑，内膜向内折叠形成许多板状或管状结构，称线粒体嵴。线粒体内有很多酶，将细胞摄入的营养物质进行氧化分解，产生能量，因此线粒体常被称为细胞的“能量工厂”。

（2）核糖体 又称核蛋白体，主要化学成分是核糖核酸（RNA）和蛋白质，是细胞内合成蛋白质的场所，属非膜性结构。核糖体游离在胞质中或附着在内质网表面，分别称为游离核糖体和附着核糖体。

（3）内质网 为管泡状或扁囊状的膜性结构，内质网膜上结合有多种酶，与细胞的各种代谢活动有关。根据其表面是否附着核糖体，可分为粗面内质网和滑面内质网两种。粗面内质网表面附有大量核糖体，在核糖体上合成的蛋白质进入内质网内腔进一步修饰，并以出芽的方式形成运输小泡，将其内容物运送到高尔基复合体加工浓缩，形成的分泌颗粒排到细胞外或形成酶原颗粒。滑面内质网表面无核糖体附着，内含多种酶系，功能复杂，与多种代谢活动有关。

（4）高尔基复合体 为单位膜组成的网状结构，位于细胞核附近。它是细胞内的运输和加工系统，可将细胞合成的产物进一步加工、浓缩，形成分泌颗粒，与细胞的分泌活动有关。

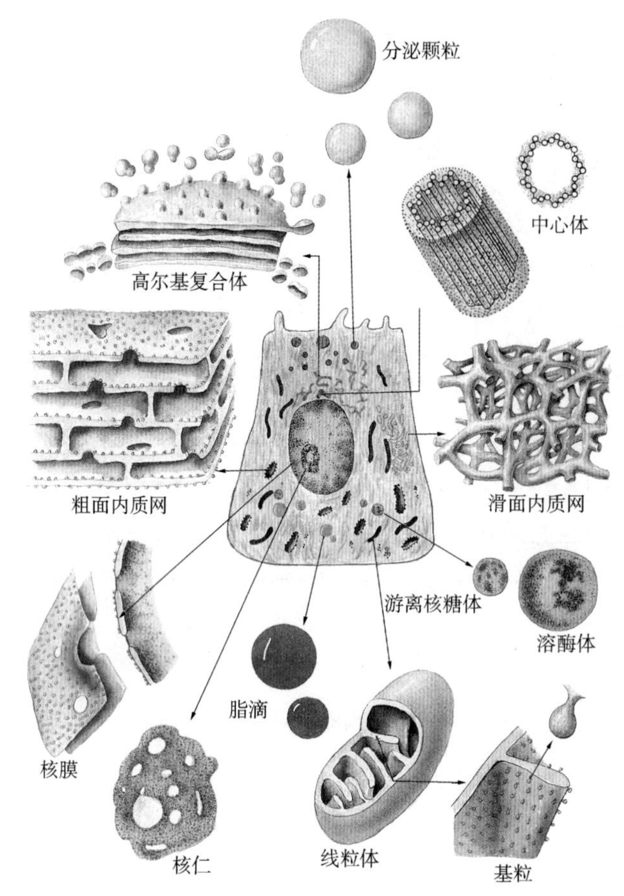

图 1-4　细胞超微结构模式图

（5）中心体　颗粒状，位于细胞核附近，由两个互相垂直的短筒状中心粒构成。有复制能力，参与细胞的分裂活动，是细胞分裂的推动器，属非膜性结构。

（6）溶酶体　为一层单位膜围成的囊状小体或小泡，内含多种酸性水解酶，能将蛋白质、多糖、脂类和核酸等水解为小分子物质。溶酶体对外源性的有害物质及内源性衰老损伤的细胞器有极强的消化分解能力，故称为“细胞内消化器”。

（7）微体　又称过氧化物酶体，由一层单位膜围成的圆形或椭圆形小体。内含多种酶，主要为过氧化物酶和过氧化氢酶，与过氧化氢（H_2O_2）的生成和分解有关，可清除体内的过氧化物，对细胞有保护作用。

（8）细胞的骨架结构　是细胞质内丝状物的总称，包括微丝、微管等，不仅构成细胞的骨架，还参与细胞的运动，属非膜性结构。

3. 包含物　不是细胞器，由一些物质在细胞质内聚集而成，如脂肪细胞内的脂滴、肝细胞内的糖原等。

三、细胞核

细胞核是细胞遗传和代谢活动的控制中心，在细胞生命活动中起着决定性的作用。一个细胞一般具有一个核（除成熟红细胞外），也可以有两个（如肝细胞）或更多个核（如骨骼肌细胞）。细胞核的形态一般为圆形、卵圆形，也有其他形态，如白细胞的分叶核、马蹄形核等。细胞核由核膜、核仁、染色质及核基质组成（图 1-1）。

1. 核膜　是围绕在核表面的膜，由两层单位膜构成，分别称为外膜和内膜。两层膜之

间的腔隙，称为核周隙。外膜表面常附着核糖体，在形态上与粗面内质网相似。核的内、外膜在若干地方融合形成核孔，是核与细胞质之间进行物质交换的孔道。核膜对核内容物起保护作用，在细胞分裂时，核膜逐渐消失，分裂结束前又逐渐形成。

2. 核仁　一般细胞有 1～2 个核仁，圆球形，无膜包裹。电镜下，其中心为纤维状结构，周围呈颗粒状结构。在细胞进行有丝分裂时，核仁同核膜一样，先消失后再重建。核仁的主要化学成分是 DNA、RNA 和蛋白质，其主要功能是作为合成核糖体的场所。

3. 染色质与染色体　在光镜下见到的核内被碱性染料着色的块状或颗粒状物质，称染色质。染色质和染色体是同一物质在细胞不同时期的两种表现。细胞进行有丝分裂时，染色质细丝螺旋化盘绕成具有特定形态结构的染色体，此时在光镜下清晰可见。分裂结束后，染色体解除螺旋化，分散于核内又重新形成染色质。染色质由染色质细丝构成，染色质细丝的主要化学成分是 DNA 和组蛋白，这两种成分组成的颗粒状结构，称为核小体，是构成染色质的基本结构单位。

染色体的数目是恒定的。人类体细胞有 46 条（23 对）染色体，称为二倍体，其中常染色体 44 条（22 对），性染色体 2 条（1 对）。而成熟的生殖细胞只有 23 条染色体，不成对，称单倍体，其中常染色体 22 条，性染色体 1 条。体细胞性染色体则因性别不同而不同，女性两条都为 X 染色体，即 46，XX；男性则一条为 X 染色体，另一条为 Y 染色体，即 46，XY，这就是男女性别不同的本质。

每条染色体由两条染色单体组成，借狭窄的着丝粒彼此连接。根据着丝粒的位置不同，染色体的两条单体可区分出长臂和短臂（图 1–5）。如果染色体的数目或结构有变异，将导致遗传性疾病。检查早期胎儿细胞（如羊水脱落细胞）的染色体组型，可以及早发现某些遗传性疾病。

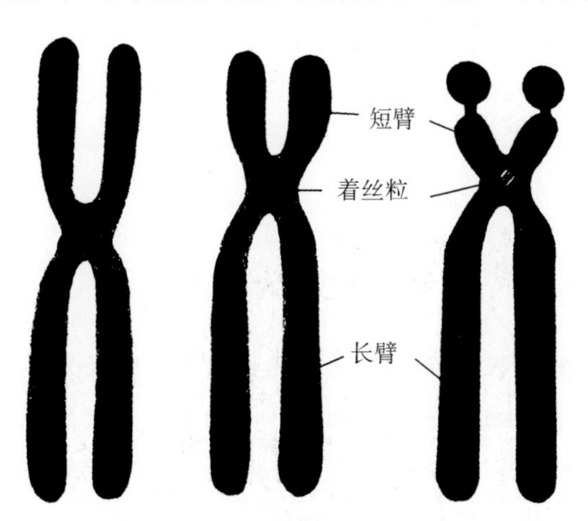

图 1–5　染色体形态模式图

扫码“看一看”

4. 核基质与核内骨架　核基质是核内透明的液态胶状物质，其中含有水、无机盐、各种蛋白质等。此外，还有由酸性蛋白组成的骨架系统，称核内骨架。

扫码“学一学”

第二节　细胞增殖

细胞增殖是机体生长发育的基础，是指细胞通过分裂增加数量，以补充和更新细胞。细胞增殖是一个复杂的周期性变化过程。

一、细胞周期

细胞在生活过程中不断进行周期性的生长和分裂。从细胞上一次分裂结束产生新的细胞开始，到下一次分裂结束为止的细胞生命过程，称为细胞增殖周期，简称细胞周期。细胞周期可分为两个阶段：分裂间期和分裂期。分裂间期以细胞内部 DNA 合成为依据，又可分为 DNA 合成前期（G_1 期）、DNA 合成期（S 期）、DNA 合成后期（G_2 期）。三个分期中最关键的活动是 DNA 合成。分裂期（M 期）则以染色体的形成和变化过程为主要依据，可再分为前、中、后、末四个时期。细胞周期中各期所需的时间各不相同。正常细胞周期的平均时间以 M 期最短，G_1 期历时较长。细胞周期是通过延长 G_1 期的时间调控其增殖速度。

考点提示 细胞周期可分为两个阶段：分裂间期和分裂期。

二、分裂间期细胞各期特点

1. G_1 期 又称 DNA 合成前期。G_1 期是从上一次细胞周期完成后开始的，刚形成的两个子细胞体积较小。该期物质代谢活跃，迅速合成 RNA 和蛋白质。

细胞进入 G_1 期后，并不是都进入下一期的继续增殖，在此时可能会出现三种不同前景的细胞。①增殖细胞：能及时从 G_1 期进入 S 期，并保持旺盛的分裂能力。②暂不增殖细胞或休止期（G_0 期）：细胞进入 G_1 期后不立即转入 S 期，在需要时，如损伤、手术等，才进入 S 期继续增殖，例如肝细胞等。③不增殖细胞：细胞进入 G_1 期后，失去分裂能力，终身处于 G_1 期，最后通过分化、衰老直至死亡，例如高度分化的神经细胞、肌细胞及成熟的红细胞等。

知识链接

干细胞

受精卵发育为胚胎的过程以及成年动物组织、器官的修复再生都要依赖具有自我更新和分化潜能的细胞，这类细胞统称干细胞。干细胞有两大特点：一是可以自我复制，二是在特定条件下，干细胞又可分化为具有特定形态和功能的成熟细胞。根据细胞来源不同，干细胞可分为胚胎干细胞和成体干细胞，胚胎干细胞存在于早期胚胎中，成体干细胞分布在特定的组织或器官内。近年来，干细胞移植替代损伤或病变细胞成为研究的热点。目前造血干细胞移植治疗血液系统相关疾病已成功应用于临床，神经干细胞治疗老年性疾病如老年痴呆、帕金森病、脑卒中等在动物实验中已取得良好的效果。

2. S 期 又称 DNA 合成期。主要特征是复制 DNA，从 G_1 期进入 S 期是细胞周期的关键时刻，只要 DNA 的复制一开始，细胞增殖活动就会进行下去，直到分裂成两个子细胞。该期中如果受到某些因素干扰，会影响到 DNA 的复制，而引起细胞的变异或分裂异常终止。

3. G_2 期 又称 DNA 合成后期。此期主要为分裂期做准备。这一时期 DNA 合成终止，但合成少量 RNA 和蛋白质，可能与构成纺锤体的微管蛋白有关。

三、分裂期细胞各期特点

细胞分裂增殖的方式有三种：无丝分裂、有丝分裂和减数分裂。无丝分裂在人类很少，过程也很简单。有丝分裂是细胞分裂的主要形式。减数分裂是一种特殊的有丝分裂，是未成熟的生殖细胞增殖的方式。本节主要描述有丝分裂的过程。

细胞在 G_2 期完成分裂前的准备后进入有丝分裂。有丝分裂是一个连续变化的过程，此期有极明显的形态变化，主要表现在染色体的分裂过程中有纺锤丝的出现，故称有丝分裂。

1. 前期 染色质细丝螺旋化，开始形成具有一定数量和形态的染色体。中心体复制成双，向细胞两极移动，纺锤体（由纺锤丝构成）开始出现，核膜和核仁逐渐消失。

2. 中期 核膜和核仁消失，染色体已移到细胞中央（即赤道平面），每条染色体纵裂为两条染色单体，但仍有着丝粒相连。两个中心体分别移到细胞两极，有纺锤丝与染色体着丝粒相连构成纺锤体。

3. 后期 纺锤丝收缩，两条染色单体分离，并移向细胞两极，全部染色体分成相等的两群，分别集聚于两极。与此同时，细胞拉长，细胞中部的细胞膜下环行丝束收缩，该部细胞质逐渐缩窄。

4. 末期 染色体解除螺旋化，重新形成染色质。核膜和核仁重新出现。细胞中部继续缩窄形成分裂沟，最后完全分裂为两个子细胞。

在细胞周期中，分裂间期的主要生理意义是合成 DNA，复制两套遗传信息；而分裂期的主要意义是通过染色体的形成、分裂和移动，把两套遗传信息准确地分到两个子细胞，使子细胞具有与母细胞完全相同的染色体，使遗传特性一代一代地传下去，保持了遗传的稳定性和特异性。

本章小结

细胞是人体结构和功能的基本单位，形态与功能相适应，具有共同的基本结构。细胞均由细胞膜、细胞质和细胞核三部分组成。细胞膜是细胞表面的薄膜，电镜下呈现“两暗夹一明”的图像特点。细胞质内含多种细胞器，包括线粒体、核糖体、内质网、高尔基复合体等。细胞核是细胞遗传和代谢活动的控制中心，内含染色质，细胞有丝分裂时，染色质转变为染色体。细胞的生长和分裂有周期性，可分为两个阶段：分裂间期和分裂期。分裂间期以细胞内部 DNA 合成为依据，分为 DNA 合成前期（G_1 期）、DNA 合成期（S 期）、DNA 合成后期（G_2 期）。分裂期（M 期）则以染色体的形成和变化过程为主要依据，可分为前、中、后、末四个时期。

扫码“练一练”

习 题

一、选择题

1. 人体的基本结构和功能单位是

A. 组织　　B. 细胞　　C. 器官　　D. 系统

E. 细胞器

2. 下列哪项是粗面内质网的功能
A. 参与细胞分裂　B. 合成和输送蛋白质
C. 构成细胞的骨架　D. 对细胞起保护作用
E. 分解外源性有害物质
3. 下列哪项是线粒体的功能
A. 参与细胞分裂　B. 是蛋白质的合成场所
C. 构成细胞的骨架　D. 对细胞起保护作用
E. 产生能量
4. 下列哪项是中心体的功能
A. 参与细胞分裂　B. 是蛋白质的合成场所
C. 构成细胞骨架　D. 对细胞起保护作用
E. 产生能量
5. 被称为细胞内能量工厂的细胞器是
A. 微体　B. 线粒体　C. 溶酶体　D. 核糖体
E. 高尔基复合体
6. 在细胞内，提供蛋白质合成场所的细胞器是
A. 线粒体　B. 核糖体　C. 高尔基复合体　D. 微体
E. 溶酶体
7. 高尔基复合体的主要功能是参与
A. 蛋白质的合成　B. 蛋白质的加工、浓缩
C. 蛋白质的消化　D. 能量转化
E. 支持作用
8. 下列哪项是溶酶体的功能
A. 参与细胞分裂　B. 提供蛋白质合成的场所
C. 对细胞起保护作用　D. 消化分解胞质内衰老的细胞器和异物
E. 清除细胞内的过氧化物
9. 细胞内遗传物质存在于以下哪种结构中
A. 核仁　B. 核膜　C. 核液　D. 染色质或染色体
E. 细胞质
10. 男性体细胞的正常染色体数目是
A. 46，XX　B. 46，XY　C. 23，X　D. 23，Y
E. 46，X

二、思考题

1. 简述染色体与染色质的关系。
2. 常见的细胞器有哪些，它们的功能是什么？

（庄　园　高　刚）

第二章

上皮组织

学习目标

1. **掌握** 上皮组织的概念和分类；被覆上皮的分类、分布、结构和功能。
2. **熟悉** 上皮细胞的特化结构和功能；腺泡的分类和特点。
3. **了解** 外分泌腺和内分泌腺的概念。
4. 学会在光镜下正确辨认不同类型的上皮组织。
5. 具有将上皮结构特点与其功能相联系的意识。

案例讨论

【案例】

某患儿，男，4 岁。因摔倒后上肢疼痛就诊。体格检查：患儿一般情况良好，肘关节背侧皮肤擦伤，创口较浅，无出血。

【讨论】

1. 该患儿的皮肤擦伤处损伤了哪种组织？
2. 为何该损伤引起疼痛但无出血？
3. 损伤处愈合后是否会留瘢痕，为什么？

上皮组织（epithelial tissue）简称上皮，由排列紧密、形态规则的上皮细胞和少量细胞间质组成。上皮细胞的不同表面在结构和功能上具有明显的差别，这一特点称为极性。其中，朝向体表或管腔的称游离面；与游离面相对的朝向深部结缔组织的一面称基底面，借基膜与结缔组织相连。上皮内大都无血管，所需营养物质由结缔组织内的毛细血管经基膜渗透供给。上皮组织内有丰富的神经末梢。

扫码“看一看”

上皮组织具有保护、吸收、分泌和排泄等功能。根据功能和分布不同，将上皮组织分为被覆上皮和腺上皮两大类。被覆于体表或衬于体腔、有腔器官腔面的上皮称为被覆上皮；由腺细胞构成以分泌功能为主的上皮称为腺上皮。

扫码“学一学”

第一节 被覆上皮

被覆上皮根据上皮细胞的层数和形状进行分类（表 2–1）。

表 2–1 被覆上皮的类型和主要分布

上皮类型		主要分布
单层上皮	单层扁平上皮	内皮：心、血管和淋巴管的腔面 间皮：胸膜、腹膜和心包膜的表面 其他：肺泡上皮、肾小囊壁层等
	单层立方上皮	肾小管、甲状腺滤泡上皮等
	单层柱状上皮	胃、肠、胆囊和子宫等的腔面
	假复层纤毛柱状上皮	呼吸管道的腔面
复层上皮	复层扁平上皮	未角化的：口腔、食管和阴道的腔面 角化的：皮肤的表皮
	复层柱状上皮	睑结膜、男性尿道中段
	变移上皮	肾盏、肾盂、输尿管和膀胱的腔面

一、单层上皮

（一）单层扁平上皮

单层扁平上皮很薄，由一层扁平细胞组成。表面观，细胞多边形或不规则，边缘锯齿状，相邻细胞互相嵌合；核扁圆，居中。垂直面观，细胞扁平，胞质很少，含核的部位略厚（图 2–1）。衬于心、血管和淋巴管腔面的单层扁平上皮称内皮，表面光滑，利于血液、淋巴液的流动及内皮细胞进行物质交换；位于胸膜、腹膜和心包膜表面的单层扁平上皮称间皮，表面光滑、湿润，可减少摩擦。

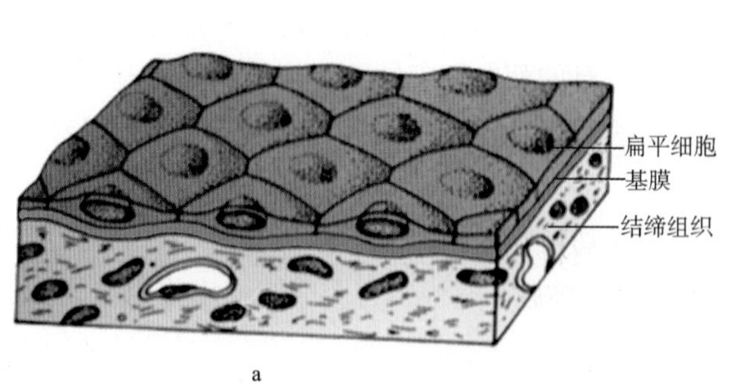

a

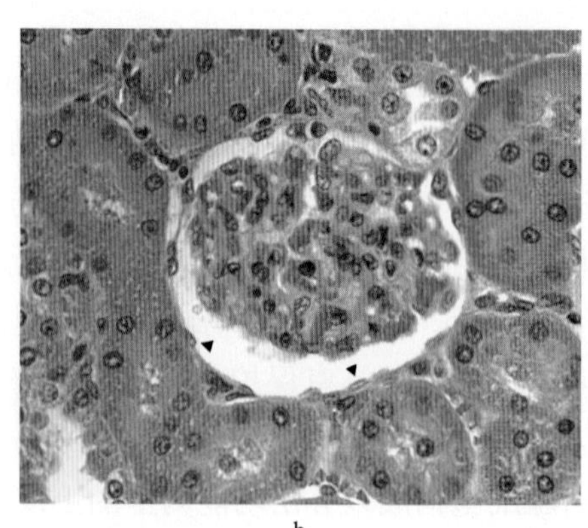
b

图 2–1 单层扁平上皮

a. 模式图 b. 光镜图（肾小囊壁层高倍） ▲示单层扁平上皮

考点提示 内皮位于心、血管和淋巴管腔面；间皮位于胸膜、腹膜和心包膜表面。

（二）单层立方上皮

单层立方上皮由一层近似立方形的细胞组成（图 2–2）。表面观细胞多边形；垂直面观，细胞立方形，核圆居中。单层立方上皮主要分布于肾小管、甲状腺滤泡，有吸收和分泌功能。

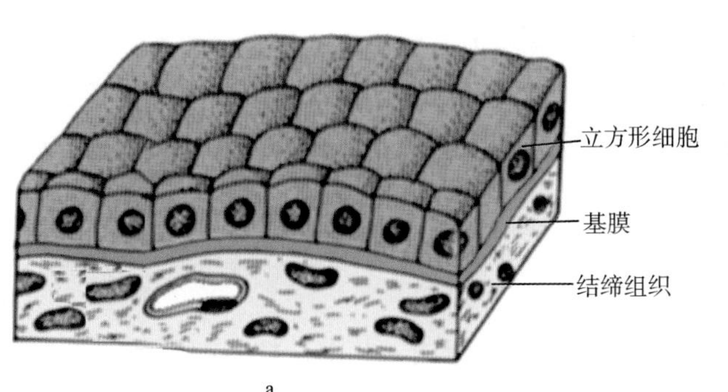

a

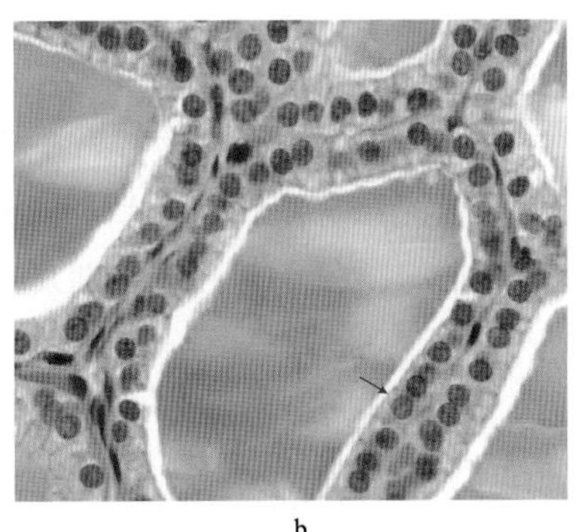
b

图 2–2　单层立方上皮

a. 模式图 b. 光镜图（甲状腺高倍）　→示单层立方上皮

（三）单层柱状上皮

由一层棱柱状细胞组成，表面观细胞呈多边形，垂直切面上细胞呈柱状；核长椭圆形，靠近细胞基底面。单层柱状上皮主要分布在胃肠、胆囊、肾集合管、子宫和输卵管等器官的腔面，具有吸收或分泌的功能。肠道的上皮内散在分布着杯状细胞，此种细胞因形似高脚酒杯而得名。杯状细胞顶部膨大，胞质内充满黏原颗粒，可分泌黏液；基底部细窄，有三角形或扁圆形的核。电镜下可见小肠上皮的柱状细胞游离面有排列整齐的微绒毛，构成光镜下的纹状缘，可以扩大吸收面积（图 2–3）。分布在子宫、输卵管腔面的单层柱状上皮，细胞的游离面有纤毛。

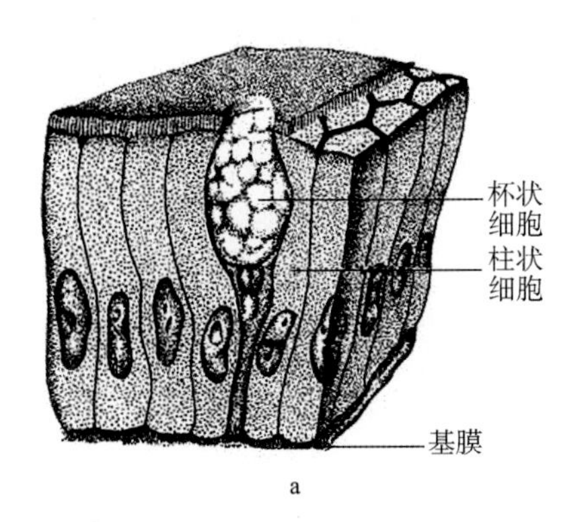

a

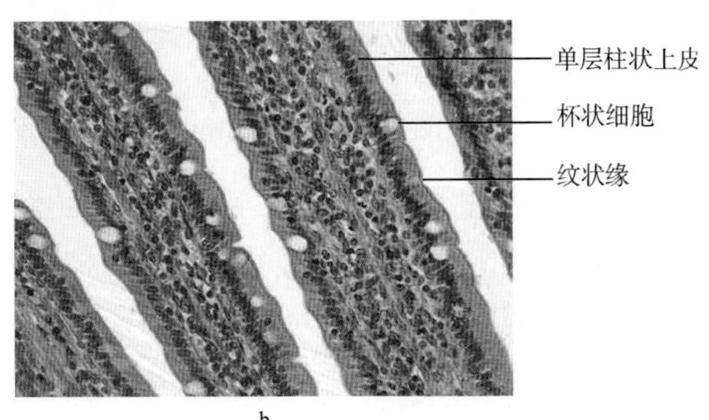

b

图 2–3　单层柱状上皮

a. 模式图　b. 光镜图（小肠高倍）

考点提示　肠道的单层柱状上皮内有杯状细胞，可分泌黏液。

知识拓展

胃黏膜肠上皮化生

胃黏膜肠上皮化生是指胃黏膜上皮转变为含有杯状细胞的肠黏膜上皮的一种病理状态，简称肠上皮化生或肠化生。肠上皮化生常见于萎缩性胃炎、胃溃疡边缘和癌旁组织等处，与幽门螺杆菌感染、胃癌家族史、年龄增加及胆汁反流等密切相关。根据程度不同，肠上皮化生可分为轻、中、重度三级。研究发现，胃黏膜肠上皮化生与胃癌关系密切，中、重度胃黏膜肠上皮化生发展为胃癌的风险较高，故临床上常对此类患者进行随访和监测，便于胃癌的早期发现。

（四）假复层纤毛柱状上皮

由柱状细胞、梭形细胞、锥体形细胞和杯状细胞组成，其中，柱状细胞数量最多，且游离面有纤毛。这些细胞形态各异，高矮不一，细胞核的位置不在同一水平，在垂直切面上观察时，形似复层，但细胞的基底部均附着在基膜上，实为单层，故将此种上皮称为假复层纤毛柱状上皮（图 2–4）。主要分布在呼吸管道的腔面，具有分泌、保护功能。

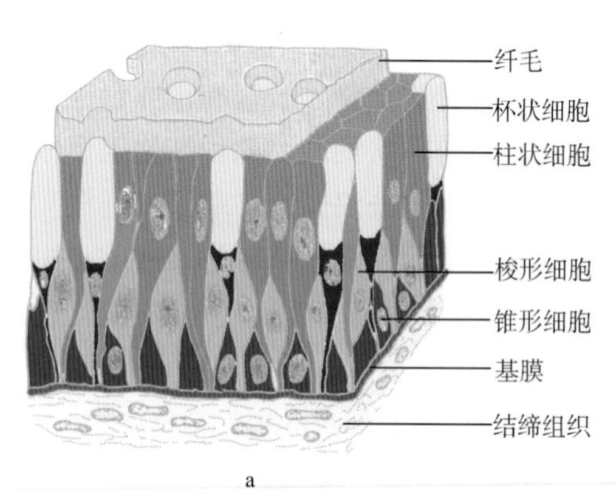

a

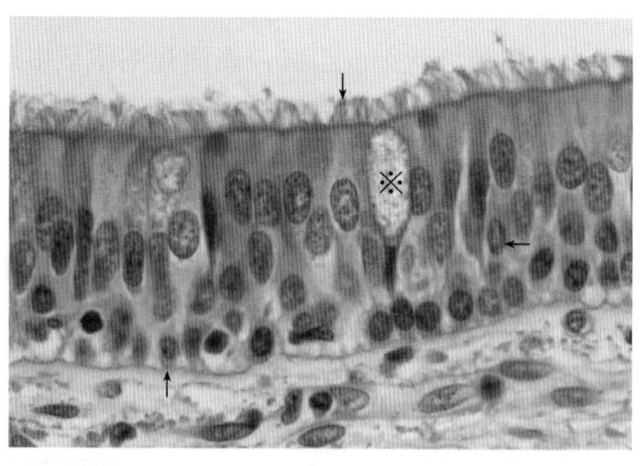

b

图 2–4　假复层纤毛柱状上皮

a. 模式图　b. 光镜图（人气管高倍）　↓纤毛※杯状细胞↑锥形细胞←梭形细胞

考点提示　假复层纤毛柱状上皮主要分布在呼吸道腔面。

二、复层上皮

（一）复层扁平上皮

由多层细胞组成，表层细胞呈扁平鳞片状，故该上皮又称复层鳞状上皮（图 2–5）。基底层附着于基膜，为一层立方形或矮柱状细胞，细胞较幼稚，具有增殖分化能力，HE 染色胞质呈嗜碱性；中间数层为多边形细胞；浅层细胞呈梭形。细胞逐渐向浅层移动，表层的扁平细胞不断退化、脱落。上皮与深部结缔组织的连接面凹凸不平，既扩大了两者的接触面积，保证上皮的营养供应，又使连接更加牢固。

根据表层细胞是否角质化，复层扁平上皮可分为两类：角化的复层扁平上皮，位于皮肤的表皮；未角化的复层扁平上皮，分布在口腔、食管等的腔面。复层扁平上皮具有耐摩擦和阻止异物侵入等作用，有很强的再生修复能力。

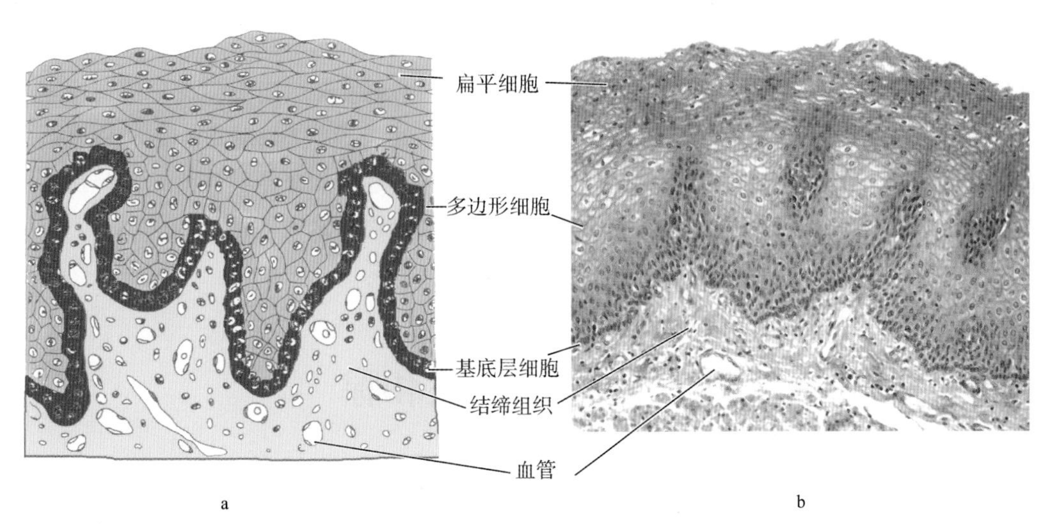

图 2-5 复层扁平上皮

a. 模式图 b. 未角化复层扁平上皮光镜图（食管高倍）

考点提示 复层扁平上皮有保护、再生和修复功能。

（二）复层柱状上皮

从垂直切面观察，复层柱状上皮的表面为一层排列较整齐的柱状细胞，深层为一层或几层多边形细胞。上皮主要分布于睑结膜、男性尿道和一些腺的大导管处。

（三）变移上皮

变移上皮又称移行上皮，主要分布于肾盂、肾盏、输尿管和膀胱腔面，由基底细胞、中间层细胞和表层细胞构成，细胞形状和层数随器官的状态不同发生变化。例如，当膀胱空虚时，上皮变厚，细胞层数增多，表层细胞体积大，立方形，此时的一个表层细胞可覆盖几个中间层细胞，称为盖细胞；膀胱充盈时，上皮变薄，细胞层数减少（图 2-6）。

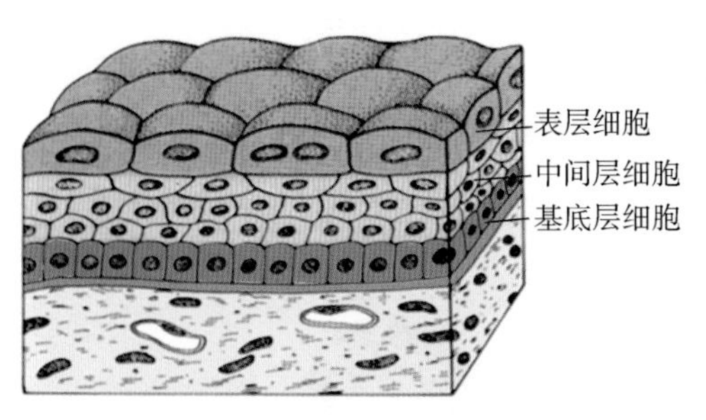

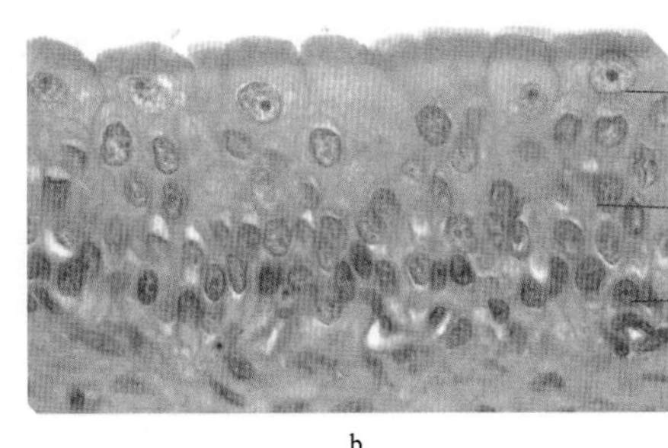

图 2-6 变移上皮

a. 模式图 b. 光镜图（膀胱空虚状态）

知识链接

变移上皮的作用机制

膀胱为暂时储存尿液的器官，其腔面的上皮为变移上皮。当膀胱空虚时，上皮增厚，细胞可达 8～10 层，表层的盖细胞体积大；膀胱充盈时，上皮变薄，细胞层数减少到 3～4 层，盖细胞变扁。电镜观察可见，膀胱空虚状态时，盖细胞腔面的细胞膜形成质膜内

褶和囊泡，细胞表面积减小；膀胱充盈时内褶展开，细胞表面积增大，这一结构特点与膀胱的功能状态相适应。此外，变移上皮还有保护作用：一是盖细胞近游离面的胞质较浓密，可防止尿液对膀胱壁的浸蚀；二是盖细胞间有发达的紧密连接和桥粒，加强了细胞间的连接，避免尿液中高浓度的离子进入组织和组织内的水进入尿液。

扫码“学一学”

第二节　腺上皮和腺

腺上皮是由腺细胞构成的以分泌功能为主的上皮。以腺上皮为主要成分的器官称为腺。腺的发生主要起源于胚胎时期的被覆上皮，细胞分裂增殖形成细胞索，长入深部的结缔组织，分化成腺（图 2–7）。分泌物经导管排至体表或有腔器官腔内的腺，称外分泌腺，如汗腺、食管腺、胃腺等。有的腺在分化过程中导管退化消失，称为无管腺，又称内分泌腺，其分泌物为激素，释放入血液后运送至全身各处，如甲状腺、肾上腺等。

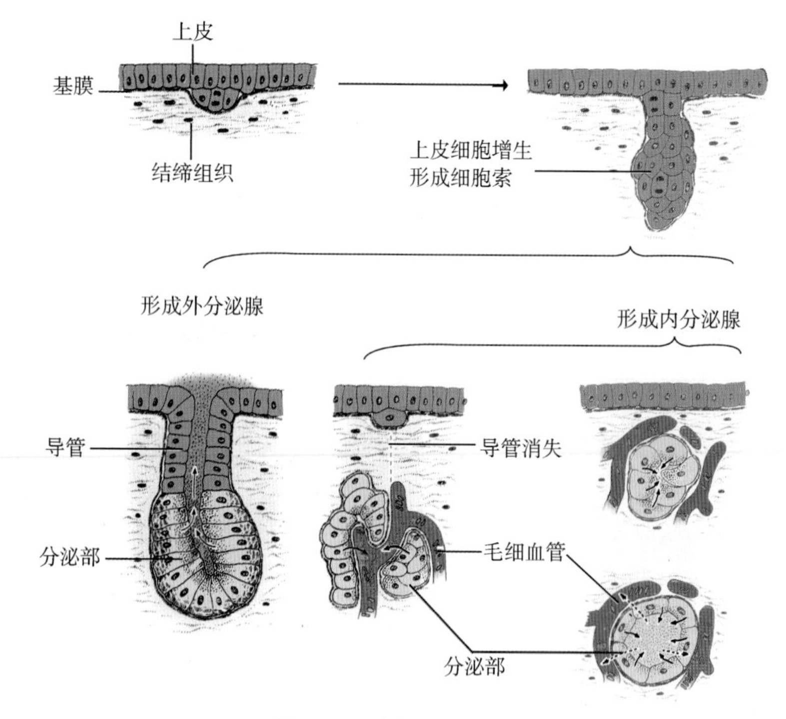

图 2–7　腺的发生示意图

外分泌腺包括分泌部和导管两部分。分泌部由一层腺细胞组成，呈泡状或管泡状，又称为腺泡，中央有腔。根据分泌物的性质不同，腺细胞可分为浆液性腺细胞和黏液性腺细胞，这两种腺细胞分别构成浆液性腺泡和黏液性腺泡。浆液性腺泡的分泌物为稀薄的液体，内含多种蛋白酶；黏液性腺泡分泌物形成黏液，覆盖在上皮游离面，起滑润和保护上皮的作用。导管由单层或复层上皮构成，根据有无分支可分为单腺和复腺。导管直接与分泌部通连，可将分泌物引流至体表或器官腔内。有的导管还有分泌或吸收水、电解质的作用（图 2–8）。

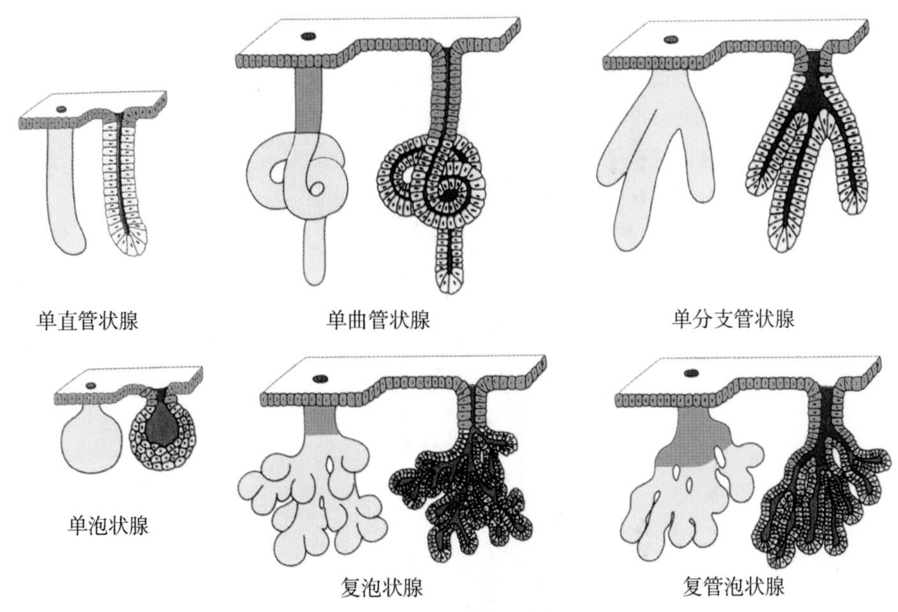

图 2-8 外分泌腺的形态分类模式图

扫码“学一学”

第三节 上皮细胞的特化结构

上皮细胞的游离面、基底面和侧面常形成与功能相适应的一些特化结构（图 2-9，表 2-2）。

表 2-2 上皮细胞的特化结构

	名称	结构特点	功能
游离面	微绒毛	为细胞膜和细胞质向细胞游离面伸出的细小指状突起，内含纵行的微丝	扩大细胞的表面积
	纤毛	为细胞膜和细胞质向细胞游离面伸出的粗而长的突起，内含纵行的9+2 微管	定向摆动
	细胞衣	由细胞膜表面的糖链和吸附的物质组成	黏着、吸收及物质识别
侧面	紧密连接	近游离面，相邻细胞侧面间断性融合	连接和封闭
	中间接连	紧密连接下方，相邻细胞间隙内充满丝状物，细胞膜的胞质面有薄层致密物并有微丝附着	黏着、保持细胞形状和传递细胞收缩力
	桥粒	细胞间隙中央有一条致密的中间线，胞膜内面的致密物质构成附着板，张力丝附着于该板上	连接牢固
	缝隙连接	位于侧面深部，相邻细胞膜上有直径为 2nm 小管相通	小分子物质交换和信息传递
基底面	基膜	上皮与结缔组织间薄层均质膜，分为基板和网板	连接和支持，是半透膜
	质膜内褶	上皮细胞基底面的质膜向细胞内凹陷形成，褶两侧的胞质内含较多纵向排列的线粒体	扩大细胞基底面的表面积，利于水、电解质转运
	半桥粒	上皮细胞基底面形成的半个桥粒结构	加强上皮与基膜的连接

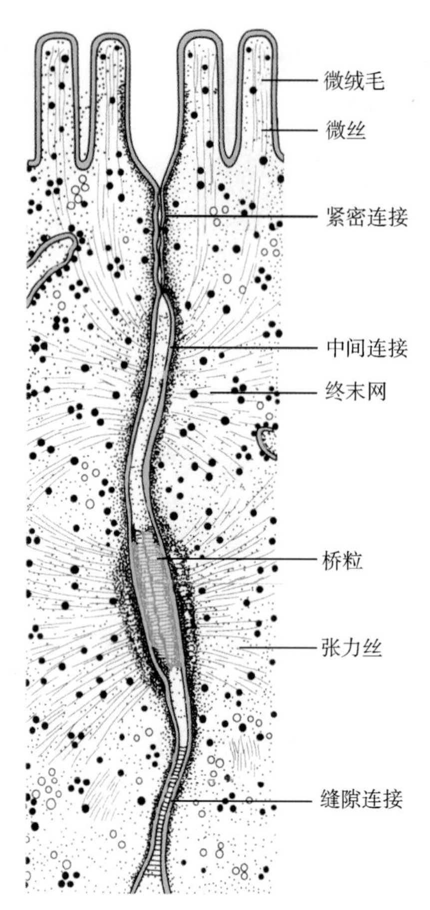

图 2–9　上皮细胞特化结构模式图

本章小结

上皮组织由大量上皮细胞和少量细胞外基质组成。覆盖于体表和衬贴于体内各种管、腔、囊内表面的为被覆上皮。被覆上皮根据细胞层数和表层细胞的形状进行分类并命名，每类上皮的形态特点、功能和分布部位三者密切相关。腺上皮是以分泌功能为主的上皮。由腺上皮构成的器官为腺，分为外分泌腺和内分泌腺。外分泌腺由腺泡和导管构成。上皮细胞有极性，在游离面、侧面和基底面分别有不同的结构与其功能相适应。

扫码“练一练”

习　题

一、选择题

1. 被覆上皮分类的依据是

　　A. 上皮的厚度　　　　B. 上皮的功能

　　C. 上皮细胞的层数及形状　　　　D. 上皮分布的部位

　　E. 上皮内有无血管

2. 下列哪项不是复层扁平上皮的特点

　　A. 由多层细胞组成　　　　B. 表层细胞为扁平形

　　C. 中间层为多边形细胞　　　　D. 基底层细胞为干细胞

E. 上皮基底部较平坦

3. 内皮分布于

A. 胸膜表面　B. 肾小囊壁层　C. 肺泡　D. 心包膜表面

E. 淋巴管腔面

4. 下列哪种器官的上皮是单层立方上皮

A. 甲状腺　B. 食管　C. 腮腺　D. 小肠

E. 甲状旁腺

5. 以下关于杯状细胞的描述，正确的是

A. 可见于正常胃肠黏膜　B. 分泌黏液

C. 可见于子宫内膜　D. 是一种内分泌细胞

E. 细胞核圆形位于中央

6. 下列关于假复层纤毛柱状上皮的描述，哪项不正确

A. 细胞形状、高矮不一，细胞核位置高低不等

B. 细胞基底面都附着于基膜上

C. 内含杯状细胞

D. 所有细胞表面都有纤毛

E. 主要分布于呼吸道的腔面

7. 下列对单层扁平上皮的描述，哪项错误

A. 细胞扁，胞质少　B. 有减少摩擦的功能

C. 可见于肾小囊壁层　D. 心包膜的表面为内皮

E. 腹膜表面为间皮

8. 有纹状缘的单层柱状上皮分布于

A. 胃　B. 大肠

C. 子宫　D. 肾小管的近端小管

E. 小肠

9. 连接上皮细胞与基膜的特殊结构为

A. 基板　B. 基底部细胞膜

C. 质膜内褶　D. 网板

E. 半桥粒

10. 上皮细胞的侧面没有

A. 紧密连接　B. 缝隙连接　C. 半桥粒　D. 中间连接

E. 桥粒

二、思考题

1. 举例说明被覆上皮的形态特点、分布部位和功能之间的关系。

2. 试分析复层扁平上皮细胞之间有何种细胞连接并说明原因。

（庄　园）

第三章

结缔组织

学习目标

1. **掌握** 疏松结缔组织内各种细胞成分、纤维成分的光镜结构及功能；软骨组织和骨组织的结构；长骨骨干的结构；血液有形成分的正常值、形态和功能。

2. **熟悉** 结缔组织的特点和分类；软骨的分类和分布；骨细胞的分类和功能。

3. **了解** 致密结缔组织、脂肪组织和网状组织的基本结构和功能；软骨的生长方式；骨的发生和改建；血细胞的发生。

4. 学会在显微镜下识别结缔组织的主要细胞成分；理解血细胞功能的临床意义。

5. 具有主动进行健康生活方式宣教的意识。

案例讨论

【案例】

患者，女，23岁，因“产后9天，左乳红、肿、痛伴发热3天”就诊。血常规：白细胞为21.99×10^9/L，中性粒细胞百分比为90.93%。压痛最明显处穿刺，抽出暗红色混浊液体，细菌培养显示化脓性链球菌感染。局部清创术见左乳大面积皮下组织和筋膜炎症和坏死，病理学检查结果显示急性炎性病变，结合临床表现诊断为左乳急性蜂窝织炎。

【讨论】

1. 患者血常规检查有无异常？
2. 该患者在康复过程中应注意什么？

结缔组织（connective tissue）由细胞和大量细胞外基质构成，细胞数量少，种类多，无极性，细胞外基质丰富。结缔组织由胚胎时期的间充质分化而来。广义的结缔组织分为柔软的固有结缔组织、坚硬的软骨和骨组织以及液态的血液、淋巴液。结缔组织的主要功能为连接、支持、营养、保护、运输和防御等。

扫码“学一学”

第一节 固有结缔组织

根据细胞类型和细胞间质的不同，固有结缔组织可分为疏松结缔组织、致密结缔组织、网状组织和脂肪组织四种类型。

一、疏松结缔组织

疏松结缔组织（loose connective tissue）又称蜂窝组织，细胞种类多，纤维数量少，排列稀疏（图 3-1），广泛分布于器官之间、组织之间以及细胞之间，具有支持、连接、营养、修复和防御等功能。疏松结缔组织的弥漫性化脓性炎症称为蜂窝组织炎。

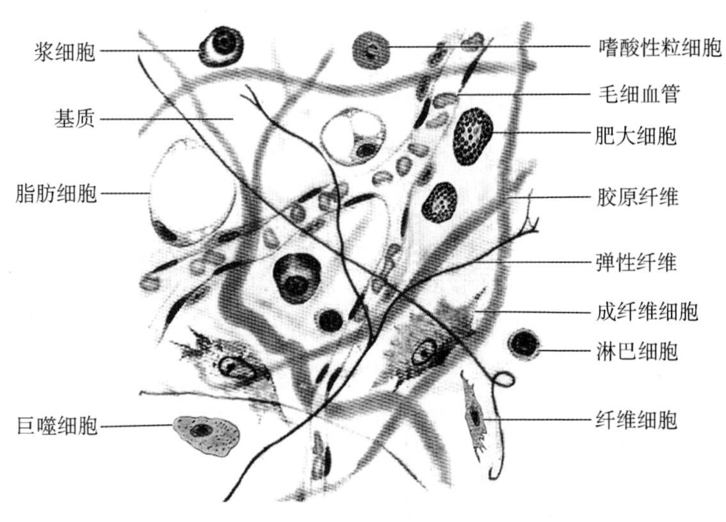

图 3-1 疏松结缔组织模式图

（一）细胞

疏松结缔组织的细胞成分有成纤维细胞、巨噬细胞、浆细胞、肥大细胞、脂肪细胞和未分化的间充质细胞。血液中的白细胞，如中性粒细胞、淋巴细胞等也可游走到结缔组织内。

1. 成纤维细胞 是疏松结缔组织中最主要的细胞。细胞扁平多突起，胞核较大、着色浅，胞质弱嗜碱性。电镜下，胞质内富含粗面内质网、游离核糖体，有发达的高尔基复合体。成纤维细胞可合成纤维和基质。

功能：处于静止状态时，成纤维细胞体积变小，长梭形，核小、着色深，胞质嗜酸性，称纤维细胞。当组织损伤时，纤维细胞可转变为功能活跃的成纤维细胞，合成纤维和基质，修复创伤部位。

考点提示 成纤维细胞可合成纤维和基质。

2. 巨噬细胞 由血液中的单核细胞分化形成，为单核–吞噬细胞系统的主要成员。静止状态时，巨噬细胞呈圆形或椭圆形，又称组织细胞；功能活跃时，巨噬细胞常伸出较长的伪足而形态不规则。胞核较小，卵圆形或肾形，染色深；胞质丰富，嗜酸性。电镜下，细胞表面有许多皱褶和微绒毛，胞质内含大量溶酶体、吞噬体、吞饮小泡等。

巨噬细胞是人体内重要的防御细胞，主要有以下功能。①吞噬作用：吞噬细菌、病毒、体内衰老死亡的细胞及异物等；②抗原呈递作用：识别、捕捉和处理抗原，继而呈递给淋巴细胞，启动免疫应答；③分泌功能：合成和分泌多种生物活性物质，如溶菌酶、干扰素和肿瘤坏死因子等，有防御和调节免疫应答等功能。

3. 浆细胞 由 B 淋巴细胞分化发育而成，在病原菌易入侵的部位如消化道、呼吸道黏膜及慢性炎症部位多见。光镜下，浆细胞呈圆形或卵圆形；胞质丰富，嗜碱性，近细胞核

处有一浅染区；核圆形，常偏于细胞一侧，染色质沿核膜辐射状排列。浆细胞能合成分泌免疫球蛋白，即抗体，参与体液免疫。

考点提示 浆细胞由B细胞分化而来，能合成抗体。

4. 肥大细胞 常沿小血管分布，在与外界接触的部位如真皮、消化道和呼吸道黏膜等，数量较多。细胞体积较大，呈圆形或卵圆形；核小，呈圆形；胞质内充满粗大的嗜碱性颗粒。颗粒内含组胺、嗜酸性粒细胞趋化因子和肝素等。肥大细胞受到刺激后，大量释放颗粒内容物如肝素、组胺等和胞质内的白三烯，参与机体的过敏反应。其中，肝素有抗凝血作用；组胺和白三烯使毛细血管扩张，通透性增加，导致组织水肿；嗜酸性粒细胞趋化因子可吸引嗜酸性粒细胞定向迁移到过敏反应的部位，减轻过敏反应。

5. 脂肪细胞 常单个或成群分布，体积较大，圆形或挤压成多边形，胞质内有一个大脂滴，将其他胞质成分及胞核挤到细胞的周边。HE染色标本中，由于脂滴被溶解，脂肪细胞呈空泡状。脂肪细胞可合成和贮存脂肪，参与脂质代谢。

6. 未分化的间充质细胞 为保留多向分化潜能的细胞，常分布在小血管周围，在炎症、创伤等情况下，可增殖分化为成纤维细胞、新生血管的内皮细胞和平滑肌细胞等。

（二）纤维

疏松结缔组织内含胶原纤维、弹性纤维和网状纤维三种纤维成分。

1. 胶原纤维 数量最多，新鲜时呈白色，又称白纤维。HE染色的标本中，胶原纤维嗜酸性，呈粉红色，粗细不等，有分支并交织成网（图3-1）。胶原纤维主要由成纤维细胞合成，韧性大，抗拉力强。

2. 弹性纤维 新鲜时呈黄色，又称黄纤维。弹性纤维较细，断端常卷曲，有分支，相互交织成网（图3-1）。在HE染色标本中，与胶原纤维不易区别，醛复红或地衣红染色呈紫色或棕褐色。弹性纤维弹性大，但韧性差。

3. 网状纤维 在HE染色标本上不易着色，硝酸银染色呈黑色，又称嗜银纤维。网状纤维细、短，分支多，交织成网。多分布于结缔组织与其他组织交界处，如基膜；也分布于造血器官、淋巴器官内，构成血细胞发生和淋巴细胞发育微环境的网状支架。

（三）基质

基质是充填于细胞和纤维之间的无定形胶状物，其化学成分主要为蛋白多糖和糖蛋白，还有不断循环更新的组织液。组织液在毛细血管动脉端渗出形成，在毛细血管静脉端或毛细淋巴管回流，有利于血液与组织细胞进行物质交换。当产生和回流失去平衡时，组织液可增多或减少，临床上称水肿或脱水。

知识链接

蛋白多糖

蛋白多糖是基质的组成成分，由蛋白质和糖胺多糖结合而成。糖胺多糖包括透明质酸、硫酸软骨素、硫酸角质素和硫酸乙酰肝素等多种成分。其中，透明质酸是一种曲折盘绕的长链大分子，与其他多糖成分和蛋白质相连，形成内含许多微细孔隙的聚合体，就像有孔的筛子一样，称分子筛。分子筛允许小于筛孔的水、营养物质、激素、气体分

子和代谢产物等通过，阻止大分子物质、细菌和肿瘤细胞等大于孔径的物质通过，具有屏障作用。溶血性链球菌和癌细胞可产生透明质酸酶，破坏分子筛结构，使感染和肿瘤易于扩散。

二、致密结缔组织

致密结缔组织的细胞和基质较少，以纤维为主。纤维粗大、排列紧密，主要起支持、连接作用。可分为规则致密结缔组织和不规则致密结缔组织 2 种。

规则致密结缔组织主要分布在肌腱、韧带和腱膜等处，由大量排列成束的胶原纤维和少量腱细胞组成（图 3–2）。不规则致密结缔组织主要分布在真皮、巩膜、硬脑膜和内脏器官的被膜等处，粗大的胶原纤维交织排列成致密板层结构，纤维间仅有少量成纤维细胞和基质（图 3–3）。

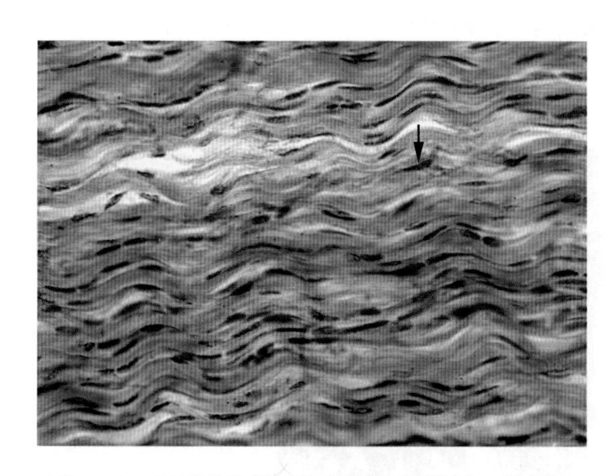

图 3–2　规则致密结缔组织（肌腱纵切　高倍）

↓示腱细胞

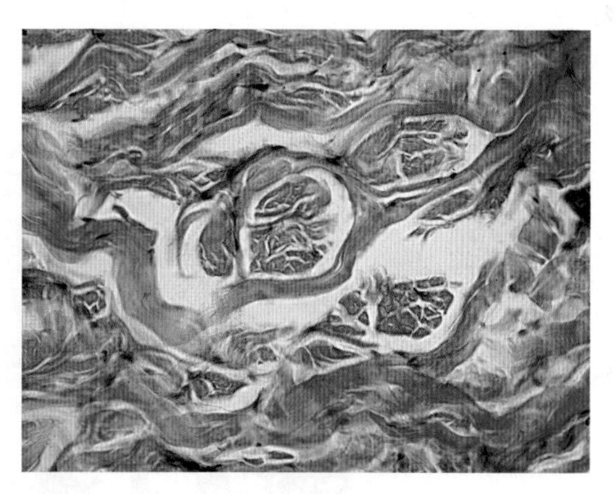

图 3–3　不规则致密结缔组织（真皮　高倍）

三、脂肪组织

脂肪组织由大量脂肪细胞聚集而成，可分为黄（白）色脂肪组织和棕色脂肪组织。

黄色脂肪组织主要分布在皮下、网膜和系膜等处，具有产生热量、维持体温、缓冲保护和支持填充等作用（图 3–4）。棕色脂肪组织在新生儿和冬眠动物较多，在寒冷刺激下可迅速产生大量热能。

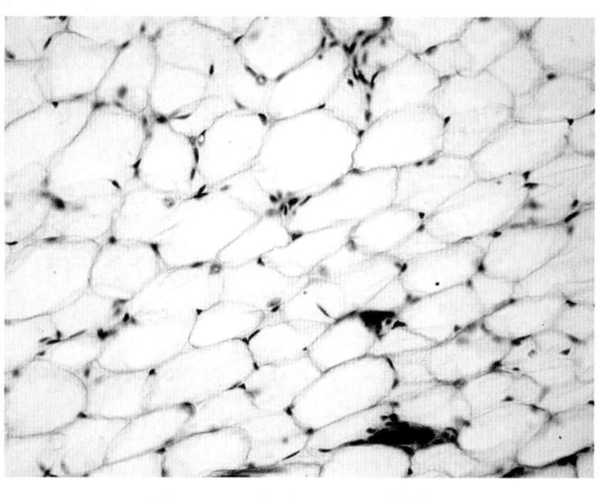

图 3–4　脂肪组织（高倍）

知识链接

棕色脂肪组织

棕色脂肪组织内有丰富的血管和神经，脂肪细胞的核圆、居中，胞质内散在许多小脂滴，线粒体大而丰富，这种脂肪细胞又称为多泡脂肪细胞。由于线粒体中细胞色素多，使之呈现棕色，故将该脂肪组织称为“棕色脂肪组织”。棕色脂肪组织在成人体内极少，新生儿的肩胛间区、腋窝及颈后部等处及冬眠动物体内较多。棕色脂肪组织的代谢比白色脂肪组织旺盛，产生的大量热能，有利于新生儿的抗寒保暖和维持动物在冬眠时的体温。

四、网状组织

网状组织主要由网状细胞、网状纤维和基质构成（图 3–5）。网状细胞为星状有突起的细胞；网状纤维由网状细胞产生，有分支，交织成网，为网状细胞依附的支架。网状组织主要分布在骨髓、淋巴结和脾等处，为血细胞发生和淋巴细胞发育提供适宜的微环境。

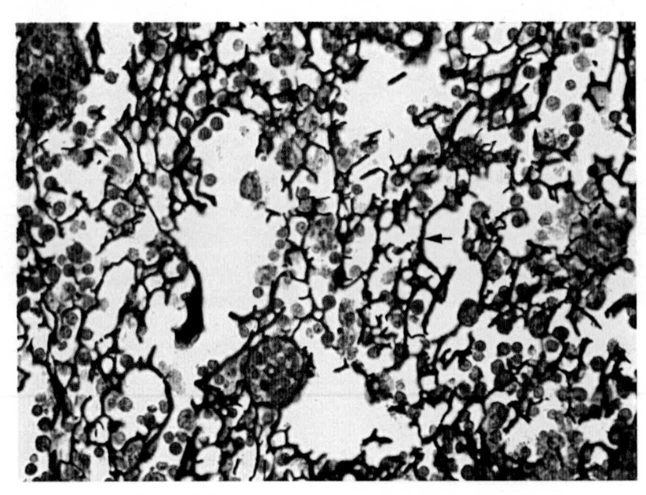

图 3–5　网状组织（淋巴结镀银染色　高倍）

←示网状纤维

扫码“学一学”

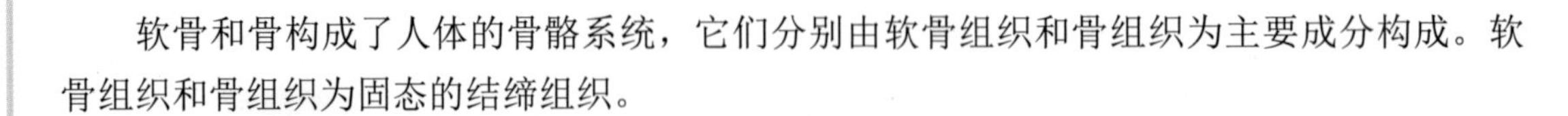

第二节　软骨与骨

软骨和骨构成了人体的骨骼系统，它们分别由软骨组织和骨组织为主要成分构成。软骨组织和骨组织为固态的结缔组织。

一、软骨

软骨（cartilage）由软骨组织及其周围的软骨膜构成。软骨组织由软骨细胞和细胞外基质构成，其中细胞外基质又称软骨基质。根据软骨基质内纤维成分的不同，可将软骨分为透明软骨、弹性软骨和纤维软骨三种。

（一）透明软骨

透明软骨分布较广，包括肋软骨、关节软骨及呼吸道管壁的软骨等，新鲜时呈乳白色，半透明，有一定弹性和韧性。

1. 软骨组织

（1）软骨基质　由无定形基质和其内包埋的胶原原纤维构成。基质内的小腔称为软骨陷窝，软骨细胞位于此处。光镜下，软骨基质嗜碱性，软骨陷窝周围的基质强嗜碱性，染色深，称软骨囊（图 3–6）。软骨组织内无血管和神经，但因软骨基质有良好的渗透性，软骨膜内血管渗出的营养物质可进入软骨组织。

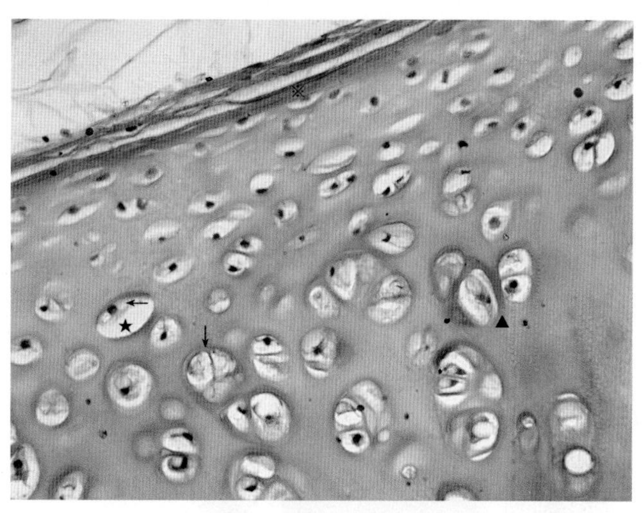

图 3–6　透明软骨（气管软骨　高倍）

▲软骨囊；↓同源细胞群；★软骨陷窝；←软骨细胞；※软骨膜

（2）软骨细胞　软骨组织周边部的软骨细胞体积小，单个分布，为幼稚的软骨细胞；软骨细胞逐渐成熟，体积变大，从软骨周边迁移到深部，成群分布。在透明软骨中央，通常 2～8 个软骨细胞聚集成一群，它们由同一个幼稚软骨细胞分裂增殖而来，故称同源细胞群。

2. 软骨膜　除关节软骨外，软骨组织表面均被覆一层致密结缔组织，即软骨膜。软骨膜内有成软骨细胞，可增殖分化为软骨细胞，与软骨的生长有关。软骨膜内还有血管、淋巴管和神经等。

（二）纤维软骨

纤维软骨分布于椎间盘、关节盘及耻骨联合等处，新鲜时呈不透明的乳白色。其软骨基质内有大量平行或交织排列的胶原纤维束。纤维软骨韧性强、伸展性大，可对抗压力和摩擦，主要起连结和保护作用。

（三）弹性软骨

弹性软骨分布于耳郭、咽喉及会厌等处，新鲜时呈不透明的黄色。基质内有大量交织成网的弹性纤维，故有较强的弹性。

二、骨

骨主要由骨组织、骨髓和骨膜等构成，具有运动、保护和支持作用。骨组织是人体重要的钙、磷贮存库，体内 99%的钙和 85%的磷贮存于骨内；骨髓是血细胞发生的部位。

（一）骨组织

骨组织是人体最坚硬的组织之一，由细胞和细胞外基质组成。最初形成的细胞外基质无钙盐沉积，称类骨质。钙盐等矿物质沉积后，细胞外基质发生钙化，称为骨基质。

1. 骨基质 简称骨质，由有机质和无机质组成。有机质主要为胶原纤维，又称骨胶纤维，无机质又称骨盐，占骨组织干重的65%，主要是钙、磷和镁等。

骨质中的胶原纤维成层排列，与骨盐、基质紧密结合，称骨板（图3－7）。同一层骨板内的胶原纤维相互平行，相邻骨板的纤维相互垂直，有效增加了骨的强度。骨板内和骨板间容纳骨细胞胞体的小腔隙，称骨陷窝，容纳骨细胞突起的细管称骨小管。

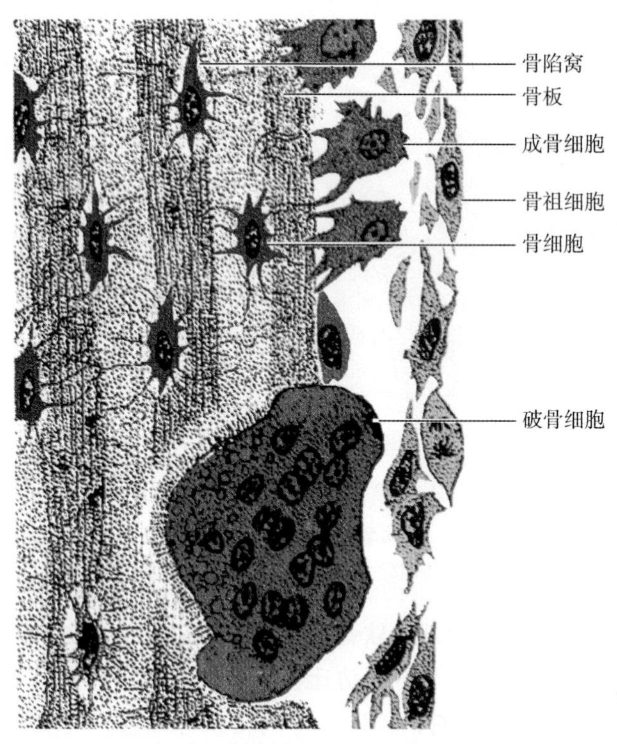

图3－7 骨组织的骨板和细胞模式图

2. 骨组织的细胞 主要包括骨祖细胞、成骨细胞、骨细胞和破骨细胞四种。骨细胞数量最多，包埋在骨基质内，其余三种细胞位于骨组织边缘（图3－7）。

（1）骨祖细胞 位于骨组织和骨膜的交界处，是干细胞，当骨组织生长、改建及骨折修复时，可分裂分化为成骨细胞。

（2）成骨细胞 位于骨组织表面，胞体较大，表面伸出许多细小突起，可合成和分泌胶原纤维和基质。当成骨细胞被其分泌的类骨质包埋后转变为骨细胞。

（3）骨细胞 单个分散于骨板内或骨板间，有多个突起，胞体较小，位于骨陷窝内，细长的突起位于骨小管内，相邻突起在骨小管内相连。骨细胞有溶骨和成骨的作用，还参与调节血钙平衡。

（4）破骨细胞 数量较少，位于骨组织表面的小凹陷内。破骨细胞是多核细胞，由多个单核细胞融合形成，可溶解和吸收骨质，参与骨组织的重建并维持血钙的平衡。

考点提示 骨组织中有骨祖细胞、成骨细胞、骨细胞和破骨细胞。

（二）长骨的结构

长骨由骨干、骨骺两部分组成，外覆骨膜和关节软骨，内有骨髓。

1. 骨干　主要由骨密质组成，按骨板排列方式不同可分为环骨板、骨单位和间骨板（图 3–8）。

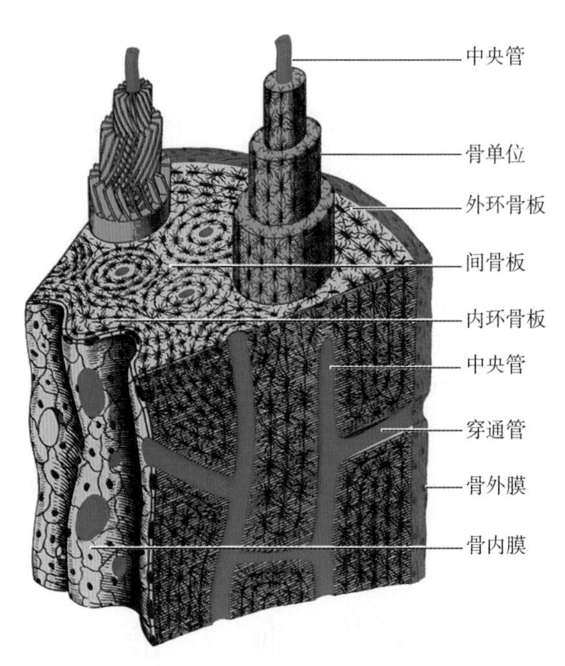

图 3–8　长骨骨干结构模式图

（1）环骨板　是环绕骨干内、外表面排列的骨板，分别称内环骨板和外环骨板。外环骨板较厚，由数层至数十层骨板组成，较整齐地环绕骨干排列。内环骨板较薄，排列不甚规则，与骨髓腔面一致。横向穿越内、外环骨板的管道称穿通管，内有血管和神经等。

（2）骨单位　又称哈弗斯系统，位于内、外环骨板之间，数量多，是骨密质的主要结构单位（图 3–9）。骨单位呈长圆筒状，中轴有一纵行的管道，称中央管，又称哈弗斯管，与穿通管相通，内含组织液、血管和神经等；周围是 4～20 层同心圆排列的骨板。

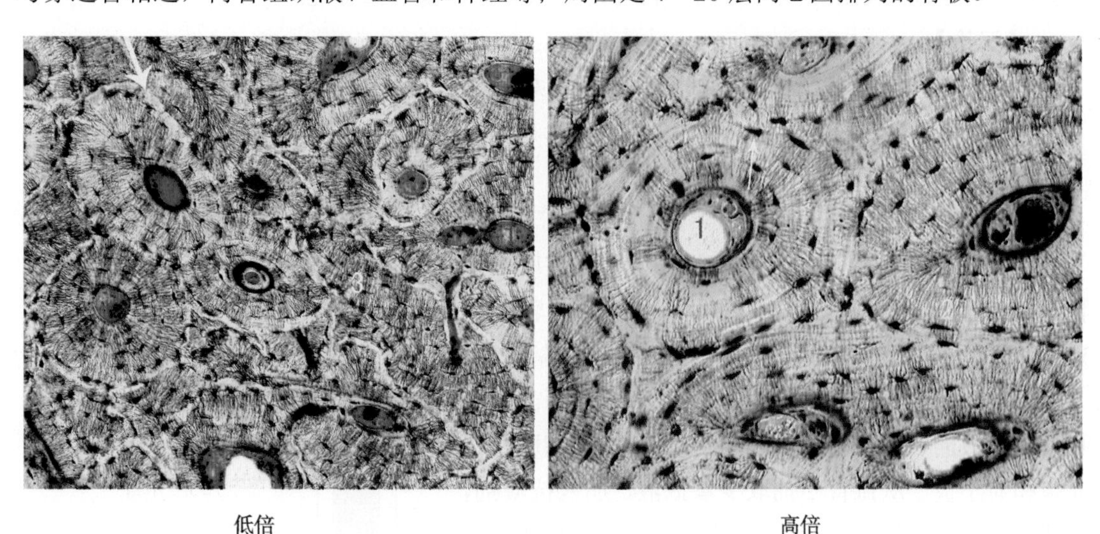

图 3–9　长骨横切（硫堇染色）

1. 中央管　2. 骨小管　3. 间骨板↓黏合线↑骨陷窝

（3）间骨板　存在于骨单位之间或骨单位与环骨板之间，呈扇形或不规则，是骨生长和改建过程中原有的骨单位被吸收时的残留部分。

考点提示　骨单位是骨密质的主要结构单位。

2. 骨骺　主要由骨松质构成，由针状或片状骨小梁交错排列形成。骨骺的关节面有关节软骨。

3. 骨膜　骨内、外表面覆盖的结缔组织膜，分别称骨内膜和骨外膜，通常所说的骨膜指骨外膜。骨膜的主要作用是营养骨组织，并为骨的生长和修复提供成骨细胞。

三、骨的发生

骨的发生自胚胎时期的间充质开始，出生后继续生长发育，直至成年才停止加长和增粗，但内部改建持续终身，改建速率随年龄增长而逐渐变慢。

骨的发生有膜内成骨和软骨内成骨两种形式。膜内成骨先形成胚胎性结缔组织膜，继而在此膜内发生骨化，额骨、顶骨、锁骨等以此种方式发生。软骨内成骨是先形成透明软骨雏形，然后逐渐被骨组织替代，四肢骨、躯干骨和部分颅底骨等大多数骨都以此种方式发生。

第三节　血　　液

扫码“学一学”

案例讨论

【案例】

患者王某，男，60岁，因“头晕、乏力、心悸、食欲不振”入院。体格检查见贫血貌，睑结膜苍白。红细胞 1.35×10^{12}/L，血红蛋白 56g/L，血小板 80×10^{9}/L，骨髓穿刺检查提示造血细胞巨幼变。诊断：巨幼细胞性贫血；萎缩性胃炎。

【讨论】

1. 试分析该患者巨幼细胞性贫血的可能病因。

2. 结合红细胞的功能，解释该患者出现头晕、乏力、心悸等症状的原因。

血液（blood）是液态的结缔组织，由血浆和血细胞组成。血浆相当于细胞外基质，约占血液容积的55%，其中绝大部分是水，其余为血浆蛋白、脂蛋白、无机盐、酶、激素、维生素和各种代谢产物等。血细胞又称血液的有形成分，约占45%，包括红细胞、白细胞和血小板。从血管中抽取少量血液，加入抗凝剂，静置或离心后可分出三层：上层淡黄色的为血浆，下层为红细胞，中间的薄层为白细胞和血小板（图3－10）。

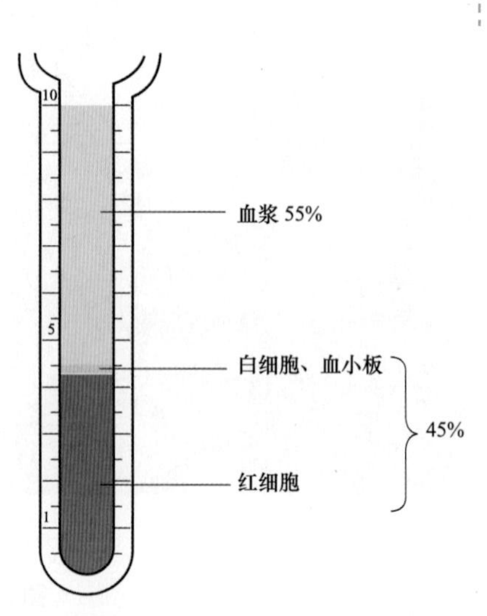

图3－10　血浆和血细胞比容

知识链接

血浆与血清的区别

血液自血管抽出后若不加抗凝剂，则凝血反应被激活，血浆中溶解状态的纤维蛋白原转变为细丝状的纤维蛋白，将血细胞和大分子血浆蛋白包裹起来，形成胶冻状的血凝块，继而血凝块收缩，其周围析出淡黄色透明液体，即为血清。

在凝血过程中，血浆中的纤维蛋白原转变成纤维蛋白，所以血清中无纤维蛋白原，这一点是血清与血浆最大的区别。凝血时，血小板还释放出多种物质，各凝血因子也发生变化，凝血酶原转变成凝血酶并随时间延长而逐渐减少，这些也是血清与血浆区别之处。为避免抗凝剂的干扰，临床上对血液中化学成分的分析，大多以血清为样本。

通常采用 Wright 或 Giemsa 染色的血涂片进行血细胞形态的光镜观察。血细胞分类和计数的正常值如下：

- 血细胞
  - 红细胞
    - 男性：（4.0～5.5）$\times 10^{12}$/L　血红蛋白：120～150g/L
    - 女性：（3.5～5.0）$\times 10^{12}$/L　血红蛋白：110～140g/L
  - 白细胞（4.0～10.0）$\times 10^{9}$/L
    - 有粒白细胞
      - 中性粒细胞 50%～70%
      - 嗜酸性粒细胞 0.5%～3%
      - 嗜碱性粒细胞 0～1%
    - 无粒白细胞
      - 淋巴细胞 20%～40%
      - 单核细胞 3%～8%
  - 血小板（100～300）$\times 10^{9}$/L

正常情况下，血液中各种成分的数量、比例等保持稳定，临床上将血细胞的形态、数量、比例和血红蛋白含量的测定结果称为血象。患病时，血象常有显著变化，因此，检测血象对诊治疾病有重要意义。

一、血细胞

（一）红细胞

红细胞呈双凹圆盘状（图 3－11），直径 7.5～8.5μm，中央薄，约 1μm，周缘厚，约 2 μm。这种形态特点使得红细胞比同体积的球形结构有更大的表面积，增强了气体交换的功能。在血涂片中，红细胞中央染色较浅，周缘染色较深（图 3－12）。

成熟的红细胞无细胞核，也无细胞器，胞质内充满血红蛋白（hemoglobin，Hb），血红蛋白可与 O_2 和 CO_2 结合。当血液流经肺时，血红蛋白释放 CO_2 并与 O_2 结合；当流经组织细胞时，释放 O_2 并与 CO_2 结合，这是红细胞气体运输和交换功能的基础。煤气中毒时，血红蛋白与大量 CO 结合，且不易分离，导致组织细胞缺氧，严重时可引起死亡。

血液中红细胞的数量及血红蛋白的含量随生理状态不同会发生变化，如婴儿高于成人、运动时多于安静状态、高原地区居民大都高于平原地区居民。若红细胞形态、数量或血红蛋白的质和量的改变超出正常范围，则为病理现象，如贫血、红细胞增多症等。

红细胞的膜上含有多种特异性抗原，可决定血型，如 ABO 血型系统、Rh 血型系统。

红细胞的平均寿命约 120 天。衰老的红细胞流经脾和肝时被巨噬细胞清除。与此同时，

每天有大量新生红细胞从骨髓进入血液，其中少部分未完全成熟的红细胞的胞质内除含血红蛋白外还有核糖体，煌焦油蓝染色呈细网状，故称网织红细胞，在外周血中运行1～3天后，核糖体消失，红细胞完全成熟。

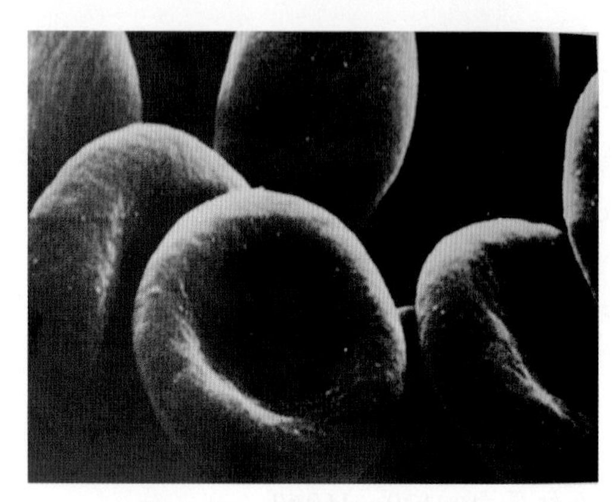

图3-11　红细胞扫描电镜图

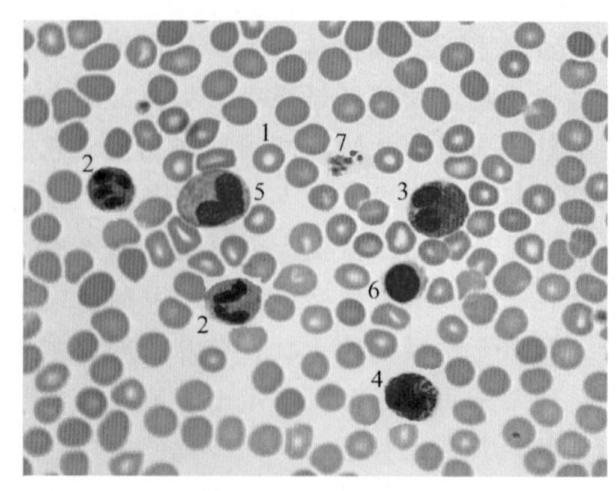

图3-12　血细胞光镜图（Wright染色　高倍）

1. 红细胞　2. 中性粒细胞　3. 嗜酸性粒细胞　4. 嗜碱性粒细胞　5. 单核细胞　6. 淋巴细胞　7. 血小板

扫码“看一看”

考点提示　成熟的红细胞无核，无细胞器，胞质内充满血红蛋白。

（二）白细胞

白细胞为无色、有核的球形细胞，可通过变形运动离开血管进入结缔组织或淋巴组织，发挥防御和免疫功能。血液中白细胞数量受运动、饮食等生理因素影响。在感染等疾病状态下，白细胞总数及各种白细胞的百分比值均可发生改变。

光镜下，根据胞质内有无特殊颗粒，可将白细胞分为有粒白细胞和无粒白细胞两类。根据特殊颗粒的嗜色性，有粒白细胞又分为中性粒细胞、嗜酸性粒细胞和嗜碱性粒细胞；无粒白细胞包括单核细胞和淋巴细胞（图3-12）。

1. 中性粒细胞　数量最多，占白细胞总数的50%～70%。直径10～12μm，核呈杆状或分叶状，分叶核一般为2～5叶，以2～3叶者居多。一般认为核分叶越多，细胞越衰老。若1～2叶核的细胞增多，称为核左移，常出现在机体受细菌严重感染时；若4～5叶核的细胞增多，称为核右移，表明骨髓造血功能障碍。中性粒细胞的胞质染成粉红色，含有许多细小、分布均匀的淡紫色及淡红色颗粒。

中性粒细胞具有活跃的变形运动和吞噬功能，细菌感染时，大量中性粒细胞向病变部位集中，发挥吞噬和杀菌功能。吞噬了细菌的中性粒细胞最终被巨噬细胞吞噬或死亡后转变为脓细胞。中性粒细胞在组织中仅存活2～3天。

2. 嗜酸性粒细胞　占白细胞总数的0.5%～3%，直径10～15μm，核多为2叶，胞质内充满粗大、均匀、染成桔红色的嗜酸性颗粒。嗜酸性颗粒内的组胺酶可分解组胺，芳基硫酸酯酶可灭活白三烯，从而减轻过敏反应。嗜酸性粒细胞还可杀灭寄生虫或虫卵。因此，在患过敏性疾病或寄生虫感染时，血液中嗜酸性粒细胞增多。嗜酸性粒细胞在组织中可存活8～12天。

3. 嗜碱性粒细胞　数量最少，占白细胞总数的0～1%。直径10～12μm，核呈S形或不规则，着色浅，常被颗粒掩盖。胞质内有大小不等、分布不均、染成蓝紫色的嗜碱性颗粒，颗粒内含组胺、肝素等。组胺和胞质内的白三烯参与过敏反应，肝素有抗凝血作用。

嗜碱性粒细胞在组织中可存活 10～15 天。

嗜碱性粒细胞与肥大细胞在分布、颗粒大小、胞核形态等方面均有所不同，但均含有肝素、组胺和白三烯等成分，故功能相似。

4. 单核细胞　占白细胞总数的 3%～8%，直径 14～20μm，是体积最大的白细胞。核呈肾形、马蹄形或不规则，染色质颗粒细而松散，故着色较浅。胞质丰富，灰蓝色，内含许多细小的淡紫色嗜天青颗粒。

单核细胞有活跃的变形运动能力和明显的趋化性，在外周血运行 1～2 天后穿出血管进入全身结缔组织或肝、肺等器官内，分化为巨噬细胞，如结缔组织内的巨噬细胞、骨组织内的破骨细胞和肝内的肝巨噬细胞等，这类细胞有强大的吞噬功能，故将单核细胞和其分化形成的巨噬细胞称为单核–吞噬细胞系统。

5. 淋巴细胞　占白细胞总数的 20%～40%，根据直径大小分为小淋巴细胞、中淋巴细胞和大淋巴细胞。外周血中小淋巴细胞居多，核圆形，着色深，一侧常有浅凹；胞质很少，弱嗜碱性，染成蔚蓝色。中淋巴细胞和大淋巴细胞的核椭圆形，染色质较疏松，故着色较浅，细胞质较多。淋巴细胞是人体主要的免疫细胞，在防御疾病过程中发挥重要作用。

（三）血小板

是骨髓巨核细胞脱落的胞质小块，有完整的细胞膜，内有细胞器，无细胞核。血小板呈双凸圆盘状，直径 2～4μm，当受到刺激时，可伸出突起。在血涂片上，血小板常聚集成群，也可单个存在（图 3–13）。血小板有止血和凝血的作用，寿命 7～14 天。血液中的血小板数低于 100×10^9/L 为血小板减少，低于 50×10^9/L 有出血危险。

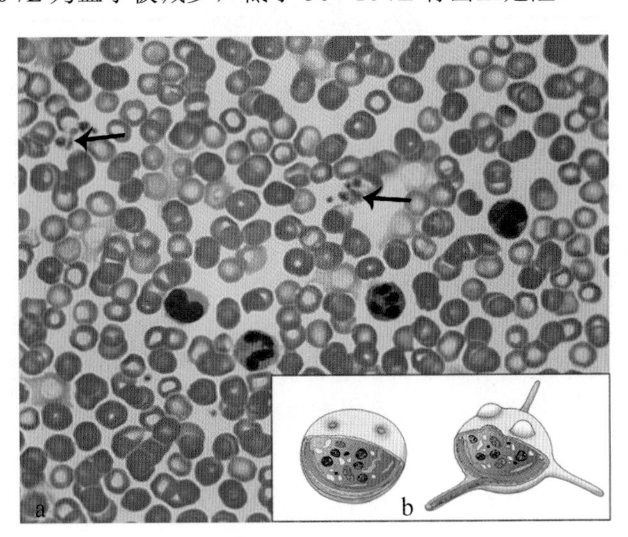

图 3–13　血小板

a. 油镜；b. 超微结构模式图

二、血细胞的发生

造血器官是生成血细胞的场所，胚胎时期肝、脾和骨髓等均有造血功能，出生后主要由红骨髓造血。

（一）骨髓的结构

骨髓位于骨髓腔内，分为红骨髓和黄骨髓。胎儿及婴幼儿时期均为红骨髓，随着年龄的增长，红骨髓逐渐变为黄骨髓。黄骨髓内有少量幼稚血细胞，当机体需要时可转变为红

骨髓进行造血。成人红骨髓主要分布在扁骨、不规则骨和长骨骨骺端的松质骨中，由造血组织和血窦构成。

1. 造血组织 主要由网状组织和造血细胞组成。网状组织由网状细胞和网状纤维组成，构成造血组织的支架，网眼中充满不同发育阶段的血细胞及少量造血干细胞、巨噬细胞和未分化间充质细胞等。

2. 血窦 管腔大，不规则，血窦周围和窦腔内的巨噬细胞可吞噬清除血液中的异物、细菌和衰老死亡的血细胞。

（二）造血干细胞和造血祖细胞

造血干细胞是生成各种血细胞的原始细胞，有增殖潜能和多向分化能力，可分化形成造血祖细胞。造血祖细胞接下来的分化方向确定，又称定向干细胞，仍有很强的增殖能力。

（三）血细胞发生过程的形态演变

造血祖细胞定向增殖、分化，形成各系的成熟血细胞。这一过程中的形态变化具有以下规律：①胞体由大变小，但巨核细胞由小变大。②胞核由大变小。其中红细胞的核消失，粒细胞的核由圆形逐渐变成杆状或分叶状，巨核细胞的核由小变大，呈分叶状。③胞质的量逐渐增多，嗜碱性逐渐减弱，但单核细胞和淋巴细胞仍保持嗜碱性；胞质内的特殊结构如红细胞中的血红蛋白、粒细胞中的特殊颗粒均从无到有，并逐渐增多。④细胞分裂能力从有到无，但淋巴细胞仍有很强的潜在分裂能力。

本章小结

结缔组织由细胞和大量细胞外基质构成，广义的结缔组织包括固有结缔组织、软骨组织和骨组织、血液及淋巴。固有结缔组织分为疏松结缔组织、致密结缔组织、脂肪组织和网状组织，疏松结缔组织包括成纤维细胞、巨噬细胞、浆细胞、肥大细胞、脂肪细胞和未分化的间充质细胞六种细胞成分，以及胶原纤维、弹性纤维和网状纤维三种纤维成分。软骨由软骨组织和周围的软骨膜构成，软骨组织由软骨基质和软骨细胞构成。透明软骨的软骨细胞分布有一定规律，周边部软骨细胞较小、幼稚，向深部迁移的过程中，软骨细胞逐渐长大成熟并成群分布，称同源细胞群。骨由骨组织、骨膜和骨髓等构成。其中，骨组织由细胞外基质和多种细胞组成，细胞成分主要有骨祖细胞、成骨细胞、骨细胞和破骨细胞。血液由血浆和血细胞组成，血细胞包括红细胞、白细胞和血小板三种。红细胞呈双凹圆盘状，无核，胞质内充满血红蛋白，可运输 O_2 和 CO_2。白细胞为无色有核球形的细胞，参与防御和免疫。白细胞可分为五类。血小板参与止血和凝血。

习 题

扫码“练一练”

一、选择题

1. 下述结缔组织的结构特点中错误的是

A. 细胞数量少　　B. 细胞种类多

C. 细胞外基质多　　D. 细胞有游离面和基底面

E. 血管、神经丰富

2. 与过敏反应有关的细胞是
   A. 成纤维细胞　B. 巨噬细胞　C. 浆细胞　D. 脂肪细胞
   E. 肥大细胞
3. 浆细胞来源于
   A. T 细胞　B. B 细胞　C. 单核细胞　D. NK 细胞
   E. 巨噬细胞
4. 疏松结缔组织基质中蛋白多糖分子的主干是
   A. 硫酸软骨素 A　B. 硫酸软骨素 C
   C. 透明质酸　D. 硫酸角质素
   E. 硫酸乙酰肝素
5. 下列关于巨噬细胞的描述，错误的是
   A. 大小不等，形态多样　B. 胞质丰富，呈嗜碱性
   C. 胞质富含溶酶体　D. 有强大的吞噬能力
   E. 来源于血液的单核细胞
6. 下列关于肥大细胞的描述中，错误的是
   A. 常成群分布于血管周围　B. 胞质充满异染颗粒
   C. 颗粒内含组胺　D. 与过敏反应关系密切
   E. 来源于血液中的单核细胞
7. 下列关于软骨组织的描述，错误的是
   A. 由细胞、纤维和基质构成　B. 细胞成分只有软骨细胞
   C. 基质呈凝胶状　D. 三种软骨的纤维不同
   E. 有丰富的血管分布
8. 覆盖于关节面的组织成分是
   A. 致密结缔组织　B. 透明软骨　C. 弹性软骨　D. 纤维软骨
   E. 疏松结缔组织
9. 产生软骨组织中细胞外基质的是
   A. 成纤维细胞　B. 成骨细胞　C. 软骨细胞　D. 骨祖细胞
   E. 骨细胞
10. 透明软骨基质内的纤维是
    A. 弹性纤维　B. 胶原纤维　C. 微原纤维　D. 网状纤维
    E. 胶原原纤维
11. 下列关于骨组织的描述，错误的是
    A. 由细胞、纤维和基质构成　B. 细胞外基质钙化
    C. 纤维为胶原原纤维　D. 骨细胞数量最多
    E. 是重要的钙、磷储存库
12. 下列能产生类骨质的细胞是
    A. 骨祖细胞　B. 成骨细胞　C. 骨细胞　D. 破骨细胞
    E. 间充质细胞
13. 下列能溶解、吸收骨质的细胞是
    A. 骨祖细胞　B. 成骨细胞　C. 骨细胞　D. 破骨细胞

E. 间充质细胞

14. 下列关于长骨骨干结构的描述，错误的是

A. 主要由骨密质构成

B. 骨密质在骨干内形成环骨板、骨单位和间骨板

C. 横穿的穿通管内含血管、神经

D. 骨单位是长骨的主要支持结构

E. 穿通管与骨单位中央管不通

15. 下列关于成熟红细胞的描述，错误的是

A. 双凹圆盘状，无细胞核

B. 细胞膜上有血型抗原

C. 细胞质内充满血红蛋白

D. 细胞质内含核糖体

E. 形态具有可变性

16. 下列有关红细胞的描述，错误的是

A. 能通过比其直径小的毛细血管

B. 寿命约 120 天

C. 在红骨髓内生成

D. 衰老的红细胞被脾和肝内的巨噬细胞吞噬

E. 只有完全成熟的红细胞才能从骨髓进入血液

17. 用煌焦油蓝染色可显示网织红细胞中残留的

A. 线粒体　B. 高尔基复合体　C. 核糖体　D. 粗面内质网

E. 滑面内质网

18. 患过敏性疾病或寄生虫病时，血液中哪种白细胞数量会显著增多

A. 中性粒细胞

B. 嗜酸性粒细胞

C. 嗜碱性粒细胞

D. 单核细胞

E. 淋巴细胞

19. 下列有关单核细胞的描述，错误的是

A. 是体积最大的白细胞

B. 占白细胞总数的 3%～8%

C. 核呈肾形、马蹄形或不规则形

D. 细胞质呈嗜酸性

E. 是人体内所有巨噬细胞的前身

二、思考题

1. 请结合肥大细胞的功能，解释荨麻疹病变局部出现的红、肿、痒等症状。

2. 请结合细胞的功能分析骨组织的各种细胞如何参与骨折愈合这一过程。

3. 红细胞为双凹圆盘状，这一特点与其携氧功能有何关系？

（庄　园）

第四章

肌 组 织

学习目标

1. **掌握** 骨骼肌、心肌和平滑肌的微细结构；骨骼肌纤维的超微结构。
2. **熟悉** 肌组织的组成、分类、分布及功能；心肌纤维的超微结构特点。
3. **了解** 骨骼肌纤维的收缩原理；平滑肌纤维的超微结构。
4. 学会在显微镜下正确区分三种肌组织。
5. 具备相关的运动安全知识并有健康宣教意识。

案例讨论

【案例】

患者，李某，男，20岁，因"剧烈运动（5公里长跑）后恶心伴发热、四肢乏力、肌肉酸痛2天，尿量明显减少且呈茶酱色"入院。血肌红蛋白442.4μg/L，尿蛋白（++），尿潜血（+）。诊断：横纹肌溶解症，急性肾功能衰竭。

【讨论】

1. 案例中发生溶解的横纹肌主要是哪种肌组织？
2. 横纹肌溶解为何会导致血液中肌红蛋白含量显著升高以及并发急性肾功能衰竭？
3. 运动时如何避免横纹肌溶解症的发生？

肌组织（muscle tissue）主要由肌细胞组成，肌细胞间有少量结缔组织、血管、淋巴管和神经。肌细胞形态细长，又称肌纤维。肌细胞的细胞膜称肌膜，细胞质称肌质或肌浆，肌浆内含大量肌丝，是肌纤维收缩和舒张的物质基础。根据肌纤维形态与功能的差异，可将肌组织分为骨骼肌、心肌和平滑肌三种类型。骨骼肌和心肌可见明暗相间的横纹，均属横纹肌。骨骼肌的舒缩受躯体神经支配，属随意肌；心肌、平滑肌的活动受自主神经支配，为不随意肌。

扫码"学一学"

第一节 骨 骼 肌

骨骼肌（skeletal muscle）大多借肌腱附着于骨骼上，也分布于眼、口周围及食管壁。整块肌肉外面有致密结缔组织包裹，形成肌外膜；肌外膜的结缔组织向内伸入，将肌组织

分隔为许多肌束，包绕在每一肌束外面的结缔组织称肌束膜；肌束由若干肌纤维平行排列而成，每条肌纤维周围的少量结缔组织称肌内膜（图 4-1）。肌内膜、肌束膜和肌外膜内含有血管和神经，起支持、连接、营养和调节作用。

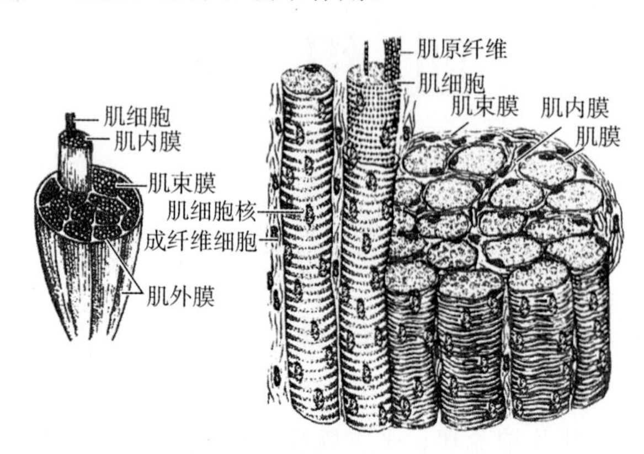

图 4-1 骨骼肌结构模式图

一、骨骼肌纤维的光镜结构

骨骼肌纤维呈长圆柱形，直径 10～100μm，长度一般为 1～40mm。骨骼肌纤维为多核细胞，一条肌纤维含有几十个甚至几百个细胞核，核呈椭圆形，染色较浅，位于肌膜下方（图 4-1）。肌浆内有大量与细胞长轴平行排列的肌原纤维，呈细丝状，其横切面呈点状。每条肌原纤维上都有相间排列的明带和暗带，且明带和暗带均排列在同一平面上，因此，骨骼肌纤维呈现明显的周期性横纹（图 4-2）。明带又称 I 带，中央有一条深色的细线，称 Z 线；暗带又称 A 带，中部有浅色窄带，称 H 带，H 带中央还有一条深色的 M 线。相邻两条 Z 线之间的一段肌原纤维称肌节，由 1/2 个 I 带+A 带+1/2 个 I 带组成，是肌原纤维结构和功能的基本单位。

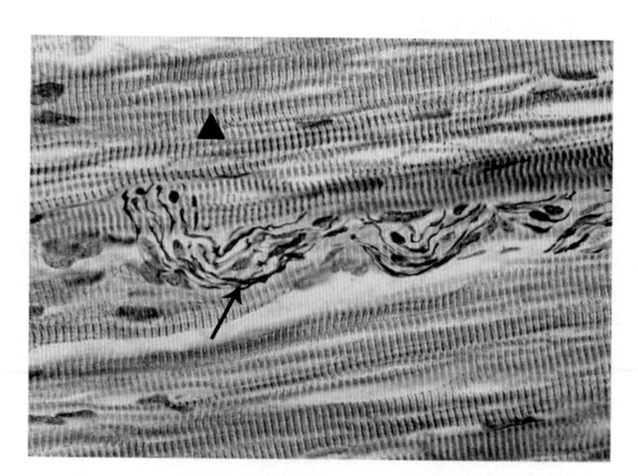

图 4-2 骨骼肌光镜图（Giemsa 染色 油镜）
▲ 示骨骼肌纤维 →示神经纤维

考点提示 相邻两条 Z 线之间的一段肌原纤维称肌节。

扫码“看一看”

二、骨骼肌纤维的超微结构

1. 肌原纤维 由粗、细两种肌丝构成，两者沿肌纤维长轴有规律地互相穿插排列，明暗带就是这两种肌丝规律排布的结果（图 4-3）。

粗肌丝长约 1.5μm，直径 15nm，位于 A 带，中央固定于 M 线，两端游离。细肌丝长约 1μm，直径 5nm，一端固定于 Z 线，另一端游离，插入粗肌丝之间，止于 H 带外缘。因此，I 带只有细肌丝，A 带既有粗肌丝又有细肌丝，但其中的 H 带只有粗肌丝。从横切面上看，每根粗肌丝周围排列着六根细肌丝，每根细肌丝周围排列着三根粗肌丝。

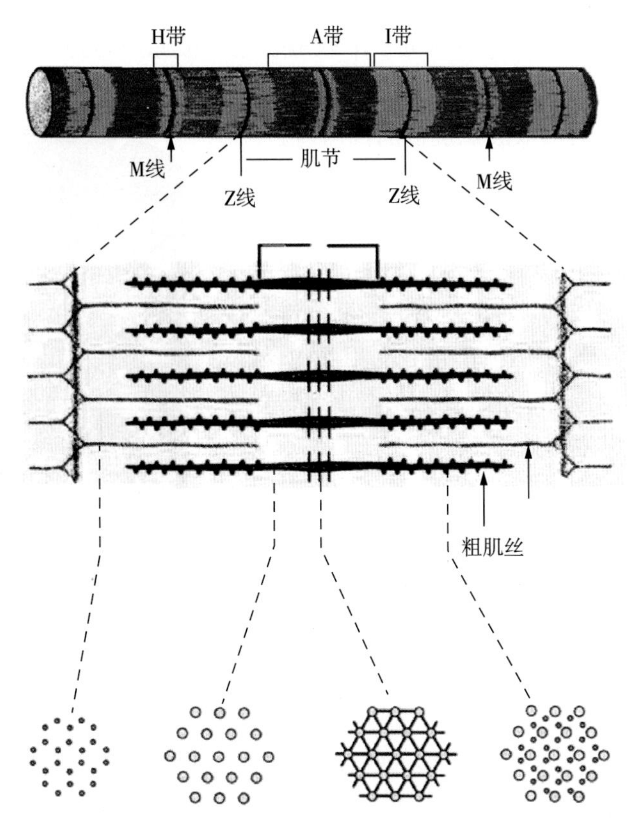

图 4-3 骨骼肌肌原纤维超微结构模式图

粗肌丝由肌球蛋白分子组成（图 4-4）。许多肌球蛋白分子平行排列，集合成束，组成一条粗肌丝。肌球蛋白分子形如豆芽，分为头部和杆部，在头、杆的连接点及杆上有两处类似关节的结构，可以屈动。肌球蛋白分子的杆朝向 M 线，头端朝向 Z 线并突出于粗肌丝表面，形成电镜下可见的横桥，具有 ATP 酶活性，能与 ATP 结合。当横桥与细肌丝的肌动蛋白接触时，ATP 酶被激活，分解 ATP 释放能量，使横桥发生屈曲运动。

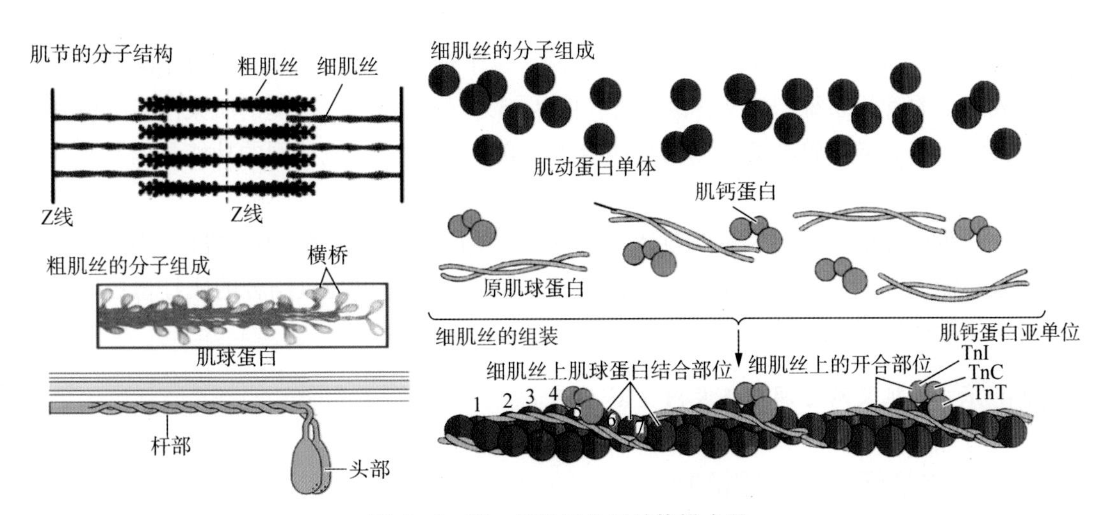

图 4-4 粗、细肌丝分子结构模式图

细肌丝由肌动蛋白、原肌球蛋白和肌钙蛋白三种分子组成（图 4-4）。肌动蛋白是由球形肌动蛋白单体连接并缠绕形成的双股螺旋链。每个肌动蛋白单体上都有一个与肌球蛋白

头部结合的位点，但该位点在肌纤维处于非收缩状态时被原肌球蛋白掩盖。原肌球蛋白是由两条多肽链相互缠绕形成的双股螺旋链，首尾相连形成长丝状，嵌于肌动蛋白双股螺旋链的浅沟内。

考点提示 粗肌丝和细肌丝的分子组成。

2. 横小管 又称T小管，是A带与I带交界处的肌膜向肌浆内凹陷形成的，其走行方向与肌纤维长轴垂直（图4–5）。同一水平的横小管分支相互吻合，环绕在每条肌原纤维周围，可将肌膜的兴奋迅速传导至肌纤维内部，使肌节同步收缩。

考点提示 横小管将兴奋迅速传至肌纤维内部，使肌节同步收缩。

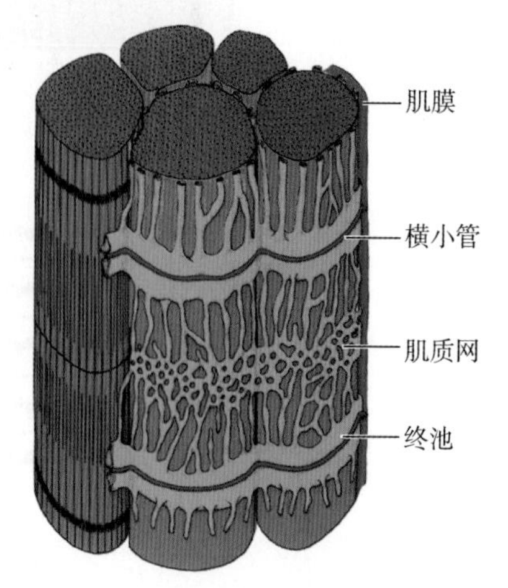

图4–5 骨骼肌纤维超微结构模式图

知识拓展

重症肌无力

重症肌无力是一种以骨骼肌进行性无力或极易疲劳为特征的自身免疫性疾病，通常在活动后加剧，休息后减轻，可因感染、应激和失眠加重。一般眼外肌、面肌、咬肌等首先受累，严重时累及躯干和四肢肌肉。发病年龄多在20～40岁，女性多于男性。

本病是由于横纹肌的神经–肌肉接头处兴奋传递障碍导致，大多逐渐发病，缓慢进展。眼外肌功能障碍产生眼睑下垂、斜视和复视，双侧常不对称。面肌受累时皱纹减少，表情动作无力。咬肌受累影响连续咀嚼，进食时常中断。累及延髓各肌时，发生吞咽困难，说话鼻音、呐吃。部分患者可累及呼吸肌导致呼吸困难。

3. 肌浆网 是肌纤维内特化的滑面内质网，位于横小管之间，环绕在每条肌原纤维周围，形成连续的管状系统，故又称纵小管（图4–5）。位于横小管两侧的肌浆网扩大成扁囊状，称终池。每条横小管与其两侧的终池组成三联体（triad）。肌浆网的功能是调节肌浆内Ca^{2+}浓度。

此外，肌原纤维之间有大量线粒体、糖原和少量脂滴。线粒体产生ATP，为肌肉收缩提供能量，糖原和脂肪是肌细胞内储备的能源。肌浆内还有可与氧结合的肌红蛋白，为线粒体产生能量提供氧。

考点提示 肌浆网可调节肌浆内Ca^{2+}浓度。

三、骨骼肌纤维的收缩机制

目前认为，骨骼肌纤维的收缩机制是肌丝滑动学说。其主要过程如下：①运动神经末梢将神经冲动传递给肌膜。②肌膜的兴奋经横小管传向终池。③肌浆网膜上钙通道开放，肌浆网内贮存的Ca^{2+}迅速释放入肌浆。④肌钙蛋白TnC亚单位与Ca^{2+}结合，引起肌钙蛋白

构象改变，原肌球蛋白位置也随之改变，致使肌动蛋白活性位点暴露，迅速与肌球蛋白头部（横桥）接触。⑤肌球蛋白头部 ATP 酶被激活，分解 ATP 并释放能量。⑥肌球蛋白头部发生屈动，将肌动蛋白拉向 M 线。⑦细肌丝滑入粗肌丝内，I 带和 H 带变窄，A 带长度不变，肌节缩短，肌纤维收缩（图 4–6）。⑧收缩结束后，肌浆内的 Ca^{2+}被泵回肌浆网内贮存，肌浆内 Ca^{2+}浓度降低，肌钙蛋白恢复原来的构象，原肌球蛋白恢复原位，再次掩盖肌动蛋白上的活性位点，肌球蛋白头与肌动蛋白分离，肌肉松弛。

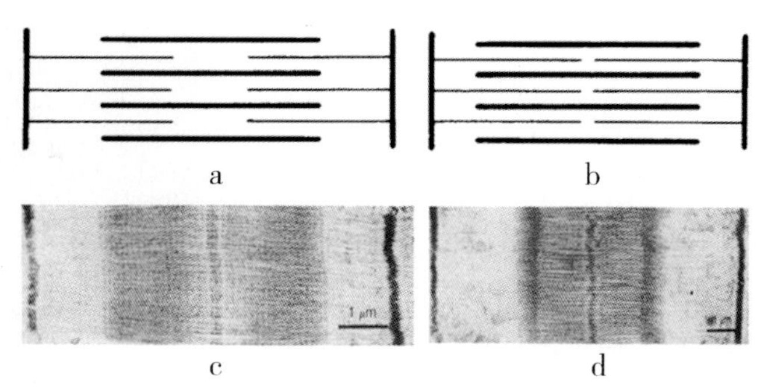

图 4–6　骨骼肌纤维收缩、舒张时肌节变化

上图：示意图　下图：电镜图

a、c：舒张　b、d：收缩

扫码“学一学”

第二节　心　　肌

心肌（cardiac muscle）分布于心壁和临近心的大血管壁上，其收缩具有自动节律性，属不随意肌。心肌细胞再生能力很弱，损伤的心肌纤维由结缔组织代替。

一、心肌纤维的光镜结构

心肌纤维呈短柱状，长 80～150μm，直径 10～20μm，有分支并相互连接成网；细胞核呈卵圆形，一般有 1 个，位于细胞中央；胞质丰富，内含线粒体、糖原及少量脂滴和脂褐素，脂褐素为溶酶体的残余体，随年龄增长而增多。心肌纤维也有周期性横纹，但不如骨骼肌明显。相邻心肌纤维连接处有闰盘，在 HE 染色标本中呈着色较深的横行或阶梯状的细线（图 4–7）。

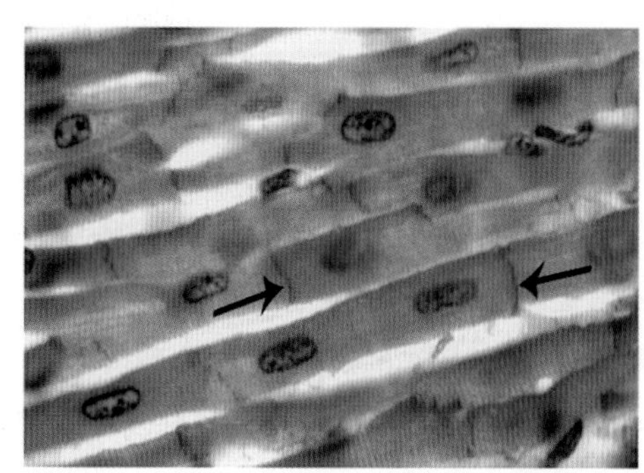

纵切面

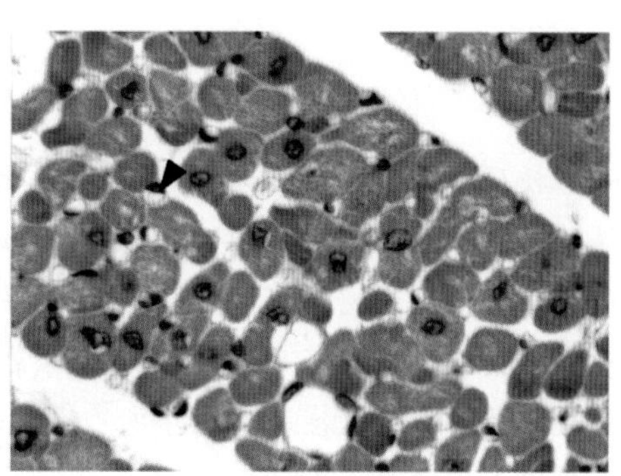

横切面

图 4–7　心肌光镜图（碘酸钠–苏木精染色　油镜）

→示闰盘　▲示毛细血管

考点提示 心肌纤维连接处形成闰盘。

二、心肌纤维的超微结构

心肌纤维的超微结构与骨骼肌纤维相似，但两者相比，心肌有以下特点：①粗、细肌丝被肌浆网和线粒体分隔成粗、细不等的肌丝束，故心肌纤维的肌原纤维不如骨骼肌明显，因此横纹也不如骨骼肌明显。②横小管较粗，位于 Z 线水平。③肌浆网稀疏，纵小管不发达，其末端仅在横小管一侧略膨大形成终池，与横小管相贴形成二联体（图 4–8）。④闰盘由相邻心肌纤维相互嵌合而成，呈阶梯状（图 4–9），其横向连接部分位于 Z 线水平，有中间连接和桥粒，连接牢固；纵向连接部分有缝隙连接，便于信息传导，使心肌纤维的收缩同步和协调。

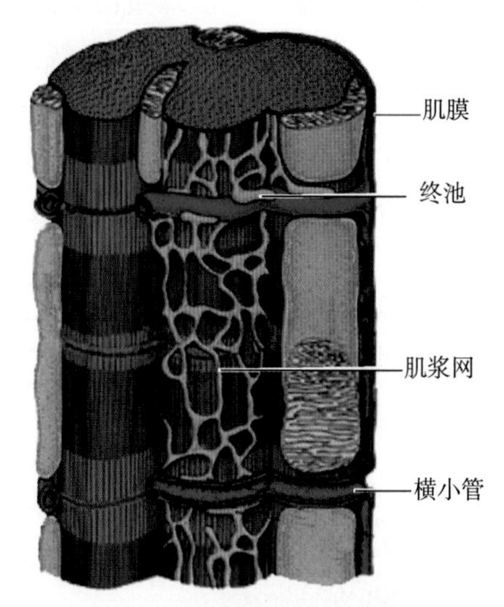

图 4–8　心肌纤维超微结构模式图

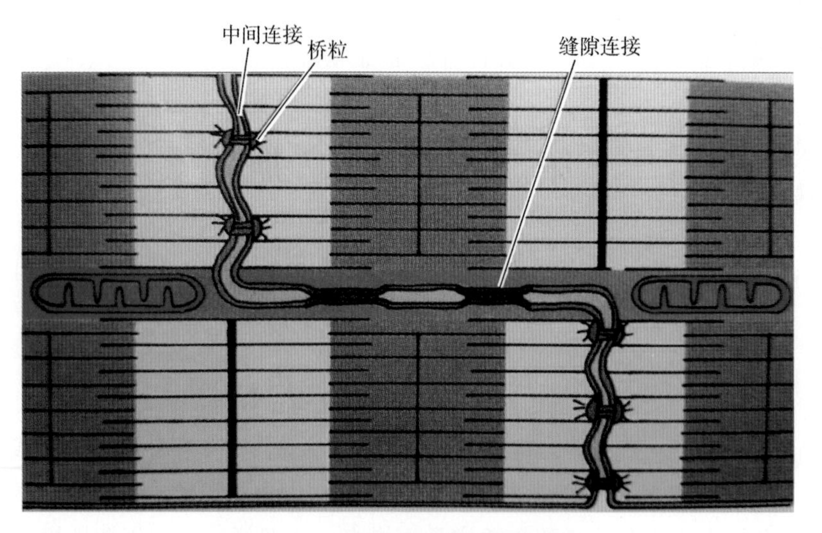

图 4–9　心肌闰盘超微结构模式图

知识链接

心肌梗死

心肌梗死多发生在心脏冠状动脉粥样硬化的基础上。在劳累、情绪激动、寒冷刺激、吸烟等诱因下，冠状动脉粥样斑块破裂，血液中的血小板在破裂的斑块表面聚集，形成的血块（血栓）突然堵塞冠状动脉管腔，导致相应心肌的血液供应急剧减少或中断，心肌严重而持久缺血，继而发生坏死。患者常表现为突然发作剧烈而持久的胸骨后或心前区压榨性疼痛，时间往往超过半小时，休息和含服硝酸甘油不能缓解，常伴有烦躁不安、出汗、恐惧或濒死感，可出现心律失常、心力衰竭等。大面积心肌梗死时，心排出量急剧减少，可引起心源性休克；坏死累及二尖瓣乳头肌时，可出现乳头肌功能失调或断裂；在心腔压力作用下，坏死心壁向外膨出，可出现心脏破裂或逐渐形成心室壁瘤。

扫码“学一学”

第三节 平滑肌

平滑肌（smooth muscle）广泛分布于内脏器官和血管的管壁内。平滑肌收缩缓慢而持久，属不随意肌。

平滑肌纤维呈长梭形，长度不等，一般为200μm，短的只有20μm，如小血管壁上的平滑肌纤维，长的可达500μm，如妊娠末期的子宫平滑肌纤维。肌纤维多呈紧密、交错排列，即一条肌纤维较细的两端常与相邻的另一肌纤维中部较粗的部分毗邻。平滑肌纤维无周期性横纹，细胞核仅1个，呈杆状或椭圆形，位于细胞中央，肌纤维收缩时，核可呈扭曲状。横切面上，平滑肌呈大小不等的圆形断面，大的断面中央可见细胞核（图4-10）。

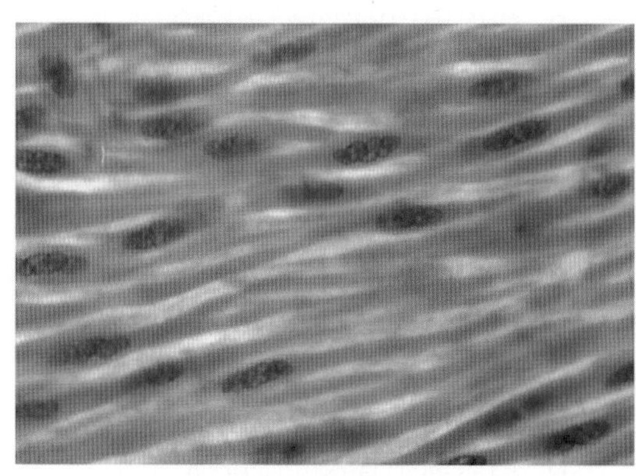
纵切面

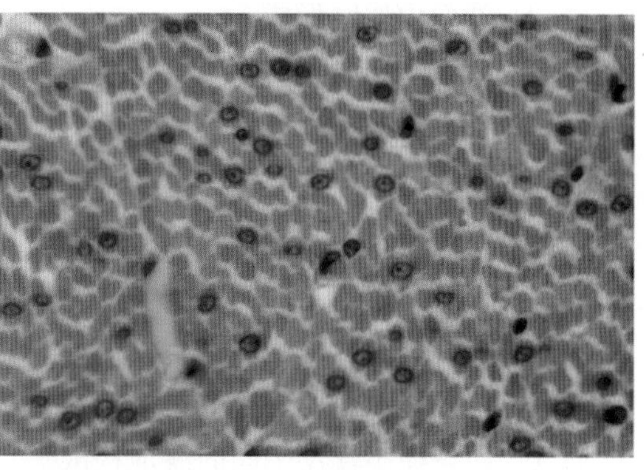
横切面

图4-10 平滑肌光镜图（油镜）

本章小结

肌组织主要由具有收缩功能的肌细胞构成，其间有少量结缔组织、血管和神经等，可分为骨骼肌、心肌和平滑肌。骨骼肌长圆柱形，胞质内有大量平行排列的肌原纤维。肌原纤维上的明暗带规律排列，构成横纹。肌节是肌原纤维结构和功能的基本单位，为相邻两条Z线间的一段肌原纤维，由1/2个I带+A带+1/2个I带组成。电镜下可见：肌原纤维由粗、细肌丝规律性排布构成；在A带和I带交界处，肌膜向内凹陷形成横小管，将兴奋迅速传到肌纤维内部；滑面内质网特化为肌浆网，调节肌质内 Ca^{2+}浓度。心肌呈短圆柱状，有横纹但不如骨骼肌明显，心肌纤维相连处称闰盘。心肌纤维的超微结构与骨骼肌类似。平滑肌长梭形，无横纹。

扫码“练一练”

习题

一、选择题

1. 肌节的组成是

A. A带+I带　　　　B. 1/2 I带+A带+1/2 I带

C. 1/2 A 带+I 带+1/2 A 带　　D. I 带+H 带

E. A 带+H 带

2. 下列关于肌原纤维的描述，错误的是

A. 由粗肌丝和细肌丝构成　　B. 沿肌纤维长轴平行排列

C. 周围有少量结缔组织，称为肌内膜　　D. 骨骼肌纤维中最丰富

E. 肌丝规律排列形成明暗带

3. 下列关于骨骼肌纤维光镜结构的描述，错误的是

A. 形态呈长圆柱状　　B. 有明暗相间的横纹

C. 细胞核 1～2 个，位于细胞中央　　D. 细胞核呈椭圆形，染色较浅

E. 肌浆内含大量肌原纤维

4. 骨骼肌纤维的横小管由

A. 滑面内质网形成　　B. 粗面内质网形成

C. 肌浆网形成　　D. 肌膜向肌浆内凹陷形成

E. 高尔基复合体形成

5. 下列哪种蛋白不参与构成肌丝

A. 肌球蛋白　　B. 肌动蛋白　　C. 原肌球蛋白　　D. 肌钙蛋白

E. 肌红蛋白

6. 骨骼肌纤维的三联体由

A. 一条纵小管及两侧的终池构成　　B. 一条横小管及两侧的终池构成

C. 两条横小管及中间的终池构成　　D. 两条纵小管及一个终池构成

E. 一条横小管及一个终池构成

7. 下列关于心肌纤维的描述，正确的是

A. 形态呈圆柱状，没有分支　　B. 有横纹，且比骨骼肌明显

C. 细胞核多个，位于肌膜下方　　D. 肌浆网发达

E. 常见二联体

8. 与骨骼肌相比，下列哪个结构是心肌特有的

A. 横纹　　B. 肌原纤维　　C. 横小管　　D. 肌浆网

E. 闰盘

二、思考题

1. 如何在光镜下分辨骨骼肌、心肌和平滑肌？

2. 骨骼肌纤维与心肌纤维的超微结构有何异同？

（庄　园）

第五章

神经组织

学习目标

1. **掌握** 神经元的光镜和电镜结构；化学突触的超微结构和功能；神经纤维的分类和有髓神经纤维的光镜特点。

2. **熟悉** 神经元的分类和功能；神经末梢的分类和主要功能。

3. **了解** 神经胶质细胞的分类和功能；神经的结构；无髓神经纤维的光镜特点。

4. 学会在光镜下识别神经元以及区分轴突、树突。

5. 具有尊重患者生命价值和个人隐私的意识。

案例讨论

【案例】

患者，男，53岁，因“四肢无力进行性加重近1年”入院就诊。半年前，患者右下肢乏力明显加重，步态不稳，易跌倒。同时，患者渐次出现右上肢及左上肢乏力症状，伴肢体关节僵硬。相关检查提示广泛性神经源性损伤。诊断：肌萎缩性脊髓侧索硬化症。

【讨论】

1. 根据症状推测该病是因哪类神经元进行性退化导致的？

2. 应如何指导该患者进行肢体功能锻炼？

神经组织（nerve tissue）由神经细胞和神经胶质细胞组成。神经细胞是神经组织的结构和功能单位，也称神经元。神经元具有接受刺激、整合信息和传导冲动的功能。神经胶质细胞的数量为神经元的10～50倍，对神经元起支持、保护、营养、绝缘等作用，构成神经元生长和功能活动的微环境。

扫码“学一学”

第一节 神 经 元

神经元的形态和大小不一，但都可分为胞体和突起两部分。胞体由细胞膜、细胞质和细胞核组成，突起包括树突和轴突（图5-1）。

一、神经元的结构

（一）胞体

胞体主要位于中枢神经系统的灰质及周围神经系统的神经节内，为神经元的营养和代谢中心。

1. 细胞膜 为可兴奋膜，可接受刺激、产生动作电位和传导神经冲动。

2. 细胞核 位于胞体中央，大而圆，着色浅，核仁大而明显。

3. 细胞质 位于核周围，又称核周质，细胞器丰富，有粗面内质网、游离核糖体、高尔基复合体、线粒体、微丝、微管和神经丝等。光镜下其特征性结构为尼氏体和神经原纤维。

（1）尼氏体 为嗜碱性的颗粒状或斑块状小体，位于核周质和树突内（图 5–2）。电镜下，尼氏体由大量平行排列的粗面内质网和游离核糖体组成，表明神经元有活跃的合成蛋白质功能，主要合成更新细胞器所需的结构蛋白、合成神经递质所需的酶类及肽类的神经调质。

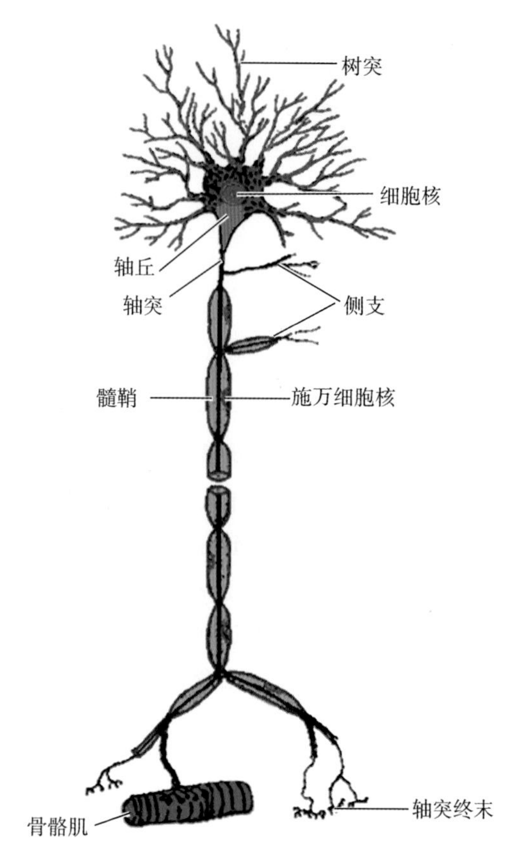

图 5–1 运动神经元模式图

（2）神经原纤维 在银染切片中呈棕黑色细丝，交织成网，并伸入树突和轴突（图 5–2），HE 染色的切片上不能分辨。神经原纤维构成细胞骨架，具有支持和物质运输作用。

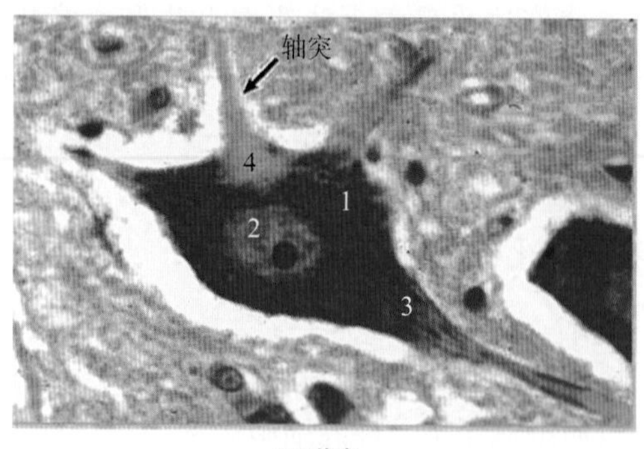

HE 染色

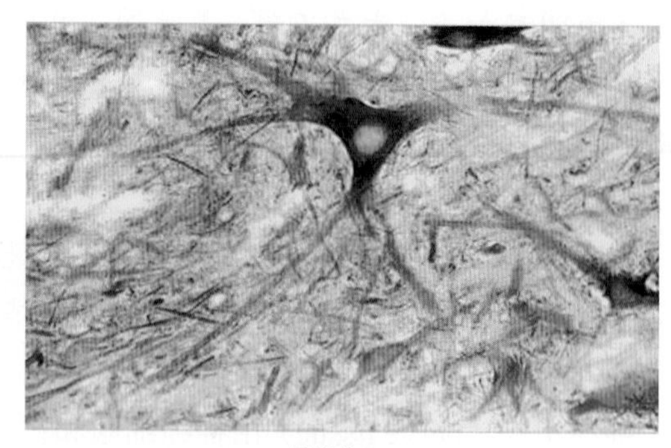
镀银染色

图 5–2 神经元光镜图（高倍）

1. 尼氏体 2. 细胞核 3. 树突 4. 轴丘

考点提示 光镜下，神经元核周质内有尼氏体和神经原纤维两种特征性结构。

（二）突起

1. 树突 每个神经元有一个或多个树突，呈树枝样分支，分支上有许多棘状的短小突起，称树突棘，是形成突触的主要部位。树突可接受刺激并将神经冲动传向胞体。

2. 轴突 每个神经元只有一个轴突。胞体发出轴突的部位呈圆锥形，无尼氏体，故染色淡，称轴丘（图 5–1，图 5–2）。轴突表面光滑，粗细较均匀，末端有较多分支，形成轴

突终末。轴突表面的细胞膜称轴膜，内含的胞质称轴质。轴突内无尼氏体，不能合成蛋白质，故轴突成分的更新及合成神经递质所需的蛋白和酶均由胞体合成后输送。轴突的主要功能是传导神经冲动。

考点提示 树突的主要功能是接受刺激，轴突的主要功能是传导神经冲动。

二、神经元的分类

根据突起的数目不同，神经元可分为假单极神经元、双极神经元和多极神经元（图5-3）。根据功能不同，可分为感觉神经元、运动神经元和中间神经元。根据释放的神经递质分为胆碱能神经元、胺能神经元、氨基酸能神经元和肽能神经元等。

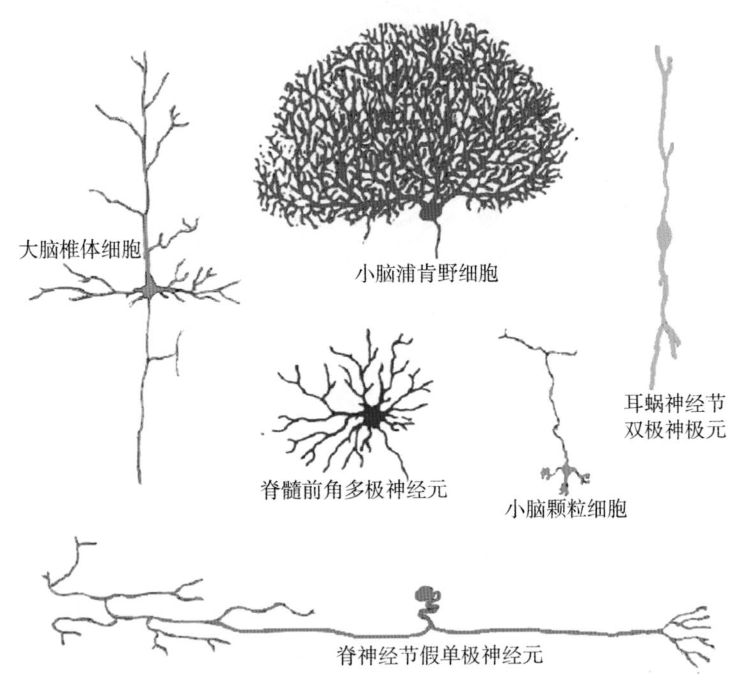

图5-3　神经元的几种主要类型模式图

知识拓展

脑性瘫痪

脑性瘫痪简称脑瘫，是在脑发育期间，包括出生前后或婴儿期，支配运动的部分脑组织受到损害，导致肌肉控制失调，引起身体运动困难和体位不正常，为非进展性、持久的运动功能障碍。部分患者可出现脑萎缩或两侧大脑半球不对称，显微镜下可见神经元数量减少、变性等改变。由于患者的肌肉本身并没有瘫痪，病变在脑，故称脑瘫。除瘫痪症状外，还常伴有智力低下、癫痫及感觉、行为和情绪的异常。母亲怀孕期间患有严重糖尿病、高血压、妊娠中毒症及新生儿早产、窒息、黄疸、传染性疾病、脑外伤等都有可能导致脑瘫的发生。小儿脑瘫确诊后，应尽早进行干预，可选配辅助器具，开展运动功能、姿势矫正、语言交往、生活活动四方面的康复训练，力争获得较好的治疗效果。

三、突触

突触（synapse）是神经元与神经元之间或神经元与效应细胞之间特化的细胞连接方式，是神经元传递信息的结构。最常见的是一个神经元的轴突与另一个神经元的树突、树突棘或胞体构成突触，分别称轴–树突触、轴–棘突触或轴–体突触（图 5–4）。根据传递信息的方式不同，突触可分为化学突触和电突触两大类。

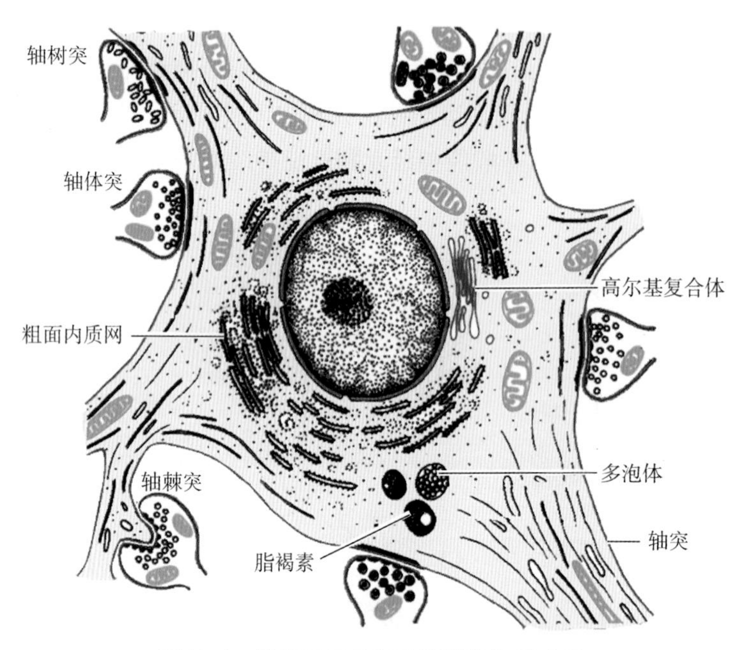

图 5–4　神经元及其突触超微结构模式图

1. 突触小体内圆形清亮小泡含乙酰胆碱；2. 突触小体内颗粒状小泡含单胺类；3. 突触小体内扁平清亮型小泡含氨基酸类

考点提示　突触是一种特化的细胞连接方式，可分为化学突触和电突触。

（一）化学突触

人体内的突触大多为化学突触，通过神经递质传递信息。电镜下，化学突触由突触前成分、突触间隙和突触后成分三部分构成。突触前、后成分彼此相对的细胞膜分别称为突触前膜和突触后膜，两者之间的狭窄间隙为突触间隙。突触前成分内有许多突触小泡（图 5–5），内有神经递质，如乙酰胆碱、去甲肾上腺素等。突触后膜上有特异性受体及离子通道。

当神经冲动沿轴膜传至轴突终末时，突触前膜上的 Ca^{2+}通道开放，Ca^{2+}由细胞外进入突触前成分，在 ATP 参与下，突触小泡移向突触前膜，通过出胞作用将小泡内的神经递质释放到突触间隙，与突触后膜上的特异性受体结合，导致突触后膜上的离子通道开放，膜内外离子的分布改变，突触后神经元（或效应细胞）产生兴奋或抑制性变化，完成信息的传递。神经冲动通过化学突触的传导是单向性的。

考点提示　化学突触由突触前成分、突触间隙和突触后成分构成。

（二）电突触

电突触即缝隙连接，通过电流传递信息。因不依赖神经递质，故电突触对神经冲动的传导是双向的。

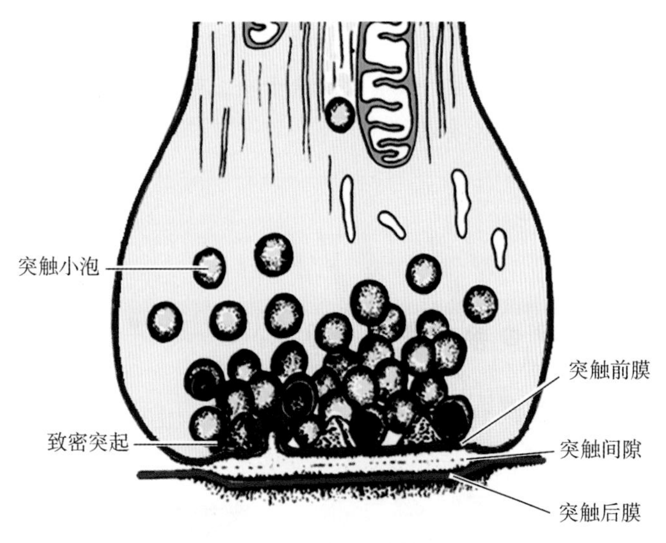

图 5-5　化学突触超微结构模式图

第二节　神经胶质细胞

神经胶质细胞（neuroglia cell）广泛分布于神经元和神经元之间、神经元与非神经元之间，有突起，但不分树突和轴突，无传导神经冲动的功能，对神经元起支持、营养、保护、绝缘等作用。

一、中枢神经系统的神经胶质细胞

1. 星形胶质细胞　呈星形，体积较大，有支持和隔离神经元的作用。部分突起末端膨大形成脚板，贴附在毛细血管壁上，参与构成血–脑屏障，或附在脑和脊髓表面形成胶质界膜（图 5–6）。星形胶质细胞能分泌神经营养因子，维持神经元的生存及其功能活动。中枢神经系统受损伤时，星形胶质细胞增生、修复缺损，形成胶质瘢痕。

2. 少突胶质细胞　突起细而少，分支也少，突起末端扩展成扁平薄膜，缠绕轴突形成髓鞘（图 5–6），是中枢神经系统的髓鞘形成细胞。

3. 小胶质细胞　是体积最小的神经胶质细胞。中枢神经系统损伤时，小胶质细胞可转变成巨噬细胞，吞噬细胞碎屑及退化变性的髓鞘，属于单核–吞噬细胞系统。

4. 室管膜细胞　为衬于脑室和脊髓中央管腔面的单层立方或柱状细胞（图 5–6），参与脑脊液形成。

知识拓展

神经胶质细胞瘤

神经胶质细胞瘤是由神经外胚层衍化而来的胶质细胞发生的肿瘤，为颅内肿瘤中最常见的一种，其发病率占全部颅内肿瘤的 40%～50%，包括星形胶质细胞瘤、少突胶质细胞瘤、室管膜瘤等。不同类型的胶质瘤好发部位不同，多数位于额叶、颞叶和顶叶，常呈浸润性生长，边界欠清，颅内压增高为最早出现的症状，颅内呈脑脊液转移，颅外

转移极少见。治疗以手术切除为主，但难以切除干净，可辅以放射治疗和化学药物治疗。该病预后与分化程度、生长部位有关。

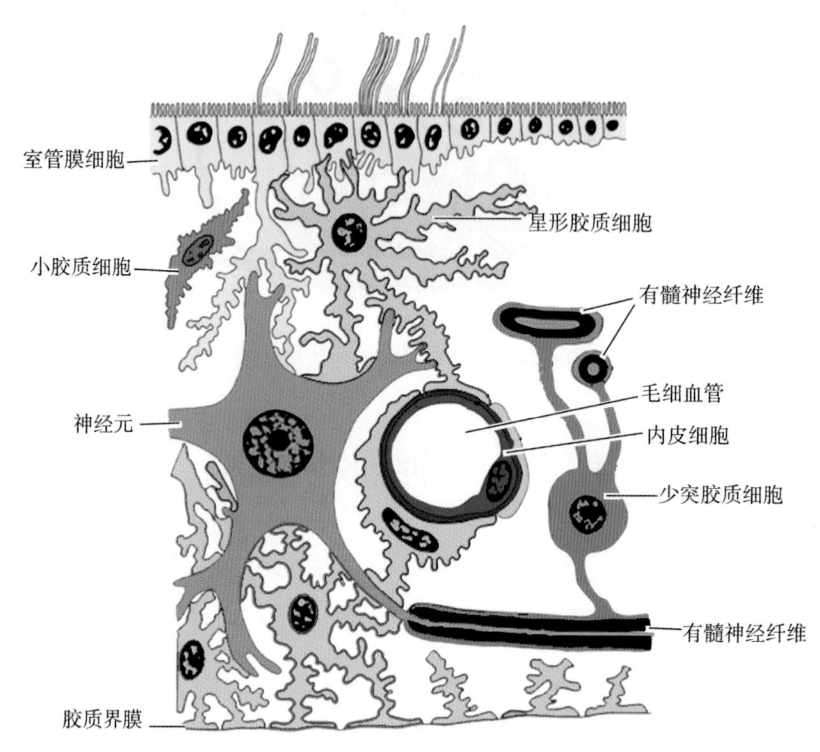

图 5-6　中枢神经系统神经胶质细胞与神经元、毛细血管的关系示意图

二、周围神经系统的神经胶质细胞

1. 施万细胞　又称神经膜细胞，是周围神经系统的髓鞘形成细胞，有保护和绝缘功能，还可分泌神经营养因子，促进受损神经元存活及轴突再生。

2. 卫星细胞　是神经节内围绕神经元胞体的一层扁平或立方形细胞，具有营养和保护神经节细胞的功能。

扫码“学一学”

第三节　神经纤维和神经

一、神经纤维

神经纤维（nerve fiber）由神经元的长轴突和包在外面的神经胶质细胞构成。根据包裹轴突的神经胶质细胞是否形成髓鞘，可分为有髓神经纤维和无髓神经纤维两种。

（一）有髓神经纤维

1. 周围神经系统的有髓神经纤维　由施万细胞包绕神经元的轴突构成。施万细胞形成的髓鞘呈节段性，两段髓鞘间的缩窄处称郎飞结，相邻郎飞结之间的一段神经纤维称结间体（图 5-1，图 5-7）。

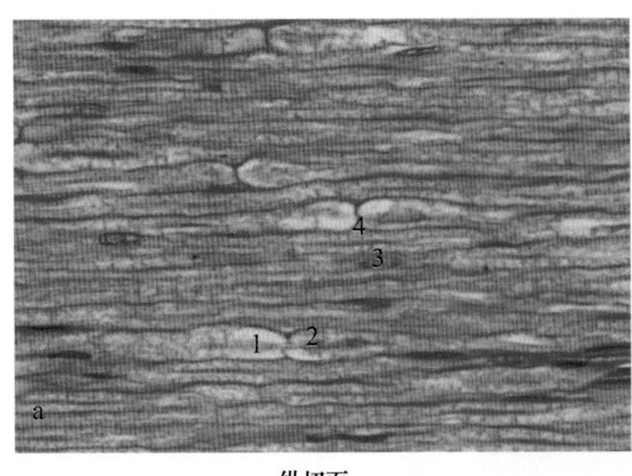

纵切面

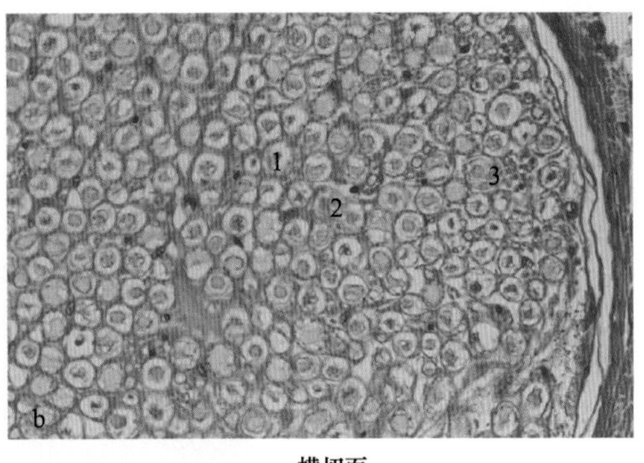

横切面

图 5–7 有髓神经纤维（坐骨神经　高倍）

1. 轴突　2. 髓鞘　3. 施万细胞胞质与核　4. 郎飞结

2. 中枢神经系统的有髓神经纤维　少突胶质细胞突起末端的扁平薄膜包卷轴突形成髓鞘，其胞体位于神经纤维之间（图 5–8）。

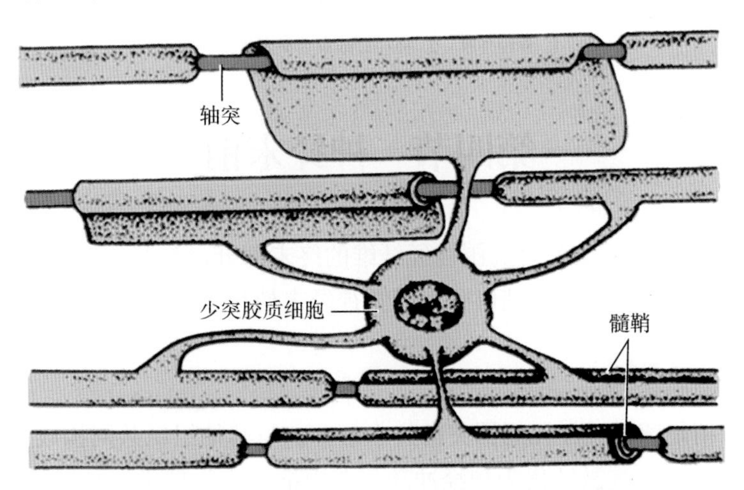

图 5–8　少突胶质细胞与有髓神经纤维关系模式图

髓鞘的类脂成分在组织液与轴膜间起绝缘作用，故神经冲动只发生在郎飞结处的轴膜，呈跳跃式传导，传导速度快。

考点提示　有髓神经纤维的髓鞘呈节段性，神经冲动在郎飞结处跳跃式传导。

（二）无髓神经纤维

1. 周围神经系统的无髓神经纤维　由轴突及外面包裹的施万细胞构成。施万细胞表面形成深浅不一的数个纵沟，轴突陷于其中但未被完全包裹，故不形成髓鞘，无郎飞结。

2. 中枢神经系统的无髓神经纤维　为裸露的轴突，无神经胶质细胞包裹。

无髓神经纤维因无髓鞘和郎飞结，神经冲动沿轴膜连续传导，传导速度比有髓神经纤维慢。

二、神经

神经（nerve）由功能相关的神经纤维及周围包裹的结缔组织、血管和淋巴管等构成。若干条神经纤维集合成大小不等的神经纤维束，多个神经纤维束集合成一根神经（图 5–9）。在神经纤维、神经纤维束及神经的外面都有结缔组织包裹，分别称神经内膜、神经束膜和

神经外膜。较粗的神经（如坐骨神经）可含数十个神经纤维束，细小的神经可仅由一个神经纤维束构成。

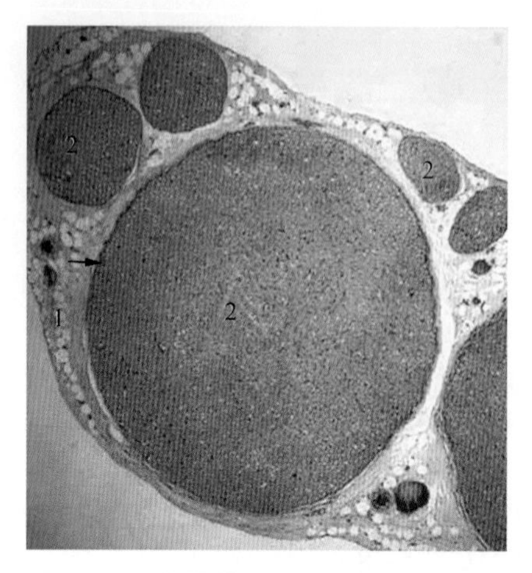

图 5–9　坐骨神经（横切面　低倍）

1. 神经外膜　2. 神经纤维束　→示神经束膜

扫码“看一看”

第四节　神经末梢

神经末梢（nerve ending）是周围神经纤维的终末部分，与其他组织共同构成感受器或效应器。根据功能不同，神经末梢可分为感觉神经末梢和运动神经末梢两类。

一、感觉神经末梢

感觉神经末梢是感觉神经元周围突的终末部分，与其他组织共同构成感受器，接受内、外环境的刺激并将各种刺激转化为神经冲动传向中枢，产生感觉。按其结构可分为游离神经末梢和有被囊神经末梢两类。

（一）游离神经末梢

神经纤维的终末部分反复分支而成，分支末端失去髓鞘，裸露分布于表皮、角膜或骨膜、关节囊、肌腱、韧带、牙髓等处，感受冷、热、疼痛和轻触觉等刺激。

（二）有被囊神经末梢

此类神经末梢有结缔组织被囊，形态多样，主要有以下三种。

1. 触觉小体　分布于皮肤的真皮乳头层，手指掌侧皮肤内最多，数量随年龄增加逐渐减少，参与产生触觉。

2. 环层小体　分布于皮下组织、腹膜、肠系膜、韧带和关节囊等处，参与产生压觉和振动觉。

3. 肌梭　分布于骨骼肌内的梭形结构，主要感受肌纤维收缩或舒张时的张力变化，产生身体部位屈伸状态的感知，在调节骨骼肌活动中起重要作用。

二、运动神经末梢

运动神经末梢是运动神经元的长轴突分布于肌组织和腺体内的终末结构，支配肌纤维的收缩，调节腺细胞的分泌。根据分布部位不同，可分为躯体运动神经末梢和内脏运动神

经末梢两类。

（一）躯体运动神经末梢

躯体运动神经末梢分布于骨骼肌。躯体运动神经元的轴突到达所支配的肌肉时失去髓鞘，反复分支，每一分支与一条骨骼肌纤维连接，连接处呈椭圆形板状隆起，称运动终板或称神经–肌肉接头。一个神经元可支配多条骨骼肌纤维，一条骨骼肌纤维通常只接受一个轴突分支的支配。

（二）内脏运动神经末梢

内脏运动神经末梢是分布于内脏及血管的平滑肌、心肌和腺体等处的植物性神经末梢。这类神经纤维较细，无髓鞘，其轴突终末分支呈串珠样膨体，位于肌纤维的表面或穿行于腺细胞之间。

本章小结

神经组织主要由神经元和神经胶质细胞组成。神经元可分为胞体和突起两部分。胞体是营养和代谢中心，由细胞膜、细胞核和细胞质构成。胞质内细胞器丰富，光镜下可见的特征性结构是尼氏体和神经原纤维。突起分轴突和树突，形态差别较大，光镜下可根据胞质内有无尼氏体进行区分。轴突的功能是将神经冲动传向轴突终末，树突的主要功能是接受刺激。突触是神经元与神经元之间或神经元与效应细胞之间传递信息的结构，分为化学突触和电突触。化学突触由突触前成分、突触间隙和突触后成分构成。电突触为缝隙连接。神经胶质细胞数量多，但不传导神经冲动。神经元的长轴突及包在其外的神经胶质细胞构成神经纤维，分为有髓神经纤维和无髓神经纤维。有髓神经纤维传导神经冲动速度快。神经末梢为周围神经纤维的终末部分，分为感觉神经末梢和运动神经末梢两大类，前者产生感觉并传向中枢，后者支配肌纤维运动和腺细胞分泌。

习 题

扫码“练一练”

一、选择题

1. 构成神经组织的基本成分是
   A. 神经元和神经纤维　　B. 神经元和神经
   C. 神经元和神经节　　D. 神经元和神经胶质细胞
   E. 神经元和神经末梢
2. 神经元胞质内的尼氏体在电镜下是
   A. 粗面内质网和高尔基复合体　　B. 粗面内质网和线粒体
   C. 粗面内质网和游离核糖体　　D. 滑面内质网和线粒体
   E. 滑面内质网和游离核糖体
3. 突触前膜是指
   A. 轴突末端的细胞膜　　B. 突触前成分
   C. 树突末端细胞膜　　D. 有受体一侧的细胞膜
   E. 接受神经递质一侧的细胞膜

4. 神经元胞体内交织分布的嗜银纤维是

A. 神经丝　　B. 神经原纤维　　C. 神经纤维　　D. 微丝

E. 微管

5. 光镜下，轴突与树突的鉴别要点是

A. 轴突长、树突短　　B. 轴突细、树突粗

C. 轴突分支少、树突分支多　　D. 轴丘、轴突内无尼氏体

E. 树突表面不光滑、轴突表面光滑

6. 神经递质是从突触前膜侧胞质内以下哪个结构中释放的

A. 吞饮小泡　　B. 多泡体　　C. 突触小泡　　D. 吞噬体

E. 滑面内质网

7. 神经胶质细胞的主要功能是

A. 传导神经冲动　　B. 接受刺激

C. 产生神经递质　　D. 支持、营养、保护、分隔神经元

E. 灭活突触间隙的神经递质

8. 中枢神经系统中，具有吞噬能力的胶质细胞是

A. 原浆性星形胶质细胞　　B. 室管膜细胞

C. 少突胶质细胞　　D. 纤维性星形胶质细胞

E. 小胶质细胞

9. 轴突与包在其外表的神经胶质细胞构成

A. 神经纤维　　B. 神经　　C. 神经膜　　D. 神经丝

E. 神经原纤维

10. 神经纤维髓鞘的主要作用是

A. 保护神经元　　B. 营养轴突

C. 产生神经膜　　D. 绝缘并加速神经冲动的传导速度

E. 参与神经纤维损伤后的修复

11. 少突胶质细胞突起末端形成的扁平薄膜反复包卷轴突构成

A. 神经膜　　B. 髓鞘　　C. 神经纤维　　D. 神经

E. 神经丝

二、思考题

1. 利用所学知识，试分析驾驶员从看到行人到刹车动作完成这一段时间内神经冲动的产生和传导过程。

2. 试述神经元的结构与功能是如何相适应的？

（庄　园）

第二篇

运动系统

第六章

骨　学

学习目标

1. **掌握**　骨的分类；椎骨的一般形态及各部椎骨的特征；颅骨的分部、各骨的名称；颅底内面观；翼点的构成；骨性鼻腔的构成及鼻旁窦的位置、开口；上肢骨的组成，肩胛骨、肱骨、尺骨、桡骨的形态；下肢骨的组成，髋骨、股骨、胫骨、髌骨的形态。

2. **熟悉**　骨的构造；胸骨、肋的分部与形态；各颅骨的位置；颅底外面观，颞窝、颞下窝，眶，新生儿颅的特点；锁骨的位置与形态；腓骨的位置与形态；腕骨、跗骨的组成及排列。

3. **了解**　骨化学成分和物理特性；各颅骨的形态分部；掌骨、指骨的组成与形态；跖骨和趾骨的形态、数目。

4. 学会认识、区分骨和骨性标志。

5. 具备正确的骨保健意识，具有初步处理骨损伤的意识和能力。

案例讨论

【案例】

老年女性患者，63 岁，因“间断性腰背痛 6 年，加重 3 个月”而就诊。近 6 年来腰背部疼痛，活动及劳累时加重。近 1 年发现身高也有明显变矮。近 3 个月来腰背痛渐加重，严重时翻身、上下楼受限。体检见腰椎侧弯，腰椎第 1 棘突压痛明显。实验室及影像学检查结果显示，全身骨密度较低，第 12 胸椎、第 1 腰椎楔形变，呈压缩性骨折。

【讨论】

1. 构成脊柱的骨主要有哪些？
2. 参与构成脊柱的骨有哪些特征？

运动系统由骨、骨连结和骨骼肌组成，占成人体重的 60%～70%，执行支持、保护和运动功能。全身的骨以不同形式的连结构成骨骼，构成力学支架，并为骨骼肌提供了附着点；骨还是重要的造血器官；存储体内大量的钙、磷等矿物质。骨骼肌是运动系统的动力装置，跨过一个或多个关节，在神经系统的支配下，以骨为支架，关节为枢纽，牵动骨产生运动。骨骼肌是运动系统的主动部分，骨和骨连结是被动部分。

扫码“学一学”

第一节 概　　述

骨是以骨组织为主体构成的器官，具有一定的形态，表面有骨膜包被，骨髓腔及小梁间隙有骨髓，骨膜内含有丰富的血管、神经，能不断进行新陈代谢和生长发育，并有修复、再生和改建的能力。骨具有一定的可塑性，经常锻炼可促进骨的良好发育，长期废用则出现骨质疏松。

一、骨的形态

成人骨有 206 块，除 6 块听小骨（锤骨、砧骨、镫骨各 2 块）属于感觉器官外，其余均属于运动系统。按部位不同可分为颅骨、躯干骨和四肢骨，颅骨和躯干骨位于人体中轴线上，合称为中轴骨；四肢骨分别位于上、下肢。按形态可分为长骨、短骨、扁骨及不规则骨四类（图 6–1）。

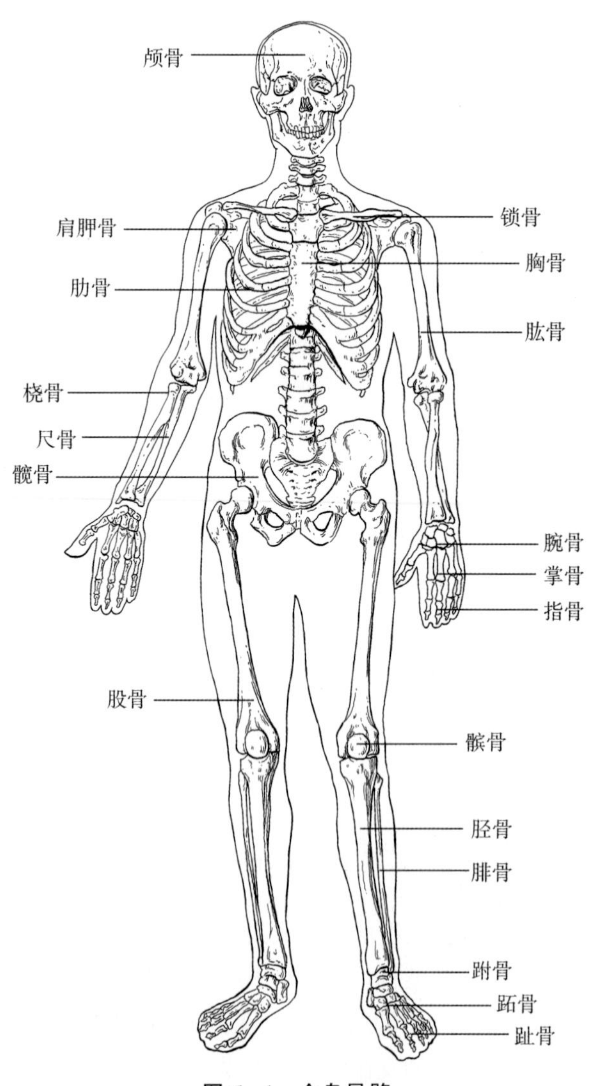

图 6–1　全身骨骼

（一）长骨

呈长管状，分布于四肢，可分为一体两端。体又称骨干，表面有 1～2 个血管出入的孔，称滋养孔。体内有骨髓腔，容纳骨髓。两端膨大称骺，表面有光滑的关节面，与相邻关节面构成关节。骨干与骺相邻的部分称干骺端，幼年时期覆盖透明软骨，称骺软骨。骺软骨细胞不断分裂增殖和骨化，使骨加长。成年后，骺软骨骨化，长骨不再加长（图 6–2）。

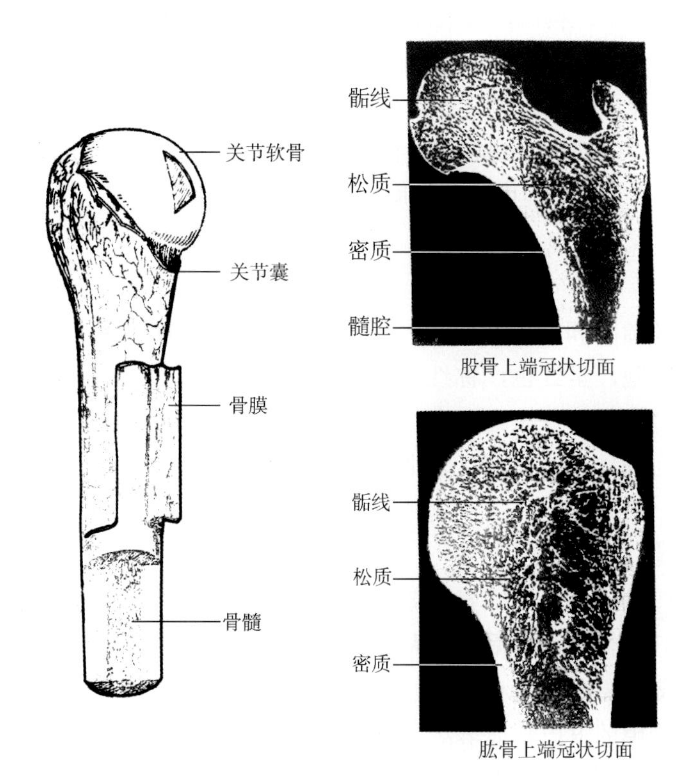

图 6–2 骨的构造

（二）短骨

形似立方体，多成群分布于连结牢固且运动灵活的部位，如腕骨和跗骨。

（三）扁骨

多呈板状，参与构成体腔的壁，起保护作用，如顶骨、胸骨和肋骨等。

（四）不规则骨

形状不规则，如椎骨。有些不规则骨内有与外界相通的腔洞，称含气骨，如上颌骨。

位于某些肌腱内的扁圆形小骨，称籽骨，在运动中可减少摩擦和改变力的方向，如髌骨。

考点提示 按形态分骨可分为长骨、短骨、扁骨及不规则骨四类。

二、骨的构造

（一）骨质

骨质由骨组织构成，包括骨密质和骨松质（图6-2）。骨密质质地致密，耐压性强，分布于骨的表面。骨松质呈海绵状，由相互交织的骨小梁排列而成，配布于骨的内部，骨小梁按照骨所承受的压力和张力的方向排列，因而骨能承受较大的重量。

（二）骨膜

骨膜由纤维结缔组织构成，含有丰富的血管和神经，对骨的营养、再生和感觉有重要作用。除关节面的部分外，新鲜骨的表面都覆有骨膜。骨膜可分为内、外两层。外层致密，有许多胶原纤维束穿入骨质，使之固着于骨面；内层疏松，有骨祖细胞和成骨细胞，具有产生骨细胞和重塑骨的功能，幼年期骨祖细胞功能活跃，促进骨的发育生长；成年时处于相对平衡状态。衬在骨髓腔内面和骨松质间隙内的骨膜称骨内膜，是一层菲薄的结缔组织，也含有骨祖细胞和成骨细胞。

（三）骨髓

骨髓充填于骨髓腔和骨松质间隙内。胎儿和幼儿体内的骨髓都有造血功能，内含不同发育阶段的血细胞，呈红色，称红骨髓。5～6岁以后，长骨骨干内的红骨髓逐渐被脂肪组织代替，称黄骨髓，失去造血能力。但在慢性失血或重度贫血时，黄骨髓能转化为红骨髓，恢复造血功能。在椎骨、髂骨、肋骨、胸骨及肱骨和股骨等长骨的骺内终生都有红骨髓。

（四）骨的血管、淋巴管和神经

1. 血管　长骨的动脉包括滋养动脉、干骺端动脉、骺动脉及骨膜动脉。滋养动脉是长骨的主要动脉，干骺端动脉和骺动脉从骺软骨附近穿入骨质。不规则骨、扁骨和短骨的动脉来自骨膜动脉或滋养动脉。

2. 淋巴管　骨膜的淋巴管很丰富，但骨质内是否存在淋巴管尚有争论。

3. 神经　伴滋养血管进入骨内，分布到哈佛氏管的周围间隙中，主要为内脏传出纤维，分布到血管壁；躯体传入纤维则多分布于骨膜。骨膜对张力或撕扯的刺激较为敏感，故骨脓肿和骨折常引起剧痛。

考点提示　骨的构造包括骨质、骨膜、骨髓。

三、骨的化学成分和物理性质

骨主要由有机质和无机质组成。有机质主要是骨胶原纤维和黏多糖蛋白，构成骨的支架，赋予骨弹性和韧性。无机质主要是碱性磷酸钙，使骨坚硬。有机质和无机质的比例，随年龄的增长而发生变化。幼儿的骨有机质和无机质各占一半，弹性较大，柔软，易发生变形，在外力作用下不易骨折或折而不断，称青枝骨折。成年人的骨有机质和无机质比例约为3:7，最为合适，具有较大的硬度和一定的弹性，较坚韧。老年人的骨组织无机质所占比例更大，又因激素水平下降，影响钙、磷的吸收和沉积，骨质出现多孔性，骨组织的总量减少，表现为骨质疏松，此时骨的脆性较大，易发生骨折。

扫码"学一学"

第二节 躯干骨

躯干骨由24块椎骨、1块骶骨、1块尾骨、1块胸骨和12对肋组成。

一、椎骨

未成年时为32或33块，即颈椎7块、胸椎12块、腰椎5块、骶椎5块、尾椎3～4块。成年后5块骶椎融合成1块骶骨，3～4块尾椎融合成1块尾骨。

（一）椎骨的一般形态

椎骨由前方的椎体和后方的椎弓组成（图6-3、图6-4）。

1. 椎体 呈短圆柱状，是椎骨负重的主要部分。上、下面借椎间盘与相邻椎骨相接。椎体后面与椎弓共同围成椎孔。各椎孔贯通，构成容纳脊髓的椎管。

2. 椎弓 是附着于椎体后方的弓形骨板。连接椎体的缩窄部分，称椎弓根，其上、下缘各有凹陷，分别称椎上切迹、椎下切迹。相邻椎骨的椎上切迹、椎下切迹共同围成椎间孔，有脊神经和血管通过。两侧椎弓根向后内扩展变宽的部分，称椎弓板，两板在后正中线会合。由椎弓发出7个突起：①棘突1个，由椎弓后面正中伸向后方或后下方，尖端可在体表扪到。②横突1对，从椎弓根与椎弓板交界处伸向两侧，是肌和韧带的附着处。③关节突2对，在椎弓根与椎弓板结合处分别向上、下方突起，即上、下关节突。

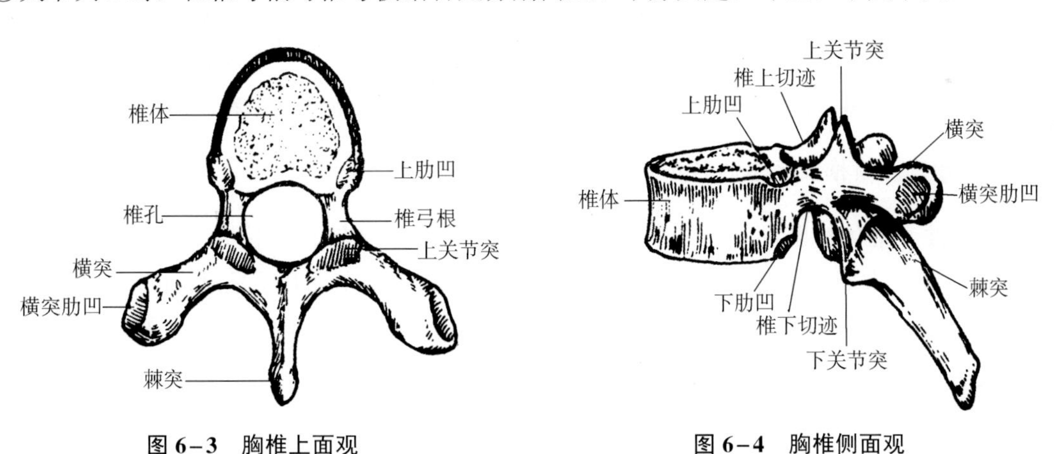

图6-3 胸椎上面观　　图6-4 胸椎侧面观

（二）各部椎骨的主要特征

1. 颈椎 椎体较小，横断面呈椭圆形（图6-5）。上、下关节突的关节面几乎呈水平位。第3～7颈椎体上面侧缘向上突起称椎体钩。椎体钩与上位椎体下面的两侧唇缘相接，形成钩椎关节。颈椎椎孔较大，呈三角形。横突有孔，称横突孔，内有椎动脉通过。第6颈椎横突末端前方的结节特别隆起，称颈动脉结节。当头部出血时，可用手指将颈总动脉压于此结节，进行暂时止血。第2～6颈椎的棘突较短，末端分叉。

第1颈椎又名寰椎，呈环状，无椎体、棘突和关节突，由前弓、后弓及侧块组成（图6-6）。前弓较短，后面正中有齿突凹，与枢椎的齿突相关节。侧块连接前后两弓，上面各有一椭圆形的上关节凹，与枕髁相关节；下面有圆形的下关节面与枢椎上关节面相关节。后弓较长，上面有横行的椎动脉沟，内有椎动脉通过。

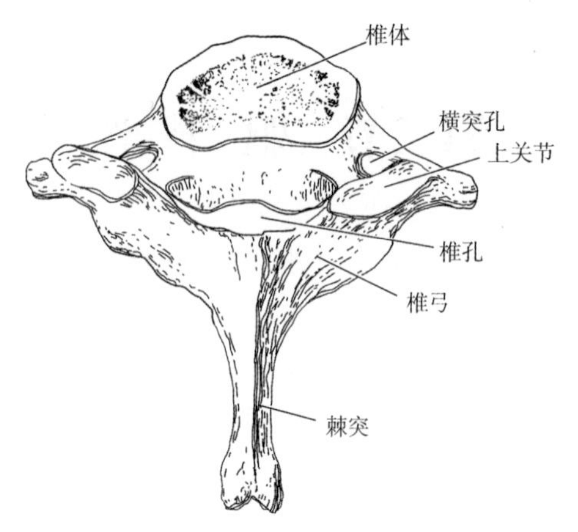

图 6-5　第七颈椎

第 2 颈椎又名枢椎，特点是椎体向上伸出齿突，与寰椎齿突凹相关节（图 6-7）。

第 7 颈椎又名隆椎，棘突特长，末端不分叉，活体易触及，常作为计数椎骨序数的标志。

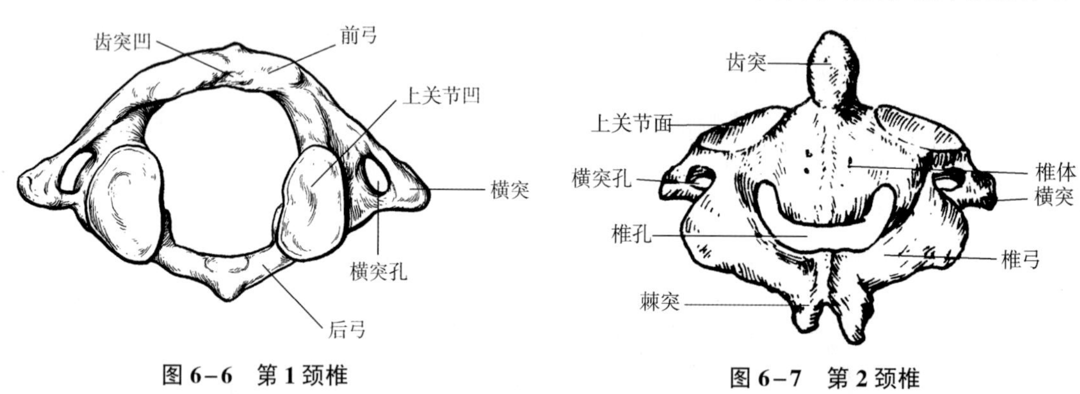

图 6-6　第 1 颈椎　　**图 6-7　第 2 颈椎**

考点提示　颈椎最根本的特征是有横突孔。

2. 胸椎　椎体横断面呈心形，其两侧面上、下缘分别有上、下肋凹，与肋头相关节（图 6-3）。横突末端有横突肋凹与肋结节相关节。关节突的关节面几乎呈冠状位，上关节突的关节面朝向后，下关节突的关节面则朝向前。棘突较长，向后下方倾斜，呈叠瓦状排列。

考点提示　胸椎横突末端有横突肋凹与肋结节相关节。

3. 腰椎　在全部椎骨中椎体最粗壮，横断面呈肾形，椎孔呈卵圆形或三角形。上、下关节突粗大，关节面几乎呈矢状位，棘突宽短，呈板状，水平伸向后方（图 6-8）。各棘突间的间隙较大，临床上可于此行腰椎穿刺术。

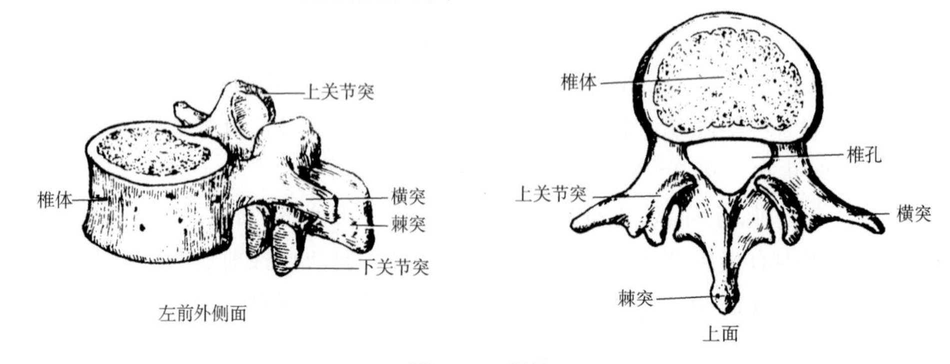

图 6-8　腰椎

4. 骶骨 由5块骶椎融合而成，呈三角形，底向上，承接第5腰椎体；尖向下与尾骨相接；盆面（前面）凹陷，上缘中部向前隆凸称岬。盆面中部有四条横线，是椎体融合的痕迹。横线两端有4对骶前孔；背面粗糙隆凸，正中线上有骶正中嵴，嵴外侧有4对骶后孔（图6-9）。骶前、后孔均与骶管相通，分别有骶神经前、后支通过。骶管上通椎管，下端的开口称骶管裂孔，裂孔两侧有向下突出的骶角，骶管麻醉常以骶角作为标志。骶骨外侧部上份有耳状面与髂骨的耳状面构成骶髂关节，耳状面后方骨面凹凸不平称骶粗隆。

5. 尾骨 由3～4块退化的尾椎融合而成（图6-9）。上接骶骨，下端游离为尾骨尖。

知识链接

椎骨的临床应用

腰椎棘突呈板状，水平后伸，且棘突之间空隙较大，便于进行穿刺。因此，临床常选择在第3～4或4～5腰椎棘突之间进行腰椎穿刺术。

骶管裂孔是骶骨麻醉的部位。骶角是确定骶管裂孔位置的体表标志。

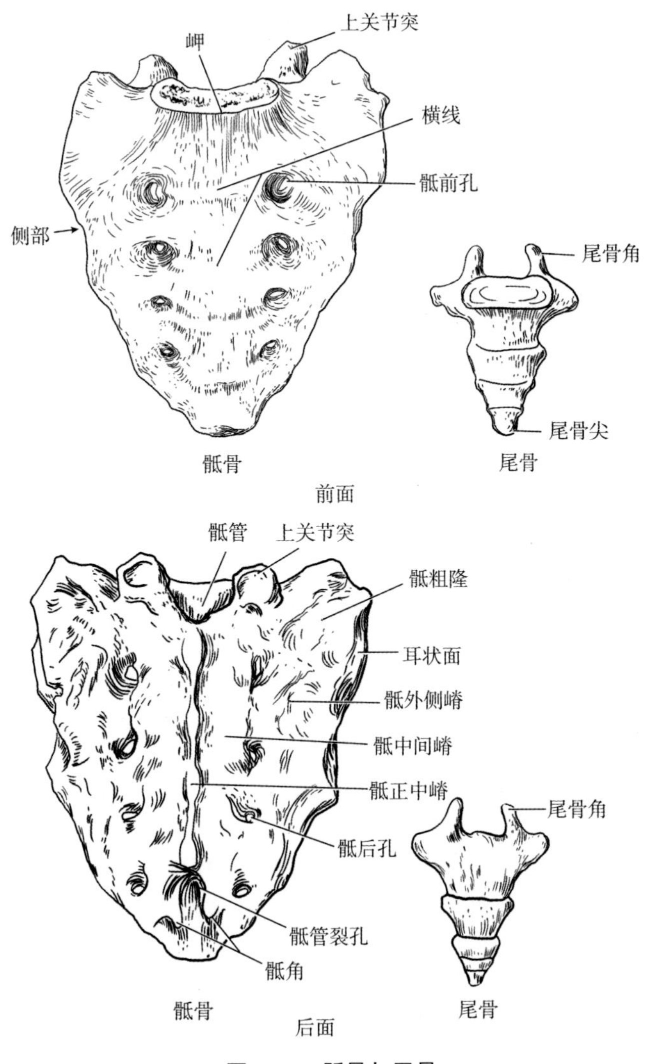

图6-9 骶骨与尾骨

二、胸骨

胸骨位于胸前壁正中，呈前凸后凹，分柄、体和剑突三部分（图 6–10）。胸骨柄上宽下窄，上缘中份为颈静脉切迹，两侧有锁切迹与锁骨相连结。柄外侧缘上份接第 1 肋。柄与体连接处微向前突，称胸骨角，可在体表扪及，两侧的肋切迹与第 2 肋软骨相连结，是计数肋的重要标志。胸骨角向后平对第 4 胸椎体下缘。胸骨体呈长方形，外侧缘接第 2～7 肋软骨。剑突薄而细长，形状变化较大，下端游离。

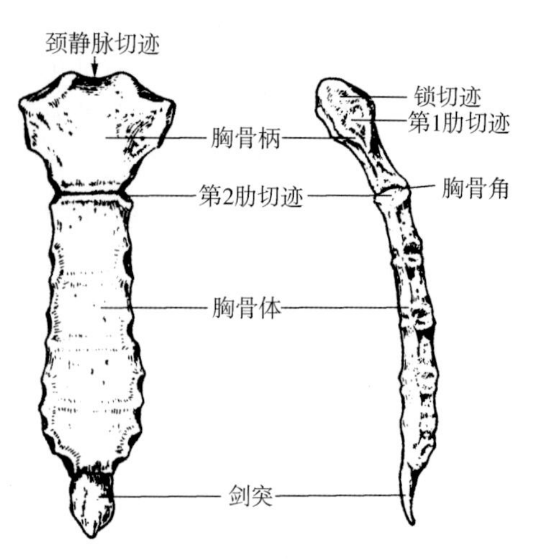

图 6–10　胸骨的正侧面

考点提示　胸骨角位于胸骨柄与胸骨体的相接处，平对第 2 肋。

三、肋

肋由肋骨和肋软骨组成，共 12 对。肋骨属扁骨，分为体和前、后两端（图 6–11）。后端膨大，称肋头，有关节面与胸椎的上、下肋凹相关节。肋头外侧稍细，称肋颈。肋颈外侧的突起，称肋结节，与相应胸椎的横突肋凹相关节。肋体长而扁，分内、外两面和上、下两缘。内面近下缘处有肋沟，容纳肋间神经、血管等。肋体后份急转处称肋角。前端稍宽，与肋软骨相接。

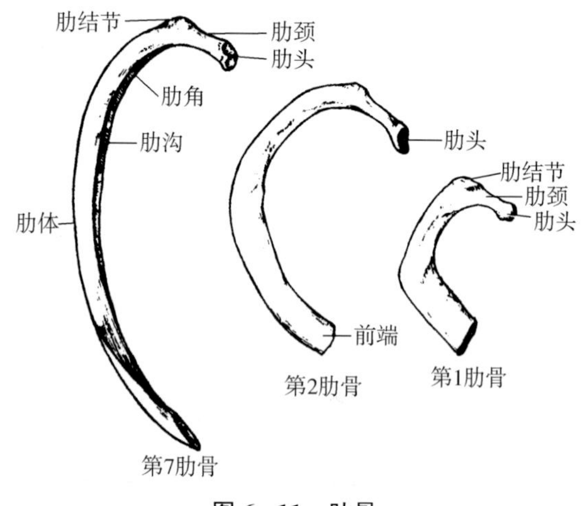

图 6–11　肋骨

第 1 肋骨扁宽而短，分上、下面和内、外缘，无肋角和肋沟。近内缘处上面前份有前斜角肌结节，为前斜角肌附着处。其前、后方分别有锁骨下静脉沟和锁骨下动脉沟。第 2 肋骨为过渡型。第 11、12 肋骨无肋结节、肋颈及肋角。

肋软骨位于各肋骨的前端，由透明软骨构成，终生不骨化。

知识链接

肋沟的临床意义

肋骨体内面下缘有肋沟，肋沟内有肋间后血管、神经通过。故临床上对有胸腔积液的患者常用胸膜腔穿刺术抽取积液，积液较多时一般常取肩胛线或腋后线；通常沿第 7～8 肋间下位肋骨上缘进针，避免损伤肋间血管、神经。

扫码“学一学”

第三节　颅　骨

颅位于脊柱上方，由 23 块颅骨围成（中耳的 3 对听小骨未计入），颅骨多为扁骨或不规则骨（图 6–12）。除下颌骨和舌骨以外，其他的颅骨借缝或软骨牢固连结。颅分后上部的脑颅和前下部的面颅，二者以眶上缘和外耳门上缘的连线分界。

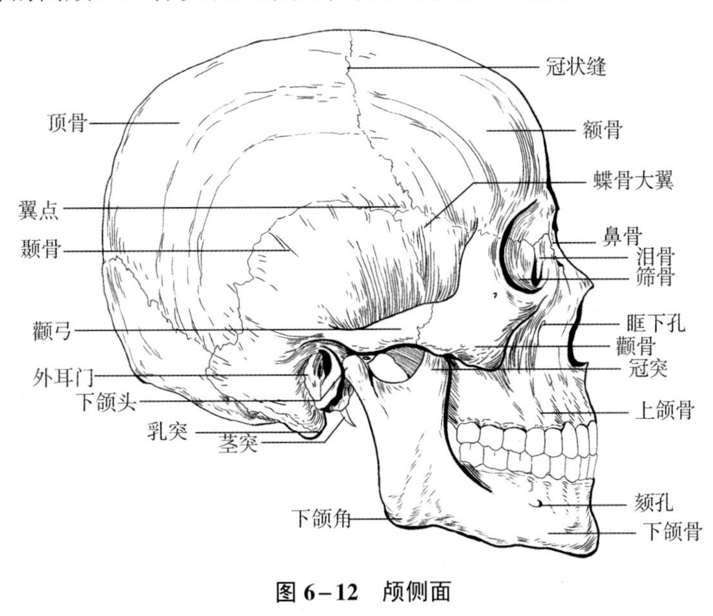

图 6–12　颅侧面

一、脑颅骨

脑颅由 8 块脑颅骨围成。包括不成对的额骨、筛骨、蝶骨、枕骨和成对的颞骨、顶骨，它们共同构成颅腔，支持和保护脑组织。颅腔的顶是穹隆形的颅盖，由额骨、顶骨和枕骨构成。颅腔的底由中部的蝶骨、后方的枕骨、两侧的颞骨、前方的额骨和筛骨构成。筛骨只有一小部分参与构成脑颅，其余构成面颅。

二、面颅骨

面颅由 15 块面颅骨构成，包括成对的上颌骨、腭骨、颧骨、鼻骨、泪骨、下鼻甲及不成对的犁骨、下颌骨和舌骨。面颅骨围成眶、骨性鼻腔和骨性口腔，容纳视觉、嗅觉和味觉器官。

1. 下颌骨　为面颅骨最大者，呈马蹄铁形，分一体两支（图 6–13）。①下颌体：有上、下两缘及内、外两面。下缘圆钝，为下颌底；上缘构成牙槽弓，容纳下颌牙的牙槽。体外面正中凸向前为颏隆凸。前外侧面有一对颏孔。内面正中有一对小棘，称颏棘。其下外方有一椭圆形浅窝，称二腹肌窝。②下颌支：是由体向后上方高耸的方形骨板，末端有两个突起，前方的称冠突，后方的称髁突，两突之间的凹陷为下颌切迹。髁突上端的膨大为下颌头，与下颌窝相关节，头下方较细处是下颌颈。下颌支后缘与下颌底相交处，称下颌角。下颌支内面中央有下颌孔，孔前缘有伸向上后的骨突，称下颌小舌。

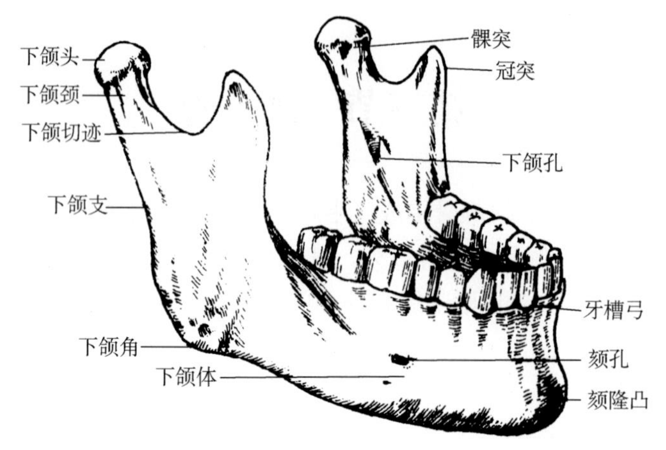

图 6-13 下颌骨

2. 舌骨 位于下颌骨后下方，呈马蹄铁形。中间部称体，向后外有大角，向上有小角。

3. 犁骨 组成鼻中隔后下份。

4. 上颌骨 成对，位于面部中央，分体和 4 个突。体内有上颌窦；额突向上接额骨、泪骨和鼻骨；牙槽突由体向下伸出；颧突伸向外侧，接颧骨；腭突向内侧伸出，组成骨腭前份。

5. 腭骨 呈“L”形，分水平板和垂直板两部，水平板组成骨腭的后份，垂直板构成鼻腔外侧壁的后份。

其他面颅骨：鼻骨上窄下宽，构成鼻背的基础；泪骨位于眶内侧壁的前份；下鼻甲附于上颌体和腭骨垂直板的鼻面上；颧骨位于眶的外下方。

三、颅的整体观

（一）颅底内面观

颅底内面凹凸不平，自前向后有三个呈阶梯状加深的陷窝，分别称颅前、中、后窝。各窝中有诸多孔、裂、管，大都与颅底外面相通（图 6-14）。

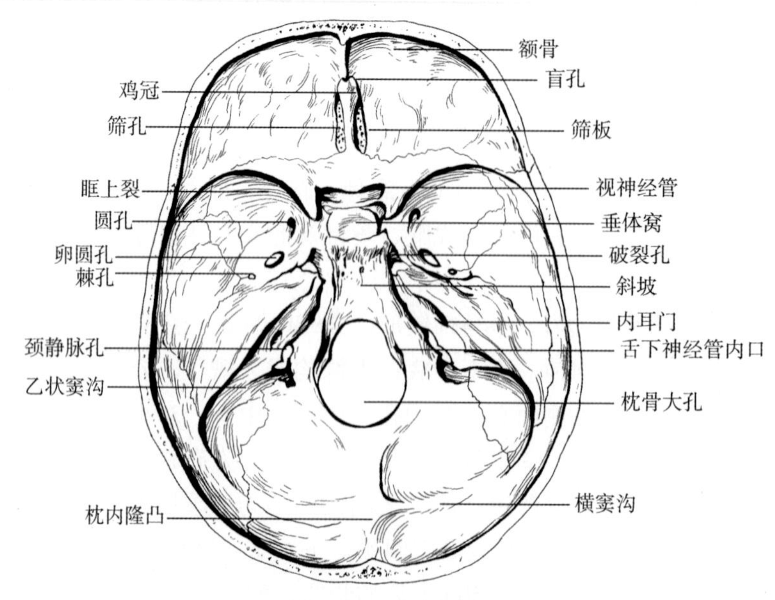

图 6-14 颅底内面观

1. 颅前窝 位置最高，由额骨眶部、筛骨筛板和蝶骨小翼构成。正中线上由前至后，有额嵴、盲孔、鸡冠等结构。筛板上有筛孔通鼻腔。

2. 颅中窝 由蝶骨体及大翼、颞骨岩部等构成。中间狭窄，两侧宽，以颞骨岩部的上缘及鞍背与颅后窝分界。中央是蝶骨体，上面有垂体窝；垂体窝前方有鞍结节和鞍背。垂体窝、鞍结节及鞍背合称蝶鞍，其两侧浅沟为颈动脉沟。蝶鞍由前内向后外，依次有圆孔、卵圆孔和棘孔。脑膜中动脉沟自棘孔向外上方走行。卵圆孔和棘孔后方为颞骨岩部，岩部外侧为鼓室盖，为中耳鼓室的上壁；岩部尖端有一浅窝，称三叉神经压迹。

考点提示 垂体窝位于颅中窝。

3. 颅后窝 位置最深，主要由枕骨和颞骨岩部后面构成。窝中央有枕骨大孔，孔前上方的平坦斜面称斜坡。孔前外缘有舌下神经管内口，孔后上方可见十字状隆起，其交汇处称枕内隆凸。由此向上延续为上矢状窦沟，该沟向下续于枕内嵴，向两侧续于横窦沟，横窦沟继转向前下内走行改称乙状窦沟，末端终于颈静脉孔。颞骨岩部后面有内耳门，通内耳道。

考点提示 枕骨大孔位于颅后窝。

（二）颅底外面观

颅底外面高低不平，神经、血管通过的孔裂甚多（图 6–15）。由前向后可见牙槽弓和骨腭。骨腭正中有腭中缝，其前端有切牙孔，近后缘两侧有腭大孔。骨腭上方被鼻中隔后缘（犁骨）分成左右鼻后孔。鼻后孔两侧的垂直骨板为翼突内侧板。翼突根部后外方有卵圆孔和棘孔。鼻后孔后方中央可见枕骨大孔，后者前方为枕骨基底部；枕骨大孔两侧有枕髁，髁前外侧稍上有舌下神经管外口；髁后方有不恒定的髁管开口。枕髁外侧，枕骨与颞骨岩部交界处有一不规则的孔，称颈静脉孔，其前方为颈动脉管外口。颈静脉孔的后外侧，有细长的茎突，茎突根部后方有茎乳孔。颧弓根部后方的凹陷称下颌窝，与下颌头相关节。窝前缘的隆起，称关节结节。蝶骨、枕骨基底部和颞骨岩部会合处，围成不规则的破裂孔，为软骨所封闭。

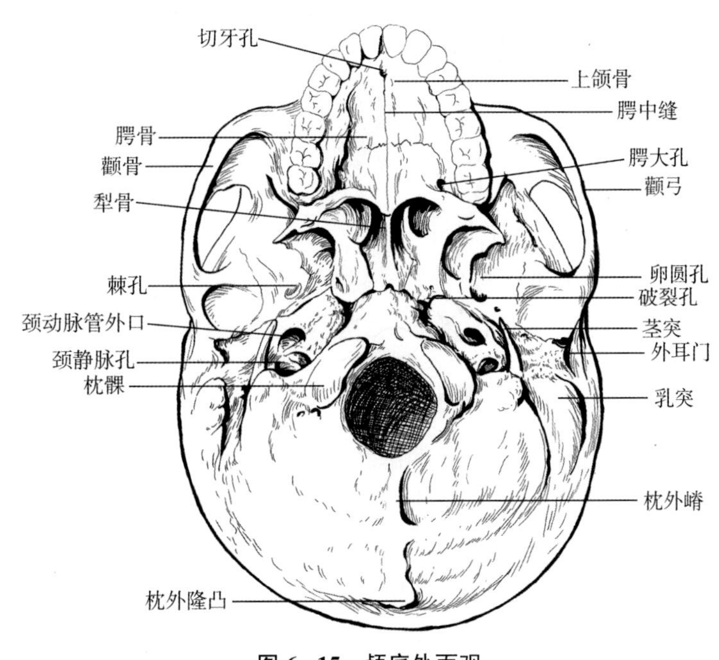

图 6–15 颅底外面观

（三）颅侧面观

由额骨、蝶骨、顶骨、颞骨及枕骨构成，可见到面颅的颧骨和上、下颌骨。侧面中部有外耳门，其后方为乳突，前方是颧弓，二者在体表均可摸到。颧弓将颅侧面分为上方的颞窝和下方的颞下窝。颞窝前下部较薄，额、顶、颞、蝶四骨会合处呈“H”形缝，此处最为薄弱，称翼点。其内面有脑膜中动脉前支通过，骨折时易伤及此血管引起颅内出血（图 6-12）。

考点提示 翼点4骨相交，骨质菲薄，内有脑膜中动脉前支通过。

（四）颅前面观

分为额区、眶、骨性鼻腔和骨性口腔（图 6-16）。

1. 额区 眶以上的部分，由额鳞构成。两侧可见隆起的额结节，结节下方有眉弓。

2. 眶 为一对四棱锥形深腔，可分上、下、内侧、外侧四壁，容纳眼球及附属结构。①底：即眶口，略呈四边形，向前下外倾斜。眶上缘中、内 1/3 交界处有眶上孔或眶上切迹，眶下缘中份下方有眶下孔。②尖：指向后内，尖端有视神经管口，借此管向后通颅中窝。③上壁：由额骨眶部及蝶骨小翼构成，分隔眶与颅前窝，前外侧份有泪腺窝，容纳泪腺。④内侧壁：最薄，由前向后为上颌骨额突、泪骨、筛骨眶板和蝶骨体，与筛窦和鼻腔相邻。前下份有泪囊窝，此窝向下经鼻泪管通鼻腔。⑤下壁：主要由上颌骨构成，壁下方为上颌窦。下壁和外侧壁交界处后份，有眶下裂向后通颞下窝和翼腭窝，裂中部有向前行的眶下沟，向前续于眶下管，管开口于眶下孔。⑥外侧壁：较厚，由颧骨和蝶骨大翼构成。外侧壁与上壁交界处的后份，有眶上裂向后通颅中窝。

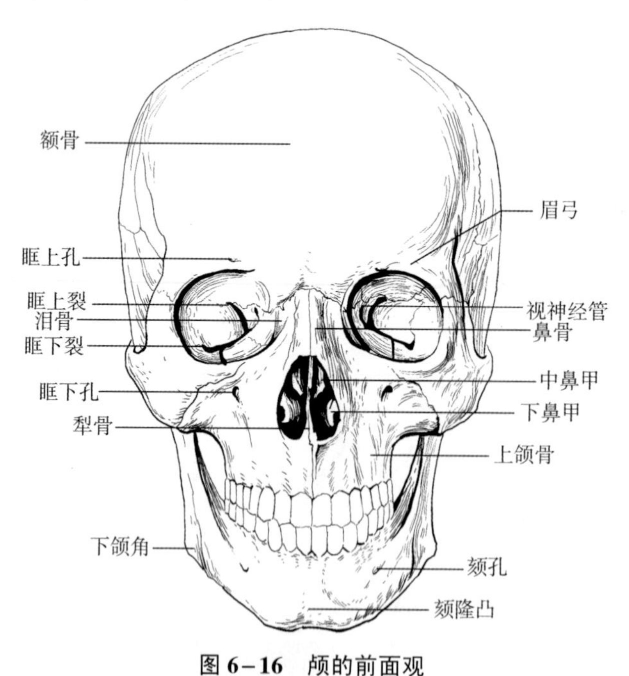

图 6-16 颅的前面观

3. 骨性鼻腔 位于面颅中央，介于两眶和上颌骨之间，由犁骨和筛骨垂直板构成的骨性鼻中隔，将其分为左右两半。鼻腔的顶主要由筛板构成，有筛孔通颅前窝。底为骨腭，前端有切牙管通口腔。外侧壁由上而下有三个向下的弯曲，即上鼻甲、中鼻甲、下鼻甲，鼻甲下方为相应的上、中、下鼻道。上鼻甲后上方与蝶骨之间有蝶筛隐窝。中鼻甲后方有蝶腭孔，通向翼腭窝。鼻腔前方开口为梨状孔，后方开口为鼻后孔，通咽腔（图 6-17）。

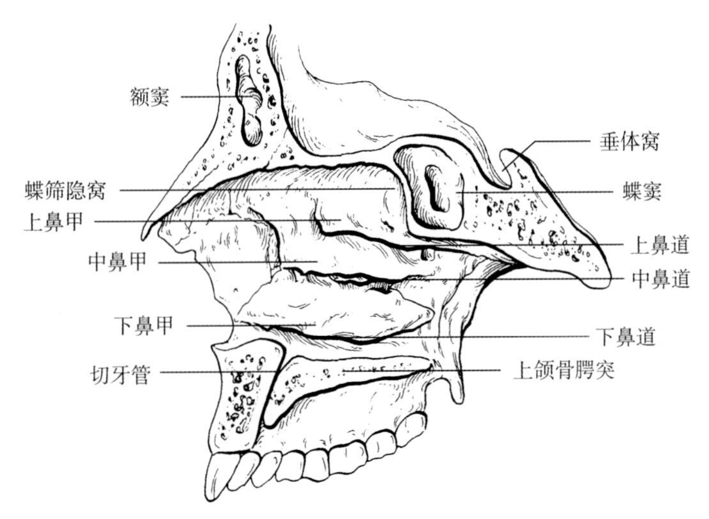

图 6-17　骨性鼻腔的外侧壁

4. 鼻旁窦　是上颌骨、额骨、蝶骨及筛骨内的腔隙，位于鼻腔周围并开口于鼻腔（图 6-17）。①额窦：居眉弓深面，左右各一，开口于中鼻道前部。②筛窦：也称筛小房，位于筛骨迷路内，分前、中、后筛窦。前、中筛窦开口于中鼻道，后筛窦开口于上鼻道。③蝶窦：居蝶骨体内，向前开口于蝶筛隐窝。④上颌窦：最大，在上颌体内，开口于中鼻道。窦口高于窦底，故窦内积液时直立体位不易引流。

5. 骨性口腔　由上颌骨、腭骨及下颌骨围成。顶即骨腭，前壁及外侧壁由下颌骨和上颌骨的牙槽突围成。

考点提示　鼻旁窦包括筛窦、额窦、蝶窦和上颌窦。

四、新生儿颅的特征和出生后的变化

胎儿时期由于脑及感觉器官发育早，而咀嚼和呼吸器官尤其是鼻旁窦尚不发达，所以脑颅比面颅大得多。新生儿面颅（图 6-18）占全颅的 1/8，而成人为 1/4。额结节、顶结节和枕鳞都是骨化中心部位，发育明显。新生儿颅顶各骨尚未完全发育，骨缝间充满纤维组织膜，在多骨交接处，间隙的膜较大者称颅囟，其中前囟最大，呈菱形，位于矢状缝与冠状缝相接处，在 1～2 岁时闭合。后囟，位于矢状缝与人字缝会合处，呈三角形，出生后 2～3 个月闭合。另外，还有顶骨前下角的蝶囟和顶骨后下角的乳突囟。

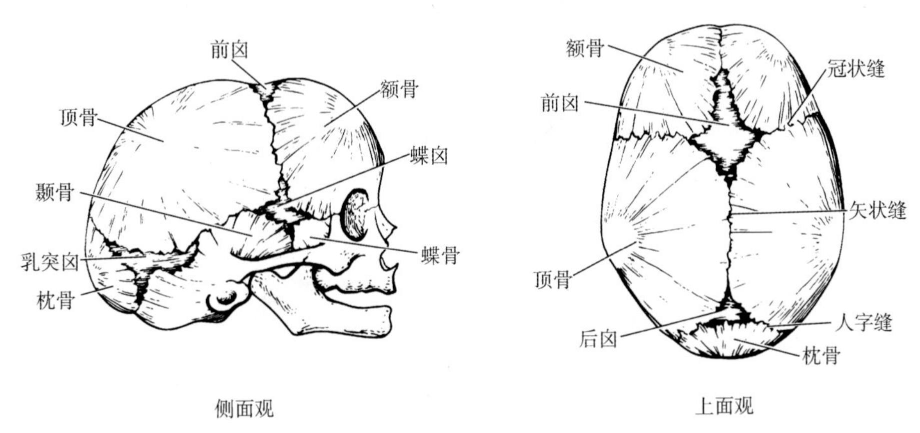

图 6-18　新生儿颅

考点提示 新生儿颅骨脑颅远大于面颅。

从出生到 7 岁是颅的生长期，此期颅生长最快，因出牙和鼻旁窦相继出现，使面颅迅速扩大。从 7 岁到性成熟期是相对静止期，颅生长缓慢，但逐渐出现性别差异。性成熟期到 25 岁为成长期，性别差异更加明显，额部向前突出，眉弓、乳突和鼻旁窦发育迅速，下颌角显著，骨面的肌和筋膜附着痕迹明显。颅底诸骨为软骨化骨，成年后，蝶枕软骨结合变为骨性结合。

扫码“学一学”

第四节 四肢骨

案例讨论

【案例】

患者，男性，35 岁，驾驶摩托车不慎摔倒，右肘部着地受伤，急诊入院。体检：患者一般情况良好，生命体征平稳。右肘部肿胀，右臂中部压痛、肿胀、畸形，可及反常活动及骨摩擦感。测量发现右上臂较左上臂短。

【讨论】

1. 四肢骨包括哪些？各又分哪几部分？
2. 此病例最有可能的骨折是什么？
3. 此部位骨折，最有可能损伤哪些血管、神经？

四肢骨包括上、下肢骨，分别由肢带骨和自由肢骨组成。

一、上肢骨

上肢骨每侧 32 块，共 64 块，由上肢带骨和自由上肢骨组成。

（一）上肢带骨

1. 锁骨 呈“～”形弯曲，位于胸廓前上方皮下，全长可在体表扪到。内侧端粗大称胸骨端，有关节面与胸骨柄相关节。外侧端扁平，称肩峰端，有小关节面与肩胛骨肩峰相关节。锁骨内侧 2/3 凸向前，外侧 1/3 凸向后，锁骨骨折多发生在二部交界处。锁骨如同一个杠杆将肩胛骨支撑远离胸廓，以保证上肢的灵活运动（图 6-19）。

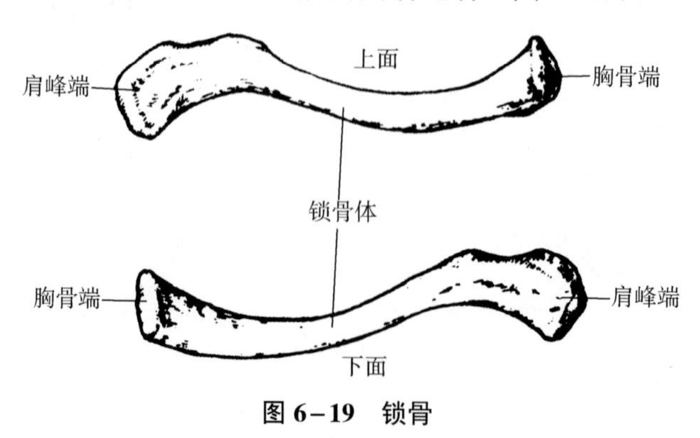

图 6-19 锁骨

2. 肩胛骨　为三角形扁骨，贴于胸廓后外面，介于第2～7肋之间，分二面、三缘和三个角。腹侧面凹陷，称肩胛下窝；背侧面有横行的肩胛冈，冈上、下方的浅窝分别称冈上窝和冈下窝。肩胛冈向外侧延伸为肩峰，与锁骨的肩峰端相接。上缘短而薄，外侧份有肩胛切迹，切迹外侧有向前的指状突起，称喙突。内侧缘薄而锐利邻近脊柱，又称脊柱缘。外侧缘肥厚邻近腋窝，又称腋缘。上角即上缘与脊柱缘汇合处，平对第 2 肋；下角为脊柱缘与腋缘汇合处，平对第 7 肋或第 7 肋间隙，可作为计数肋的标志。外侧角最肥厚，有一呈梨形的关节盂，与肱骨头相关节。关节盂上、下方分别有盂上结节和盂下结节。肩胛冈、肩峰、肩胛骨下角、内侧缘及喙突均可在体表扪到，是重要的体表标志（图 6–20）。

考点提示　肩部最高的骨性标志是肩峰。

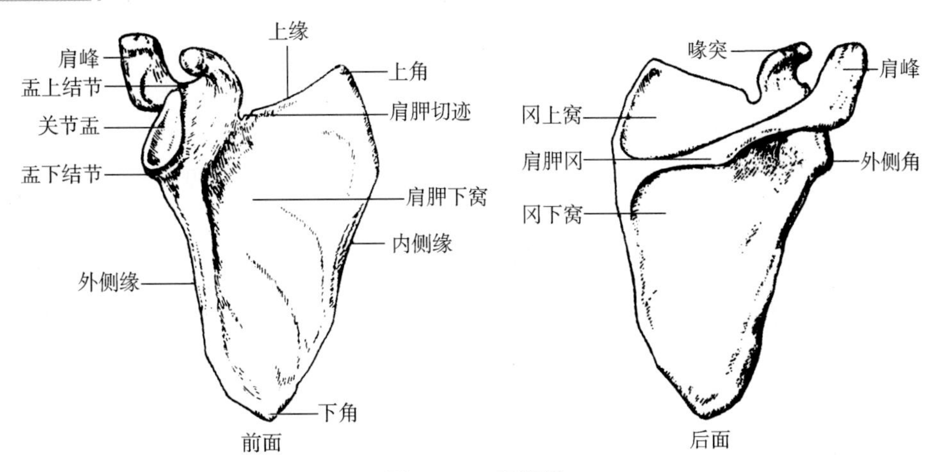

图 6–20　肩胛骨

（二）自由上肢骨

1. 肱骨　属于长骨，分为一体两端。上端有朝向上后内方的肱骨头，头周围的环形沟为解剖颈。肱骨头的外侧和前方分别有大结节和小结节，它们向下各延伸为大结节嵴和小结节嵴，两结节间的纵沟称为结节间沟（图 6–21）。上端与体交界处稍细，称外科颈，是较易骨折之处。

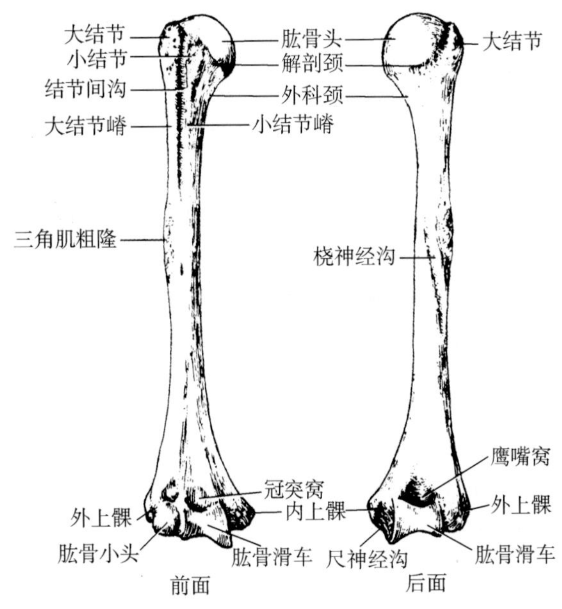

图 6–21　肱骨

肱骨体上半部呈圆柱形，下半部呈三棱柱形。外侧面中部有粗糙的三角肌粗隆，为三角肌附着处。后面中部，有自内上斜向外下的桡神经沟，桡神经和肱深动脉沿此沟经过，肱骨中部骨折可能会伤及桡神经。

肱骨下端较扁，外侧份有半球状的肱骨小头，与桡骨相关节；肱骨小头前面上方有桡窝；内侧份有肱骨滑车，与尺骨形成关节。滑车前面上方有冠突窝；滑车后面上方有鹰嘴窝，伸肘时容纳尺骨鹰嘴。小头外侧和滑车内侧的突起分别为外上髁和内上髁。内上髁后方有尺神经沟，尺神经由此经过。下端与体交界处，即肱骨内、外上髁稍上方，骨质较薄弱，受暴力可发生肱骨髁上骨折。肱骨大结节和内、外上髁都可在体表扪到。

扫码“看一看”

考点提示 肱骨中段骨折容易损伤桡神经。

2. 桡骨 位于前臂外侧部，分一体两端。上端有膨大的桡骨头，头上面有关节凹，与肱骨小头相关节，头周围的环状关节面与尺骨相关节。头下方为桡骨颈，颈内下方的突起称桡骨粗隆。桡骨体呈三棱柱形，内侧缘为薄锐的骨间缘。下端前凹后凸，外侧有向下突出的茎突。下端内面有尺切迹，与尺骨头相关节，下面有腕关节面与腕骨相关节（图 6–22）。桡骨茎突和桡骨头在体表可扪到。

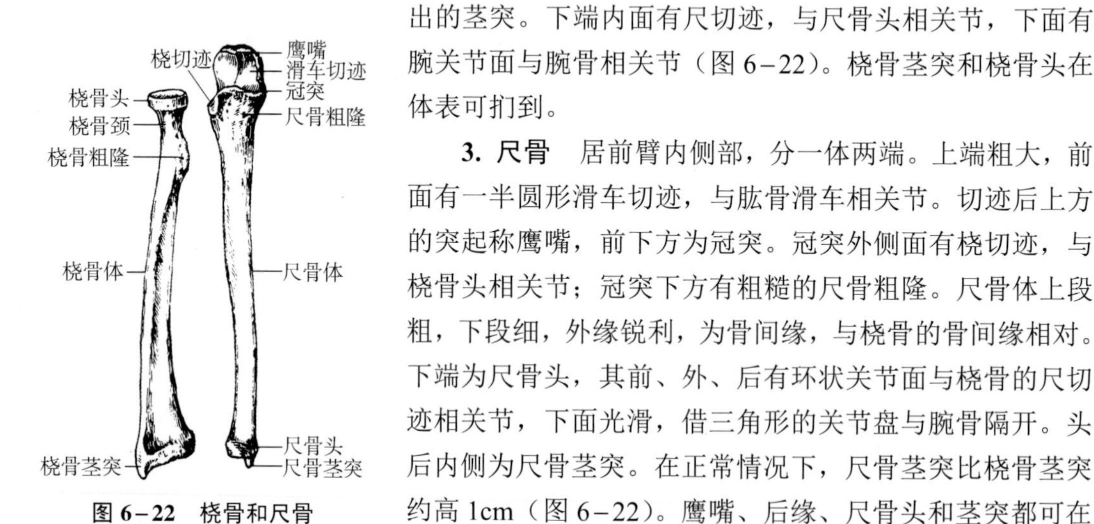

图 6–22　桡骨和尺骨

3. 尺骨 居前臂内侧部，分一体两端。上端粗大，前面有一半圆形滑车切迹，与肱骨滑车相关节。切迹后上方的突起称鹰嘴，前下方为冠突。冠突外侧面有桡切迹，与桡骨头相关节；冠突下方有粗糙的尺骨粗隆。尺骨体上段粗，下段细，外缘锐利，为骨间缘，与桡骨的骨间缘相对。下端为尺骨头，其前、外、后有环状关节面与桡骨的尺切迹相关节，下面光滑，借三角形的关节盘与腕骨隔开。头后内侧为尺骨茎突。在正常情况下，尺骨茎突比桡骨茎突约高 1cm（图 6–22）。鹰嘴、后缘、尺骨头和茎突都可在体表扪到。

考点提示 尺骨鹰嘴是重要的骨性标志。

4. 手骨 包括腕骨、掌骨和指骨（图 6–23）。

（1）腕骨　共 8 块。排成近侧和远侧两列。近侧列由桡侧向尺侧为手舟骨、月骨、三角骨和豌豆骨；远侧列依次为：大多角骨、小多角骨、头状骨和钩骨。8 块腕骨连接形成一掌面凹陷的腕骨沟。

（2）掌骨　共 5 块，由桡侧向尺侧，依次为第 1～5 掌骨。掌骨近端为底，接腕骨；远端为头，接指骨，中间部为体。第 1 掌骨短而粗，其底有鞍状关节面，与大多角骨的鞍状关节面相关节。

（3）指骨　属长骨，共 14 块。拇指有 2 节，分别为近节和远节指骨，其余各指为 3 节，分别为近节、中节和远节指骨。

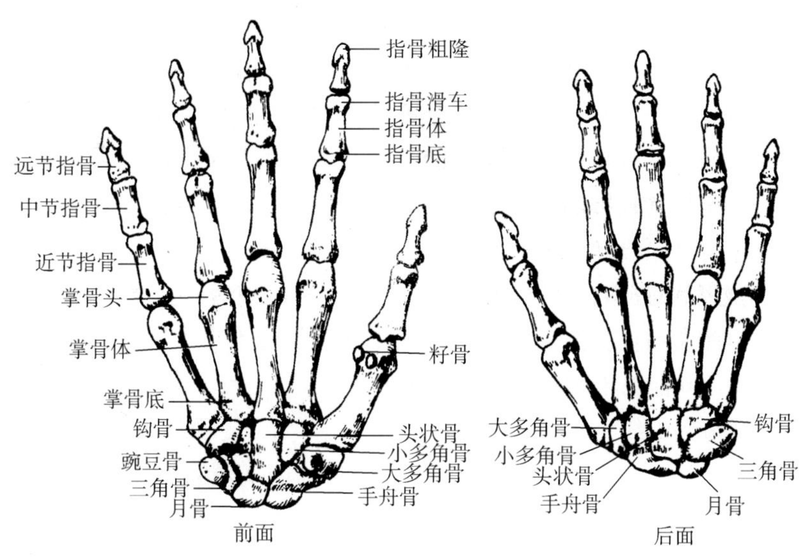

图 6-23　手骨

二、下肢骨

下肢骨每侧 31 块，由下肢带骨（髋骨）和自由下肢骨（股骨、髌骨、胫骨、腓骨、足骨）组成。

（一）下肢带骨

髋骨属于不规则骨，由髂骨、耻骨和坐骨组成，三骨汇合于髋臼，16 岁左右完全融合。髋骨上部扁阔，中部窄厚，有朝向下外的髋臼，下部有闭孔。左右髋骨与骶、尾骨围成骨盆（图 6-24）。

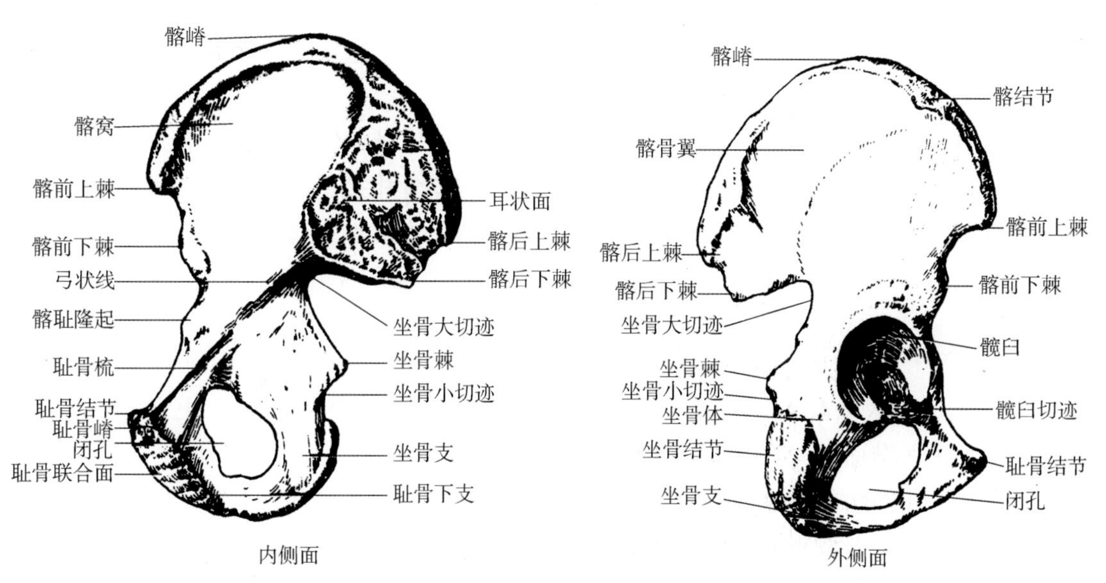

图 6-24　髋骨

1. 髂骨　构成髋骨上部，分为髂骨体和髂骨翼。髂骨体构成髋臼的上 2/5，翼上缘肥厚，形成弓形的髂嵴。髂嵴前端为髂前上棘，后端为髂后上棘。髂前上棘后方 5～7cm 处，髂嵴外唇向外突起为髂结节，是重要的体表标志。在髂前、后上棘的下方各有髂前下棘和髂后

下棘。髂后下棘下方有深陷的坐骨大切迹。髂骨翼内面为髂窝，髂窝下界为弓状线。髂骨翼后下方耳状面与骶骨耳状面相关节。耳状面后上方有髂粗隆，与骶骨间借韧带相连结。

2. 坐骨 构成髋骨下部，分坐骨体和坐骨支。体组成髋臼的后下 2/5，后缘有三角形的突起，称坐骨棘，棘下方有坐骨小切迹。坐骨棘与髂后下棘之间为坐骨大切迹。坐骨体下后部向前、上、内延伸为较细的坐骨支，其末端与耻骨下支结合。坐骨体与坐骨支移行处的后部是粗糙隆起的坐骨结节，是坐骨最低部，可在体表扪到。

3. 耻骨 构成髋骨前下部，分体和上、下两支。体组成髋臼前下 1/5。与髂骨体的结合处为髂耻隆起，由此向前内伸出耻骨上支，其末端为耻骨下支。耻骨上支上面为耻骨梳，向后移行于弓状线，向前终于耻骨结节，是重要体表标志。耻骨结节到中线为耻骨嵴，也可在体表扪到。

（二）自由下肢骨

1. 股骨 是人体最长最结实的长骨，约占人体身高的 1/4，分一体两端（图 6-25）。

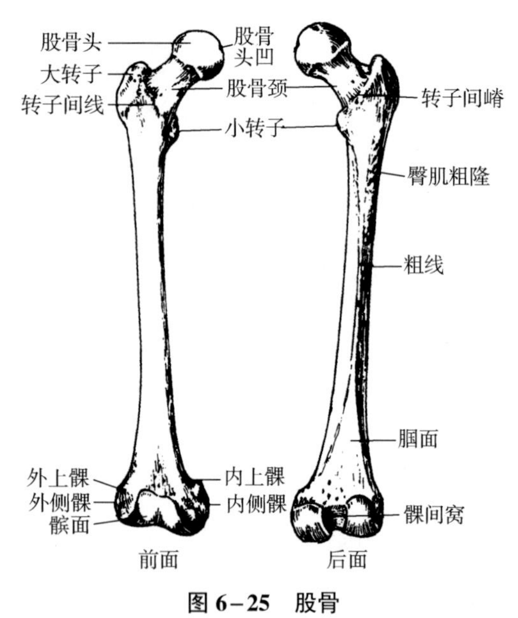

图 6-25 股骨

上端为股骨头，与髋臼相关节。头中央稍下有较小的股骨头凹。头下外狭细处为股骨颈。颈体连接处上外侧的隆起为大转子，内下方的小突起为小转子。大、小转子之间前面有转子间线，后面有隆起的转子间嵴。大转子是重要的体表标志，可在体表扪到。

股骨体略弓向前，上段呈圆柱形，中段呈三棱柱形，下段前后略扁。体后面有纵行骨嵴，称粗线。粗线上端分叉，向上外延续为粗糙的臀肌粗隆，向上内侧延续为耻骨肌线。粗线下端的骨面为腘面。粗线中点附近，有口朝下的滋养孔。

下端有两个向后下的膨大，称内侧髁和外侧髁，内、外侧髁的前面、下面和后面都有关节面。两髁前方的关节面彼此相连，形成髌面，与髌骨相接。两髁后份之间为髁间窝。两髁侧面最突起处，分别为内上髁和外上髁。内上髁上方的小突起为收肌结节。内、外上髁、收肌结节皆是在体表可扪到的重要标志。

考点提示 股骨是人体最粗大的长骨。

2. 髌骨 是人体最大的籽骨，位于股骨下端前面，在股四头肌腱内，上宽下尖，前面粗糙，后面为关节面，与股骨髌面相关节。髌骨可在体表扪到。

3. 胫骨 位于小腿内侧部。上端膨大，向两侧突出为内侧髁和外侧髁。两髁上面各有一上关节面，与股骨髁形成关节。两上关节面之间的粗糙小隆起称髁间隆起。外侧髁后下方有腓关节面与腓骨头相关。上端前面的隆起称胫骨粗隆。内、外侧髁和胫骨粗隆于体表均可扪到。胫骨体呈三棱柱形，较锐的前缘和平坦的内侧面直接位于皮下，外侧缘有小腿骨间膜附着的骨间缘。后面上份有斜向下内的比目鱼肌线。胫骨体上、中 1/3 交界处，有向上开口的滋养孔。胫骨下端稍膨大，其内下方为内踝。胫骨下端的下面和内踝的外侧面有关节面与距骨相关节。胫骨下端的外侧面有腓切迹与腓骨相接（图 6-26）。内踝可在体表扪到。

考点提示 胫骨位于小腿内侧。

4. 腓骨　位于胫骨外后方。上端为腓骨头，头下方缩细为腓骨颈。腓骨体内侧缘有骨间缘，腓骨下端膨大为外踝（图 6–26）。腓骨头和外踝都可在体表扪到。

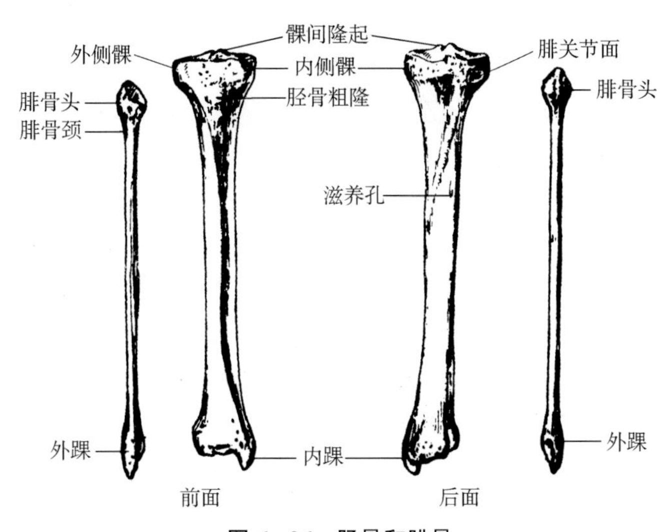

图 6–26　胫骨和腓骨

5. 足骨　包括跗骨、跖骨和趾骨（图 6–27）。

（1）跗骨　7 块，属短骨。分前、中、后三列。后列包括上方的距骨和下方的跟骨；中列为位于距骨前方的足舟骨；前列为内侧楔骨、中间楔骨、外侧楔骨及跟骨前方的骰骨。

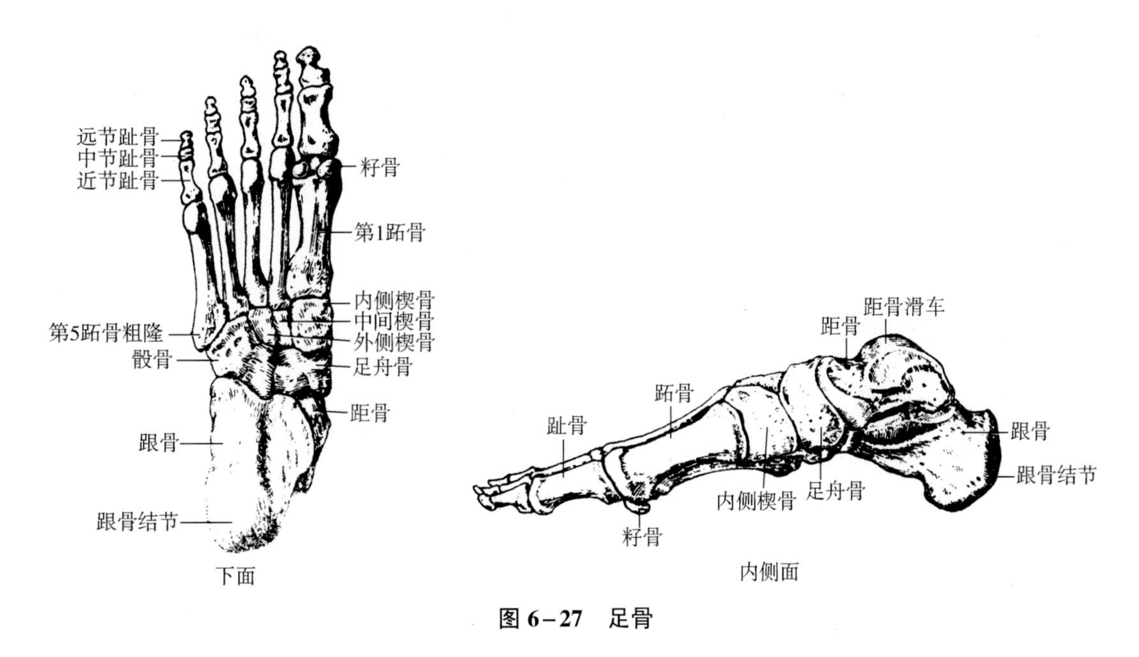

图 6–27　足骨

跗骨几乎占据全足的一半，与下肢支持和负重功能相适应，距骨上面有前宽后窄的距骨滑车，与内、外踝和胫骨的下关节面相关节。距骨下方与跟骨相关节，跟骨后端为粗大

的跟骨结节。距骨前接足舟骨，足舟骨内下方的骨隆起为舟骨粗隆，是重要体表标志。足舟骨前方与3块楔骨相关节，外侧的骰骨与跟骨相接。

（2）跖骨　5块。由内侧向外侧依次为第1～5跖骨，形状和排列大致与掌骨相当，但比掌骨粗大。跖骨近端为底，与跗骨相接，中间为体，远端为头，与近节趾骨相接。第5跖骨底向后突出为第5跖骨粗隆，在体表可扪到。

（3）趾骨　共14块。踇趾为2节，其余各趾为3节。形态和命名与指骨相同。

本章小结

运动系统包括骨、骨连结和骨骼肌。全身的骨共有206块，其中200块与运动系统有关。相邻的骨借连结装置连成骨骼，构成人体的支架。骨按部位分为躯干骨、颅骨和四肢骨；按形态分为长、短、扁及不规则骨。骨由骨质、骨膜、骨髓构成，辅以血管、神经、淋巴等。躯干骨和颅骨构成人体的中轴，又称中轴骨。成人躯干骨包括24块椎骨、1块骶骨、1块尾骨、1块胸骨和12对肋。椎骨分为颈椎7块、胸椎12块和腰椎5块。骶骨由5块骶椎融合而成。尾骨由3～4块尾椎融合而成。胸骨分柄、体、剑突三部分，其中柄、体连接处微向前突，称胸骨角。肋由肋骨和肋软骨构成。四肢骨包括上肢骨与下肢骨。上肢骨包括上肢带骨（锁骨、肩胛骨）和自由上肢骨（肱骨、尺骨、桡骨、手骨）。下肢骨包括下肢带骨（髋骨）和自由下肢骨（股骨、胫骨、腓骨、足骨）。

习　题

扫码“练一练”

一、选择题

1. 胸椎最根本的特征是
   A. 椎体较小　　B. 棘突末端分叉　　C. 横突位于椎体的两侧　　D. 有横突孔　　E. 有肋凹
2. 肱骨干骨折，最易损伤的神经是
   A. 桡神经　　B. 正中神经　　C. 尺神经　　D. 腋神经　　E. 肌皮神经
3. 躯干骨不包括
   A. 椎骨　　B. 胸骨　　C. 肋　　D. 骶骨　　E. 髂骨
4. 上肢骨不包括
   A. 肱骨　　B. 桡骨　　C. 锁骨　　D. 胸骨　　E. 肩胛骨
5. 胸骨角平对
   A. 第1肋软骨　　B. 第2肋软骨　　C. 第3肋软骨　　D. 第4肋软骨　　E. 第5肋

二、简答题

1. 骨按形态可以分成几种？
2. 椎骨分为哪四种？
3. 上肢骨包括哪些？

（孟繁伟）

第七章

关节学

学习目标

1. **掌握** 关节的基本结构、辅助结构；椎间盘和黄韧带；脊柱的整体观及其运动；胸廓的组成，肋弓；颞下颌关节的组成及结构特点；肩关节、肘关节和桡腕关节的组成、结构特点及运动；骨盆的组成及大、小骨盆的界线；髋关节、膝关节和踝关节的组成、结构特点及运动。

2. **熟悉** 关节的分类和运动形式；胸廓的形态和特点；腕关节的分类和运动；骨盆的形态和结构特点；髋关节、膝关节和踝关节的分类。

3. **了解** 直接连结的特点及分类；颅骨的直接连结及作用；手骨的连结及运动；足骨的连结及运动。

4. 学会认识全身关节。

5. 具备临床识别人体关节和结构的能力。

扫码“学一学”

第一节 概 述

案例讨论

【案例】

某男性，21岁，足球运动员。比赛时被铲倒后，右腿剧烈疼痛，不能伸膝。右膝关节伴有较严重的扭曲，紧急送医院就诊。检查可见：右膝明显肿胀，压痛，关节屈伸困难并疼痛，右膝关节不能完全屈曲；活动时关节内有异响和异物感，自感有轻度的交锁。右下肢不能单独站立运动。

【讨论】

1. 骨与骨之间的连接装置包括哪些？
2. 从解剖学的角度，一个关节应该从哪些方面来认识？
3. 如何理解膝关节是全身最复杂的关节？

骨与骨之间的连接结构称骨连结。按骨连结的不同方式，可分为直接连结和间接连结两大类（图7–1）。

一、直接连结

骨与骨借纤维结缔组织、软骨或骨直接连结，连结较牢固，不活动或少许活动。这种连结可分为纤维连结、软骨连结和骨性结合。

（一）纤维连结

两骨间以纤维结缔组织相连，称为纤维连结，分为：①韧带连结。连结两骨的结缔组织纤维较长，呈致密束状，称韧带，如椎骨棘突的棘间韧带、胫腓骨下端的胫腓韧带；也有成膜状者，如前臂骨间膜、闭孔膜等。②缝。两骨间有很薄的纤维结缔组织，如各颅骨间的缝连结。颅的缝老年时可骨化成骨性结合。

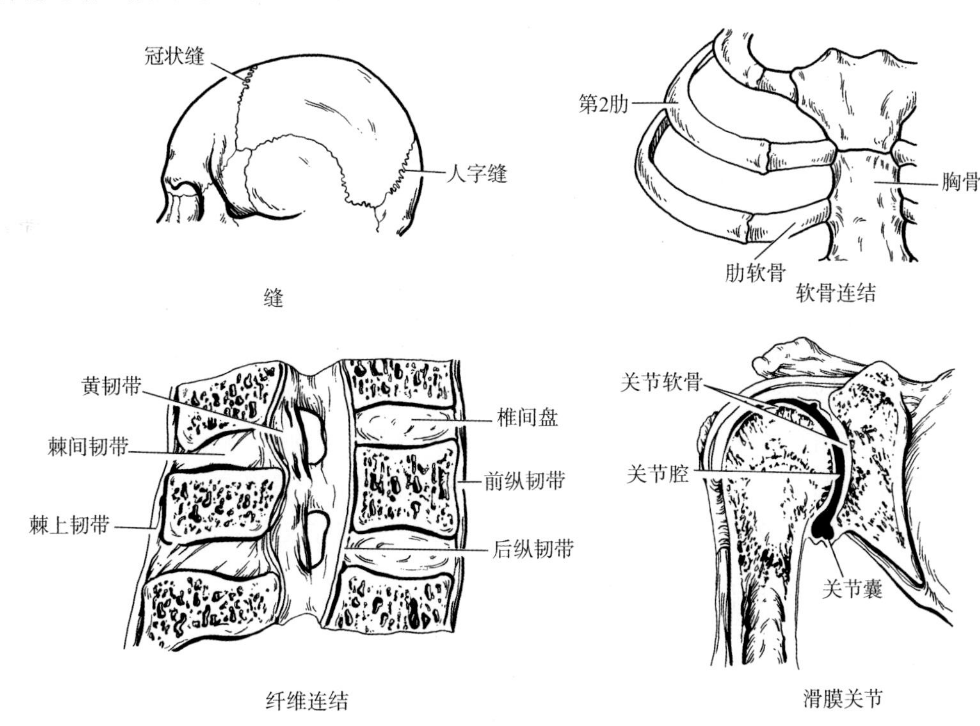

图 7-1 骨连结的类型

（二）软骨连结

两骨间以软骨相连称为软骨连结，可分为：①透明软骨结合，如颅底蝶骨体与枕骨基底部的蝶枕结合、第 1 肋以其肋软骨与胸骨结合；②纤维软骨结合，如椎间盘和骨盆的耻骨联合。

（三）骨性结合

两骨之间以骨组织连接，形成骨性结合。身体一些部位的纤维连结或透明软骨结合可骨化而形成骨性结合，如各骶椎间的骨性结合，髂、耻、坐骨在髋臼处的骨性结合等。

考点提示 骨连结包括直接连结和间接连结两大类。

二、间接连结

间接连结又称滑膜关节，常简称关节，是骨连结的最高级分化形式，其特点是两骨相对面之间存在间隙（关节腔），两骨是借结缔组织构成的关节囊和韧带连结；其特性是两骨

间可以活动（图 7–2）。

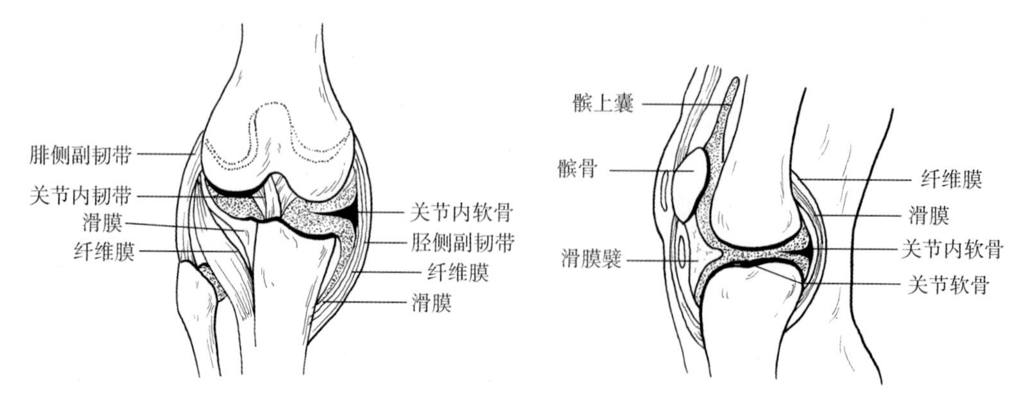

图 7–2　滑膜关节的构造

（一）关节的基本结构

1. 关节面　为构成关节各骨的接触面（至少 2 个），一般为一凹一凸，即关节窝和关节头。关节面上覆有关节软骨，多为透明软骨，极少数关节为纤维软骨。软骨光滑，能承受压力，并具有一定的弹性，有利于两骨间的活动。

2. 关节囊　由致密结缔组织构成的纤维囊，附着于两骨的关节面周缘及其邻近骨面，并与骨膜延续。关节囊连结两骨，并形成封闭的关节腔。关节囊由内、外两层膜构成。外层坚厚，由致密纤维结缔组织构成，有丰富的血管、淋巴管和神经，称纤维层。内层薄而柔软，由疏松结缔组织构成，称滑膜层，能产生滑液，营养关节软骨，润滑关节，减少摩擦。

3. 关节腔　是滑膜、关节软骨共同围成的窄隙，其内有少量滑液。关节腔为密闭而又呈负压的腔隙，对维持关节的稳固性有一定作用。正常关节腔仅容纳 0.13～2ml 滑液。

考点提示　关节的基本结构包括关节面、关节囊、关节腔。

（二）关节的辅助结构

关节除具备上述三个基本结构外，不同关节为了适应其主要功能（运动或承重）而具有韧带、关节唇、关节盘等辅助结构，以增加关节的稳固性或灵活性（图 7–2）。

1. 韧带　是连结于两骨之间的致密纤维结缔组织束，可加强关节的稳固性。位于关节囊外的称囊外韧带，位于关节囊内的称囊内韧带，表面有滑膜包被。

2. 关节唇　是附着于关节窝周缘的纤维软骨环，有加深关节窝、增大关节面和增加关节稳固性的作用。

3. 关节盘　是位于两关节面之间的纤维软骨板，其周缘附着于关节囊纤维层，表面无滑膜，将关节腔分隔成两部分，并使两关节面更为适合，增加了关节的稳固性和灵活性。

考点提示　关节的辅助结构包括韧带、关节唇和关节盘。

（三）关节的运动

以关节为支点，在肌的牵引下，活动的骨绕关节的某一个轴活动而产生空间移位，即运动。关节面的形态、运动轴的方向和数目决定着关节的运动形式和范围。主要有以下运动形式。

1. 滑动运动　是关节运动最简单的形式，两关节面间相互滑动。在许多关节，滑动可与其他形式的运动同时发生。滑动运动的范围较小。

2. 角度运动　连结的两骨间的角度减小或加大。

（1）屈伸运动　沿关节冠状轴运动，使关节的两骨接近，夹角减小为屈；两骨远离，角度加大为伸。少数关节例外，详见各关节。

（2）收展运动　绕关节矢状轴运动，使活动的骨向正中线移动，称为内收；离开正中线者称为外展。手指向中指中线、足趾向第二趾中线靠拢为内收；离开中线者称外展。

（3）旋转运动　活动骨绕关节垂直轴旋转，骨的前面向内侧旋转称旋内；骨的前面向外侧旋转称旋外。前臂桡骨下端交叉于尺骨下端之前称旋前；桡骨恢复平行于尺骨称旋后。

（4）环转运动　骨的一端在原位（关节内）运动，另一端做圆周运动，整个骨在空间运动的轨迹是一个圆锥形，这个运动称为环转运动。凡能沿冠状轴和矢状轴运动的关节都能做环状运动。环转运动实际是屈、外展、伸和内收的依次连续运动。

知识链接

关节的血管、淋巴管和神经

关节的动脉主要来自附近动脉的分支，在关节周围形成动脉网，由网分出细支入关节囊达纤维层和滑膜深层，形成滑膜动脉网。该网在近关节软骨边缘处终止。关节囊各层均有淋巴管丛，淋巴经输出管汇入局部深淋巴结。关节软骨无血管和淋巴管。

支配运动关节肌肉的神经均分出关节支，分布于关节囊纤维层。滑膜和关节软骨无神经分布。感觉神经传导关节的痛觉、位置觉、运动觉、震动觉、压觉和牵张感觉。

第二节　躯干骨连结

扫码“学一学”

躯干骨的连结包括椎骨之间的连结构成的脊柱和由 12 块胸椎、12 对肋和 1 块胸骨连结构成的胸廓。

一、脊柱

脊柱（vertebral column）是人体的中轴，由 24 块椎骨、1 块骶骨和 1 块尾骨借骨连结而成，上端连结于颅，骶尾部与下肢带骨连结。

（一）椎骨的连结

1. 椎体间的连结　相邻椎体间有椎间盘、前纵韧带和后纵韧带连结。

（1）椎间盘　是纤维软骨，牢固连结相邻两椎骨的相对面。椎间盘的中央是柔软而富弹性的胶状物质，称髓核，盘的周围部分称纤维环，由多层呈同心圆排列的纤维软骨构成。椎间盘除牢固连结椎骨外，还有弹性垫的作用，既可缓冲外力对脊柱和颅的震荡，又因其弹性受力时压缩、去力后复原，故使椎骨间可有微小的前屈、后伸和侧屈运动（图 7–3）。椎间盘易发生退行性变，过度的负重和劳损可导致纤维环破裂，髓核膨出，形成椎间盘突出症。由于椎间盘前方有宽而厚的前纵韧带，而后方是薄而窄的后纵韧带，故髓核常向后

外侧脱出，以致压迫脊神经根和脊髓。一般以下腰部椎间盘脱出常见，而颈部者少见。但颈部椎间盘易发生退行性变，以致椎间隙变窄。

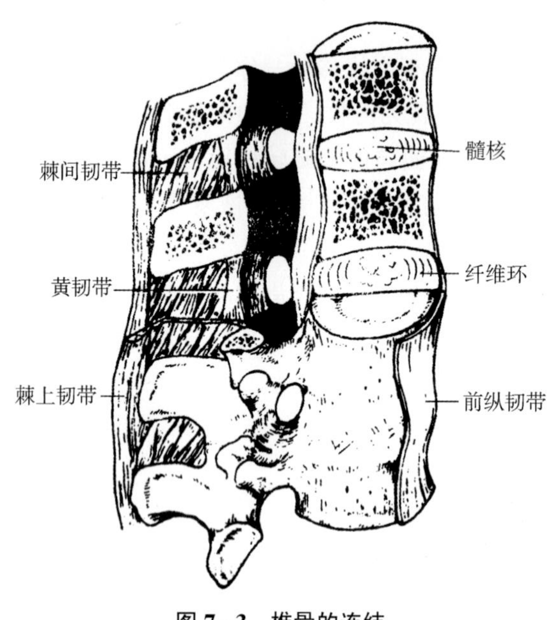

图 7–3　椎骨的连结

（2）前纵韧带　位于椎体前面，呈宽扁带状，较强韧，上达颅底枕骨大孔前方，下至第 1 或第 2 骶椎椎体。韧带的纤维与椎体边缘和椎间盘连结紧密，而与椎体前面连结疏松（图 7–3）。前纵韧带有限制脊柱过度后伸的作用。

（3）后纵韧带　位于椎体后面，椎管前壁，呈窄而薄弱的带状。向上达枢椎体后面续于覆膜，向下至骶管前壁。后纵韧带有限制脊柱过度前屈的作用。

2. 椎弓间的连结　有韧带连结和滑膜关节连结。

（1）黄韧带　连结于相邻的两椎弓板间，由黄色的弹性纤维构成，参与构成椎管后壁，有限制脊柱过度前屈的作用。临床上做腰椎穿刺，针头穿过黄韧带时有较强的阻力感。

（2）关节突关节　由相邻椎骨的上、下关节突构成，属平面关节，只能做轻微滑动，但各椎骨之间的运动总和却很大。

（3）棘间韧带　位于相邻各椎骨棘突之间。

（4）棘上韧带　连于各椎骨棘突尖端之间的纵行韧带，并与棘间韧带融合，两韧带有限制脊柱前屈的作用。在颈部棘上韧带扩展成一矢状位薄膜，向上附于枕外隆凸和枕外嵴，向下至第 7 颈椎棘突，称项韧带。

（5）横突间韧带　位于相邻椎骨横突之间，腰部该韧带常较厚。

（二）寰椎与枕骨及枢椎的连结

寰椎与枕骨及枢椎的连结包括寰枕关节和寰枢关节。

寰枕关节由枕骨髁与寰椎侧块上关节凹构成，可使头部做俯、仰运动和侧屈运动。寰枢关节由寰椎和枢椎构成，可使头部做左右旋转运动。

知识链接

寰枢关节

寰枢关节是脊柱的特殊关节，通常指第 1 颈椎（寰椎）和第 2 颈椎（枢椎）之间连结的总称，包括 3 个独立的关节，即 2 个寰枢外侧关节和 1 个寰枢正中关节。90%的头部旋转运动发生于此，不但运动灵活，且周围有许多韧带连接枕骨、寰椎、枢椎及其他颈椎加强，寰椎横韧带附着于寰椎两侧块前方，并与前弓共同构成骨纤维结构，包绕并限制齿状突过度活动，保护寰、枢椎稳定。外伤时，如颅部遭受突然屈曲作用时，头部

的动能大部分集中在横韧带上，齿状突恰在其中央部，形成一种“切割”外力，可造成横韧带损伤甚至断裂，可出现寰枢关节的脱位或半脱位，齿突后移，使脊髓受压，造成严重损伤，甚者可立即致命。

（三）脊柱的整体观及其运动

1. 脊柱的整体观 成人脊柱全长约 70cm，女性稍短。站立时椎间盘受重力压挤，其脊柱较静卧时短 2cm。全部椎间盘的厚度相当于脊柱全长的 1/4，老年人因椎间盘变薄，椎体骨质萎缩，脊柱可变短（图 7–4）。

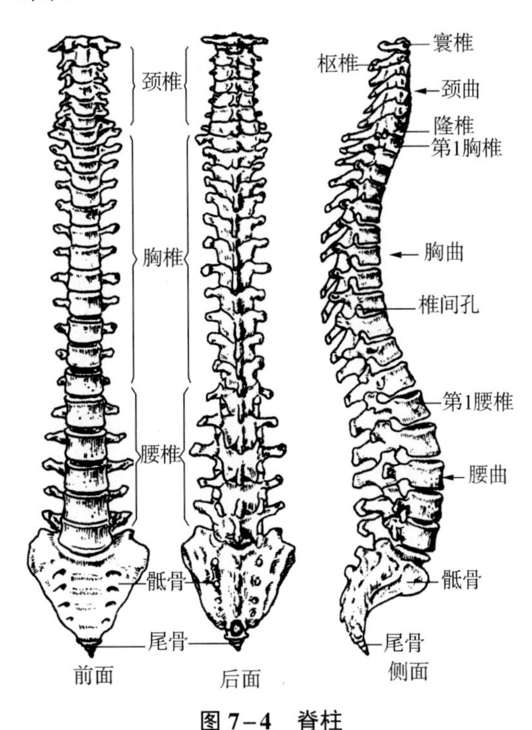

图 7–4 脊柱

（1）脊柱前面观 从前面观察脊柱，可见椎体自上而下逐渐变大，至第 2 骶椎止，其下又逐渐变小，这与脊柱承担身体大半部体重有关。从前面看，正常人脊柱有轻度侧屈，惯用右手者脊柱上部略凸向右侧，而下部则代偿性略凸向左侧。

（2）脊柱后面观 从后面观察脊柱，可见所有椎骨棘突连贯形成纵嵴，位于背部正中线上。隆椎棘突长而平伸向后，在体表可触及；胸椎棘突细长，斜向后下方，呈叠瓦状；腰椎棘突呈板状，水平伸向后方，棘突间有空隙，这是临床在此能做腰椎穿刺的形态基础。

（3）脊柱侧面观 从侧面观察脊柱，可见成人脊柱有 4 个生理性弯曲：颈曲和腰曲凸向前，分别因出生后抬头和直立而形成；胸曲和骶曲凸向后，为胎儿时期的原始弯曲。颈曲和腰曲的形成使身体重心垂线向后移，以维持前后平衡，保持直立。脊柱弯曲的意义还在于增加了脊柱的弹性，缓冲震荡，保护脑、脊髓和内脏器官。

考点提示 脊柱有颈曲、胸曲、腰曲和骶曲四个生理性弯曲。

2. 脊柱的运动 相邻两个椎骨之间的运动范围很小，但整个脊柱的运动范围却很大。

脊柱可沿冠状轴做屈伸运动，沿矢状轴做侧屈运动，沿垂直轴做旋转运动，此外尚可做环转运动。

知识链接

椎间盘的临床意义

脊柱的运动属于联合运动，检查脊柱的屈伸、侧屈和旋转三组运动，是诊断脊柱疾患的重要步骤之一。椎间盘作为连结椎骨的重要结构，椎间盘纤维环的后部及后纵韧带较薄弱，外伤和退行性病变时，使椎间盘向后方或后外侧突出，使椎管或椎间孔狭窄，压迫脊髓和脊神经。椎间盘突出多发生于腰部（常见于第 4～5 腰椎或第 5 腰椎与骶骨之间）。

（四）脊柱的常见畸形和变异

1. 脊柱裂 胚胎发育中，部分椎骨两侧椎弓板融合不全，脊柱后正中线处出现裂隙，称脊柱裂。脊髓被膜可由此膨出。脊柱裂常见于下腰部和骶部。

2. 腰椎骶化和骶椎腰化 前者是第 5 腰椎与骶骨融合，后者是第 1 骶椎不融合于骶骨，形态类似腰椎。

3. 椎骨数目变异 胸椎可增至 13 个或减至 11 个；腰椎可增至 6 个或减至 4 个；骶椎可有 4～10 个；尾椎可减为 3 个或完全缺如。

二、胸廓

胸廓由 12 块胸椎、12 对肋、1 块胸骨和它们之间的连结共同构成。

胸廓为前后略扁的圆锥体，前后径小于横径，上窄下宽，容纳胸腔器官。胸廓有上、下两口及前、后壁和两侧壁。胸廓上口较小，由胸骨柄上缘、第 1 肋和第 1 胸椎体围成，是胸腔与颈部的通道。由于胸廓上口前缘低于后缘，故胸骨柄上缘向后约平对第 2 胸椎体下缘。胸廓下口宽而不规则，由第 12 胸椎、第 12、11 对肋、两侧肋弓和剑突构成。两肋弓的夹角称胸骨下角，该处有剑突。剑突与胸骨体结合处向后平对第 9 胸椎体下缘。胸廓前壁较短，由胸骨、肋软骨、肋骨前端构成；后壁较长，由肋骨的肋颈以内的部分构成；侧壁最长，由肋骨体构成。侧壁与前后壁间无明确界线。相邻两肋间的间隙称肋间隙（图 7–5）。

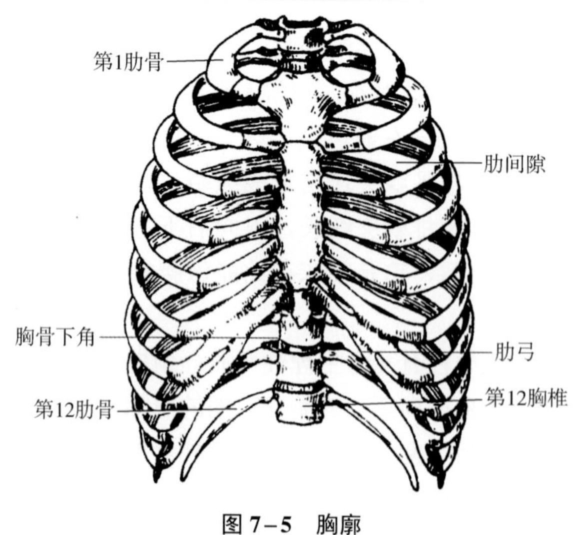

图 7–5 胸廓

考点提示 成人的胸廓前后略扁，上窄下宽。

胸廓除保护和支持功能外，主要参与呼吸运动。在肌的作用下，肋前端带动胸骨一起向上运动，胸廓各径加大，使胸腔容积增大，肺扩张以吸气。在重力和肌的作用下，胸廓做相反运动，胸腔容积减小，肺回缩而呼气。

第三节　颅骨的连结

颅骨的连结有纤维连结、软骨连结和滑膜关节。

一、颅骨的纤维连结和软骨连结

各颅骨之间多以缝和软骨连结，连结极为牢固。颅底诸骨是在软骨基础上骨化（软骨内化骨）形成的，幼年时骨与骨之间以软骨结合，如蝶骨体与枕骨基底部之间的蝶枕软骨连结，其他如蝶岩、岩枕软骨连结等。随着年龄的增长都先后骨化而成为骨性结合。

二、颞下颌关节

颞下颌关节（图 7－6）又称下颌关节，由下颌头与颞骨的下颌窝及关节结节构成。关节囊松弛，上方附于下颌窝，前方达关节结节前缘，下方附于下颌颈，故关节结节完全包入关节腔内。关节囊外侧有韧带加强。关节囊内有关节盘，将关节腔分为上、下两部。

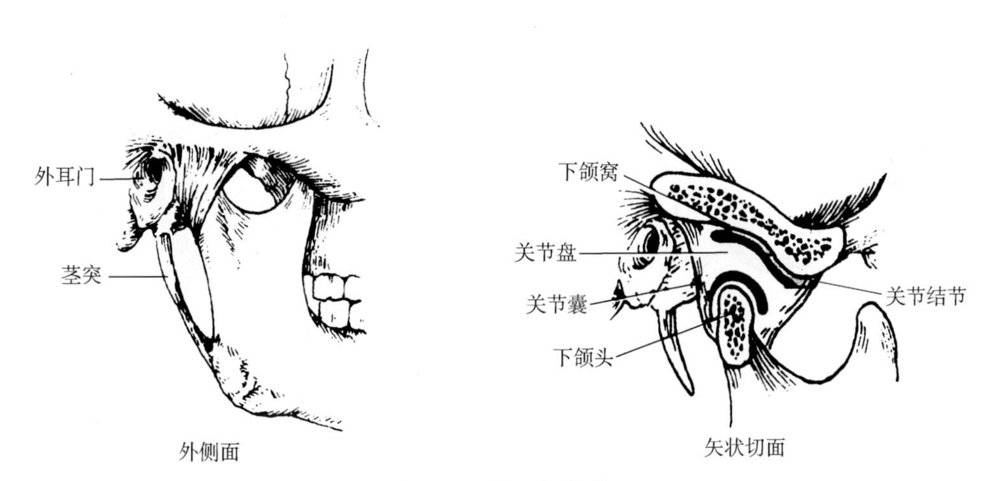

图 7－6　颞下颌关节

颞下颌关节是联合关节，可做三种运动。开口闭口时，下颌头在下关节腔内，通过两侧下颌头的冠状轴做下颌体下降、上升运动；下颌骨向前、后退运动时关节盘与下颌头一起，绕两侧关节结节的冠状轴，在上关节腔内做前后滑动运动；下颌关节侧方运动是一侧下颌头沿垂直轴在关节盘下方原位旋转，而对侧的关节盘连同下颌头一起在上关节腔内，向前移动至关节结节下方。极度张口时，由于关节囊前部薄弱，关节盘和下颌头甚至移到关节结节前方，形成颞下颌关节脱位。

扫码“学一学”

第四节　上肢骨的连结

一、上肢带骨连结

（一）胸锁关节

胸锁关节是上肢骨与躯干骨之间唯一的关节。由锁骨的胸骨端与胸骨柄的锁切迹及第 1 肋软骨的上面共同构成。关节囊周围有坚韧的韧带加强。关节盘周缘大部附于关节囊，下部附于第 1 肋软骨。关节盘分隔关节腔为外上、内下两部。胸锁关节是上肢带骨运动（表现于肩部）的支点，沿矢状轴运动，表现锁骨外端上抬、内端下降（肩部上抬下降）；沿垂直轴运动，外端向前、向后（肩部向前向后）。胸锁关节尚可做环转运动，此过程中锁骨沿关节的冠状轴尚有微小的旋转运动。

（二）肩锁关节

肩锁关节由锁骨肩峰端与肩胛骨肩峰关节面构成，关节囊上方有肩锁韧带加强。该关节属平面关节，仅能微动。

二、自由上肢骨连结

（一）肩关节

肩关节由肱骨头与肩胛骨的关节盂构成（图 7–7）。关节头大，关节盂较小而浅，盂周缘有盂唇加深和加大关节盂面积，但仍只有关节头面积的 1/3 多，因此肩关节的运动幅度大。

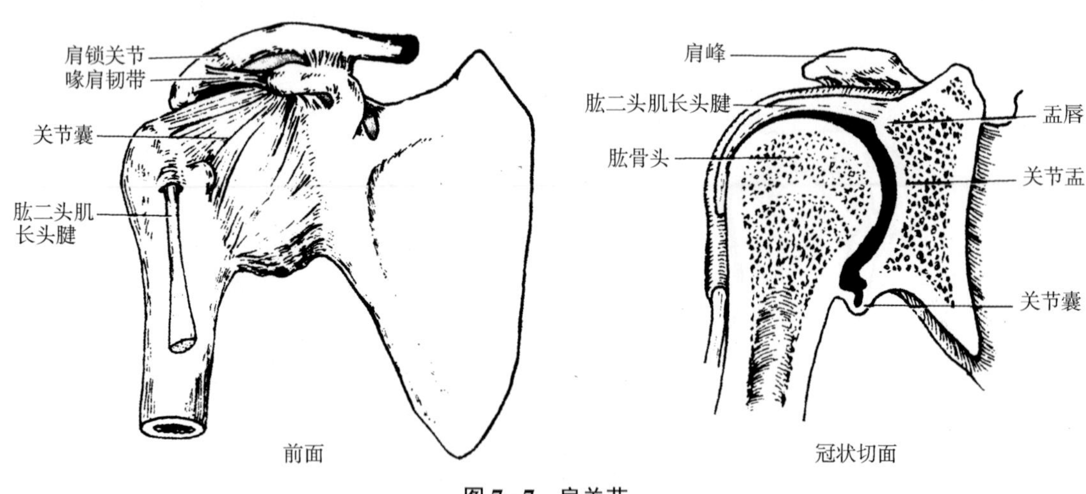

图 7–7　肩关节

肩关节的关节囊薄而松弛，一端附于肩胛骨关节盂周缘，并将肩胛骨盂上结节包入囊内，另一端附于肱骨解剖颈。囊的纤维层有韧带加强。囊的前、后壁和上方还有多个肩带肌的腱纤维编入纤维层，但囊的下壁没有肌腱和韧带加强，为关节囊的薄弱处，肱骨头易于此处移位形成肩关节脱位。

考点提示　肩关节的关节囊下壁为薄弱处，肱骨头易于此处移位形成肩关节脱位。

肩关节是球窝关节。沿冠状轴做屈、伸；沿矢状轴做外展、内收；沿垂直轴做旋内、

旋外；还可做环转运动。臂外展超过 40°～60°继续抬高时，常伴有胸锁、肩锁关节的运动，以及肩胛骨的旋转，即肩胛骨下角外旋、关节盂向上外，臂才可继续抬高至 180°。

（二）肘关节

肘关节由肱骨下端与桡骨、尺骨上端构成（图 7-8），包括三个关节。①肱尺关节：由肱骨滑车与尺骨滑车切迹构成；②肱桡关节：由肱骨小头与桡骨头关节凹构成；③桡尺近侧关节：由桡骨头环状关节面与尺骨桡切迹以及桡骨环状韧带构成。

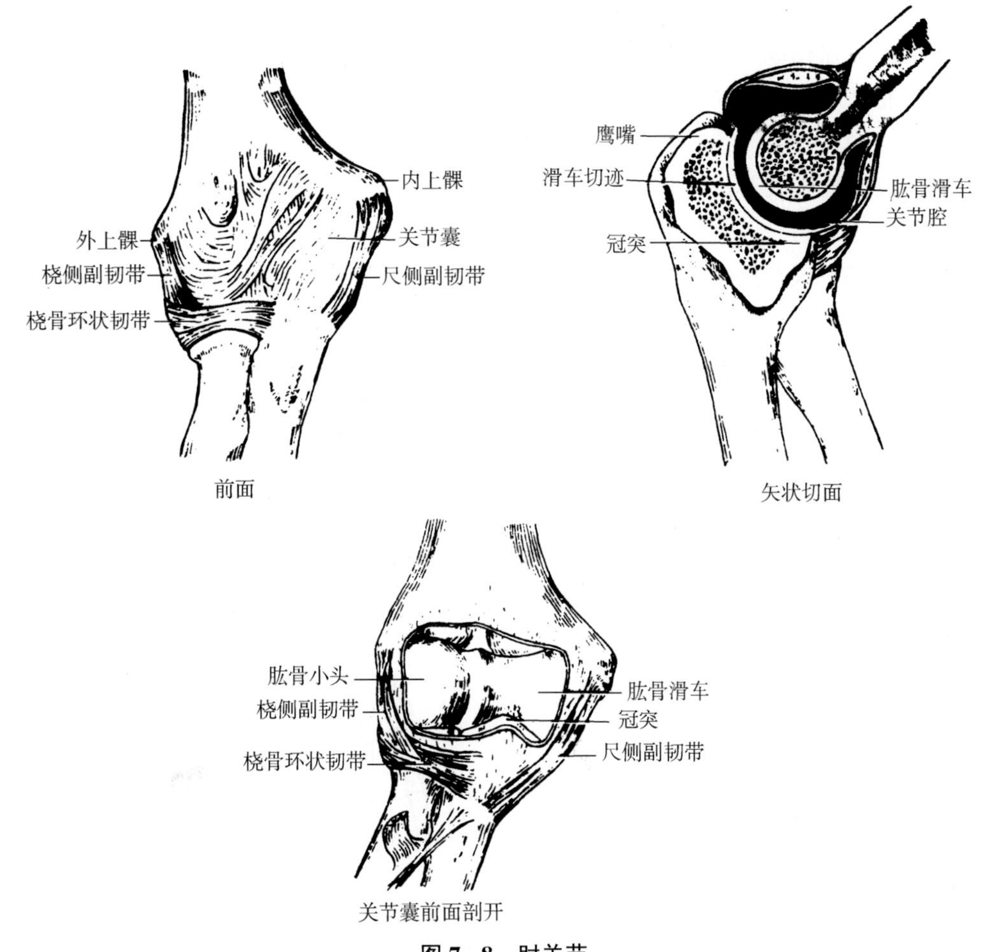

图 7-8 肘关节

上述三个关节有一个共同的关节囊，关节囊前、后壁薄而松弛；两侧壁厚而紧张，并有韧带加强。肘关节囊后壁最薄弱，故常见桡、尺两骨向后脱位，此时，桡、尺两骨上端移位于肱骨下端的后上方。小儿桡骨头发育不健全，易发生桡骨头半脱位。

肘关节的主要运动是发生于肱桡、肱尺两关节的屈和伸，一般屈伸范围达 140° 。桡尺近侧关节与桡尺远侧关节共同做旋前、旋后运动。肱骨内、外上髁和尺骨鹰嘴都易在体表扪到。当肘关节伸直时此三点在一条直线上；屈肘关节至 90° 时，三点的连线呈一尖向下的等腰三角形。此三点位置关系有助于鉴别肘关节脱位和肱骨髁上骨折，当肘关节后脱位时（鹰嘴移向后上），三点关系呈尖向上的三角形，而在肱骨髁上骨折时三点位置关系不变。

考点提示 肘关节的主要运动是发生于肱桡、肱尺两关节的屈和伸。

（三）前臂骨的连结

前臂骨的连结包括桡尺近侧关节（见肘关节）、桡尺远侧关节和前臂骨间膜。

1. 前臂骨间膜 为一坚韧的纤维膜，连结桡、尺两骨的骨间缘，其纤维主要由桡骨斜向内下至尺骨（图 7–9），可将手部来的力传递给尺骨。骨间膜对稳定桡尺远、近侧关节及维持前臂旋转功能起重要作用。当前臂处于中间位时，骨间膜最紧张，因此，在前臂骨折时，应将前臂固定于中间位，以防止骨间膜挛缩而影响愈后前臂骨的旋转功能。

2. 桡尺远侧关节 由尺骨头环状关节面构成关节头，由桡骨尺切迹及自其下缘至尺骨茎突根部的关节盘构成关节窝。关节囊松弛，附于关节面和关节盘的周缘。桡尺近侧和远侧关节在机能上是联合车轴关节。

（四）手关节

手关节包括桡腕关节、腕骨间关节、腕掌关节、掌骨间关节、掌指关节和指骨间关节（图 7–10）。

1. 桡腕关节 又名腕关节，是典型的椭圆关节，由桡骨的腕关节面和尺骨头下方的关节盘共同构成关节窝，手舟骨、月骨和三角骨三者的近侧关节面构成关节头。关节囊松弛，腔较宽大，桡腕关节可做屈、伸、内收、外展及环转运动。外展运动因桡骨茎突的限制幅度甚小。

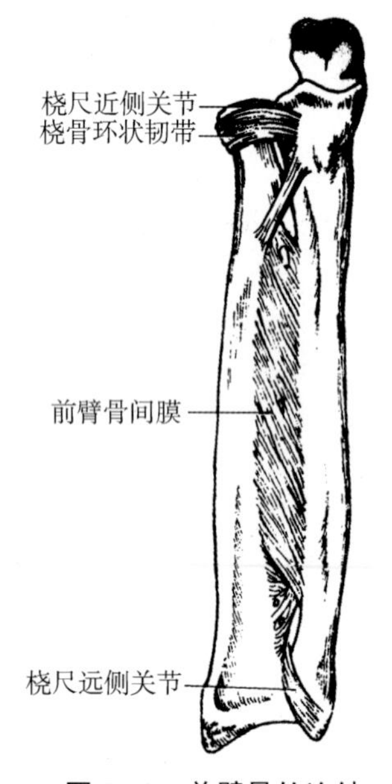

图 7–9 前臂骨的连结

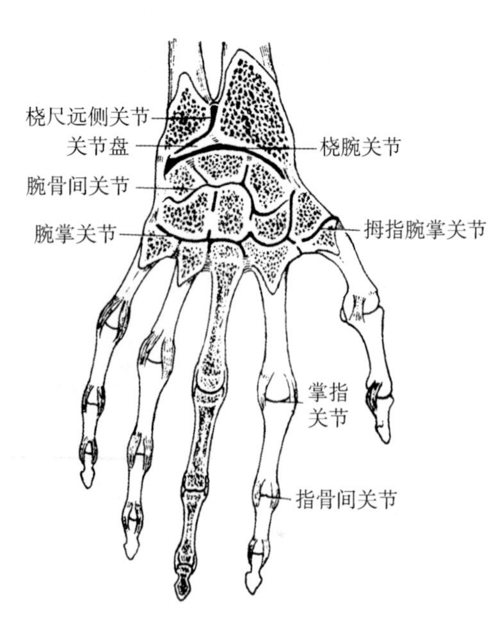

图 7–10 手关节

2. 腕骨间关节 8 块腕骨排成两列，各腕骨间均构成关节，腕骨间关节只能轻微滑动，常与桡腕关节联合运动。

3. 腕掌关节 由远侧列腕骨与 5 个掌骨底构成。除拇指、小指外，其余各指的腕掌关节运动范围极小。

拇指腕掌关节由大多角骨与第 1 掌骨底构成，是鞍状关节，关节囊松弛，可做屈、伸、内收、外展及对掌和环转运动。

4. 掌骨间关节 是第 2～4 掌骨底侧面相互之间的平面关节，关节腔与腕掌关节腔相通。

5. 掌指关节 由掌骨头与近节指骨底构成，关节囊薄而松弛，周围有韧带加强，特别是掌侧和两侧韧带强厚，限制了关节运动。拇指掌指关节只能做屈伸运动；其他指可做屈伸、内收、外展及环转运动。内收是各指向中指中线靠拢，外展是各指远离中指中线。

6. 指骨间关节 由各指相邻两节指骨的滑车与底构成，关节可做屈、伸运动。

扫码“学一学”

第五节 下肢骨的连结

下肢骨的连结包括下肢带的连结和自由下肢骨的连结。

一、下肢带骨连结

（一）骶髂关节

骶髂关节由骶骨和髂骨的耳状面构成。关节面凹凸不平，彼此嵌合紧密。关节囊紧张，前后面有韧带加强，关节后方尚有连于骶骨和髂骨粗隆间强厚的骶髂骨间韧带。此关节结构牢固，活动极小，适应于承受体重。

（二）韧带连结

1. 髂腰韧带 坚厚，连于第5腰椎横突与髂嵴后部之间。

2. 骶结节韧带 起自髂后上棘和骶、尾骨侧缘，纤维束向外下方集中，止于坐骨结节内侧缘。

3. 骶棘韧带 位于骶结节韧带前方，起于骶、尾骨侧缘，纤维束向外集中，附于坐骨棘。骶棘韧带与骶关节韧带与髋骨坐骨大、小切迹共同围成坐骨大孔和坐骨小孔，有肌、血管和神经等出入骨盆。

（三）耻骨联合

耻骨联合由两侧耻骨联合面借耻骨间盘连结。耻骨间盘是纤维软骨，其内部正中常有一小裂隙。耻骨联合上、下缘有连结两侧耻骨的耻骨上韧带和耻骨弓状韧带。女性耻骨间盘较厚。耻骨联合有一定程度的可动性。

（四）骨盆

骨盆由骶骨、尾骨和左、右髋骨以及关节、软骨和一些韧带连结构成（图 7-11）。骨盆在人体正常位置是向前倾斜，两侧髂前上棘与耻骨结节在同一冠状面内，耻骨联合上缘与尾骨尖处于同一水平面内。骨盆以界线分为上方的大骨盆和下方的小骨盆。界线是骶骨岬向两侧经骶翼、髂骨弓状线、耻骨梳、耻骨结节、耻骨嵴达耻骨联合上缘构成的环状线。小骨盆分为骨盆上、下口和骨盆腔。骨盆上口由界线围成，朝向前上。骨盆下口由尾骨尖骶结节韧带、坐骨结节、坐骨支、耻骨下支和耻骨联合下缘围成。两侧耻骨下支连成耻骨弓，两下支的夹角称耻骨下角。骨盆上、下口之间的空腔是骨盆腔，它是前壁短、侧壁和后壁长的弯曲管道，是胎儿娩出的通道（产道）。

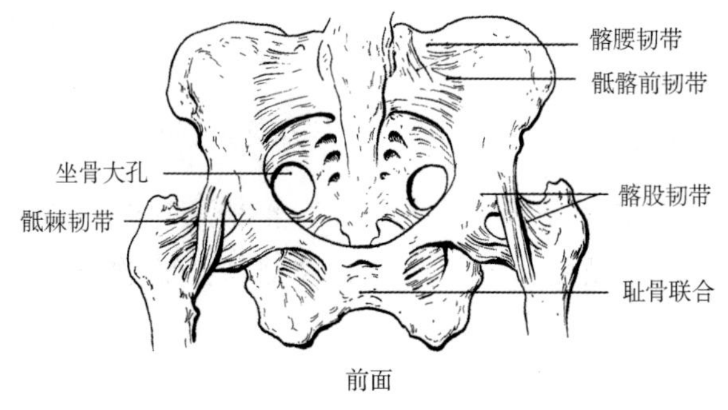

图 7-11 骨盆的韧带

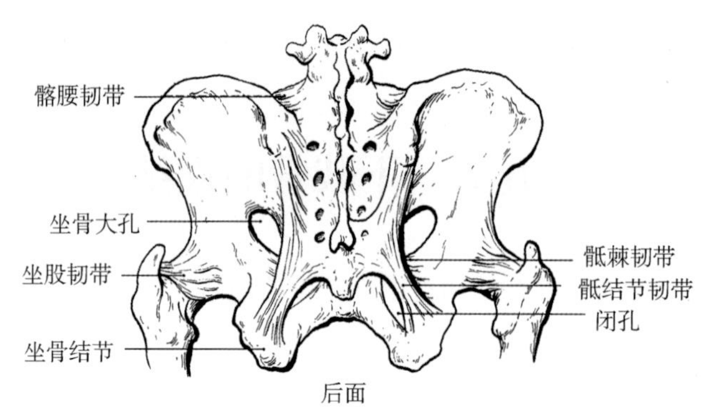

图 7–11　骨盆的韧带

骨盆除保护盆腔器官外，还能承托和传递躯干和上肢的重力。

二、自由下肢骨连结

（一）髋关节

髋关节由髋臼与股骨头构成（图 7–12）。髋臼月状面为关节面，并有纤维软骨构成的髋臼唇附于髋臼缘及髋臼横韧带，后者横架于髋臼切迹上。由于髋臼唇及横韧带加深了关节窝，而股骨头关节面只是球面的 2/3，故股骨头几乎全部被包入关节窝。关节囊紧张坚厚，上方附于髋臼周缘及髋臼横韧带；向下前面附于转子间线、大转子根部，股骨颈全包入关节囊内；后面囊附于股骨颈后面约一大半处，颈的下外侧部分并未包入关节囊内，故股骨颈骨折可有囊内、囊外和混合性骨折。关节囊上部和前部坚厚，后下部薄弱，该处也无韧带加强，股骨头有时可从该处脱出（髋关节后脱位）。

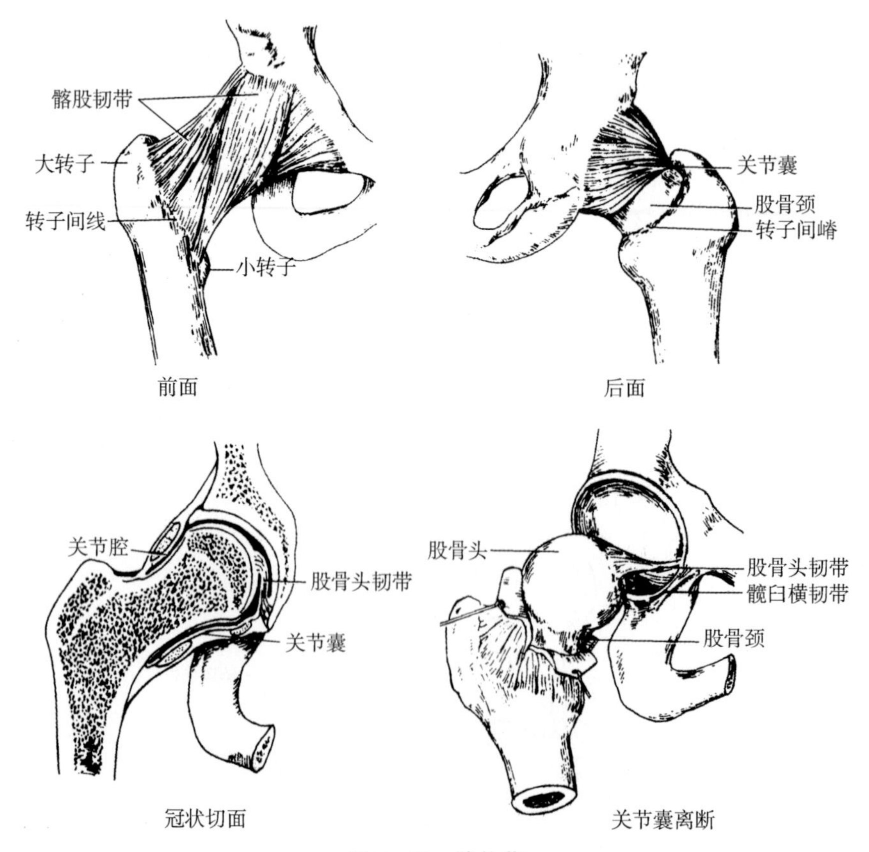

图 7–12　髋关节

髋关节是杵臼关节，可做屈、伸，内收、外展，旋内、旋外以及环转运动。

考点提示 髋关节囊内有股骨头韧带。

（二）膝关节

膝关节是人体最大、最复杂的关节；由股骨内、外侧髁，胫骨内、外侧髁和髌骨构成（图 7-13）。关节囊薄而松弛，但周围有肌腱和韧带加强。纤维层上方附于股骨内、外侧髁外缘及髁间窝后缘；前方附于髌骨关节面的周缘；下方附于胫骨内、外侧髁外缘及髁间区的前、后缘。滑膜层宽广，覆被在纤维层内表面及关节内韧带表面。在髌骨上方，滑膜层于股四头肌深面，股骨前方向上突出 5cm 以上成为髌上囊；在外侧，滑膜沿腘肌腱深面伸延形成腘肌下隐窝；在髌骨下方两侧，滑膜被覆脂肪垫形成皱襞，称翼状襞，后者突入关节腔内，并向上汇合成细带状的髌下滑膜襞，附于髁间窝的前缘。关节内有半月板和交叉韧带。

考点提示 膝关节由股骨下端、胫骨上端和髌骨组成。

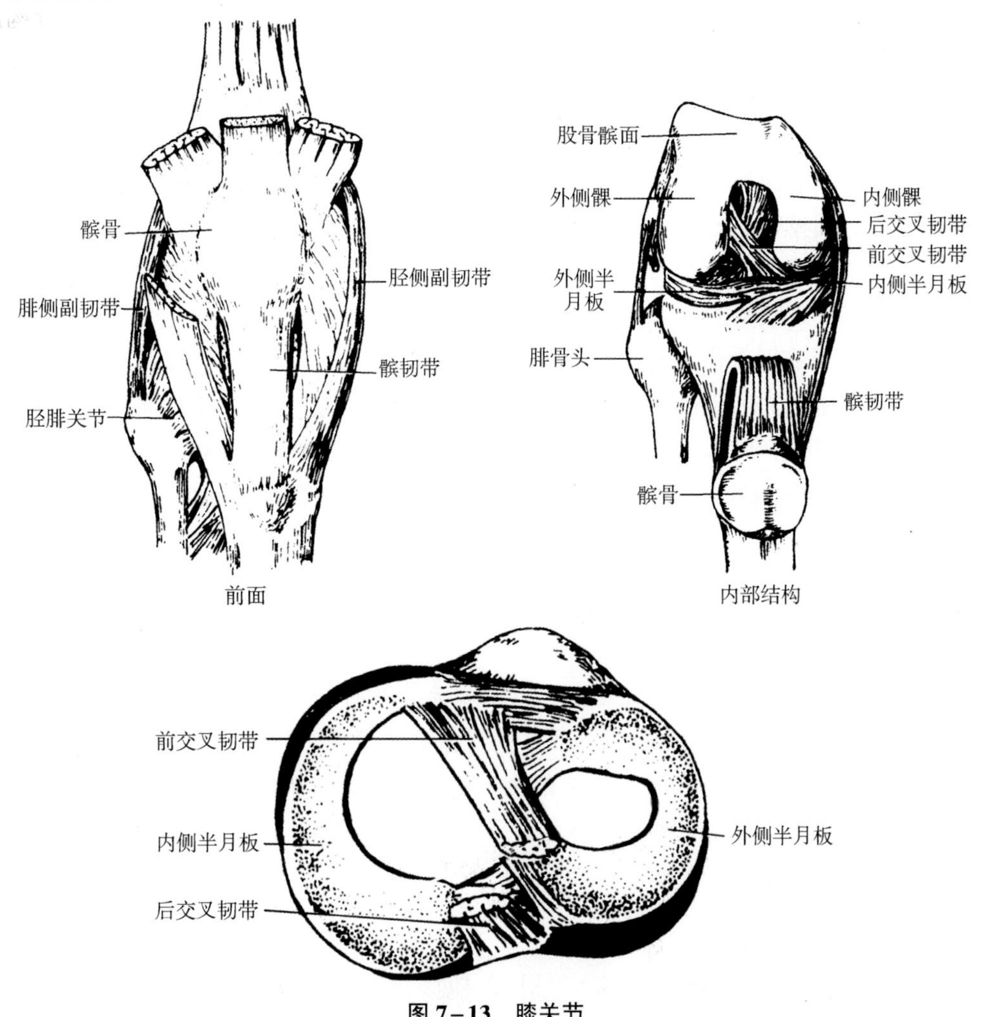

图 7-13 膝关节

半月板由纤维软骨构成，性质作用同关节盘。两半月板的前缘以膝横韧带相连。内侧半月板较大，呈“C”形，其边缘大部附于关节囊及胫侧副韧带。外侧半月板较小，呈“O”形，其边缘大部不与关节囊和腓侧副韧带连结。由于半月板能随膝关节运动而移动，故在

强力而又骤然的动作时，易使半月板损伤或撕裂。

膝交叉韧带有前、后两条，前交叉韧带起自胫骨髁间隆起的前方，斜向后上外方，止于股骨外侧髁的内侧面，有制止股骨后移的作用，该韧带在伸膝时最紧张；后交叉韧带起自胫骨髁间隆起的后方，斜向前上内方，止于股骨内侧髁的外侧面，有制止股骨前移的作用，该韧带在屈膝时最紧张。两韧带牢固地连结股骨和胫骨。

膝关节主要是做屈、伸运动，幅度可达130°，在屈膝90°时，小腿可做旋内、旋外运动。

（三）胫腓连结

胫、腓两骨连结紧密。上端由胫骨外侧髁的腓关节面与腓骨头关节面构成微动的胫腓关节；两骨干间有坚韧的小腿骨间膜连结；两骨下端是韧带连结，即胫骨下端外侧面的腓切迹与腓骨外踝上方有结缔组织连结，并有胫腓前、后韧带加强。因此，小腿两骨间活动极小，腓骨并不参与支持体重，必要时腓骨（上端、外踝除外）可部分切除。

（四）足关节

足关节包括距小腿关节、跗骨间关节、跗跖关节、跖骨间关节、跖趾关节和趾骨间关节（图7–14）。

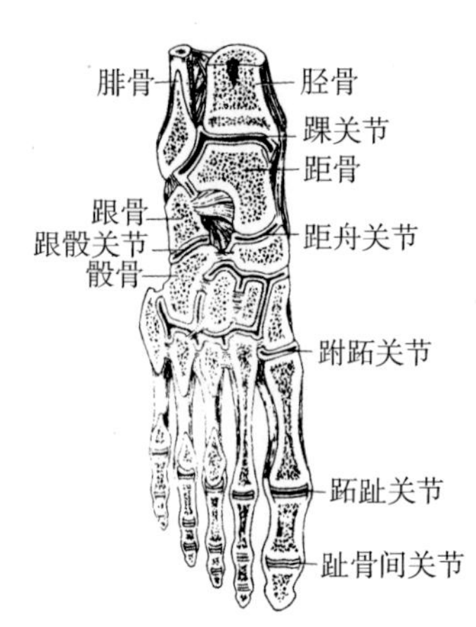

图7–14　足关节

1. 距小腿关节　又名踝关节，由胫骨下关节面、内踝关节面及腓骨外踝关节面与距骨滑车构成。关节囊附着于关节面的周围，前、后壁薄且松弛，两侧有韧带加强。踝关节是屈戌关节，可做背屈（伸）和跖屈（屈）运动。踝关节背屈时，由于关节头与窝嵌合很好，故很稳定；当跖屈时，距骨滑车较窄的后部进入较宽的关节窝的前部，因此可有轻微的侧方运动。

2. 足弓　跗骨和跖骨借其连结形成凸向上的弓，称为足弓。足弓有前后方向上的内侧、外侧两条纵弓和内外方向上的一条横弓。足弓呈三点鼎立形式，支持体重和维持人体站立既稳固而又稳定。足弓因有弹性，对行走、跳跃有重要作用；还能减少地面对人体的反作用力的冲击和震荡，以保护人体器官（特别是脑）。足弓还有保护足底的血管和神经免受压迫的作用。

本章小结

骨连结分为直接连结和间接连结。关节是骨连结最高的分化形式，其结构主要包括基本结构及辅助结构，基本结构包括关节面、关节囊、关节腔；辅助结构包括韧带、关节唇、关节盘。躯干骨通过各种连结形式构成脊柱、胸廓，并参与腹壁、骨盆的构成。颅骨之间大多是通过缝、软骨连结，这些连结牢固，不能运动，仅有一对颞下颌关节可以活动。四肢骨之间的连结以滑膜关节为主，骨盆具有传导重力及承托、保护盆内脏器的作用。

扫码“练一练”

习　题

一、选择题

1. 关于肩关节，下列说法正确的是

　A. 关节囊上部厚而松弛　　　B. 关节腔内有关节盘

C. 关节腔内有肱二头肌长头腱通过　　D. 关节囊前下方缺乏肌和肌腱
E. 不能做环状运动

2. 下列关于膝关节的说法错误的是
A. 前后交叉韧带分别限制胫骨向前、向后移位
B. 胫腓侧副韧带均贴关节囊
C. 内侧半月板呈 C 形
D. 半月板随膝关节的运动而移动
E. 髌韧带止于胫骨粗隆

3. 人体最大、最复杂的关节是
A. 踝关节　B. 髋关节　C. 肩关节　D. 颞下颌关节
E. 膝关节

4. 以关节相连的颅骨是
A. 上颌骨与下颌骨　B. 舌骨与颧骨　C. 颞骨与舌骨　D. 舌骨与下颌骨
E. 下颌骨与颞骨

5. 下列有关脊柱韧带的叙述，哪一种是错误的
A. 前后纵韧带分别位于椎体和椎间盘的前后面
B. 黄韧带连结于相邻上下两椎弓板之间
C. 棘间韧带与棘上韧带都是长韧带
D. 项韧带位于棘上韧带的后方
E. 棘上韧带连于棘突的末端

二、简答题

1. 肩关节与髋关节的结构有何不同？
2. 脊柱的连结有哪些？
3. 关节的辅助结构有哪些？

（孟繁伟）

第八章

肌　　学

学习目标

1. **掌握**　肌的形态和构造；头颈、躯干、四肢主要肌的名称、位置和功能；斜角肌间隙、股三角的位置及通过的结构；膈的3个裂孔的位置及通过结构；腹股沟管、腹股沟三角的位置和临床意义。

2. **熟悉**　肌的起、止点，命名原则和肌的辅助结构；躯干肌和四肢肌的分部。

3. **了解**　各部肌的分群；各群肌的名称。

4. 学会运用肌的知识解释运动的过程，了解部分肌肉相关疾病及康复要点。

5. 掌握正确的运动锻炼方式，具有普及强健体魄、健康锻炼的常识。

案例讨论

【案例】

患者，男，16岁，既往体健，在校短跑时突发大腿内侧疼痛，外表可见条索状突起，运动受限，皮肤表面出现少量瘀斑。

【讨论】

1. 请做出诊断。

2. 判断损伤的肌肉，考虑初步处理原则及注意事项。

扫码“学一学”

第一节　概　　述

根据肌的形态、结构和功能不同，可分为平滑肌、心肌和骨骼肌三类。本章主要介绍骨骼肌。

骨骼肌是运动系统的动力部分，主要分布于头颈、躯干和四肢。全身共有600余块，约占体重40%。每块骨骼肌都有一定的形态、构造，有血管、淋巴管分布，并有神经支配，执行一定的功能，故每块肌都可视为一个器官。骨骼肌一般附着在骨上，通过收缩牵引骨骼产生运动，由于其活动受意识控制，又称随意肌。

一、肌的形态和构造

肌的形态各不相同，大致可分为长肌、短肌、扁（阔）肌和轮匝肌四种（图8-1）。长

肌多配布于四肢，收缩和舒张时长度变化显著，能产生大幅度的运动。短肌一般配布于躯干深层，具有明显的节段性，运动幅度较小。扁肌多配布于胸腹壁，呈扁片状，除运动功能外还有保护体腔内器官的作用。轮匝肌呈环形，配布于孔和裂的周围，收缩时可关闭孔裂，如眼轮匝肌。

每块骨骼肌都由肌腹和肌腱两部分构成。肌腹位于中间，主要由肌纤维组成，色红而柔软，具有收缩能力；肌腱位于肌腹的两端，主要由胶原纤维束组成，色白而坚韧，不具有收缩能力，但能抵抗强大的张力。肌多借肌腱附于骨上，长肌的腱呈条索状，而扁肌的腱呈膜状，称腱膜。

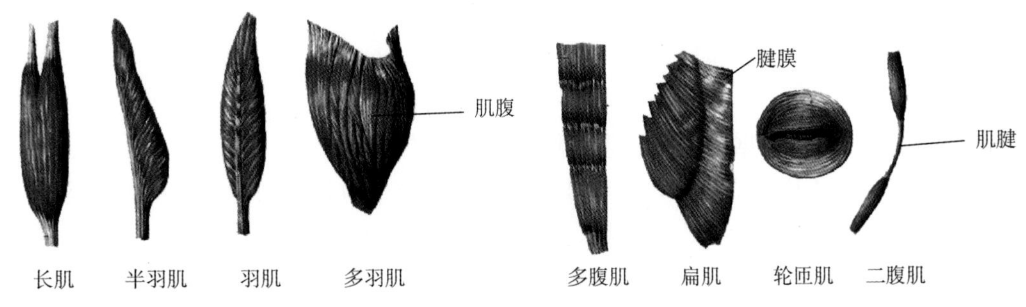

图 8-1 肌的形态

考点提示 肌按形态分为长肌、短肌、扁肌和轮匝肌四种。

二、肌的起止、配布与作用

肌通常借两端的肌腱附着于两块或两块以上的骨，中间跨过一个或几个关节。肌收缩时，一骨的位置相对固定，另一骨相对移动。通常把在固定骨上的附着点称为起点（或定点）；在移动骨上的附着点称为止点（或动点）。一般来说，将靠近身体正中线或四肢近侧端的附着点作为起点，反之为止点。肌在骨上的起点和止点是相对的，不是固定不变的，在一定条件下可以互换（图 8-2）。

肌的配布与关节运动轴的关系密切，其规律是在一个运动轴相对的两侧有两个作用相反的肌或肌群，称为拮抗肌，两者既互相拮抗，又互相依存，在神经系统支配下彼此协调，使动作准确有序。在运动轴的同一侧作用相同的肌，称为协同肌。

肌的作用方式有两种：一是动力作用，通过肌的收缩与舒张，产生运动；二是静力作用，通过部分肌的收缩，保持一定的肌张力，以维持身体的平衡或某种姿势。

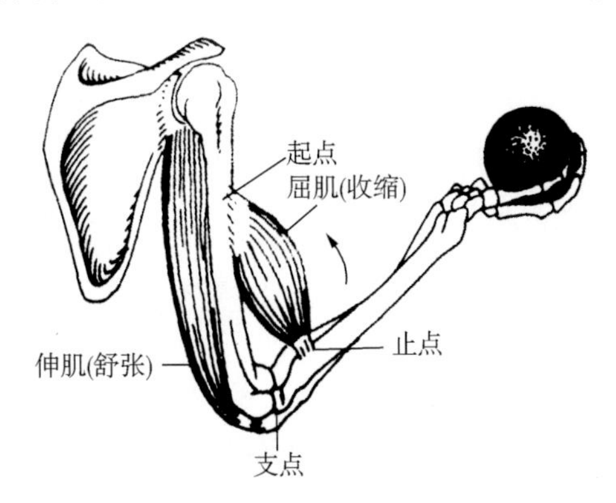

图 8-2 肌的起、止点

三、肌的命名

肌可以根据其形态、大小、位置、起止点、作用和肌束走行方向来命名。如按形状命名的斜方肌、三角肌；按位置命名的冈上肌、冈下肌；按起止点命名的胸锁乳突肌；按作用命名的旋后肌；按肌束方向命名的腹横肌；以及综合命名的肌，如按位置和大小命名的胸大肌、臀中肌等。了解肌的命名原则，有利于肌的学习和记忆。

四、肌的辅助装置

肌的辅助装置是指位于肌的周围，有协助肌的运动、保持肌的位置、减少运动时摩擦的功能。包括筋膜、滑膜囊和腱鞘。

（一）筋膜

筋膜遍布全身，可根据其位置分为浅筋膜和深筋膜。

1. 浅筋膜 又称皮下筋膜。位于真皮深面，包被整个身体，由疏松结缔组织构成，内含脂肪组织、浅动脉、浅静脉、皮神经、淋巴管等，脂肪组织对保持体温有一定作用，其含量的多少与性别、部位和营养状况有很大关系。另外，浅筋膜对其深部结构还有一定的保护作用。

2. 深筋膜 又称固有筋膜。位于浅筋膜的深面，包裹肌、血管和神经等，遍布全身，由致密结缔组织构成。

深筋膜包裹肌群，形成肌筋膜鞘；在四肢，深筋膜还插入肌群之间，附着于骨，构成肌间隔，包被血管、神经等形成血管神经鞘。某些部位的深筋膜可供肌附着；在腕部和踝部可增厚而形成支持带，约束和支持深层的肌腱；还可减少肌活动时肌群之间或肌之间的摩擦。

（二）滑膜囊

滑膜囊是封闭的结缔组织小囊，囊内有滑液。多位于肌腱与骨面相接触处，以减少两者之间的摩擦。在关节附近的滑膜囊可与关节腔相通。滑膜囊发生炎症时可引起局部的运动障碍。

（三）腱鞘

腱鞘为套在长肌腱表面的鞘管，存在于活动性较大的部位，如腕、踝、手指和足趾等处，可减少肌腱与骨面之间的摩擦。腱鞘由外层的纤维层和内层的滑膜层构成。滑膜层由脏、壁两层构成，紧贴纤维层的称壁层，包在肌腱表面的称脏层；脏、壁两层相互移行，形成含有少量滑液的滑膜腔（图 8-3）。

扫码“看一看”

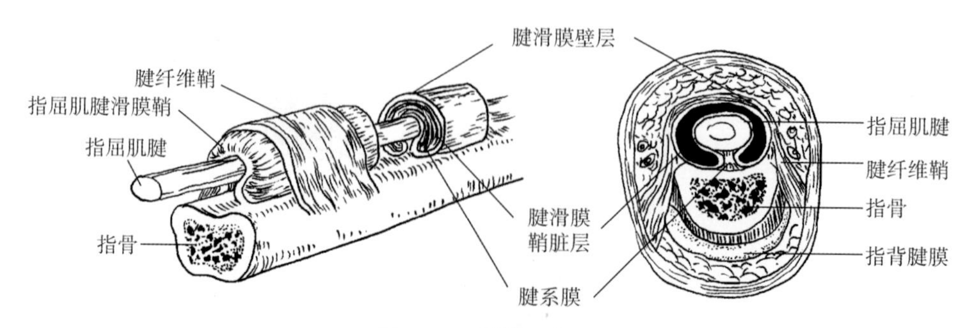

图 8-3 腱鞘示意图

考点提示 肌的辅助装置包括筋膜、滑膜囊和腱鞘。

第二节 头颈肌

一、头肌

头肌包括面肌和咀嚼肌（图 8–4）。

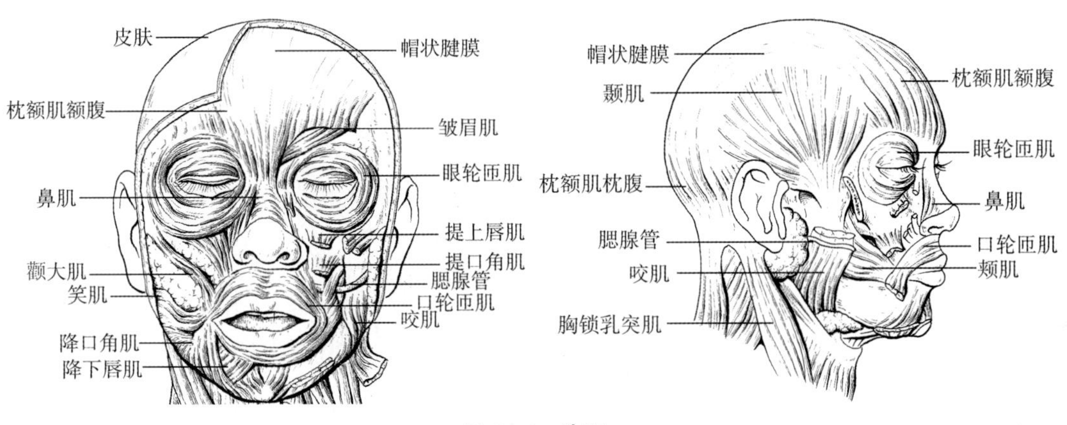

图 8–4 头肌

（一）面肌

面肌又称表情肌，是薄而扁的皮肌，分布在头面部，能牵动面部皮肤做出喜、怒、哀、乐各种表情。大多起自颅骨，止于面部皮肤，主要分布于睑裂、口裂周围，呈环形或辐射状排列，有开大或闭合睑裂、口裂的作用。主要包括位于颅顶的枕额肌、位于眼周围的眼轮匝肌和位于口周围的口轮匝肌等。

知识链接

面 瘫

当面神经损伤时，可致面部肌肉瘫痪，称面瘫。因枕额肌不能收缩，表现为额纹消失；口轮匝肌不能收缩，表现为不能吹口哨、说话时流口水；眼轮匝肌不能收缩，患者表现为不能闭眼、角膜反射消失。

（二）咀嚼肌

咀嚼肌主要参与咀嚼过程，位于颞下颌关节周围，包括咬肌、颞肌、翼内肌和翼外肌（图 8–4、图 8–5）。

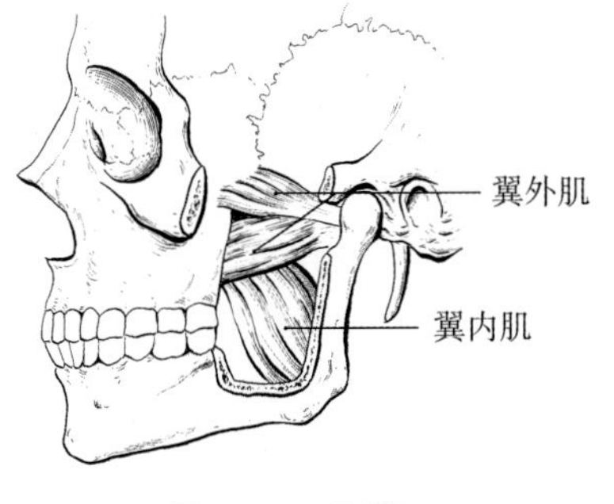

图 8–5 咀嚼肌

1. 咬肌 呈长方形，起于颧弓，止于下颌角外面。功能：收缩时，上提下颌骨。

2. 颞肌 起自颞窝，肌束呈扇形向下，经颧弓深面，止于下颌骨冠突。功能：收缩时，上提下颌骨。

3. 翼内肌 位于下颌支内侧面，起于翼突窝，止于下颌角内面。功能：收缩时，上提下颌骨，并使其向前运动。

4. 翼外肌 位于颞下窝内，起于蝶骨大翼下面和翼突外侧面，止于下颌颈。功能：两侧同时收缩使下颌骨向前移动，协助张口；一侧收缩可使下颌骨移向对侧。

考点提示 咀嚼肌包括咬肌、颞肌、翼内肌和翼外肌。

二、颈肌

颈肌按其所在的位置可分为颈浅肌与颈外侧肌、颈前肌和颈深肌三群（图 8–6）。

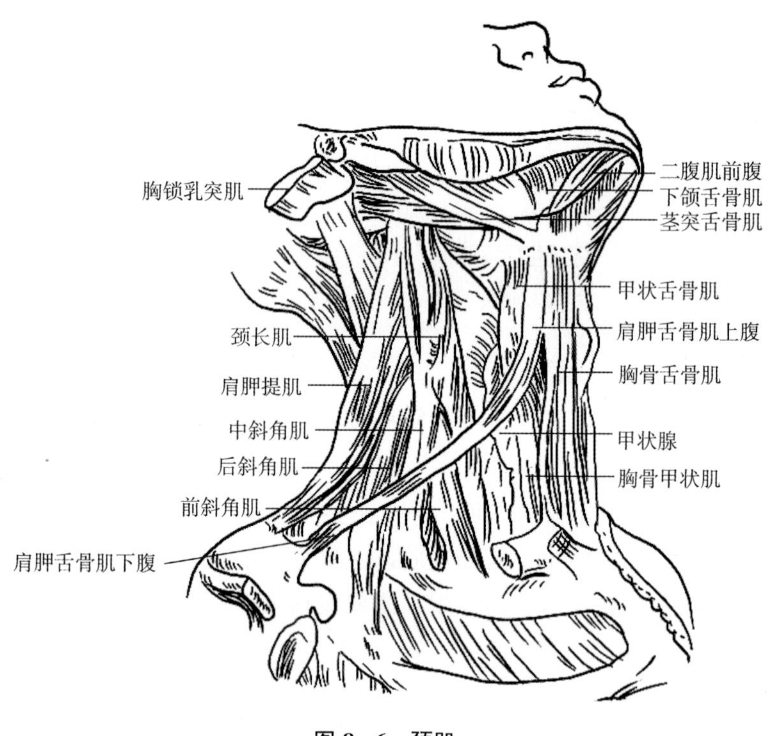

图 8–6 颈肌

（一）颈浅肌与颈外侧肌

1. 颈阔肌 位于颈部浅筋膜中，薄而宽阔，起自胸大肌和三角肌表面的筋膜，止于口角。功能：收缩时，可紧张颈部皮肤并使口角下降。

2. 胸锁乳突肌 位于颈部两侧，大部分被颈阔肌所覆盖。起于胸骨柄前面和锁骨的胸骨端，向后上方，止于颞骨乳突。功能：单侧收缩时，可使头颈向同侧屈，面部转向对侧；两侧同时收缩时，可使头后仰（图 8–6）。

（二）颈前肌

颈前肌以舌骨为界，分为舌骨上肌群和舌骨下肌群。

1. 舌骨上肌群 位于舌骨与下颌骨和颅骨之间，每侧 4 块，分别是二腹肌、下颌舌骨肌、颏舌骨肌和茎突舌骨肌。功能：舌骨固定时，可下降下颌骨，协助张口；下颌骨固定时，上提舌骨，协助吞咽（图 8–7）。

2. 舌骨下肌群 位于舌骨与胸骨和肩胛骨之间，每侧 4 块，分别是胸骨舌骨肌、肩胛舌骨肌、胸骨甲状肌、甲状舌骨肌。功能：下降舌骨与喉，参与吞咽（图 8–7）。

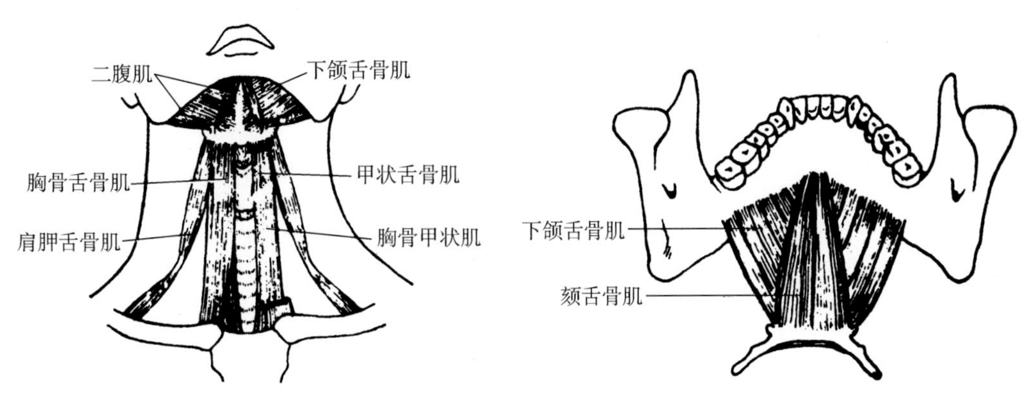

图 8-7 舌骨上、下肌群

（三）颈深肌群

颈深肌群包括内侧群和外侧群（图 8-8）。外侧群由前向后依次是前斜角肌、中斜角肌和后斜角肌。三者均起自颈椎横突，其中前、中斜角肌止于第 1 肋，后斜角肌止于第 2 肋。前、中斜角肌与第 1 肋之间围成的三角形间隙，称斜角肌间隙，内有锁骨下动脉和臂丛神经通过。内侧群包括头长肌和颈长肌，其收缩可屈头颈。

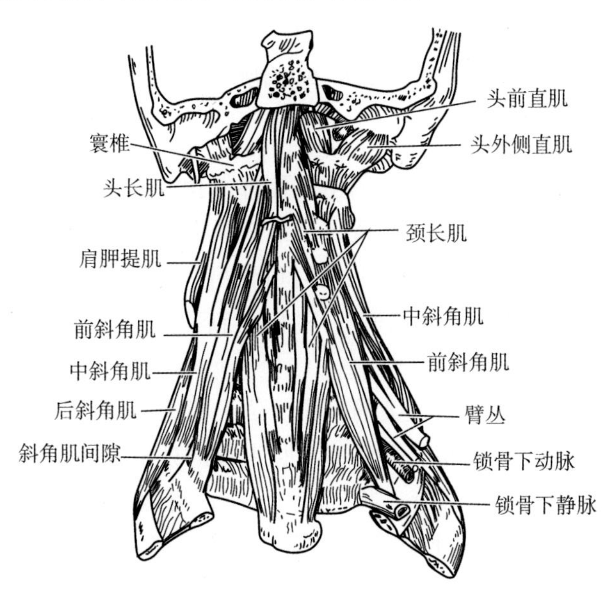

图 8-8 颈深肌群

考点提示 斜角肌间隙内有锁骨下动脉和臂丛神经通过。

第三节 躯 干 肌

扫码“学一学”

躯干肌可分为背肌、胸肌、腹肌和膈。

一、背肌

背肌位于躯干的背面，可分为浅、深两群。其中浅群包括斜方肌、背阔肌、菱形肌和肩胛提肌，深群包括竖脊肌（图 8-9）。

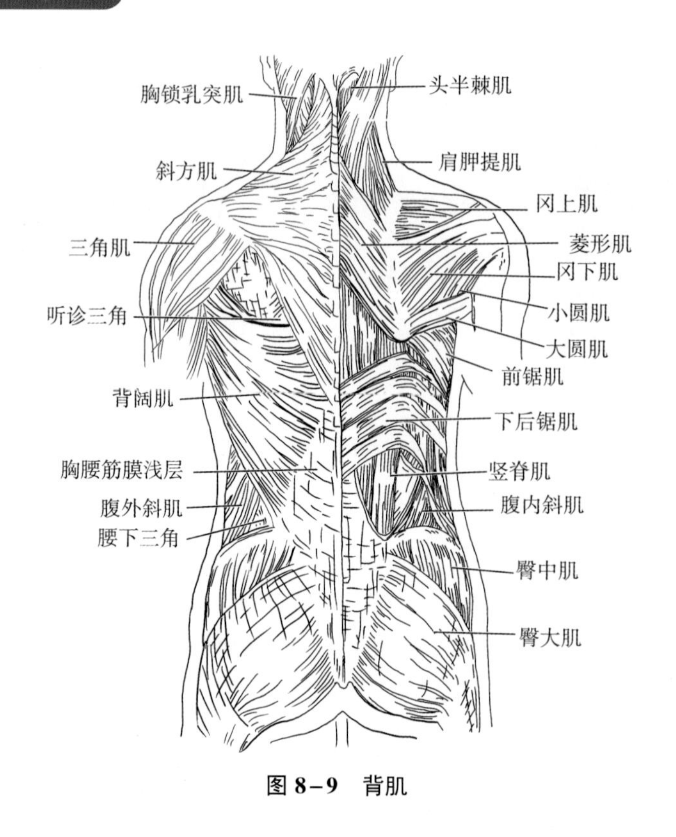

图 8-9　背肌

（一）浅群

1. 斜方肌　为三角形扁肌，位于背的上外侧部，由于左、右两侧合起来呈斜方形，故而得名斜方肌。此肌起自上项线、枕外隆凸、第 7 颈椎棘突及全部胸椎棘突，止于锁骨外侧 1/3、肩峰及肩胛冈。功能：全部肌束收缩时可使肩胛骨向脊柱靠拢；上部肌束收缩时可使肩胛骨上提；下部肌束收缩时可使肩胛骨下降；当肩胛骨固定时，双侧收缩可使头后仰。若此肌瘫痪，可出现“塌肩”症。

2. 背阔肌　呈三角形，是全身最大的扁肌，位于背的下部和胸的外侧部。起自下 6 个胸椎及全部腰椎棘突、骶正中嵴和髂嵴后部，肌束行向外上，止于肱骨小结节嵴。功能：收缩时可使肩关节内收、旋内及后伸；当上肢固定时，可做引体向上。

3. 菱形肌　为菱形扁肌，位于斜方肌深面。功能：收缩时，可使两块肩胛骨向脊柱靠拢。

4. 肩胛提肌　位于斜方肌的深面、项部两侧。功能：收缩时，可使肩胛骨上提；当肩胛骨固定时，可使颈侧屈。

（二）深群

竖脊肌又称骶棘肌，位于棘突两侧的纵沟内，是背肌中最长、最大的肌。起自骶骨的背面和髂嵴的后部，沿途止于椎骨棘突、横突和肋骨，最长肌止于颞骨乳突，是维持人体直立姿势的重要肌。双侧收缩可使脊柱后伸和仰头；单侧收缩可使脊柱侧屈。

考点提示　背阔肌收缩时可使肩关节内收、旋内及后伸。

二、胸肌

胸肌可分为胸上肢肌和胸固有肌两类（图 8-10）。

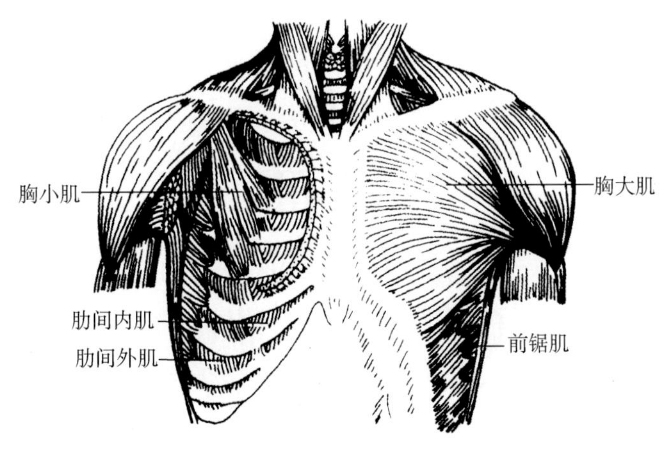

图 8－10 胸肌

（一）胸上肢肌

胸上肢肌起自胸廓，止于上肢带骨或肱骨。包括胸大肌、胸小肌和前锯肌。

1. 胸大肌 呈扇形，位于胸廓的前上部，起自锁骨内侧半、胸骨和 1～6 肋软骨，止于肱骨大结节嵴。功能：收缩时可使肩关节内收、旋内和前屈；当上肢固定时，可做引体向上。

2. 胸小肌 呈三角形，位于胸大肌的深面，起自 3～5 肋骨，止于肩胛骨喙突。功能：收缩可拉肩胛骨向前下方；当肩胛骨固定时，可提肋助吸气。

3. 前锯肌 位于胸廓的外侧壁，为宽大扁肌，起自上位 8～9 肋的外面，止于肩胛骨内侧缘及下角。功能：收缩时使肩胛骨向前贴紧胸廓，当肩胛骨固定时，可提肋协助深吸气。

（二）胸固有肌

胸固有肌又称肋间肌，位于肋间隙内，分浅、深两层，包括肋间外肌、肋间内肌和肋间最内肌。

1. 肋间外肌 位于肋间隙的浅层，起自上位肋的下缘，肌束斜向前下方，止于下位肋的上缘。功能：收缩时依次上提肋骨协助吸气。

2. 肋间内肌和肋间最内肌 位于肋间隙的深层，均起于下位肋的上缘，肌束斜向内上方，止于上位肋的下缘。功能：收缩时依次下降肋骨协助呼气。

考点提示 胸大肌收缩时可使肩关节内收、旋内和前屈。

三、膈

膈是向上膨隆的穹隆状扁肌，位于胸、腹腔之间，构成胸腔的底和腹腔的顶。膈的周边是肌性部，中央为中心腱。膈肌起自胸廓下口，止于中心腱（图 8－11）。

膈上有三个裂孔：主动脉裂孔在脊柱的前方，约平对第 12 胸椎，有降主动脉和胸导管通过；食管裂孔在主动脉裂孔的左前上方，约平对第 10 胸椎，有食管和迷走神经通过；腔静脉孔在食管裂孔的右前方，位于中心腱上，约平第 8 胸椎，有下腔静脉通过。

膈是重要的呼吸肌，收缩时膈穹隆下降，胸腔容积扩大，协助吸气；舒张时膈穹隆上升，胸腔容积变小，协助呼气。若膈与腹肌同时收缩，则能增加腹压，以协助排便、呕吐及分娩等。

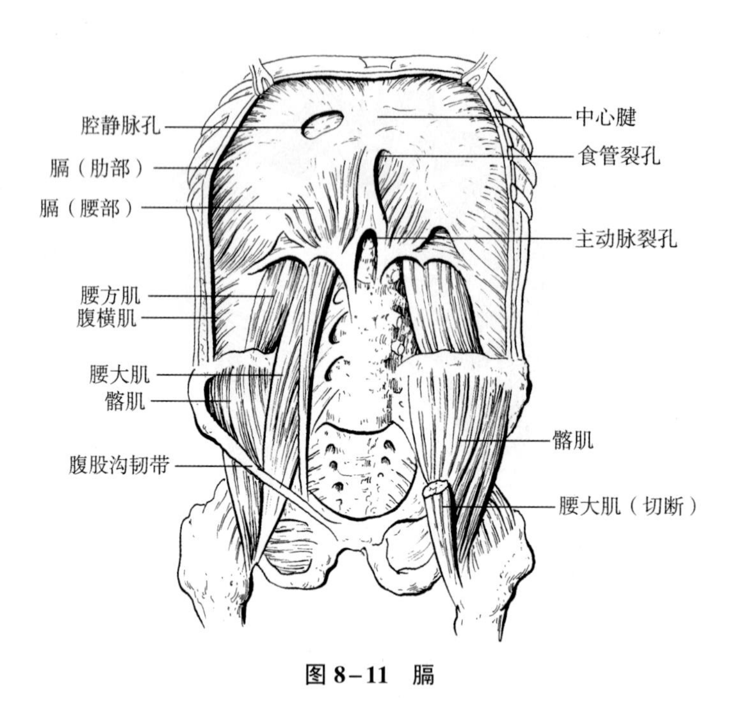

图 8－11　膈

考点提示　膈上有三个裂孔，分别是主动脉裂孔、食管裂孔和腔静脉孔。

知识拓展

人为什么会打嗝

打嗝又称为嗝逆现象，嗝逆为膈肌痉挛引起的收缩运动，吸气时声门突然关闭发出一种短促的声音。可发于单侧或双侧的膈肌。正常健康者可因吞咽过快、突然吞气或腹内压骤然增高而引起嗝逆。多可自行消退，有的可持续较长时间而成为顽固性嗝逆。

四、腹肌

腹肌位于胸廓与骨盆之间，参与构成腹壁，可分为前外侧群（图 8－12）和后群（图 8－11）。其中前外侧群构成腹腔的前外侧壁，包括腹直肌、腹外斜肌、腹内斜肌和腹横肌等。

（一）前外侧群

1. 腹直肌　位于腹前壁正中线两旁，腹直肌鞘内，呈带状。起于耻骨联合和耻骨嵴，肌束向上止于胸骨剑突和第 5～7 肋软骨的前面。肌的全长被 3～4 条腱划分为多个肌腹，为上宽下窄的多腹肌。

2. 腹外斜肌　为宽阔的扁肌，位于腹前外侧部的浅层，起于下位 8 个肋的外面，肌束斜向前下，小部分止于髂嵴，大部分在腹直肌外侧缘，移行为腱膜，经腹直肌前面，止于白线，参与构成腹直肌鞘的前层。腹外斜肌腱膜下缘卷曲增厚，连于髂前上棘和耻骨结节间，称腹股沟韧带。在耻骨结节外上方，腹外斜肌腱膜形成三角形的裂孔，称腹股沟管浅环（皮下环），男性有精索通过，女性有子宫圆韧带通过。

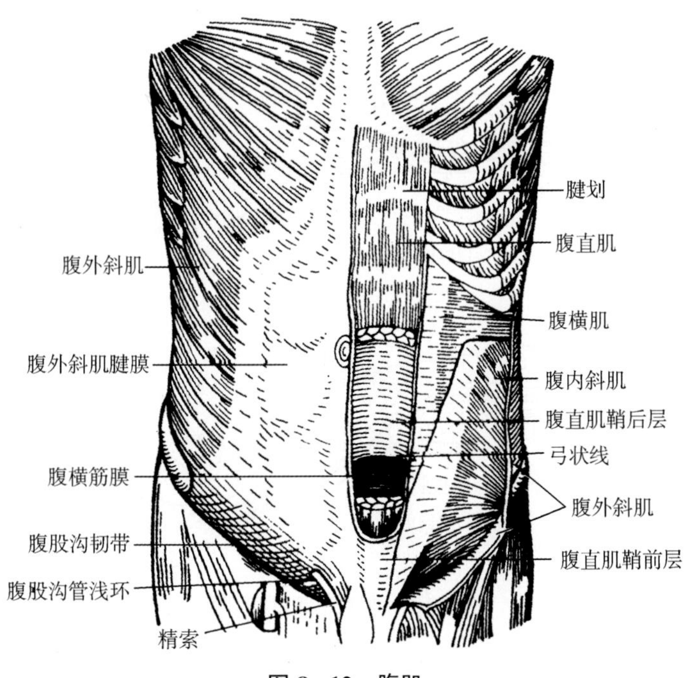

图 8-12 腹肌

3. 腹内斜肌 位于腹外斜肌深面，起自胸腰筋膜、髂嵴和腹股沟韧带外侧 1/2，肌束呈扇形展开，移行为腹内斜肌腱膜。腱膜在腹直肌外侧缘分为前、后两层包裹腹直肌，止于白线，参与构成腹直肌鞘的前层和后层。下部肌束呈弓状跨过男性精索或女性子宫圆韧带后移行为腱膜，与腹横肌共同构成腹股沟镰（联合腱），止于耻骨梳。最下部肌束包绕精索和睾丸，称提睾肌，收缩时可上提睾丸。

4. 腹横肌 位于腹内斜肌深面，起于下 6 对肋骨的内面、胸腰筋膜、髂嵴和腹股沟韧带外侧 1/3。肌束横向前内侧移行为腱膜，止于白线，参与构成腹直肌鞘的后层。腹横肌最下部肌束参与提睾肌的构成，同时其腱膜下缘参与构成腹股沟镰。

腹肌前外侧群的功能：参与构成腹壁，保护和支持腹腔器官，维持腹内压；当腹肌收缩时，增加腹内压进而完成排便、分娩、呕吐和咳嗽等生理功能。另外，还能使脊柱前屈、侧屈和旋转。

（二）后群

后群包括腰大肌和腰方肌，其中腰大肌在下肢肌中介绍。

腰方肌呈长方形，位于腹后壁，脊柱两侧，起自髂嵴后份，向上止于第 12 肋和第 1～4 腰椎横突。功能：收缩时可下降第 12 肋并使脊柱侧屈。

考点提示 腹肌前外侧群包括腹直肌、腹外斜肌、腹内斜肌和腹横肌。

五、腹肌形成的特征性结构

1. 腹直肌鞘 位于腹前壁，包裹腹直肌，前层由腹外斜肌腱膜与腹内斜肌腱膜的前层愈合而成；后层由腹内斜肌腱膜的后层与腹横肌腱膜愈合而成。在脐 4～5cm 以下，腹内斜肌腱膜的后层和腹横肌腱膜完全转至腹直肌前面，参与构成鞘的前层，所以此处缺乏鞘的后层。从后方观察腹直肌鞘时，可见鞘后层的游离下缘为凸向上方的弧形线，称为弓状线（图 8-13）。

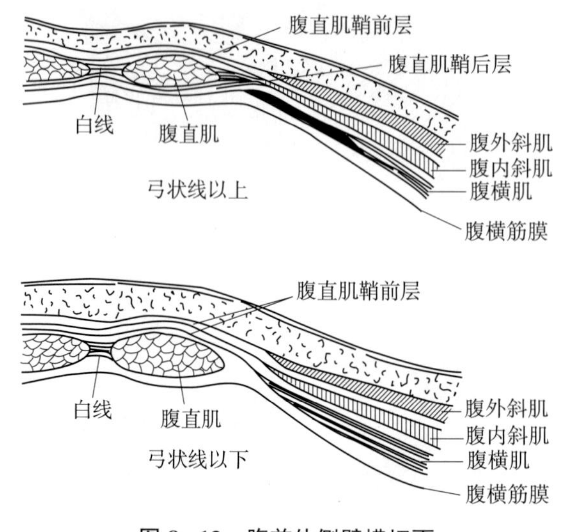

图 8-13 腹前外侧壁横切面

2. 白线 位于腹前壁正中线上，剑突与耻骨联合之间，分割左右腹直肌鞘，由两侧三层扁肌的腱膜纤维交织连接形成。白线血管少，上宽下窄，在中点处有脐环，为腹壁的薄弱点，是脐疝的好发部位（图 8-13）。

3. 腹股沟管 位于腹股沟韧带内侧半上方的腹前外侧壁内，由外上方斜向内下方，长约 4.5cm，是一个肌和腱膜之间的裂隙。腹股沟管有内、外两口和前、后、上、下四壁。内口称为腹股沟管深环，位于腹股沟韧带中点上方约 1.5cm 处，是腹横筋膜向外的突口；外口即腹股沟管浅环。前壁为腹外斜肌腱膜和腹内斜肌；后壁为腹横筋膜和腹股沟镰；上壁为腹内斜肌和腹横肌的弓状下缘；下壁为腹股沟韧带（图 8-14）。

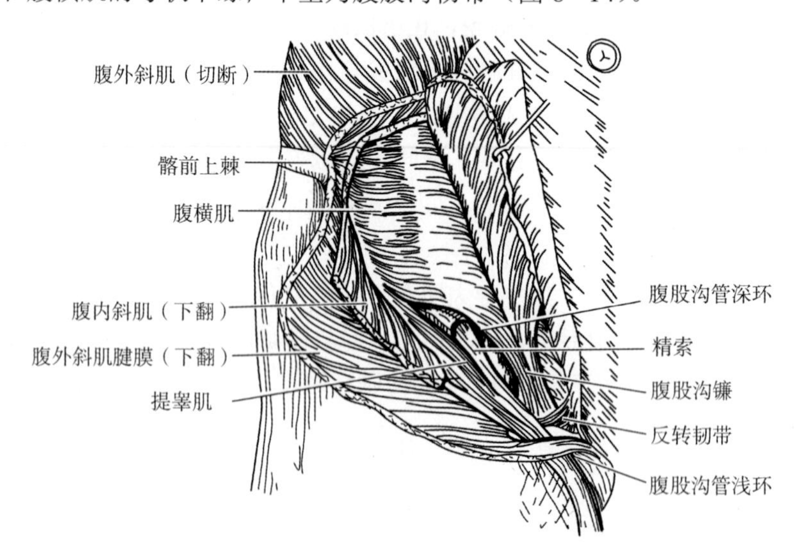

图 8-14 腹前壁下部

4. 腹股沟（海式）三角 位于腹前壁下部，由腹直肌外侧缘、腹股沟韧带和腹壁下动脉围成的三角形区域。腹股沟管和腹股沟三角都属于腹壁下部的薄弱区域。

知识拓展

腹股沟疝

腹股沟疝是指腹腔内脏器通过腹股沟区的缺损向体表突出所形成的包块，俗称“疝气”。根据疝环与腹壁下动脉的关系，腹股沟疝分为腹股沟斜疝和腹股沟直疝两种。斜疝有先天性和后天性两种。斜疝从腹股沟管深环突出，可进入阴囊或大阴唇中；直疝从腹股沟三角区直接由后向前突出，不进入阴囊或大阴唇。

第四节 上肢肌

扫码“学一学”

上肢肌可按部位分成肩肌、臂肌、前臂肌和手肌。

一、肩肌

肩肌配布于肩关节周围，均起自于上肢带骨，止于肱骨。既能运动肩关节，又能增强关节的稳固性。包括三角肌、冈上肌、冈下肌、小圆肌、大圆肌和肩胛下肌（图 8–15）。

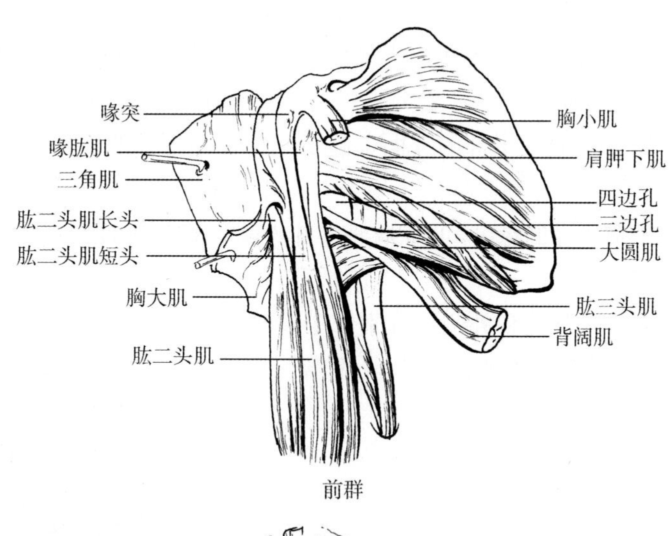

前群

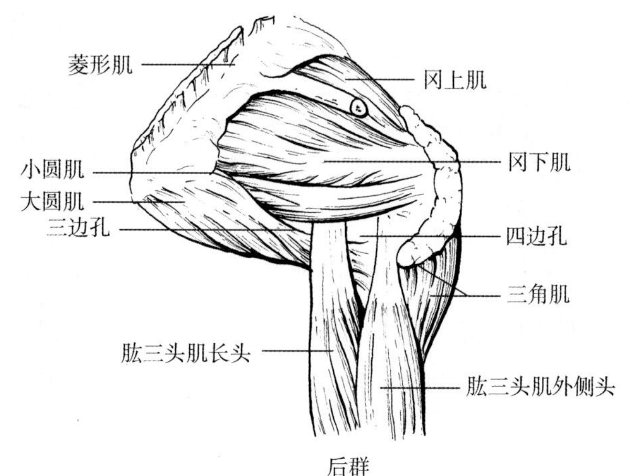

后群

图 8–15 肩肌

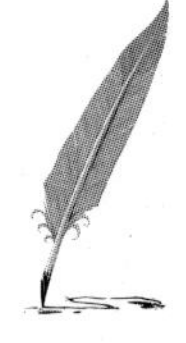

1. 三角肌 呈三角形，位于肩部，是临床肌内注射的常用肌。起自锁骨外侧 1/3、肩峰和肩胛冈，向外下方集中止于肱骨的三角肌粗隆。全部肌束收缩时，使肩关节外展；前部肌束收缩时，可使肩关节前屈和旋内，后部肌束收缩时，可使肩关节后伸和旋外。

2. 冈上肌 起于肩胛骨冈上窝，肌束向外侧，止于肱骨大结节上部。收缩时可使肩关节外展。

3. 冈下肌 起于肩胛骨冈下窝，肌束向外侧，止于肱骨大结节中部。收缩时可使肩关节旋外。

4. 小圆肌 位于冈下肌下方，起于肩胛骨外侧缘，肌束向外侧，止于肱骨大结节下部。收缩时可使肩关节旋外。

5. 大圆肌 位于小圆肌下方，起于肩胛骨下角，肌束向上外，止于肱骨小结节嵴。收缩时可使肩关节内收、后伸和旋内。

6. 肩胛下肌 位于肩胛骨前面，起于肩胛下窝，肌束向上外，止于肱骨小结节。收缩时可使肩关节内收和旋内。

二、臂肌

臂肌分布于肱骨周围，分为前、后两群。前群主要为屈肌，后群主要为伸肌（图 8-15）。

（一）前群

前群主要包括浅层的肱二头肌和深层的肱肌和喙肱肌。

1. 肱二头肌 呈梭形，以长头和短头分别起于肩胛骨的盂上结节和喙突，肌束向下，止于桡骨粗隆。收缩时可屈肘关节，还可屈肩关节及使前臂旋后。

2. 肱肌 位于肱二头肌下半部的深面，起于肱骨体下半部的前面，止于尺骨粗隆。收缩时屈肘关节。

3. 喙肱肌 起于肩胛骨的喙突，止于肱骨中部内侧。收缩时可屈肩关节并使肩关节内收。

（二）后群

肱三头肌以长头、内侧头和外侧头分别起于肩胛骨的盂下结节、肱骨桡神经沟内下方和外上方的骨面，肌束向下以扁腱止于尺骨鹰嘴。收缩时可伸肘关节，长头还可后伸和内收肩关节。

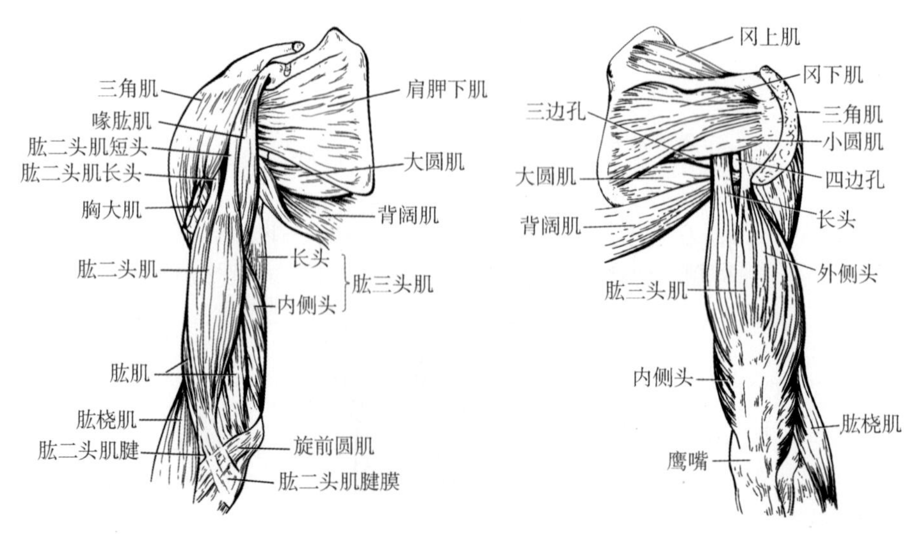

图 8-16 臂肌

三、前臂肌

前臂肌位于尺骨和桡骨的周围，包括前群和后群两群，大多数是长肌，肌腹位于近侧，细长的腱位于远侧。

（一）前群

前臂肌前群位于前臂的前面和内侧面，功能以屈肘、屈腕和屈指为主。共 9 块肌，分四层排列。第一层有 5 块肌，由桡侧至尺侧分别为肱桡肌、旋前圆肌、桡侧腕屈肌、掌长肌和尺侧腕屈肌。第二层有 1 块肌，即指浅屈肌。第三层有 2 块肌，包括指深屈肌和拇长屈肌。第四层有 1 块肌，即旋前方肌。

前群的主要功能是屈肘关节、桡腕关节、掌指关节和指间关节，旋前圆肌、旋前方肌还可使前臂旋前（图 8–17）。

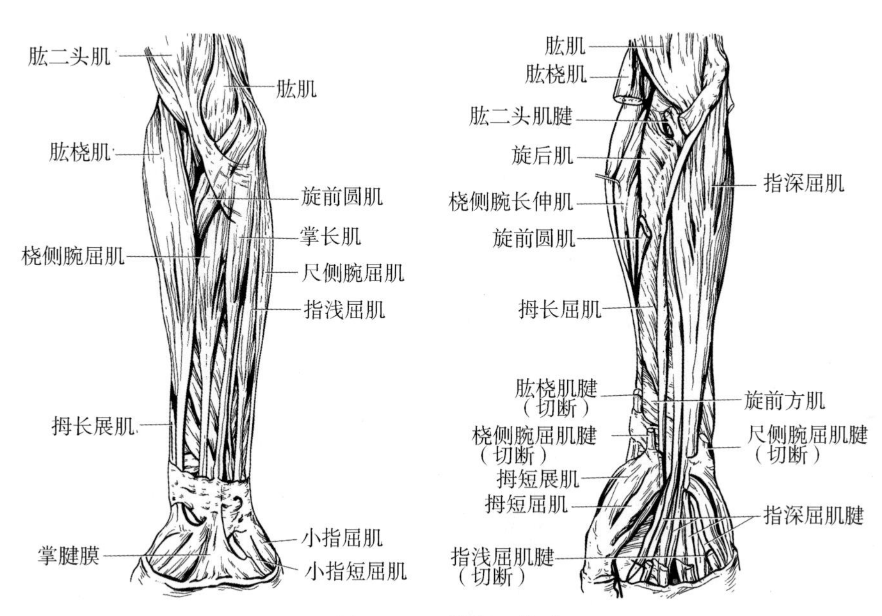

图 8–17 前臂肌前群

（二）后群

前臂肌后群位于前臂的后面，共 10 块肌，分浅、深两层排列。功能以伸腕和伸指为主。浅层有 5 块肌，由桡侧向尺侧依次是桡侧腕长伸肌、桡侧腕短伸肌、指伸肌、小指伸肌和尺侧腕伸肌。深层有 5 块肌，包括旋后肌、拇长伸肌、拇短伸肌、拇长展肌和示指伸肌 5 块。

后群的主要功能是伸肘关节、桡腕关节、掌指关节和指间关节，其中旋后肌可使前臂旋后，拇长展肌可使拇指外展（图 8–18）。

四、手肌

手肌配布于手的掌侧，为短小的肌，主要功能是运动指骨。包括外侧群、内侧群和中间群三群。

1. 外侧群 又称鱼际，有 4 块肌，分别是拇短展肌、拇短屈肌、拇收肌和拇对掌肌。功能分别是使拇指展、屈、收和对掌。

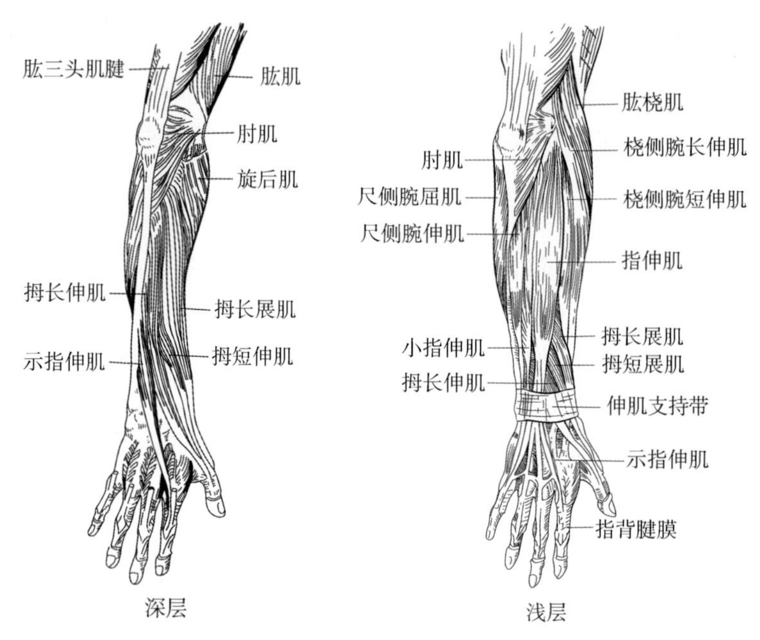

图 8-18 前臂肌后群

2. 内侧群 又称小鱼际，有 3 块肌，分别是小指短屈肌、小指展肌和小指对掌肌。功能分别是使小指屈、展和对掌。

3. 中间群 位于掌心和各掌骨间，包括 4 块蚓状肌和 7 块骨间肌。主要功能是使掌指关节伸、内收和外展（图 8-19）。

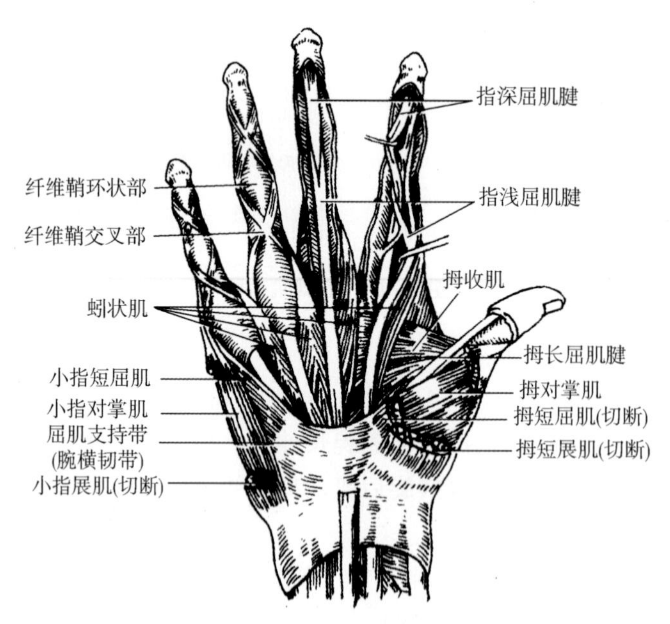

图 8-19 手肌前面观

第五节 下 肢 肌

下肢肌可分为髋肌、大腿肌、小腿肌和足肌。下肢肌比上肢肌粗壮强大，这与维持直立姿势、支持体重和行走有关。

一、髋肌

髋肌配布于髋关节的周围，起自于骨盆，跨越髋关节，止于股骨上部。按所在部位可分为前群和后群（图 8-20、图 8-21）。

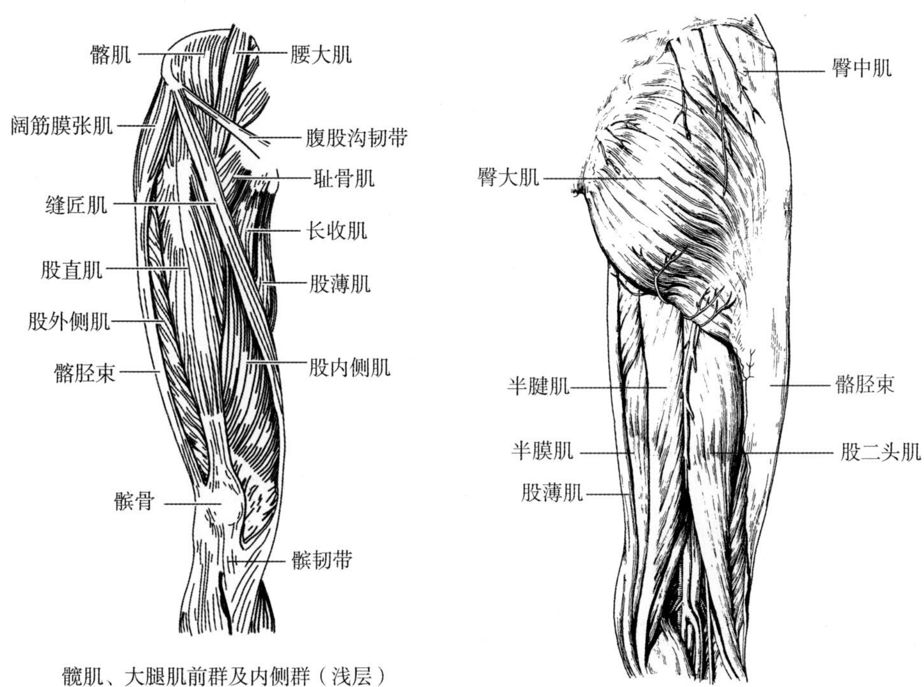

髋肌、大腿肌前群及内侧群（浅层）

图 8-20 髋肌和大腿肌前群

图 8-21 髋肌和大腿肌后群

（一）前群

前群包括髂腰肌和阔筋膜张肌。

1. 髂腰肌 由髂肌和腰大肌组合而成，两肌分别起于髂窝、腰椎椎体侧面和横突，肌束合并向下，止于股骨小转子。收缩时可屈髋关节并旋外；当下肢固定时，可使躯干前屈，如仰卧起坐。

2. 阔筋膜张肌 起于髂前上棘，肌束向下移行为髂胫束，止于胫骨外侧髁。收缩时可使阔筋膜紧张并屈髋关节。

（二）后群

后群位于臀部，又称臀肌。主要包括臀大肌、臀中肌、臀小肌和梨状肌。

1. 臀大肌 位于臀部浅层，形成臀部特有隆起。起于骶骨背面和髂骨翼外面，止于股骨臀肌粗隆。收缩时可使髋关节后伸并旋外。臀大肌是维持人体直立姿势的重要肌，也是临床进行肌内注射的常用肌。

2. 臀中肌和臀小肌 位于臀大肌深面，均起于髂骨翼的外面，止于股骨大转子。收缩时可使髋关节外展。

3. 梨状肌 位于臀中肌的下方，起于骶骨前面，肌束向外经坐骨大孔到臀部，止于股骨大转子。收缩时可使髋关节外展和旋外。坐骨大孔被梨状肌分为梨状肌上孔和梨状肌下孔，孔内有血管、神经通过。

除上述肌外，还有闭孔内肌、闭孔外肌和股方肌，均位于髋关节的后方，可使髋关节旋外，并可稳定髋关节。

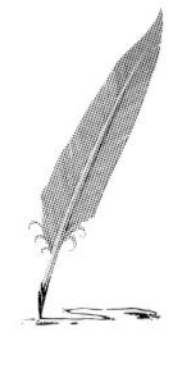

知识链接

肌内注射

肌内注射是将药液注入肌肉组织内达到治病的目的，最常用的注射部位为臀大肌和上臂三角肌。臀大肌注射定位方法：①十字法，从臀裂顶点向左或右划一水平线，从髂嵴最高点向下做一垂直平分线，将臀部分为四个象限，其中外上象限避开内角为注射区；②连线法，从髂前上棘到尾骨连线的外三分之一为注射部位。上臂三角肌注射定位：上臂外侧，肩峰下 2～3 横指处。此处肌肉较薄，只能做小剂量注射。

二、大腿肌

大腿肌位于股骨周围，可分为前群、内侧群和后群（图 8-20 至图 8-22）。

（一）前群

前群位于大腿前面，包括缝匠肌和股四头肌。

1. 缝匠肌 呈带状，位于大腿前内侧浅面，是人体最长的肌。起于髂前上棘，肌束向内下方经大腿前面，止于胫骨上端内侧面。收缩时可屈髋关节和膝关节，并可使已屈的膝关节旋内。

2. 股四头肌 位于大腿前面，是人体体积最大的肌。有四个头，分别是股直肌、股内侧肌、股外侧肌和股中间肌。其中，股直肌起于髂前上棘；股内侧肌和股外侧肌起于股骨粗线；股中间肌起于股骨体前面。四个头的肌束向下移行成为股四头肌腱，包绕髌骨向下续为髌韧带，止于胫骨粗隆。收缩时可伸膝关节，股直肌还能屈髋关节。股四头肌是维持身体直立姿势的重要肌。

（二）内侧群

内侧群位于大腿内侧，共 5 块肌，其中股薄肌位于最内侧，剩余 4 块肌分 3 层排列。浅层外侧为耻骨肌、内侧为长收肌；中层为短收肌；深层为大收肌。5 块肌均起于耻骨支、坐骨支和坐骨结节，除股薄肌止于胫骨上端内侧外，其余 4 肌均止于股骨粗线。收缩时使髋关节内收（图 8-22）。

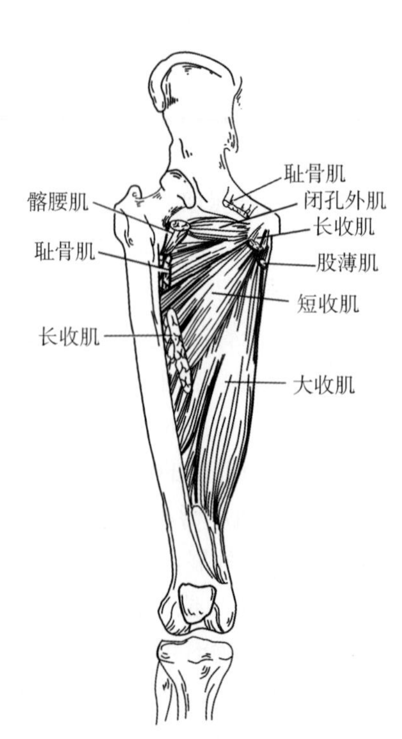

图 8-22　大腿肌内侧群

（三）后群

后群位于大腿后面，包括股二头肌、半腱肌和半膜肌（图 8-21）。

1. 股二头肌 位于大腿后部外侧，有长、短两头，分别起于坐骨结节和股骨粗线，肌束向下止于腓骨头。

2. 半腱肌 位于大腿后部内侧，起于坐骨结节，向下止于胫骨上端内侧。

3. 半膜肌 位于大腿后部内侧，起于坐骨结节，止于胫骨内侧髁后面。

此肌群收缩时可屈膝关节和伸髋关节，屈膝时还可使膝关节旋外和旋内。

三、小腿肌

小腿肌位于胫、腓骨的周围，分前群、外侧群和后群。

（一）前群

前群位于小腿的前外侧，共 3 块肌，由胫侧向腓侧依次为胫骨前肌、𧿹长伸肌和趾长伸肌（图 8–23）。

1. 胫骨前肌 起于胫骨上端外侧面，肌束向下移行为肌腱，经伸肌支持带的深面，止于内侧楔骨和第 1 跖骨底。收缩时伸踝关节和使足内翻。

2. 趾长伸肌 起于腓骨前面、胫骨上端和小腿骨间膜，肌束向下移行为肌腱，经伸肌支持带深面到足背，分 4 条腱至 2～5 趾，止于中、远节趾骨底。收缩时可伸踝关节和伸 2～5 趾。

3. 𧿹长伸肌 位于胫骨前肌和趾长伸肌之间，起于胫、腓骨的上端和小腿骨间膜，肌腱止于𧿹趾远节趾骨底的背面。收缩时可伸踝关节和伸𧿹趾。

（二）外侧群

外侧群位于腓骨外侧面，共有 2 块肌，即腓骨长肌和腓骨短肌。两肌均起于腓骨外侧面，肌腱经外踝后方转向前，其中腓骨短肌止于第 5 跖骨粗隆，腓骨长肌腱绕至足底向内侧止于第 1 跖骨底和内侧楔骨。收缩时可屈踝关节和使足外翻（图 8–23）。

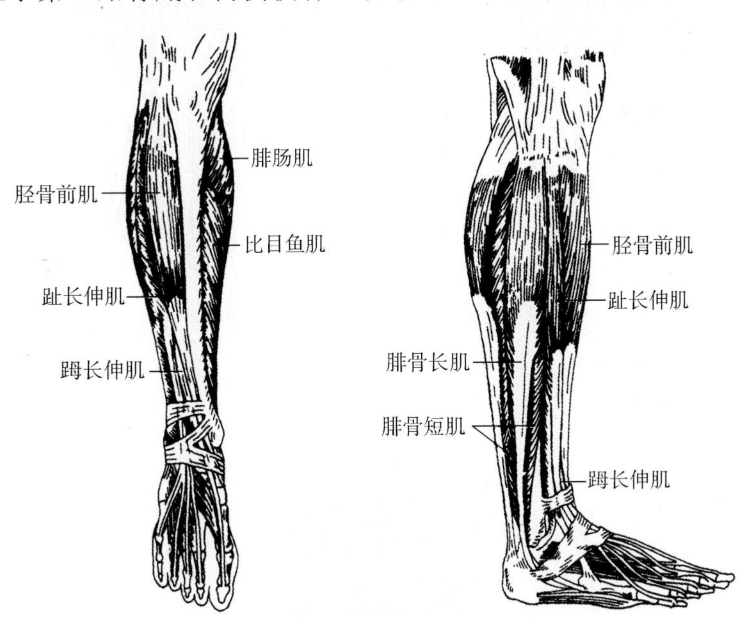

图 8–23 小腿前、群外侧群

（三）后群

后群位于小腿的后面，分浅、深两层（图 8–24）。

1. 浅层 即小腿三头肌，由浅层的腓肠肌和深层的比目鱼肌组成，形成粗壮的小腿肚。腓肠肌以内、外侧头分别起于股骨内、外上髁后面，比目鱼肌起于胫骨的比目鱼线和腓骨上部的后面，两肌向下移行为肌腱，合并成粗大的跟腱，止于跟骨。收缩时屈踝关节和膝关节。小腿三头肌是维持身体直立姿势的重要肌。

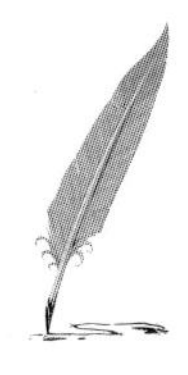

2. 深层　包括 3 块肌，从胫侧向腓侧依次是趾长屈肌、胫骨后肌和踇长屈肌。其肌腱均经内踝后方至足底或趾骨底。该肌群收缩时可使足跖屈，并分别屈 2～5 趾、足内翻以及屈踇趾。

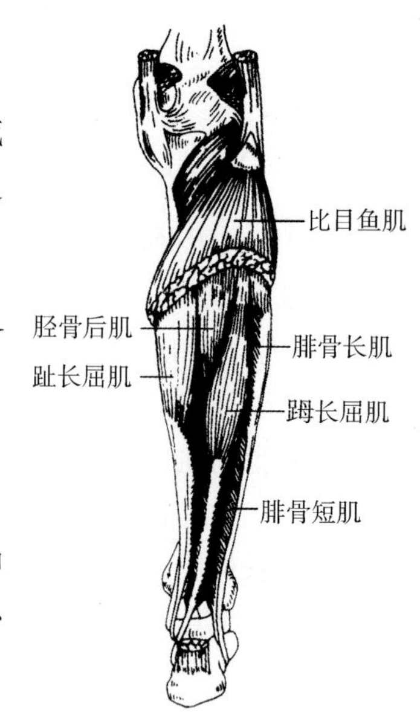

图 8–24　小腿肌后群

考点提示　使足内翻的肌包括胫骨前肌和胫骨后肌，使足外翻的肌包括腓骨长肌和腓骨短肌。

四、足肌

足肌分为足底肌和足背肌。足背肌包括踇短伸肌和趾短伸肌，分别伸踇趾和第 2～4 趾。足底肌分为内侧群、中间群和外侧群，功能是运动足趾和维持足弓（图 8–25）。

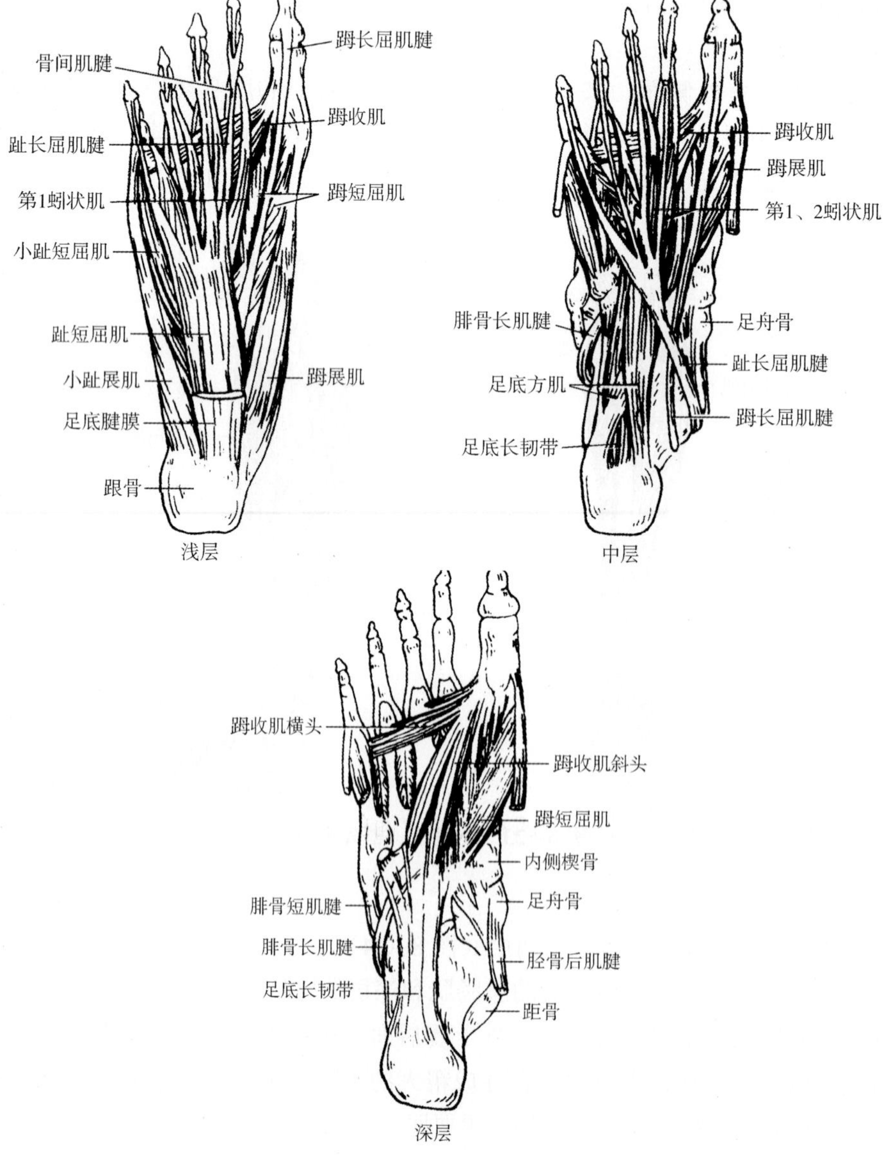

图 8–25　足底肌

考点提示 维持人体直立的肌肉包括竖脊肌、股四头肌、臀大肌和小腿三头肌。

扫码“学一学”

第六节 体表重要的肌性标志

一、头颈部的肌性标志

1. 咬肌 当咬紧牙时，在下颌角前上方摸到的坚硬的隆起即为咬肌。在咬肌前缘和下颌骨下缘相交处，是面动脉压迫止血的部位。

2. 胸锁乳突肌 当头转向一侧时，在颈部自前下向后上的条状隆起为胸锁乳突肌。胸锁乳突肌后缘中点是颈丛麻醉的进针部位。

二、躯干部的肌性标志

1. 背阔肌 在背下部可见此肌的轮廓。

2. 竖脊肌 为脊柱棘突两旁的纵形肌性隆起。

3. 斜方肌 在项部和背上部，可见斜方肌外上缘的轮廓。

4. 胸大肌 为胸前壁较膨隆的肌性隆起，其下缘构成腋前壁。

5. 腹直肌 在腹前正中线两侧的纵形隆起，肌肉发达者可见脐以上有三对横沟，即为腹直肌的腱划。

三、上肢的肌性标志

1. 三角肌 形成肩部圆隆的外形，其止点在臂外侧中部呈现一小凹，是肌内注射的常选部位。

2. 肱二头肌 当握拳、屈肘和旋后时，在臂前部可见到膨隆的肌腹，在肘窝中央可摸到肌腱。在肱二头肌内侧沟有肱动脉和臂丛的分支走行，当上肢外伤出血时可在肱骨中段压迫止血。

3. 肱三头肌 位于臂后部，在肱骨中段的肌肉深面有桡神经贴骨面走行，当姿势不正确时，此处受压迫可导致神经损伤。

四、下肢的肌性标志

1. 股四头肌 在大腿屈和内收时，可见股四头肌形成的隆起。在缝匠肌和阔筋膜张肌所组成的夹角内。股内侧肌和股外侧肌在大腿前面的下部，分别位于股直肌的内、外侧。肌腹下端移行为髌韧带，是膝跳反射叩击的部位。

2. 臀大肌 在臀部形成圆隆的外形，是肌内注射的常用部位。由于深面有坐骨神经走行，注射部位常选外上部。

3. 小腿三头肌 位于小腿后面，可见明显膨隆的肌腹和下部的跟腱。也可作为神经反射的检查部位。

本章小结

1. 肌按形态分为：长肌、短肌、扁肌、轮匝肌。

2. 全身重要的肌

	名称	分布和功能
头颈肌	咀嚼肌（咬肌、颞肌、翼内肌、翼外肌）	分布于颞下颌关节周围，咀嚼运动
	胸锁乳突肌	分布于颈部两侧，重要的肌性标志
躯干肌	背肌：斜方肌、背阔肌、竖脊肌	分布于背部，重要的肌性标志
	胸肌：胸大肌、胸小肌、前锯肌、肋间内、外肌	分布于胸前、外侧壁，胸廓运动，助呼吸
	腹肌：腹直肌、腹内斜肌、腹外斜肌、腹横肌	分布于腹前、外侧壁，增加腹压
	膈	位于胸腔与腹腔之间，重要的呼吸肌
上肢肌	肩肌：三角肌、冈上肌、冈下肌、肩胛下肌、大圆肌、小圆肌	布于肩关节周围，运动和稳定肩关节，重要的肌性标志
	臂肌：肱二头肌、缘肱肌、肱肌、肱三头肌	布于肩关节和肘关节周围，并运动两关节
	前臂肌：前群 9 块，后群 10 块	分布于前臂前面和后面，前群主要是屈腕和屈指，后群主要功能是伸腕和伸指
下肢肌	臀肌：髂腰肌、臀大肌、臀中肌、梨状肌	布于髋关节周围，运动和稳定髋关节
	大腿肌：缝匠肌、股四头肌、骨薄肌、长收肌、股二头肌、半腱肌、半膜肌	布于大腿部，运动髋关节和膝关节
	小腿肌：小腿三头肌、胫骨前肌、蹈长伸肌、趾长伸肌、胫骨后肌、蹈长屈肌、趾长屈肌	布于小腿部，运动膝关节和踝关节

3. 肌形成的重要结构：斜角肌间隙、白线、腹直肌鞘、腹股沟管、腹股沟韧带、腹股沟三角、腹股沟管浅环、股三角。

习 题

扫码“练一练”

一、选择题

1. 咀嚼肌不包括

   A. 颞肌　B. 咬肌　C. 口轮匝肌　D. 翼内肌　E. 翼外肌

2. 既能屈髋关节，又能屈膝关节的肌是

   A. 股四头肌　B. 缝匠肌　C. 股二头肌　D. 半腱肌　E. 半膜肌

3. 膈的食管裂孔平对

   A. 第 8 胸椎　B. 第 9 胸椎　C. 第 10 胸椎　D. 第 11 胸椎　E. 第 12 胸椎

4. 膈的腔静脉孔平对

   A. 第 8 胸椎　B. 第 9 胸椎　C. 第 10 胸椎　D. 第 11 胸椎　E. 第 12 胸椎

5. 膈的主动脉裂孔平对

A. 第 8 胸椎　B. 第 9 胸椎　C. 第 10 胸椎　D. 第 12 胸椎

E. 第 11 胸椎

6. 能屈髋关节，又能伸膝关节的肌是

A. 股四头肌　B. 股二头肌　C. 缝匠肌　D. 半膜肌

E. 半腱肌

7. 既可屈肩关节，又可屈肘关节的肌是

A. 肱二头肌　B. 肱肌　C. 肱桡肌　D. 肱三头肌

E. 缘肱肌

二、简答题

1. 简述膈的结构及其功能。
2. 简述股四头肌的起止点及其作用。

（于清梅　高　刚）

第三篇

内脏学

第九章

内脏学概述

扫码“看一看”

学习目标

1. **掌握** 胸腹部的标志线和腹部的分区。
2. **熟悉** 内脏的一般形态构造。
3. **了解** 内脏的概念、内脏的范围和各系统的主要功能。
4. 能运用所学知识描述胸、腹腔内各器官的位置及其体表投影。
5. 具有保护胸腹部内脏器官的意识。

解剖学上，将位于胸腔、腹腔、盆腔内的消化、呼吸、泌尿和生殖系统的器官称为内脏（viscera）。研究内脏各器官位置和形态结构的科学，称为内脏学。在形态与发生上，胸膜、腹膜和会阴等结构与内脏器官关系密切，也归于内脏学范畴。

内脏各系统都有共同的特点：①在形态结构上，都由一套连续的管道和一个或几个实质性器官组成，并借孔道与外界相通。②在位置上，内脏大部分器官位于胸腔、腹腔和盆腔内（消化、呼吸两个系统的部分器官位于头颈部，泌尿、生殖和消化系统的部分器官位于会阴部）。③在功能上，内脏器官的主要功能是进行物质代谢和繁殖后代。

一、内脏的一般结构

内脏各器官形态不一，但从基本构造上来看，可分为中空性器官和实质性器官两大类。

1. 中空性器官 此类器官呈管状或囊状，内部均有空腔，如消化道、呼吸道、泌尿道和生殖道。中空性器官的管壁通常由三层或四层组织构成。以消化道为例，由内向外依次为黏膜、黏膜下层、肌层和外膜。

2. 实质性器官 此类器官内部没有特定的空腔，表面包裹结缔组织被膜，如肝、胰、肾及生殖腺等。结缔组织被膜深入器官实质内，将其分割成若干个小单位，称小叶，如肝小叶。每个实质性器官的血管、神经、淋巴管以及该器官的导管出入之处常有凹陷，称为该器官的门，如肺门、肝门等。

二、胸部的标志线和腹部分区

内脏各器官的位置可随体型、体位、性别及功能活动等不同情况而有一定的变化，但它们在胸、腹腔内的位置是相对固定的。掌握内脏器官的正常位置，对于临床检查诊断有重要的意义。因此，为了描述胸、腹腔内各器官的位置及其体表投影，通常在胸部、腹部确定一些体表标志和划分一些区域（图 9-1）。

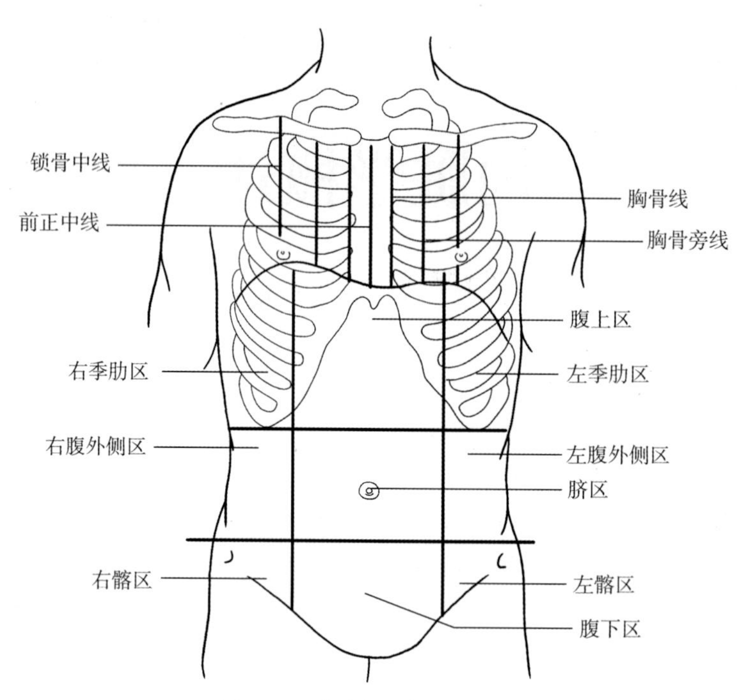

图 9－1　胸腹部的标志及分区

（一）胸部的标志线

胸部的标志线指通过胸部的垂直线，常用以表示胸部器官的前、后和内、外侧的位置关系。

1. 前正中线　沿身体前面正中所作的垂直线。

2. 胸骨线　沿胸骨外侧缘最宽处所作的垂直线。

3. 锁骨中线　通过锁骨中点向下所作的垂直线。

4. 胸骨旁线　在胸骨线与锁骨中线之间的中点所作的垂直线。

5. 腋前线　通过腋前襞向下所作的垂直线。

6. 腋后线　通过腋后襞向下所作的垂直线。

7. 腋中线　通过腋前线和腋后线之间的中点所作的垂直线。

8. 肩胛线　通过肩胛骨下角所作的垂直线。

9. 后正中线　经过身体后面正中所作的垂直线。

（二）腹部的分区

扫码“看一看”

为了描述和确定腹腔脏器的位置，临床上通常用两条水平线和两条垂直线将腹部分为九个区（九分法）。两条水平线是分别通过两侧肋弓最低点的连线（上横线）和通过两侧髂结节所做的连线（下横线），它们把腹部分成腹上、腹中、腹下三部。两条垂直线是分别通过两侧腹股沟韧带中点向上的垂直线。这四条线将腹部分为九个区：腹上部分为腹上区和左、右季肋区；腹中部分为脐区和左、右腹外侧区；腹下部分为腹下区和左、右髂区。此外，尚有简便的“四分法”，即用通过脐的垂直线和水平线，将腹部分为左上腹、右上腹、左下腹、右下腹四个区，这也是临床上常用的方法。

习　题

一、选择题

1. 下列关于胸部标志线的描述，错误的是
   A. 沿人体前面正中所做的垂直线称前正中线
   B. 通过锁骨中点向下所作的垂直线称锁骨中线
   C. 通过腋前襞向下所作的垂直线称腋前线
   D. 通过腋后襞向下所作的垂直线称腋中线
   E. 通过肩胛骨下角所作的垂直线称肩胛线
2. 下列关于腹部标志线和分区的描述，错误的是
   A. 上横线是两侧肋弓最低点的连线
   B. 下横线是两侧髂结节所做的连线
   C. 两条垂直线是分别通过两侧左右腹股沟韧带中点向上的垂线
   D. 腹上部分为脐区和左、右季肋区
   E. 腹部分为左、右季肋区，腹上区，左、右腹外侧区，脐区，左、右髂区和腹下区 9 个区
3. 中空性器官不包括
   A. 胃　B. 小肠　C. 膀胱　D. 肺
   E. 子宫

二、简答题

1. 中空性器官与实质性器官有何区别？
2. 简述内脏各系统共同的特点。

（王文倩）

第十章

消化系统

学习目标

1. **掌握** 消化系统的组成，上、下消化道的概念；食管的分段及三个狭窄的位置；胃的位置、形态和分部；小肠的位置、分部；阑尾的形态和根部在体表的投影；肝的位置、形态；肝小叶的组织结构；胰的位置和形态，胰岛的组织结构和功能；肝外胆道的组成。

2. **熟悉** 口腔的主要结构；牙的排列方式；咽的位置和形态；大肠的分部和特征性结构；肛管的形态结构；消化管壁的组织结构；食管、胃、小肠黏膜的组织结构；肝门管区的组织结构；胰腺的组织结构及功能。

3. **了解** 盲肠的位置和形态结构；结肠的位置、分部和组织结构；直肠的位置和生理弯曲；肝的分叶和肝内的血液循环；胰腺的分部及外分泌部的组织结构。

4. 能指认消化道各器官，并利用所学知识解释食物在消化过程中经过了哪些器官，是如何进行消化和吸收的。

5. 具有保护消化系统各器官的意识，养成细嚼慢咽、饮食作息规律等良好的生活习惯。

案例讨论

【案例】

患者，女性，46岁。于15小时前无明显诱因出现脐周疼痛，呈阵发性胀痛，无畏寒、发热；伴恶心、呕吐2次，约10小时后脐周疼痛转移至右下腹部，呈持续性胀痛。入院检查发现：右下腹压痛（+），尤其以麦氏点明显，无明显反跳痛。

【讨论】

1. 哪些原因会引起腹痛？

2. 患者的病变可能发生在哪个器官？

消化系统（digestive system）由消化管和消化腺两部分组成（图10－1）。主要功能是消化食物，吸收营养物质和排出食物残渣。口腔和咽还参与呼吸和语言活动。

消化管是一条从口腔延至肛门的长而迂曲的管道，包括口腔、咽、食管、胃、小肠（十二指肠、空肠、回肠）和大肠（盲肠、阑尾、结肠、直肠、肛管）。临床上通常把十二指肠及以上部分称上消化道，空肠及以下部分称下消化道。

消化腺是分泌消化液的器官，包括唾液腺、肝、胰及消化管壁内的小腺体，如胃腺和肠腺等，它们都开口于消化管。

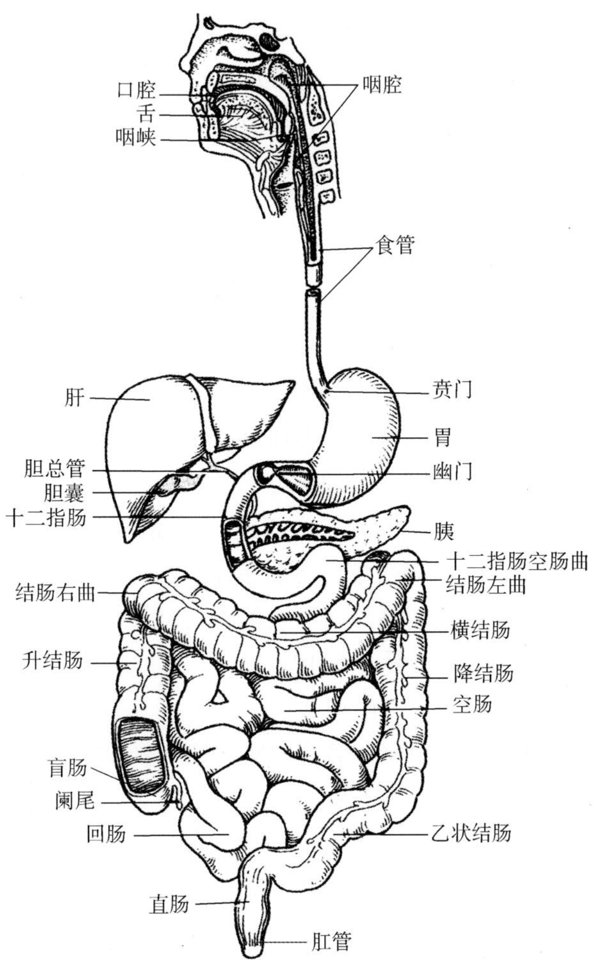

图 10-1　消化系统概况

第一节　消 化 管

一、口腔

口腔（oral cavity）是消化管的起始部，向前经口裂与外界相通，向后经咽峡与咽相续（图 10-2）。口腔上壁为腭，下壁为口腔底，前壁为上、下唇，后为咽峡，侧壁为颊。口腔借上、下牙弓和牙龈分为前方的口腔前庭和后方的固有口腔。当上、下牙列咬合时，二者借最后一个磨牙后方的间隙相通。临床上，当患者牙关紧闭时，可经此处注入营养物质或药物。

（一）口唇

口唇（oral lips）分上唇和下唇，外面为皮肤，中间为口轮匝肌，内面为黏膜。两唇

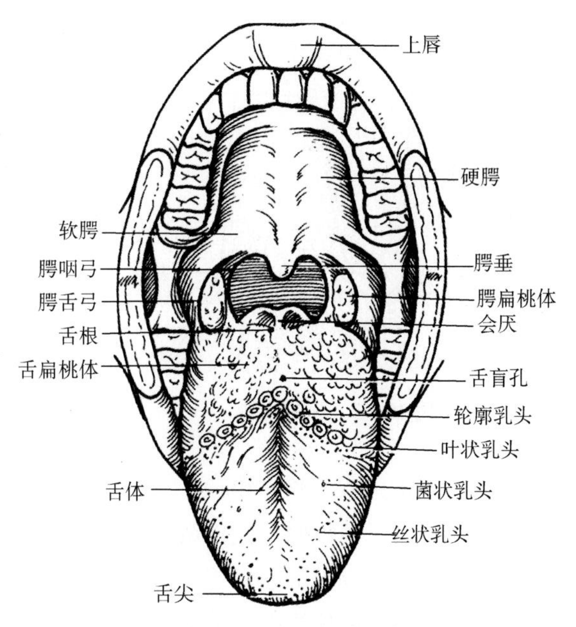

图 10-2　口腔及咽峡

之间的裂隙称口裂。在上唇外面中线处有一纵行浅沟称人中。昏迷的患者急救时可在此处进行指压或针刺。上唇的外面两侧与颊部交界处，各有一浅沟，称鼻唇沟。口裂两侧，上、下唇结合处称口角。两唇的游离缘称唇红，含有丰富的毛细血管，呈红色，当缺氧时可变为暗红色至紫色，临床称为发绀。

（二）颊

颊（cheek）位于口腔两侧，由黏膜、颊肌和皮肤构成。在上颌第二磨牙牙冠相对的颊黏膜处有腮腺管乳头，是腮腺导管的开口。

（三）腭

腭（palate）呈穹隆状，是口腔的顶，分隔鼻腔与口腔。可分为前 2/3 的硬腭和后 1/3 的软腭两部分。硬腭主要以骨腭为基础，被覆黏膜，与骨膜紧密相贴。软腭则以骨骼肌为基础，外被黏膜，其后部向后下方下垂的部分称腭帆。软腭后缘游离，中央有一向下方的突起，称腭垂（悬雍垂）。腭垂向两侧延伸各形成一对黏膜皱襞，前方的一对为腭舌弓，延续于舌根的外侧，后方的一对为腭咽弓，向下移行于咽侧壁。两弓之间的凹陷区称扁桃体窝，容纳腭扁桃体。腭垂、腭帆游离缘、两侧的腭舌弓及舌根共同围成咽峡，既是口腔和咽之间的通道，也是口腔与咽的分界（图 10-2）。

（四）牙

牙（teeth）是人体最坚硬的器官，具有咀嚼食物和辅助发音等功能。牙镶嵌于上、下颌骨的牙槽内，分别排列成上牙弓和下牙弓。

1. 牙的形态与构造 牙分牙冠、牙颈和牙根三部分。牙冠暴露在口腔内，牙根嵌入牙槽内，牙冠与牙根之间被牙龈包绕的部分称牙颈。

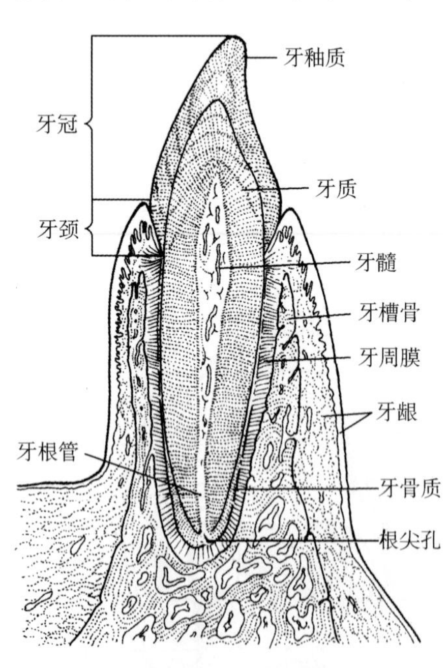

图 10-3 牙的构造

牙主要由牙质、釉质、牙骨质和牙髓组成。牙质构成牙的主体，呈淡黄色。釉质覆于牙冠的牙质表面，为人体内最坚硬的组织；牙骨质包在牙颈和牙根的牙质表面；牙的中央有一空腔，称牙腔或髓腔，其内容纳牙髓。牙髓由神经、血管、淋巴管和结缔组织共同组成。牙髓内有丰富的神经末梢，患牙髓炎时会感到剧烈疼痛（图 10-3）。

2. 牙的分类和排列 人的一生中先后有两组牙发生，分别称为乳牙和恒牙。乳牙一般在出生后 6 个月开始萌出，3 岁前出齐，共 20 个。6～7 岁时，乳牙开始脱落，恒牙萌出，12～14 岁逐步出齐，只有第三磨牙萌出较晚，通常到青春期甚至更晚才萌出，称智齿，有的人甚至终生不出。所以，恒牙数为 28～32 颗。根据形态和功能不同，乳牙分为乳切牙、乳尖牙和乳磨牙三类。恒牙分为切牙、尖牙、前磨牙和磨牙 4 类。切牙具有咬切功能，尖牙具有撕裂功能，前磨牙和磨牙具有磨碎作用。

乳牙与恒牙各按照一定的顺序排列（图 10-4，图 10-5）。临床上，为了记录方便，常以被检查者的方位为准，以“+”记号划分成左、右上颌和左、右下颌 4 区，乳牙用罗马数字Ⅰ～Ⅴ表示，恒牙用阿拉伯数字 1～8 表示。

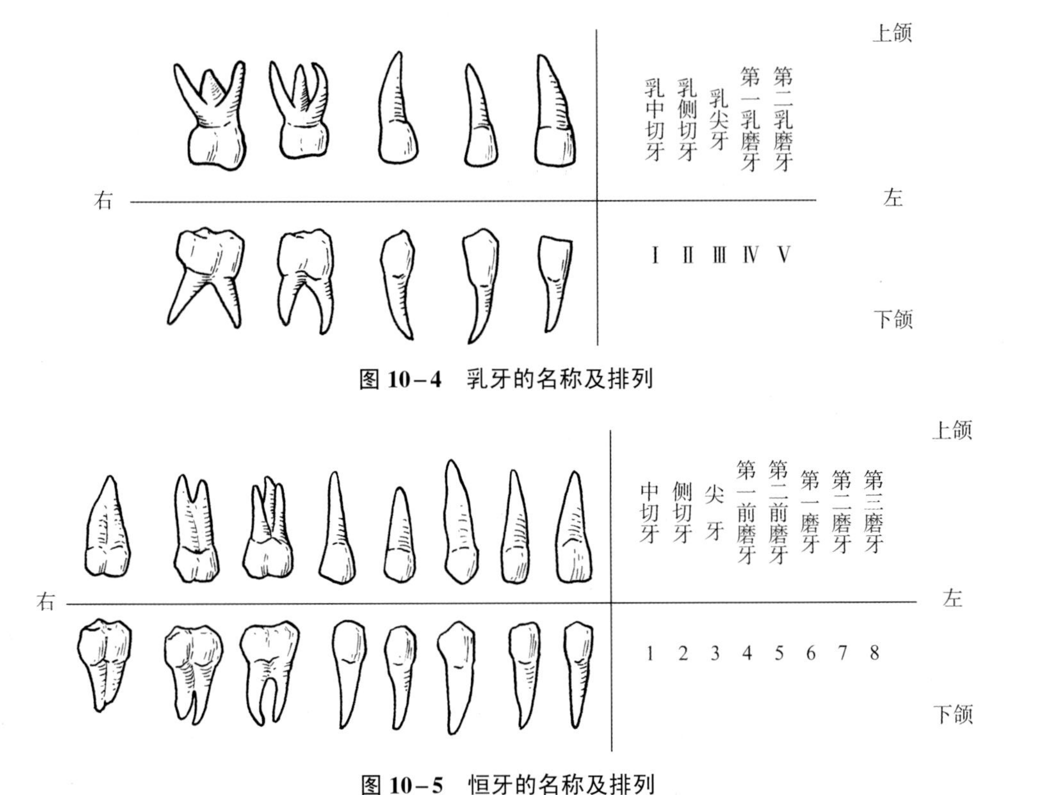

图 10－4　乳牙的名称及排列

图 10－5　恒牙的名称及排列

考点提示　牙分为乳牙和恒牙。

3. 牙周组织　包括牙周膜、牙槽骨和牙龈三部分，对牙起固定、支持和保护作用。牙槽骨构成牙的骨质。牙周膜是连于牙根与牙槽骨之间的致密结缔组织，使牙根固定于牙槽内。牙龈是口腔黏膜的一部分，富含血管，色淡红，与牙槽骨的骨膜连接紧密。老年人由于牙龈和骨膜的血管萎缩，营养降低，牙根萎缩，牙逐渐松动以致脱落。

（五）舌

舌（tongue）由骨骼肌和表面覆盖的黏膜构成，具有协助咀嚼、吞咽食物、感受味觉和辅助发音等功能。

1. 舌的形态　舌分为上、下两面，上面拱起称舌背，其后部有“∧”形界沟，将舌分为前 2/3 的舌体和后 1/3 的舌根。舌体可游离活动，其前端称舌尖。舌下面连于口腔底的黏膜皱襞，称舌系带。其根部两侧各有 1 个圆形隆起，称舌下阜，是下颌下腺导管和舌下腺大管的共同开口。舌下阜后外侧延续成带状黏膜皱襞，为舌下襞，其深面有舌下腺，舌下腺小管开口于舌下襞（图 10－6）。

2. 舌黏膜　呈淡红色，其表面可见许多大小不等的隆起，称为舌乳头。舌乳头主要有丝状乳头、菌状乳头、叶状乳头和轮廓乳头（图 10－7）。丝状乳头数目最多，体积最小，呈白色丝绒状，遍布于舌背前 2/3，具有感受触觉的功能；菌状乳头外观呈红色圆点状，散在于丝状乳头之间，多见于舌尖和舌缘；轮廓乳头体积最大，位于舌体的后部界沟的前方。菌状乳头和轮廓乳头内均含有味觉感受器，称味蕾，可感受酸、甜、苦、咸等味觉功能。在舌根背面黏膜表面，可见许多由淋巴组织组成的丘状隆起，大小不等，称舌扁桃体。

3. 舌肌　为骨骼肌，分舌内肌和舌外肌两部分。舌内肌构成舌的主体，起、止点均在舌内，收缩时可改变舌的形态。舌外肌起自舌外，止于舌内，收缩时可改变舌的位置。最

舌外肌中重要的是颏舌肌，该肌左、右各一。两侧颏舌肌同时收缩，拉舌向前下方，即伸舌；单侧收缩可使舌尖伸向对侧。

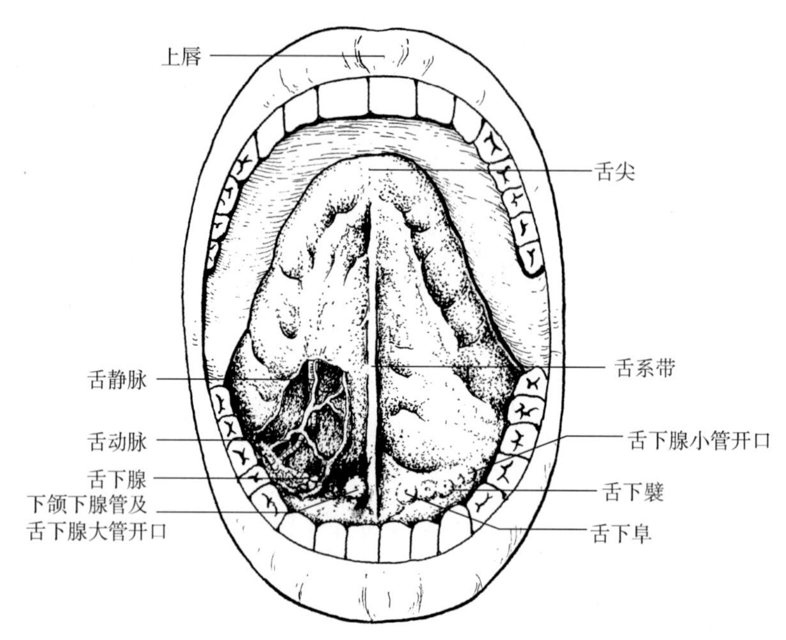

图 10－6　口腔底舌下面

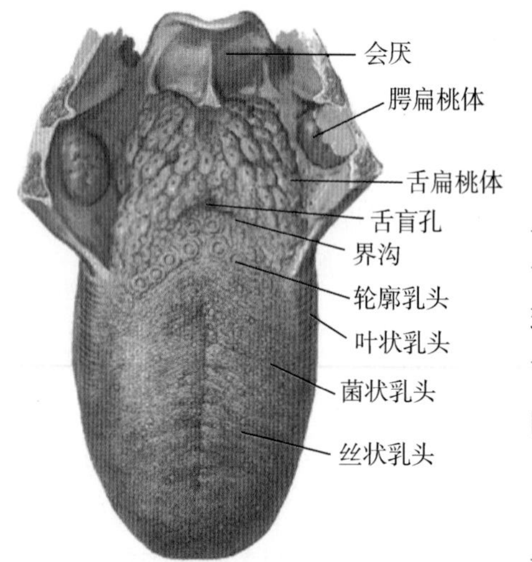

图 10－7　舌

二、咽

（一）咽的位置和形态

咽（pharynx）既属消化管又属呼吸道，是消化管上端扩大的部分。为前后略扁的漏斗形肌性管道，位于第 1～6 颈椎前方，上起颅底，下至第 6 颈椎下缘或环状软骨的高度续于食管。咽的后壁和侧壁完整，而前壁不完整，自上向下分别有通向鼻腔、口腔和喉腔的开口，咽上宽下窄，长约 12cm，其内腔称咽腔。

（二）咽的分部

按照咽的前方毗邻，以软腭和会厌上缘为界，可将咽分为鼻咽、口咽和喉咽三部分（图 10－8）。

1. 鼻咽　介于颅底与软腭之间，向前经鼻后孔通鼻腔。鼻咽后上壁黏膜下有丰富的淋巴组织，称咽扁桃体。鼻咽的两侧壁距下鼻甲后方约 1.5cm 处有咽鼓管咽口，鼻咽腔经此口与中耳的鼓室相通。咽鼓管咽口的前、上、后方的半环形隆起称咽鼓管圆枕，是寻找咽鼓管咽口的标志。咽鼓管圆枕后方与咽后壁之间的纵行凹陷称咽隐窝，是鼻咽癌的好发部位。

2. 口咽　位于软腭与会厌上缘之间，向前经咽峡通口腔，向上通鼻咽，向下通喉咽。在外侧壁，腭舌弓与腭咽弓之间有腭扁桃体。腭扁桃体表面的黏膜凹陷形成扁桃体小窝，是食物残渣、脓液易于滞留的部位。

3. 喉咽　位于喉的后方，会厌上缘至环状软骨下缘平面之间，向下与食管相续，向前经喉口与喉腔相通。在喉口的两侧各有一深窝称梨状隐窝，是异物易嵌顿滞留的部位（图 10－9）。

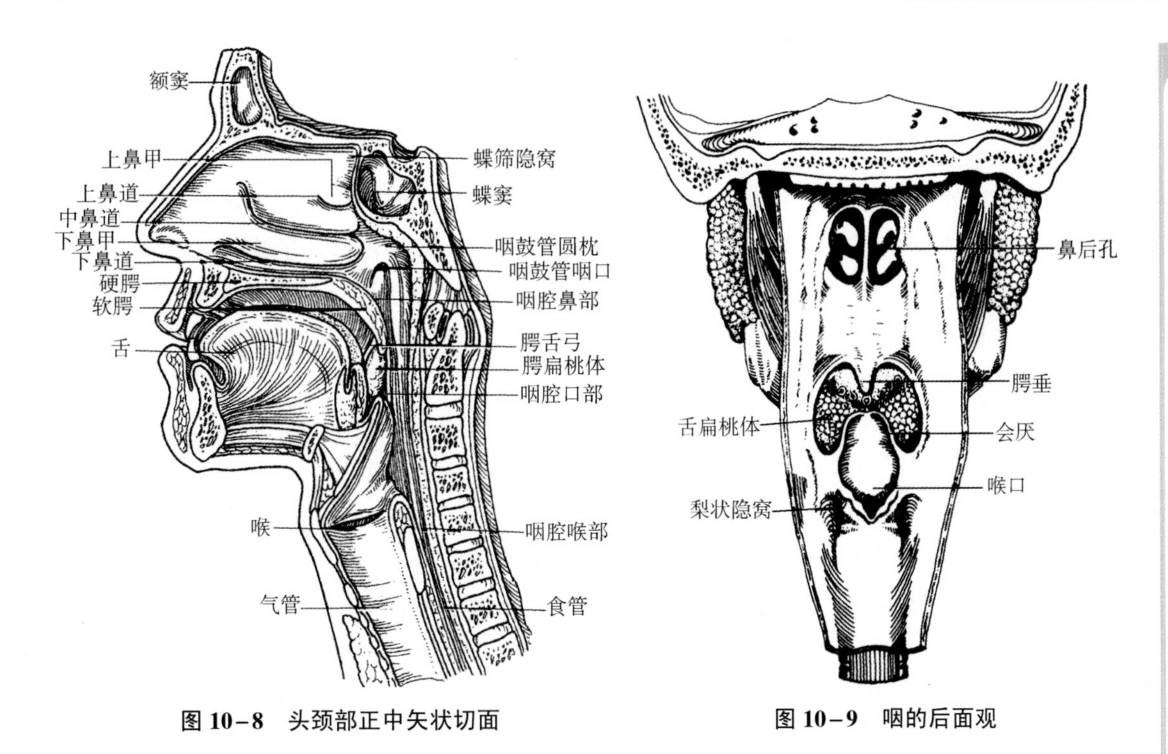

图 10-8 头颈部正中矢状切面

图 10-9 咽的后面观

三、食管

(一)食管的位置与形态

食管(esophagus)为前后略扁的肌性管道，上端在第 6 颈椎体下缘与咽相接，下行穿膈的食管裂孔，在第 11 胸椎左侧连于胃，全长约 25cm。按其行程可分为颈部、胸部和腹部(图 10-10)。颈部较短，自起始端至胸骨颈静脉切迹平面，长约 5cm。其前壁与气管相贴，后与脊柱相邻，两侧有颈部的大血管。胸部较长，自胸骨颈静脉切迹至食管裂孔，长约 18cm。

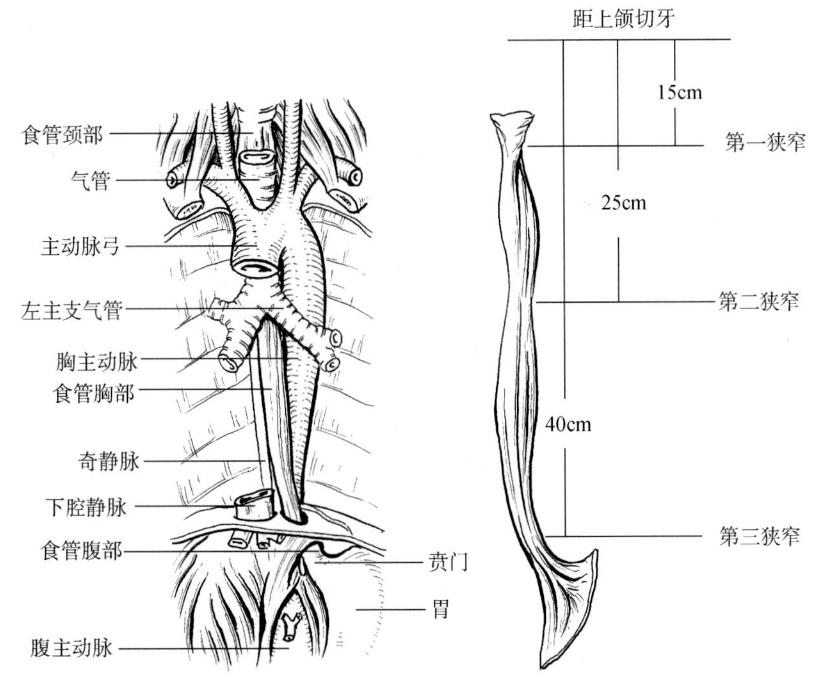

图 10-10 食管前面观及三个狭窄

前方自上而下依次有气管、左主支气管和心包。腹部最短，在膈的下方与贲门相续，长1～2cm。临床测量以上颌中切牙为定点，成人由切牙至贲门为40cm。

（二）食管的狭窄

食管有三个生理性狭窄。第1个狭窄位于食管起始处，距中切牙约15cm；第2个狭窄位于食管与左主支气管交叉处，距中切牙约25cm；第3个狭窄为食管穿过膈的食管裂孔处，距中切牙约40cm。这些狭窄常为异物滞留和食管肿瘤的好发部位。食管内插管时应注意这三处狭窄（图10－10）。

考点提示 食管有三个生理性狭窄。

四、胃

胃（stomach）是消化管中最膨大的部分，上接食管，下续十二指肠具有受纳食物、分泌胃液和消化食物的功能。成年人的胃在中等程度充盈时，容量约1500ml。新生儿胃容量约30ml。

（一）胃的形态和分部

胃的形态可受体位、体型、年龄、性别以及充盈程度的不同而有变化。胃分为前、后两壁，入、出两口和上、下两缘（图10－11）。胃前壁朝向前上方，后壁朝向后下方。入口称贲门，与食管相连；出口称幽门，与十二指肠相连。上缘较短，凹向右上方，称胃小弯，其最低点弯度明显折转处，称角切迹，是胃体与幽门部在胃小弯的分界；下缘较长，凸向左下方，称胃大弯。

胃可分为四部，即贲门部、胃底、胃体和幽门部。①贲门部：在贲门附近，与其他部分无明显界限；②胃底：贲门平面向左上方膨出的部分；③胃体：胃底与角切迹之间的部分；④幽门部：自角切迹向右至幽门之间的部分，幽门部的大弯侧有一不明显的浅沟，称中间沟，此沟把幽门部分为左侧的幽门窦和右侧的幽门管。幽门窦近胃小弯处是胃溃疡和胃癌的好发部位。

扫码“看一看”

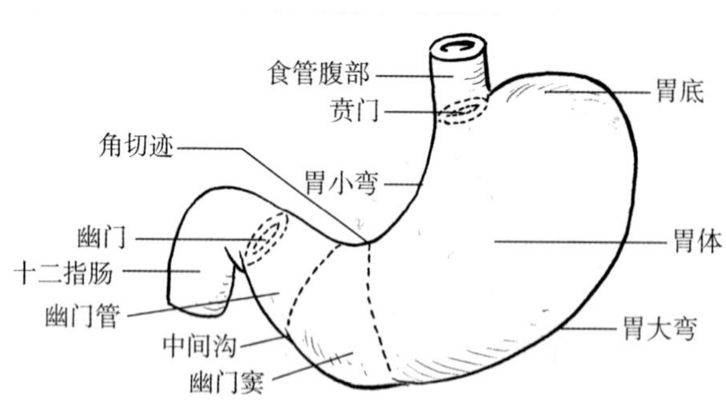

图10－11 胃的形态与分部

考点提示 幽门窦近胃小弯处是胃溃疡和胃癌的好发部位。

（二）胃的位置与毗邻

胃的位置常因体型、体位以及充盈程度的不同而有较大变化。在中等程度充盈时，胃大部分位于左季肋区，小部分位于腹上区。贲门和幽门的位置相对固定，贲门位于第11胸椎体左侧，幽门在第1腰椎体右侧。胃前壁右侧与肝左叶相邻；左侧与膈相邻，并被左肋弓遮盖；中间部在剑突下直接与腹前壁相贴，是胃的触诊部位。胃后壁与左肾、左肾上腺、

横结肠和胰等相邻。胃大弯的后下方有横结肠横过。

（三）胃壁的构造

胃黏膜柔软，空虚时形成许多皱襞。在胃小弯处，黏膜皱襞成斜行，有4～5条，在幽门处黏膜皱襞呈环形，称幽门瓣（图10-12）。

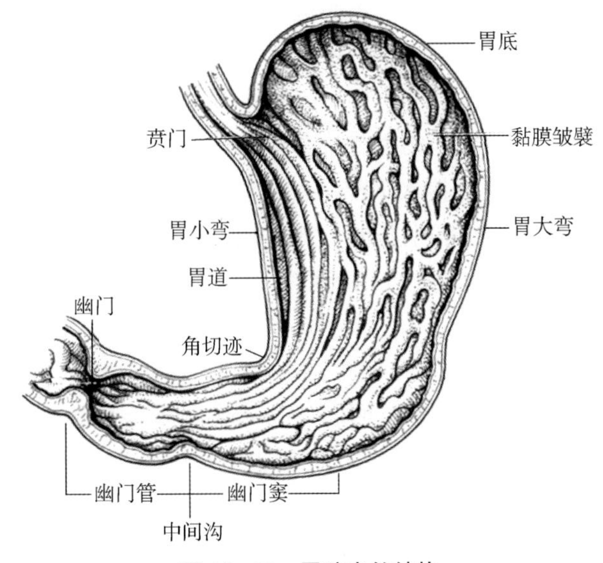

图 10-12　胃腔内的结构

五、小肠

小肠（small intestine）是消化管中最长的一段，成人全长5～7m，是食物消化和吸收的主要场所。它上起幽门，下连盲肠，分为十二指肠、空肠和回肠三部分。

（一）十二指肠

十二指肠（duodenum）是小肠的起始段，成人长度约25cm，呈“C”形从右侧包绕胰头，十二指肠可分上部、降部、水平部和升部四段（图10-13）。

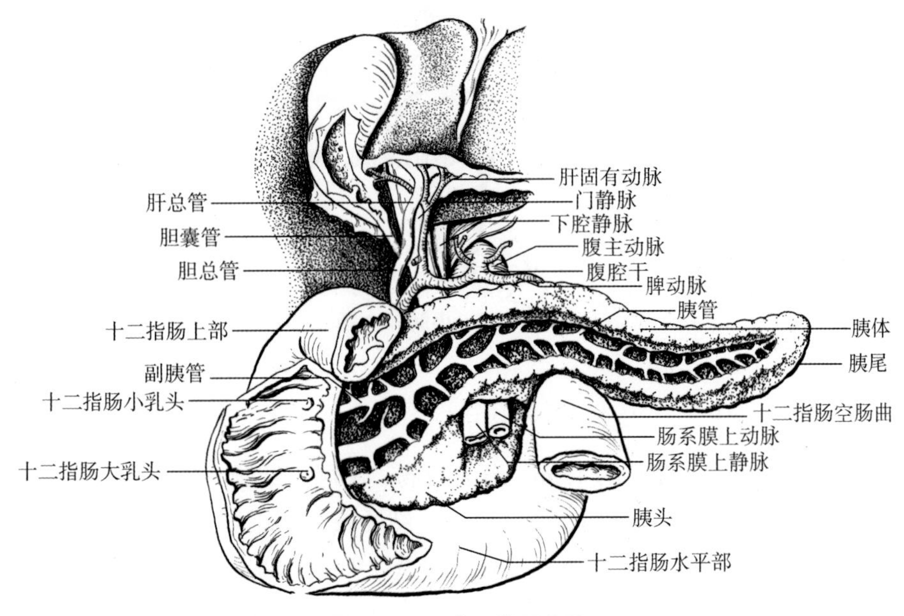

图 10-13　十二指肠和胰

1. 上部 于第 1 腰椎的右侧起于幽门，行向右后方，至肝门下方急转向下续为降部。上部的起始处一段肠管，肠壁较薄，黏膜多较平滑，称十二指肠球，是十二指肠溃疡的好发部位。

2. 降部 沿第 1～3 腰椎体的右侧下降，至第 3 腰椎水平，急转向左连接水平部。此部中份的后内侧壁有一纵行皱襞，称十二指肠纵襞，其下端有一隆起，称十二指肠大乳头，是胆总管和胰管共同开口之处。在大乳头的上方 1～2cm 处有时可见十二指肠小乳头，是副胰管的开口部位。

3. 水平部 水平向左横行，于第 3 腰椎左侧移行为升部。

4. 升部 自第 3 腰椎的左侧接水平部，斜向左前上方至第 2 腰椎体左侧，再向前下方弯曲续于空肠，此弯曲称十二指肠空肠曲。此曲被十二指肠悬肌固定于腹后壁。十二指肠悬肌和其表面的腹膜皱襞共同构成十二指肠悬韧带，又称 Treitz 韧带，是手术中确认空肠起始的标志。

（二）空肠与回肠

空肠（jejunum）上端接十二指肠，回肠（ileum）下端连盲肠，在腹腔的中下部迂曲盘旋形成肠袢，两者之间无明显界线。通常空肠约占空、回肠全长的近侧 2/5，位于腹腔的左上部，管径大、管壁厚、血液循环丰富、颜色红润、黏膜皱襞高而密集；回肠占全长远侧 3/5，位于腹腔右下部（图 10－14），管径小、管壁薄、颜色灰暗、黏膜皱襞低平而稀疏。空、回肠均由肠系膜连于腹后壁，有较大的活动度。

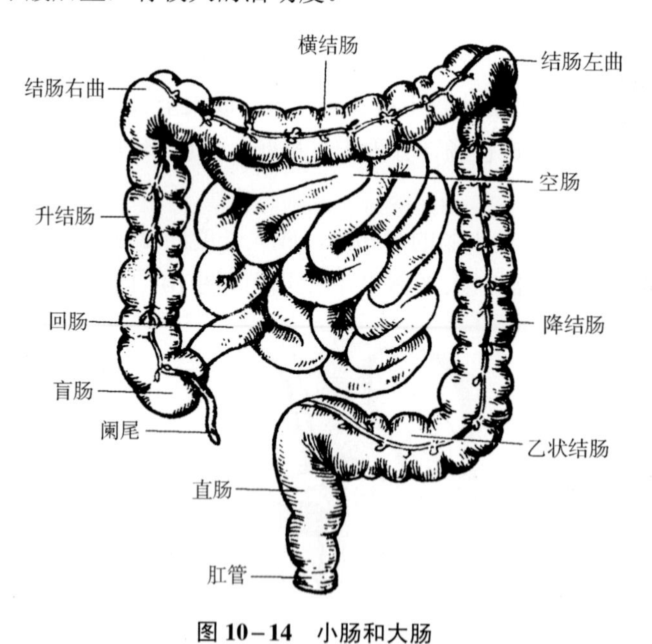

图 10－14 小肠和大肠

六、大肠

大肠（large intestine）全长约 1.5m，分为盲肠、阑尾、结肠、直肠和肛管五部分。

盲肠和结肠有三个特征性结构：即结肠带、结肠袋和肠脂垂，这三种结构是手术中区别大肠和小肠的标志。结肠带有 3 条，由肠壁的纵行平滑肌增厚而成，沿结肠的纵轴排列，会于阑尾根部；结肠袋是肠壁向外膨出形成的囊状突起；肠脂垂为沿结肠带附着的脂肪突起（图 10－15）。

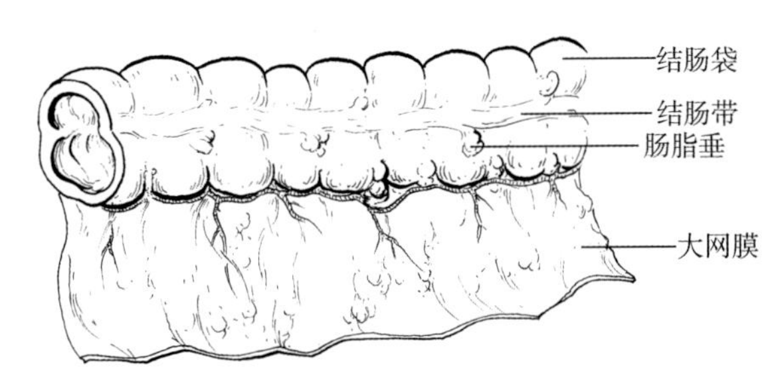

图 10－15　结肠的特征性结构

（一）盲肠

盲肠（cecum）是大肠的起始部，长 6～8cm，位于右髂窝内。回肠末端开口于盲肠，开口处有上、下两片唇状皱襞称回盲瓣，可控制小肠内容物进入盲肠的速度，又可防止大肠内容物逆流到回肠。在回盲瓣下方约 2cm 处，有阑尾的开口（图 10－16）。

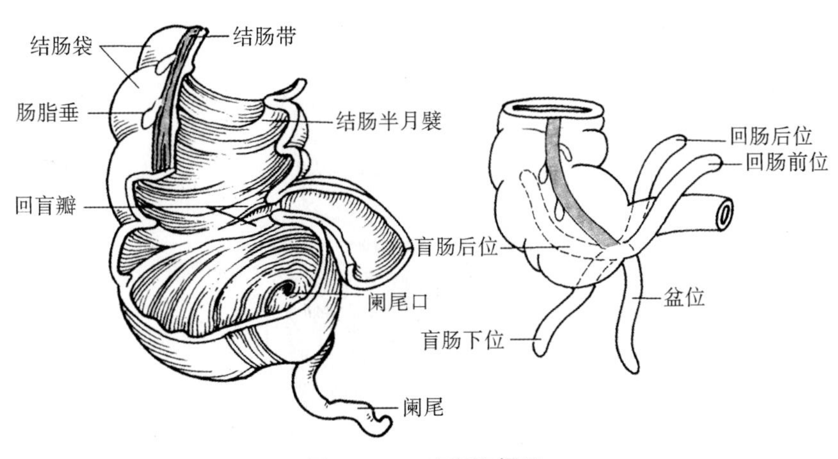

图 10－16　盲肠和阑尾

（二）阑尾

阑尾（vermiform appendix）为一蚓状突起，平均长度 6～8cm，其末端游离，阑尾末端的位置变化很大，手术中有时寻找困难，但根部的位置较恒定，位于 3 条结肠带汇合处，故沿结肠带向下寻找阑尾（图 10－16）。阑尾根部体表投影通常在脐与右髂前上棘连线的中、外 1/3 交点处，称麦氏点（McBurney 点）。急性阑尾炎时，此处常有明显的压痛。

考点提示　阑尾根部的体表投影通常在脐与右髂前上棘连线的中、外 1/3 交点处，称麦氏点。急性阑尾炎时，此处常有明显的压痛。

（三）结肠

结肠（colon）围绕在空肠、回肠周围，分为四部分：升结肠、横结肠、降结肠和乙状结肠（图 10－14）。

1. 升结肠　是盲肠的直接延续，在右腹外侧区上升至肝右叶下方，弯向左前方移行于横结肠，弯曲部称结肠右曲，又称肝曲。

2. 横结肠　向左横行至左季肋区，在脾的下方，以锐角与降结肠相连，弯曲部称结肠左曲，又称脾曲，其位置比结肠右曲要高，接近脾和胰尾，故左曲的位置较高较深。横结肠活动性较大，常下垂成弓形，其最低点可达脐平面或脐下方。

3. 降结肠　在左腹外侧区下降，至左髂嵴处续于乙状结肠。

4. 乙状结肠 呈“乙”字形弯曲，活动性较大，向下至第3骶椎平面，移行于直肠。若系膜过长，可造成乙状结肠扭转。

（四）直肠

直肠（rectum）长10～14cm，在第3骶椎前方起自乙状结肠，沿骶、尾骨前面下行，穿过盆膈移行于肛管。直肠并非直行的肠管，在矢状面上有两个弯曲：骶曲位于骶骨前方凸向后，会阴曲位于尾骨尖前方转向后下凸向前（图10-17）。直肠下段肠腔膨大，称直肠壶腹。内面有2～3个半月形皱襞，称直肠横襞，中间的直肠横襞位于直肠前右襞上，位置最恒定，距肛门约7cm。直肠横襞有承托粪便的作用。临床进行直肠镜、乙状结肠镜检查时，应注意直肠的横襞和弯曲，以免损伤肠壁。

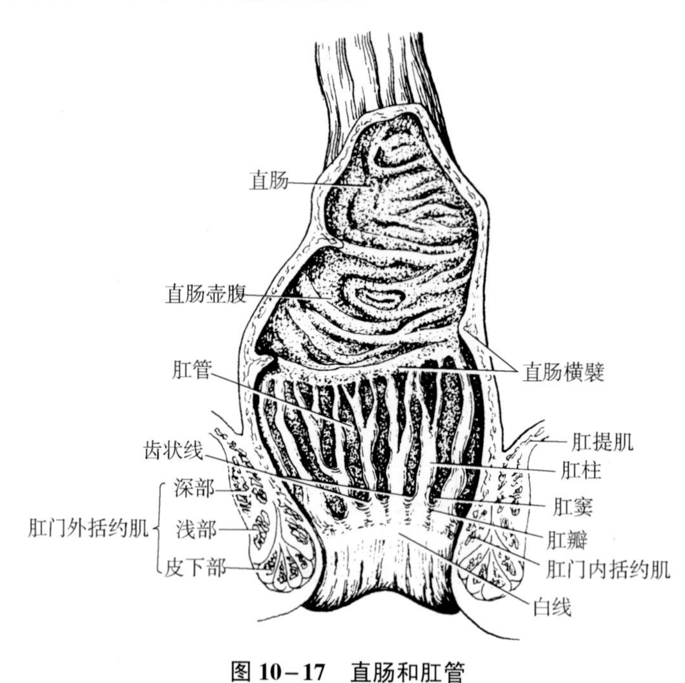

图10-17 直肠和肛管

（五）肛管

肛管（anal canal）在盆膈平面与直肠相接，终止于肛门，长3～4cm（图10-17）。肛管内有6～10条纵行的黏膜皱襞，称肛柱。相邻肛柱下端之间，彼此连有半月状的黏膜皱襞，称肛瓣。肛瓣与肛柱下端共同围成开口向上的凹陷，称肛窦，窦口向上，肛门腺开口于此，窦内往往积存粪屑，易于感染。肛瓣边缘与肛柱下端共同连成一锯齿状环形线，环绕肛管内面，称齿状线。此线是皮肤与黏膜分界线，在齿状线下方有约1cm宽的环形带，称肛梳或痔环。肛管黏膜下和皮下有丰富的静脉丛。有时可因某种病理原因而形成静脉曲张，向肛管腔内突起，称为痔。痔发生在齿状线以上称内痔，发生在齿状线以下称外痔，也有跨越于齿状线上、下相连的，称混合痔。

在肛管和肛门周围有肛门内、外括约肌和肛提肌等。肛门内括约肌属平滑肌，由肠壁的环行肌在肛管上3/4处增厚而成，此肌有协助排便的作用，但无明显的括约肛门功能。肛门外括约肌为骨骼肌，位于肛门内括约肌周围和下方，围绕整个肛管。肛门外括约肌受意识支配，有较强的控制排便功能。

考点提示 肛瓣边缘与肛柱下端共同连成一锯齿状环形线，环绕肛管内面，称齿状线。

扫码“学一学”

第二节　消 化 腺

消化腺有小消化腺和大消化腺两种，小消化腺分布于消化管壁内，如食管腺、胃腺、肠腺等。大消化腺独立于消化管外，主要包括大唾液腺、肝和胰。

一、唾液腺

唾液腺（salivary gland）又称口腔腺，位于口腔周围，能分泌唾液，有湿润口腔黏膜、杀菌和助消化等功能。唾液腺分大、小两类。小唾液腺数目较多，位于口腔各部黏膜内，属黏液腺，如唇腺、颊腺、腭腺等。大唾液腺主要有三对，即腮腺、下颌下腺和舌下腺（图 10－18）。

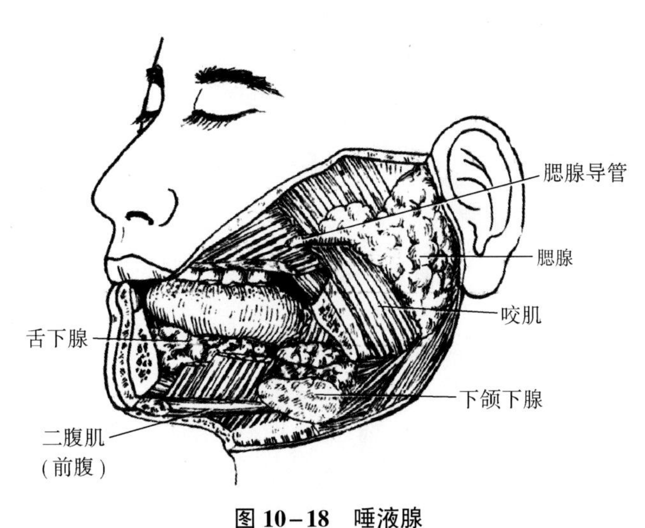

图 10－18　唾液腺

（一）腮腺

腮腺（parotid gland）最大，呈不规则的三角形，位于耳郭的前下方。腮腺管自腮腺前缘发出，在颧弓下方一横指处沿咬肌表面前行至咬肌前缘弯向内侧，开口于平对上颌第 2 磨牙颊黏膜上。

（二）下颌下腺

下颌下腺（submandibular gland）位于下颌体的深面，呈卵圆形，其导管开口于舌下阜。

（三）舌下腺

舌下腺（sublingual gland）最小，位于口腔底舌下襞的深面。导管有大、小两种，大管有一条，与下颌下腺管共同开口于舌下阜，小管约 10 余条，直接开口于舌下襞黏膜表面。

二、肝

肝（liver）是人体内最大的外分泌腺。肝不仅能分泌胆汁，参与食物的消化，还具有代谢、解毒、防御、储存和造血等功能。

（一）肝的形态

肝呈红褐色，质软而脆，呈楔形，可分为前、后缘和上、下面。肝的前缘薄而锐利，

后缘钝圆。肝的上面隆凸，与膈相贴，又称膈面（图 10–19），借矢状位的镰状韧带分为肝左叶、肝右叶。膈面后部没有腹膜被覆的部分称裸区。肝下面凹凸不平，邻接腹腔器官，又称脏面（图 10–20）。脏面中部有一近似“H”形的沟，即左纵沟、右纵沟和横沟。其正中的横沟，称肝门，是肝固有动脉、肝门静脉、肝左、右管、神经和淋巴管出入肝的部位。这些结构被结缔组织包绕，称肝蒂。右纵沟前部为胆囊窝，容纳胆囊；后部为腔静脉沟，容纳下腔静脉。左纵沟前部为肝圆韧带裂，容纳肝圆韧带；后部为静脉韧带裂，容纳静脉韧带。肝的脏面借“H”形沟分为四叶：肝右叶、肝左叶、方叶和尾状叶。

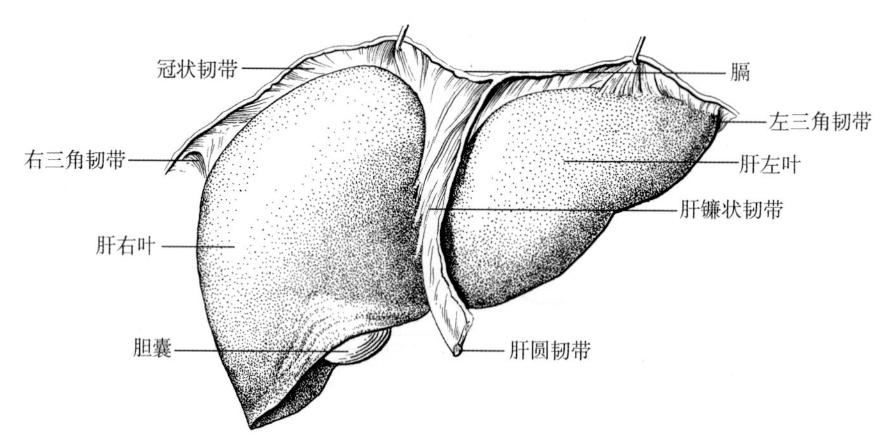

图 10–19　肝的膈面

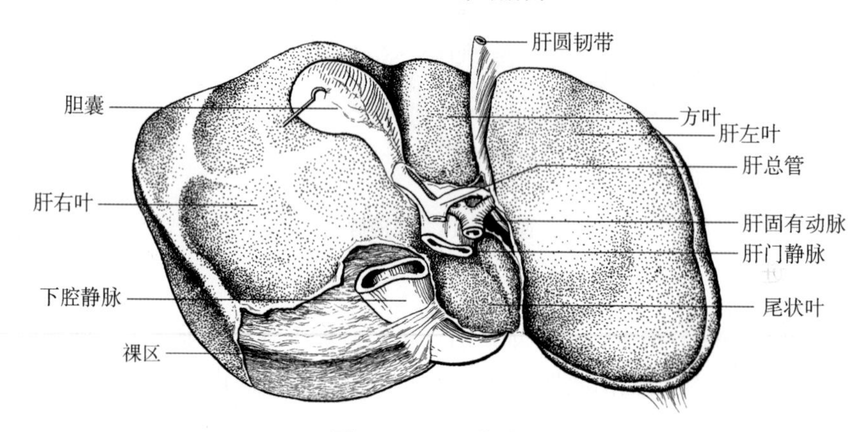

图 10–20　肝的脏面

（二）肝的位置

肝大部分位于右季肋区及腹上区，小部分位于左季肋区。肝的上界与膈穹隆一致，右侧最高点在右锁骨中线与第 5 肋的相交处，左侧最高点在左锁骨中线与第 5 肋间隙相交处。成人肝的下界，右侧大致与右肋弓一致，故体检时，在右肋弓下一般不能触及肝，若触及，应考虑为病理性肿大。在腹上区，肝下界可达剑突下方约 3cm；左侧被左肋弓掩盖。3 岁前的健康幼儿，由于腹腔的容积较小，而肝体积相对较大，其下界可超出肋弓下缘 1～2cm，7 岁以后，接近成人位置。在呼吸时，肝的位置可随膈的运动而变化，平静呼吸时肝可上下移动 2～3cm。

考点提示　肝大部分位于右季肋区及腹上区，小部分位于左季肋区。

（三）肝外胆道系统

肝外胆道系统包括胆囊、肝左管、肝右管、肝总管和胆总管（图 10－21）。

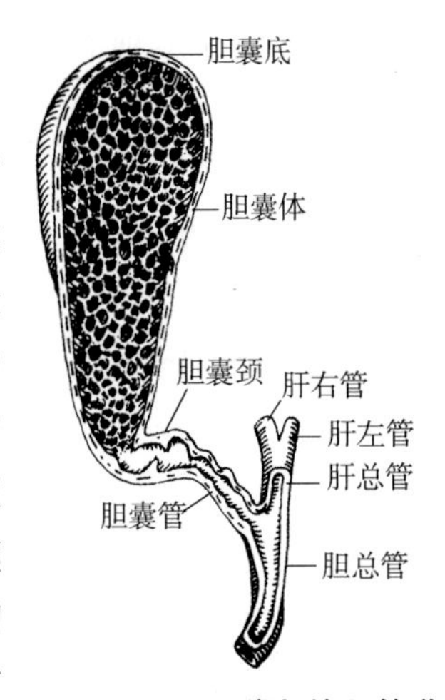

图 10－21 胆囊与输胆管道

1. 胆囊 位于胆囊窝内，容积为 40～60ml，具有贮存和浓缩胆汁的功能。胆囊呈梨形，分为胆囊底、胆囊体、胆囊颈和胆囊管四部分。①胆囊底是胆囊突向前下方的盲端，常露出于肝前缘胆囊切迹处，并与腹前壁相贴，其体表投影在右锁骨中线与右肋弓相交处附近。胆囊发炎时，该处可有压痛。②胆囊体是胆囊的主体部分，与底之间无明显界限。③胆囊体向后逐渐变细，约在肝门右端附近移行为胆囊颈。胆囊颈起始部膨大，后部弯曲且逐渐变细。④胆囊管长 3～4cm，直径 0.2～0.3cm，在肝十二指肠韧带内呈锐角与其左侧的肝总管汇合，形成胆总管。胆囊内面衬有黏膜，胆囊底和体部的黏膜呈蜂窝状，而胆囊颈和胆囊管的黏膜则形成螺旋状皱襞，称螺旋襞，可控制胆汁进出胆囊，胆囊结石易嵌顿于此处。

在肝的下面，由胆囊管、肝总管和肝的脏面围成的三角形区域，称胆囊三角（Calot 三角）。胆囊三角内常有胆囊动脉经过，该三角是胆囊手术中寻找胆囊动脉的标志。

2. 肝管与肝总管 肝内毛细胆管逐级汇合成肝左管和肝右管，出肝门后汇合成肝总管，肝总管长约 3cm，下行于肝十二指肠韧带内，与胆囊管汇合成胆总管。

3. 胆总管 全长 4～8cm，直径 0.6～0.8cm。在肝十二指肠韧带内下行于肝固有动脉的右侧、肝门静脉的前方，向下经十二指肠上部的后方，再向下降至胰头后方，最后斜穿十二指肠降部后内侧壁，在此处与胰管汇合，汇合处形成略膨大的肝胰壶腹，开口于十二指肠大乳头。在肝胰壶腹周围有增厚的环行平滑肌环绕，称肝胰壶腹括约肌（Oddi 括约肌）。肝胰壶腹括约肌平时保持收缩状态，由肝分泌的胆汁，经肝左、右管，肝总管，胆囊管进入胆囊内贮存。进食后，尤其进高脂肪食物，在神经体液因素调节下，胆囊收缩，肝胰壶腹括约肌舒张，胆汁自胆囊经胆囊管、胆总管、肝胰壶腹、十二指肠大乳头，排入十二指肠腔内。

考点提示 肝外胆道系统包括胆囊、肝左管、肝右管、肝总管和胆总管。

三、胰

胰（pancreas）是人体第二大外分泌腺，由内分泌部和外分泌部构成。内分泌部即胰岛，散在于胰实质内，主要分泌胰岛素和胰高血糖素，参与调节糖代谢；外分泌部能分泌胰液，胰液含有多种消化酶，有分解消化蛋白质、糖类和脂肪的作用。

胰位于胃的后方，在第 1、2 腰椎水平横贴于腹后壁。胰的前面被有腹膜。胰质软，色灰红，可分头、体、尾三部分，各部之间无明显界限（图 10－13）。

1. 胰头 为胰右端膨大部分，位于第 2 腰椎体的右前方，其上、下方和右侧被十二指肠环抱。在胰头的下部有一向左后上方的钩突，将肝门静脉起始部和肠系膜上动、静脉夹在胰头与钩突之间，胰头癌患者因肿块压迫肝门静脉起始部，影响其血液回流，可出现腹水、脾大等症状。在胰头右后方与十二指肠降部之间常有胆总管经过，有时胆总管可部分或全部被胰头实质所包埋。

2. 胰体　位于胰头与胰尾之间，略呈三棱柱形，较长，占胰的大部分。胰体横位于第1腰椎体前方，其前面隔网膜囊与胃相邻，故胃后壁的癌肿或溃疡穿孔常与胰体粘连。

3. 胰尾　较细，行向左上方抵达脾门。因胰尾各面均包有腹膜，此点可作为与胰体分界的标志。

在胰实质内，有一条纵贯全长的输出管，称胰管。它沿途收集各级小管，输送胰液，与胆总管汇合后，共同开口于十二指肠大乳头。在胰头上部常见一小管，行于胰管上方，称副胰管，开口于十二指肠小乳头（图10－13）。

扫码“学一学”

第三节　消化管的微细结构

一、消化管壁的一般结构

除口腔与咽外，消化管壁自内向外一般分为黏膜、黏膜下层、肌层与外膜四层（图10－22）。

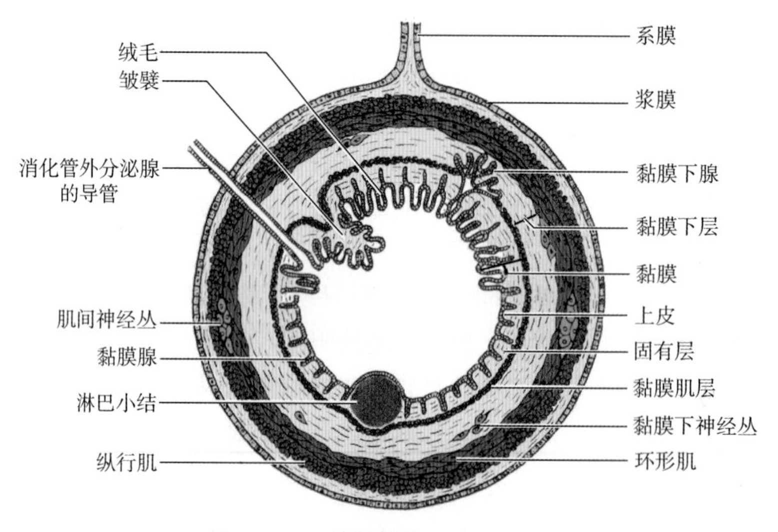

图10－22　消化管壁结构模式图

（一）黏膜

黏膜由上皮、固有层和黏膜肌层组成，是消化管各段结构差异最大、功能最重要的部分。

1. 上皮　消化管的两端（口腔、咽、食管及肛门）为复层扁平上皮，以保护功能为主；其余部分均为单层柱状上皮，以消化、吸收功能为主。

2. 固有层　为疏松结缔组织，富含细胞和纤维，并有丰富的毛细血管和毛细淋巴管。胃肠固有层内还富含腺体和淋巴组织。

3. 黏膜肌层　为薄层平滑肌，其收缩可使黏膜活动，有助于固有层内的腺体分泌物排出和血液运行。

（二）黏膜下层

黏膜下层由疏松结缔组织组成，内含较大的血管与淋巴管以及黏膜下神经丛。食管腺和十二指肠腺也位于此层内。黏膜与黏膜下层共同向消化管腔内突起，形成皱襞，扩大了

消化管的表面积。

（三）肌层

除食管上段与肛门处的肌层为骨骼肌外，其余均为平滑肌。肌层一般分为内环行、外纵行两层，其间有肌间神经丛，结构与黏膜下神经丛相似，可调节肌层的运动。

（四）外膜

外膜为纤维膜或浆膜，纤维膜由薄层疏松结缔组织组成，主要分布于食管和大肠末段。浆膜由薄层结缔组织与间皮共同构成，见于胃、大部分小肠与大肠，其表面光滑，利于胃肠活动。

二、食管的微细结构

食管腔面有纵形皱襞，食物通过时皱襞消失（图 10–23）。管壁有消化管壁典型的四层结构。

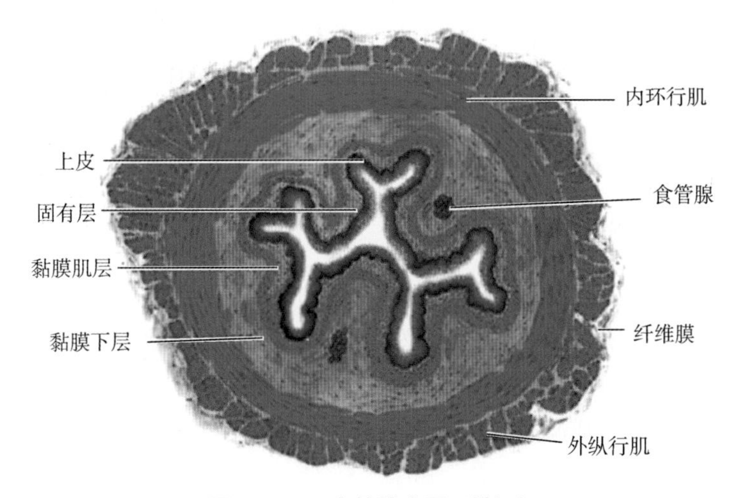

图 10–23　食管模式图（横切）

1. 黏膜　上皮为未角化的复层扁平上皮，食管下端的复层扁平上皮在与胃贲门部连接处移行为单层柱状上皮，是食管癌的好发部位。黏膜肌层为纵行平滑肌。

2. 黏膜下层　为疏松结缔组织，食管腺为黏液腺，其导管穿过黏膜开口于食管腔，分泌的黏液有利于食物的通过。

3. 肌层　分内环行与外纵行两层。食管上 1/3 段为骨骼肌，下 1/3 段为平滑肌，中 1/3 段两种肌细胞兼有。随着年龄的增长，食管平滑肌渐萎缩，蠕动减慢，可引起轻度下咽困难及管内食物残留。

4. 外膜　为纤维膜。

三、胃壁的微细结构

胃的皱襞在充盈时可变低或消失。胃壁的结构包含黏膜、黏膜下层、肌层和外膜（图 10–24）。

（一）黏膜

黏膜较厚，表面有约 350 万个不规则的小孔，为上皮下陷形成的胃小凹的开口。胃小凹的底部与胃

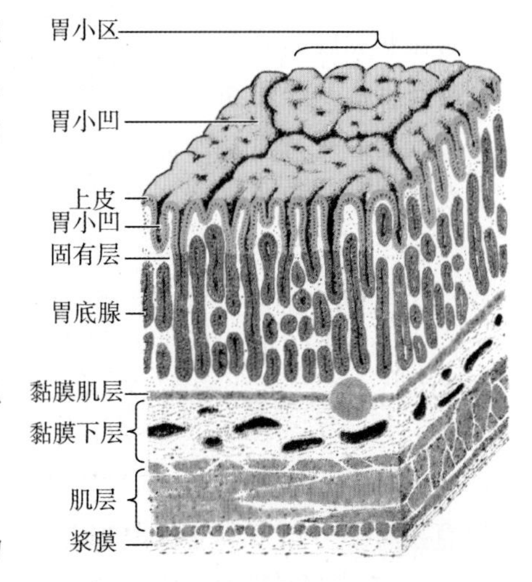

图 10–24　胃黏膜结构模式图

腺相通连。

1. 上皮 为单层柱状上皮，主要由表面黏液细胞组成，核椭圆形，位于细胞基部，顶部胞质内充满黏原颗粒。此细胞分泌的黏液覆盖上皮，形成胃黏膜屏障，有重要保护作用。

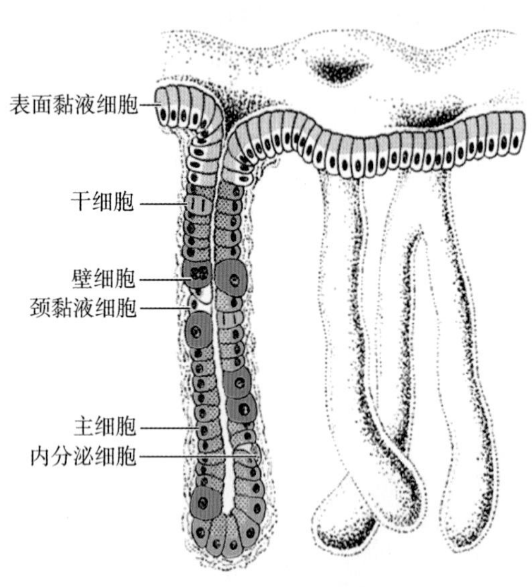

图 10-25 胃底腺模式图

2. 固有层 内有大量胃腺紧密排列，根据所在部位和结构的不同，分为胃底腺、贲门腺和幽门腺。贲门腺和幽门腺分别位于贲门和幽门，均为黏液腺，分泌黏液和溶菌酶。胃底腺分布于胃底和胃体部，是数量最多、功能最重要的胃腺，可分为颈、体与底部。胃底腺由主细胞、壁细胞、颈黏液细胞、干细胞及内分泌细胞组成（图 10-25）。

（1）主细胞 又称胃酶细胞，数量最多，主要分布于腺的体、底部。主细胞分泌胃蛋白酶原，经盐酸作用后转变为有活性的胃蛋白酶，初步分解食物中的蛋白质。婴儿时期主细胞还分泌凝乳酶，可凝固乳汁，利于乳汁分解、吸收。

（2）壁细胞 又称泌酸细胞，在腺的颈、体部较多。壁细胞能分泌盐酸，盐酸能激活胃蛋白酶原，还有杀菌作用。壁细胞还分泌内因子，与食物中的维生素 B_{12} 结合成复合物，使维生素 B_{12} 免受蛋白水解酶破坏，并促进回肠对维生素 B_{12} 的吸收。若内因子缺乏，维生素 B_{12} 吸收障碍，红细胞生成减少，可导致恶性贫血。

知识链接

胃黏膜屏障

胃黏膜屏障由表面的碱性黏液层和上皮细胞组成，具有强大的保护作用，不仅能防止胃液中的胃酸和胃蛋白酶的强大消化作用，还能抵御各种食物的摩擦、损伤及刺激，从而保护黏膜的完整性。但是当胃黏膜屏障的特殊保护作用减弱，或者被破坏时，就容易形成胃溃疡等疾病。胃溃疡是一种全球常见病，可发生于任何年龄段，多见于老年人。患者主要表现为周期性发作的上腹部不适、疼痛、反酸、嗳气等。胃溃疡和十二指肠溃疡在临床上统称为消化性溃疡。

（3）颈黏液细胞 数量很少，位于腺颈部。其分泌物为含酸性黏多糖的可溶性黏液。

（4）干细胞 可增殖分化为表面黏液细胞和胃腺的各种细胞。

（5）内分泌细胞 可分泌组胺或生长抑素，并作用于壁细胞，从而促进或抑制其合成盐酸。

考点提示 胃底腺由主细胞、壁细胞、颈黏液细胞、干细胞及内分泌细胞组成。

3. 黏膜肌层 由内环行与外纵行两层平滑肌组成。

知识拓展

胃黏膜的自我保护机制

胃黏膜的自我保护机制包括：①胃黏膜表面存在黏液-碳酸氢盐屏障。胃上皮表面覆盖的黏液层由不可溶性黏液凝胶构成，并含大量 HCO_3^-，凝胶层将上皮与胃蛋白酶相隔离。②胃上皮细胞的快速更新也使胃能及时修复损伤。

（二）黏膜下层

黏膜下层为疏松结缔组织，含血管、淋巴管和神经。

（三）肌层

肌层较厚，一般由内斜行、中环行及外纵行三层平滑肌构成。环形肌在贲门和幽门部增厚，分别形成贲门括约肌和幽门括约肌。

（四）外膜

外膜为浆膜。

四、小肠的微细结构

小肠是人体消化和吸收的主要部位。小肠壁的黏膜和黏膜下层突入肠腔形成许多环形皱襞，黏膜上皮和固有层共同向肠腔内突起形成肠绒毛；以十二指肠和空肠头段最发达（图 10-26、图 10-27）。肠绒毛表面的上皮细胞游离面的胞膜和胞质突出形成微绒毛。环行皱襞、绒毛和微绒毛三级组织结构使小肠的吸收面积扩大约 600 倍。肠绒毛根部的上皮下陷至固有层形成管状的小肠腺，直接开口于肠腔。

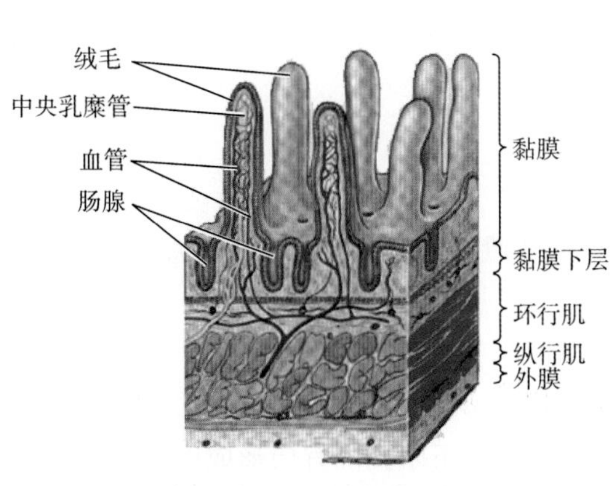

图 10-26 小肠结构模式图

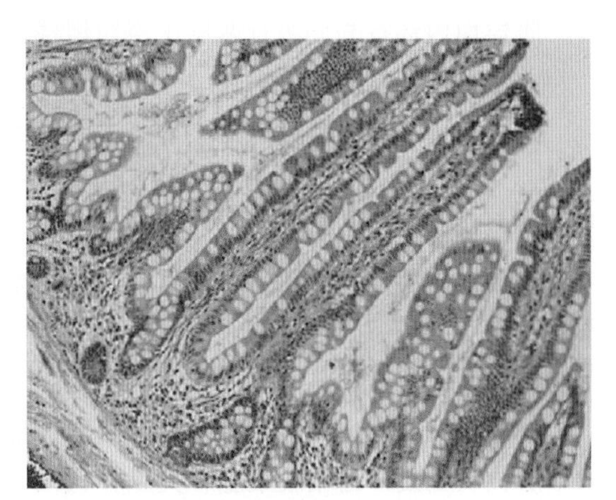

图 10-27 空肠黏膜（低倍）

（一）黏膜

1. 上皮 为单层柱状上皮，由吸收细胞、杯状细胞和少量内分泌细胞组成；吸收细胞数量最多，呈高柱状。绒毛表面的吸收细胞游离面有纹状缘（即微绒毛），是消化、吸收的重要部位。杯状细胞散在于吸收细胞间，分泌黏液，有润滑和保护作用。

2. 固有层 有大量小肠腺，小肠腺的细胞组成和上皮类似，此外，还有潘氏细胞和干

细胞。潘氏细胞是小肠腺的特征性细胞，位于腺底部。细胞呈锥体形，胞质顶部充满粗大嗜酸性颗粒，内含溶菌酶等，具有一定的灭菌作用。

绒毛中央有 1～2 条以盲端起始的毛细淋巴管，称中央乳糜管（图 10－28）。其通透性大，是转运吸收脂肪的重要结构。绒毛中轴内含有丰富的有孔毛细血管，肠上皮吸收的氨基酸、单糖等水溶性物质主要经此入血。此外，小肠固有层可见淋巴小结，在十二指肠和空肠多为孤立淋巴小结，回肠为多个淋巴小结聚集形成的集合淋巴小结。

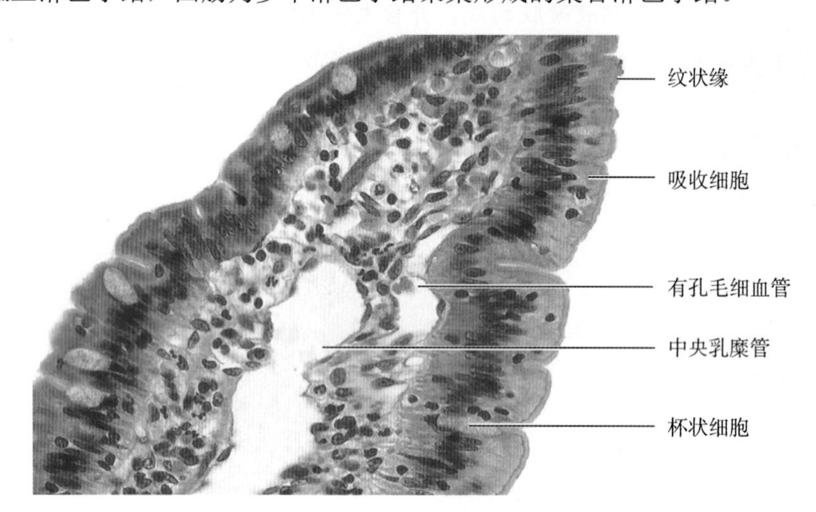

图 10－28　小肠绒毛

3. 黏膜肌层　由内环行与外纵行两层平滑肌组成。

（二）黏膜下层

十二指肠的黏膜下层内有十二指肠腺，为黏液性腺。此腺分泌碱性黏液，有中和酸性食糜和保护十二指肠黏膜免受胃酸侵蚀的作用。

（三）肌层

肌层由内环行与外纵行两层平滑肌组成。

（四）外膜

除部分十二指肠壁为纤维膜外，其余均为浆膜。

五、大肠的微细结构

大肠的主要功能是吸收水分和电解质，将食物残渣形成粪便。其结构特点与小肠显著不同。

（一）盲肠、结肠、直肠的微细结构

1. 黏膜　盲肠、结肠和直肠的组织结构基本相同。其黏膜表面光滑，无肠绒毛。上皮为单层柱状上皮，由吸收细胞和大量杯状细胞组成，上皮下陷到固有层形成密集的大肠腺，有吸收细胞、大量杯状细胞、干细胞和内分泌细胞，无潘氏细胞（图 10－29）。

2. 肌层　由内环行与外纵行两层平滑肌组成。内环行肌较规则，外纵行肌局部增厚形成三条结肠带，带间的纵行肌很薄。

（二）阑尾的微细结构

阑尾的微细结构基本同结肠，但管腔小而不规则，肠腺短而小。固有层内有极丰富的淋巴组织，形成许多淋巴小结，并突入黏膜下层，致使黏膜肌层很不完整。肌层很薄，外

覆浆膜（图 10-30）。

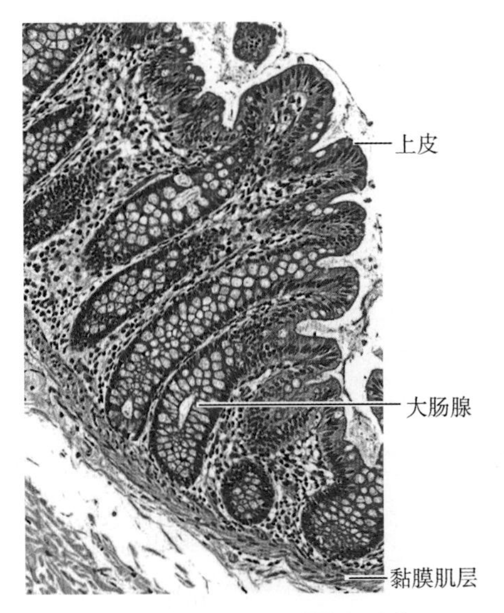

图 10-29　结肠黏膜微细结构

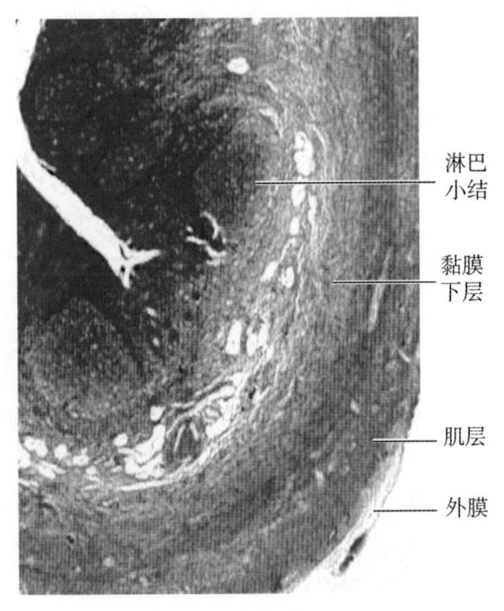

图 10-30　阑尾微细结构

第四节　消化腺的微细结构

扫码“学一学”

一、唾液腺的微细结构

唾液腺包括散在分布于口腔黏膜中的腺体和三对大的唾液腺：腮腺、舌下腺和下颌下腺。唾液腺的实质被结缔组织分为许多小叶，由反复分支的导管及末端的腺泡组成。

（一）唾液腺的一般结构

1. 腺泡　呈泡状或管泡状，由腺细胞组成，为腺的分泌部。腺泡分浆液性、黏液性和混合性三种类型。

（1）浆液性腺泡　由浆液性腺细胞组成。顶部胞质内有较多分泌颗粒，其分泌物较稀薄，含唾液淀粉酶。

（2）黏液性腺泡　由黏液性腺细胞组成。胞质内有大量黏原颗粒，其分泌物较黏稠，主要为黏液（糖蛋白）。

（3）混合性腺泡　由浆液性腺细胞和黏液性腺细胞共同组成。常见在黏液性腺泡的底部附有几个浆液性细胞，形如新月，称半月，分泌酶和黏液。

2. 导管　是腺的排泄部，末端与腺泡相连。唾液腺导管可分为以下几段。

（1）闰管　直接与腺泡相连，管壁为单层立方或单层扁平上皮。

（2）纹状管　与闰管相连接，管壁为单层高柱状上皮。上皮细胞能主动吸收分泌物中的 Na^+，将 K^+排入管腔，并可重吸收或排出水，故可调节唾液中的电解质含量和唾液分泌量。

（3）小叶间导管和总导管　纹状管汇合形成小叶间导管。小叶间导管逐级汇合并增粗，最后形成一条或几条总导管开口于口腔。总导管近口腔开口处渐为复层扁平上皮，与口腔上皮相连续。

（二）大唾液腺的结构特点

1. 腮腺 为纯浆液性腺。分泌物含大量唾液淀粉酶。

2. 下颌下腺 为混合腺，以浆液性腺泡为主（图 10-31）。分泌物含唾液淀粉酶较少，黏液较多。

3. 舌下腺 为混合腺，以黏液性和混合性腺泡为主。分泌物以黏液为主。

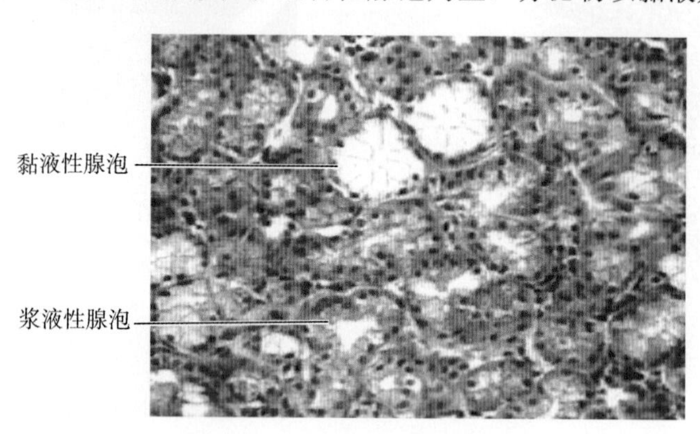

图 10-31 下颌下腺微细结构

（三）唾液

唾液的 70%由下颌下腺分泌，25%由腮腺分泌，5%由舌下腺分泌。唾液中的水和黏液起润滑口腔的作用；唾液淀粉酶可分解食物中的淀粉。唾液中还含有溶菌酶。

二、肝的微细结构

肝表面被覆致密结缔组织被膜，肝门部的结缔组织随肝门静脉、肝固有动脉和肝管的分支伸入肝内，将肝的实质分隔成许多肝小叶（图 10-32）。

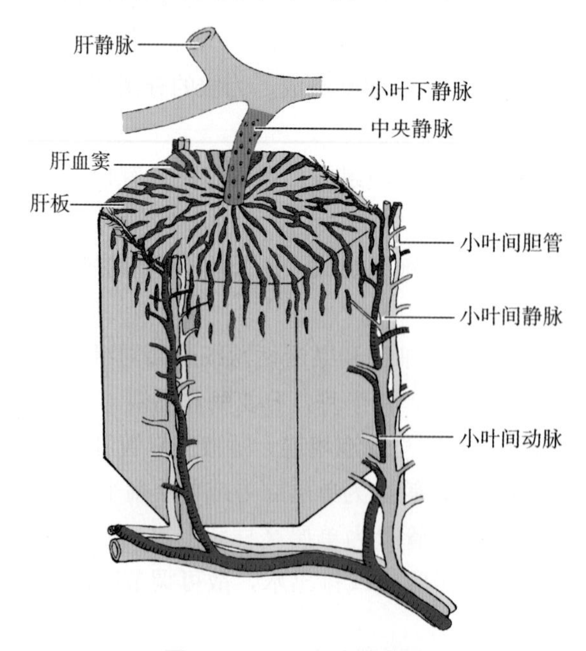

图 10-32 肝小叶模式图

（一）肝小叶

肝小叶（hepatic lobule）是肝的基本结构和功能单位，呈多面棱柱体，长约 2mm，宽

约 1mm。肝小叶中央有一条沿其长轴走行的中央静脉，肝细胞以中央静脉为中心单行排列成凹凸不平的有孔板状结构，称为肝板。相邻肝板吻合连接，形成迷路样结构，其断面呈条索状，称肝索。肝板之间为肝血窦，血窦经肝板上的孔互相通连（图 10–33）。肝板内肝细胞之间的微细小管称胆小管。

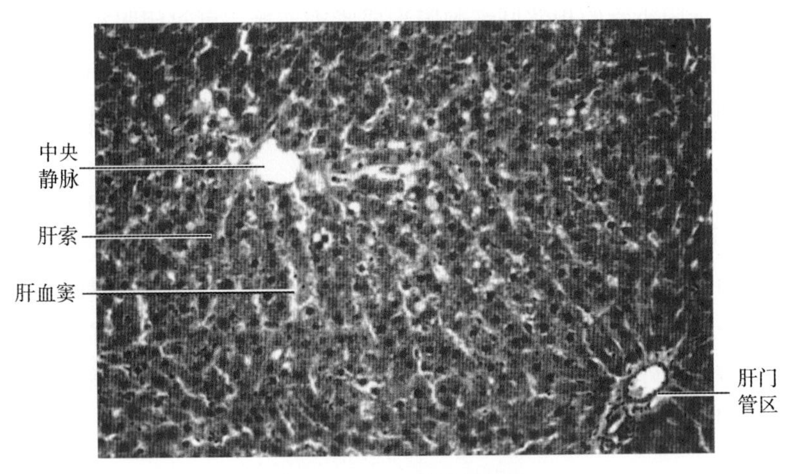

图 10–33　肝的微细结构

1. 肝细胞　体积较大，呈多面体形（图 10–34）。肝细胞有三种不同的功能面：血窦面、细胞连接面和胆小管面。血窦面和胆小管面有发达的微绒毛，使细胞表面积增大。相邻肝细胞的连接面有紧密连接、桥粒和缝隙连接等结构。肝细胞核大而圆，位于中央，核仁一至数个。肝细胞是一种高度分化并具有多种功能的细胞，胞质内各种细胞器丰富而发达，并含有糖原、脂滴等内涵物。

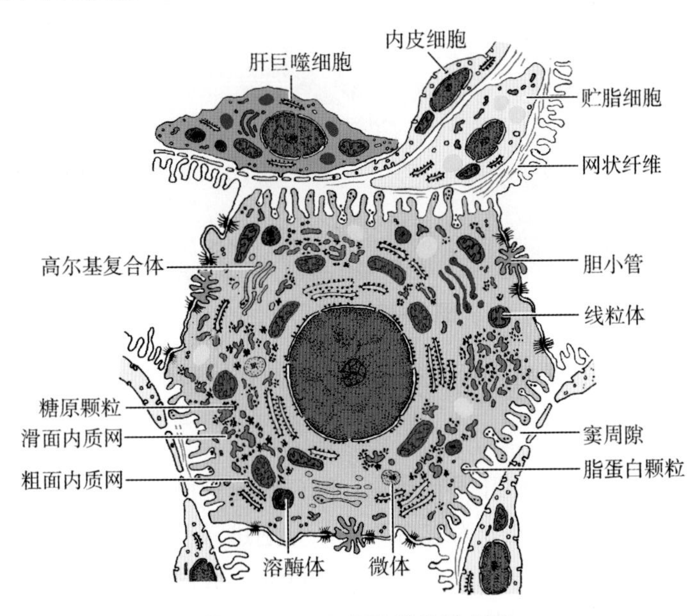

图 10–34　肝细胞结构模式图

2. 肝血窦　位于相邻肝板之间的不规则腔隙。接受门静脉、肝固有动脉分支的血液，与肝细胞进行充分的物质交换后，汇入中央静脉。窦腔内有定居于肝内的巨噬细胞（又称 Kupffer cell）和大颗粒淋巴细胞。

3. 窦周隙和贮脂细胞　血窦内皮细胞与肝细胞之间有宽约 0.4μm 的狭小间隙，称窦周

隙，窦周隙内充满由肝血窦渗出的血浆。肝细胞血窦面的微绒毛伸入窦周隙，所以窦周隙是肝细胞与血液之间进行物质交换的场所。窦周隙内含有贮脂细胞，此细胞具有贮存维生素 A 和产生胶原的功能。

4. 胆小管 是相邻两个肝细胞之间胞膜局部凹陷形成的微细管道。它们在肝板内连接成网格状管道，靠近胆小管的相邻肝细胞膜形成紧密连接，可封闭胆小管周围的细胞间隙，防止胆汁外溢至细胞间或窦周隙。当肝细胞发生变性、坏死或胆小管堵塞至内压增大时，胆小管正常密封结构被破坏，胆汁溢入窦周隙，继而进入血窦，出现黄疸。

考点提示 肝小叶是肝的基本结构和功能单位。

（二）肝门管区

每个肝小叶的周围一般有 3～4 个门管区，门管区内主要有小叶间静脉、小叶间动脉和小叶间胆管，此外还有淋巴管和神经纤维（图 10–35）。小叶间静脉是门静脉的分支，管腔较大而不规则，壁薄。小叶间动脉是肝固有动脉的分支，管腔小而规则，管壁相对较厚。小叶间胆管是由胆小管汇集而成，管壁由单层立方或低柱状上皮构成，并逐渐汇集成左、右肝管出肝。

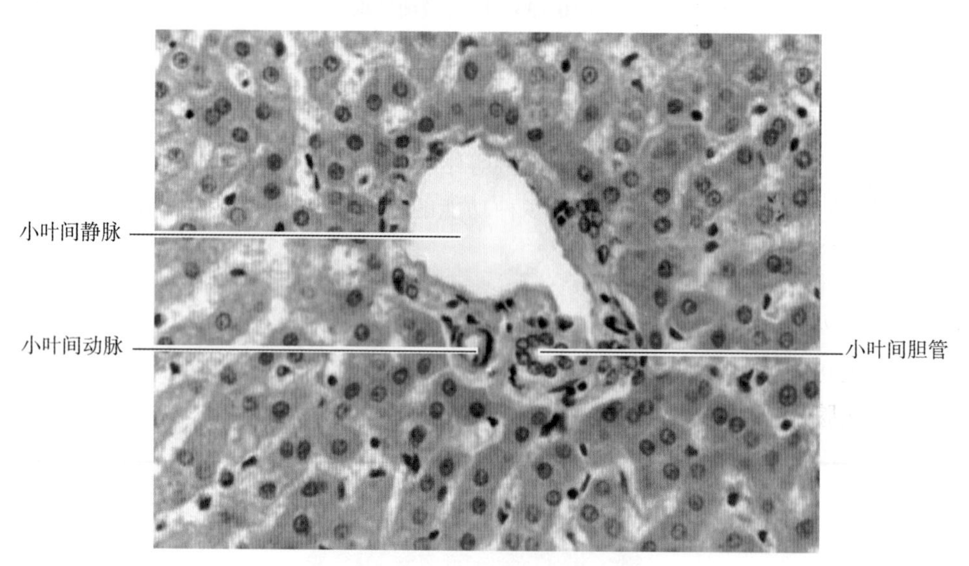

图 10–35　肝门管区

考点提示 门管区内主要有小叶间静脉、小叶间动脉和小叶间胆管。

（三）肝内血液循环

进入肝的血管有肝门静脉和肝固有动脉。肝门静脉是肝的功能血管，将从胃肠吸收的物质输入肝内。门静脉在肝门处分为左右两支，分别进入肝左、右叶，继而在肝小叶间反复分支，形成小叶间静脉，其管腔大而不规则，壁薄。肝固有动脉血富含氧，是肝的营养血管。小叶间动脉是肝固有动脉的分支，其管腔小而规则，管壁厚，小叶间静脉、小叶间动脉的血液流入肝血窦，经中央静脉汇入管径较大的小叶下静脉，再汇集成肝静脉出肝，汇入下腔静脉。

考点提示 进入肝的血管有肝门静脉和肝固有动脉。

三、胰的微细结构

胰表面覆以薄层结缔组织被膜，结缔组织伸入腺内，将实质分隔为许多小叶。胰腺实质由外分泌部和内分泌部两部分组成。外分泌部分泌胰液，含有多种消化酶，在食物消化中起重要作用。内分泌部为散在于外分泌部之间的细胞团，称胰岛，它分泌的激素主要参与调节碳水化合物的代谢（图 10－36）。

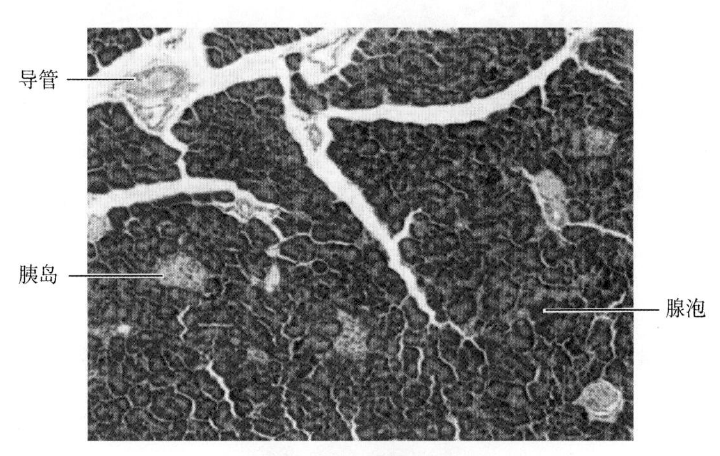

图 10－36 胰的微细结构

（一）外分泌部

外分泌部为浆液性腺，由腺泡和导管组成。

1. 腺泡 腺细胞呈锥体形，基部胞质内含有丰富的粗面内质网和核糖体。细胞合成的蛋白质（酶的前体），经高尔基复合体组装于分泌颗粒（酶原颗粒）内。颗粒聚集于细胞顶部，饥饿时细胞内分泌颗粒增多；进食后细胞释放分泌物，颗粒减少。

腺泡腔面还可见一些较小的扁平或立方形细胞，称泡心细胞，核呈圆形或卵圆形。泡心细胞是延伸入腺泡腔内的闰管上皮细胞。

2. 导管 腺泡以泡心细胞与闰管相连，闰管逐渐汇合形成小叶内导管。小叶内导管汇合成小叶间导管，后者再汇合成一条主导管，在胰头部与胆总管汇合，开口于十二指肠大乳头。

（二）内分泌部

内分泌部又称胰岛（pancreas islet），散在于腺泡之间。腺细胞排列成索、团状，染色浅淡，细胞间有丰富的毛细血管。人胰岛主要有 A、B、D、PP 四种细胞（图 10－37）。

1. A 细胞 约占胰岛细胞总数的 20%，多分布在胰岛周边部。A 细胞分泌胰高血糖素。胰高血糖素可促进肝细胞内的糖原分解为葡萄糖，并抑制糖原合成，使血糖升高。

2. B 细胞 数量较多，约占胰岛细胞总数的 70%，主要位于胰岛的中央部。B 细胞分泌胰岛素。胰岛素是含 51 个氨基酸的多肽，主要作用是促进葡萄糖的利用，也可促进葡萄糖合成糖原或转化为脂肪，使血糖降低。通过胰高血糖素和胰岛素的协调作用，维持血糖浓度处于动态平衡。

3. D 细胞 数量少，约占胰岛细胞总数的 5%，散布于 A 细胞、B 细胞之间。D 细胞分泌生长抑素，并以旁分泌方式直接作用于邻近的 A 细胞、B 细胞或 PP 细胞，抑制这些细胞的分泌功能。

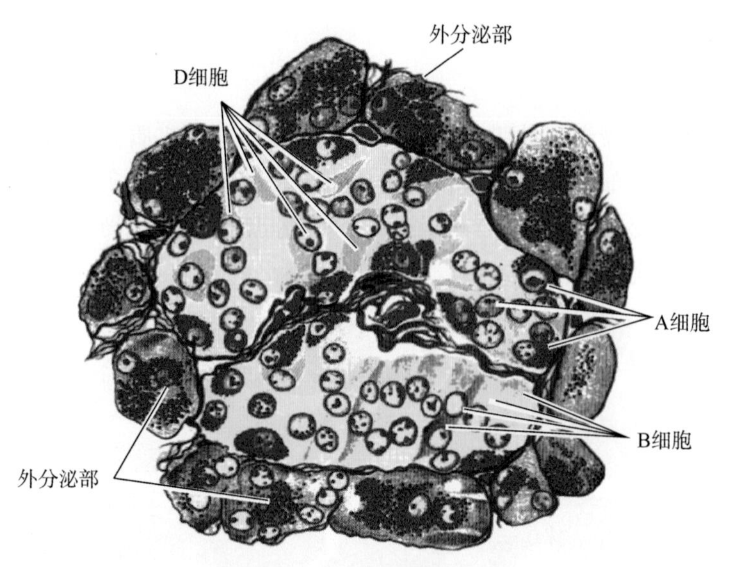

图 10-37 胰岛结构模式图

4. PP 细胞 数量很少，分泌胰多肽，有抑制胃肠运动和胰液分泌以及胆囊收缩的作用。

本章小结

消化管包括口腔、咽、食管、胃、小肠、大肠，小肠分十二指肠、空肠和回肠，大肠分盲肠、阑尾、结肠、直肠和肛管，通常将十二指肠及其以上的消化管称上消化道，空肠及其以下的消化管称下消化道。

消化腺包括三对大唾液腺、肝、胰以及消化管壁内的小腺体。消化液的分泌来自大消化腺和消化管壁内的小消化腺。大消化腺主要包括肝和胰，肝小叶是肝的基本结构和功能单位。肝细胞分泌胆汁经肝外胆道系统排入十二指肠，促进食物消化。胰的外分泌部分泌消化液，内分泌部分泌多种激素参与体内相关代谢的调节。

习 题

扫码“练一练”

一、选择题

1. 腮腺管开口处平对
   A. 上颌第二前磨牙　B. 上颌第二磨牙
   C. 下颌第二磨牙　D. 下颌第二前磨牙
   E. 上颌第一磨牙
2. 食管的第 3 狭窄距中切牙的距离为
   A. 15cm　B. 25cm　C. 35cm　D. 40cm
   E. 45cm
3. 能分泌胃蛋白酶原的是
   A. 主细胞　B. 壁细胞　C. 颈黏液细胞　D. 内分泌细胞
   E. 未分化细胞

4. 胃溃疡和胃癌多发生在
   A. 胃底　B. 胃体
   C. 胃大弯　D. 幽门窦近胃小弯处
   E. 贲门
5. 结肠各段中最易发生肠系膜扭转的是
   A. 升结肠　B. 横结肠　C. 降结肠　D. 乙状结肠
   E. 以上均不发生
6. 肛管中为内、外痔分界线的是
   A. 齿状线　B. 白线　C. 肛梳　D. 痔环
   E. 肛门
7. 不经肝脏面横沟出入的结构是
   A. 肝固有动脉　B. 胆总管　C. 肝管　D. 肝门静脉
   E. 淋巴管
8. 肝上界在右锁骨中线上平
   A. 第 4 肋　B. 第 5 肋　C. 第 6 肋　D. 第 7 肋
   E. 第 8 肋
9. 胆总管和胰管共同开口于
   A. 十二指肠上部　B. 十二指肠降部
   C. 十二指肠水平部　D. 十二指肠升部
   E. 胆囊管
10. 肝胰壶腹由
    A. 胰管和肝总管汇合形成　B. 胆管与肝总管汇合形成
    C. 胰管与胆总管汇合形成　D. 胆囊管与肝总管汇合形成
    E. 胆管与胰管汇合形成
11. 肝的基本结构单位是
    A. 肝小叶　B. 肝细胞　C. 肝血窦　D. 门管区
    E. 胆小管
12. 直肠在矢状面上两个弯曲之一是
    A. 颈曲　B. 胸曲　C. 腰曲　D. 骶曲
    E. 尾曲
13. 十二指肠大乳头位于
    A. 十二指肠上部　B. 十二指肠降部
    C. 十二指肠水平部　D. 十二指肠升部
    E. 十二指肠空肠曲
14. 下列哪一结构不属于小肠
    A. 空肠　B. 十二指肠　C. 盲肠　D. 回肠
    E. 以上都是
15. 位于肝小叶中轴的结构是
    A. 胆小管　B. 中央静脉　C. 肝板　D. 肝血窦
    E. 窦周隙

16. 肝血窦内的重要吞噬细胞

A. 肝细胞　B. 贮脂细胞　C. 内皮细胞　D. 枯否细胞

E. 以上均不是

二、简答题

1. 简述肝的位置及体表投影。
2. 食管的三处狭窄各位于何处？各狭窄距中切牙的距离是多少？有什么临床意义？
3. 试述胆汁的产生及排出途径。

（王文倩）

第十一章

呼吸系统

学习目标

1. **掌握** 上、下呼吸道的划分；呼吸系统组成和主要功能；鼻旁窦名称及开口；喉的位置，主要喉软骨名称；气管位置，左、右主支气管的区别；肺的形态和结构；肺的位置及体表投影；胸膜腔、壁胸膜的分部和肋膈隐窝的位置；胸膜的体表投影；肺泡和气血屏障的超微结构及功能。

2. **熟悉** 鼻腔；喉黏膜的主要结构，喉腔的分部；气管壁组织结构；肺的导气部和呼吸部的一般结构特点。

3. **了解** 外鼻；弹性圆锥和喉肌；气管的构成；纵隔。

4. 学会在模型上辨识呼吸系统的解剖结构，能在镜下辨识肺的微细结构。

5. 具有保护呼吸系统器官的宣教意识。

案例讨论

【案例】

患者，4 岁，在家玩耍误食黄豆粒，出现剧烈呛咳，伴呼吸困难。急诊入院，诊断为气管异物。

【讨论】

1. 呼吸道的组成包括哪些？

2. 气管异物易坠入哪侧主支气管，原因是什么？

呼吸系统由呼吸道和肺组成（图 11-1）。呼吸系统的主要功能是进行气体交换，即吸入氧、排出二氧化碳，维持人体内环境氧和二氧化碳含量的相对稳定，另外还兼有嗅觉和发音等功能。

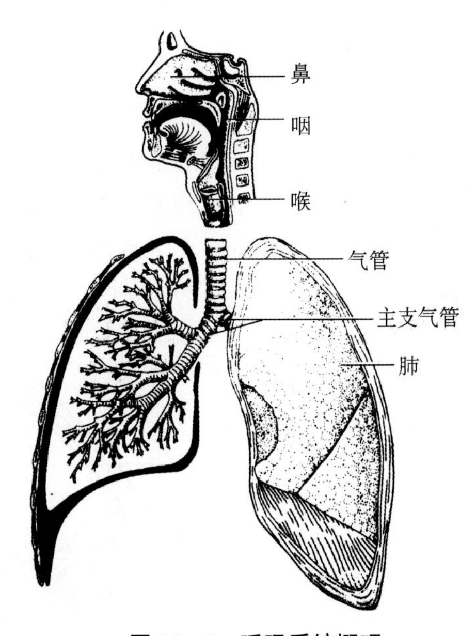

图 11-1　呼吸系统概观

第一节 呼吸道

呼吸道包括鼻、咽、喉、气管和各级支气管。临床上通常称鼻、咽、喉为上呼吸道，各级支气管为下呼吸道。

一、鼻

鼻是呼吸道的起始部，既是气体的通道，又是嗅觉器官，还有辅助发音的功能。鼻分为外鼻、鼻腔和鼻旁窦三部分。

（一）外鼻

外鼻位于面部中央，以鼻骨和软骨为支架，外面覆以皮肤。上部位于两眼间的狭窄部分称鼻根，中部称鼻背，下部称鼻尖，鼻尖两侧弧形膨大称鼻翼。呼吸困难时，可见鼻翼扇动。两侧鼻翼下端各围成鼻孔。

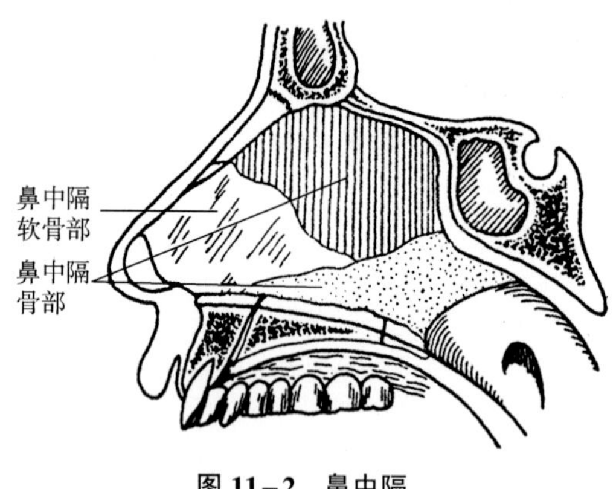

图 11–2　鼻中隔

（二）鼻腔

鼻腔以骨和软骨为基础，内衬皮肤和黏膜。鼻腔被鼻中隔分为左、右两腔。每腔向前借鼻孔与外界相通，向后借鼻后孔通向鼻咽。鼻中隔以筛骨垂直板、犁骨和鼻中隔软骨为支架，表面覆以黏膜构成（图 11–2）。鼻中隔多不居中，常偏向一侧。鼻中隔前下部血管丰富且位置表浅，血管易破裂出血，故称易出血区（Little 区）。

每侧鼻腔可分为前部的鼻前庭和后部的固有鼻腔。鼻前庭由鼻翼围成，内衬皮肤，并生有鼻毛，有滤过、净化空气的作用。鼻前庭处缺少皮下组织但皮脂腺和汗腺丰富，是疖肿的好发部位，且发病时疼痛剧烈。固有鼻腔位于鼻腔后上部，内衬黏膜（图 11–3）。鼻腔外侧壁有上鼻甲、中鼻甲和下鼻甲以及相对应的上鼻道、中鼻道和下鼻道。在上鼻甲后上方有一凹陷称蝶筛隐窝。下鼻道前部有鼻泪管的开口。

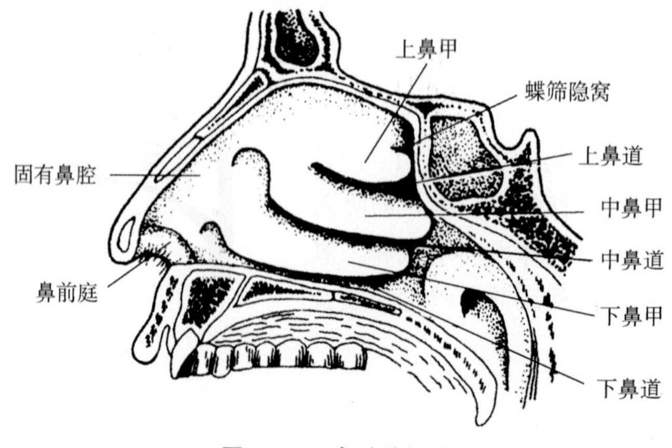

图 11–3　鼻腔外侧壁

鼻黏膜按其结构和功能可分为嗅区和呼吸区。①嗅区：上鼻甲及相对的鼻中隔的黏膜，活体呈苍白或浅黄色，内含嗅细胞，有感受嗅觉的功能。②呼吸区：嗅区以外的部分，黏膜呈浅红色，固有层内有混合腺和丰富的静脉丛，对吸入的空气起加温、加湿作用。炎症时，静脉充血，黏膜肿胀，分泌物增多，鼻腔变窄，引起鼻塞。

（三）鼻旁窦

鼻旁窦又称副鼻窦，由同名骨性鼻旁窦内衬黏膜构成，共四对（图 11–4、图 11–5），均开口于鼻腔。其中，额窦、上颌窦、筛窦前群和中群开口于中鼻道；筛窦后群开口于上鼻道；蝶窦开口于蝶筛隐窝。鼻旁窦对发音起共鸣作用。鼻旁窦的黏膜与鼻腔黏膜相互延续，故鼻旁窦对吸入的空气也能加温、加湿，而鼻腔的炎症也可蔓延到鼻旁窦。上颌窦窦腔最大，且开口位置高于窦底，分泌物不易排出，发生炎症后易转为慢性。

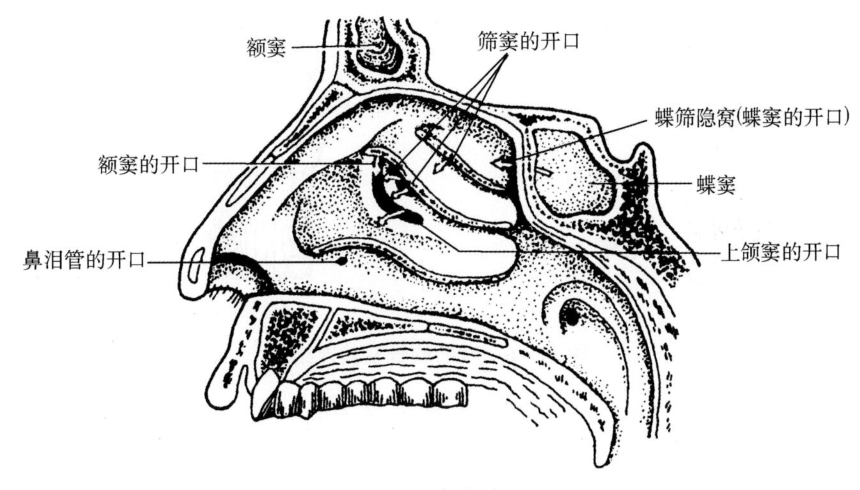

图 11–4　鼻旁窦开口

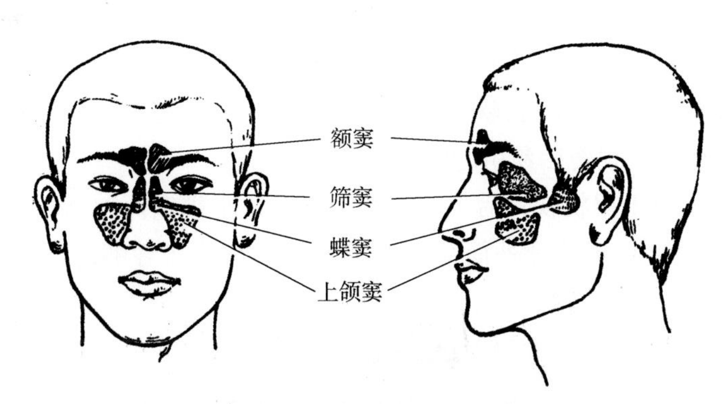

图 11–5　鼻旁窦的体表投影

考点提示　鼻旁窦包括额窦、上颌窦、筛窦和蝶窦，对发音起共鸣作用。

二、喉

喉既是呼吸管道，又是发音器官。

（一）喉的位置

喉位于颈前正中，上借甲状舌骨膜连于舌骨，下接气管（图 11–6）。前方有舌骨下肌

群覆盖，后方邻咽的喉部，两侧有颈部大血管、神经和甲状腺侧叶。成人喉相当于第 3～6 颈椎高度，小儿喉的位置较高。喉的活动性大，可随吞咽上、下移动。

（二）喉的构造

喉由喉软骨、软骨间连结、喉肌和喉黏膜构成。

1. 喉的软骨及其连结 喉软骨主要包括不成对的甲状软骨、环状软骨、会厌软骨和成对的杓状软骨，它们共同构成喉的支架。

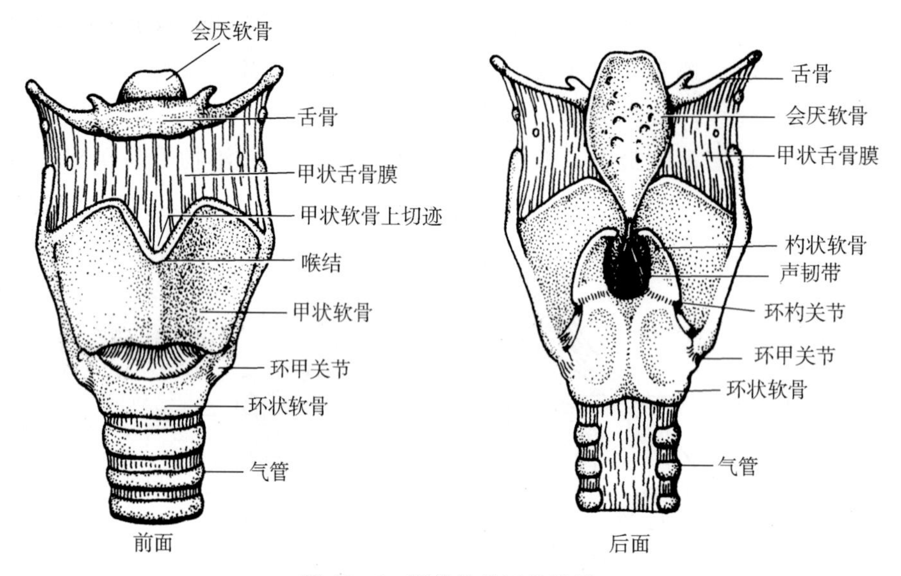

图 11－6 喉的软骨及其连结

（1）甲状软骨 位于舌骨下方，是喉软骨中最大的一块，由左、右两块近似方形软骨板在正中线互相愈合而成。愈合处形成向后开放的前角，其上端向前突，称喉结，在成年男性尤为明显，是颈部的重要标志。软骨板后缘向下伸出一对突起与环状软骨构成环甲关节。

（2）环状软骨 位于甲状软骨下方，前部低窄，后部高宽。环状软骨前部平对第 6 颈椎，是颈部的重要标志之一。环状软骨是喉软骨中唯一一块完整的环形软骨，对维持呼吸道的通畅具有重要作用，损伤后易引起喉狭窄。

（3）会厌软骨 位于甲状软骨后上方，形似树叶，上端宽而游离，下端尖细并附着于甲状软骨前角的后面。会厌软骨外面覆以黏膜，构成会厌。吞咽时，喉上提，会厌盖住喉口。

（4）杓状软骨及其连结 杓状软骨位于环状软骨后上方，呈三棱锥体形，尖向上，底朝下与环状软骨构成环杓关节。杓状软骨底的前端与甲状软骨前角内面有声韧带附着，声韧带是发音的主要结构。

2. 喉腔与喉黏膜 喉的内腔称喉腔。喉腔向上经喉口通咽的喉部，向下通气管。在喉腔的中部两侧壁上，有两对呈矢状位的黏膜皱襞。上方一对称前庭襞，两侧前庭襞间的裂隙称前庭裂；下方一对称声襞，由喉黏膜覆盖声韧带和声带肌而构成，两侧声襞间的裂隙称声门裂（图 11－7、图 11－8）。声门裂是喉腔最狭窄的部位，当气流通过时，振动声带而发出声音。喉腔借前庭裂和声门裂分为上、中、下三部分：前庭裂以上的部分称喉前庭；前庭裂与声门裂之间的部分称喉中间腔，喉中间腔向两侧延伸的间隙称喉室；声门裂以下的部分称声门下腔。声门下腔的黏膜下组织比较疏松，炎症时易引起水肿。婴幼儿喉腔较

窄小，喉水肿易引起喉阻塞，导致呼吸困难。

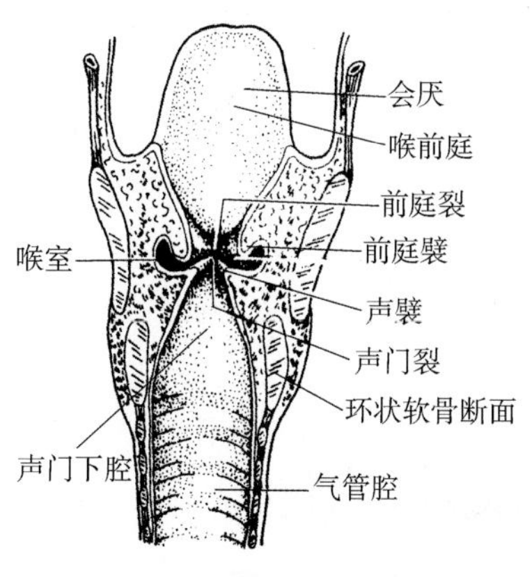

图 11-7 喉腔（冠状切面）

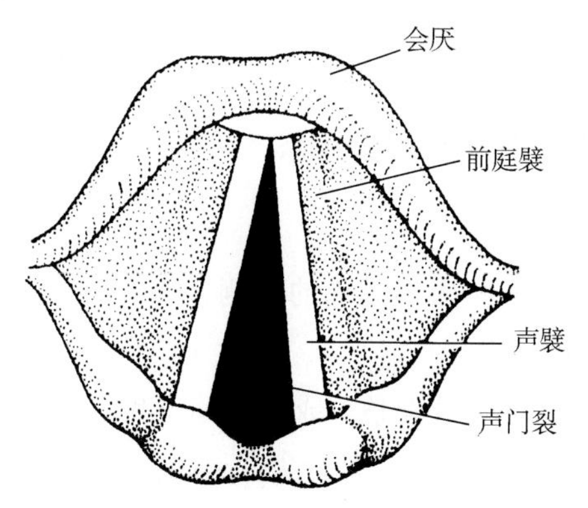

图 11-8 喉口（上面观）

3. 喉肌 属骨骼肌，是发音的动力器官。肌块细小，分为两群。一部分作用于环甲关节，使声带紧张或松弛；另一部分作用于环杓关节，使声门裂开大或缩小。通过喉肌的运动可控制发音的强弱或调节音调的高低。

三、气管与主支气管

（一）气管的位置与形态

气管是连于喉和主支气管之间的管道，位于食管前面，上端于第 6 颈椎体下缘处接环状软骨，经颈部正中入胸腔，至胸骨角平面分为左、右主支气管（图 11-9），分叉处称气管杈。气管由 16～20 个“C”字形的气管软骨环及各环之间肌和结缔组织构成。气管后壁缺乏软骨，由结缔组织和平滑肌构成的气管膜壁封闭。

以胸骨颈静脉切迹为界，将气管分为颈、胸两段。颈段短而表浅，在颈静脉切迹处可触及。颈段前面除覆以舌骨下肌群外，在第 2～4 气管软骨环前方还有甲状腺峡部，两侧有颈部大血管、神经和甲状腺侧叶。临床上遇急性喉阻塞，需做气管切开时，常选择在第 3～4 或第 4～5 气管软骨环处沿正中线进行。

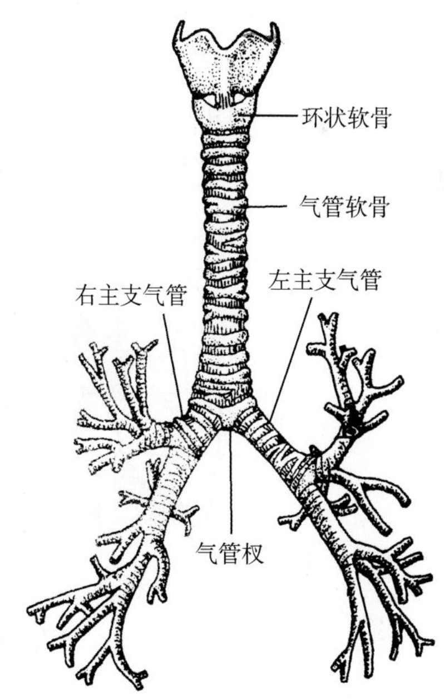

图 11-9 气管与主支气管

（二）主支气管的形态特点

主支气管是气管在胸骨角平面分出的一级支气管，左、右各一，经肺门入肺。左主支气管走行较倾斜，右主支气管走行较陡直，故气管异物易坠入右主支气管。

考点提示 左主支气管走行较倾斜，右主支气管走行较陡直，故气管异物易坠入右主支气管。

扫码“学一学”

第二节 肺

一、肺的位置与形态

（一）位置

肺位于胸腔内，纵隔的两侧，左右各一。

（二）形态

幼儿的肺呈淡红色，成人呈暗红色，质软而轻，形似圆锥状，有一尖、一底、两面、三缘。肺尖圆钝，高出锁骨内侧段上方 2～3cm，肺底（膈面）向上凹陷，与膈相贴；外侧面（肋面）广阔圆凸、贴近肋和肋间肌，内侧面（纵隔面）中央凹陷处称肺门，有主支气管、肺动脉、肺静脉、淋巴管和神经等出入，这些出入肺门的结构被结缔组织和胸膜包绕成束，称肺根。前缘锐薄，左肺有心切迹，心切迹下方有左肺小舌，后缘圆钝，贴于脊柱两旁；下缘锐薄，伸向膈与胸壁之间（图 11–10，图 11–11）。

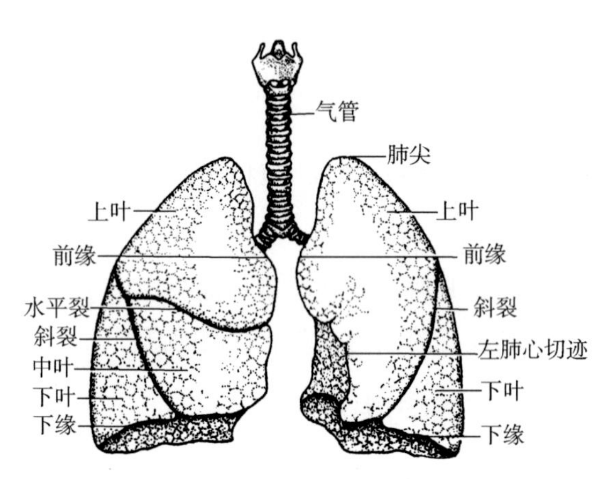

图 11–10 肺的形态

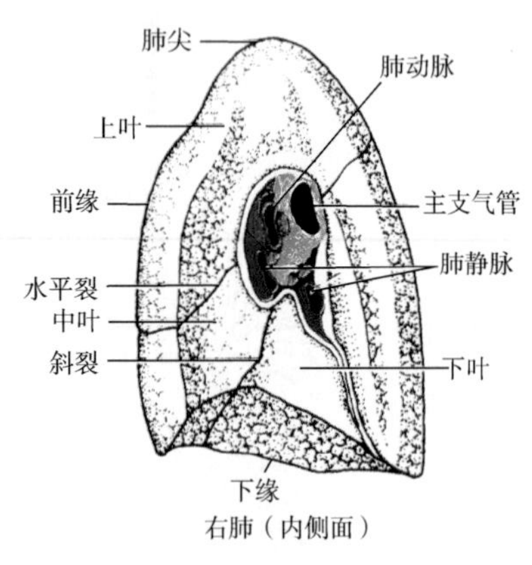

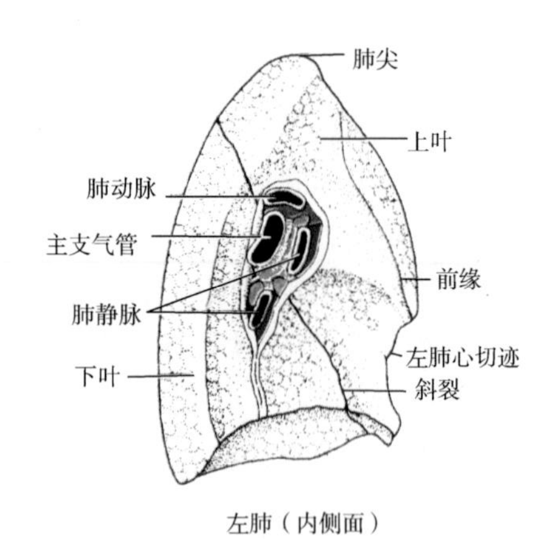

图 11–11 肺的内侧面

（三）分叶

左肺狭长，由斜裂分为上、下两个肺叶；右肺粗短，由斜裂和水平裂分为上、中、下三个肺叶。

（四）肺的血管

肺有两套血管，一套为功能性血管，可进行气体交换。每侧肺有一条肺动脉和两条肺静脉，在肺内连于肺泡壁的毛细血管网，并在此进行气体交换。另一套为营养血管，每侧肺有一到两支细小的支气管动脉与支气管的各级分支伴行，营养肺内的支气管壁、肺血管壁和脏胸膜等。

二、支气管树

气管、支气管及其各级分支形似一个倒置的大树，称支气管树（图 11－12）。支气管经肺门入肺，分为叶支气管（第 2 级），右肺 3 支、左肺 2 支。叶支气管分为段支气管（第 3～4 级），左肺 8 支、右肺 10 支。段支气管反复分支为小支气管（第 5～10 级），继而再分支为细支气管（第 11～13 级），细支气管又分支为终末细支气管（第 14～16 级）。从肺叶支气管至终末细支气管为肺的导气部。终末细支气管以下的分支为肺的呼吸部，包括呼吸性细支气管（第 17～19 级）、肺泡管（第 20～22 级）、肺泡囊（第 23 级）和肺泡（第 24 级）。

扫码“看一看”

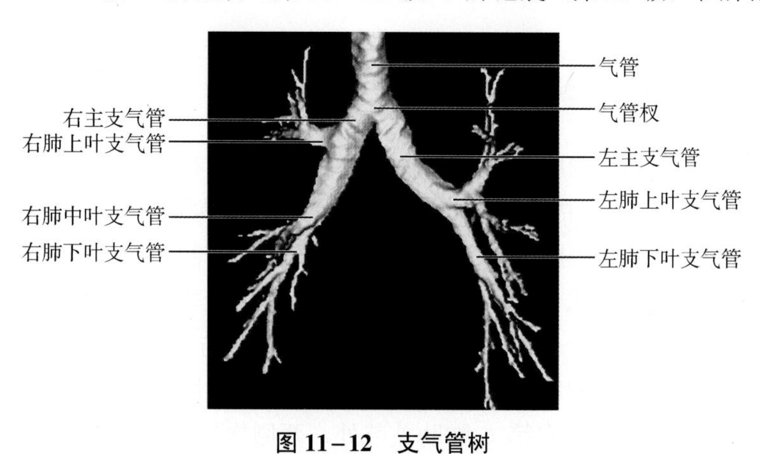

图 11－12　支气管树

第三节　胸　　膜

扫码“学一学”

胸膜为覆盖在胸壁内面、纵隔两侧（壁胸膜）和肺表面（脏胸膜）的一层薄而光滑的浆膜。

一、壁胸膜

壁胸膜是胸膜的一部分。壁胸膜被覆于胸壁内侧、纵隔两侧和膈上面，也突至颈根部等处。壁胸膜按部位分为四部：①肋胸膜，衬于肋和肋间隙内面；②膈胸膜，覆盖于膈上面，与膈结合紧密；③纵隔胸膜，位于纵隔两侧，其中部包裹肺根并移行为脏胸膜；④胸膜顶，为肋胸膜与膈胸膜向上延伸突入颈部的部分，覆盖在肺尖的表面，高出锁骨内 1/3 上方 2～3cm。在颈根部进行臂丛阻滞麻醉或针刺时，应高于锁骨上方 4cm 进针，以防止刺破肺尖而人为造成气胸，引起呼吸困难。

二、脏胸膜

脏胸膜紧贴肺表面，并伸入到肺裂内，与肺实质紧密结合而不能分离，故又称肺胸膜。

三、胸膜腔

脏、壁胸膜在肺根处互相移行，形成左、右两个潜在的密闭间隙，称胸膜腔。腔内为负压，仅有少量浆液，可减少呼吸时脏、壁两层胸膜的摩擦。

胸腔由胸壁与膈围成，上界经胸廓上口与颈部相连；下界借膈与腹腔分隔。胸腔分为

三部分：左、右两侧为胸膜腔和肺，中间为纵隔。

四、胸膜隐窝

壁胸膜互相移行转折处，有些部位存在较大的空隙，即使在深吸气时，肺的边缘也不能伸入其间，这些部分称胸膜隐窝。其中，最重要的是肋膈隐窝，在肋胸膜与膈胸膜互相转折处，呈半环形。肋膈隐窝是位置最低、容积最大的胸膜隐窝，其深度一般可达两个肋及肋间隙，平静呼吸时深度约 5cm。深呼吸时，肺的下缘也不能伸入其内，胸膜腔积液时常首先聚集于此。在前后位胸片上，肋隔隐窝呈开口向内上的夹角，影像学上称肋膈角。

五、胸膜和肺的体表投影

胸膜的体表投影是指壁胸膜各部互相移行形成的返折线在体表的投影位置，标志着胸膜腔的范围（图 11－13）。其中，最有实用意义的是胸膜前界和下界的体表投影。

胸膜前界为肋胸膜与纵隔胸膜前缘转折处的返折线，两侧均起自胸膜顶，向内下经胸锁关节后方至第 2 胸肋关节水平，两侧互相靠拢并沿中线垂直下行。左侧在第 4 胸肋关节处向外下，沿胸骨左缘外侧 2～2.5cm 下行至第 6 肋软骨后方移行为胸膜下界。右侧在第 6 胸肋关节处转向右，移行为胸膜下界。胸膜下界是肋胸膜与膈胸膜移行处的返折线。左侧起自第 6 肋软骨后方，右侧起自第 6 胸肋关节处，两侧均斜向外下方，在锁骨中线与第 8 肋相交，在腋中线与第 10 肋相交，在肩胛线与第 11 肋相交，在脊柱旁约平第 12 胸椎棘突高度。

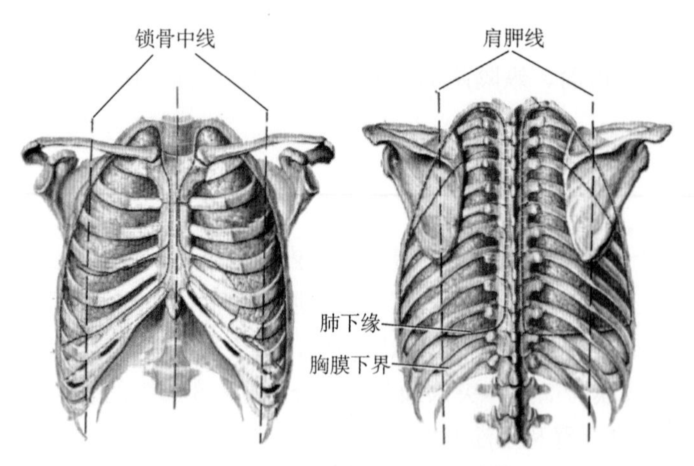

图 11－13　肺与胸膜的体表投影

肺的体表投影：肺尖与胸膜顶的体表投影一致，肺前界与胸膜前界的体表投影也几乎相同。肺下界的体表投影比胸膜下界的高出 1～2 肋，即在锁骨中线与第 6 肋相交，在腋中线与第 8 肋相交，在肩胛线与第 10 肋相交，在脊柱旁约平第 10 胸椎棘突高度（表 11－1）。

表 11-1　肺下界与胸膜下界体表投影

	锁骨中线	腋中线	肩胛线	后正中线
肺下界	第 6 肋	第 8 肋	第 10 肋	第 10 胸椎棘突
胸膜下界	第 8 肋	第 10 肋	第 11 肋	第 12 胸椎棘突

考点提示 肋膈隐窝在肋胸膜与膈胸膜互相转折处，呈半环形。

扫码"学一学"

第四节　纵　　隔

纵隔是左、右纵隔胸膜之间的全部器官、结构和结缔组织的总称。纵隔的前界为胸骨，后界为脊柱胸段，两侧界为纵隔胸膜，上界为胸廓上口，下界为膈。

通常以胸骨角平面为界，将纵隔分为上纵隔与下纵隔。下纵隔又以心包为界，分为前纵隔、中纵隔和后纵隔（图 11-14）。

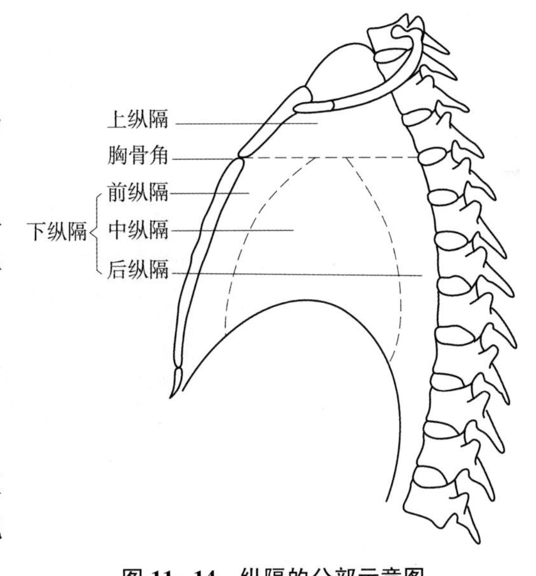

图 11-14　纵隔的分部示意图

一、上纵隔

上纵隔内有胸腺（或胸腺遗迹）、气管、食管、头臂静脉、上腔静脉、主动脉弓及其三条大分支、胸导管、膈神经、迷走神经和淋巴结等。

二、下纵隔

前纵隔位于胸骨与心包之间，内有纵隔前淋巴结及疏松结缔组织等。

中纵隔位于前、后纵隔之间，内有心包、心和出入心的大血管、主支气管起始部、膈神经、心包膈血管及淋巴结等。

后纵隔位于心包与脊柱之间，内有食管、主支气管、胸主动脉、奇静脉、半奇静脉、胸导管、迷走神经、胸交感干和淋巴结等。

扫码"学一学"

第五节　气管与肺的微细结构

一、气管与支气管

气管和支气管的结构大致相同。管壁都分为三层，由内向外依次为黏膜、黏膜下层和外膜，各层间无明显分界（图 11-15）。

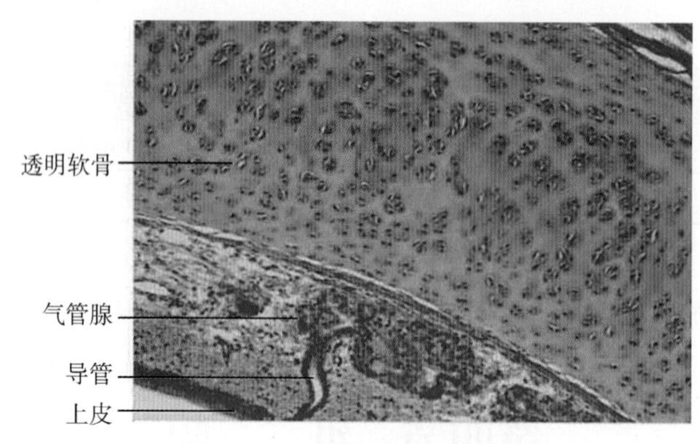

图 11-15　气管壁光镜结构

（一）黏膜

黏膜由上皮和固有层组成。上皮为假复层纤毛柱状上皮，电镜下可见由下列五种细胞组成（图 11-16）。

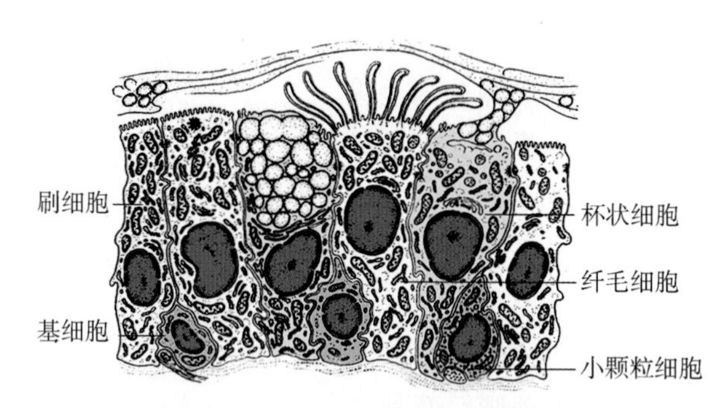

图 11-16　气管上皮超微结构模式图

1. 纤毛细胞　数量最多，细胞呈柱状，游离面有密集的纤毛，纤毛向咽部摆动，可将黏液及吸附的尘粒、细菌等运送到喉部，以痰的形式咳出。

2. 杯状细胞　散在于纤毛细胞之间，分泌的黏液与气管腺分泌物共同形成黏液屏障，覆盖在上皮表面，可黏附灰尘、细菌等有害物质。

3. 刷细胞　细胞呈柱状，游离面有许多微绒毛。其功能尚无定论。

4. 小颗粒细胞　数量少，细胞较矮，位于上皮基部，属于弥散神经内分泌细胞，分泌物可调节平滑肌的收缩和腺体分泌活动，影响气道的管径大小和肺循环的血流量。

5. 基细胞　位于上皮深面，是干细胞，可分化为纤毛细胞和杯状细胞。

固有层为细密结缔组织，含较多的弹性纤维、丰富的血管、淋巴组织和浆细胞。

（二）黏膜下层

黏膜下层由疏松结缔组织构成，与固有层无明显界限，内含许多混合性腺泡，即气管腺的分泌部。气管腺的导管经固有层开口于黏膜表面；其黏液性腺泡分泌物黏稠，参与黏液屏障的形成；浆液性腺泡分泌物稀薄，有利于纤毛的摆动。

（三）外膜

外膜较厚，由“C”字形的透明软骨环和结缔组织构成。软骨环缺口处由环行的平滑肌和结缔组织充填，内有较多的气管腺。

二、肺

肺的表面覆有一层光滑而湿润的浆膜，即胸膜脏层。支气管由肺门入肺后，反复分支形成树枝状，称支气管树。支气管树和与其相连的肺泡构成肺的实质，肺实质间的结缔组织、血管、淋巴管和神经等构成了肺的间质。支气管在肺内的多次分支统称为小支气管。小支气管分支到管径 1mm 以下时，称细支气管。细支气管末端的分支直径小于 0.5mm 时，称为终末细支气管。从肺内支气管到终末细支气管为肺的导气部。终末细支气管再分支形成的呼吸性细支气管、肺泡管、肺泡囊和肺泡，构成了肺的呼吸部。

每个细支气管连同它的各级分支和肺泡，组成一个肺小叶，周围有薄层结缔组织包绕。肺小叶呈锥体形，尖朝向肺门，底朝向肺表面（图 11－17）。临床上的小叶性肺炎即指肺小叶的炎症。

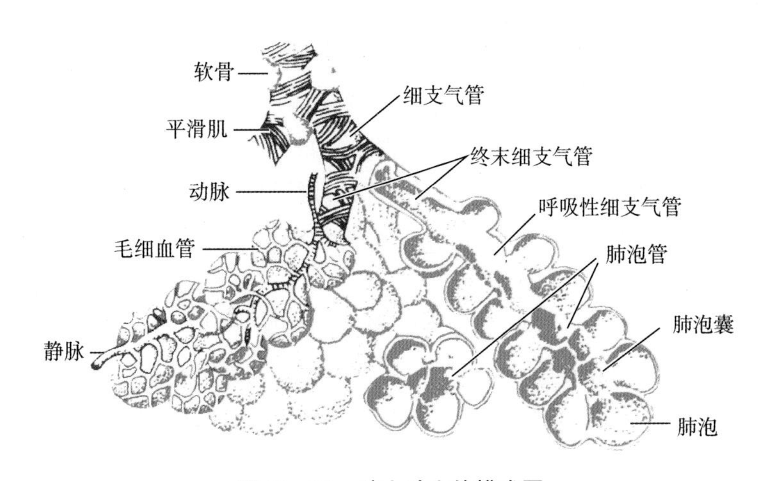

图 11－17　肺小叶立体模式图

（一）导气部

1. 肺内支气管和小支气管

（1）黏膜　与支气管的黏膜相似。但随着分支的增多，管径变细，上皮由高变矮，杯状细胞逐渐减少；固有层逐渐变薄，平滑肌逐渐增多。

（2）黏膜下层　为疏松结缔组织，亦含混合腺，腺体随管径变细而逐渐减少。

（3）外膜　由结缔组织和不规则的软骨片组成，软骨片随着管径的变细也逐渐减少。

2. 细支气管和终末细支气管

（1）细支气管　小支气管反复分支，过渡为细支气管。上皮仍为假复层纤毛柱状上皮，但变得更矮，杯状细胞很少，可见少量腺体，软骨片消失，平滑肌相对增多，黏膜常见皱襞。

（2）终末细支气管　是细支气管的末端分支。上皮为单层纤毛柱状上皮，杯状细胞和腺体均消失，平滑肌相对增多，形成完整的一层（图 11－18）。

电镜下，可见细支气管和终末细支气管的上皮由纤毛细胞和无纤毛的 Clara 细胞组成。Clara 细胞呈圆柱状，胞质内有发达的滑面内质网和分泌颗粒。该细胞的分泌物中含有蛋白酶，可分解管腔内脱落的细胞和黏液，有利于排出。

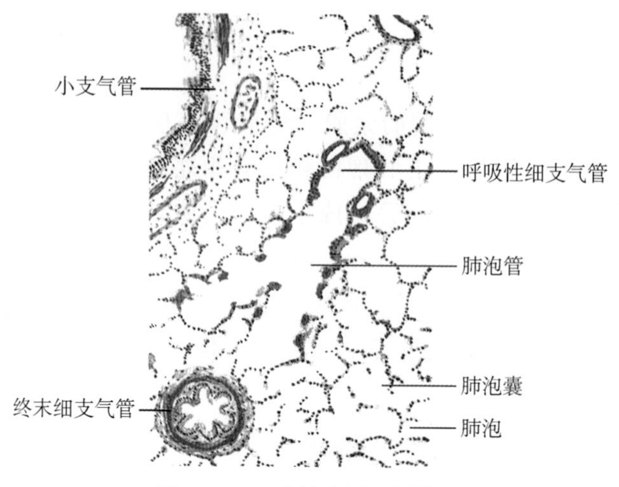

图 11－18　肺仿真图（低倍）

（二）呼吸部

1. 呼吸性细支气管　是终末细支气管的分支，管壁上已有肺泡开口，可进行气体交换。上皮为单层立方上皮，其外有少量结缔组织和平滑肌。

2. 肺泡管　有许多肺泡开口，管壁组织很少，只在肺泡开口之间存在小部分管壁，切片上呈结节状膨大，表面为立方上皮，下方为富含弹性纤维的薄层结缔组织及少量平滑肌纤维。

3. 肺泡囊　是几个肺泡的共同开口处，结构与肺泡管相似，但在肺泡开口处已无平滑肌，故切片上不见结节状膨大。

4. 肺泡　为多面形囊泡，是肺进行气体交换的场所，开口于肺泡囊、肺泡管或呼吸性细支气管（图 11－19）。相邻的肺泡间有少量结缔组织，称肺泡隔。人两肺有 3～4 亿个肺泡，每个肺泡的直径 200～250μm，深吸气时，肺泡总面积可达 $100m^2$。肺泡壁薄，内表面衬有肺泡上皮。

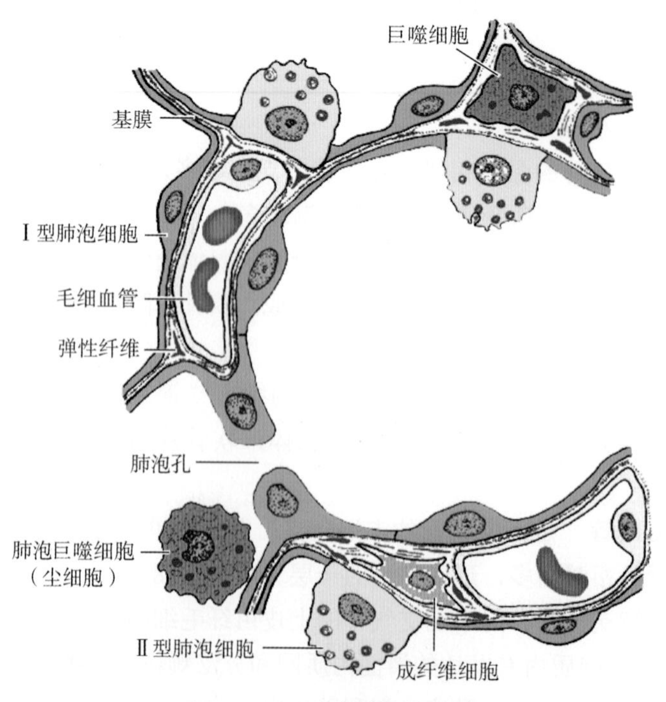

图 11－19　肺泡结构模式图

（1）肺泡上皮　由下列两种细胞组成：①Ⅰ型肺泡细胞，细胞扁平，含核部位较厚，其余部分薄。细胞数量少，覆盖面广，是肺泡进行气体交换的部位，主要参与气血屏障的构成。②Ⅱ型肺泡细胞，数量多，呈立方形或圆形，散在于Ⅰ型肺泡细胞之间，核圆形，胞质呈泡沫状。电镜下可见细胞游离面有少量微线毛，胞质内含有许多嗜锇性板层小体，主要成分为磷脂、蛋白质和糖胺多糖等，分泌到肺泡上皮表面，称肺泡表面活性物质，可降低肺泡表面张力，稳定肺泡直径。有些早产儿由于缺乏肺泡表面活性物质，发生肺不张，引起呼吸障碍。肺泡表面活性物质的合成与分泌受到抑制或破坏时，如创伤、休克、中毒或感染，可引起肺泡塌陷，导致呼吸困难。Ⅱ型肺泡细胞还有增殖分化能力。

（2）肺泡隔　位于相邻肺泡之间，由薄层结缔组织构成。其特征是含有极其丰富的毛细血管网和大量的弹性纤维。密集的毛细血管网有利于血液与肺泡之间的气体交换；弹性纤维有助于肺泡扩张后的回缩。若弹性纤维遭到破坏，肺泡因不能回缩而经常处于过度扩张状态，即为肺气肿。

（3）气–血屏障　又称呼吸膜，是指肺泡与血液之间进行气体交换必须经过的膜。包括肺泡表面活性物质、Ⅰ型肺泡细胞及其基膜、薄层结缔组织、毛细血管内皮及基膜。

（4）肺泡孔　相邻肺泡之间有直径10～15μm的小孔相通，称肺泡孔。它是肺泡间的气体通道，与平衡肺泡内的气压有关。当支气管阻塞时，可通过肺泡孔建立侧支通气，进行有限的气体交换。但在肺部感染时，病原体也可经此孔扩散，造成炎症蔓延。

（5）肺巨噬细胞　为肺泡隔或肺泡腔内的巨噬细胞。细胞体积大，形态不一，具有吞噬细菌、异物和渗出的红细胞等功能。它吞噬了吸入的灰尘后，称尘细胞。尘细胞可经呼吸道排出体外，也可沉积于肺间质中。

考点提示　从肺内支气管到终末细支气管为肺的导气部，呼吸性细支气管、肺泡管、肺泡囊和肺泡构成肺的呼吸部。

本章小结

呼吸系统由呼吸道和肺组成。鼻、咽、喉称为上呼吸道，气管和各级支气管称为下呼吸道。鼻旁窦又称副鼻窦，由同名骨性鼻旁窦内衬黏膜构成，共四对，均开口于鼻腔。喉由喉软骨、软骨间连结、喉肌和喉黏膜构成，既是呼吸管道，又是发音器官。喉结位于颈前正中，上借甲状舌骨膜连于舌骨，下接气管。气管连于喉和主支气管之间，位于食管前面，上端于第6颈椎体下缘处接环状软骨，经颈部正中入胸腔，至胸骨角平面分为左、右主支气管。左主支气管走行较倾斜，右主支气管走行较陡直。肺位于胸腔内，纵隔的两侧，形似圆锥，有一尖、一底、两面、三缘。肺有两套血管：一套为功能性血管，进行气体交换；另一套为营养血管，营养肺组织。胸膜覆盖在胸壁内面、纵隔两侧（壁胸膜）和肺表面（脏胸膜），薄而光滑。胸膜的体表投影是指壁胸膜各部互相移行形成的返折线在体表的投影位置，标志着胸膜腔的范围。纵隔是左、右纵隔胸膜之间的全部器官、结构和结缔组织的总称。气管和支气管的结构大致相同。管壁都分为三层，由内向外依次为黏膜、黏膜下层和外膜。肺导气部：肺内支气管和小支气管、细支气管和终末细支气管。肺呼吸部：呼吸性细支气管、肺泡管、肺泡囊和肺泡。

扫码“练一练”

习　题

一、选择题

1. 易造成窦内积脓的鼻旁窦是
   A. 额窦　B. 蝶窦　C. 上颌窦　D. 筛窦前、中群
   E. 筛窦后群
2. 鼻出血的好发部位是
   A. 鼻腔顶部　B. 鼻前庭　C. 蝶筛隐窝　D. 鼻中隔后上部
   E. 鼻中隔前下部
3. 下列关于肺的描述，正确的是
   A. 左肺分三个叶　B. 右肺有心切迹
   C. 两肺均有斜裂　D. 两肺均有水平裂
   E. 左肺宽而短
4. 关于肺的位置，下列说法正确的是
   A. 胸膜腔内　B. 胸腔内　C. 前纵隔内　D. 中纵隔内
   E. 后纵隔内
5. 损伤后易引起喉狭窄的喉软骨是
   A. 甲状软骨　B. 杓状软骨　C. 会厌软骨　D. 环状软骨
   E. 气管软骨
6. 下列关于喉的说法，正确的是
   A. 同属消化道与呼吸道　B. 下口续食管
   C. 活动性较小　D. 是发声器官
   E. 以四对喉软骨为基础
7. 喉腔与咽相通的结构是
   A. 梨状孔　B. 鼻后孔　C. 喉口　D. 咽鼓管
   E. 咽峡
8. 声门裂位于
   A. 两侧前庭襞之间　B. 前庭襞与声襞之间
   C. 两侧声襞之间　D. 两侧喉室之间
   E. 喉口周围
9. 上呼吸道最狭窄处是
   A. 鼻孔　B. 喉口　C. 前庭裂　D. 声门裂
   E. 喉室
10. 喉炎时容易水肿的部位是
    A. 喉口黏膜　B. 喉前庭黏膜
    C. 声门下腔黏膜　D. 喉室黏膜
    E. 前庭襞和声襞
11. 紧张声带的肌是
    A. 甲杓肌　B. 环甲肌　C. 杓横肌　D. 杓斜肌

E. 环杓侧肌

12. 临床气管切开的部位常选在

A. 第1～2气管软骨环处
B. 第2～3气管软骨环处
C. 第3～5气管软骨环处
D. 第5～6气管软骨环处
E. 第2～4气管软骨环处

二、简答题

1. 鼻旁窦有哪些？各开口于何处？
2. 简述左、右主支气管的区别及临床意义。
3. 简述平静呼吸时肺与胸膜下界的体表投影。

（赵 宏）

第十二章

泌尿系统

学习目标

1. **掌握** 泌尿系统的组成和主要功能；肾的形态和位置；肾区；输尿管的位置、三个狭窄部位；肾单位的组成及功能；滤过屏障结构与功能；肾小管的结构特点。

2. **熟悉** 膀胱的形态和位置；膀胱壁的结构；膀胱三角；集合管的微细结构，球旁复合体的结构及功能。

3. **了解** 女性尿道的位置、结构特点及开口部位；膀胱壁的结构。

4. 能够正确认识泌尿系统各器官的结构特点及其位置；能够辨识肾单位和球旁复合体。

5. 具有运用泌尿系统解剖学知识进行保护肾健康的卫生宣教意识。

案例讨论

【案例】

患者，女性，主诉在工作时突感腹部剧痛，疼痛呈发作性，从右腹部放射至右腹股沟部和右大腿前面，排出的尿略呈红色。腹部X线摄片显示第2腰椎右侧横突尖端附近有结石阴影。

【讨论】

1. 该患者结石存在于哪一器官？
2. 疼痛为什么如此剧烈？

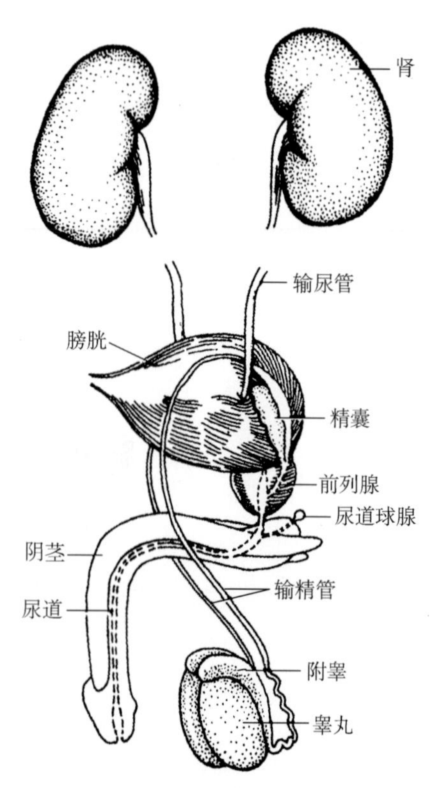

图 12-1　男性泌尿生殖系统模式图

泌尿系统（urinary system）由肾、输尿管、膀胱和尿道四部分组成。其主要功能是排出体内溶于水的废物和代谢产物，如尿素、尿酸以及多余的水、无机盐等，维持机体内环境的平衡和稳定。肾的主要功能是产生尿液，尿液经输尿管输送到膀胱暂时储存，达到一定量后，通过逼尿肌收缩经尿道排出体外（图 12-1）。

第一节 肾

一、肾的形态

肾（kidney）是成对的实质性器官，位于腹后壁，前后略扁，形如蚕豆。肾长 8～14cm、宽 5～7cm、厚 3～5cm，重量 134～148g。肾是人体最主要的排泄器官，将代谢废物以尿液的形式排出，调节水盐代谢和离子平衡，维持机体内环境的相对稳定。

肾新鲜时呈红褐色，质柔软，表面光滑。肾可分为内侧、外侧两缘，上、下两端，前、后两面。其内侧缘中部的凹陷称肾门，有血管（肾动脉和肾静脉）、神经、淋巴管及肾盂出入（图 12－2）。出入肾门的结构被结缔组织包裹，称肾蒂。右肾蒂因靠近下腔静脉，故较左肾蒂短。肾窦为肾门向肾内凹陷扩大的腔，窦内含肾小盏、肾大盏、肾盂、肾的血管、淋巴管、神经和脂肪组织等。肾的外侧缘隆凸。肾的前面凸向前外侧，后面扁平，紧贴腹后壁。上端宽而薄，下端窄而厚。

二、肾的位置和毗邻

1. 肾的位置 肾为腹膜外位器官，位于脊柱两侧，腹腔内腹后壁上部，腹膜后间隙内。一般左肾上端平第 12 胸椎体上缘，下端平第 3 腰椎体上缘；由于受肝的挤压，右肾位置比左肾略低 1～2cm，上端平第 12 胸椎体下缘，下端平第 3 腰椎体下缘。两肾上端相距较近，下端相距较远，左、右两侧的第 12 肋分别斜过左肾后中部和右肾后上部。肾门约平第 1 腰椎体平面，相当于第 9 肋软骨前端高度，距正中线外侧约 5cm。在躯干背面，肾脏的体表投影位于竖脊肌外侧缘与第 12 肋的夹角处，称肾区。当机体患有肾的某些疾病时，在该部位叩击或触压，可引起疼痛。

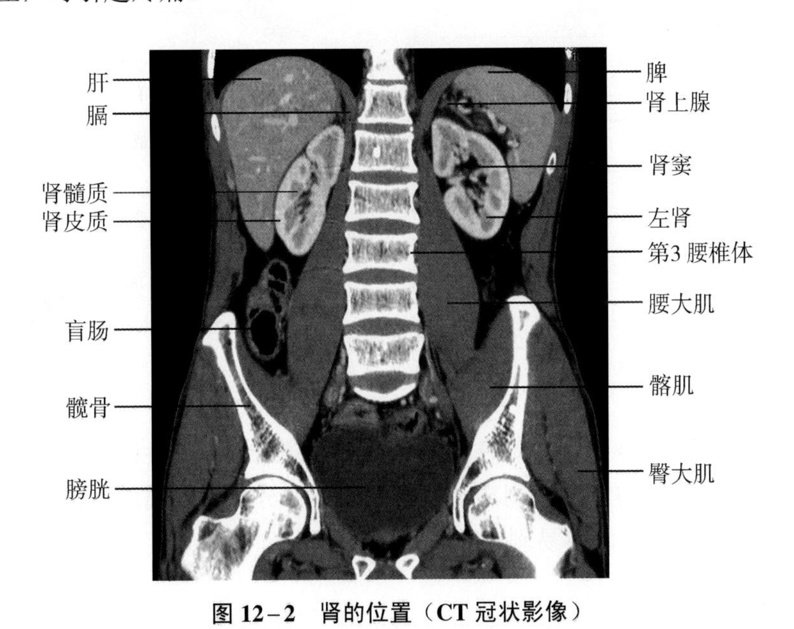

图 12－2 肾的位置（CT 冠状影像）

2. 肾的毗邻 两肾的上内方紧邻肾上腺，二者为肾筋膜所包绕，其间由疏松结缔组织

分隔。左肾的前上部与胃底后面接触，中部与胰尾和脾血管毗邻，下部与空肠和结肠左曲相邻。右肾前上部与肝毗邻，下部邻结肠右曲，内侧缘与十二指肠降部相邻。两肾的后方上 1/3 与膈相邻，下部自外向内分别与腹横肌、腰方肌及腰大肌相邻（图 12–3）。因肾上腺位于肾纤维囊外，故肾下垂时，肾上腺可不随肾下降。

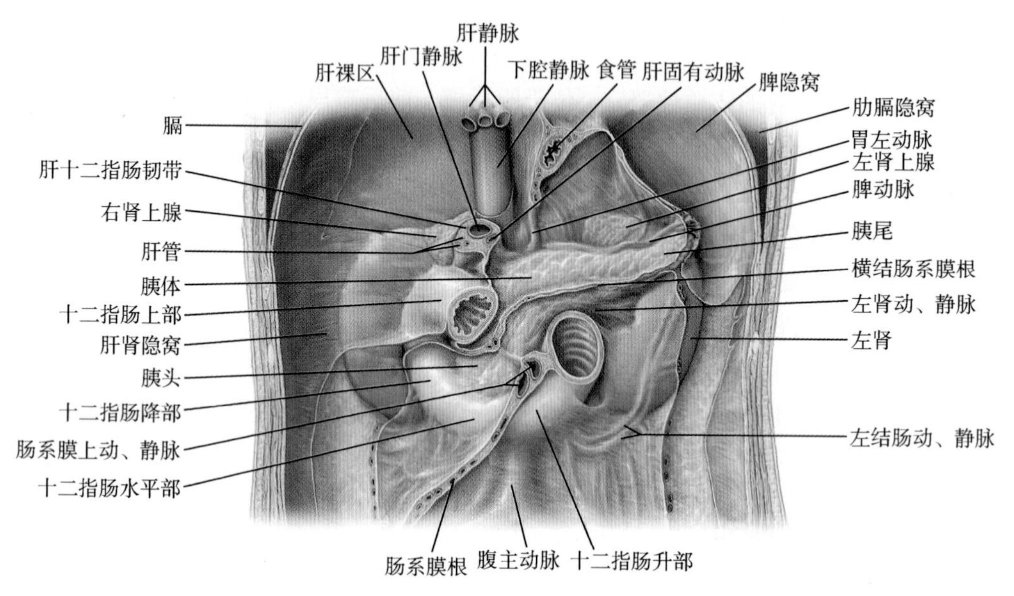

图 12–3　肾的位置和毗邻

三、肾的被膜

肾的表面有三层被膜，由内向外依次为纤维囊、脂肪囊和肾筋膜（图 12–4）。

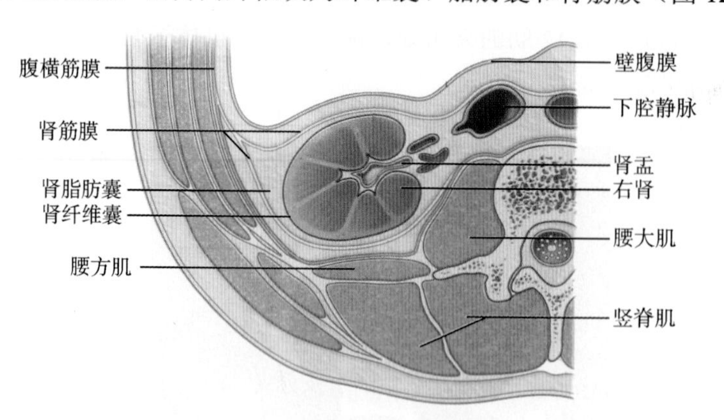

图 12–4　肾的被膜（横切面）

（一）纤维囊

纤维囊薄而坚韧，包裹于肾实质表面，由致密结缔组织和弹性纤维构成。正常状态下纤维囊与肾连结疏松，易与肾实质剥离，故肾破裂或部分切除时需缝合此膜。在肾发生病变时，则与肾实质发生粘连，不易剥离。

（二）脂肪囊

位于纤维囊外周，呈囊状，紧密包裹肾脂肪层，又称肾床，对肾起保护作用。肾的边缘部经由肾门进入肾窦，因脂肪丰富，临床上可将药物注入肾脂肪囊内做肾囊封闭。

（三）肾筋膜

肾筋膜包被在肾上腺和肾的周围，位于脂肪囊的外面，是致密结缔组织膜，具有固定肾的作用。肾筋膜分两层，分别称为肾前筋膜和肾后筋膜，在肾上腺的上方和肾外侧缘处二者互相融合，在肾的下方则互相分离，并分别与腹膜外组织和髂筋膜相移行，其间有输尿管通过。肾筋膜穿过脂肪囊连于纤维囊，发出许多结缔组织小束，对肾起固定作用。肾周间隙位于肾前、后筋膜间。在肾门水平，肾间隙内脂肪丰富，肾下极背侧脂肪含量少。肾感染时，病变常局限在肾周间隙，可沿肾筋膜扩散。肾正常位置的维持常与肾的被膜、血管、邻近器官、腹膜及腹内压等因素有关，也可因腹壁肌力弱、肾周脂肪少、肾的固定装置薄弱而发生肾下垂或游走。当出现肾积脓或肾周围炎症时，脓液可沿肾筋膜向下蔓延到达髂窝或大腿根部。

考点提示　肾的表面有三层被膜，由内向外依次为纤维囊、脂肪囊和肾筋膜。

四、肾的结构

在肾的冠状切面上，肾实质分为皮质和髓质两部分（图 12－5）。皮质厚 1～1.5cm，富含血管，主要由肾小体和肾小管组成。肾柱为肾皮质深入肾髓质内的部分。髓质位于深部，约占肾实质厚度的 2/3，由 15～20 个呈圆锥形的肾锥体构成。肾髓质主要由肾小管组成，形成 15～20 个肾锥体，其底朝向皮质，尖突向肾窦，内有许多颜色较深的放射状条纹，由集合管和血管平行排列而成。伸入肾锥体之间的肾皮质称肾柱。肾锥体的尖端形成肾乳头，其顶端有乳头孔，尿液经乳头孔排入肾小盏。每侧肾有 7～8 个肾小盏，每 2～3 个肾小盏汇合成一个肾大盏，由 2～3 个肾大盏汇合成肾盂。肾盂前后略扁，呈漏斗状，出肾门后逐渐变细，向下弯行，约在第 2 腰椎上缘水平移行为输尿管。成人肾盂容积 3～10ml，平均 7.5ml。

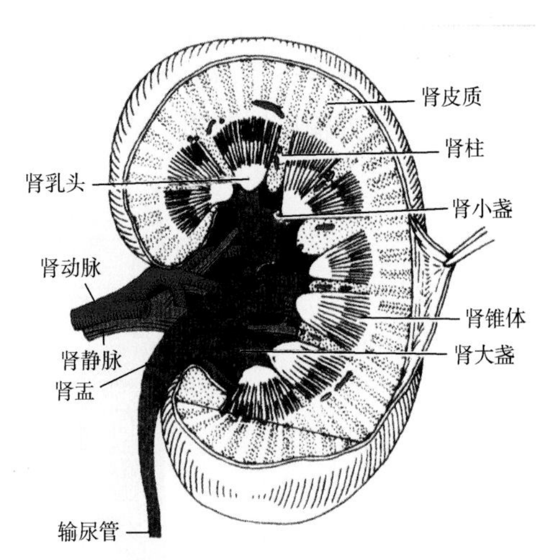

图 12－5　肾的内部结构

考点提示　在肾的冠状切面上，肾实质分为皮质和髓质两部分。

五、肾段血管与肾段

肾动脉由腹主动脉发出，于肾门处分为前支和后支。前支分出四个二级分支，与后支一起进入肾实质内，呈节段性分布，称肾段动脉。每支肾段动脉分布到一定区域的肾实质内，称为肾段。每个肾分为上段、上前段、下前段、下段和后段五个肾段（图 12－6）。各个肾段血液由其同名动脉供应。肾段之间的动脉缺乏交通支，当某一肾段动脉阻塞时可导致该段的肾坏死。肾内静脉缺乏一定节段性，有广泛的吻合支。

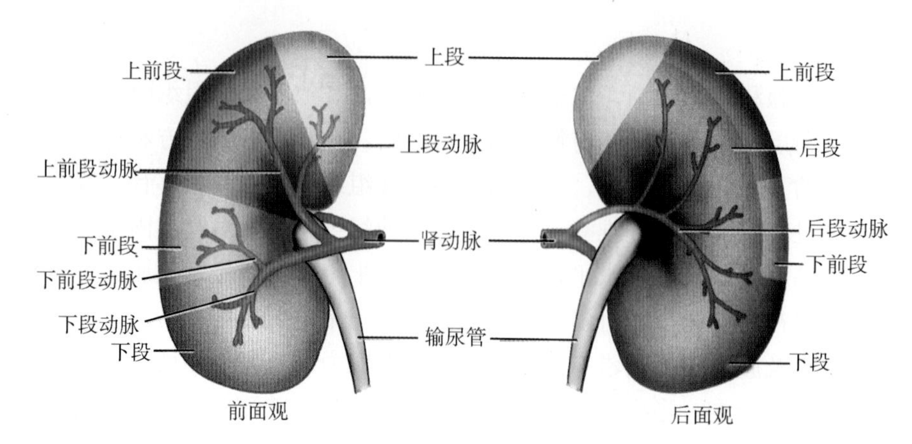

图 12-6　肾段动脉和肾段

扫码“学一学”

第二节　输尿管

输尿管（ureter）位于腹膜外位，是一对细长的肌性管道，平第 2 腰椎上缘，起于肾盂末端，终于膀胱，全长 20～30cm，管径 0.5～1.0cm，最窄处口径只有 0.2～0.3cm。输尿管按其行程可分为输尿管腹部、输尿管盆部和输尿管壁内部（图 12-7）。

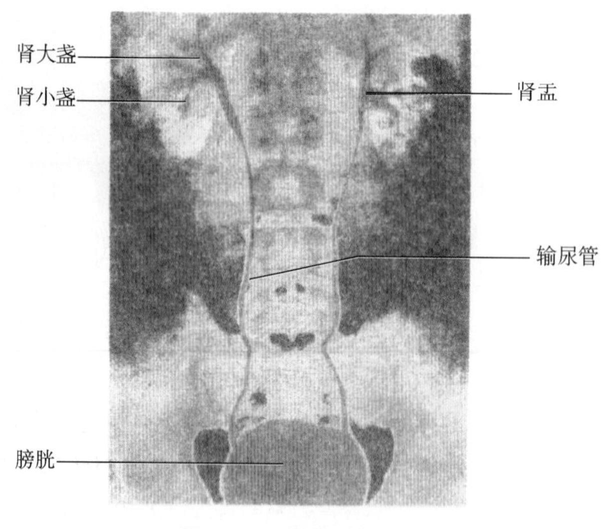

图 12-7　肾盂和输尿管

考点提示　输尿管按其行程可分为输尿管腹部、输尿管盆部和输尿管壁内部。

一、输尿管腹部

输尿管腹部起于肾盂下端，在腹膜后方与睾丸血管（男性）或卵巢血管（女性）交叉，经腰大肌前面下行至其中点附近至小骨盆上口处。左输尿管越过左髂总动脉末端前方，右输尿管则越过右髂外动脉起始部的前方，进入盆腔移行为盆部。

二、输尿管盆部

输尿管盆部起自小骨盆入口处，经盆腔侧壁和髂血管、腰骶干及骶髂关节前方下行，

跨过闭孔神经血管束至坐骨棘水平。男性输尿管沿盆腔侧壁与膀胱后壁之间走行，弯曲向前，在输精管后方并与之交叉后转向前内，而后从膀胱底外上角向内下斜穿膀胱壁达膀胱底，两侧输尿管达膀胱后壁处，相距约 5cm；女性输尿管行于子宫颈外侧，在子宫颈外侧约 2.5cm 处，从子宫动脉的后下方绕过，而后至膀胱底。

扫码“看一看”

三、输尿管壁内部

输尿管壁内部开口于膀胱底内面，长约 1.5cm。膀胱空虚时，膀胱三角区的两输尿管口间距大约为 2.5cm。膀胱充盈时，膀胱内压的升高使内部的管腔闭合，阻止尿液由膀胱向输尿管反流。

输尿管全程有三处生理性狭窄，狭窄处口径只有 0.2～0.3cm。第一处为上狭窄，位于输尿管起始处，即肾盂与输尿管移行处；第二处为中狭窄，位于小骨盆的上口处，即输尿管越过髂血管处；第三处为下狭窄，位于穿膀胱壁处，即壁内部。这些狭窄是尿路结石容易滞留的部位。

考点提示 输尿管全程有三处生理性狭窄：上狭窄、中狭窄、下狭窄。

第三节　膀　　胱

扫码“学一学”

膀胱（urinary bladder）是储存尿液的肌性器官，呈囊袋状，伸缩性较大。成人膀胱的容量平均为 350～500ml，最大容量为 800ml。新生儿膀胱的容量相对较小，约为成人的 1/10，平均为 50ml。女性膀胱的容量略小于男性，老年人因膀胱肌张力低等原因容量反而增大。

一、膀胱的形态

膀胱充盈时略呈卵圆形，空虚时则呈三棱锥体形，可分为膀胱尖、膀胱底、膀胱体和膀胱颈四部分，各部之间无明显界限。膀胱尖细小，朝向前上方，膀胱底略呈三角形，朝向后下方；膀胱尖与底之间的大部分称膀胱体；膀胱颈位于膀胱的最下部。膀胱颈的下端有尿道内口与尿道相接（图 12－8）。

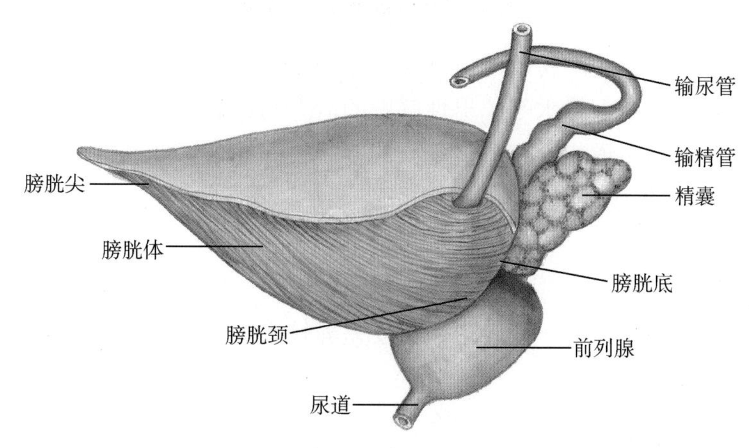

图 12－8　膀胱的形态

考点提示 膀胱可分为膀胱尖、膀胱底、膀胱体和膀胱颈四部分。

二、膀胱壁的结构

膀胱壁分三层，由内向外依次是黏膜、肌层和外膜。膀胱空虚时，平滑肌收缩，黏膜聚集成皱襞，称膀胱襞，充盈时则消失。在膀胱底的内面有一个呈三角形的区域，称膀胱三角，位于左、右两输尿管口与尿道内口之间，黏膜与肌层紧密相连，此区无论膀胱处于空虚或充盈状态，其黏膜始终保持光滑无皱襞。膀胱三角是肿瘤、结核和炎症的好发部位，膀胱镜检时尤其要注意。两个输尿管口之间的横行皱襞，称输尿管间襞，膀胱镜下显示为一苍白带，为临床上寻找输尿管口的标志（图 12–9）。男性尿道内口后方的膀胱三角处，由前列腺中叶推挤形成的纵嵴状隆起称膀胱垂。

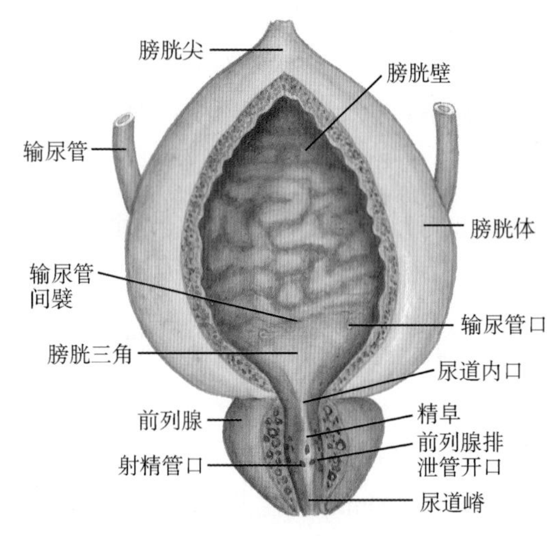

图 12–9　膀胱壁的结构和膀胱三角（男性）

考点提示 膀胱壁分三层，由内向外依次是黏膜、肌层和外膜。

三、膀胱的位置和毗邻

成年人的膀胱位于盆腔前部，耻骨联合后方。二者之间称膀胱前隙或耻骨后间隙，此间隙内，男性有耻骨前列腺韧带通过，女性有耻骨膀胱韧带通过。此外，间隙中还有丰富的结缔组织与静脉丛穿过。空虚的膀胱全部位于盆腔内，膀胱尖一般不超过耻骨联合的上缘；充盈的膀胱可膨入腹腔，膀胱的前下壁可以与腹前壁相贴。新生儿的膀胱位置高于成人，尿道内口在耻骨联合上缘水平。男性膀胱的后方与精囊、输精管末端和直肠相毗邻；女性膀胱后方与子宫和阴道相毗邻。老年人的膀胱位置较低。膀胱的下方，男性邻接前列腺（图 12–10）；女性邻接尿生殖膈。

四、尿道

尿道为膀胱与体外相通的一段管道。男女差异较大。男性尿道兼具排尿和排精功能，见男性生殖系统。

女性尿道宽而短，行程较直，平均长 3～5cm，直径约 0.6cm，仅有排尿功能。女性尿道始于膀胱的尿道内口，约平耻骨联合后面中央或下部，穿过尿生殖膈，终于阴道前庭的

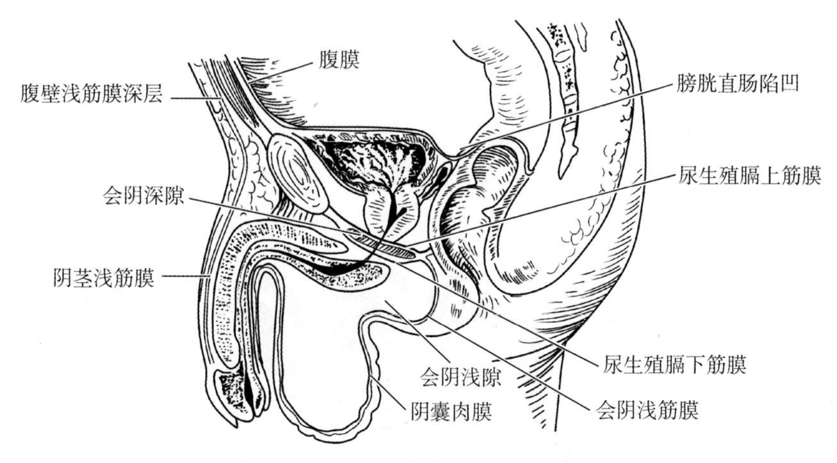

图 12-10　男性盆腔（正中矢状面）

尿道外口。女性尿道穿尿生殖膈处周围有尿道阴道括约肌环绕，可控制排尿。尿道内口周围为平滑肌组成的膀胱括约肌所环绕。女性尿道因短、宽、直易引起逆行性泌尿系统感染（图 12-11）。

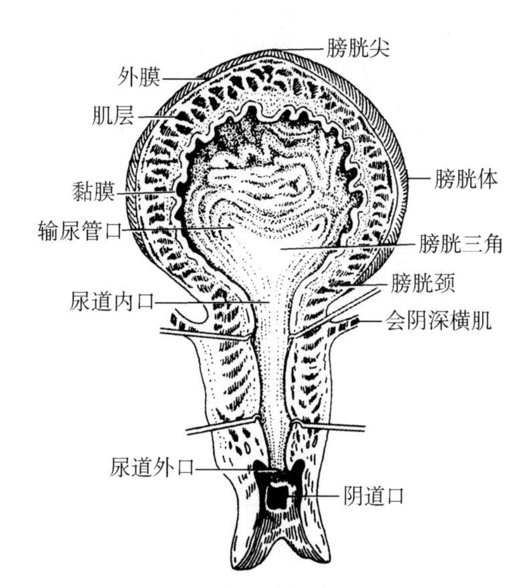

图 12-11　女性膀胱和尿道（冠状切面）

考点提示　女性尿道因短、宽、直易引起逆行性泌尿系统感染。

第四节　泌尿系统的微细结构

扫码“学一学”

一、肾的微细结构

肾的被膜由致密结缔组织构成，肾实质由肾单位和集合管构成。

（一）肾单位

肾单位由肾小体和肾小管组成，每个肾约有 100 万个以上的肾单位，它与集合管共同完成泌尿功能。肾小体位于皮质迷路和肾柱内，其一端与肾小管相连。肾小管起始段在肾小体附近蟠曲走行，称近端小管曲部或近曲小管，继而从髓放线直行向下进入肾锥体，称

近端小管直部。随后管径变细，称为细段。远端小管直部为细段之后管径又骤然增粗的部分，并折返向上走行于肾锥体和髓放线内。髓袢由近端小管直部、细段和远端小管直部构成，呈“U”形。远端小管曲部又称远曲小管，为远端小管直部离开髓放线后，在皮质迷路内蟠曲走行于原肾小体附近的部分，最后汇入集合管（图 12–12）。

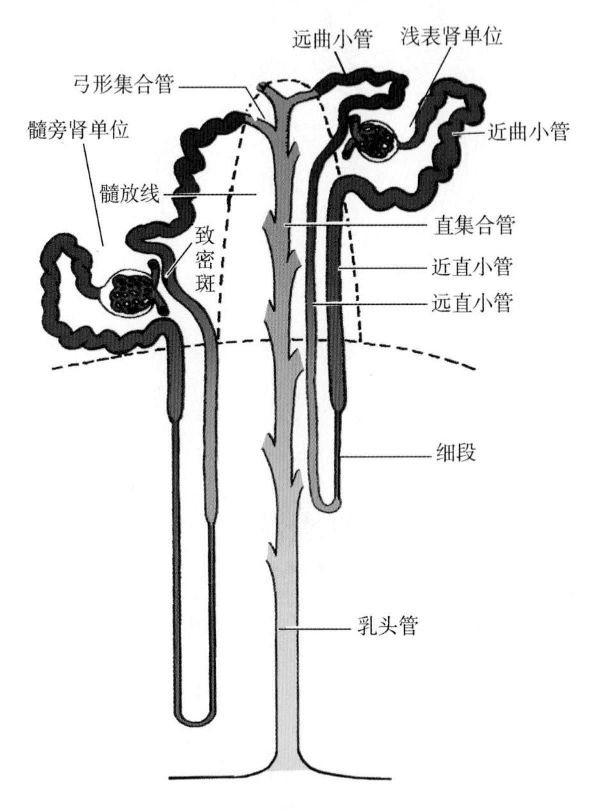

图 12–12　肾单位和集合管模式图

根据皮质中肾小体的位置不同，将肾单位分为浅表肾单位和髓旁肾单位两种。浅表肾单位体积较小，髓袢较短，数量多，位于肾小体皮质浅部，约占肾单位总数的 85%。髓旁肾单位体积较大，髓袢较长，数量较少，对尿液浓缩具有重要的生理意义。

1. 肾小体　又称肾小球，呈球形，直径约 200μm，由肾小囊和血管球组成。肾小体有两个端，微动脉出入的一端称血管极，肾小囊与近端小管相连接的一端称尿极。

（1）血管球　为包在肾小囊中的一团蟠曲的毛细血管。入球微动脉从血管极处突入肾小囊内，其分支形成网状毛细血管襻，最终汇成出球微动脉离开肾小囊（图 12–13）。入球微动脉管径较出球微动脉粗，血管球内的血压较高，有利于血浆滤过。电镜下，血管球毛细血管孔径 50～100nm，内皮有孔，无隔膜，有利于血液内物质滤出。

位于血管球毛细血管之间者为血管系膜，又称球内系膜，邻接毛细血管内皮或基膜，主要由球内系膜细胞和系膜基质组成。球内系膜细胞形态不规则，胞质内有粗面内质网和高尔基复合体，可以维持基膜的通透性，能合成基膜和系膜基质的成分，还可吞噬和降解沉积在基膜上的免疫复合物。系膜基质填充在系膜细胞之间，在血管球内起支持和通透作用。

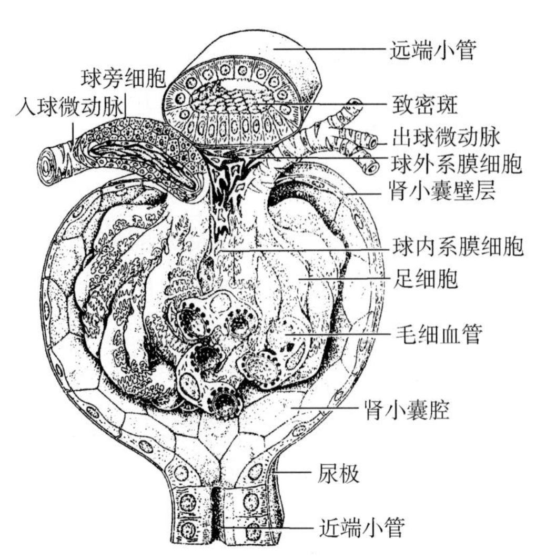

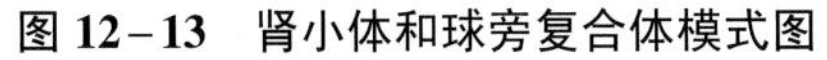
图 12－13 肾小体和球旁复合体模式图

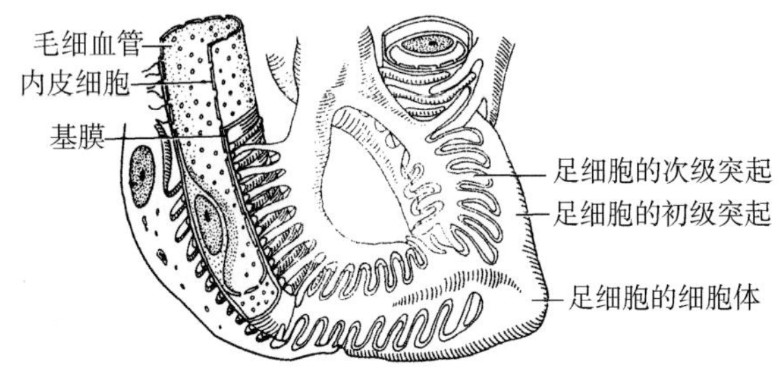

图 12－14 足细胞与毛细血管超微结构模式图

（2）肾小囊 又称 Bowman 囊，是肾小管起始部膨大凹陷形成的杯状双层囊。外层称壁层，为单层扁平上皮，在肾小体的尿极处与近端小管上皮相连续；内层称脏层，在血管极处返折，两层上皮之间的狭窄腔隙为肾小囊腔，与近曲小管腔相通。内层细胞形态特殊，有许多大小不等的突起，体积较大，称为足细胞。足细胞的胞体凸向肾小囊腔，胞体可伸出几个大的初级突起，继而再分成许多次级突起，相邻的次级突起相互穿插，呈栅栏状紧贴在毛细血管基膜外面（图 12－14）。突起之间有直径约 25nm 的裂隙，称裂孔，孔上覆盖裂孔膜，厚 4～6nm。突起内含较多微丝，通过收缩可改变裂孔的宽度。

（3）滤过屏障 肾小体形似过滤器，血液流经血管球时，因管内血压较高，血浆内物质可经有孔内皮、基膜和足细胞裂孔膜过滤进入肾小囊腔。这三层结构构成滤过屏障，又称滤过膜。滤入肾小囊腔的液体称为原尿，成分与血浆相似，但不含大分子蛋白质。若滤过膜受损，血浆大分子蛋白质甚至血细胞可通过滤过膜漏出，患者可出现蛋白尿或血尿（图 12－15）。

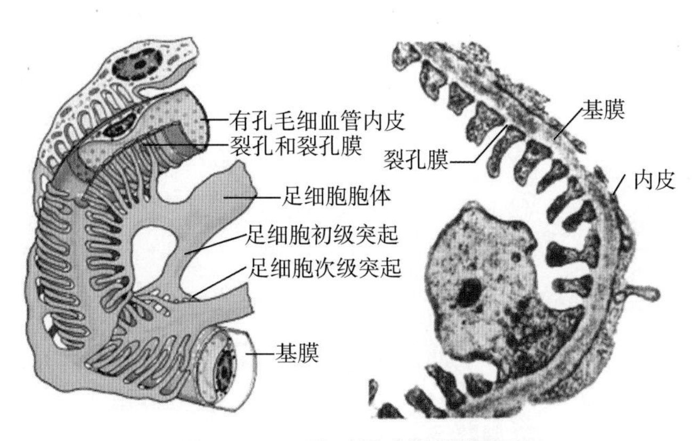

图 12－15 滤过屏障结构模式图

2. 肾小管 由近端小管、细段和远端小管三部分组成，为单层上皮细胞，近端小管与肾小囊相连，远端小管与集合小管相连（图 12－12）。

（1）近端小管 管径 50～60μm，约占肾小管总长的一半，是最长最粗的一段。近端小管分为曲部和直部两部分。管壁上皮细胞胞体较大，分界不清，为立方形或锥体形，胞质嗜酸性，胞核位于近基部，呈球形。上皮细胞游离面有刷状缘，细胞基部有纵纹。电镜下

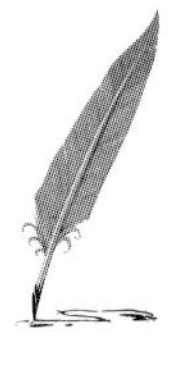

可见刷状缘排列整齐，由大量密集的微绒毛构成。有许多侧突位于上皮细胞的侧面，因相邻细胞的侧突相互嵌合，故光镜下细胞分界不清。细胞基部有质膜内褶，纵向排列的杆状线粒体位于内褶之间，形成光镜下纵纹，侧突和质膜内褶使细胞与间质之间的物质交换面积增大，有利于物质交换。

近端小管的主要功能是重吸收，几乎全部葡萄糖、氨基酸和蛋白质以及大部分水、离子和尿素等均在此部位重吸收。近端小管除重吸收外还向腔内分泌 H^+、NH_3、肌酐、马尿酸等代谢物。

（2）细段　管壁为单层扁平上皮，管径细，有利于水和离子通透。

（3）远端小管　管腔大而规则，包括直部和曲部，管壁上皮细胞呈立方形，分界清楚，游离部分无刷状缘，基部纵纹较明显。远端小管对维持体液的酸碱平衡有重要作用，是离子交换的重要部位。

考点提示　远端小管能吸收水、Na^+和排出 K^+、H^+、NH_3 等，是离子交换的重要部位，对维持体液的酸碱平衡有重要作用。

（二）集合管

集合管包括弓形集合管、直集合管和乳头管三段，全长 20～38mm。其中弓形集合管分别与远曲小管和直集合管相连。直集合管在肾锥体内向下延续至肾锥体乳头，称为乳头管，开口于肾小盏。集合管下行时有许多远端小管曲部汇入，管径由细变粗，其管壁上皮由单层立方渐变为高柱状。集合管通过进一步重吸收水和交换离子而浓缩原尿。集合管与远端小管曲部均接受醛固酮和抗利尿激素的调节。

成人一昼夜可形成约 180L 原尿，经肾小管和集合管后，绝大部分水、营养物质和无机盐等又被重吸收入血；小管上皮细胞还分泌部分代谢产物，形成的终尿经乳头管排入肾小盏，每天排出终尿 1～2L，仅占原尿的 1%左右。

（三）球旁复合体

球旁复合体又称球旁器，由球旁细胞、致密斑和球外系膜细胞组成，位于肾小体的血管极处（图 12–16）。

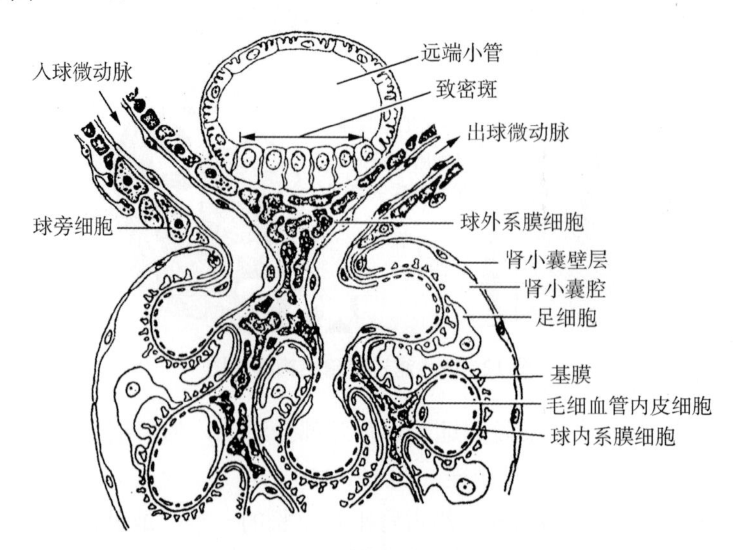

图 12–16　球旁复合体模式图

1. 球旁细胞　为入球微动脉管壁的平滑肌细胞转变成的上皮样细胞。细胞呈立方形，体积较大，胞质内的分泌颗粒可分泌肾素。肾素可使血管紧张素原转变为血管紧张素，除了使血管平滑肌收缩外，还可刺激肾上腺皮质分泌醛固酮，促进肾远曲小管和集合管吸收Na^+和水，引起血容量增大，血压升高。

2. 致密斑　又称椭圆形斑，是一种离子感受器，为远端小管近肾小体侧的上皮细胞增高、变窄形成。致密斑能感受远端小管内 Na^+浓度的变化，Na^+浓度降低时，可将“信息”传递给球旁细胞并促进其分泌肾素。

3. 球外系膜细胞　位于血管极三角区内，又称极垫细胞。细胞与球内系膜相延续，形态结构与球内系膜细胞相似。球外系膜细胞与球旁细胞、球内系膜细胞均有缝隙连接，在球旁复合体功能活动中起到信息传递的作用。

考点提示　球旁复合体由球旁细胞、致密斑和球外系膜细胞组成。

（四）肾间质

肾间质包括肾内的结缔组织、血管和神经等，皮质内的结缔组织少，接近肾乳头结缔组织增多。肾髓质的间质细胞由成纤维细胞特化而成。间质细胞可分泌前列腺素、形成纤维和基质。前列腺素可通过舒张血管促进周围血管内血液流动，加快重吸收水分的转运，促进尿液浓缩。肾小管周围的血管内皮细胞能够产生红细胞生成素（EPO），刺激骨髓生成红细胞。肾病晚期患者，因血管内皮细胞受损，合成红细胞生成素减少，通常伴有贫血。

（五）肾的血液循环

腹主动脉分出肾动脉，经肾门入肾后分支为叶间动脉，弓形动脉为肾柱内的横行分支，发出若干小叶间动脉。弓形动脉呈放射状行走于皮质迷路内，末端达被膜下形成毛细血管网。小叶间动脉发出许多入球微动脉，进入肾小体后形成血管球，继而汇合形成出球微动脉。浅表肾单位的出球微动脉离开肾小体后，又分支形成球后毛细血管网，分布在肾小管周围。球后毛细血管网依次汇合成小叶间静脉、弓形静脉和叶间静脉，与相应动脉伴行，最后汇合形成肾静脉出肾，汇入下腔静脉。髓旁肾单位的出球微动脉不仅形成球后毛细血管网，还发出若干直小动脉进入髓质，折返直行上升为直小静脉，直小静脉汇入小叶间静脉或弓形静脉（图 12－17）。

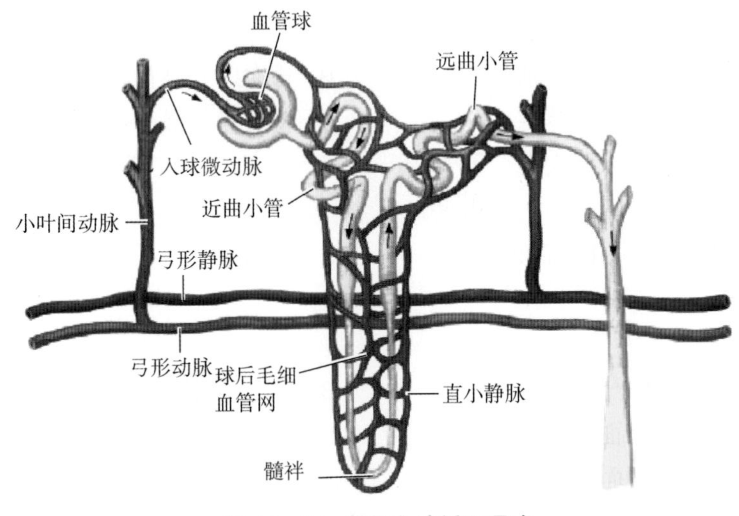

图 12－17　肾的血液循环通路

二、膀胱的微细结构

膀胱壁由黏膜、肌层和外膜构成。

1. 黏膜 包括上皮和固有层两部分。上皮为变移上皮，有 8～10 层细胞，膀胱空虚时较厚，表层的盖细胞呈矩形，较大；膀胱充盈时上皮变薄，盖细胞也变扁，仅 3～4 层细胞。细胞近游离面的胞质较为浓密，可防止膀胱内尿液的侵蚀。固有层含较多的弹性纤维。

2. 肌层 较厚，由内纵、中环和外纵三层平滑肌组成，各层肌纤维分界不清，呈相互交错状态。中层环行肌为括约肌，在尿道内口处增厚。

3. 外膜 由疏松结缔组织构成，仅膀胱顶部为浆膜。

考点提示 膀胱壁由黏膜、肌层和外膜构成。

本章小结

泌尿系统由肾、输尿管、膀胱和尿道组成，其主要功能是排出体内溶于水的废物和代谢产物，维持机体内环境的平衡和稳定。肾的主要功能是产生尿液，输尿管输送尿液，膀胱为储存尿液的器官，尿道在女性为排出尿液器官，在男性则兼有排出精液功能。肾单位由肾小体和肾小管组成：肾小体又称肾小球，由肾小囊和血管球组成；肾小管包括近端小管、细段和远端小管三部分，近端小管和远端小管又分别可分为直部和曲部。

习　题

扫码“练一练”

一、选择题

1. 下列关于肾的描述，正确的是
   A. 为腹膜间位器官
   B. 肾大盏与肾乳头相连
   C. 肾盂内的腔称肾窦
   D. 左侧肾蒂较右侧长
   E. 肾柱属肾髓质的结构
2. 下列关于肾的描述，正确的为
   A. 肾皮质表面均覆盖有腹膜
   B. 肾大盏包绕肾乳头
   C. 肾柱属肾髓质的结构
   D. 肾被膜的最外层为肾筋膜
   E. 肾盂的尿液流入肾大盏
3. 肾门位于肾的
   A. 前面
   B. 后面
   C. 内侧缘
   D. 外侧缘
   E. 下端
4. 肾门约平
   A. 第 11 胸椎体平面
   B. 第 12 胸椎体平面
   C. 第 1 腰椎体平面
   D. 第 2 腰椎体平面
   E. 第 3 腰椎体平面

5. 肾锥体属于

A. 肾皮质　　B. 肾小盏　　C. 肾大盏　　D. 肾髓质

E. 肾窦

6. 下列关于肾窦的描述，正确的是

A. 是肾门向肾内伸入的腔　　B. 由肾皮质围成

C. 内有肾动脉和肾静脉的主干　　D. 内有输尿管的上端

E. 内有肾筋膜

7. 肾乳头周围包有

A. 肾大盏　　B. 肾小盏　　C. 肾窦　　D. 肾盂

E. 输尿管

8. 移行为输尿管的是

A. 肾小盏　　B. 肾大盏　　C. 肾盂　　D. 肾小管

E. 肾乳头

9. 下列关于肾的被膜的描述，正确的是

A. 肾筋膜紧贴肾实质　　B. 肾纤维囊包被肾和肾上腺

C. 肾纤维囊正常情况下不易剥离　　D. 肾脂肪囊位于肾筋膜和肾纤维囊之间

E. 由肾皮质围成

二、问答题

1. 何为肾区？有何临床意义？
2. 简述膀胱三角的位置、特点和临床意义。
3. 简述输尿管狭窄的位置及其意义。

（魏永鸽）

第十三章

男性生殖系统

学习目标

1. **掌握** 男性生殖器的组成及功能；睾丸、附睾的形态和位置；男性尿道的分部、狭窄和弯曲；生精小管的结构；睾丸间质细胞的光镜结构和功能。

2. **熟悉** 输精管的行程和分部；前列腺的位置、形态和功能；附睾的光镜结构和功能。

3. **了解** 男性外生殖器；睾丸的一般结构；直精小管和睾丸网的光镜结构。

4. 学会识别睾丸和附睾的形态与位置，能够镜下辨识各级生精细胞。

5. 具有男性生殖健康指导及生殖卫生宣教意识。

案例讨论

【案例】

患者，男性，24 岁，一周前患腮腺炎，一天前出现一侧睾丸红肿剧痛，并向同侧腹股沟、下腹部放射，同时有畏寒、发热、恶心、呕吐等症状。诊断为睾丸炎。

【讨论】

睾丸炎症时为何疼痛剧烈？

男性生殖系统（male genital system）包括内生殖器和外生殖器。内生殖器由生殖腺（睾丸）、生殖管道（附睾、输精管、射精管和尿道）和附属腺（精囊、前列腺和尿道球腺）组成；外生殖器显露于体表。睾丸产生精子，并分泌雄性激素，精子先贮存于附睾内，当射精时经生殖管道排出体外；附属腺的分泌物参与精液组成，供应精子营养和利于精子的活动。男性外生殖器为阴茎和阴囊（图 13－1）。

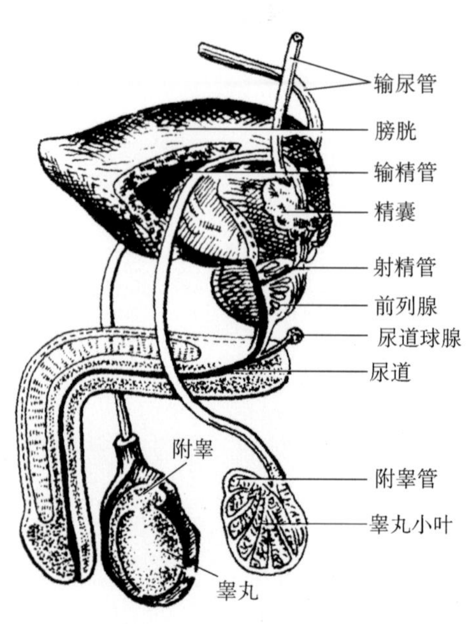

图 13－1　男性生殖系统

第一节　男性生殖器

一、睾丸

（一）睾丸的位置和形态

睾丸（testis）位于阴囊内，左右各一，表面光滑，呈扁卵圆形，分前后两缘、上下两端和内外侧两面，左侧略低于右侧。前缘游离，后缘有血管、神经和淋巴管出入，与附睾相连。睾丸外侧面较隆凸，与阴囊壁相贴；内侧面较平坦，与阴囊中隔相依。睾丸表面的浆膜称睾丸鞘膜，来源于腹膜，分为脏、壁两层，脏层紧贴睾丸的表面；壁层与阴囊内面紧紧贴附（图 13－2）。睾丸鞘膜的脏、壁两层构成一个封闭的腔，在睾丸后缘处相互移行，称鞘膜腔，内含浆液，起润滑作用。成人睾丸重 10～15g。新生儿的睾丸相对较大，性成熟期以前发育较缓慢，随着性成熟发育迅速；老年人的睾丸则萎缩变小。

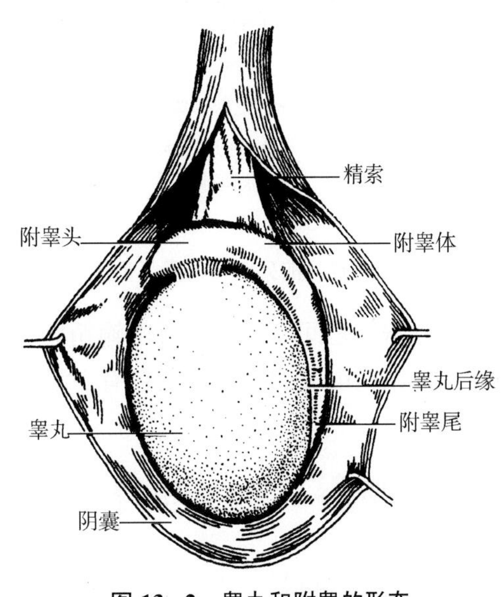

图 13－2　睾丸和附睾的形态

（二）睾丸的结构

睾丸的表面有一层致密结缔组织膜，称白膜。白膜坚韧，但缺乏弹性。当睾丸发生急性炎症而肿胀或受到外力打击时，因白膜的限制可产生剧痛。白膜在睾丸后缘处增厚并伸入睾丸内形成睾丸纵隔。睾丸纵隔发出睾丸小隔，呈放射状伸入睾丸实质。

二、附睾

附睾紧贴睾丸上端和后缘，呈新月形，可分为三部分：上端膨大部分称附睾头，中部扁圆部分为附睾体，下端较细部分为附睾尾。附睾头由输出小管盘曲而成，各输出小管相互汇合形成附睾管，附睾管长约 6m。附睾管迂回盘曲形成附睾的体和尾。附睾管腔面以假复层柱状上皮相衬，外侧有平滑肌层，平滑肌收缩可将精子推向尾部。附睾的功能为暂时储存精子，同时还可分泌附睾液，供给精子营养，促进精子进一步成熟。

三、输精管和射精管

输精管和射精管是输送精子的管道。

（一）输精管

输精管是附睾管的延续，长约 50cm，左侧较右侧稍长，管壁较厚，肌层较发达，管腔窄小，活体触摸呈坚实的圆索状。输精管行程较长，依其行程可分为四部。①睾丸部：起自附睾尾，最短，较迂曲，沿睾丸后缘、附睾内侧上行，在附睾头水平移行为精索部。②精索部：位于睾丸上端与腹股沟管浅环之间，位于精索内其他结构后内侧，此段输精管

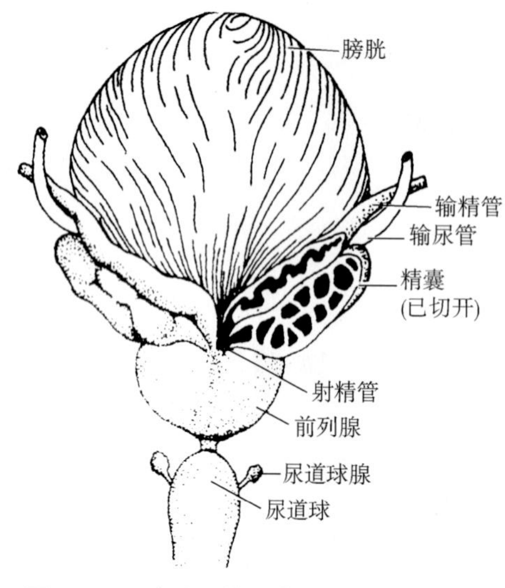

图 13-3　膀胱、前列腺和精囊（后面观）

位置较表浅，易触及，为输精管结扎术的理想部位。③腹股沟管部：位于腹股沟管精索内。④盆部：为输精管最长的一段，起自腹股沟管深环，沿骨盆侧壁向后下行，跨过输尿管末端的前内方转至膀胱底后面和直肠前面。两侧输精管在此处逐渐靠近并膨大形成输精管壶腹。输精管壶腹末端变细，经前列腺与精囊的排泄管汇合成射精管（图 13-3）。

（二）射精管

射精管为输精管末端与精囊的排泄管汇合而成的管道，长约 2cm，向前下穿入前列腺实质，开口于尿道前列腺部。管壁有平滑肌，收缩时帮助排出精液。

精索为柔软的圆索状结构，位于睾丸上端至腹股沟管深环之间。精索主要由输精管、睾丸动脉、蔓状静脉丛、输精管动静脉、淋巴管和神经等结构组成。精索外面包有三层被膜，从外向内依次为精索外筋膜、提睾肌和精索内筋膜。

考点提示　输精管和射精管是输送精子的管道。

四、附属腺

（一）精囊

精囊又称精囊腺，位于膀胱底的后方，输精管末端的外侧，为长椭圆形的囊状器官，表面有许多囊状膨出，凹凸不平，其下端缩细为排泄管，与输精管末端汇合成射精管。精囊分泌的淡黄色液体参与精液的组成。

（二）前列腺

前列腺为腺组织和平滑肌组织构成的实质性器官，位于膀胱与尿生殖膈之间，包绕尿道的起始部，表面包有筋膜鞘，称前列腺囊。前列腺的后面与直肠相邻。前列腺形似前后稍扁的栗子，重 8～20g，质韧，色淡红；上端宽大，为前列腺底，前后径约 2cm，横径约 4cm，垂直径约 3cm。底向上，尖向下，后面正中有一纵行浅沟，称前列腺沟，经直肠指诊可以触及此沟，当前列腺肥大时，此沟变浅或消失。男性尿道在前列腺底近前缘处进入，经前列腺实质前部下行，从前列腺尖穿出。前列腺能够分泌乳白色液体，参与精液的组成。

前列腺可分为五叶：前叶、中叶、后叶和两个侧叶。位于尿道前方和左右侧叶之间的为前叶，很小；位于尿道和射精管之间的为中叶，呈楔形；位于尿道、中叶和前叶两侧的为左右侧叶；位于中叶和侧叶后方的为后叶，是前列腺肿瘤好发部位（图 13-4）。

小儿的前列腺较小，腺组织不发育或不明显，主要由平滑肌和结缔组织组成。至青春期，前列腺组织迅速生长发育成熟。老年期，由于腺组织逐渐退化，前列腺体积也随之缩小，如果腺内结缔组织增生，常形成老年性前列腺肥大，进而压迫尿道，引起排尿困难甚至尿潴留。

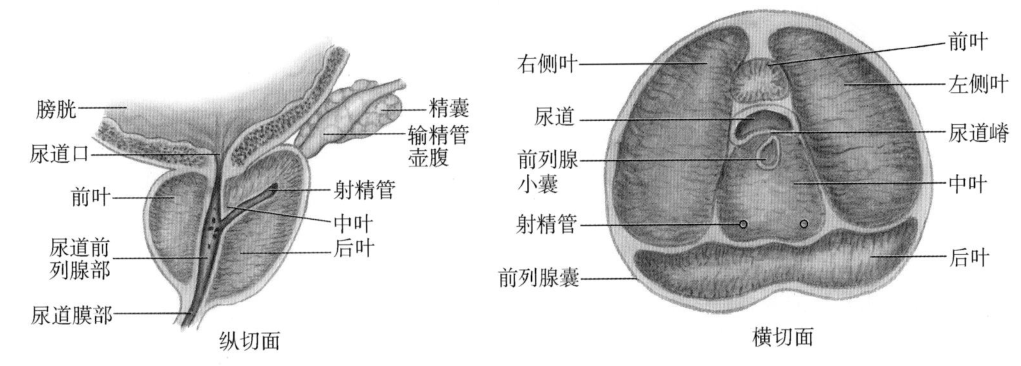

图 13-4　前列腺的结构

考点提示　前列腺可分为五叶：前叶、中叶、后叶和两个侧叶。

（三）尿道球腺

尿道球腺位于会阴深横肌尿生殖膈内，为一对豌豆大的球形腺体，排泄管开口于尿道球部。尿道球腺的分泌物参与精液的组成，有利于精子活动。

精液由生殖管道及附属腺的分泌物和精子共同组成，其中最主要的成分是来自前列腺和精囊的分泌物。精液为乳白色液体，呈弱碱性。健康成年男性一次射精 2～5ml，含 3 亿至 5 亿个精子，如果精子总数过少则为少精症，可导致男性不育。

五、阴囊和阴茎

（一）阴囊

阴囊位于阴茎的后下方，呈囊袋状，主要由皮肤和肉膜两部分构成。皮肤薄而柔软，颜色深，有少量阴毛，其皮脂腺分泌物，有特殊气味。肉膜是阴囊的浅筋膜，内含平滑肌纤维。平滑肌随外界温度变化而反射性舒缩，可使阴囊内的温度得到调节，利于精子的发育与生存。

阴囊皮肤表面沿正中线有阴囊缝，阴囊中隔为对应的肉膜向深部发出部分，同时将阴囊分为左、右两腔，容纳睾丸、附睾和输精管起始部。阴囊深面有睾丸和精索的被膜包被，由外向内依次为：①精索外筋膜，为腹外斜肌腱膜的延续；②提睾肌，由腹内斜肌和腹横肌的肌纤维束组成；③精索内筋膜，为腹横筋膜的延续；④睾丸鞘膜，来自腹膜，分为壁层和脏层，两层之间的腔隙是鞘膜腔，内有少量浆液。

（二）阴茎

阴茎呈圆柱状，可分为头部、体部和根部。其后端为阴茎根，依耻骨下支和坐骨支而固定；阴茎前端膨大，称阴茎头，其尖端即为尿道外口；头与体交界的狭窄处称为阴茎颈；阴茎体为阴茎根和阴茎头之间的部分（图 13-5）。阴茎由两条阴茎海绵体和一条尿道海绵体构成，外面有筋膜和皮肤包被。阴茎海绵体左、右各一，位于阴茎的背侧。尿道海绵体位于阴茎海绵体的腹侧，全长均有尿道贯穿，中部呈圆柱形，前、后端均膨大，前端膨大为阴茎头，后端膨大为尿道球（图 13-6）。

每个海绵体外面都有坚韧的纤维膜，称为海绵体白膜，其内部由海绵体小梁和与血管相通的腔隙组成。阴茎可因腔隙充血变粗变硬而勃起。阴茎的皮肤富有伸展性，薄而柔软。阴茎包皮为位于阴茎体端的皮肤，为双层游离且包绕阴茎头的环形皱襞。包皮腔为阴茎包皮内层和阴茎头之间的窄隙，腔内常有包皮垢沉积。包皮系带为阴茎包皮与阴茎头的腹侧

中线处连接的一条皮肤皱襞。

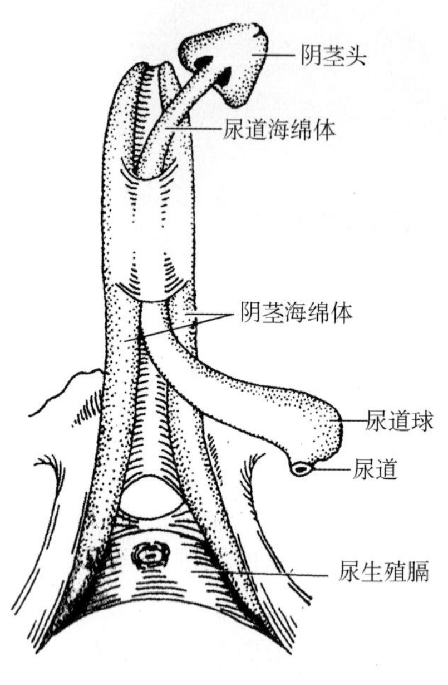

图 13-5　阴茎的结构

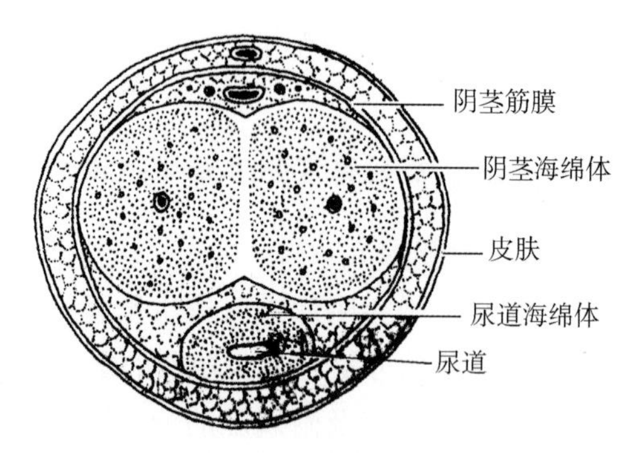

图 13-6　阴茎的横切面

幼儿的包皮因生长发育的需要相对较长，包着整个阴茎头。随着年龄的增长，包皮逐渐向后退缩，而包皮口则逐渐扩大，此时的阴茎头则显露于外。若成年男子阴茎头仍被包皮包覆而不能完全暴露，称包皮过长；包皮口过小，包皮完全包着阴茎头者称包茎。以上任何一种情况的存在，都会因包皮腔内积存污物而导致阴茎头炎，可能是阴茎癌的诱因之一。

六、男性尿道

男性尿道是尿液和精液排出体外的共用管道。始于膀胱的尿道内口，终于阴茎头的尿道外口，成人尿道管径平均 5～7mm，长 16～22cm（图 13-7）。

（一）男性尿道的分部

男性尿道全长分为前列腺部、膜部和海绵体部三部分。

1. 前列腺部　为尿道穿经前列腺的部分，长约 3cm，有射精管和前列腺排泄管的开口。

2. 膜部　为尿道穿经尿生殖膈的部分，长约 1.5cm，其周围有尿道膜部括约肌环绕，该肌有控制排尿的作用。

3. 海绵体部　为尿道穿经尿道海绵体的部分，长 12～17cm。此部的起始段位于尿道球内，管腔稍扩大，称尿道球部，有尿道球腺的开口。在阴茎头内尿道扩大成尿道舟状窝。

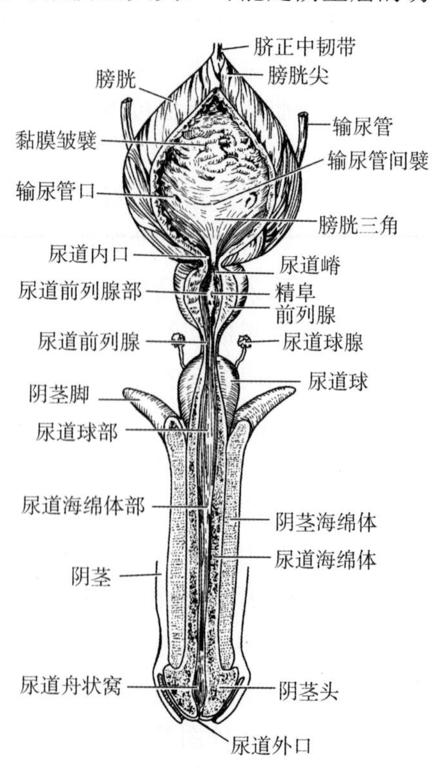

图 13-7　阴茎海绵体和男性尿道

考点提示　男性尿道全长分为前列腺部、膜部和海绵体部三部分。

（二）男性尿道的形态特点

男性尿道全程粗细不一，有三处狭窄、三个膨大和两个弯曲。

1. 三处狭窄　分别位于尿道内口、尿道膜部和尿道外口，尿道外口最为狭窄，尿道结石易在这些狭窄部位嵌顿。

2. 三个膨大　位于尿道前列腺部、尿道球部和舟状窝。

3. 两个弯曲　分别为耻骨下弯和耻骨前弯。前者位于耻骨联合下方 2cm 处，凹向前上，此弯曲恒定不变，包括尿道的前列腺部、膜部和海绵体部的起始段；后者位于耻骨联合前下方，凹向后下，阴茎勃起或行膀胱镜检查、导尿将阴茎向上提起时，此弯曲可变直而消失。

考点提示　男性尿道有三处狭窄、三个膨大和两个弯曲。

第二节　睾丸与附睾的微细结构

一、睾丸的微细结构

睾丸表面以浆膜覆盖，即睾丸鞘膜脏层（图 13-8）。白膜为浆膜深部一厚层致密结缔组织，在睾丸后缘局部增厚形成睾丸纵隔。纵隔的结缔组织呈放射状伸入睾丸实质，将睾丸实质分割成约 250 个睾丸小叶，每个小叶内有 1～4 条弯曲细长的生精小管。生精小管在靠近睾丸纵隔处变为直精小管。直精小管进入睾丸纵隔相互吻合形成睾丸网。睾丸间质为生精小管之间的疏松结缔组织。

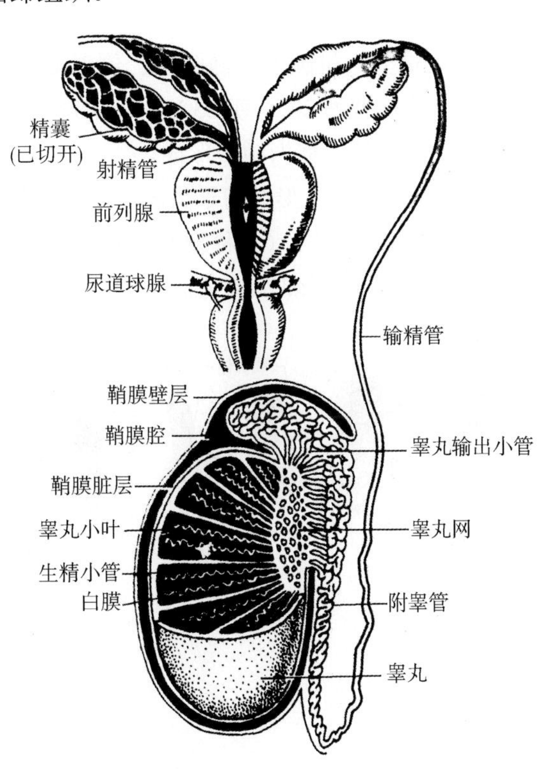

图 13-8　睾丸与附睾模式图

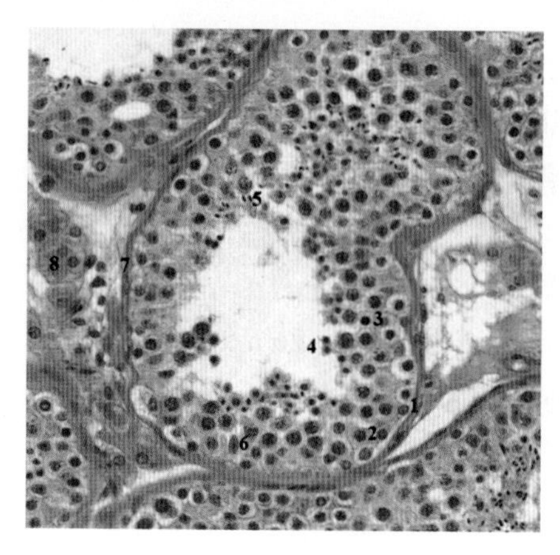

图 13-9　生精小管局部光镜图

1. 精原细胞；2. 初级精母细胞；
3. 次级精母细胞；4. 精子细胞；5. 精子；
6. 支持细胞；7. 肌样细胞；
8. 睾丸间质细胞

（一）生精小管

生精小管为复层上皮性管道，高度弯曲。成人的生精小管是产生精子的场所，长 30～70mm，管壁由生精上皮构成。生精上皮包括 5～8 层的生精细胞和支持细胞。生精小管的基膜明显，其外侧有胶原纤维和梭形的肌样细胞，后者在收缩时有助于精子的排出（图 13-9）。

1. 生精细胞与精子发生

生精细胞为一系列细胞，自生精上皮基底面至腔面依次排列为精原细胞、初级精母细胞、次级精母细胞、精子细胞和精子。

（1）精原细胞　是最幼稚的生精细胞，紧贴生精上皮基膜。精原细胞分 A、B 两型。A 型精原细胞来源于生精细胞中的干细胞，经分裂增殖，一部分分化为 B 型精原细胞，另一部分继续作为干细胞。B 型精原细胞经过数次分裂后，体积增大形成初级精母细胞。

（2）初级精母细胞　大而圆，核呈丝球状，位于精原细胞近管腔侧。染色体核型为 46,XY。细胞经过 DNA 复制后，进行第一次减数分裂，形成 2 个次级精母细胞。因初级精母细胞的分裂前期时间较长，所以在生精小管的切面中很容易见到。

（3）次级精母细胞　核圆，染色深，体积较小，位于初级精母细胞近管腔侧。染色体核型为 23,X 或 23,Y（2nDNA）。次级精母细胞不进行 DNA 复制，迅速进行第二次减数分裂，一个次级精母细胞可形成两个精子细胞。由于次级精母细胞存在时间较短，故在生精小管切片中不易见到。

（4）精子细胞　体积小，数量多，呈圆形或椭圆形，位置更靠近管腔。核圆，染色质致密。精子细胞是单倍体，染色体核型为 23,X 或 23,Y（1nDNA）。细胞不再分裂，经过复杂的形态变化由圆形变为蝌蚪形的精子，称为精子形成。

精子形成的主要变化：①核浓缩变长，形成精子头部；②高尔基复合体形成顶体；③中心体迁移到顶体对侧形成轴丝，成为精子尾部（或称鞭毛）；④线粒体聚集，包绕在轴丝近端，形成线粒体鞘；⑤多余的胞质汇聚于尾侧，形成残余胞质，脱落，被支持细胞吞噬（图 13-10）。

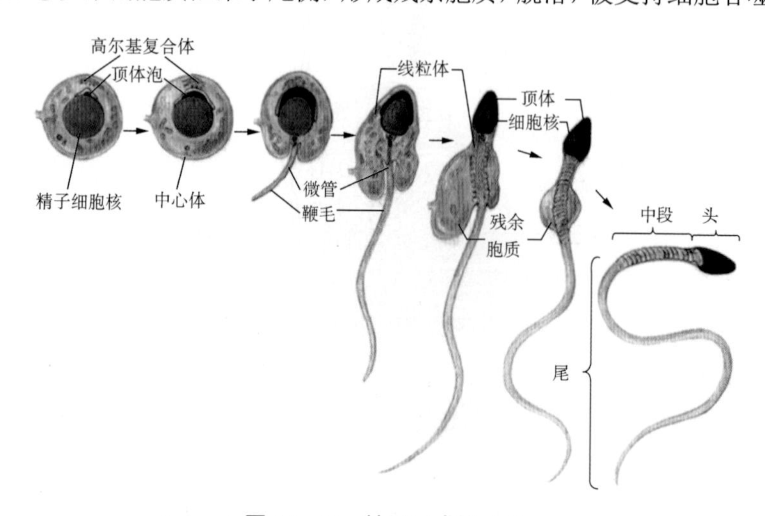

图 13-10　精子形成模式图

（5）精子 分头、尾两部分，头部前2/3有顶体覆盖。顶体内含多种水解酶，是一种溶酶体，受精时可溶解放射冠和透明带；尾部细长，是精子的运动装置。精原细胞发育成为精子的过程，称精子发生。整个生精过程历时约64天。精子细胞在变形为精子的过程中，常可发生形态、结构的异常。若畸形精子数量超过40%，可导致男性不育症。

2. 支持细胞 呈不规则长锥体形，核椭圆形、三角形或不规则，染色较浅，核仁明显，基底部附着于基膜上，顶部伸达管腔面。由于其侧面镶嵌着各级生精细胞，故光镜下轮廓不清。支持细胞主要有支持、保护和营养各级生精细胞的作用；同时还可以吞噬精子形成过程中脱落的残余胞质；分泌雄激素结合蛋白，维持生精小管内雄激素水平，促进精子发生。生精小管和血液之间存在血-睾屏障，由毛细血管内皮及其基膜、结缔组织、生精上皮基膜和支持细胞间的紧密连接共同构成。该屏障能避免精子与机体免疫活性物质接触，防止精子抗原物质逸出生精小管外而引起自身免疫反应。

（二）睾丸间质

睾丸间质位于生精小管之间，为富含血管和淋巴管的疏松结缔组织，含有成群分布的睾丸间质细胞。光镜下细胞呈圆形或多边形，胞质嗜酸性强。从青春期开始，睾丸间质细胞分泌雄激素，促进精子发生和男性生殖器官发育，维持男性第二性征和性功能。

考点提示 生精上皮由生精细胞和支持细胞组成。

（三）直精小管和睾丸网

在近睾丸纵隔处，生精小管变为短而细的直行管道，称直精小管。直精小管壁为单层立方或矮柱状上皮，无生精细胞，睾丸网为直精小管进入睾丸纵隔内分支吻合而成的网状管道。精子经直精小管和睾丸网进入附睾管。

二、附睾的微细结构

附睾头部主要由输出小管组成，输出小管管壁上皮由高柱状纤毛细胞和低柱状细胞相间排列构成，管腔不规则；高柱状细胞游离面的纤毛摆动可促进精子向附睾管移动。体部和尾部由附睾管组成，管壁由假复层柱状上皮构成，管腔规整，上皮游离面有静纤毛（图13-11）。附睾管的细胞具有分泌功能，其分泌物能促进精子的结构与功能的进一步成熟，故附睾的功能异常会影响精子的成熟，导致不育症。

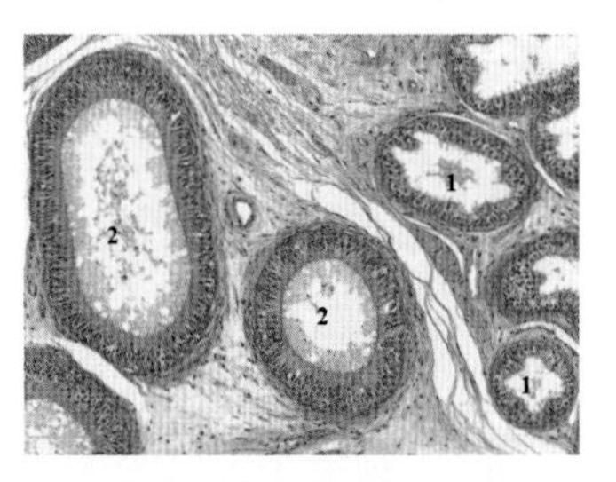

图13-11 附睾光镜图

1. 输出小管；2. 附睾管

考点提示 附睾管的细胞具有分泌功能，其分泌物能促进精子的结构与功能的进一步成熟。

本章小结

男性生殖系统包括内生殖器和外生殖器两部分。内生殖器由生殖腺、输精管道和附属腺组成。睾丸外包被膜，实质内有生精小管和睾丸间质细胞，生精小管是精子发生的部位，睾丸间质细胞分泌雄性激素；输精管道包括附睾、输精管、射精管和男性尿道；附属腺包括精囊、前列腺和尿道球腺。附属腺的分泌物参与精液组成，供应精子的营养和利于精子的活动。男性外生殖器为阴茎和阴囊。

扫码“练一练”

习 题

一、选择题

1. 男性的生殖腺为
   A. 前列腺　B. 精囊　C. 尿道球腺　D. 睾丸
   E. 附睾
2. 下列关于睾丸的描述，正确的是
   A. 产生精子　B. 为不成对的器官
   C. 产生精子并分泌雄激素　D. 血液供应来自髂内动脉
   E. 成熟精子
3. 下列关于附睾的描述，正确的是
   A. 为男性生殖腺　B. 贴附于睾丸的前缘
   C. 可分为头、体、尾 3 部分　D. 附睾头向上移行为输精管
   E. 分泌的液体不参与组成精液
4. 输精管在其精索部内，位于精索其他结构的
   A. 前外侧　B. 后内侧　C. 上方　D. 下方
   E. 中央
5. 下列关于输精管的描述，正确的是
   A. 全长位于阴囊内　B. 是输送精子的管道
   C. 开口于精囊　D. 末端膨大成射精管
   E. 以上都不对
6. 下列关于射精管的描述，正确的是
   A. 由左、右输精管末端合成　B. 由左、右精囊排泄管合成
   C. 由输精管末端与精囊排泄管汇合而成　D. 开口于精囊
   E. 以上都不对
7. 射精管开口于尿道的
   A. 前列腺部　B. 膜部　C. 尿道球部　D. 海绵体部
   E. 壶腹部
8. 下列关于精索的描述，正确的是
   A. 为坚硬的结缔组织索
   B. 自睾丸下端至腹股沟管皮下环

C. 为一柔软的肌性结构

D. 主要成分为输精管、睾丸动脉、蔓状静脉丛

E. 精索表面无被膜

二、简答题

1. 简述精子的产生与排出途径。
2. 输精管可分几部分？输精管结扎术常选在何处进行？
3. 试述男性尿道的分部、狭窄和弯曲。

（魏永鸽）

第十四章

女性生殖系统

学习目标

1. **掌握** 女性生殖器的组成；输卵管的分部及意义；子宫的形态、位置、固定装置及子宫壁的微细结构；各级卵泡的结构特点；排卵过程；黄体的生成、结构与功能；子宫内膜的周期性变化。

2. **熟悉** 卵巢的位置；子宫内膜各期结构特点。

3. **了解** 女性外生殖器；输卵管的结构特点。

4. 学会正确分析妇产科常见疾病的发病机制；能辨认不同发育阶段的卵泡、增生期的子宫内膜、输卵管上皮等。

5. 具有女性生殖健康及生殖卫生宣教意识。

案例讨论

【案例】

患者，女性，25岁，月经周期30天。现已停经45天，突感下腹部阵发性疼痛，头晕，伴肛门坠感，查体发现阴道少量血液，后穹饱满，宫颈举痛，宫体异位，稍大。右侧附件触诊疼痛，左侧附件无异常。经阴道穹后部穿刺抽出6ml不凝固血性液体，B超提示：右侧宫外孕破裂。

【讨论】

1. 宫外孕常发生于什么部位?

2. 阴道穹后部穿刺的解剖学依据是什么?

女性生殖系统由内生殖器和外生殖器组成。内生殖器包括卵巢、输卵管、子宫与阴道。外生殖器即女阴（图14－1）。乳房与女性生殖密切相关，故在此叙述。

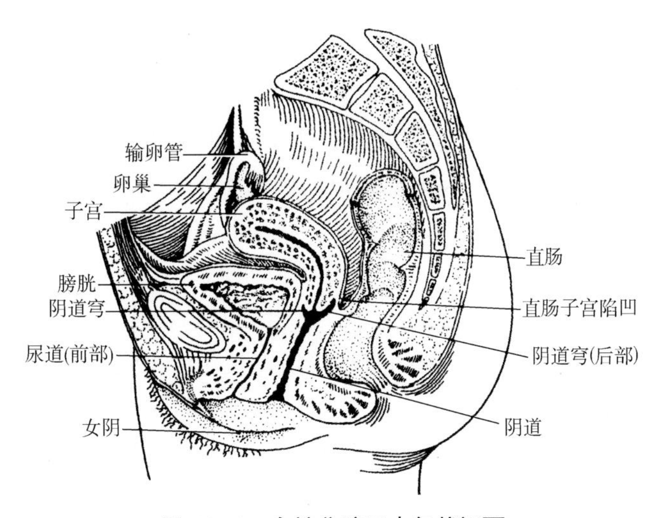

图 14-1　女性盆腔正中矢状切面

第一节　女性生殖器

一、卵巢

（一）卵巢的位置

卵巢（ovary）为女性生殖腺，左、右各一，位于盆腔内，在子宫的两侧，紧贴小骨盆侧壁的卵巢窝（图 14-2）。

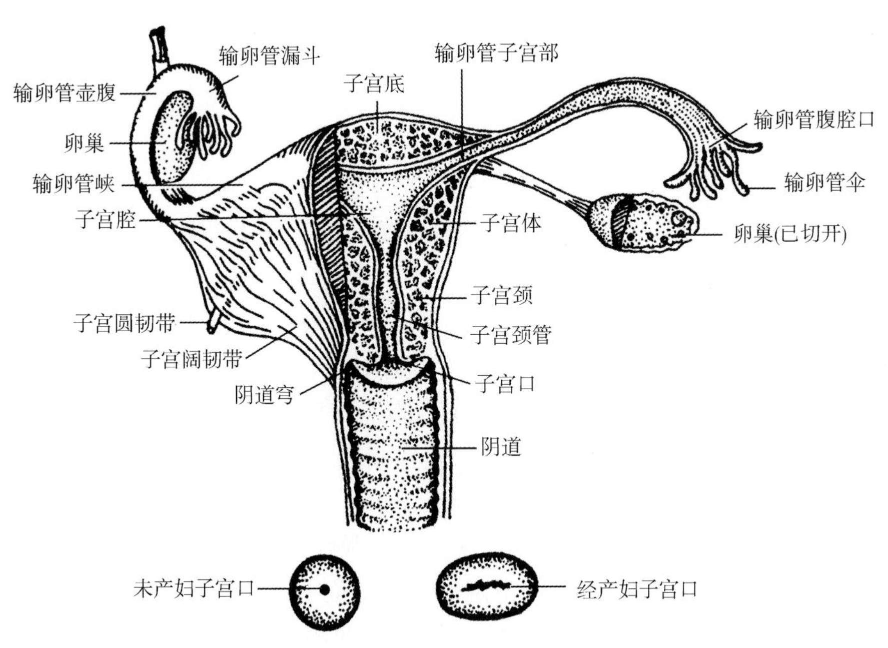

图 14-2　女性内生殖器

（二）卵巢的形态

卵巢呈扁卵圆形，灰红色，被子宫阔韧带后层所包绕。可分为内、外侧两面，前、后两缘和上、下两端。外侧面与卵巢窝相依；内侧面朝向盆腔，与小肠相邻。后缘游离，称独立缘；前缘借卵巢系膜连于子宫阔韧带，称卵巢系膜缘，其中部有血管、神经等出入，

称卵巢门；上端与输卵管伞相接触，并有卵巢悬韧带固定于盆壁；下端借卵巢固有韧带连于子宫。

卵巢的形态和大小随年龄变化差异很大。幼女的卵巢较小，表面光滑。性成熟期卵巢体积最大，此后经多次排卵，表面因出现瘢痕而凹凸不平。35～40 岁卵巢开始缩小；50 岁左右则随月经停止而逐渐萎缩。

二、输卵管

输卵管（uterine tube）为一对弯曲的肌性管道，长 10～12cm。

（一）输卵管的位置

输卵管连于子宫底两侧，包裹在子宫阔韧带的上缘内。其内侧端借输卵管子宫口与子宫腔相通；外侧端借输卵管腹腔口开口于腹膜腔。故女性腹膜腔可经输卵管子宫口、子宫、阴道与外界相通。

（二）输卵管的形态和分部

输卵管呈长而弯曲的喇叭形，可分为四部分（图 14–2）。

1. 输卵管子宫部 为输卵管穿子宫壁的一段，长约 1cm，管径最狭窄。

2. 输卵管峡部 紧接输卵管子宫部，为其向外水平移行的一段，短而狭细。

3. 输卵管壶腹部 内接输卵管峡部，约占输卵管全长的 2/3，管道弯曲且粗细不均。卵子通常在此部与精子相遇而受精，也是宫外孕的好发部位。

4. 输卵管漏斗部 呈漏斗状，漏斗游离缘有许多指状突起，称输卵管伞，覆于卵巢表面，是临床手术时识别输卵管的标志。

考点提示 输卵管分为子宫部、峡部、壶腹部和漏斗部，结扎位置常选峡部，受精部位在壶腹部。

三、子宫

子宫（uterus）为一壁厚、腔小的肌性器官，是胚胎发育及产生月经的场所。

（一）子宫的形态

成年未孕的子宫，呈前后略扁、倒置的梨形，长 7～8cm，宽 4～5cm，厚 2～3cm。可分为底、体、颈三部分：子宫底部圆凸；子宫颈呈圆柱状，下 1/3 伸入阴道内，称子宫颈阴道部，上 2/3 位于阴道的上方，称子宫颈阴道上部，子宫颈为炎症和肿瘤好发部位；子宫体是子宫底与子宫颈之间的大部分。子宫颈与子宫体相接的部位稍狭细，称子宫峡。在非妊娠期，子宫峡不明显；在妊娠期，子宫峡逐渐伸展延长，形成子宫下段，妊娠末期临产前可长达 7～11cm，产科常经此行剖宫产术，可避免进入腹膜腔而减少感染的机会（图 14–3）。

子宫的内腔较为狭窄，可分为上、下两部，上部位于子宫体内，称子宫腔；下部在子宫颈内，称子宫颈管。子宫腔呈前后略扁的三角形，两侧角通输卵管，尖向下通子宫颈管。子宫颈管呈梭形，上口通子宫腔，下口通阴道，称为子宫口。未产妇的子宫口为圆形，经产妇的子宫口呈横裂状。

（二）子宫的位置

子宫位于骨盆腔的中央，在膀胱和直肠之间，下端伸入阴道。成年女性子宫的正常位置呈前倾前屈位（图 14–4）。前倾是指子宫整体向前倾斜，子宫的长轴与阴道的长轴形成向前开放的钝角；前屈是指子宫体与子宫颈向前弯曲成钝角。子宫的两侧有输卵管和卵巢。临床上将输卵管和卵巢统称为子宫附件。

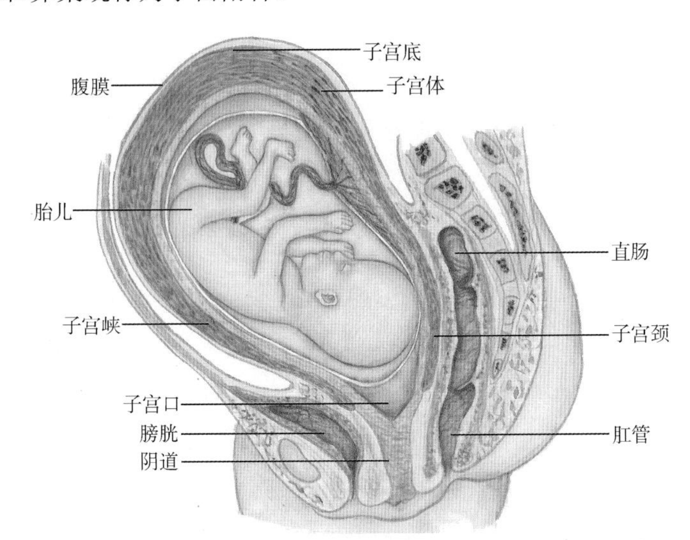

图 14-3　妊娠和分娩期的子宫

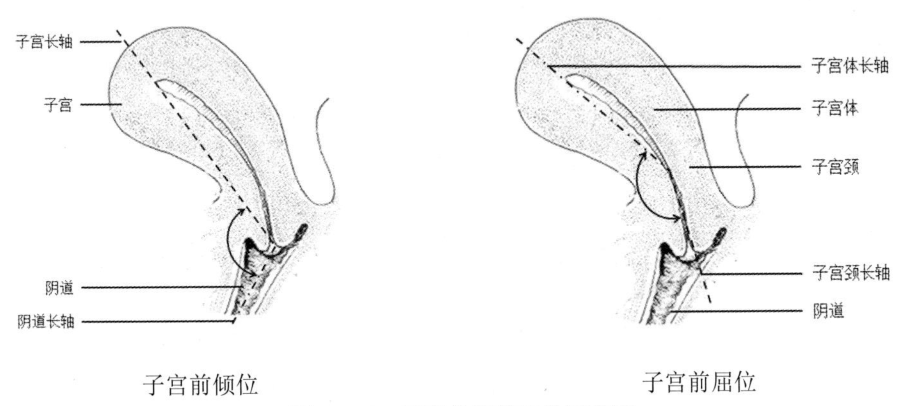

图 14-4　子宫前倾前屈位示意图

（三）子宫的固定装置

子宫的正常位置依赖于盆底肌的承托和韧带的牵拉与固定。维持子宫正常位置的韧带有四对（图 14-2，图 14-5，图 14-6）。

1. 子宫阔韧带　是双层腹膜皱襞，由子宫前、后面的腹膜自子宫两侧缘延伸至骨盆侧壁形成，子宫阔韧带可限制子宫向两侧移动。阔韧带上缘游离，包裹输卵管。子宫阔韧带根据附着部位不同，可分为上方的输卵管系膜、后方的卵巢系膜和下方的子宫系膜三部分。

2. 子宫圆韧带　呈略扁的圆索状，位于子宫阔韧带内，由结缔组织和平滑肌构成。起于子宫外上角，在子宫阔韧带两层之间行向前外方，达骨盆腔侧壁，继而通过腹股沟管，止于阴阜和大阴唇皮下，全长 12～14cm，子宫圆韧带是维持子宫前倾位的主要结构。

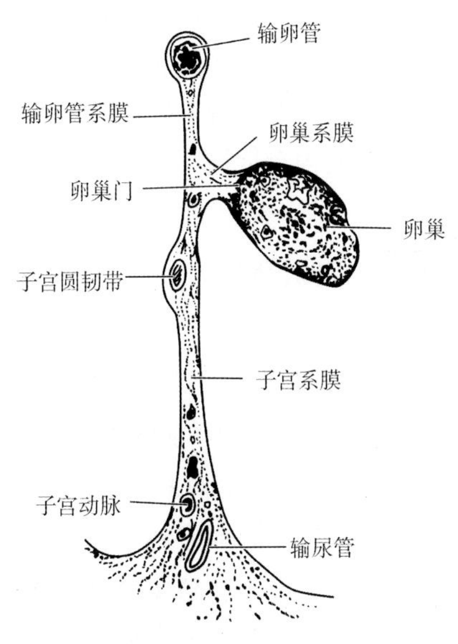

图 14-5　子宫阔韧带矢状切面

3. 子宫主韧带 位于子宫阔韧带的下方，由致密结缔组织和平滑肌构成。自子宫颈阴道上部两侧缘连于骨盆腔侧壁。子宫主韧带的主要作用是固定子宫颈，防止子宫向下脱垂。

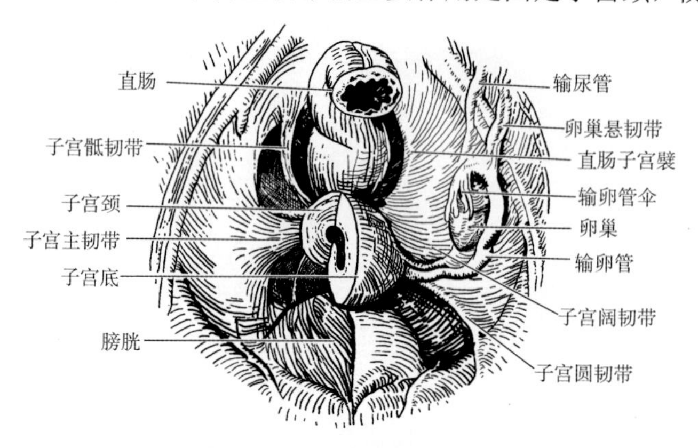

图 14-6 子宫的固定装置

4. 子宫骶韧带 由结缔组织和平滑肌构成，起于子宫颈阴道上部的后面，向后绕过直肠的两侧，附着于骶骨前面，表面覆盖腹膜形成直肠子宫襞。子宫骶韧带牵引子宫颈向后上，有维持子宫前屈位的作用。

除上述韧带外，盆膈、尿生殖膈、阴道的承托，对子宫的固定也起很大作用。如果这些结构薄弱或松弛，可出现不同程度的子宫脱垂，严重者子宫可脱至阴道外。

考点提示 子宫的固定装置有子宫阔韧带、圆韧带、主韧带和骶韧带。

四、阴道

阴道（vagina）为前后略扁的肌性管道，富于伸展性，连接子宫和外生殖器，是性交器官，也是排出月经、导入精液和娩出胎儿的通道。阴道前邻膀胱和尿道，后邻直肠。阴道分前、后壁和上、下端。阴道前壁较短，后壁较长，平时前、后壁相贴使内腔狭窄。阴道上端较为宽阔，呈穹隆状包绕子宫颈阴道部，两者之间形成的环状凹陷，称阴道穹。阴道穹分前部、后部和两侧部，其中以阴道穹后部最深，与直肠子宫陷凹紧邻，两者之间仅隔以阴道壁和腹膜。因此当直肠子宫陷凹内有积液时，可经阴道穹后部穿刺或引流，以协助临床诊断和治疗。阴道的下端以阴道口开口于阴道前庭。处女的阴道口周围有环形黏膜皱襞，称处女膜。处女膜破裂后，阴道口周围留有处女膜痕。阴道有较大的伸展性，分娩时能高度扩张。阴道下部穿过尿生殖膈，其内有尿道阴道括约肌和肛提肌，对阴道均有括约作用。

知识链接

阴道穹后部穿刺术

阴道穹后部穿刺术是将穿刺针通过阴道穹后部经过阴道后壁和腹膜刺入直肠子宫陷凹，抽出直肠子宫陷凹内的积液、脓液或血液等进行检查，以达到诊断和治疗疾病的目的。

阴道穹后部穿刺时，患者取膀胱截石位或半卧位，取阴道穹后部中央作为穿刺部位，穿刺针应与子宫颈方向平行进针，边进针边抽吸，刺入 1～2cm 有落空感时即表示进入直肠子宫陷凹，抽出积液或积血。穿刺不宜过深，以免伤及直肠。

五、前庭大腺

前庭大腺（greater vestibular gland）又称 Bartholin 腺，相当于男性尿道球腺，形如豌豆（图 14–7），左右各一，位于前庭球两侧的后方，阴道口两侧，导管开口于阴道口与小阴唇之间的沟内。前庭大腺分泌黏液，经导管至阴道前庭，有润滑阴道口的作用。

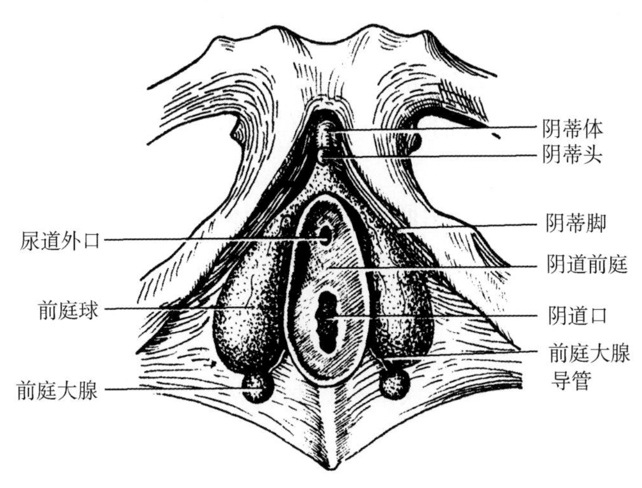

图 14–7　阴蒂、前庭球和前庭大腺

六、女阴

女阴（female pudendum）即女性外生殖器，由阴阜、大阴唇、小阴唇、阴道前庭、阴蒂和前庭球等组成（图 14–8）。

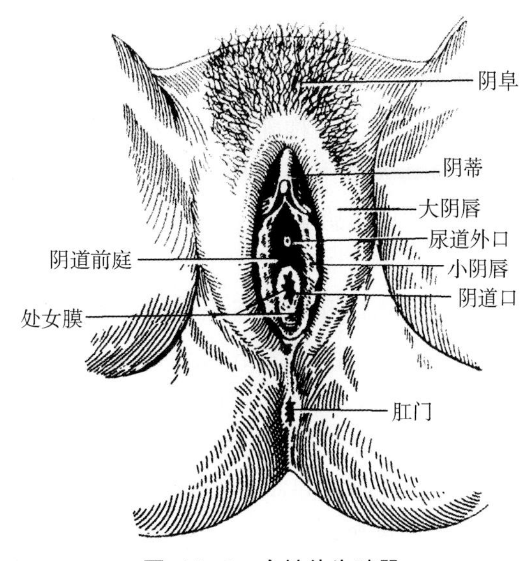

图 14–8　女性外生殖器

（一）阴阜

阴阜是位于耻骨联合前面的皮肤隆起，其深面富含脂肪组织，性成熟后皮肤表面生有阴毛。

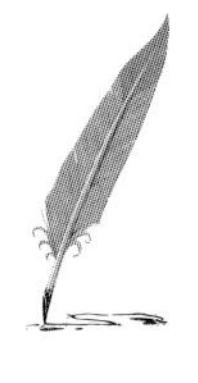

（二）大阴唇

大阴唇位于阴阜的后下方，是一对纵行的皮肤皱襞，富有色素并生有阴毛。大阴唇前端和后端左右相互连合，分别形成唇前连合和唇后连合。

（三）小阴唇

小阴唇是位于大阴唇内侧的一对较薄而光滑的皮肤皱襞，小阴唇的前端向前延伸形成阴蒂包皮和阴蒂系带，后端相互会合形成阴唇系带。

（四）阴道前庭

阴道前庭是位于两侧小阴唇之间的裂隙，其前部有尿道外口，后部有阴道口，小阴唇中后 1/3 交界处，有前庭大腺导管的开口。

（五）阴蒂

阴蒂位于尿道外口的前上方，由两条阴蒂海绵体构成，相当于男性的阴茎海绵体。阴蒂露于表面的部分为阴蒂头，含有丰富的感觉神经末梢，感觉敏锐。

（六）前庭球

前庭球相当于男性的尿道海绵体，呈蹄铁形，环绕阴道前庭，位于阴道两侧大阴唇深面。其前端相连且狭窄，位于尿道外口与阴蒂体之间的皮下；后端膨大与前庭大腺相邻。

【附 1】乳房

乳房为人类和哺乳类动物特有的结构。人类的乳房，男性不发达，女性乳房于青春期后开始发育生长，妊娠和哺乳期有分泌活动。

一、乳房的位置

乳房位于胸前部，在胸大肌及胸肌筋膜的表面。乳头的位置通常在第 4 肋间隙或第 5 肋与锁骨中线相交处，内侧至胸骨旁线，外侧可达腋中线（图 14–9）。

二、乳房的形态

成年未哺乳女子的乳房呈半球形，紧张而富有弹性。乳房中央有乳头，其顶端有输乳管的开口。乳头周围的环形色素沉着区，称乳晕，其表面有许多小点状隆起，其深部为乳晕腺，可分泌脂性物质，润滑乳头及周围的皮肤，起保护作用。乳头和乳晕的皮肤薄弱，易于损伤，哺乳期尤应注意卫生，以防感染。

三、乳房的结构

乳房由皮肤、乳腺、致密结缔组织和脂肪组织构成。乳腺被脂肪组织和致密结缔组织分隔成 15～20 个乳腺叶，每个乳腺叶有一条排出乳汁的输乳管，输乳管在近乳头处膨大为输乳管窦，其末端变细，开口于乳头，乳腺叶和输乳管均以乳头为中心呈放射状排列。乳房手术时，应尽量采取放射状切口，以减少对乳腺叶和输乳管的损伤。

乳房表面的皮肤、胸肌筋膜和乳腺之间连有许多小的纤维束，称乳房悬韧带或 Cooper 韧带，对乳房起支持和固定作用。乳腺癌患者，由于癌组织浸润，乳房悬韧带可受侵犯而缩短，牵拉皮肤向内凹陷，使皮肤表面形成许多小凹。另外，由于淋巴回流受阻导致皮肤水肿，使皮肤呈橘皮样外观，这是乳腺癌的早期征象之一。

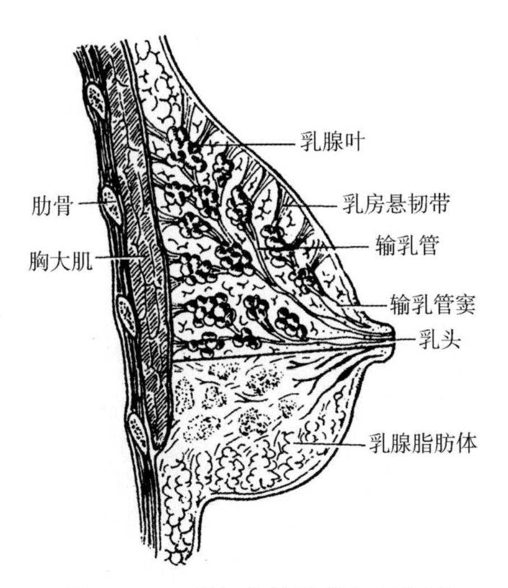

图 14-9　成年女性乳房矢状切面

【附2】会阴

会阴（perineum）有广义和狭义会阴之分。

广义会阴是指封闭小骨盆下口的全部软组织，其境界呈菱形，与骨盆下口一致：前界为耻骨联合下缘，后界为尾骨尖，两侧界为耻骨弓、坐骨结节和骶结节韧带。以两侧坐骨结节的连线为界，可将会阴分为前、后两个三角区域（图 14-10）。前方称尿生殖区（尿生殖三角），男性有尿道通过，女性则有尿道和阴道通过；后方称肛门区（肛门三角），有肛管通过。

狭义会阴即产科会阴，是指肛门与外生殖器之间的软组织。产科会阴在产妇分娩时伸展扩张较大，结构变薄，应注意保护，以免造成会阴撕裂。

会阴的结构，除了男性、女性外生殖器以外，主要是肌肉和筋膜。

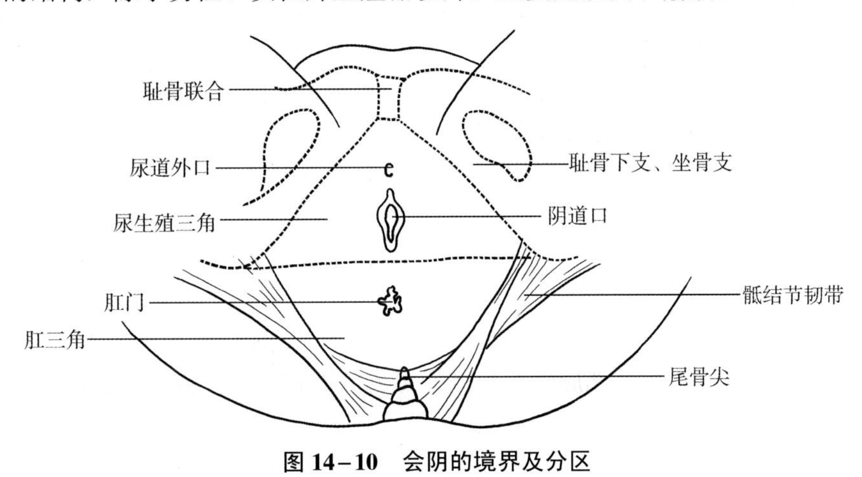

图 14-10　会阴的境界及分区

第二节　卵巢与子宫的微细结构

扫码“学一学”

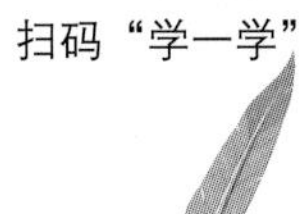

一、卵巢的微细结构

卵巢表面被覆单层扁平或立方上皮，称表面上皮；上皮深面为薄层致密结缔组织，称白膜。卵巢实质分为外周的皮质和中央的髓质。皮质厚，含不同发育阶段的卵泡、黄体和白体。髓质为疏松结缔组织，与皮质之间无明显界限，含较多血管和淋巴管（图 14－11）。

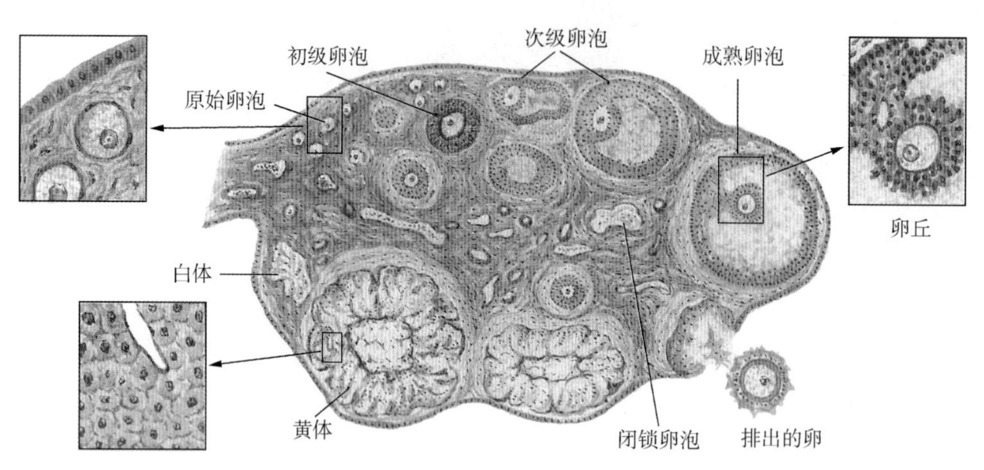

图 14－11　卵巢的微细结构

（一）卵泡的发育与成熟

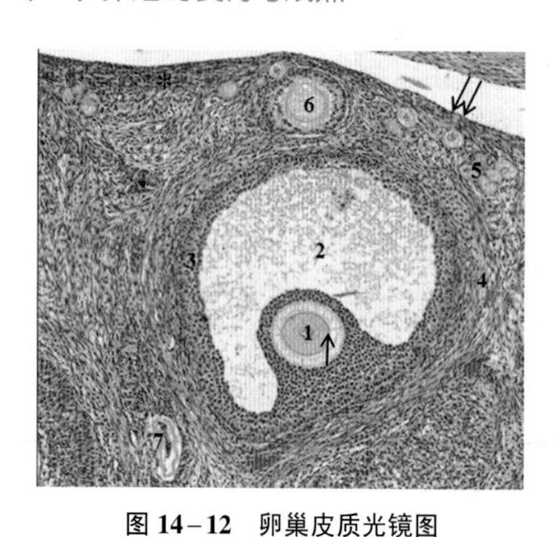

图 14－12　卵巢皮质光镜图

1. 初级卵母细胞 ↑透明带；2. 卵泡腔；3. 颗粒层；4. 卵泡膜；5. 原始卵泡群；6. 初级卵泡；7. 闭锁卵泡 ↑↑表面上皮

卵泡由中央一个卵母细胞和周围的单层或多层卵泡细胞组成。卵泡发育从胚胎时期开始，第 5 个月，双侧卵巢有近 700 万个原始卵泡，新生儿有 70 万至 200 万个，青春期约有 4 万个。从青春期（13～14 岁）至更年期（45～55 岁）的生育期内，在垂体分泌的促性腺激素作用下，卵泡开始分批发育与成熟。卵泡的发育是一个连续的变化过程，其结构也发生一系列变化，可分为原始卵泡、初级卵泡、次级卵泡和成熟卵泡四个阶段。初级卵泡和次级卵泡合称生长卵泡（图 14－12）。

1. 原始卵泡　位于卵泡皮质浅层，体积小，数量多。中央有一个初级卵母细胞，周围包绕一层扁平的卵泡细胞。初级卵母细胞圆形，体积大，胞质嗜酸性；核大而圆，染色浅，核仁大而明显。卵泡细胞呈扁平形，体积小，核扁圆，染色深。卵泡细胞具有支持和营养卵母细胞的作用。

2. 初级卵泡　由原始卵泡发育而来，其主要结构变化：①初级卵母细胞体积逐渐增大，胞质中出现丰富的细胞器；②卵泡细胞增生，由单层扁平变为单层立方或柱状，进而增殖为多层（5～6 层），紧贴卵母细胞的一层柱状卵泡细胞呈放射状排列，称放射冠；③初级卵母细胞与卵泡细胞之间出现一层均质嗜酸性膜状结构，称透明带；④随初级卵泡逐渐增大，其周围的结缔组织逐渐分化形成卵泡膜。

3. 次级卵泡　由初级卵泡继续发育形成，其主要结构变化：①卵泡细胞间出现一些大

小不等的液腔，继而汇合成一个大的卵泡腔，腔内充满卵泡液。卵泡液对卵泡的发育成熟有重要作用。随着卵泡液的增多，初级卵母细胞、透明带及周围的卵泡细胞被推向卵泡腔一侧，形成突入卵泡腔内的隆起，称卵丘。卵泡腔周围的卵泡细胞构成卵泡壁，称颗粒层，卵泡细胞改称为颗粒细胞。②初级卵母细胞达到体积最大，直径为125～150μm，其周围包裹一层约5μm厚的透明带。③卵泡膜分化为内、外两层。内层富含毛细血管，基质细胞分化为多边形或梭形的膜细胞；外层血管和细胞少，主要为胶原纤维和少量平滑肌。膜细胞合成雄激素，雄激素透过基膜，在颗粒细胞内转化为雌激素，故雌激素由两种细胞联合产生。雌激素少量进入卵泡液，大部分进入血液循环，作用于子宫等靶器官。

4. 成熟卵泡　是次级卵泡发育的最后阶段。由于卵泡液的急剧增多，卵泡腔变大，卵泡体积显著增大，直径可达2cm，并突向卵泡表面，由于颗粒细胞不再增殖，因此卵泡壁进一步变薄，在排卵前36～48小时，初级卵母细胞恢复并完成第一次减数分裂，形成一个大的次级卵母细胞和一个小的第一极体。次级卵母细胞直接进入第二次减数分裂，停滞于分裂中期。如果卵泡发育不良，就会影响正常的受孕。

考点提示　卵泡发育分为原始卵泡、初级卵泡、次级卵泡和成熟卵泡四个阶段。初级卵泡和次级卵泡合称生长卵泡。

知识链接

卵泡发育不良

卵泡发育成熟，功能才会健全，排出的卵子才会成熟健康。如果卵泡发育不良，不能正常排卵或者排出的卵子质量不好，就会影响正常的受孕。卵泡发育不良是指在卵泡晚期，卵泡生长始终不能达到成熟卵泡大小，且功能差，分泌雌激素不足，临床检查宫颈评分不能达到应有高值（>10分）。

（二）排卵

成熟卵泡破裂，次级卵母细胞连同周围的透明带、放射冠与卵泡液一起从卵巢表面排出的过程，称排卵。生育期妇女通常28天左右排卵一次，排卵常发生在月经周期的第14天。一般每次排卵一个，双侧卵巢交替排卵。女性一生排出约400个卵。卵排出后，若在24小时内未受精，次级卵母细胞即退化消失。

（三）黄体

排卵后，颗粒层和卵泡膜向卵泡腔内塌陷，在黄体生成素的作用下，逐渐发育成一个体积大而富含血管的内分泌细胞团，新鲜时呈黄色，称黄体。黄体主要由颗粒细胞分化来的颗粒黄体细胞和由膜细胞分化来的膜黄体细胞构成。颗粒黄体细胞体积较大，数量较多，染色较浅，常位于黄体中央。膜黄体细胞体积较小，数量较少，染色较深，常位于黄体周边（图14－13）。颗粒黄体细胞分泌孕激素，膜黄体细胞与颗粒黄体细胞协同作用分泌雌激素。

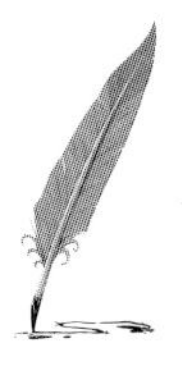

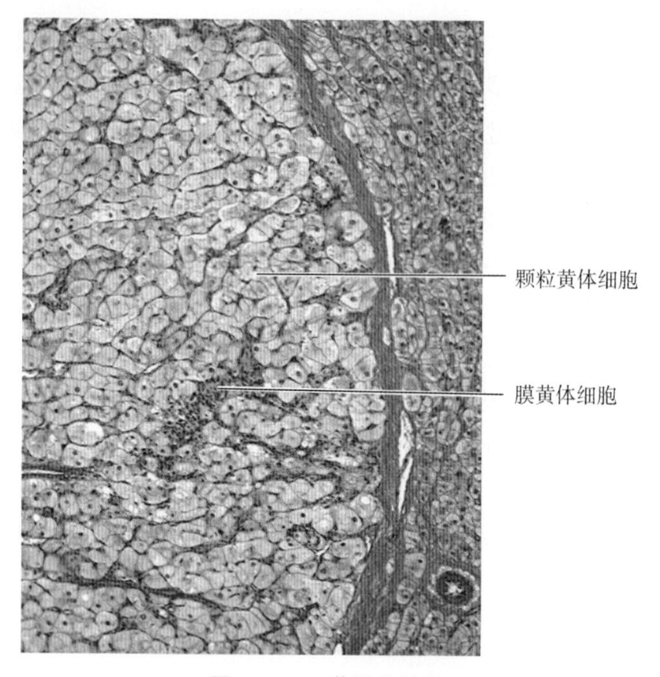

图 14－13　黄体光镜图

1. 颗粒黄体细胞；2. 膜黄体细胞

扫码"看一看"

若排出的卵未受精，黄体维持 12～14 天后退化，称月经黄体。若受精并妊娠，在胎盘分泌的绒毛膜促性腺激素的刺激下，黄体继续发育，直径可达 4～5cm，称妊娠黄体。妊娠黄体除分泌孕激素和雌激素外，还分泌松弛素。这些激素可使子宫内膜增生，子宫平滑肌松弛，以维持妊娠。妊娠 4～6 个月时，由胎盘取代黄体。无论何种黄体，最终均退化，被结缔组织取代成为白体。

（四）闭锁卵泡与间质腺

妇女一生中共排出约 400 个卵，其余绝大部分卵泡在不同的发育阶段逐渐退化，退化的卵泡称为闭锁卵泡。卵泡的闭锁是一种细胞凋亡过程。光镜下闭锁卵泡形态特征表现为：卵母细胞核固缩，形态不规则；透明带塌陷、扭曲成不规则嗜酸性环状物；放射冠游离；颗粒细胞松散、脱落或进入卵泡腔；卵泡腔内有中性粒细胞或巨噬细胞侵入。卵泡壁塌陷，膜细胞增大，胞质中充满脂滴，形似黄体细胞，被结缔组织和血管分割成分散的细胞团，称为间质腺。间质腺最终退化由结缔组织取代。

二、子宫的微细结构

子宫壁由内向外依次为内膜、肌层和外膜（图 14－14）。

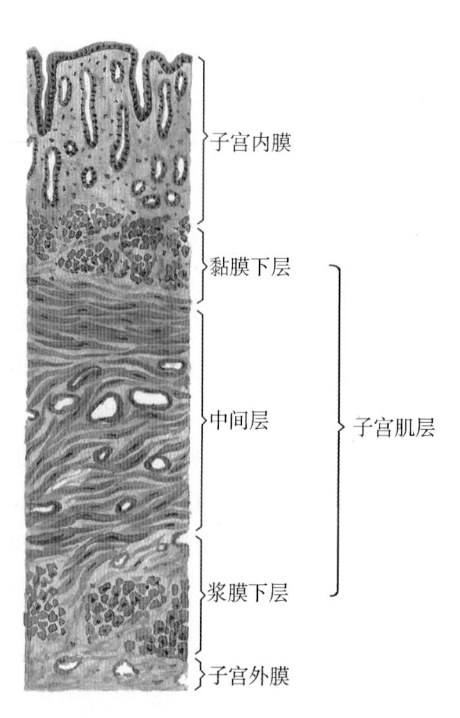

图 14－14　子宫壁的微细结构

（一）子宫壁的微细结构

1. 内膜　由单层柱状上皮和固有层组成。根据结构和功能不同，子宫内膜可分为浅表的功能层和深部的基底层，功能层较厚，随月经周期可发生周期性剥脱和出血，基底层较薄且致密，不随月经周期性剥脱，有修复内膜的功能。

（1）上皮　由大量分泌细胞和少量纤毛细胞组成，以分泌细胞为主。

（2）固有层　由结缔组织组成，含大量低分化的基质细胞和子宫腺，子宫动脉进入子宫壁后，发出短而直的小动脉，营养基底层，不受性激素影响，称基底动脉，其主干进入功能层呈螺旋状走行，称螺旋动脉。螺旋动脉可随月经周期而变化。

2. 肌层　很厚，由平滑肌构成。在妊娠期，平滑肌纤维受卵巢激素的作用，可显著增长，肌层增厚。结缔组织中未分化的间充质细胞也可增殖分化为平滑肌纤维。分娩后，平滑肌纤维逐渐变小，部分肌纤维凋亡退化消失，子宫复原。

3. 外膜　子宫底部和体部为浆膜，子宫颈部为纤维膜。

考点提示　子宫内膜功能层随月经周期可发生周期性剥脱和出血，基底层不随月经周期性剥脱，但有修复内膜的功能。

（二）子宫内膜的周期性变化

自青春期开始，在卵巢分泌的雌激素和孕激素作用下，子宫底部和体部的内膜功能层发生周期性变化，即每隔 28 天左右发生一次内膜的剥脱、出血、增生和修复过程，称月经周期（图 14-15）。每个月经周期指从月经来潮第 1 天起至下次月经来潮的前 1 天止。

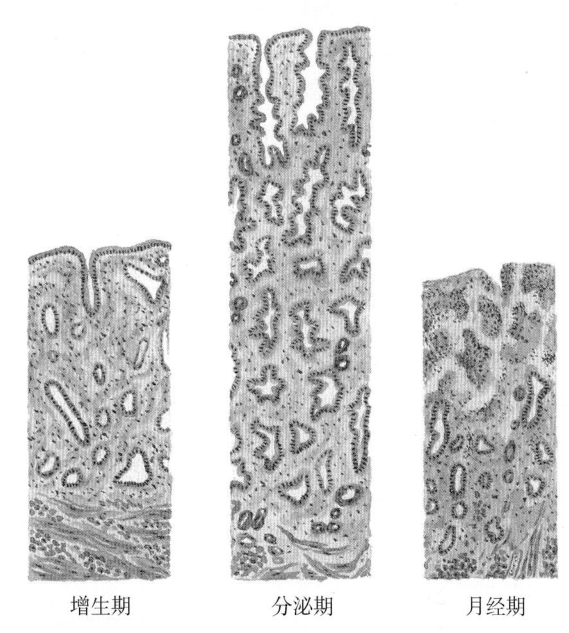

图 14-15　子宫内膜周期性变化光镜图

1. 增生期　月经周期的第 5～14 天，即从月经结束至排卵。此期卵巢内有若干卵泡开始发育，又称卵泡期。在生长卵泡分泌的雌激素作用下，残存的基底层增生修复。增生期子宫内膜逐步增厚，子宫腺增多，螺旋动脉不断伸长、弯曲。此期第 14 天时，通常有一个卵泡发育成熟并排卵，子宫内膜随之转入分泌期。

2. 分泌期　月经周期的第 15～28 天，即从排卵到下一次月经前。此期卵巢已形成黄体，又称黄体期。在黄体分泌的雌激素和孕激素作用下，子宫内膜继续增厚，子宫腺进一步增多、增长并极度弯曲，腺腔扩大，腺细胞分泌旺盛；螺旋动脉进一步伸长、迂曲。固有层

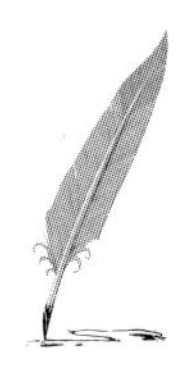

内组织液增多呈水肿状态。基质细胞分化为前蜕膜细胞。排出的卵若未受精，则黄体退化，血中雌激素和孕激素浓度明显下降，内膜功能层剥脱，进入月经期。

3. 月经期 月经周期的第1～4天，即从月经开始到出血停止。由于黄体退化，其分泌的雌激素和孕激素骤减，子宫内膜功能层的螺旋动脉持续收缩，导致子宫内膜功能层发生缺血坏死。继而螺旋动脉突然短暂扩张，使功能层血管破裂，血液涌入功能层，功能层崩解，最后血液与坏死脱落的内膜组织一起经阴道排出，称月经。此期末，基底层的子宫腺细胞开始增生，向表面铺展，修复内膜细胞，内膜转入增生期。

扫码“看一看”

考点提示 子宫内膜功能层每隔28天左右发生一次周期性变化，即剥脱、出血、增生和修复过程，称月经周期。月经周期包括月经期、增生期和分泌期。

（三）子宫颈

子宫颈壁由外向内分为外膜、肌层和黏膜。外膜为较致密结缔组织构成的纤维膜，肌层平滑肌较少且分散，而结缔组织较多。黏膜形成大而有分支的皱襞，黏膜由上皮和固有层组成。上皮为单层柱状，可分泌黏液，其分泌活动受卵巢激素的影响。宫颈外口处单层柱状上皮移行为复层扁平上皮，此处为宫颈癌好发部位。

本章小结

女性生殖系统包括内生殖器和外生殖器。内生殖器由生殖腺（卵巢），生殖管道（输卵管、子宫、阴道）和附属腺（前庭大腺）组成。卵巢可产生卵子和分泌激素，固定卵巢的韧带有卵巢悬韧带和卵巢固有韧带。输卵管是一对输送卵子的肌性管道，由内向外分为四部分，即子宫部、峡部、壶腹部和漏斗部。子宫为一壁厚腔小的肌性器官，是胚胎发育和产生月经的场所，分为子宫底、子宫体和子宫颈三部分。固定子宫的韧带有子宫阔韧带、圆韧带、主韧带和骶韧带。外生殖器即阴阜、大阴唇、小阴唇、阴道前庭、阴蒂和前庭球。

卵巢的主要结构是卵泡，包括原始卵泡、初级卵泡、次级卵泡和成熟卵泡，排卵后形成黄体，退化后形成白体。卵巢有重要的内分泌功能。子宫内膜分为浅层的功能层和深层的基底层。功能层随月经周期性剥脱，基底层不随月经周期剥脱，在月经后期由其增生修复功能层。月经周期分为月经期、增生期与分泌期，其周期性变化与卵巢周期性变化密切相关。

扫码“练一练”

习 题

一、选择题

1. 下列关于卵巢的描述，正确的有

A. 前缘游离，后缘附有系膜
B. 内侧端连子宫
C. 外侧端连输卵管
D. 后缘中央有一裂隙称卵巢门
E. 性成熟期卵巢最大

2. 下列关于子宫的说法，错误的是
   A. 成年女子的正常子宫呈前倾前屈位
   B. 子宫颈伸入阴道上端，两者间形成阴道穹
   C. 部分淋巴管沿子宫圆韧带注入腹股沟淋巴结
   D. 子宫圆韧带起于子宫颈后外侧
   E. 直肠子宫陷凹是腹膜腔最低处
3. 输卵管的分部不包括
   A. 漏斗部　　B. 壶腹部　　C. 峡部　　D. 子宫部
   E. 输卵管伞
4. 维持子宫前倾位的是
   A. 子宫阔韧带　　B. 子宫骶韧带
   C. 子宫主韧带　　D. 子宫圆韧带
   E. 以上全是
5. 维持子宫前屈位的是
   A. 子宫阔韧带　　B. 子宫骶韧带
   C. 子宫主韧带　　D. 子宫圆韧带
   E. 以上全是
6. 限制子宫向两侧移动的是
   A. 子宫阔韧带　　B. 子宫骶韧带
   C. 子宫主韧带　　D. 子宫圆韧带
   E. 以上全是
7. 输卵管内卵子受精的部位一般在
   A. 漏斗部　　B. 壶腹部　　C. 峡部　　D. 子宫部
   E. 输卵管伞
8. 输卵管最狭窄处为
   A. 漏斗部　　B. 壶腹部　　C. 峡部　　D. 子宫部
   E. 输卵管伞
9. 维持子宫正常位置，防止子宫颈向下脱垂的主要韧带是
   A. 子宫阔韧带　　B. 子宫骶韧带
   C. 子宫主韧带　　D. 子宫圆韧带
   E. 以上全是
10. 下列关于子宫的描述，正确的是
   A. 位于小骨盆前部，膀胱与直肠之间　　B. 呈轻度的前倾前屈位
   C. 分为底、体、峡、颈部　　D. 子宫颈内部的腔叫作子宫腔
   E. 子宫颈分阴道上部和阴道下部
11. 腹膜外剖宫产手术切口常在子宫何处
   A. 子宫底　　B. 子宫颈　　C. 子宫体　　D. 子宫峡
   E. 子宫颈阴道部
12. 下列关于阴道的描述，正确的是
   A. 属于女性外生殖器

B. 上端以阴道口开口于子宫

C. 上部与子宫颈阴道部之间形成环形的凹陷称阴道前庭

D. 阴道穹可分为互不连通的四部，以阴道穹后部最深

E. 直肠子宫陷凹积液时，可经阴道穹后部进行穿刺

13. 乳房脓肿切开引流时，做放射状切口主要是避免损伤

A. 乳房的血管和神经　　B. 乳房的淋巴管

C. 输乳管　　D. Cooper 韧带

E. 乳房皮肤

14. 生长卵泡是指

A. 开始发育的原始卵泡　　B. 次级卵泡和成熟卵泡

C. 初级卵泡和次级卵泡　　D. 初级卵泡

E. 成熟卵泡

15. 原始卵泡的卵泡细胞是

A. 单层扁平　　B. 单层立方

C. 单层柱状　　D. 假复层柱状

E. 单层纤毛柱状

16. 关于次级卵泡的结构特点哪项错误

A. 卵泡腔形成　　B. 卵泡细胞为两层

C. 卵丘　　D. 透明带

E. 放射冠

17. 放射冠是

A. 卵原细胞的一部分　　B. 初级卵母细胞的一部分

C. 次级卵母细胞的一部分　　D. 卵泡细胞的一部分

E. 卵泡膜细胞的一部分

18. 排卵时，卵细胞处在

A. 卵原细胞时期

B. 初级卵母细胞第一次减数分裂前期

C. 初级卵母细胞第二次减数分裂中期

D. 次级卵母细胞第二次减数分裂中期

E. 成熟卵时期

二、简答题

1. 简述子宫的位置、形态及固定装置。

2. 简述各级卵泡的结构特点。

3. 简述子宫内膜周期性变化。

（程　云）

第十五章

腹　　膜

扫码"看一看"

学习目标

1. **掌握**　腹膜与腹盆腔脏器的关系；肝肾隐窝、直肠膀胱陷凹和直肠子宫陷凹的位置和临床意义。
2. **熟悉**　腹膜和腹膜腔的概念；腹膜的功能。
3. **了解**　网膜、系膜和腹膜形成的韧带的结构。
4. 能在人体标本、模型上辨认腹膜形成的结构。
5. 具有关爱患者、积极促进患者康复的意识。

案例讨论

【案例】

患者，女，46岁，因"突发上腹部剧烈疼痛伴恶心、呕吐4小时"急诊入院。查体：体温36.8℃，脉搏78次/分钟，呼吸17次/分钟，血压140/90mmHg。上腹部饱满，可触及管状肿物，压痛明显。腹部CT检查示肠套叠。全麻下行剖腹探查术，术中见局部空肠及系膜自近向远套叠，空肠系膜扭转3周，松解后，套叠小肠长约100cm。

【讨论】

1. 请根据所学知识分析该患者空肠系膜扭转的解剖学基础。
2. 请讨论如何促进该患者的术后康复。

一、概述

腹膜（peritoneum）为腹、盆腔壁内面和腹、盆腔脏器表面的一层薄而光滑的半透明浆膜。其中，位于腹、盆腔壁内面的腹膜称壁腹膜，位于腹、盆腔脏器表面的腹膜称脏腹膜。脏腹膜紧贴脏器表面，成为脏器的一部分，如胃的脏腹膜即胃的外膜。壁腹膜和脏腹膜相互延续、移行，共同围成不规则的潜在性腔隙，称腹膜腔（图15-1），腔内含少量浆液。男性腹膜腔为封闭的腔隙；女性腹膜腔借输卵管腹腔口，经输卵管、子宫、阴道与外界相通，正常情况下，子宫颈管被黏液栓塞，空气和细菌不能通过。

腹膜腔和腹腔在解剖学上是两个不同而又相关的概念。腹腔是指膈以下、盆膈以上，腹前壁和腹后壁之间的腔，腹膜腔套在腹腔内，腹、盆腔脏器均位于腹腔之内、腹膜腔之外。

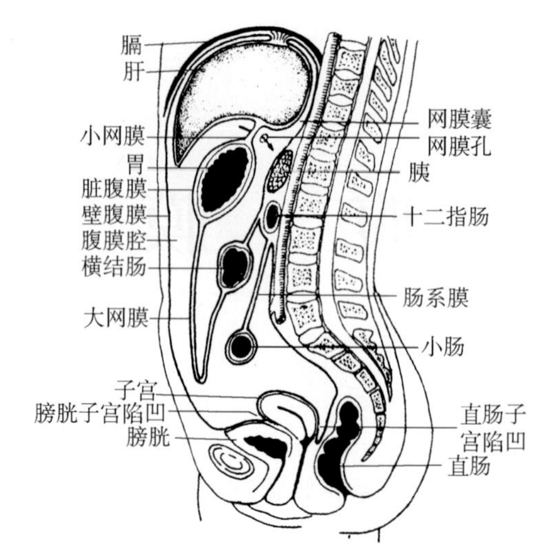

图 15－1　腹膜腔正中矢状切面模式图（女性）

考点提示 壁腹膜和脏腹膜相互延续、移行，共同围成不规则的潜在性腹膜腔。

腹膜具有分泌、吸收、保护、支持、固定、防御和修复等功能：①分泌少量浆液，可润滑和保护脏器，减少摩擦。②吸收腹腔内的液体、空气等。一般认为，上腹部的腹膜吸收能力较强，因此，腹腔炎症或腹部手术后康复期的患者多采用半卧位，使液体积于下腹部，减少腹膜对毒素等的吸收。③支持和固定脏器。④防御功能。腹膜及腹膜腔内含大量巨噬细胞，可吞噬细菌及有害物质。⑤修复和再生。腹膜分泌的浆液中富含纤维素，有粘连作用，可促进伤口愈合、炎症局限。但手术时若操作粗暴，或腹膜暴露时间过长，可致肠袢纤维性粘连。

二、腹膜与腹、盆腔脏器的关系

根据被腹膜覆盖的范围大小，腹、盆腔脏器可分为三类：腹膜内位器官、腹膜间位器官和腹膜外位器官（图 15－1）。

考点提示 根据被腹膜覆盖的范围大小，可将脏器分为腹膜内位器官、腹膜间位器官和腹膜外位器官。

（一）腹膜内位器官

器官表面几乎都被腹膜覆盖，如胃、十二指肠上部、空肠、回肠、盲肠、阑尾、横结肠、乙状结肠、脾、卵巢和输卵管等。

（二）腹膜间位器官

器官表面的大部分被腹膜覆盖，如肝、胆囊、升结肠、降结肠、子宫、膀胱和直肠上段等。

（三）腹膜外位器官

器官仅有一面被腹膜覆盖，如肾、肾上腺、输尿管、胰、十二指肠降部和水平部以及直肠中下段等。这些器官多位于腹膜后间隙，临床上又称腹膜后位器官。

三、腹膜形成的结构

壁腹膜与脏腹膜在器官之间返折移行，形成了网膜、系膜、韧带及陷凹等结构，对器

官起连接和固定作用，也是血管、神经等进出器官的途径。

考点提示 腹膜形成网膜、系膜、韧带及陷凹等结构。

（一）网膜

网膜（omentum）包括小网膜和大网膜（图 15-2）。

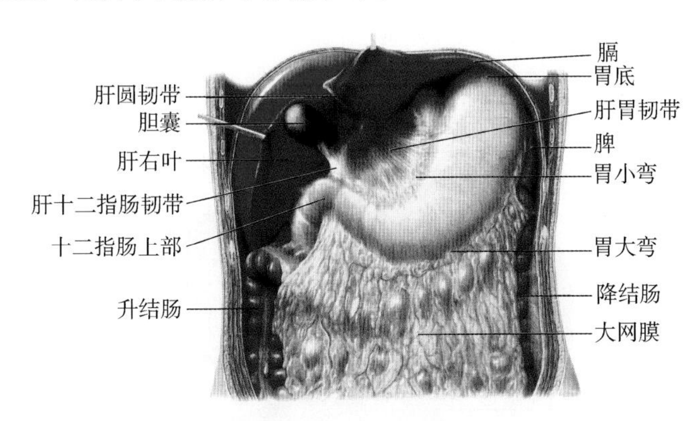

图 15-2 网膜

1. 小网膜 是自肝门向下移行于胃小弯和十二指肠上部的双层腹膜结构。肝门连于胃小弯的部分称肝胃韧带，内有胃左右血管、胃上淋巴结及胃的神经等。肝门连于十二指肠上部的部分称肝十二指肠韧带，内有三个重要结构：胆总管、肝固有动脉和肝门静脉。小网膜右缘游离，其后方有网膜孔通网膜囊。

2. 大网膜 是连于胃大弯和横结肠间的四层腹膜结构，形似围裙，悬垂于横结肠和空、回肠的前方。大网膜前两层是由胃和十二指肠上部的前、后两层腹膜向下延伸而成，降至脐平面稍下方后返折向上，形成大网膜的后两层，连于横结肠。大网膜前两层与后两层之间有潜在性腔隙，成人大网膜的四层结构常粘连愈着，胃大弯和横结肠间的大网膜前两层形成胃结肠韧带。大网膜内含大量血管、丰富的脂肪和巨噬细胞，后者有重要的防御功能。活体上大网膜的下垂部分可移动包裹腹膜腔病灶，限制炎症扩散。小儿大网膜较短，通常在脐平面以上，阑尾炎或其他下腹部炎症不易被大网膜包裹，常引起弥漫性腹膜炎。

3. 网膜囊和网膜孔 网膜囊是小网膜和胃后壁与腹后壁的腹膜之间的扁窄间隙，又称小腹膜腔，为腹膜腔的一部分（图 15-1、图 15-3）。网膜孔又称 Winslow 孔，位于小网膜右缘后方，高度约平第 12 胸椎至第 2 腰椎体，成人可容 1～2 指通过。上界是肝尾状叶，下界是十二指肠上部，前界是肝十二指肠韧带，后界是覆盖在下腔静脉表面的腹膜。

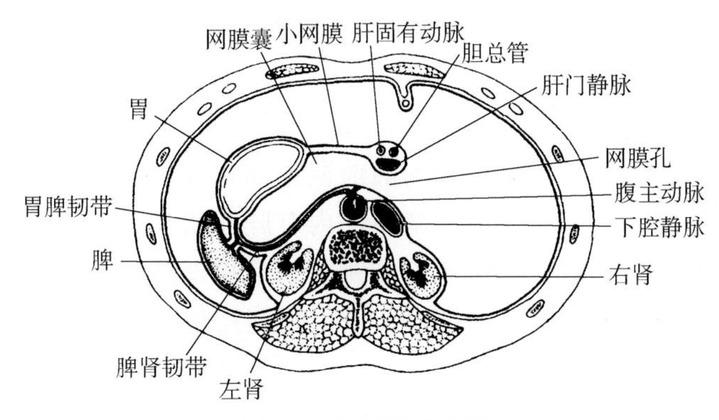

图 15-3 网膜囊和网膜孔

网膜囊是一个盲囊，位置较深，胃后壁穿孔早期，胃内容物多局限于囊内，给诊断带来困难，若积液（脓）经网膜孔流到腹膜腔其他部位，可导致炎症扩散。

（二）系膜

系膜是脏、壁腹膜相互延续移行而成，并将器官连于腹后壁的双层腹膜结构，内含出入该器官的血管、神经、淋巴管以及淋巴结等。主要的系膜有肠系膜、阑尾系膜、横结肠系膜和乙状结肠系膜等（图 15-4）。

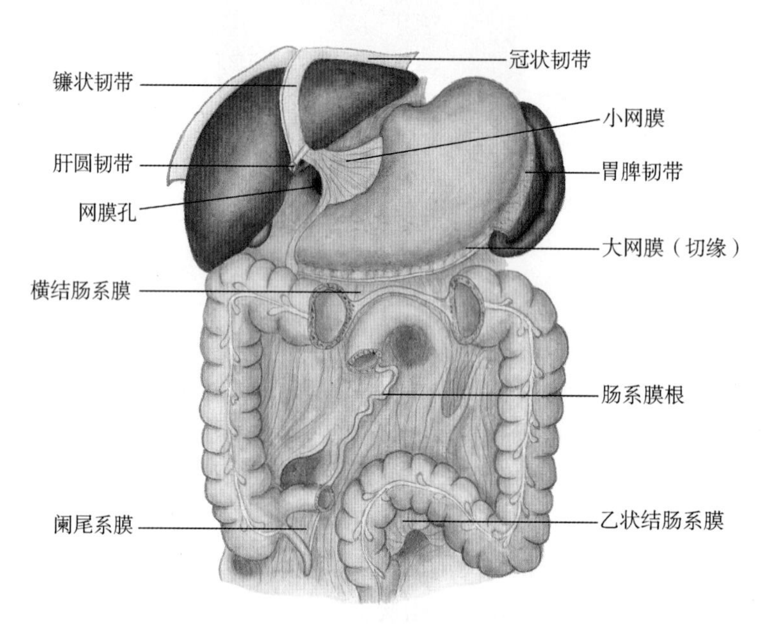

图 15-4　腹膜形成的结构

1. 肠系膜　呈扇形，面积较大，将空肠、回肠连于腹后壁。附着于腹后壁的部分称肠系膜根，长约 15cm。肠系膜长而宽阔，利于空、回肠的活动，但活动异常时易发生肠扭转、肠套叠。

2. 阑尾系膜　呈三角形，将阑尾连于肠系膜下方，游离缘内有阑尾动、静脉走行。

3. 横结肠系膜　起自结肠右曲，止于结肠左曲，将横结肠连于腹后壁。

4. 乙状结肠系膜　根部附着于左髂窝和骨盆左后壁，将乙状结肠连于左下腹。该系膜较长，乙状结肠活动度较大，易发生肠扭转。

（三）韧带

韧带是指连于腹、盆壁与脏器间或连于相邻脏器之间的腹膜结构，多为双层，有固定脏器的作用。

1. 肝的韧带　肝下方有肝胃韧带和肝十二指肠韧带；上方有镰状韧带、冠状韧带和左、右三角韧带。镰状韧带呈矢状位，为腹前壁上部和膈下面连于肝膈面的双层腹膜结构，位于前正中线右侧，其下缘游离、增厚，内有肝圆韧带。冠状韧带呈冠状位，为膈下的壁腹膜折返至肝膈面形成，前层向前与镰状韧带相延续，前、后两层间无腹膜覆盖的肝表面称肝裸区。冠状韧带左、右两端，前、后两层彼此愈着增厚，形成左、右三角韧带。

2. 脾的韧带　包括胃脾韧带、脾肾韧带和膈脾韧带。胃脾韧带连于胃底和胃大弯上部

与脾门之间。脾肾韧带是脾门到左肾前面的双层腹膜结构。膈脾韧带是脾肾韧带的上部，由脾上极连至膈下。

3. 胃的韧带 包括肝胃韧带、胃脾韧带、胃结肠韧带和胃膈韧带。胃膈韧带是胃贲门左侧和食管腹段连于膈下面的腹膜结构。

（四）腹膜皱襞、腹膜隐窝和陷凹

1. 腹膜皱襞 腹、盆壁与脏器之间或脏器与脏器之间腹膜形成的隆起，其深部常有血管走行。

2. 腹膜隐窝 腹膜在皱襞之间或皱襞与腹、盆壁之间形成的凹陷。肝肾隐窝位于肝右叶与右肾之间，是仰卧时腹膜腔的最低处，腹膜腔内的液体易积存于此。

3. 腹膜凹陷 较大的隐窝称腹膜陷凹，主要位于盆腔内，为腹膜在盆腔脏器之间移行返折形成。男性在膀胱与直肠之间有直肠膀胱陷凹；女性在膀胱与子宫之间有膀胱子宫陷凹，在直肠与子宫之间有直肠子宫陷凹，又称 Douglas 腔。站立或坐位时，男性的直肠膀胱陷凹和女性的直肠子宫陷凹是腹膜腔的最低处，腹膜腔内的积液多积存于此，直肠穿刺和阴道穹后部穿刺可进行相关疾病的诊断和治疗。

考点提示 站立或坐位时，男性的直肠膀胱陷凹和女性的直肠子宫陷凹是腹膜腔的最低处。

知识拓展

腹腔体位引流术

腹膜炎症或腹、盆腔术后，腹膜腔内可产生脓性或血性渗出物，由于腹腔内网膜、系膜、韧带以及陷凹等的存在，不同卧位时，渗出物可积存于不同的部位。

腹腔体位引流术常采用半卧位，将腹膜腔内的渗出物向下引流至盆腔的陷凹内，此处腹膜吸收能力弱，可减缓中毒症状，且男性的直肠膀胱陷凹和女性的直肠子宫陷凹邻近阴道、直肠，穿刺或切开引流方便、安全。若取平卧位，渗出物易积存于肝肾隐窝，该处解剖关系复杂，临床处理难度大，同时上腹部腹膜面积较大，毛细血管和毛细淋巴管丰富，吸收能力强，易导致中毒症状。因此，半卧位引流腹膜腔渗出物对疾病的诊断和治疗有重要意义。

本章小结

腹膜为腹、盆腔壁内面和腹、盆腔脏器表面的一层薄而光滑的半透明浆膜，分为壁腹膜和脏腹膜。壁腹膜和脏腹膜相互延续、移行，围成的潜在性腔隙称腹膜腔。根据被腹膜覆盖的范围大小，腹、盆腔脏器可分为腹膜内位器官、腹膜间位器官和腹膜外位器官 3 类。壁腹膜与脏腹膜在器官之间返折移行，形成了网膜、系膜、韧带及陷凹等结构。网膜包括小网膜和大网膜；主要的系膜有肠系膜、阑尾系膜、横结肠系膜和乙状结肠系膜；腹膜形成的韧带包括肝的韧带、脾的韧带和胃的韧带。腹膜皱襞是腹、盆壁与脏器之间或脏器与脏器之间腹膜形成的隆起。腹膜隐窝是在皱襞之间或皱襞与腹、盆壁之间

形成的腹膜凹陷，较大的隐窝称腹膜陷凹。仰卧时，肝肾隐窝是腹膜腔的最低处；站立或坐位时，男性的直肠膀胱陷凹和女性的直肠子宫陷凹是腹膜腔的最低处，腹膜腔内的积液易积存于此。

扫码“练一练”

习 题

一、选择题

1. 关于腹膜的正确说法是
   A. 由结缔组织构成
   B. 由单层立方上皮构成
   C. 分为壁腹膜和脏腹膜
   D. 是覆盖于腹、盆腔脏器表面的浆膜
   E. 胃、肠壁最外层的浆膜为壁腹膜
2. 关于腹膜腔，下列说法错误的是
   A. 男性腹膜腔是封闭的
   B. 女性腹膜腔可借输卵管、子宫、阴道等与外界相通
   C. 腔内含有少量浆液
   D. 也称为腹腔
   E. 腔内不含有任何器官
3. 下列属于腹膜间位器官的是
   A. 肾
   B. 胃
   C. 子宫
   D. 空肠
   E. 脾
4. 下列属于腹膜内位器官的是
   A. 肝
   B. 肾
   C. 阑尾
   D. 胰
   E. 胆囊
5. 下列不属于腹膜外位器官的是
   A. 肾
   B. 胰
   C. 输尿管
   D. 肾上腺
   E. 脾
6. 腹膜形成的结构不包括
   A. 韧带
   B. 系膜
   C. 大网膜
   D. 小网膜
   E. 穹隆
7. 下列关于大网膜的叙述，正确的是
   A. 是网膜囊的前壁
   B. 是胃到小肠之间的两层腹膜
   C. 是小网膜的直接延续
   D. 是胃大弯与横结肠之间的 4 层腹膜
   E. 以上都不是
8. 下列关于小网膜的描述，正确的是
   A. 在胃大弯与横结肠之间
   B. 由两层壁腹膜构成
   C. 包括十二指肠空肠曲
   D. 内含腹腔干

E. 由肝胃韧带和肝十二指肠韧带组成

二、思考题

1. 简述腹膜与盆、腹腔脏器的关系及临床意义。
2. 腹膜炎症或腹部手术后的患者为何多采取半卧位？

（庄 园 许 骏）

第四篇

脉管系统

第十六章

心血管系统

学习目标

1. **掌握** 体循环和肺循环的途径；心的位置、外形、心腔的结构及心尖的体表投影；主动脉干的分支及其分布；临床常用于压迫止血的动脉、静脉名称；面静脉走行和特点；上、下肢浅静脉的名称和注入深静脉的部位；肝门静脉的组成、主要属支、侧支循环途径及意义；心、动脉和毛细血管的结构特点；毛细血管的分类。

2. **熟悉** 腹腔干、肠系膜上、下动脉的分支与分布；心的传导系统；锁骨下动脉、腋动脉主要分支；盆腔动脉的分支及分布；静脉的一般结构。

3. **了解** 血管吻合；动脉分布规律；胸主动脉分支、分布情况；静脉系统的组成、结构特点；心的静脉回流途径；椎静脉丛的位置、交通。

4. 能够在标本、模型和活体上辨认心的体表投影，理解心脏结构与临床疾病的关系。

5. 具备心血管系统疾病的康复保健意识和宣教能力。

案例讨论

【案例】

患者，男性，46岁。因呕血紧急入院。有乙型肝炎病史。入院检查，面色黝黑，腹部膨隆，腹壁静脉怒张，大便常规检查有血细胞，腹腔穿刺有腹水。

【讨论】

是何原因导致该患者出现以上症状和体征？

心血管系统是一个封闭的管道系统，广泛分布于人体各处，管道内有血液循环流动。其主要功能是进行物质运输。

第一节 概　　述

一、心血管系统的组成

心血管系统由心、动脉、毛细血管和静脉组成。

1. 心 是心血管系统的“动力泵”，有四个腔，即左、右心房和左、右心室。左、右心

房间有房间隔分隔，左、右心室间有室间隔分隔。同侧的心房和心室之间借房室口相通，房室口处有瓣膜附着，可防止血液逆流。左心房和左心室内流动的是鲜红色的动脉血，含氧较多；右心房和右心室内流动的是暗红色的静脉血，含二氧化碳较多。心是血液循环的动力器官，心脏收缩时，将心室内血液射出到动脉；心脏舒张时，静脉内的血液回流入心房。

2. 动脉 从左、右心室发出，运送血液到达全身各部位，在行程中不断分支，管径越分越细，最后移行为毛细血管。

3. 毛细血管 连于微动、静脉之间，相互吻合呈网，分布广泛，人体除软骨、角膜、晶状体、毛发、釉质和被覆上皮没有毛细血管外，其余各部位均有。

4. 静脉 起自毛细血管，引导血液回流到心房。在向心回流过程中，管径越来越粗，不断接受属支的血液，最后注入心房。

考点提示 心血管系统由心、动脉、毛细血管和静脉组成。

二、血液循环途径

血液由心室出发，经动脉、毛细血管和静脉，再返回心房，这种周而复始、循环流动的过程称血液循环。根据途径不同，血液循环可分为体循环和肺循环（图 16–1）。

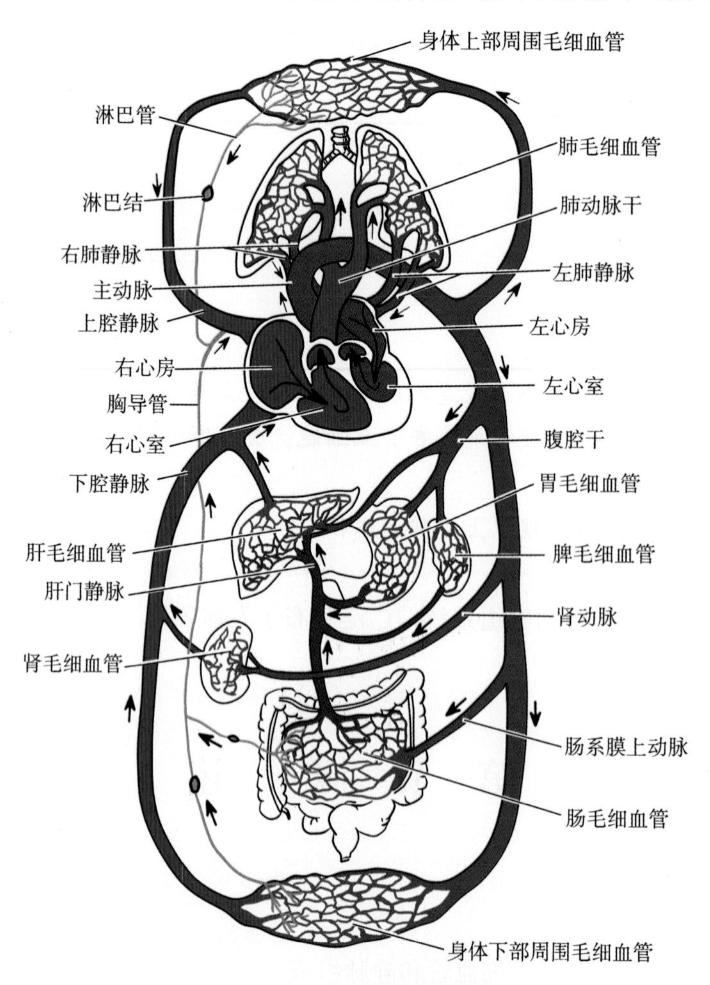

图 16–1 血液循环示意图

1. 体循环　血液由左心室搏出，经主动脉及其分支将富含氧和营养物质的动脉血运送到全身毛细血管，血液与周围组织进行物质交换，血液中的氧和营养物质进入组织，同时组织中的二氧化碳等代谢产物经毛细血管壁进入血液，动脉血转化为静脉血，再经静脉回流到右心房。右心房的血液经右房室口进入右心室（图 16–2）。由于其循环途径长、流经范围广，又称大循环。

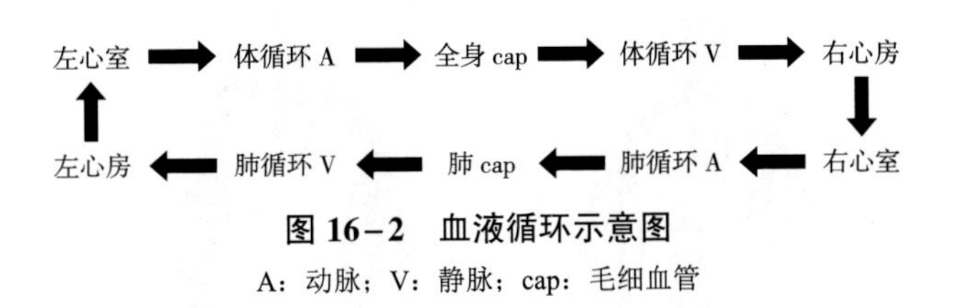

图 16–2　血液循环示意图

A：动脉；V：静脉；cap：毛细血管

2. 肺循环　血液由右心室搏出，经肺动脉干及其分支将静脉血运送到肺的毛细血管，与肺泡内的氧气进行气体交换，再经过肺静脉将交换后的动脉血回流到左心房，这一过程称为肺循环。由于其循环途径短、流经范围小，故又称小循环。

体循环与肺循环之间互相连通同时进行，是不可分割的两部分（图 16–3）。

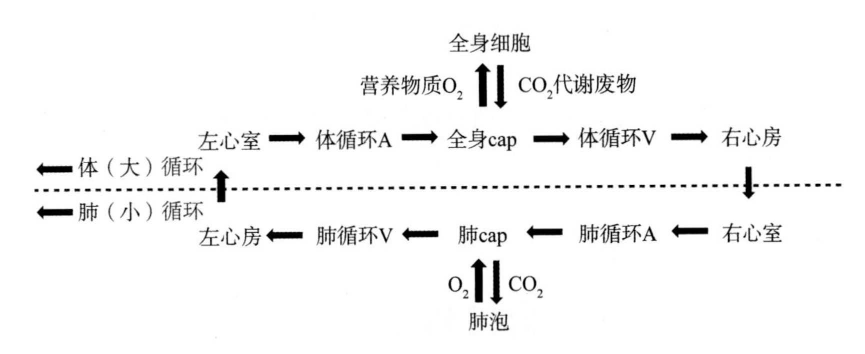

图 16–3　体循环与肺循环关系示意图

A：动脉；V：静脉；cap：毛细血管

考点提示　血液循环可分为体循环和肺循环。

三、血管吻合及其功能意义

人体的血管之间存在着广泛的吻合。按吻合形式不同可分为动脉间吻合、静脉间吻合和动、静脉间的吻合（图 16–4）。

1. 动脉间吻合　是指多条动脉分支间互相吻合形成动脉网或动脉弓，如关节周围的动脉网、手的掌浅弓。

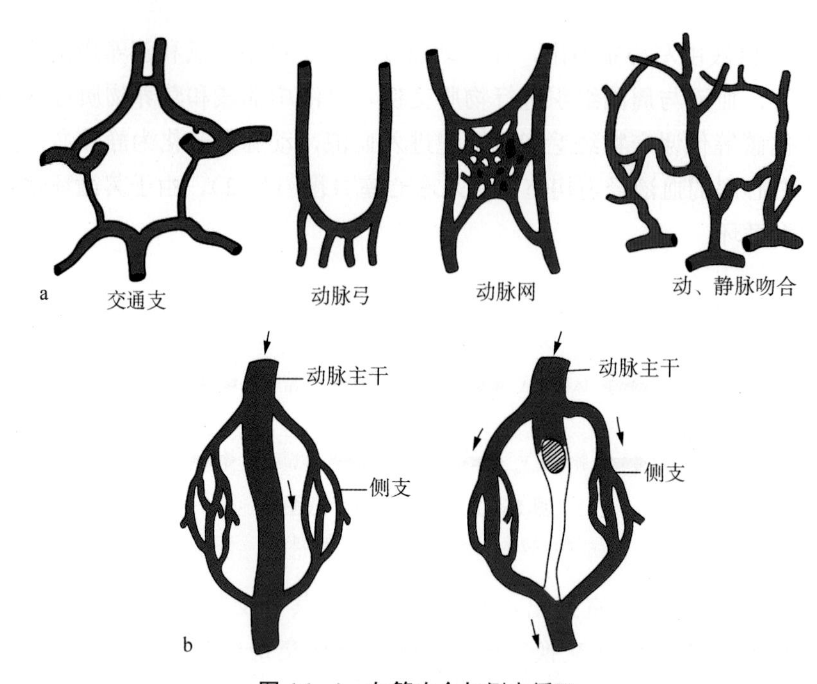

图 16-4 血管吻合与侧支循环

a. 血管吻合形式；b. 侧支吻合和侧支循环

2. 静脉间的吻合 比动脉间吻合更多，常见的形式有静脉丛或静脉网，保证器官局部受压时血液回流通畅。

扫码“看一看”

3. 动、静脉间吻合 一般指小动脉与小静脉间借吻合支相连，起到调节局部血流量和温度的作用。

4. 侧支循环 由发自较大动脉主干的侧副管彼此吻合而成。这种通过侧支而建立的血液循环称侧支循环。在病理情况下，侧支循环的建立，对保证器官的血液供应有重要意义。

第二节 心

扫码“学一学”

一、心的位置、外形和毗邻

心位于胸腔中纵隔内，约 2/3 位于人体正中线左侧，1/3 位于正中线右侧，形似倒置前后略扁的圆锥形。上方与出入心的大血管相连，下方有膈；后面平对 5～8 胸椎，邻近食管、胸主动脉等结构；两侧是纵隔胸膜和肺；前面紧贴胸骨体和第 2～6 肋软骨（图 16-5）。大部分被肺和胸膜遮盖，其前下部一小部分区域借心包直接邻接胸骨体下半部和左侧第 4～5 肋软骨，称为心包裸区。临床上，当心搏骤停需要注射药物时，常在左侧第 4 肋间隙靠胸骨左缘处进针。

心可分为一尖、一底、两面、三缘和四条沟（图 16-6、图 16-7）。

1. 心尖 圆钝、游离，朝向左前下方，由左心室构成，其体表投影在左侧第 5 肋间隙、锁骨中线内侧 1～2 cm 处。在体表可触及心尖搏动。

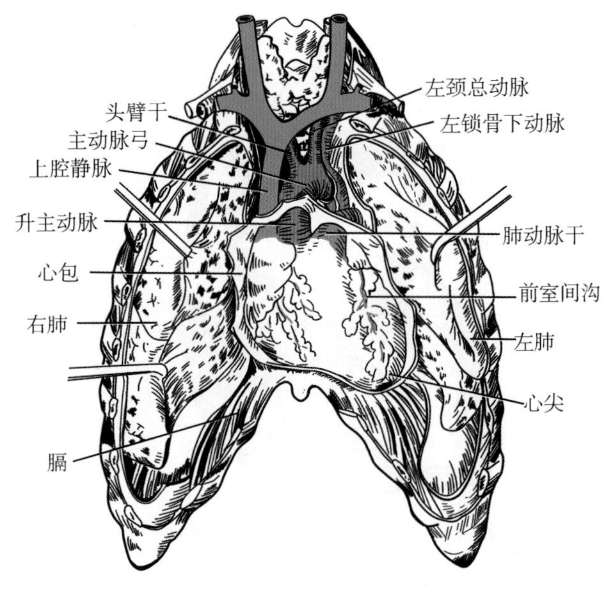

图 16-5 心的位置

2. 心底 朝向右后上方，与出入心的大血管相连。大部分由左心房、小部分由右心房构成。

3. 两面 心的前面朝向胸骨体和肋软骨，称胸肋面，大部分由右心房和右心室构成；下面与膈相贴，称膈面，大部分由左心室构成。

4. 三缘 心左缘圆钝，大部分由左心室构成，仅上方一小部分由左心耳构成；心右缘垂直向下，由右心房构成，向上延续为上腔静脉右缘；心下缘锐利，由右心室和心尖构成。

心表面有四条沟，是心的四个腔在心表面的分界。冠状沟又称房室沟，几乎呈环形的浅沟，靠近心底处，是心房和心室在心表面的分界标志。心的胸肋面和膈面，各有一条自冠状沟向下延至心尖右侧的浅沟，分别称前室间沟和后室间沟，是左、右心室在心表面的分界标志。这三条沟内均有血管走行并有脂肪组织覆盖。此外，在心底部，右心房与右肺上、下静脉之间有一浅沟，称房间沟，是左、右心房在心底的分界标志。冠状沟、后室间沟和房间沟三者交汇处，称为房室交点，是左、右心房和左、右心室在心后面的邻接处。

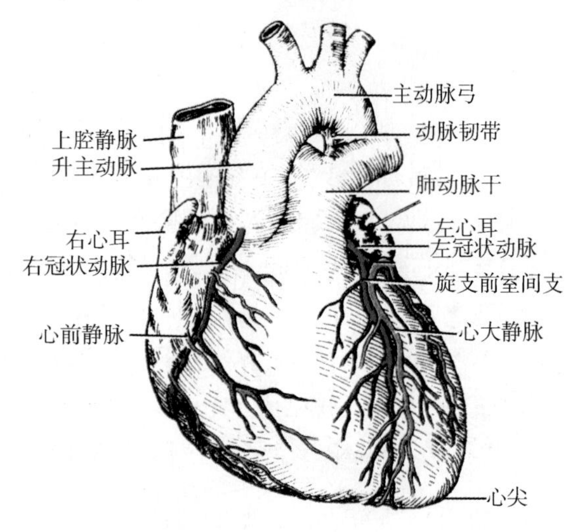

图 16-6 心的外形与血管（前面）

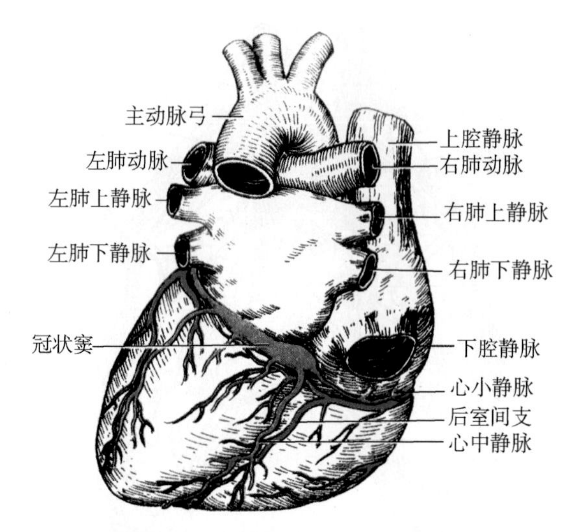

图 16-7 心的外形与血管（后面）

考点提示 心尖的体表投影在左侧第 5 肋间隙与左锁骨中线内侧 1～2 cm 交界处。

二、心腔

（一）右心房

右心房是心脏最右侧的部分，壁薄而腔大，其向左前方的突出部分，称为右心耳。右心房有三个入口：即上壁的上腔静脉口、下壁的下腔静脉口及下腔静脉口前内侧的冠状窦口，分别引导人体上半身、下半身和心本身的静脉血回流入右心房。右心房的出口是右房室口，通右心室。右心房后内侧壁称房间隔，是分隔左、右心房的结构，房间隔右侧面中下部有一卵圆形浅凹，称卵圆窝，是胎儿时期卵圆孔闭合后的遗迹，此处薄弱，房间隔缺损多发生在此处（图 16-8）。

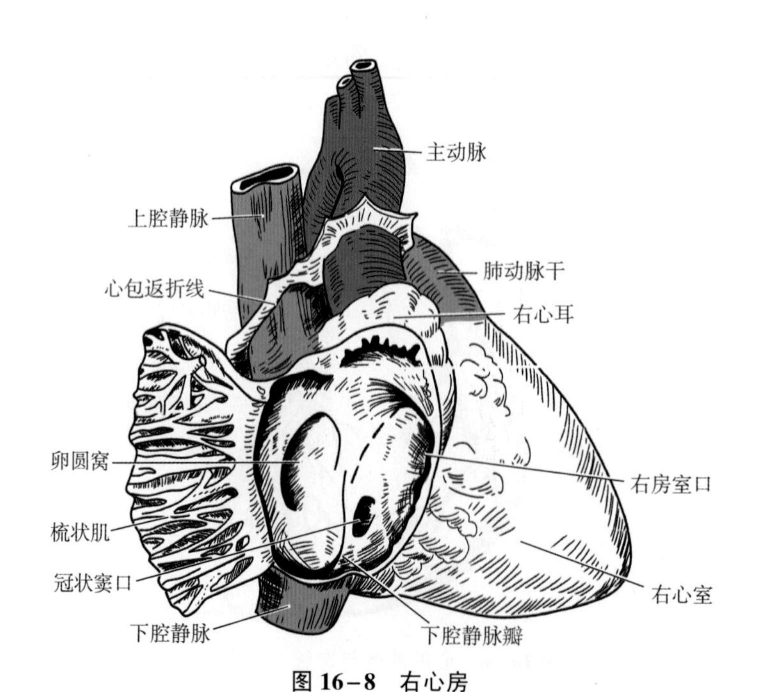

图 16-8 右心房

（二）右心室

右心室位于右心房左前下方，直接位于胸骨左缘第 4、5 肋软骨的后方，构成胸肋面的大部分（图 16–9）。

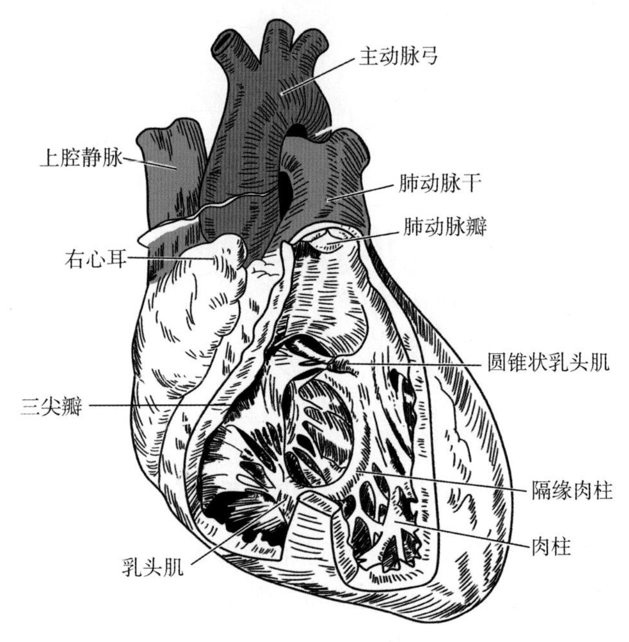

图 16–9 右心室

右心室的入口即右房室口，口的周围有致密结缔组织环，其上附有三个三角形瓣膜，称三尖瓣（右房室瓣），三尖瓣的游离缘借腱索连于乳头肌上。乳头肌是从心室壁突入心腔的锥状肌性隆起。当右心室收缩时，由于右心室血压的作用，三尖瓣覆盖右房室口，但因乳头肌收缩和腱索的牵拉，使瓣膜不致翻转进入右心房，从而使房室口处于关闭状态。因此，三尖瓣环、三尖瓣、腱索和乳头肌在功能上是一个整体，称三尖瓣复合体，其作用是防止血液逆流。

出口为肺动脉口，口周围的纤维环上附有三个半月形瓣膜，称肺动脉瓣。当右心室收缩时，血液冲开肺动脉瓣，流进肺动脉干；当右心室舒张时，瓣膜互相靠拢，关闭肺动脉口，阻止血液反流回右心室。

（三）左心房

左心房位于右心房的左后方，构成心底的大部分。前方有升主动脉和肺动脉，后方与食管毗邻。其向右前方突出的部分称左心耳，较右心耳狭长，壁厚。左心房有四个入口，即左肺上、下静脉口和右肺上、下静脉口，开口处无静脉瓣。有一个出口，即左房室口，通向左心室（图 16–10）。

（四）左心室

左心室位于右心室左后方，呈圆锥形，壁厚约为右心室壁的三倍（图 16–10）。

左心室的入口即左房室口，周围有二尖瓣环，其上附有二尖瓣（左房室瓣），二尖瓣的游离缘同样借腱索连于乳头肌上。二尖瓣环、二尖瓣、腱索和乳头肌在结构和功能上是一个整体，称二尖瓣复合体，可以防止血液逆流。

出口为主动脉口，位于左房室口的右前方，通向主动脉。口周围有主动脉瓣，为三片半月形瓣膜，分别位于主动脉的左、右、后方。瓣膜与主动脉壁之间的袋状间隙称主动脉

窦，分为左窦、右窦和后窦。其中左、右窦的动脉壁上分别有左、右冠状动脉的开口。

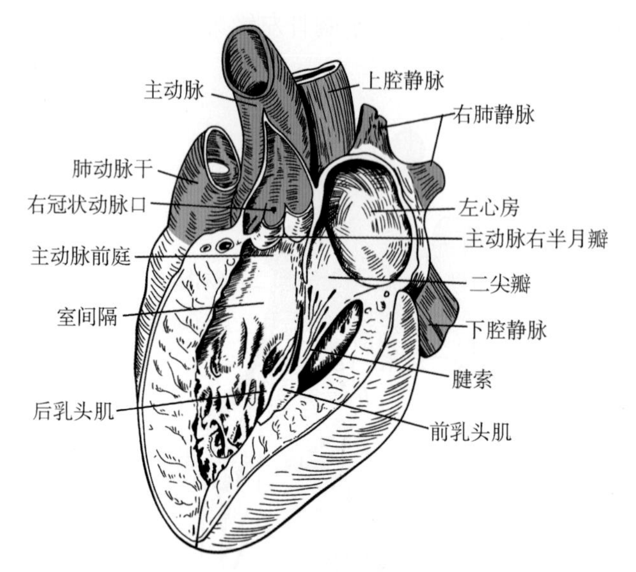

图 16－10　左心房和左心室

心似一个“泵”，瓣膜似泵的闸门，保证了心腔内血液的定向流动。两侧心房与心室分别同步收缩和舒张。当心室收缩时，三尖瓣和二尖瓣关闭，肺动脉瓣和主动脉瓣打开，血液射入到肺动脉和主动脉；当心室舒张时，三尖瓣和二尖瓣开放，肺动脉瓣和主动脉瓣关闭，血液由心房流入心室。

三、心的构造

（一）心纤维性支架

心纤维性支架又称心纤维骨骼，在心房肌和心室肌之间，房室口、肺动脉口及主动脉口的周围，由致密结缔组织构成。心纤维性支架坚韧并富有弹性，起支撑作用，是心肌纤维和心瓣膜的附着处。心纤维支架包括左、右 2 个纤维三角和肺动脉瓣环、主动脉瓣环、二尖瓣环、三尖瓣环及圆锥韧带、室间隔膜部和瓣膜间隔等。心纤维支架随年龄的增长可发生不同程度的钙化，甚至骨化。

（二）心壁

心壁由内至外分别为心内膜、心肌膜和心外膜三层。心内膜是被覆于心腔内面的一层光滑薄膜；心肌膜主要由心肌纤维构成，为心壁的主体，包括心房肌和心室肌。心房肌较薄，心室肌较厚，左心室肌最厚。心房肌和心室肌彼此不直接相连，分别附着在心纤维支架上。由于心纤维支架的分隔，心房肌和心室肌的收缩不同步进行（图 16－11）；心外膜包裹在心肌表面，是一层光滑的浆膜。

（三）心间隔

心间隔包括房间隔和室间隔，把心分隔成容纳动脉血的左半心和容纳静脉血的右半心。

1. 房间隔　分隔左、右心房，由两层心内膜中间夹心房肌纤维和结缔组织构成，连接左、右心房肌，故左、右心房可同时舒缩。

2. 室间隔　分隔左、右心室，连接左、右心室肌，故左、右心室可同时舒缩。室间隔包括较厚的肌部和较薄的膜部。膜部薄弱，为胚胎时期室间孔闭合后的遗迹，是室间隔缺损的好发部位（图 16－12）。

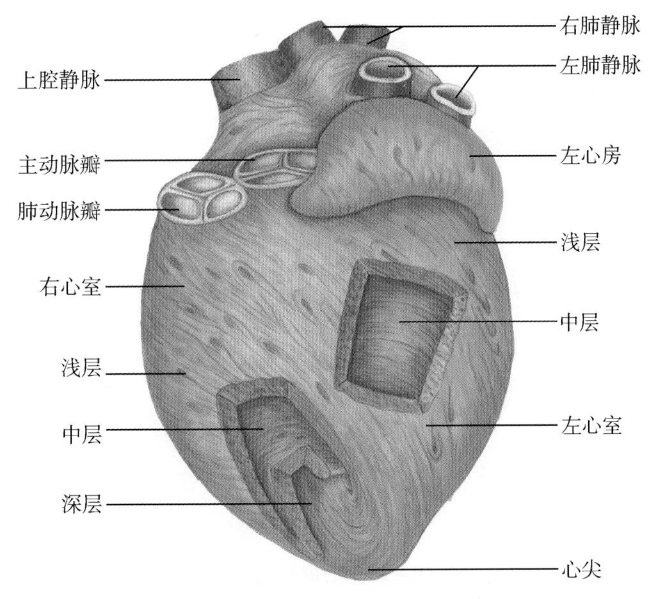

图 16-11　心肌膜

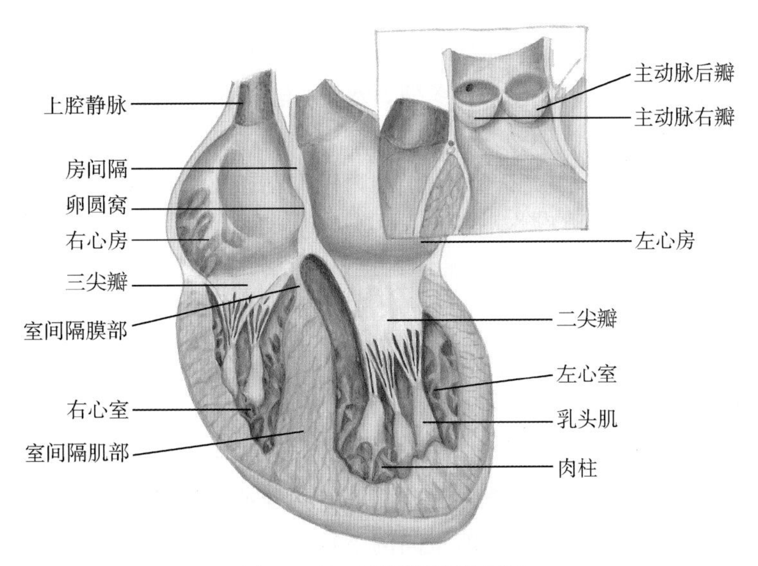

图 16-12　房间隔和室间隔

四、心的传导系统

心的传导系统位于心壁内，由特殊的心肌细胞构成，有自律性和传导性，功能是产生并传导冲动，控制心的节律性运动。由窦房结、结间束、房室结和室内传导系统（包括房室束、左束支、右束支和浦肯野纤维网）构成（图 16-13）。

（一）窦房结

窦房结被称为心的正常起搏点，呈长梭形，位于上腔静脉和右心房交界处，心外膜的深面。正常情况下，能自动发出节律性冲动，引起左、右心房肌的收缩，并传给房室结，再经房室结及室内传导系统传给心室肌，引起左、右心室肌的收缩。

（二）房室结

房室结被称为心的次级起搏点，呈椭圆形，位于冠状窦口与右房室口之间的心内膜深面，作用是将窦房结传来的冲动传向心室内传导系统。

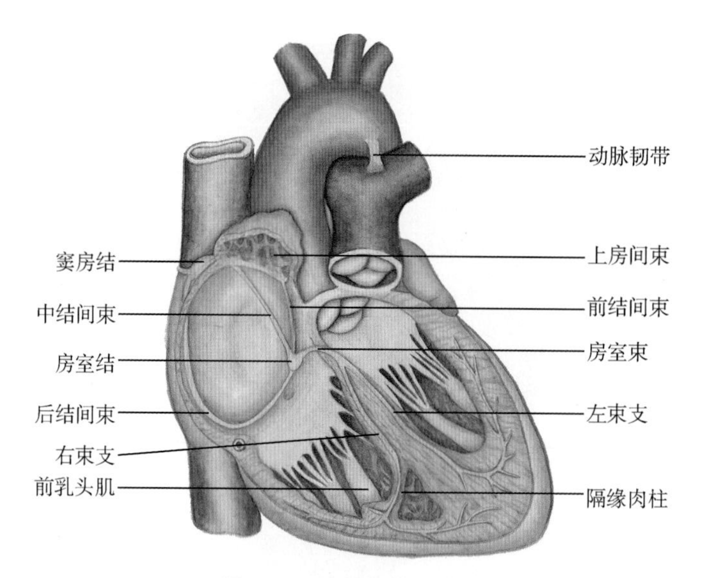

图 16－13　心的传导系统

（三）房室束

房室束又称希氏（His）束，从房室结发出后，下降到室间隔肌部上缘分为左束支和右束支，分别沿室间隔到达左、右心室内，分为许多细小分支，最终形成浦肯野纤维（Purkinje）网。

（四）心室内传导系统

心室内传导系统起自房室结，将房室结传来的冲动按先后顺序分别经房室束，左、右束支和浦肯野纤维网传到心室肌，从而引起左、右心室的收缩。

五、心的血管

心的血液供应来自左、右冠状动脉；回流的静脉血，绝大部分经冠状窦回流入右心房。

（一）心的动脉

营养心的动脉是左、右冠状动脉（图 16－6、图 16－7），自升主动脉根部发出。

1. 左冠状动脉　起自主动脉左窦，主干很短，经左心耳和肺动脉干根部行向左前，然后分成前室间支和旋支。前室间支沿前室间沟下行，是左冠状动脉的主干延续，分支分布于左心室前壁、右心室前壁小部分、室间隔前 2/3 等处；旋支自左冠状动脉主干发出后，沿冠状沟左行，绕心左缘至心膈面，沿途分支分布于左心房和左心室壁等处。

2. 右冠状动脉　起自主动脉右窦，经右心耳和肺动脉干根部沿冠状沟行向右，绕心下缘到膈面的冠状沟，在房室交点附近分为后室间支和左室后支。后室间支是主干的延续，较粗，沿途分支分布于后室间沟附近的左、右心室壁和室间隔后 1/3。左室后支向左行，分布于左心室膈面右侧部分。

（二）心的静脉

心的静脉大部分汇入冠状窦，再经冠状窦口注入右心房。

1. 冠状窦　位于心膈面，左心房与左心室之间的冠状沟内，主要收纳心小静脉、心中静脉和心大静脉的静脉回流，最后通过冠状窦口注入到右心房。

2. 心前静脉　起自右心室前壁，1～4 支，向上跨越冠状沟直接注入右心房。

3. 心最小静脉　是位于心壁内的小静脉，自心壁肌层的毛细血管丛开始，直接开口于心房或心室腔。

知识拓展

冠心病的康复

冠状动脉粥样硬化性心脏病简称冠心病，是严重危害人类健康的常见病。冠心病的危险因素有：高血压、血脂异常、超重/肥胖、高血糖/糖尿病、不良的生活方式、高脂膳食、过量饮酒、缺少体力活动以及社会心理因素等。冠心病的康复包括改变不合理的生活方式、临床药物治疗、运动锻炼、心理治疗、作业治疗、行为治疗和危险因素纠正等康复治疗措施，可达到改善功能储备，减轻症状，恢复最大活动能力及其相应的心脏功能。

六、心包

心包是包裹心和大血管根部的囊状结构，分内层的浆膜心包和外层的纤维心包两层（图16–14）。

（一）纤维心包

纤维心包是坚韧的结缔组织囊，上方包裹出入心的大血管并与这些大血管外膜相续，下方与膈的中心腱愈着。

（二）浆膜心包

浆膜心包是衬于心表面、大血管根部表面及纤维心包内面的浆膜，可分为脏层和壁层。紧贴于纤维心包内面的称壁层。覆于心肌外面的称脏层，即心外膜。脏、壁两层在出入心的大血管根部相互移行，两层之间的潜在腔隙称为心包腔，含有少量浆液，可减少心脏搏动时与心包间的摩擦。

心包对心具有屏障保护、润滑作用，正常时能防止心的过度扩大，以保持血容量的恒定。由于纤维性心包伸缩性甚小，若心包腔内大量积液，可限制心的舒张，影响静脉回流。

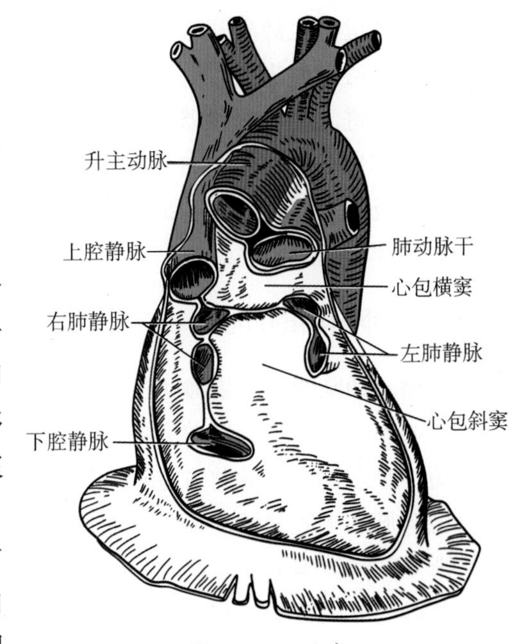

图 16–14　心包

七、心的体表投影

心外形的体表投影个体差异较大，常采用下列四点及其弧形连线表示心在胸前壁的体表投影（图 16–15）。

1. 左上点　位于左侧第 2 肋软骨下缘，距胸骨左缘 1.2cm 处。

2. 右上点　位于右侧第 3 肋软骨上缘，距胸骨右缘 1.0cm 处。

3. 左下点　位于左侧第 5 肋间隙距前正中线 7～9cm 处。

4. 右下点　位于右侧第 7 胸肋关节处。

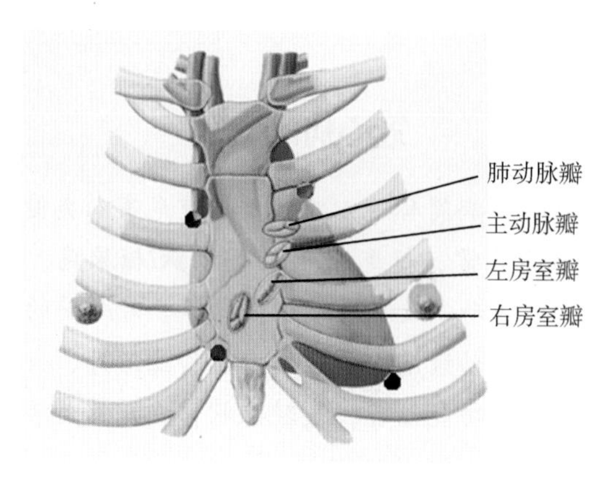

图 16－15　心的体表投影

扫码“学一学”

第三节　动　　脉

动脉是运送血液离开心到达全身的血管。由右心室发出的肺动脉干及其分支运送静脉血，而由左心室发出的主动脉及其分支运送动脉血。动脉分支离开主干进入器官前，称器官外动脉，进入器官内称器官内动脉。动脉的行程和配布规律有：①一般与静脉和神经伴行；②对称性和节段性分布，如头、颈、躯干和四肢的血管；③与器官的形态和功能相适应，如胃肠等处的血管弓和关节周围的动脉网；④安全隐蔽性和短距离分布，多位于身体屈侧、深部和隐蔽部位。

一、肺循环的动脉

肺循环动脉的主干是肺动脉干，位于心包内，是一粗短的动脉干，其间流动着静脉血。起自右心室，于升主动脉前方向左上方斜行，至主动脉弓下方分成左、右肺动脉。左肺动脉较短，经左主支气管前方左行，分为两支通过肺门进入左肺上、下叶。右肺动脉较长，经升主动脉和上腔静脉的后方向右横行，分为三支通过肺门进入右肺上、中、下叶。分支最终形成肺泡周围毛细血管网。

在肺动脉的分叉处与主动脉弓下缘之间有一条短的纤维结缔组织索，称动脉韧带，是胚胎时期的动脉导管闭锁后形成的遗迹。若出生 6 个月此韧带未闭合，称为动脉导管未闭（图 16－14）。

二、体循环的动脉

体循环的动脉主干是主动脉，是全身最粗大的动脉，形似拐杖。根据形态及走行部位可分为升主动脉、主动脉弓和降主动脉（图 16－16）。

升主动脉于胸骨左缘的后上方，平对第 3 肋间隙处起自左心室，斜行向右前方，到右侧第 2 胸肋关节处移行为主动脉弓。升主动脉发出左、右冠状动脉，分布于心。

主动脉弓位于胸骨柄后方，是位于右侧第 2 胸肋关节与第 4 胸椎体下缘之间凸向上的弓形动脉，向下移行为降主动脉。自弓的凸处从右向左依次发出头臂干、左颈总动脉和左锁骨下动脉。头臂干为一粗短动脉干，行向右上方，至右胸锁关节后方，分为右颈总动脉和右锁骨下动脉。在主动脉弓壁内有压力感受器，具有调节血压的作用；在主动脉弓的下方有 2～3 个粟粒状小体，称主动脉小球，为化学感受器，可感受血液中氧浓度及二氧化碳含量的变化，参与呼吸的调节。

降主动脉为最长的一段，上接主动脉弓，沿胸椎体前面下降，穿膈的主动脉裂孔后，沿腰椎体前面下降至第 4 腰椎体下缘高度，分为左、右髂总动脉。降主动脉以膈为界，分胸主动脉和腹主动脉两部分。

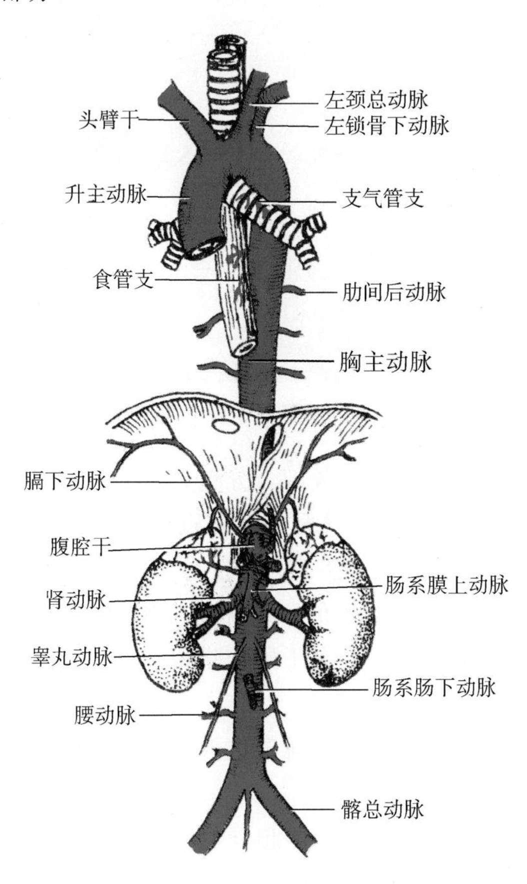

图 16–16　主动脉分部及其分支

考点提示 主动脉弓的凸侧从右向左依次发出头臂干、左颈总动脉和左锁骨下动脉。

（一）头颈部的动脉

头颈部的动脉主干是左、右颈总动脉，右侧起自头臂干，左侧起自主动脉弓，两者均经胸锁关节后方，沿气管、食管和喉的外侧上行，至甲状软骨上缘平面，分为颈内动脉和颈外动脉（图 16–17）。颈动脉窦是颈总动脉末端和颈内动脉起始处的稍膨大，窦壁内有特殊的压力感受器，能感受血压的变化。

1. 颈外动脉　自颈总动脉分出后，先居颈内动脉前内侧，后经其前方转至外侧，在胸锁乳突肌的深面上行，穿腮腺，分为颞浅动脉和上颌动脉两个终支。颈外动脉的主要分支如下。

（1）甲状腺上动脉　自颈外动脉根部发出，向前下方到达甲状腺上部。

（2）舌动脉　平舌骨大角高度发出，分支分布于舌、舌下腺及腭扁桃体。

（3）面动脉　平下颌角起始于颈外动脉，经下颌下腺深面，在咬肌前缘处绕过下颌骨下缘至面部，沿口角和鼻翼外侧，上行至眼内眦，改名为内眦动脉。面动脉在绕下颌骨下缘与咬肌前缘交界处，位置表浅，活体可摸到动脉搏动，临床上为压迫止血点。面动脉分

支分布于面部软组织、下颌下腺等处。

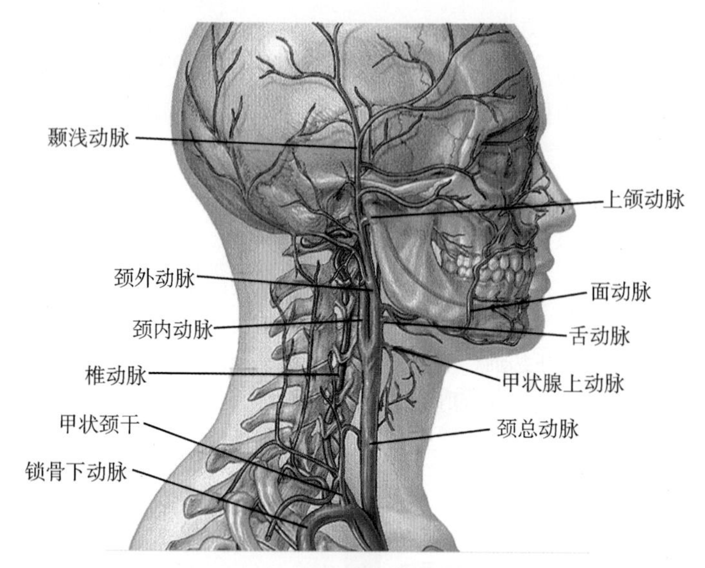

图 16-17 头颈部动脉（侧面观）

（4）颞浅动脉 经耳屏前方上行至颞部。分支分布于腮腺和颞、顶、额部的软组织。在活体，耳屏前方可摸到该动脉搏动，为压迫止血点。

（5）上颌动脉 经下颌颈深面入颞下窝，分支分布于硬脑膜、外耳道、鼓室、咀嚼肌、牙及牙龈、鼻腔等处。其中发出一支分布于硬脑膜，称脑膜中动脉，该动脉经棘孔入颅，分前、后两支，紧贴颅骨内面走行，分布于硬脑膜和颅骨。前支走在翼点的内面，翼点处骨折易损伤此动脉导致出血。

2. 颈内动脉 沿咽外侧上行，经颈动脉管进入颅腔，分布于脑和视器等处。

（二）锁骨下动脉及上肢的动脉

1. 锁骨下动脉 右侧起自头臂干，左侧起自主动脉弓（图 16-18）。两侧锁骨下动脉均从胸锁关节后方斜向外上达颈根部，经胸膜顶前方，弓形向外，穿斜角肌间隙，至第 1 肋外缘进入腋窝，改名为腋动脉。锁骨下动脉的分支包括椎动脉、胸廓内动脉和甲状颈干，主要营养上肢，也可营养头部和胸壁。

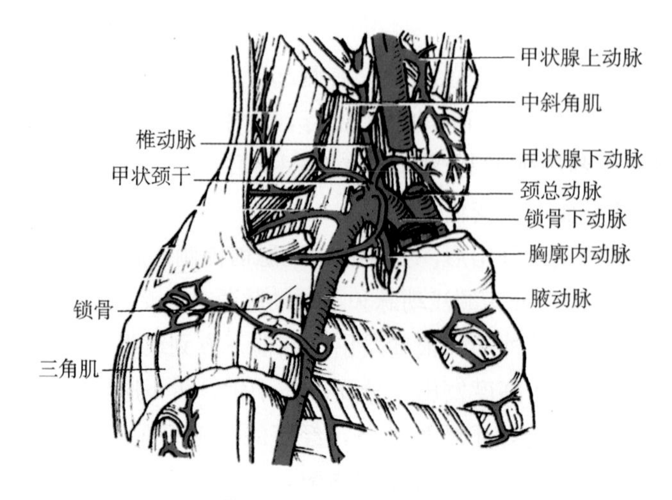

图 16-18 锁骨下动脉

（1）椎动脉　于前斜角肌内侧起，上行穿过第6～1颈椎横突孔，再经枕骨大孔入颅腔，分支分布于脑和脊髓。

（2）胸廓内动脉　沿胸骨外缘1.0cm处的肋软骨深面下行，分支分布于胸前壁、乳房、心包和膈等部位，穿膈肌后移行为腹壁上动脉，在腹直肌深面下行，营养该肌和腹膜。

（3）甲状颈干　为一短干，起自椎动脉起点外侧，其主要分支有甲状腺下动脉和肩胛上动脉，分布于甲状腺下部、喉、气管和肩部肌等处。

2. 上肢的动脉　主要供应上肢血液，包括腋动脉、肱动脉、桡动脉、尺动脉、掌浅弓和掌深弓。

（1）腋动脉　经腋窝到大圆肌下缘处移行为肱动脉。腋动脉有数条分支，主要有胸肩峰动脉、胸外侧动脉、肩胛下动脉、旋肱后动脉和旋肱前动脉，分布于肩、背部和胸外侧壁、乳房等处（图16－19）。

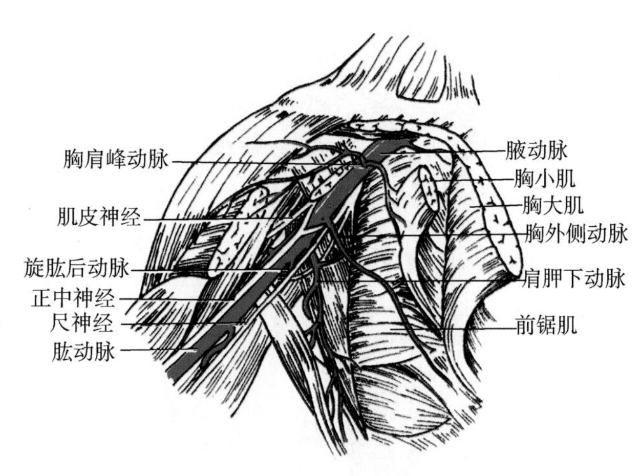

图16－19　腋动脉

（2）肱动脉　沿肱二头肌内侧沟伴正中神经下行，至肘窝平桡骨颈处分为桡动脉和尺动脉。在肱二头肌腱内侧可触摸到肱动脉搏动，是临床测量血压时的听诊部位（图16－20）。

考点提示　肱动脉是临床测量血压时的听诊部位。

（3）桡动脉和尺动脉　分别向下行走在前臂的桡侧和尺侧，经腕部到手掌。桡动脉穿第一掌骨间隙到达手掌的前面深部，其末端与尺动脉的掌深支吻合，形成掌深弓。桡动脉在腕上部，位置表浅，是临床上最常用的切脉部位（图16－20）。桡动脉的主要分支包括掌浅支和拇主要动脉。尺动脉进入手掌浅面，分出掌深支，其终末支与掌浅支吻合，形成掌浅弓。尺动脉的主要分支包括骨间总动脉和掌深支。

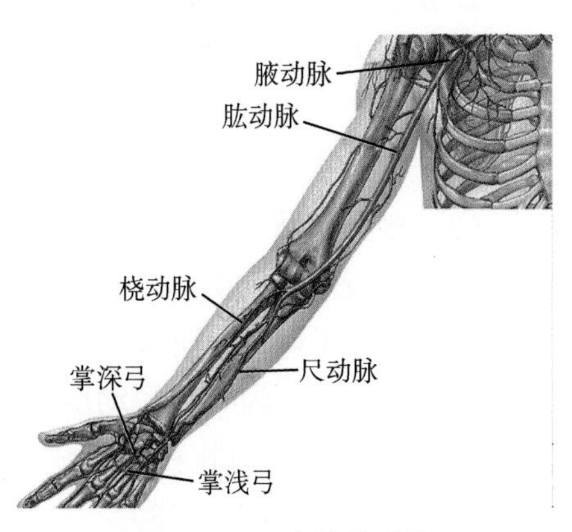

图16－20　上肢的动脉

（4）掌浅弓和掌深弓　掌浅弓由尺动脉末端与桡动脉的掌浅支吻合而成；掌深弓由桡动脉末端与尺动脉掌深支吻合而成，分别位于指屈肌腱的浅面和深面。

两弓分支分布于手掌和手指，其分布于手指的分支沿手指掌面的两侧向远端到指尖。手指出血时，可在手指根部的两侧压迫止血。

（三）胸部的动脉

胸部动脉的主干是胸主动脉，上续主动脉弓，在第12胸椎高度穿过膈的主动脉裂孔，进入腹腔，移行为腹主动脉。分支包括壁支和脏支（图16－16）。

1. 壁支 主要有肋间后动脉、肋下动脉等，分布于胸壁、腹壁上部等处。

2. 脏支 主要有支气管支、食管支和心包支，分布于支气管与肺、食管和心包。

（四）腹部的动脉

腹主动脉是腹部动脉的主干，于主动脉裂孔处由胸主动脉移行而来，沿腰椎左前方下行，至第4腰椎体下缘分为左、右髂总动脉。分支包括壁支和脏支（图16－21）。

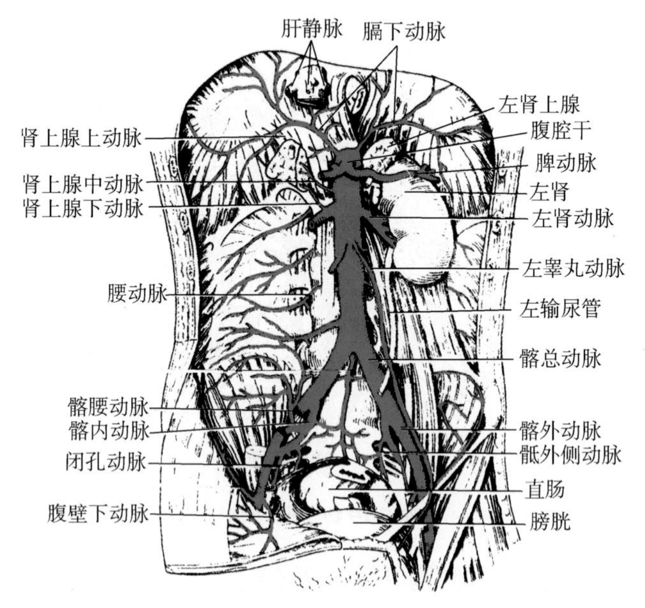

图16－21 腹主动脉及其分支

1. 壁支 细小，主要有四对腰动脉、膈下动脉和骶正中动脉等，分布于腹后壁、脊髓及其被膜、膈和盆腔后壁等处。

2. 脏支 粗大，分布广泛，分为成对和不成对两类。成对的脏支有肾上腺中动脉、肾动脉和睾丸动脉（女性为卵巢动脉）。不成对的脏支有腹腔干、肠系膜上动脉和肠系膜下动脉。

（1）肾动脉 约在第2腰椎高度发自腹主动脉侧壁，横向两侧经肾门入肾。

（2）睾丸动脉 细长，在肾动脉起始处稍下方，发自腹主动脉，沿腹后壁斜向外下方走行，经腹股沟管入阴囊，分布于睾丸和附睾。在女性此动脉称卵巢动脉，经卵巢悬韧带入盆腔，分布于卵巢和输卵管。

（3）腹腔干 为一粗短动脉干，在主动脉裂孔稍下方由腹主动脉前壁发出，立即分为胃左动脉、肝总动脉和脾动脉三支。分布到胃、肝、胆、胰、脾、十二指肠和食管腹段（图16－22、图16－23）。

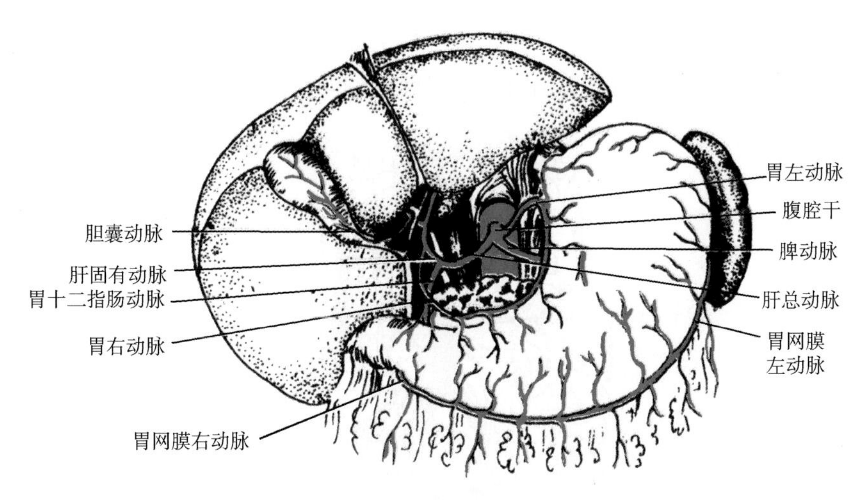

图 16-22　腹腔干及其分支（胃前面）

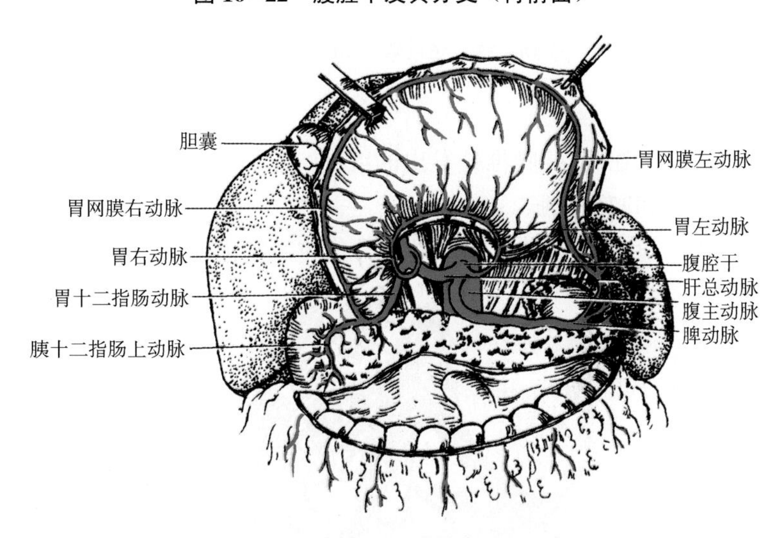

图 16-23　腹腔干及其分支（胃后面）

（4）肠系膜上动脉　约平第 1 腰椎体高度，自腹腔干稍下方起于腹主动脉，在胰头的后方下行，进入小肠系膜根部，斜向右下至右髂窝。其主要分支包括胰十二指肠下动脉、空肠动脉、回肠动脉、回结肠动脉、右结肠动脉和中结肠动脉，分布于胰、十二指肠与结肠左曲之间的肠管（图 16-24）。其中，回结肠动脉有分布到阑尾的一个分支，称阑尾动脉。

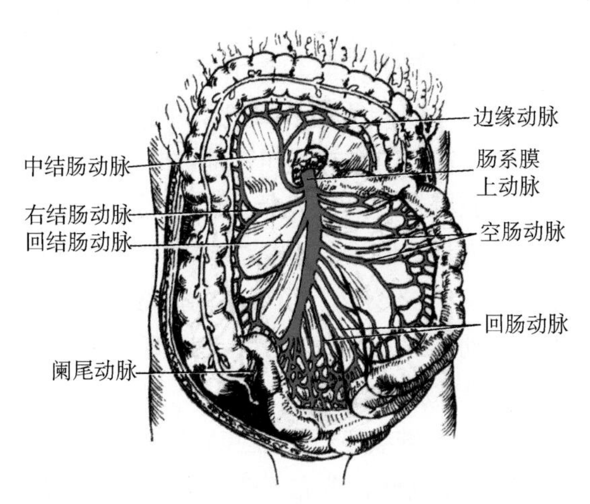

图 16-24　肠系膜上动脉及其分支

（5）肠系膜下动脉　约平第 3 腰椎处起自腹主动脉前壁，主要分支有左结肠动脉、乙状结肠动脉和直肠上动脉，分布于降结肠、乙状结肠和直肠上部（图 16－25）。

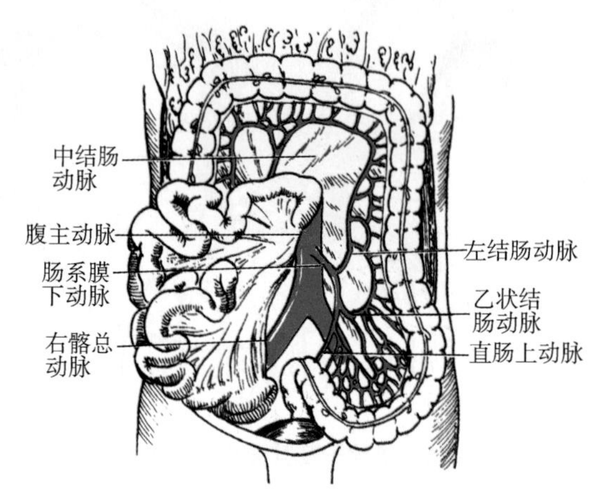

图 16－25　肠系膜下动脉及其分支

（五）盆部的动脉

髂总动脉为腹主动脉在第 4 腰椎处发出的终支，左右各一，沿腰大肌斜向外下，至骶髂关节处分为髂内动脉和髂外动脉。

1. 髂内动脉　为一短干，沿骨盆侧壁进入骨盆腔，发出壁支和脏支（图 16－26）。

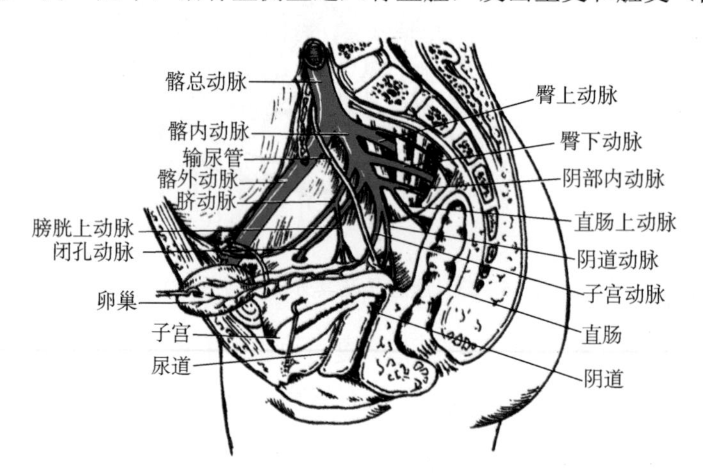

图 16－26　髂内动脉及其分支（女）

（1）壁支　主要有闭孔动脉、臀上动脉和臀下动脉。①闭孔动脉：经闭孔出盆腔，伴闭孔神经至大腿内侧，分支分布于髋关节和大腿内侧群肌。②臀上动脉和臀下动脉：分别穿梨状肌上、下孔出盆腔，分支分布于髋关节和臀部诸肌。

（2）脏支　主要分布于盆腔脏器和外生殖器。①直肠下动脉：分布于直肠下部，并与直肠上动脉和肛动脉在直肠壁内形成吻合。②子宫动脉：于子宫阔韧带内，在距子宫颈外侧约 2cm 处，跨越输尿管前方，与之交叉，沿子宫的侧缘上行达子宫底，分布于子宫、阴道、卵巢和输卵管。③阴部内动脉：从梨状肌下孔出盆腔，进入会阴深部，分布于肛区及外生殖器。其中，分布到肛区的称肛动脉。

2. 髂外动脉　沿腰大肌内侧缘继续下行，经腹股沟韧带中点深面至股部，移行为股动脉。髂外动脉的主要分支是腹壁下动脉，分布于腹直肌，并与腹壁上动脉吻合。

（六）下肢的动脉

1. 股动脉　续于髂外动脉，在股三角内下行，再转向后下至腘窝，移行为腘动脉。在腹股沟韧带中点稍内侧下方，股动脉位置表浅，活体上可触及其搏动，当下肢大出血时，可压迫该动脉进行止血。股动脉的主要分支为股深动脉，其沿途分为旋股内侧动脉、旋股外侧动脉和 3～4 条穿动脉，分布于髋关节和大腿肌（图 16－27）。

2. 腘动脉　续于股动脉，在腘窝深部下行，至腘肌下缘，分为胫前动脉和胫后动脉。分支分布于膝关节和周围诸肌，并参与构成膝关节动脉网（图 16－27）。

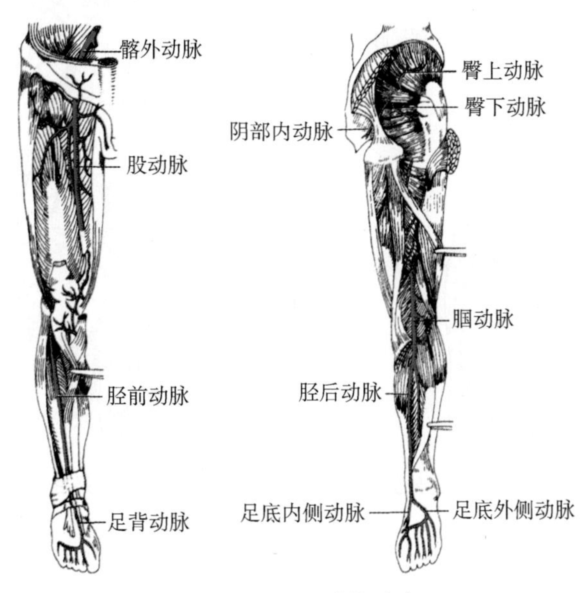

图 16－27　下肢的动脉

3. 胫后动脉　是腘动脉的终末支，沿小腿后群肌浅、深层之间下行，经内踝后方入足底，分为足底内侧动脉和足底外侧动脉两终支。胫后动脉的分支分布于小腿后群肌及外侧群肌，足底内、外侧动脉分布于足底和足趾（图 16－28）。

4. 胫前动脉　从腘动脉分出后，立即穿小腿骨间膜至小腿前面，再沿小腿前群肌之间下行至踝关节前方，移行为足背动脉。胫前动脉沿途分布于小腿前群肌（图 16－28）。

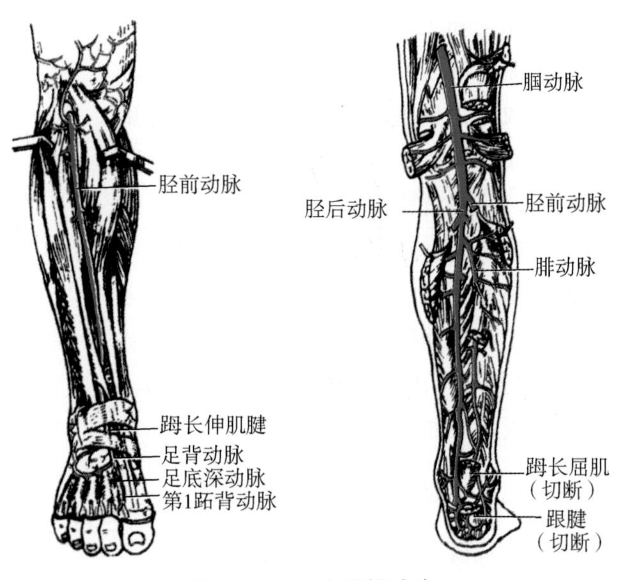

图 16－28　小腿的动脉

5. 足背动脉 是胫前动脉的直接延续，分支分布于足背及足底（图 16–29、图 16–30）。足背动脉位置表浅，在踝关节前方，内、外踝连线的中点处易触及其搏动，足背部出血时可在此处压迫进行止血。

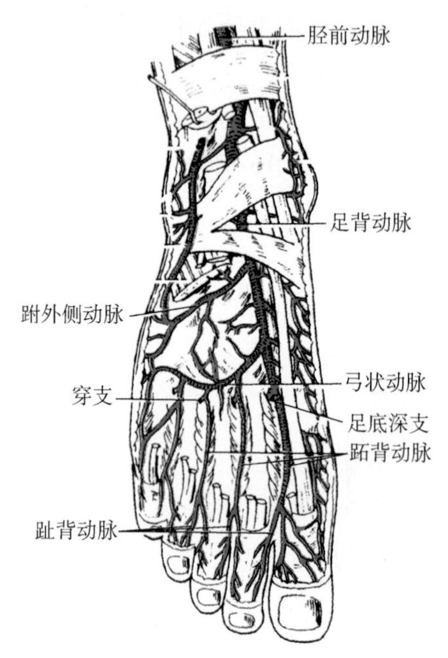

图 16–29 足背动脉及其分支

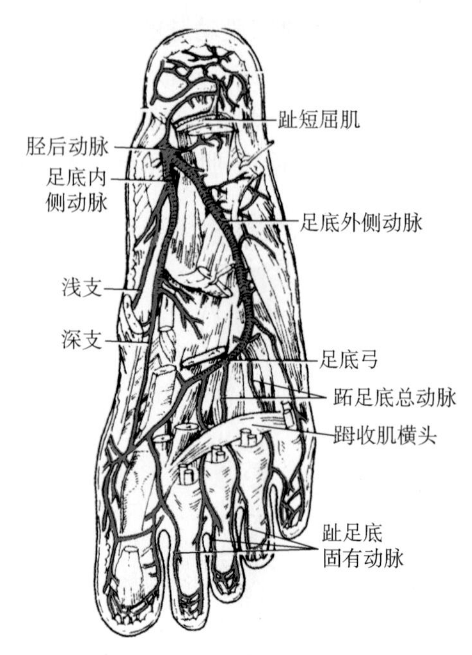

图 16–30 足底动脉及其分支

考点提示 在腹股沟韧带中点稍内侧下方，可触及股动脉搏动，当下肢大出血时，可压迫该动脉进行止血。

扫码"学一学"

第四节 静 脉

静脉是引导血液流回心房的血管，它始于毛细血管的静脉端，在回心的过程中不断接纳属支，管径由小变大，最后形成大静脉注入右心房。在结构和配布上，静脉有如下特征：①管壁薄、管腔大，静脉管壁内面有向心开放的半月形瓣膜，称静脉瓣，可防止血液逆流，多成对，受重力影响，四肢的静脉瓣较多（图 16–31），其他部位较少。②体循环的静脉分浅静脉和深静脉，浅静脉位于皮下，又称皮下静脉，无动脉伴行，最后注入深静脉，临床上常用来注射、输液或采血；深静脉多与同名动脉伴行，收纳范围即是伴行动脉的分布范围。③静脉之间有丰富的吻合，浅静脉多吻合成静脉网，深静脉吻合成静脉丛。浅、深静脉之间借交通支吻合，以保证血液回流畅通。④某些部位有特殊静脉，如板障静脉和硬脑膜窦。

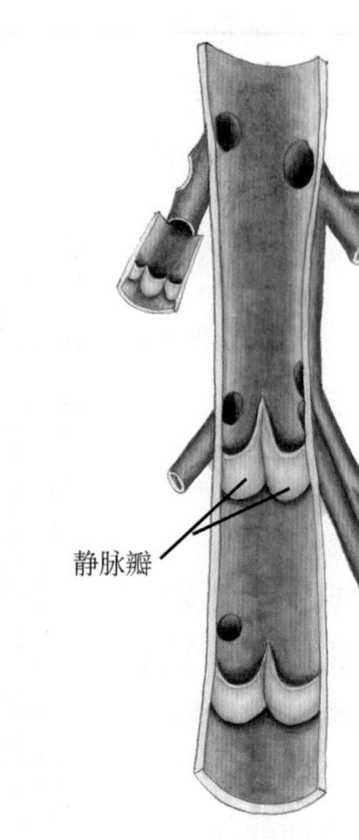

图 16–31 静脉瓣

考点提示 静脉瓣可防止血液逆流。

全身静脉可分为肺循环的静脉和体循环的静脉。

一、肺循环的静脉

肺静脉，每侧两条，分别为左肺上、下静脉和右肺上、下静脉，起始于肺泡周围毛细血管，其间流动着富含氧的动脉血，逐渐汇合成肺静脉，出肺门后，注入左心房。

二、体循环的静脉

体循环的静脉包括上腔静脉系、下腔静脉系（含肝门静脉系）和心静脉系（见心的静脉）。

（一）上腔静脉系

上腔静脉系由上腔静脉及其属支组成，收集头、颈、上肢和胸部（心脏除外）以及脐以上的腹前外侧壁的静脉血。上腔静脉由左、右头臂静脉在右侧第 1 胸肋连接处后方汇合而成，垂直下降，至右侧第 3 胸肋关节下缘注入右心房，在注入前还接纳奇静脉（图 16－32）。

1. 头颈部的静脉　主要是颈内静脉和颈外静脉（图 16－33）。

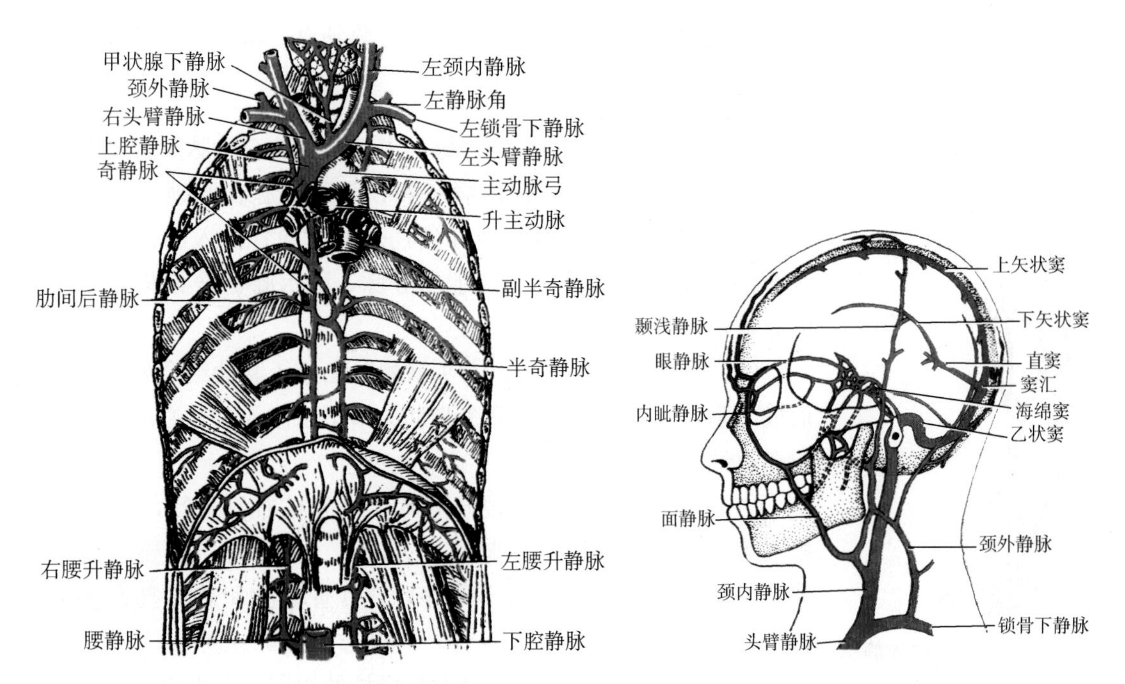

图 16－32　上腔静脉及其属支　　图 16－33　头颈部的静脉

（1）颈内静脉　在颈静脉孔处续于乙状窦，是颈部最大的静脉干。沿颈内动脉和颈总动脉外侧下行，至胸锁关节后方，与锁骨下静脉汇合成头臂静脉。颈内静脉的属支包括颅内支和颅外支。颅内支收集脑、颅骨、视器等处的静脉血。颅外支收集头面、颈部的静脉血，重要的属支有面静脉。

面静脉起于内眦静脉，收集面前部软组织的静脉血，借眼静脉与颅内海绵窦相通，无静脉瓣，面部感染时处理不当可导致颅内感染。

下颌后静脉由颞浅静脉和上颌静脉汇合而成，至腮腺下端分为前后两支，前支行向前下注入面静脉，后支与耳后静脉和枕静脉汇合成为颈外静脉。

考点提示 面静脉无静脉瓣，面部感染时切忌挤压，以防引起颅内感染。

（2）颈外静脉　由下颌后静脉与耳后静脉和枕静脉汇合而成，是颈部最大的浅静脉，收集颅外和面部的静脉血。沿胸锁乳突肌表面，斜向后下，在锁骨中点上方大约 2cm 处注入锁骨下静脉。颈外静脉位置表浅且恒定，故临床儿科常在此做静脉穿刺。

2. 锁骨下静脉　在第 1 肋外侧缘续于腋静脉，向内行至胸锁关节后方与颈内静脉汇合成头臂静脉。

3. 上肢的静脉　分浅、深静脉两类。深静脉与同名动脉伴行，最后经腋静脉续为锁骨下静脉。浅静脉主要包括头静脉、贵要静脉和肘正中静脉（图 16–34）。

（1）头静脉　起于手背静脉网的桡侧，沿前臂桡侧和臂的外侧面上行，至三角肌与胸大肌间沟内，穿深筋膜注入腋静脉。

（2）贵要静脉　起于手背静脉网的尺侧，沿前臂尺侧和臂的内侧面上行至臂中部，穿深筋膜注入肱静脉。

（3）肘正中静脉　变异较多，斜行于肘窝前方皮下，连接头静脉和贵要静脉。临床上常用此静脉抽血、输液和注射药物。

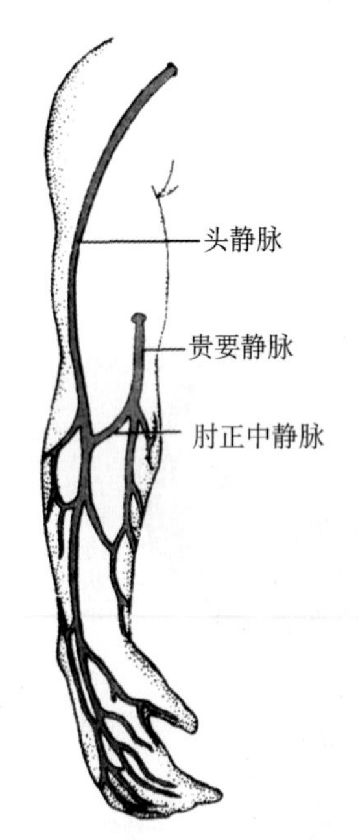

图 16–34　上肢的浅静脉

考点提示 临床上常用肘正中静脉抽血、输液和注射药物。

4. 胸部的静脉

胸部的静脉主要有头臂静脉、上腔静脉、奇静脉及其属支。

（1）头臂静脉　由颈内静脉和锁骨下静脉在胸锁关节后方汇合而成，汇合处的夹角称静脉角，是淋巴导管注入的部位。头臂静脉的属支包括椎静脉、胸廓内静脉、甲状腺下静脉和肋间最上静脉等。

（2）上腔静脉　由左、右头臂静脉在第 1 胸肋结合处后方汇合而成，垂直下降，至右侧第 3 胸肋关节下缘注入到右心房，在入心前还收纳奇静脉。

（3）奇静脉　起自右腰升静脉，沿脊柱右侧上行，至第 4 胸椎高度，弓形向前跨过右肺根上方注入上腔静脉。主要收集右肋间后静脉、半奇静脉和副半奇静脉、食管静脉和右支气管静脉的血液。

（4）椎静脉丛　位于椎管内和脊柱的周围，分椎内静脉丛和椎外静脉丛。收集脊髓、脊膜、椎骨和邻近肌的血液，分别注入椎静脉、肋间后静脉、腰静脉和盆腔静脉丛。因此，椎静脉丛是沟通上、下腔静脉系的重要通路。

（二）下腔静脉系

下腔静脉系由下腔静脉及其属支组成。下腔静脉是人体最大的静脉干，收集下肢、盆部和腹部的静脉血。在第 5 腰椎右前方由左、右髂总静脉汇合而成，在腹主动脉右侧沿脊柱上升，经肝的后方，穿膈的腔静脉孔后注入右心房（图 16–35）。

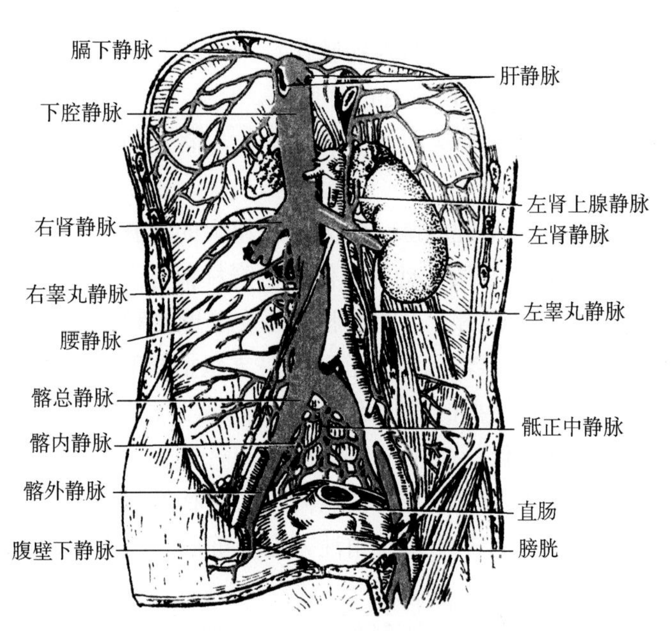

图 16-35　下腔静脉及其属支

1. 下肢的静脉　分浅、深静脉两类。深静脉与同名动脉伴行，向上延续为股静脉。浅静脉包括大隐静脉和小隐静脉（图 16-36）。

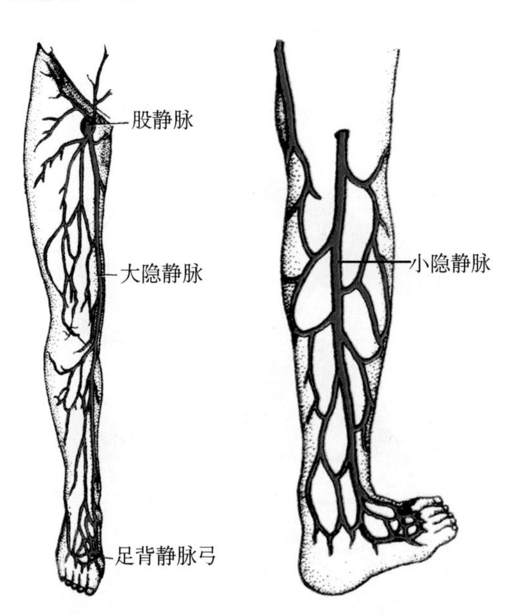

图 16-36　下肢静脉

（1）大隐静脉　是全身最长的静脉，起自足背静脉弓内侧，经内踝前方沿小腿及股内侧面上行，收纳小腿和大腿内侧浅层的静脉血，在耻骨结节外下方 3～4 cm 处穿隐静脉裂孔，注入股静脉。沿途收纳 5 个属支：股内侧浅静脉、股外侧浅静脉、腹壁浅静脉、旋髂浅静脉和阴部外静脉。

（2）小隐静脉　起自足背静脉弓外侧部，经外踝后方，沿小腿后面正中上行，注入腘静脉。主要收纳足外侧面和小腿后面浅层的静脉血。

2. 盆部的静脉　主干为髂总静脉，在骶髂关节前方，由髂内静脉和髂外静脉合成。左、右髂总静脉斜向内上至第 4 或 5 腰椎体右前方汇合成下腔静脉。

（1）髂内静脉　沿小骨盆侧壁与髂内动脉伴行，与髂外静脉汇合成髂总静脉。其属支与同名动脉相伴行，收集盆部和会阴等处的静脉血。

（2）髂外静脉　在腹股沟韧带深面续于股静脉，与髂外动脉伴行，主要收集下肢及腹前外侧壁下部的静脉血。

3. 腹部的静脉　其主干为下腔静脉，为人体最粗大的静脉，由左、右髂总静脉在第 4 或 5 腰椎体右前方汇合而成。在腹主动脉右侧，沿脊柱前方上行，经肝的腔静脉沟，穿膈的腔静脉孔进入胸腔，注入右心房。下腔静脉的属支分壁支和脏支。壁支主要有膈下静脉和腰静脉，腰静脉共 4 对，直接注入下腔静脉；脏支包括肾静脉、睾丸静脉（女性为卵巢静脉）和肝静脉。此外腹部较重要的静脉还有肝门静脉。

（1）肾静脉　与同名动脉伴行，注入下腔静脉。

（2）睾丸静脉　起自睾丸和附睾，在精索内形成蔓状静脉丛，此丛向上逐渐汇合成一条。右侧以锐角注入下腔静脉，左侧以直角注入左肾静脉。在女性，该静脉称卵巢静脉，其汇入部位与男性相同。

（3）肝静脉　一般有肝左、中、右静脉 3 条，包埋于肝实质内，收纳肝脏的血液，直接注入下腔静脉。

（4）肝门静脉系　收集腹腔内除肝以外所有不成对器官的静脉血液。由肝门静脉及其属支构成（图 16－37）。肝门静脉是一条粗短的静脉干，起始与末端均为毛细血管，无静脉瓣，当肝门静脉压力升高时，其内血液可以发生逆流。

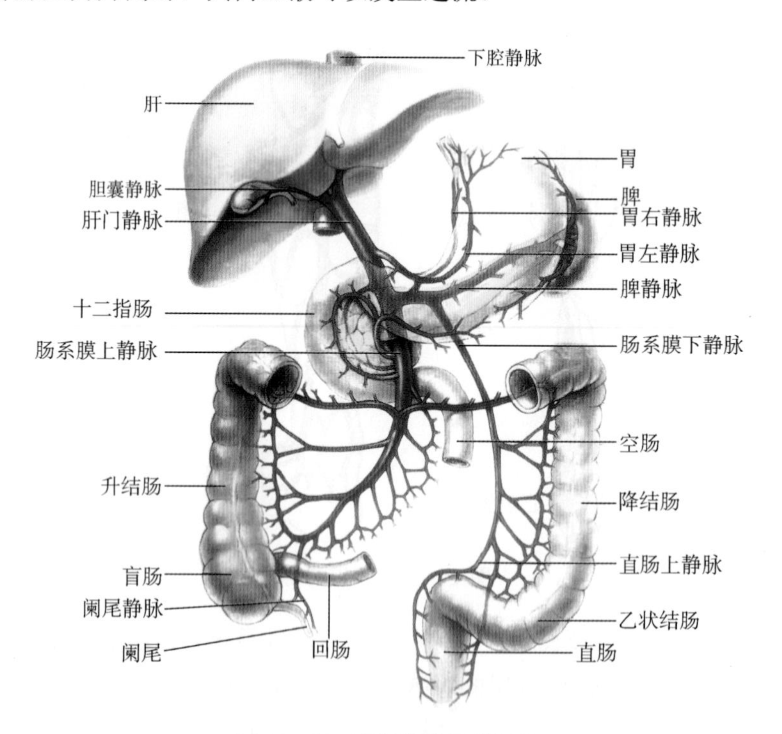

图 16－37　肝门静脉及其属支

肝门静脉的属支主要有肠系膜上静脉、脾静脉、肠系膜下静脉、胃左静脉、胃右静脉、附脐静脉和胆囊静脉。肝门静脉与上、下腔静脉之间主要有三处吻合：经食管静脉丛与上腔静脉系的吻合；经直肠静脉丛与下腔静脉系的吻合；通过脐周静脉网分别与上、下腔静脉系的吻合（图 16－38）。

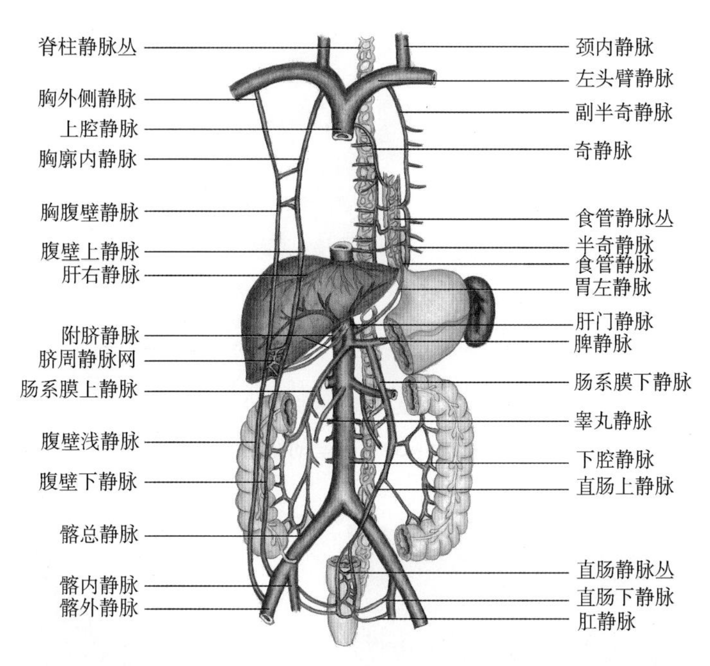

图 16–38　肝门静脉系与上、下腔静脉之间的吻合途径示意图

正常情况下，上述吻合处的静脉细小，血流量少，静脉血分别流向所属静脉系。当肝门静脉回流受阻时（如肝硬化，肝门脉高压等），血流可经此吻合建立三条侧支循环，部分肝门静脉血可分别经上、下腔静脉回流入心。此时，可引起食管下端及胃底、直肠黏膜和脐周出现静脉曲张，甚至破裂，出现呕血、便血，也可导致脾和胃肠壁的静脉淤血，出现脾大和腹水等。

考点提示　肝门静脉与上、下腔静脉之间主要有三处吻合，分别是食管静脉丛、直肠静脉丛和脐周静脉网。

第五节　心血管的微细结构

扫码“学一学”

循环系统的器官属于空腔器官，除毛细血管外，管壁具有共同的结构特点，从内向外依次是内膜、中膜和外膜。由于各部管道的功能不同，其管壁的微细结构也有所不同。

一、心壁

心壁从内向外依次为心内膜、心肌膜和心外膜三层（图 16–39）。

1. 心内膜　由内皮、内皮下层和心内膜下层组成。内皮与大血管内皮相连；内皮下层由薄层结缔组织构成；心内膜下层较厚，由疏松结缔组织构成，内含小血管、神经及心传导系统的分支。

2. 心肌膜　为心壁的主体，主要由心肌纤维构成，其间有丰富的毛细血管，心房的心肌膜最薄，左心室的心肌膜最厚。心肌纤维大致可分为内纵、中环和外斜三层（图 16–40）。

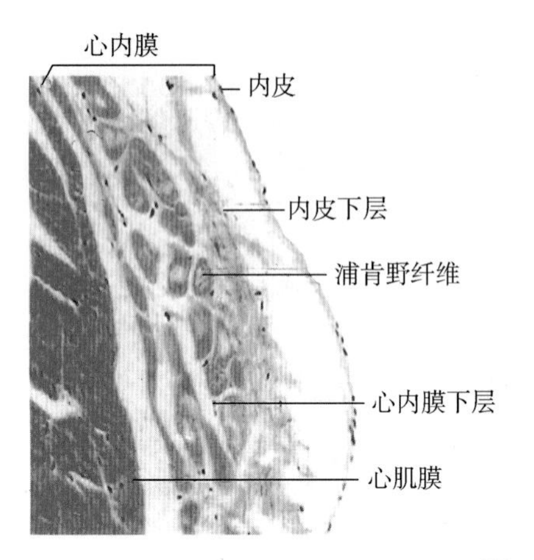

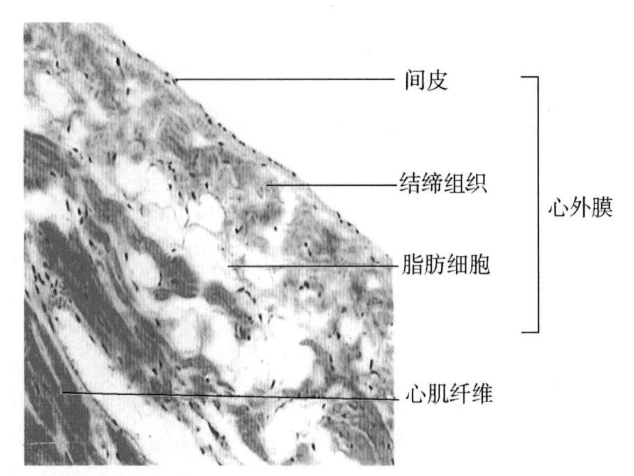

图 16-39　心壁的结构

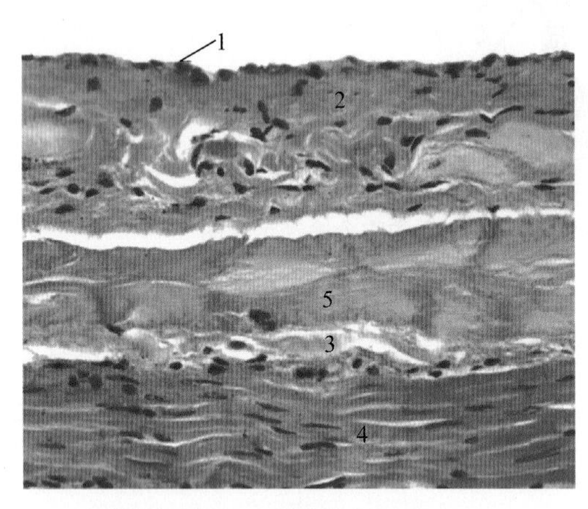

图 16-40　心内膜和心肌膜

1. 内皮；2. 内皮下层；3. 心内膜下层；
4. 心肌细胞；5. 浦肯野细胞

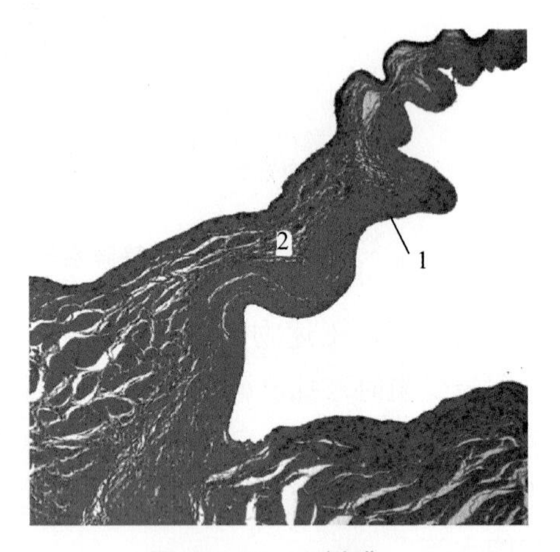

图 16-41　心瓣膜

1. 内皮；2. 内皮下层

3. 心外膜　即浆膜性心包的脏层，其结构为浆膜，表面为间皮，间皮深面为薄层结缔组织。

4. 心瓣膜　在心脏的房室口和动脉口处，由心内膜折叠而成。瓣膜内有薄层致密结缔组织与纤维环相连，其功能是防止血液逆流（图 16-41）。

5. 心脏传导系统　心壁内有特化的心肌纤维组成的传导系统，其功能是发生冲动并传导到心各部，使心房肌和心室肌按一定的节律收缩。这个系统包括：窦房结、房室结、房室束、左右束支和浦肯野纤维。窦房结位于右心房心外膜深部，其余部分均分布在心内膜下层，心传导系统主要由以下三型细胞组成。

（1）起搏细胞（pacemaker cell）　简称 P 细胞，分布于窦房结和房室结，呈梭形或多边形，细胞较小，是心肌兴奋的起搏点。

（2）移行细胞　位于窦房结和房室结的周边及房室束，细胞呈细长形，其功能是传导冲动，但传导速度慢。

（3）浦肯野纤维　又称束细胞，组成房室束及其分支，细胞中央有 1～2 个核，比心肌纤维短而宽，细胞彼此间有较发达的闰盘相连，可将冲动快速传至心肌细胞，引起同步收缩。

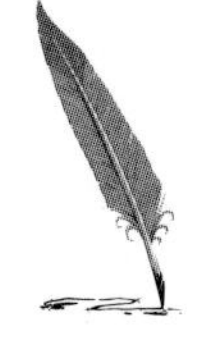

二、血管的微细结构

（一）动脉

动脉包括大动脉、中动脉、小动脉和微动脉四种，管壁各有差异。

1. 大动脉　管径大于 10mm，其管壁中有多层弹性膜和大量弹性纤维，平滑肌较少，故又称弹性动脉（图 16–42）。

（1）内膜　由内皮和内皮下层组成。内皮下层较厚，其外侧为多层弹性膜组成的内弹性膜，该膜与中膜的弹性膜延续，故内膜与中膜的分界不清楚。

（2）中膜　较厚，有 40～70 层弹性膜，各层弹性膜由弹性纤维相连。

（3）外膜　较薄，由结缔组织构成，内有营养血管壁的血管，外弹性膜不明显。

2. 中动脉　管径 1～10mm，因其管壁的平滑肌丰富，故又称肌性动脉（图 16–43）。

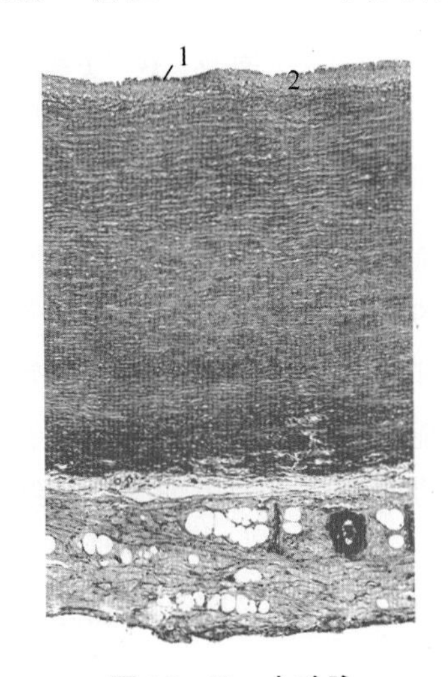

图 16–42　大动脉

1. 内皮；2. 内皮下层

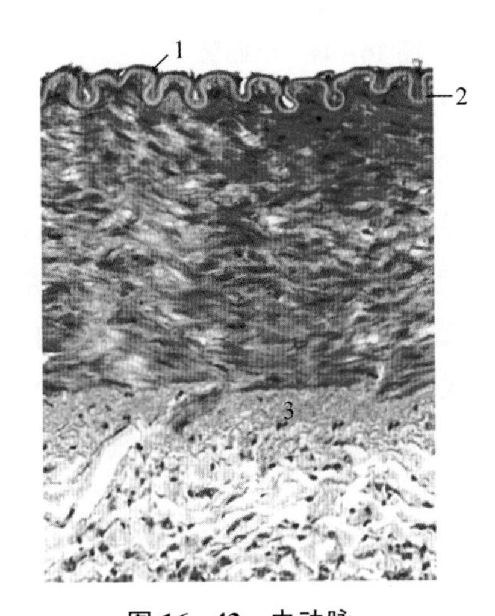

图 16–43　中动脉

1. 内皮；2. 内弹性膜；3. 外弹性膜

（1）内膜　由内皮、内皮下层和内弹性膜组成。内皮下层较薄，内弹性膜明显，常呈波浪状，可作为内膜与中膜的分界。

（2）中膜　较厚，由 10～40 层环形排列的平滑肌组成。

（3）外膜　厚度与中膜相似，多数中动脉的中膜和外膜交界处有明显的外弹性膜。

3. 小动脉　管径 0.3～0.9mm，管壁平滑肌收缩可改变管径，影响血流量。平滑肌受交感神经和激素的调节，产生收缩或舒张而调节血压，故又称为外周阻力血管（图 16–44）。

4. 微动脉　管径在 0.3mm 以下。内膜无内弹性膜，中膜由 1～2 层平滑肌组成，外膜较薄（图 16–44）。

（二）静脉

静脉管壁薄而柔软、弹性小，故切片标本中的管壁常呈塌陷状，管腔变扁或不规则。静脉管壁分内膜、中膜和外膜三层，但三层膜间常无明显的分界。静脉壁的平滑肌和弹性组织不及动脉丰富，主要由结缔组织组成。管径 2mm 以上的静脉常有静脉瓣，由内膜突入管腔形成，可防止血液倒流。根据管径大小可分为大静脉、中静脉、小静脉和微静脉（图 16–45）。

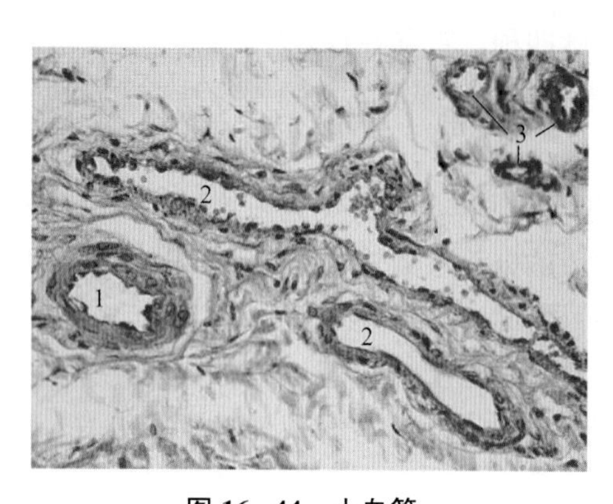

图 16－44　小血管

1. 小动脉；2. 小静脉；3. 微动脉

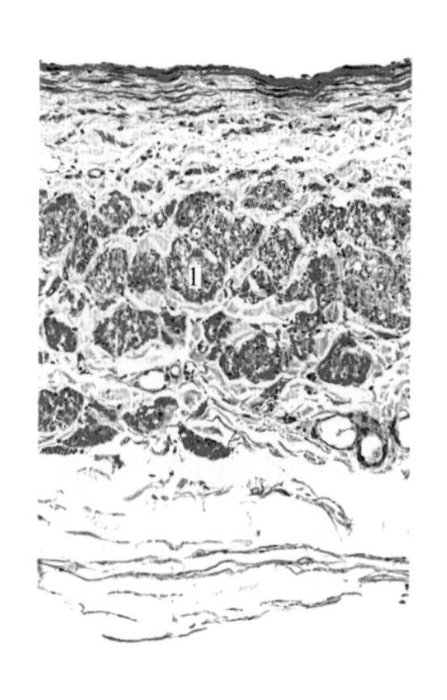

图 16－45　大静脉

（三）毛细血管

毛细血管是管径最细、数量最多、分布最广的血管，分支并互相吻合成网，是血液与周围组织进行物质交换的主要部位。管径一般为 6～9μm，血窦较大，直径可达 40μm。

1. 毛细血管的结构　管壁主要由一层内皮细胞和基膜组成。细的毛细血管横切面由一个内皮细胞围成，较粗的毛细血管由 2～3 个内皮细胞围成。内皮细胞基膜外有少量结缔组织。在内皮细胞与基膜之间常散在一种扁而有突起的细胞，称为周细胞，其细胞突起紧贴在内皮细胞基底面。

2. 毛细血管的分类　电镜下，可将毛细血管分为三种类型（图 16－46）。

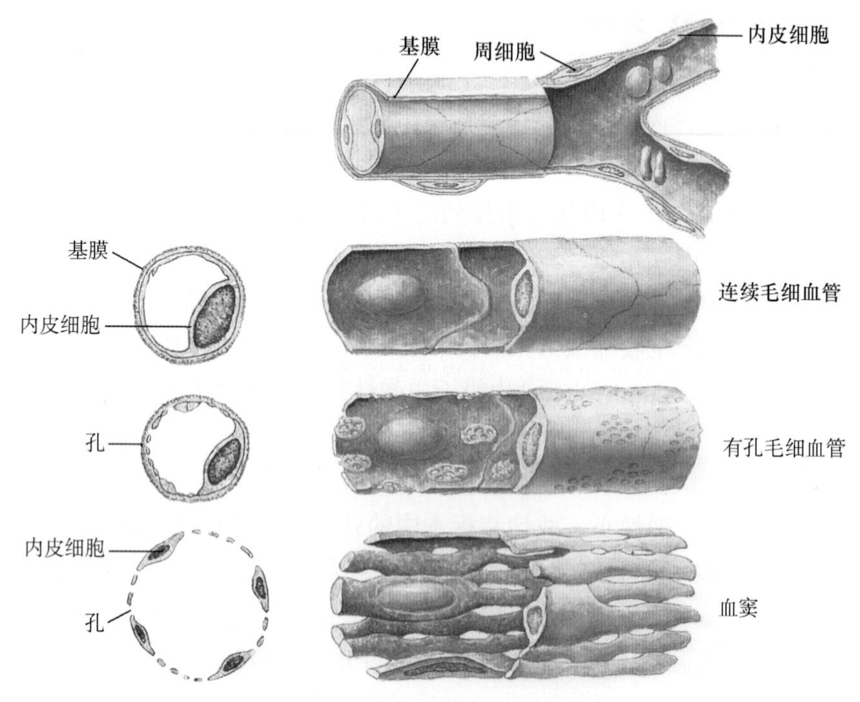

图 16－46　毛细血管结构模式图

（1）连续毛细血管　内皮细胞间有紧密连接，基膜完整，细胞质中有许多吞饮小泡。

主要分布于结缔组织、肌组织、肺和中枢神经系统等处。

（2）有孔毛细血管　内皮细胞不含核的部分很薄，有许多贯穿细胞的小孔，有连续的基膜，通透性较大。主要分布于胃肠黏膜、某些内分泌腺和肾血管球等处。

（3）血窦　又称窦状毛细血管，管腔较大，形状不规则，内皮细胞之间常有较大的间隙，基膜不连续或缺如。主要分布于肝、脾、骨髓和一些内分泌腺中。不同器官的血窦的结构差别较大。

三、微循环

微循环是指微动脉至微静脉之间的血液循环，是血液循环的基本功能单位。人体不同器官中微循环血管的组成各有特点，但一般都由微动脉、中间微动脉、真毛细血管、直捷通路、动静脉吻合及微静脉六种血管组成（图 16-47）。

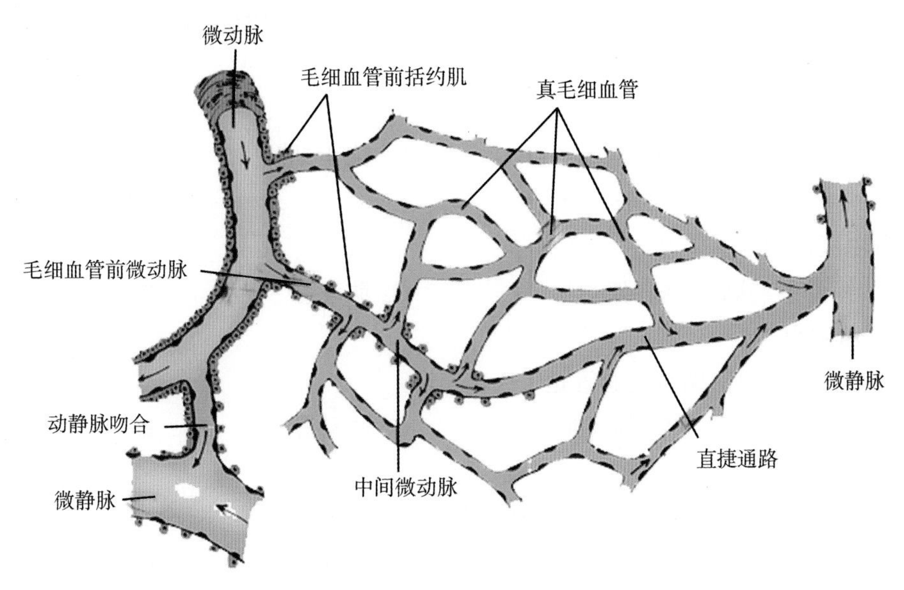

图 16-47　微循环模式图

本章小结

心血管系统由心、动脉、毛细血管和静脉组成，心脏是动力泵，血管是运输管道，遍布全身。心包括四个腔，动脉运送血液离开心脏，毛细血管连接动脉和静脉，可与组织进行物质交换，将营养物质供给组织细胞，并回收其代谢废物入血，静脉收集血液运送回心。血液由心室射出，经动脉、毛细血管和静脉，再返回心房的过程称血液循环。根据途径不同，血液循环可分为体循环和肺循环。除毛细血管外，管壁具有共同的结构特点，从内向外依次是内膜、中膜和外膜。由于各部管道的功能不同，其管壁的微细结构也有所不同。

扫码“学一学”

习　题

一、选择题

1. 心的正常起搏点在

A. 窦房结　　B. 房室结　　C. 房室束　　D. 左、右束支

E. Purkinje 纤维网

2. 心房和心室的表面分界是

A. 房间沟　B. 心尖切迹　C. 前室间沟　D. 后室间沟

E. 冠状沟

3. 下列关于动脉的描述中，错误的是

A. 由心室发出　B. 随心跳而搏动

C. 其中流动的均是动脉血　D. 管壁较厚

E. 起始部在主动脉口和肺动脉口

4. 心内注射常在

A. 胸骨右缘第 4 肋间隙　B. 胸骨右缘第 3 肋间隙

C. 胸骨左缘第 4 肋间隙　D. 胸骨左缘第 3 肋间隙

E. 锁骨中线第 4 肋间隙

5. 右颈总动脉起自

A. 升主动脉　B. 主动脉弓　C. 降主动脉　D. 头臂干

E. 常与左颈总动脉共干

6. 测血压常用的血管是

A. 锁骨下动脉　B. 腋动脉　C. 肱动脉　D. 尺动脉

E. 桡动脉

7. 计数脉搏和中医切脉的血管是

A. 锁骨下动脉　B. 腋动脉　C. 肱动脉　D. 尺动脉

E. 桡动脉

8. 面部出血，可在下颌底咬肌止点的前缘压迫哪一动脉

A. 面动脉　B. 上颌动脉　C. 舌动脉　D. 颞浅动脉

E. 颈外动脉

9. 下列哪项不是肝门静脉的属支

A. 肾静脉　B. 肠系膜上静脉

C. 肠系膜下静脉　D. 胆囊静脉

E. 脾静脉

10. 下列关于毛细血管的描述，错误的是

A. 管径 6～9μm　B. 全身各处都有分布

C. 壁薄　D. 有选择的通透性

E. 是物质交换的场所

二、简答题

1. 请说出心血管系统的组成和大、小循环的途径。

2. 胆囊炎症中用静脉注射药物治疗，若采取贵要静脉注射，说明药物到达胆囊的途径。

（魏云艳　于清梅）

第十七章

淋巴系统

学习目标

1. **掌握** 淋巴系统的组成；胸导管和右淋巴导管的起始、行程、收集范围和注入部位；胸腺、脾和淋巴结的主要结构和功能。

2. **熟悉** 淋巴器官的位置及形态；弥散淋巴组织和淋巴小结的结构。

3. **了解** 淋巴管道的组成；毛细淋巴管的结构特点；脾的位置及形态。

4. 学会运用合适的技术，正确分析常见淋巴器官疾病的发病机制；能辨认胸腺、脾和淋巴结的镜下结构。

5. 具有判断淋巴器官肿大与相关疾病之间的关系的能力。

案例讨论

【案例】

患儿王某，因“呼吸急促、发热并发现颌下局部皮肤肿胀2天”就诊，查体扪及颌下淋巴结肿大，有压痛，活动度差，局部皮温高。血象白细胞明显增高。

【讨论】

1. 淋巴结的组织结构特点有哪些？

2. 哪些常见病可引起局部淋巴结肿大？

第一节　淋巴系统的组成和结构特征

扫码“学一学”

淋巴系统由淋巴管道、淋巴组织和淋巴器官组成。

淋巴管道内流动的液体称淋巴，无色透明。当血液流经毛细血管时，部分血浆成分经毛细血管壁渗出，进入组织间隙，形成组织液。组织液与细胞进行物质交换后，大部分在毛细血管的静脉端被吸收入小静脉，少部分进入毛细淋巴管成为淋巴。淋巴在淋巴管道内向心流动，经过位于淋巴行程中的淋巴结时，被过滤并获得淋巴细胞，最后注入静脉（图17-1）。因此，可将淋巴系统看作是静脉回收组织液的补充部分。淋巴组织和淋巴器官具有滤过淋巴、产生淋巴细胞、参与机体免疫应答等功能，是人体重要的防御装置。

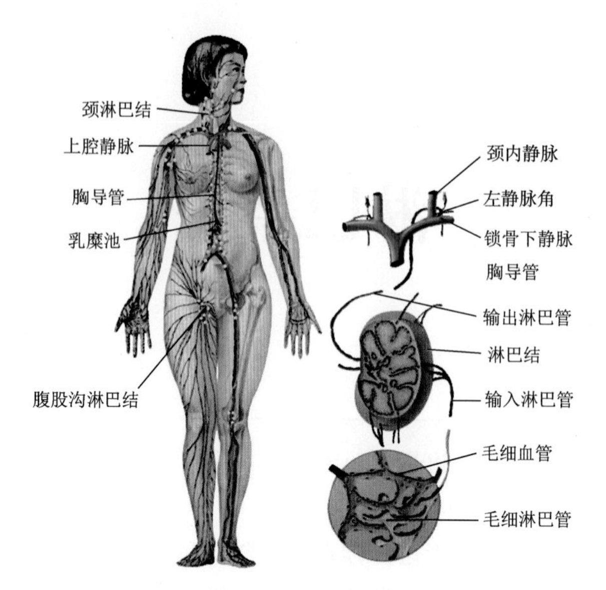

图 17-1　淋巴系统示意图

一、淋巴管道

淋巴管道包括毛细淋巴管、淋巴管、淋巴干和淋巴导管。

（一）毛细淋巴管

毛细淋巴管以膨大的盲端起于组织间隙，彼此吻合成网，在体内分布甚广，除脑、脊髓、上皮、角膜、晶状体、牙釉质和软骨外，毛细淋巴管几乎遍布全身。毛细淋巴管多伴毛细血管分布，其管壁极薄，仅由一层内皮细胞组成。内皮细胞间有较宽的间隙，基膜极薄或不完整，故通透性比毛细血管大。组织中一些不易透过毛细血管的大分子物质，如蛋白质、细菌、异物和癌细胞等，则较易进入毛细淋巴管。

（二）淋巴管

淋巴管由毛细淋巴管汇合而成，结构与静脉相似，但管壁更薄，瓣膜更多，外观呈串珠状。淋巴管的配布以深筋膜为界，分为浅、深两种，浅淋巴管位于皮下，多与浅静脉伴行；深淋巴管多与深部血管神经束伴行。浅、深淋巴管之间有丰富的吻合。在淋巴管的行程中，通常都要经过一个或多个淋巴结。

（三）淋巴干

全身各部的浅、深淋巴管经过相应的淋巴结群后，汇集成九条淋巴干，即左、右颈干，左、右锁骨下干，左、右支气管纵隔干，左、右腰干和一条肠干（图 17-2）。

（四）淋巴导管

由九条淋巴干汇集成两条淋巴导管，即胸导管和右淋巴导管。它们分别注入左、右静脉角（图 17-2）。

1. 胸导管　是人体最粗大的淋巴管道，长 30～40cm，通常在第 1 腰椎体前面由左、右腰干和肠干合成，起始处常膨大，称乳糜池。胸导管向上穿过主动脉裂孔入胸腔，在食管后方沿脊柱前方上行至左颈根部，接纳左颈干、左锁骨下干和左支气管纵隔干后，汇入左静脉角。胸导管收集人体下半身和左侧上半身的淋巴液回流。

2. 右淋巴导管　长约 1.5cm，由右颈干、右锁骨下干和右支气管纵隔干合成，汇入右静脉角。右淋巴导管收集人体右侧上半身的淋巴液回流。

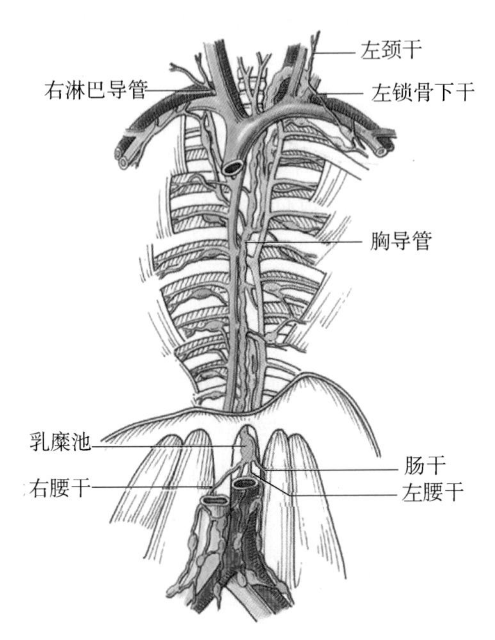

图 17-2　淋巴干和淋巴导管

二、淋巴组织

淋巴组织是以网状组织为支架的特殊组织，网眼内含有大量淋巴细胞、浆细胞和巨噬细胞。一般将淋巴组织分为弥散淋巴组织和淋巴小结两类。

弥散淋巴组织分布广泛，除淋巴器官外，消化、呼吸、泌尿和生殖管道以及皮肤等处含有丰富的弥散淋巴组织，起着防御屏障的作用。弥散淋巴组织与周围组织无明显分界，以 T 细胞为主，是 T 细胞分裂、分化的部位；也含有少量 B 细胞和浆细胞。

淋巴小结是由 B 细胞密集而成的淋巴组织，边界清楚，呈圆形或椭圆形，小结中心的细胞较幼稚，具有增殖分化能力，称为生发中心，周边的细胞较成熟。淋巴小结在外界抗原的刺激下可增多增大，是体液免疫应答的重要标志。

三、淋巴器官

淋巴器官分为中枢淋巴器官和周围淋巴器官两类。中枢淋巴器官包括骨髓和胸腺，骨髓的淋巴干细胞经过增殖、分化发育成淋巴细胞，称骨髓依赖淋巴细胞（B 细胞）；部分淋巴干细胞进入胸腺，在特殊微环境影响下，经历不同的分化发育途径，形成成熟的淋巴细胞，称胸腺依赖淋巴细胞（T 细胞）。人在出生前数周，由中枢淋巴器官产生的成熟 T 细胞和 B 细胞即源源不断地向周围淋巴器官和淋巴组织输送，受抗原激活后，能产生免疫应答。

周围淋巴器官包括淋巴结、脾和扁桃体等，其发生较中枢淋巴器官晚，在出生数月后才逐渐发育完善。周围淋巴器官是成熟淋巴细胞定居的部位，也是淋巴细胞对外来抗原产生免疫应答的主要场所，无抗原刺激时其体积相对较小，受抗原刺激后则迅速增大，结构成分也发生变化，免疫过后又逐渐复原。

扫码“学一学”

第二节　人体各部的淋巴管道和淋巴结

淋巴结常聚集成群，大多沿血管配布，位于身体较隐蔽的部位，收纳一定器官或区域的淋巴（图 17-1）。因此，局部感染可引起相应淋巴结群肿大或疼痛，癌细胞也常沿淋巴管转移，并停留在淋巴结内分裂增生，致使淋巴结逐渐肿大。故了解局部淋巴结的位置及其引流范围，有重要的临床意义。

一、头颈部的淋巴结群

头颈部的淋巴结较多，大多分布于头颈交界处和颈内、外静脉的周围。主要包括下颌下淋巴结、颈外侧浅淋巴结和颈外侧深淋巴结。头颈部各淋巴结的输出管都直接或间接地汇入颈外侧深淋巴结，其输出管合成颈干。颈外侧深淋巴结上端位于鼻咽后方的为咽后淋巴结，鼻咽癌患者，癌细胞首先转移至此；下端位于锁骨上窝内沿锁骨下动脉和臂丛排列的为锁骨上淋巴结。胃癌或食管癌患者，癌细胞常经胸导管由颈干逆行或通过侧支转移到左锁骨上淋巴结，引起该淋巴结肿大。

二、上肢的淋巴结群

上肢浅、深淋巴管均直接或间接汇入腋淋巴结。腋淋巴结位于腋窝内，收纳上肢、脐以上腹壁浅层以及乳房上部和外侧部等处的淋巴液，其输出管合成锁骨下干。

三、胸部的淋巴结群

胸部的淋巴结位于胸骨旁、气管和主支气管旁、肺门附近以及纵隔等处，主要收纳脐以上胸腹壁深层、乳房内侧和胸腔脏器的淋巴液，它们的输出管合成支气管纵隔干。

四、腹部的淋巴结群

腹部的淋巴结数目较多，主要分布于腹腔脏器周围和大血管根部。

（一）腰淋巴结

腰淋巴结沿腹主动脉和下腔静脉排列，收纳腹后壁、腹腔内成对器官的淋巴液以及髂总淋巴结的输出管。腰淋巴结的输出管构成左、右腰干，注入乳糜池。

（二）腹腔淋巴结和肠系膜上、下淋巴结

腹腔淋巴结和肠系膜上、下淋巴结均位于同名动脉起始处的周围，引流相应动脉分布区内的淋巴，互相汇合成单一的肠干，注入乳糜池。

五、盆部的淋巴结群

盆部的淋巴结位于髂总动脉及髂内、外动脉周围，分别称为髂总淋巴结、髂内淋巴结和髂外淋巴结，收纳盆壁、盆腔脏器和下肢的淋巴管。最后经髂总淋巴结的输出管注入腰淋巴结。

六、腹股沟淋巴结群

腹股沟淋巴结分浅、深两组，分别位于腹股沟韧带稍下方和股静脉根部周围，收纳腹

前壁下部、臀部、会阴、外生殖器和下肢的淋巴，其输出管汇入髂外淋巴结，最后注入腰淋巴结。

第三节　人体主要淋巴器官

一、淋巴结

（一）淋巴结的形态

淋巴结（lymph node）为主要的周围淋巴器官，大小不等，圆形或椭圆形，质软，色灰红。其一侧隆凸，有数条输入淋巴管穿入；一侧凹陷为淋巴结门，有输出淋巴管、神经和血管出入。

（二）淋巴结的微结构

表面有薄层致密结缔组织构成的被膜，数条输入淋巴管穿越被膜与被膜下淋巴窦相通连。被膜和门部的结缔组织伸入淋巴结实质形成相互连接的小梁，构成淋巴结的粗支架。淋巴结实质分为周边的皮质和中央的髓质两部分，二者无明显界限（图 17–3）。

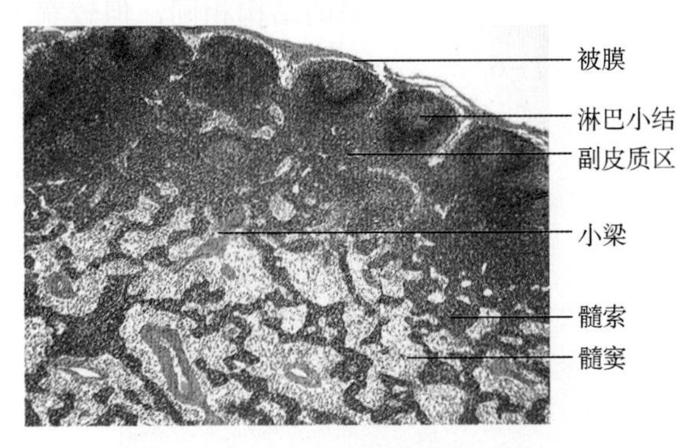

图 17–3　淋巴结局部光镜图（低倍）

1. 皮质　位于被膜下方，由浅层皮质、副皮质区及皮质淋巴窦构成。

（1）浅层皮质　为皮质的 B 细胞区，由薄层的弥散淋巴组织及淋巴小结组成。

（2）副皮质区　位于皮质深层，为较大片的弥散淋巴组织，主要由 T 细胞组成，又称胸腺依赖区。副皮质区还有交错突细胞、巨噬细胞和少量的 B 细胞等。此区有毛细血管后微静脉，因其内皮细胞为柱状，又称高内皮微静脉，它是血液内淋巴细胞进入淋巴组织的重要通道（图 17–4）。

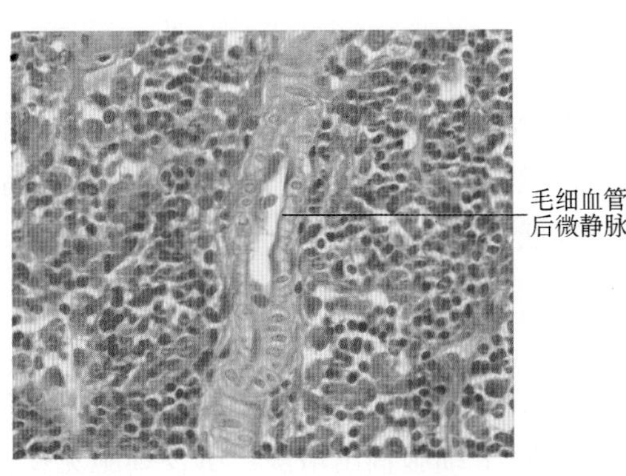

图 17–4　淋巴结副皮质区光镜图（高倍）

（3）皮质淋巴窦　包括被膜下窦和小梁周窦（图 17-5）。窦壁由内皮构成，窦内有星状的内皮细胞支撑窦腔，巨噬细胞附着于内皮细胞表面。淋巴在窦内缓慢流动，有利于巨噬细胞清除异物。

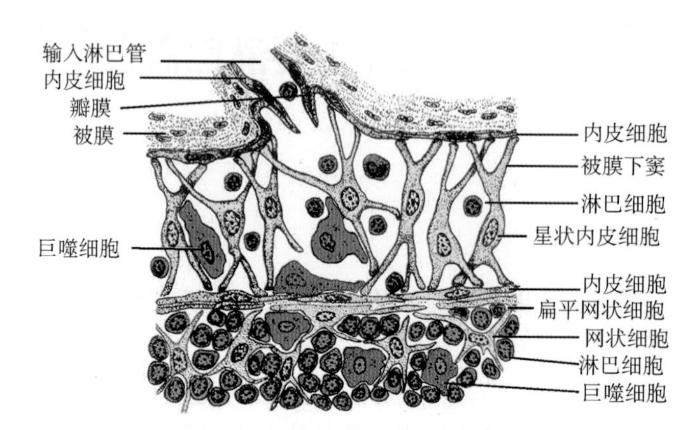

图 17-5　淋巴结被膜下窦模式图

2. 髓质　由髓索及其间的髓窦组成。髓索由索状淋巴组织相互连接而成，索内含 B 细胞、浆细胞和巨噬细胞等。髓窦与皮质淋巴窦的结构相同，但较宽大，腔内的巨噬细胞较多，故有较强的过滤作用（图 17-6）。

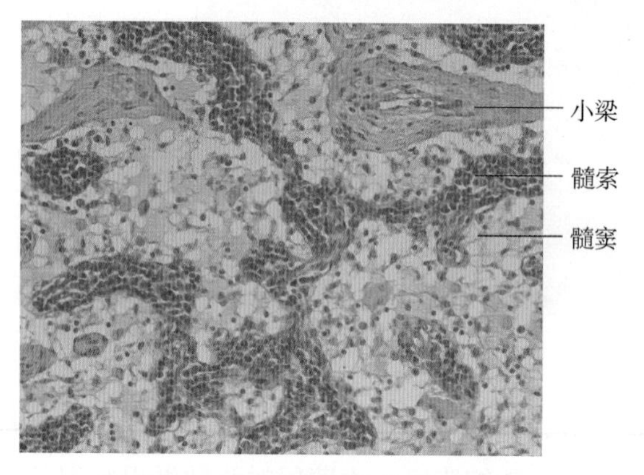

图 17-6　淋巴结髓质光镜图（高倍）

3. 淋巴结内的淋巴通路　淋巴从输入淋巴管进入被膜下窦和小梁周窦，部分淋巴渗入皮质淋巴组织，随后渗入髓窦，也有部分经小梁周窦进入髓窦，继而汇入输出淋巴管离开淋巴结。淋巴经滤过后，其中的细菌等异物即被清除，而输出的淋巴中则含有较多的淋巴细胞和抗体。

（三）淋巴结的功能

1. 滤过淋巴液　病原体侵入皮下或黏膜后，很容易进入毛细淋巴管回流入淋巴结。当淋巴缓慢地流经淋巴窦时，巨噬细胞可清除其中的异物，如对细菌的清除率可达 99%，但对病毒及癌细胞的清除率常很低。

考点提示　与淋巴结滤过功能相关的细胞是巨噬细胞。

2. 参与免疫应答　病菌等抗原进入淋巴结后，巨噬细胞和交错突细胞可捕获和处理抗原，并提呈给 T 细胞，导致效应 T 细胞输出增多，引发细胞免疫。B 细胞在接触抗原后，髓索中浆细胞增多，输出淋巴管内抗体含量明显上升。淋巴结内细胞免疫应答和体液免疫

应答常同时发生。

知识链接

淋巴结肿大

淋巴结是人体重要的免疫器官，正常人有 500～600 个淋巴结，按其位置可分为浅表淋巴结和深部淋巴结。正常淋巴结直径多在 0.2～0.5cm，常呈群分布，质地柔软，表面光滑，无压痛，与周围组织无粘连，除颌下、腹股沟和腋下等处偶能触及 1～2 个外，一般不易触及。由于炎症或肿瘤等原因时可触及淋巴结肿大，每一群淋巴结收集相应引流区域的淋巴液，了解二者之间的关系，对于判断原发病灶的部位及性质有重要临床意义。

二、脾

（一）脾的形态和位置

脾（spleen）是人体最大的周围淋巴器官，扁椭圆形，色暗红，质软而脆，受暴力打击易破裂。脾的外面稍隆凸，贴膈。内面中部有一纵裂，即脾门，是脾血管、神经等出入之处。上缘较锐，有 2～3 个凹陷，称脾切迹。脾肿大时，脾切迹可作为触诊脾的重要标志。脾位于左季肋区，与第 9～11 肋相对，其长轴与第 10 肋一致，正常时在左肋弓下不能触及（图 17－7）。

考点提示　脾肿大时，脾切迹可作为触诊脾的重要标志。

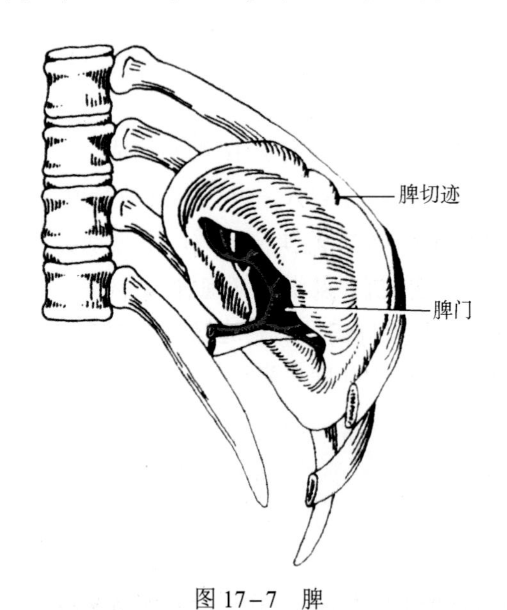

图 17－7　脾

（二）脾的微细结构

脾的表面被覆较厚的被膜，被膜结缔组织分支深入实质形成小梁，相互连接构成脾的粗支架。被膜和小梁内含有散在的平滑肌，其收缩可调节脾内的血量，小梁之间的网状组织构成脾淋巴组织的微细支架。脾实质主要由淋巴组织构成，分为白髓和红髓两部分。脾

内无淋巴窦，但有大量的血窦（图 17-8）。

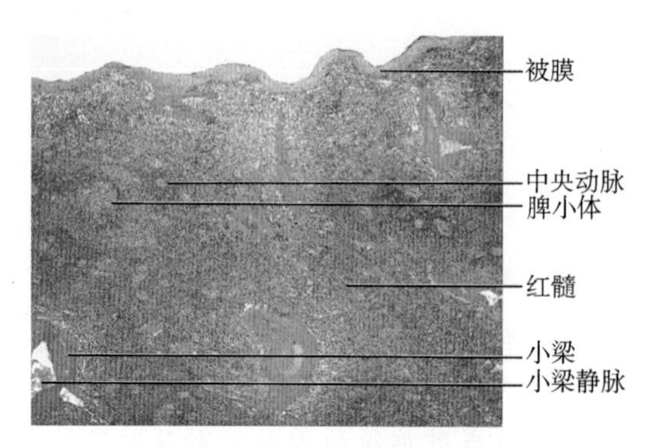

图 17-8　脾光镜图（低倍）

1. 白髓　主要由密集的淋巴组织构成，在新鲜的脾切面上呈散在分布的灰白色点状区域，故称白髓。由动脉周围淋巴鞘、淋巴小结和边缘区构成（图 17-9）。

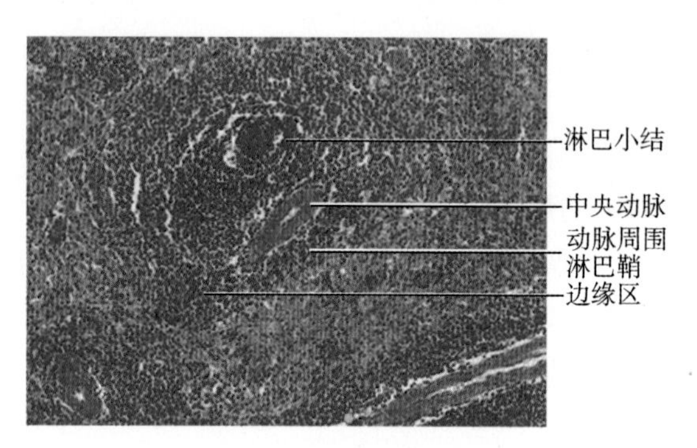

图 17-9　脾白髓光镜图

（1）动脉周围淋巴鞘　围绕在中央动脉周围的厚层弥散淋巴组织，由大量 T 细胞和少量巨噬细胞与交错突细胞等构成，相当于淋巴结的副皮质区，是胸腺依赖区，但无毛细血管后微静脉。

（2）淋巴小结　又称脾小体，主要由大量 B 细胞构成，结构与淋巴结内的淋巴小结相同，健康人脾内淋巴小结较少，当抗原侵入，淋巴小结数量剧增。

（3）边缘区　位于白髓与红髓交界的狭窄区域。中央动脉的分支末端在此区膨大，形成小的血窦，称边缘窦，是血液内抗原及淋巴细胞进入白髓的重要通道。

2. 红髓　分布于被膜下、小梁周围及白髓边缘区外侧，因含大量血细胞，在新鲜脾切面上呈现深红色，故称红髓，由脾索和脾血窦组成（图 17-10）。

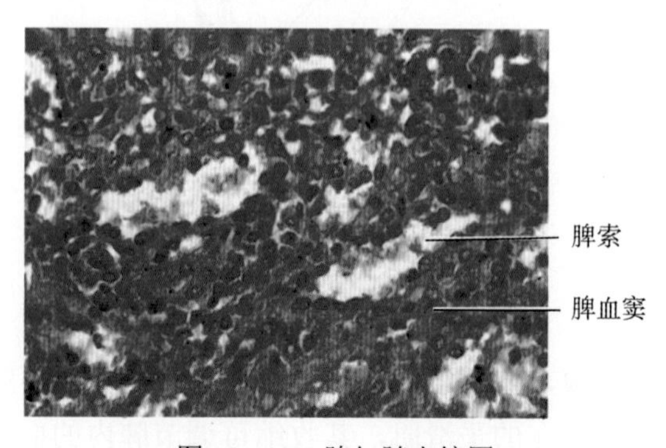

图 17-10　脾红髓光镜图

（1）脾索　为富含血细胞的淋巴组织，呈不规则的索条状，并互连成网，网孔即为脾血窦。脾索含较多 B 细胞、浆细胞、巨噬细胞和树突状细胞，是滤过血液的主要场所。

（2）脾血窦　位于脾索之间，互连成网，窦腔大，形态不规则。窦壁由一层纵向排列的长杆状内皮细胞围成，内皮细胞间有间隙，形成栅栏状的缝隙结构。内皮外有不完整的基膜及环行网状纤维，横切面上，内皮细胞沿血窦壁排列，核突入管腔。脾索内的血细胞变形后，可穿越内皮细胞间隙进入血窦。血窦外侧有较多巨噬细胞，其突起可通过内皮间隙伸向窦腔。

考点提示　脾分为白髓和红髓两部分。白髓由动脉周围淋巴鞘、淋巴小结和边缘区构成；红髓由脾索和脾血窦组成。

扫码"看一看"

（三）脾的功能

1. 滤血　脾的巨噬细胞能吞噬进入血中的细菌和异物以及衰老的红细胞和血小板。当脾功能亢进时，因其吞噬过度而引起红细胞和血小板减少。

2. 造血　在胚胎时期，脾能制造各种血细胞。出生后，通常只能产生淋巴细胞。

3. 贮血　血窦内可贮存部分血液，当机体需要时，可释放入循环血液。

4. 参与免疫应答　侵入血液内的病原体，可引起脾内 T 细胞、B 细胞发生免疫应答。

知识链接

脾肿大

脾肿大是重要的病理体征。在正常情况下腹部一般触摸不到脾，如仰卧位或侧卧位能摸到脾边缘即认为脾肿大。脾肿大的原因有两类。一类是感染性：①急性感染，见于病毒感染、立克次体感染、细菌感染、螺旋体感染和寄生虫感染等；②慢性感染，见于慢性病毒性肝炎、慢性血吸虫病、慢性疟疾和黑热病等。另一类是非感染性：①淤血性疾病，见于肝硬化、慢性充血性右心衰竭等；②血液病，见于各种类型的急慢性白血病等；③结缔组织病，如系统性红斑狼疮等；④组织细胞增生症，如嗜酸性肉芽肿等；⑤脂质沉积症，如戈谢病（高雪病）等；⑥脾肿瘤与脾囊肿，脾恶性肿瘤原发性者少见，以脾淋巴瘤最常见。

三、胸腺

（一）胸腺的位置和年龄变化

胸腺（thymus）位于胸骨柄后方，前纵隔的上部。新生儿及幼儿时期胸腺较大，随着年龄增长，胸腺继续发育，至青春期以后，则逐渐萎缩退化。胸腺实质主要由 T 淋巴细胞和上皮性网状细胞构成。

（二）胸腺的微细结构

胸腺分左、右两叶，表面被覆由薄层结缔组织构成的被膜，被膜连同血管、神经等构成小叶间隔，伸入实质将其分割成胸腺小叶。小叶周边为皮质，深部为髓质，相邻小叶的

髓质彼此相连（图 17–11）。

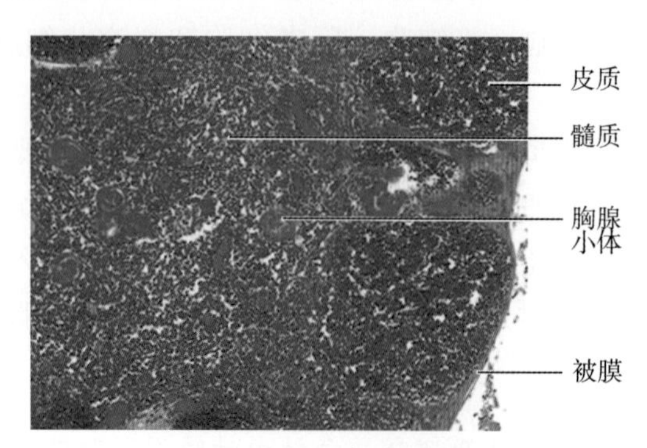

图 17–11　胸腺光镜图

1. 皮质　以胸腺上皮细胞为支架，间隙内含有大量胸腺细胞和少量巨噬细胞等。

（1）胸腺上皮细胞　又称上皮性网状细胞。分布于被膜下和胸腺细胞之间，多呈星形，有突起，能分泌胸腺素和胸腺生成素，为胸腺细胞发育所必需。

（2）胸腺细胞　即在胸腺内分化发育中的 T 细胞。密集于皮质内，占胸腺皮质细胞总数的 85%～90%。来自于骨髓的淋巴干细胞，从皮质浅层到深层逐渐分化为 T 细胞。

2. 髓质　内含大量的胸腺上皮细胞、少量 T 细胞和巨噬细胞等。部分胸腺上皮细胞呈同心圆状排列，形成胸腺小体，是胸腺的特征性结构。其功能尚不明确，但缺乏胸腺小体的胸腺不能培育出胸腺细胞（图 17–12）。

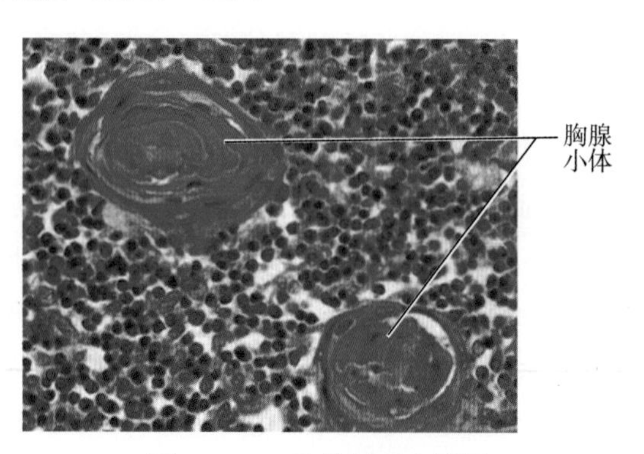

图 17–12　胸腺髓质光镜图

考点提示　胸腺小体是胸腺髓质的特征性结构。

3. 血–胸腺屏障　胸腺皮质的毛细血管及其周围结构能阻挡血液内的有害大分子物质进入皮质，称血–胸腺屏障。包括：①连续毛细血管内皮及内皮细胞间完整的紧密连接；②内皮基膜；③血管周隙，内含巨噬细胞；④上皮基膜；⑤一层连续的胸腺上皮细胞（图 17–13）。

（三）胸腺的功能

1. 分泌激素　胸腺上皮细胞能产生多种激素，如胸腺素、胸腺生成素及胸腺体液因子等。这些激素对 T 细胞增殖和发育成熟起重要作用。

2. 培育 T 细胞　胸腺是 T 细胞培育成熟的主要部位。

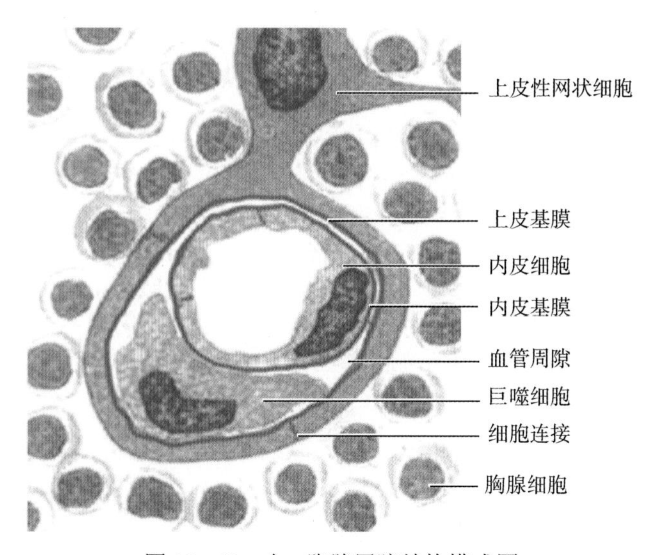

图 17-13 血-胸腺屏障结构模式图

考点提示 胸腺是T细胞分化成熟的场所，血-胸腺屏障在维持胸腺内环境的稳定和保证胸腺细胞的发育中起着极其重要的作用。

本章小结

淋巴系统由淋巴管道、淋巴组织和淋巴器官组成。淋巴管道包括毛细淋巴管、淋巴管、淋巴干和淋巴导管。淋巴组织分为弥散淋巴组织和淋巴小结两类。弥散淋巴组织以T细胞为主，淋巴小结由B细胞密集而成。全身各部淋巴结群包括头颈部的淋巴结群、上肢的淋巴结群、胸部的淋巴结群、腹部的淋巴结群、盆部的淋巴结群和腹股沟淋巴结群。淋巴器官主要由淋巴组织构成，包括淋巴结、脾和胸腺。淋巴结由被膜、小梁和实质组成，实质分为皮质和髓质两部分，皮质由浅层皮质、副皮质区和皮质淋巴窦组成；髓质由髓索和髓窦组成。脾分为白髓和红髓两部分，白髓由动脉周围淋巴鞘、淋巴小结和边缘区构成；红髓由脾索和脾血窦组成。胸腺由被膜、皮质和髓质构成。胸腺皮质以胸腺上皮细胞为支架，间隙内含有大量胸腺细胞；胸腺小体是胸腺髓质的特征性结构。

习 题

扫码“练一练”

一、选择题

1. 下列有关毛细淋巴管的描述，错误的是
   A. 是淋巴管道的起始部
   B. 盲端膨大始于组织间隙
   C. 管壁仅由一层内皮及完整的基膜构成
   D. 内皮间隙大，通透性大
   E. 管壁仅由一层内皮及不完整的基膜构成
2. 下列有关淋巴管的描述，错误的是
   A. 淋巴管由毛细淋巴管汇合而成　　　B. 结构与静脉不同

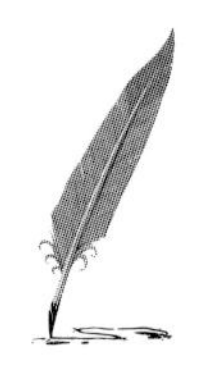

C. 管壁更薄　　D. 瓣膜更多
E. 外观呈串珠状

3. 下列有关胸导管的描述，错误的是
A. 是人体最粗大的淋巴管道
B. 长 30～40cm
C. 通常在第一腰椎体前面由左、右腰干和肠干合成
D. 起始处常膨大，称乳糜池
E. 胸导管收集人体上半身和左侧下半身的淋巴液回流

4. 组成弥散淋巴组织的主要细胞是
A. B 细胞　　B. T 细胞　　C. 浆细胞　　D. 巨噬细胞
E. 肥大细胞

5. 构成淋巴小结的主要细胞是
A. T 细胞　　B. 浆细胞　　C. B 细胞　　D. 巨噬细胞
E. 肥大细胞

6. 胸腺髓质的特征结构是
A. 胸腺小体　　B. 胸腺上皮细胞　　C. 胸腺细胞　　D. 巨噬细胞
E. 血－胸腺屏障

7. 下列哪项不符合血－胸腺屏障的结构及功能
A. 能阻止血液内大分子物质进入胸腺
B. 为连续毛细血管，有紧密连接，基膜不完整
C. 血管周隙中有巨噬细胞
D. 外周是一层连续的胸腺上皮细胞
E. 上皮基膜

8. 分泌胸腺激素的细胞是
A. 胸腺小体　　B. 巨噬细胞
C. 胸腺上皮细胞　　D. 胸腺细胞
E. 以上都不是

9. 淋巴结中 T 细胞主要分布在
A. 浅层皮质　　B. 副皮质区　　C. 淋巴窦　　D. 髓质
E. 皮质

10. 下列关于淋巴结的副皮质区的描述，错误的是
A. 为胸腺依赖区　　B. 以 T 细胞为主
C. 有高内皮微静脉　　D. 位于皮质浅层
E. 位于皮质深层

11. 淋巴结的滤过淋巴功能与下列哪种细胞有关
A. 巨噬细胞　　B. B 细胞　　C. T 细胞　　D. NK 细胞
E. 浆细胞

12. 淋巴结的毛细血管后微静脉位于
A. 淋巴小结　　B. 小梁　　C. 髓索　　D. 副皮质区
E. 浅层皮质

13. 下列属于脾胸腺依赖区的是

A. 淋巴小结　　B. 动脉周围淋巴鞘

C. 白髓　　D. 脾索

E. 脾血窦

14. 脾的功能不包括下列哪项

A. 滤血　　B. 造血

C. 培育淋巴细胞　　D. 参与免疫应答

E. 贮血

二、思考题

1. 什么是血–胸腺屏障？简要概括其组成。
2. 简述脾的结构及功能。

（程　云）

第五篇

感觉器

感觉器是感受器及其附属结构的总称。感受器广泛分布于人体各组织、器官内，是机体感受内、外环境刺激的结构，并能将所感受到的刺激转化为神经冲动，经感觉神经传入神经中枢，产生相应感觉。它们的结构和功能各不相同，有的结构简单，仅由游离神经末梢形成，如痛觉感受器，有的结构较复杂，由神经末梢和被囊形成，如触觉小体；有的结构极为复杂，由感受器及辅助结构共同形成，如视器、前庭蜗器。

第十八章

视　　器

学习目标

1. **掌握**　眼球壁的组成及各部分的结构特点；眼球内容物的构成及各部分的特点；眼的折光装置；房水的产生及循环途径。

2. **熟悉**　眼副器的结构。

3. **了解**　视器的血管。

4. 学会辨识眼的结构。

5. 养成用眼卫生的良好习惯，具有保护视力的科普宣教意识。

案例讨论

【案例】

患者，18岁，骑自行车不慎摔伤，伤及右眼，眶周皮肤出血，瞳孔有胶样物质流出，送院检查，右眼无感光，诊断为左眼穿透伤。

【讨论】

1. 眼球内容物有哪些？

2. 该患者眼球可能损伤哪些结构？

视器俗称眼，由眼球和眼副器两部分组成。眼球的功能是接受可见光波的刺激并转化为神经冲动，经视觉传导通路传入大脑皮质视觉中枢，产生视觉。眼副器位于眼球周围，包括眼睑、结膜、泪器和眼球外肌等，对眼球起支持、保护和运动作用。

第一节　眼　　球

扫码“学一学”

眼球是视器的主要部分，位于眶内，近似球形，前部稍凸，后部略扁，后端借视神经相连于间脑的视交叉，由眼球壁和眼球内容物组成（图18–1）。眼球前面的正中点称前极，后面的正中点称后极，前、后两极之间的连线称眼轴。通过瞳孔的中央到视网膜中央凹的连线称视轴。

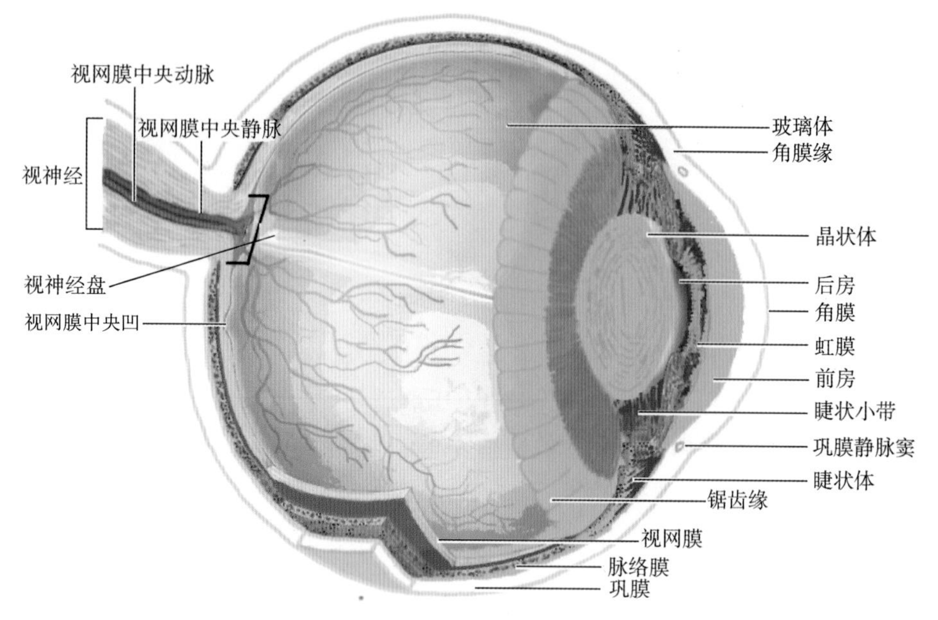

图 18-1　眼球

一、眼球壁

眼球壁分为三层，由外向内依次为纤维膜、血管膜和视网膜。

（一）纤维膜

纤维膜厚而坚韧，由致密结缔组织构成，有保护和支持作用，分为角膜和巩膜两部分。

1. 角膜　占纤维膜的前 1/6，无色透明，前面微凸，富有弹性，有屈光作用。角膜无血管，有丰富的感觉神经末梢，因而感觉灵敏，发生疾病时疼痛剧烈。其营养由角膜周缘血管和房水以渗透的方式供应。

2. 巩膜　占纤维膜的后 5/6，质地坚韧，由大量粗大的胶原纤维交织而成，呈乳白色，不透明，前接角膜，后续视神经鞘，巩膜与角膜移行处称角膜缘，角膜缘的内侧部有一环形血管，称巩膜静脉窦，是房水回归静脉的通道。巩膜前部的外表面有球结膜覆盖。

（二）血管膜

血管膜由疏松结缔组织组成，含丰富的色素细胞、血管丛及神经，呈棕褐色，有营养眼球内组织及遮光作用。由前向后依次为虹膜、睫状体和脉络膜三部分。

1. 虹膜　为血管膜的最前部，位于角膜与晶状体之间，呈冠状位的圆盘状，其颜色有种族和个体差异。其周边与睫状体相连，中央有一圆孔称瞳孔，为光线进入眼球的通路。虹膜将眼房分为眼前房和眼后房，前、后眼房借瞳孔相通。虹膜内有两种不同方向排列的平滑肌：环绕瞳孔周缘的称瞳孔括约肌，可缩小瞳孔；自瞳孔向周围呈放射状排列的称瞳孔开大肌，可开大瞳孔（图 18-2、图 18-3）。

2. 睫状体　是血管膜中部环形增厚部分，位于巩膜与角膜移行处的内面。它的前缘与虹膜根部相连，后缘与脉络膜相接。睫状体后部平坦，前内侧发出约 70 个呈放射状排列的突起，称睫状突。睫状突上有睫状小带与晶状体相连。睫状小带呈纤维状，一端连于睫状体，一端连于晶状体，具有固定晶状体的作用，另外睫状肌收缩时，睫状体向前内移位，睫状小带松弛，反之睫状小带紧张，晶状体借自身弹性调节曲度从而调节焦距。睫状体上皮可以产生房水（图 18-3）。

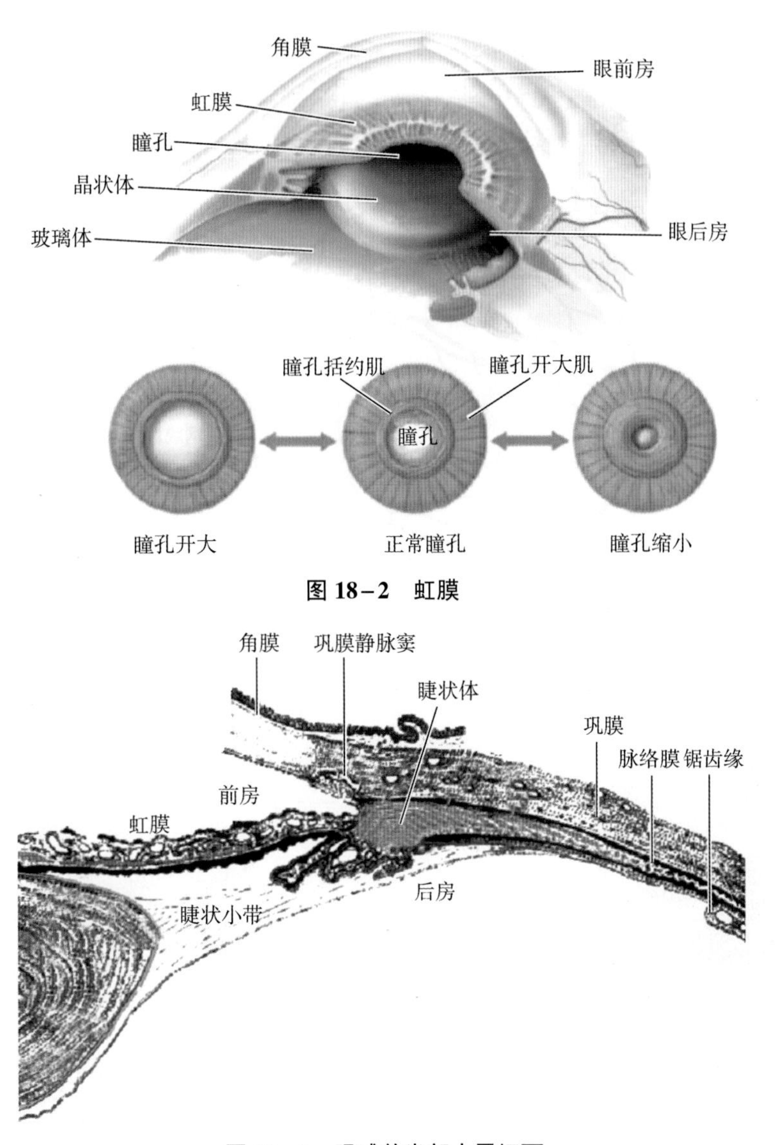

图 18-2 虹膜

图 18-3 眼球前半部水平切面

3. 脉络膜 占血管膜后部 2/3，位于巩膜内面，前端起于睫状体，后方有视神经通过。脉络膜柔软光滑并富有弹性，内富含血管和色素，有营养眼球和吸收眼内分散光线的功能。

（三）视网膜

视网膜位于血管膜的内面，位于虹膜内面的部分称为虹膜部，睫状体内面的部分称为睫状体部，这两部分无感光作用，称视网膜盲部。视网膜位于脉络膜内面的部分有感光作用。视网膜由前向后逐渐变厚，后部的中央稍偏鼻侧，有一白色圆盘状隆起称视神经盘（视神经乳头），无感光作用，故又称生理性盲点。在视神经盘的颞侧约 3.5mm 稍下方有一黄色小斑，称黄斑，其中央的凹陷称中央凹，是感光和辨色最敏锐的部位（图 18-4）。

视网膜为高度特化的神经组织，由四层细胞构成（图 18-5）。①色素上皮层：位于视网膜最外层，由色素上皮细胞构成，黑素细胞能防止强光对视神经的损害。②视细胞层：根据细胞形态和感光性质不同，视细胞分为视锥细胞和视杆细胞。视锥细胞主要分布于视网膜中部，能够感受强光和分辨颜色。视锥细胞有三种功能类型，分别含有红敏色素、绿敏色素和蓝敏色素，如果缺乏其中一种或几种视锥细胞，就会引起相应的色盲。视杆细胞主要分布于视网膜的周围部，仅能感受弱光的刺激且不能分辨颜色，其数量远远多于视锥

细胞。当维生素 A 缺乏时，对弱光的敏感性下降，引起夜盲症。③双极细胞层：双极细胞是连在视细胞与节细胞之间的纵向中间神经元。④节细胞层：位于视网膜最内层，节细胞为长轴突的多极神经元，其树突与双极细胞形成突触，轴突向视神经盘处汇聚，形成视神经。

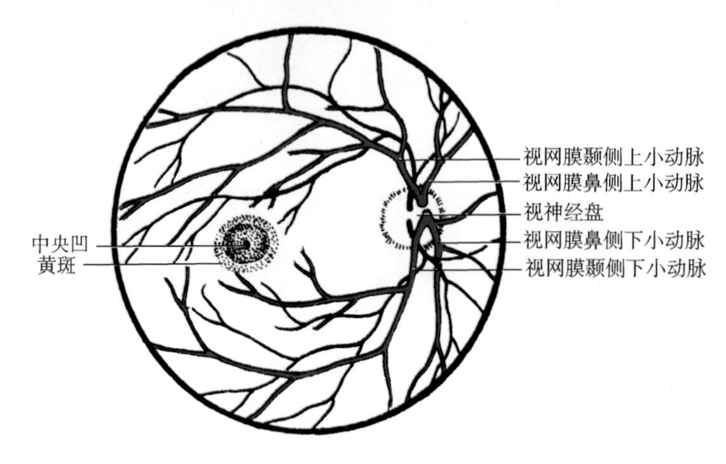

图 18-4 眼底（右侧）

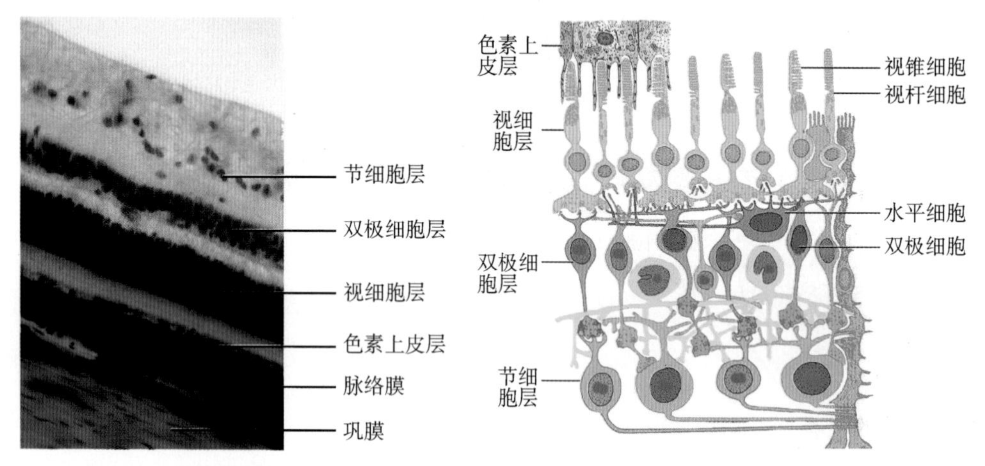

图 18-5 视网膜结构（右图为视网膜分子结构示意图）

扫码“看一看”

二、眼球内容物

眼球内容物包括房水、晶状体和玻璃体（图 18-1、图 18-2），它们与角膜一样均无色透明，具有折光作用，合称为眼的屈光系统。

（一）眼房与房水

眼房是角膜与晶状体间的间隙，以虹膜为界，分为眼前房和眼后房，二者借瞳孔相通。在前房周边，虹膜与角膜交界处的环形区域称为虹膜角膜角，又称前房角（图 18-2、图 18-3）。房水是充满眼房内的无色透明液体，由睫状体产生，充填于眼后房，经瞳孔到眼前房，再经虹膜角膜角入巩膜静脉窦，最后汇入眼静脉。房水的生理功能是为角膜和晶状体提供营养、维持眼内压及屈光作用。如房水循环障碍可引起眼内压升高，导致视网膜受压出现视力减退甚至失明，临床上称青光眼。

（二）晶状体

晶状体位于虹膜和玻璃体之间，无血管和神经分布，无色透明而有弹性。晶状体呈双凸透镜状，前极略平，后极较凸。晶状体周缘辐射状的睫状小带连于睫状体。其所需营养

完全由房水提供。由先天或后天因素引起的晶状体混浊称为白内障。

晶状体是眼的屈光系统中唯一可调节的装置，其曲度可随睫状肌的舒缩而变化，当视近物时，睫状肌收缩，睫状体向前内移位，睫状小带松弛，晶状体周缘被牵拉的力量减弱，晶状体因本身弹性而变凸，屈光力加强，使光线恰好聚焦于视网膜上。当视远物时，与此相反，晶状体受拉变薄，屈光力减弱，远处的光线恰好聚焦于视网膜上。晶状体的调节能力随着年龄的增长而逐渐减弱，老年人看近物时，晶状体的屈光能力不能相应的增加，导致视近物不清，称老视，俗称花眼。

（三）玻璃体

玻璃体为无色透明的胶状物质，填充在晶状体和视网膜之间，约占眼球内容积的 4/5，表面覆盖着玻璃体膜。除有屈光作用外，还有维持眼球形态、支撑视网膜的作用。若支撑作用减弱，可导致视网膜剥离。若玻璃体混浊，眼前可见晃动的黑点，临床上称飞蚊症。

考点提示 房水的生理功能是为角膜和晶状体提供营养、维持眼内压及屈光作用。

第二节 眼副器

扫码“学一学”

眼副器包括眼睑、结膜、泪器、眼球外肌和眶脂体等结构。眼副器对眼球起保护、运动和支持作用。

一、眼睑

眼睑俗称眼皮，位于眼球前方，是眼球的保护屏障，可避免异物、强光、烟尘对眼的损害。

眼睑分上睑和下睑。上、下睑之间的裂隙称睑裂。游离缘称睑缘，生有睫毛。睑裂的内、外端形成的夹角分别称为内眦和外眦。在内眦附近的上、下眼睑缘上各有一小隆起，称泪乳头，顶部小孔称泪点，是泪小管的开口。

眼睑由浅至深分为五层：皮肤、皮下组织、肌层、睑板和睑结膜（图 18-6）。皮肤薄而柔软，睑缘处生长有 2～3 列睫毛，睫毛根部有小腺体，称睑缘腺。皮下组织为疏松结缔组织，可因积水或出血而肿胀。肌层为骨骼肌，主要有眼轮匝肌和上睑提肌，可缩小和开大睑裂。睑板有致密结缔组织构成，呈半月形，是眼睑的支架。睑板内有许多平行排列的睑板腺，其导管开口于睑缘，分泌物可润滑睑缘和保护角膜。若导管阻塞可形成睑板腺囊肿，称霰粒肿。睑结膜位于眼睑的最内面，是一薄层黏膜。

二、结膜

结膜是一层富含血管和神经末梢的透明薄膜，覆盖在眼睑内表面和巩膜的表面（图 18-7）。根据其部位可分为睑结膜和球结膜，睑结膜贴覆于上、下眼睑的内面，球结膜覆盖于巩膜的表面，睑结膜和球结膜返折处称为结膜穹隆，分为结膜上穹和结膜下穹。当睑裂闭合时，结膜即围成一腔隙，称结膜囊。结膜炎和沙眼是结膜常见的疾病。

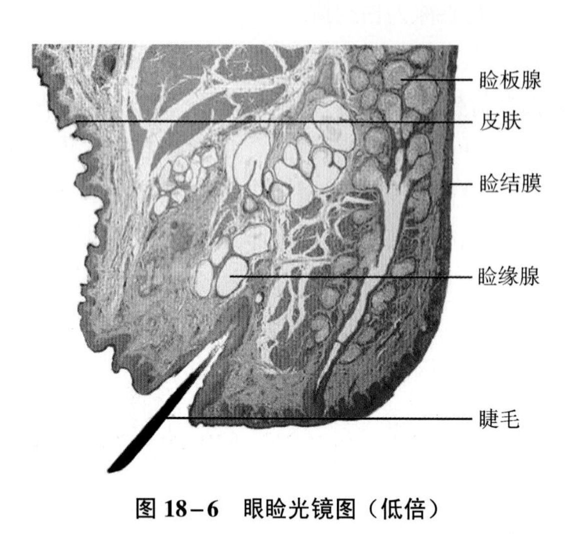

图 18-6　眼睑光镜图（低倍）

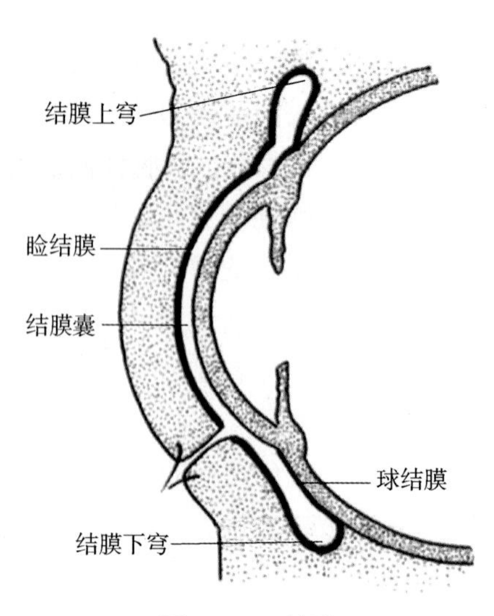

图 18-7　结膜

三、泪器

泪器由泪腺和泪道构成（图 18-8）。

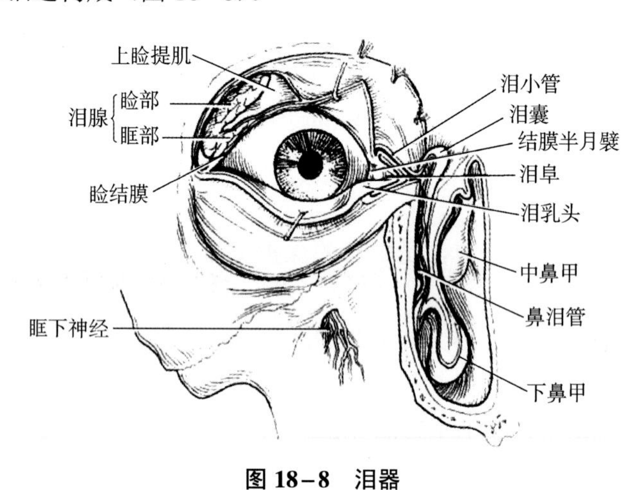

图 18-8　泪器

1. 泪腺　位于眶上壁外侧部的泪腺窝内，有 10～20 条排泄小管开口于结膜上穹的外侧部。泪腺不断分泌泪液，借瞬目运动涂布于眼球的表面，能润滑和清洁角膜、冲洗结膜囊。多余的泪液经泪点入泪小管。泪液含溶菌酶，有杀菌作用。

2. 泪道　包括泪点、泪小管、泪囊和鼻泪管。

（1）泪点　是泪乳头顶部的小孔，是泪小管的入口。

（2）泪小管　为连接泪点和泪囊的小管，分别形成上泪小管和下泪小管。起于上、下泪点，向上、下行走，然后水平向内侧汇聚后开口于泪囊上部。

（3）泪囊　位于眼眶内侧壁的泪囊窝内，上端为盲端，高于内眦；下端移行为鼻泪管。

（4）鼻泪管　为骨性鼻泪管内衬黏膜形成的管道，上接泪囊，下端开口于下鼻道外侧壁的前部。

四、眼球外肌

眼球外肌共有 7 块。其中上睑提肌有提上睑的作用；其余 6 块是运动眼球的肌，它们分别称上直肌、下直肌、内直肌、外直肌、上斜肌和下斜肌（图 18-9）。内直肌和外直肌分别使眼球转向内侧和外侧；上直肌使眼球转向上内；下直肌使眼球转向下内；上斜肌使眼球转向下外；下斜肌使眼球转向上外。

考点提示 内直肌和外直肌分别使眼球转向内侧和外侧。

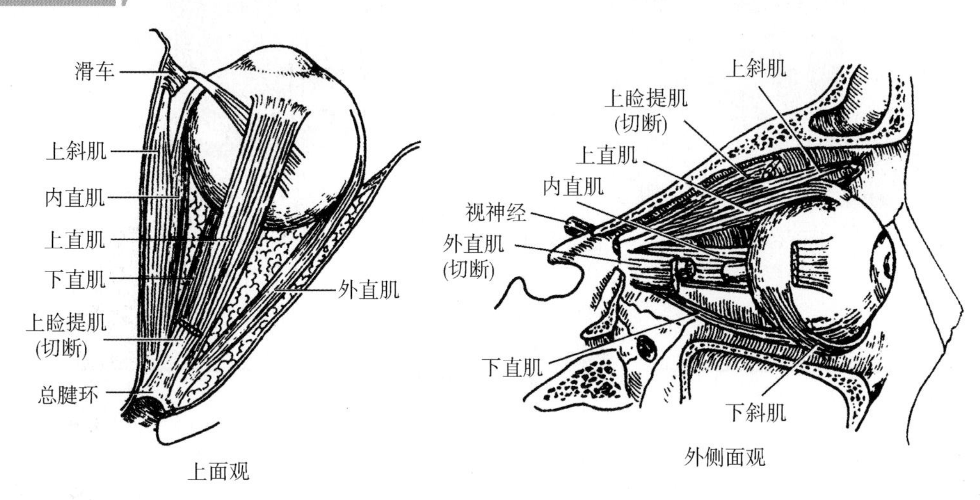

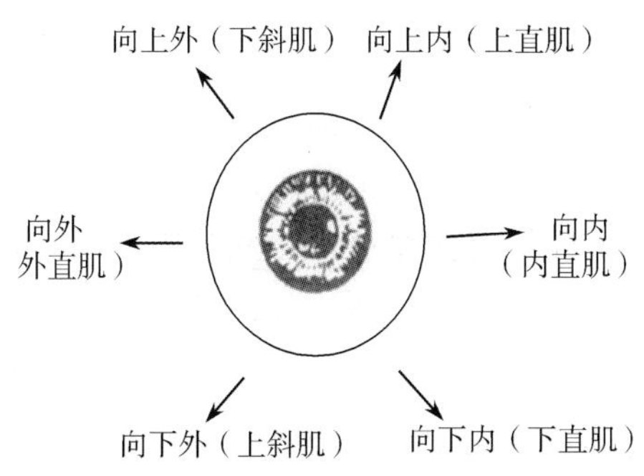

图 18-9 眼球外肌及其功能

五、眶脂体

在眼球、眼肌、视神经及泪腺之间填充着脂肪组织，它们对眼球起着支持和弹性垫的作用，这些脂肪团块称为眶脂体。

第三节 眼的血管

一、眼的动脉

眼的血液供应主要来自眼动脉（图 18-10）。眼动脉起自颅内的颈内动脉，与视神经一起经视神经管入眶，沿途发出分支供应眼球、眼球外肌和泪器等。

二、眼的静脉

眼上、下静脉收集眼的静脉血，向后经眶上裂汇入海绵窦，向前与内眦静脉吻合，由于眼部静脉无静脉瓣，面部感染时可经这些静脉蔓延至颅内感染。

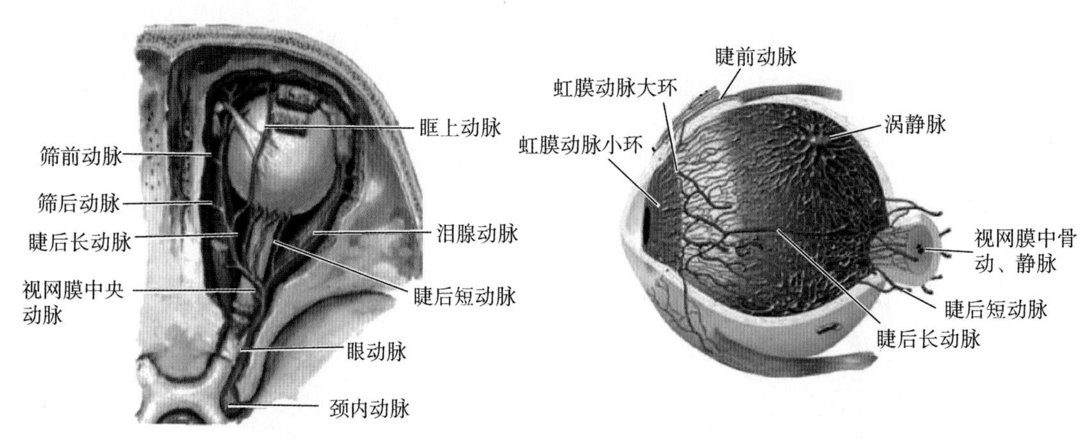

图 18－10　眼的血管

本章小结

眼球壁分为三层，由外向内依次为纤维膜、血管膜和视网膜。纤维膜厚而坚韧，分为角膜和巩膜两部分，由致密结缔组织构成，有保护和支持作用。血管膜由疏松结缔组织组成，含丰富的色素细胞、血管丛及神经，呈棕褐色，有营养眼球内组织及遮光作用。血管膜由前向后依次为虹膜、睫状体和脉络膜三部分。视网膜位于血管膜的内面，位于虹膜内面的部分称为虹膜部，睫状体内面的称为睫状体部，这两部分无感光作用，称视网膜盲部。视网膜视部位于脉络膜内面的部分有感光作用。眼球内容物包括房水、晶状体和玻璃体，它们与角膜一样均无色透明，具有折光作用，合称为眼的屈光系统。眼副器包括眼睑、结膜、泪器、眼球外肌和眶脂体等结构。眼副器对眼球起保护、运动和支持作用。眼的血液供应主要来自眼动脉。眼上、下静脉收集眼的静脉血，向后经眶上裂汇入海绵窦，向前与内眦静脉吻合，由于眼部静脉无静脉瓣，面部感染时可经这些静脉蔓延至颅内感染。

扫码“练一练”

习　题

一、选择题

1. 视网膜感光和辨色最敏锐的部位是
   A. 脉络膜　B. 虹膜　C. 视神经盘　D. 中央凹
   E. 视轴
2. 下列关于角膜的描述，错误的是
   A. 眼球外膜的前 1/6　B. 无色透明
   C. 血管和神经末梢丰富　D. 富有弹性，外凸内凹
   E. 后缘接巩膜
3. 下列关于巩膜的描述，错误的是
   A. 前接角膜
   B. 巩膜与角膜交界处外面内陷称巩膜静脉窦
   C. 质地厚而坚韧
   D. 巩膜占眼球纤维膜的后 5/6

E. 为乳白色不透明的纤维膜

4. 下列具有屈光作用的是

A. 瞳孔 B. 角膜 C. 眼房 D. 结膜

E. 巩膜静脉窦

5. 下列关于黄斑的描述，正确的是

A. 位于视神经盘鼻侧

B. 后面是视神经的起始部

C. 位于视神经盘颞侧稍偏下方约 3.5mm 处

D. 无感光细胞

E. 是视力最敏锐部位

6. 沟通眼球前、后房的结构是

A. 虹膜角膜角 B. 巩膜静脉窦 C. 泪点 D. 瞳孔

E. 眼静脉

7. 白内障是以下何结构发生混浊所致

A. 角膜 B. 晶状体 C. 玻璃体 D. 房水

E. 虹膜

8. 下列不属于眼的屈光装置的结构是

A. 房水 B. 角膜 C. 晶状体 D. 虹膜

E. 玻璃体

9. 下列关于玻璃体的描述，错误的是

A. 为无色透明的胶状物质 B. 位于晶状体和视网膜之间

C. 表面覆被玻璃体膜 D. 玻璃体混浊可导致白内障

E. 对视网膜起支撑作用

10. 下列关于晶状体的描述，正确的是

A. 看远物时曲度变大

B. 呈双凸透镜状，前面曲度较大，后面曲度小

C. 晶状体皮质由同心圆状排列的晶体状纤维组成

D. 可因疾病或创伤，发生混浊，称为白内障

E. 不含血管，但神经末梢丰富

11. 产生房水的结构是

A. 睫状体 B. 晶状体 C. 泪腺 D. 眼房

E. 玻璃体

12. 调节晶状体曲度的主要结构是

A. 睫状小带 B. 虹膜

C. 瞳孔括约肌 D. 瞳孔开大肌

E. 睫状肌

13. 下列不属于眼副器的结构是

A. 眼睑 B. 结膜

C. 眼球外肌 D. 眶筋膜和眶脂体

E. 睫状肌

14. 沙眼的好发部位通常在
   A. 角膜
   B. 睑结膜
   C. 球结膜
   D. 球结膜和结膜穹隆
   E. 睑结膜和结膜穹隆

二、简答题

1. 试述房水的产生及循环途径。
2. 运动眼球的肌有哪些，各有何功能?

（赵　宏）

第十九章

前庭蜗器

学习目标

1. **掌握** 前庭蜗器的组成及主要结构的名称与位置。
2. **熟悉** 咽鼓管的位置与分部；鼓室六壁的结构与毗邻。
3. **了解** 听小骨链的名称及连接；声波的传导途径。
4. 能运用所学知识分析由中耳炎可引起的临床症状。
5. 具有保护耳、保护听力的能力，积极倡导防聋治聋、爱耳宣教意识。

案例讨论

【案例】

患者，女性，6 岁。近日由感冒引起咳嗽，低烧，咽喉炎，同时伴有右耳疼痛，外耳道流脓，医院就诊检查血白细胞升高，诊断为右耳中耳炎。

【讨论】

1. 为什么儿童更易患中耳炎？
2. 中耳鼓室有哪几个壁构成？中耳病变可引起哪些结构损伤？

前庭蜗器（vestibulocochlear organ）又称位听器或耳，包括外耳、中耳和内耳三部分（图 19-1），其中外耳和中耳为声波的收集和传导装置，内耳是前庭器（位置觉器）和蜗器（听觉器）所在部位，前庭器感受头部位置变动的刺激，蜗器感受声波的刺激。

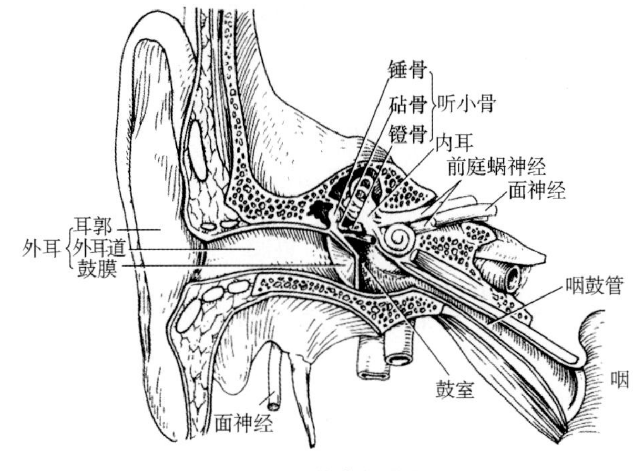

图 19-1　前庭蜗器概况

第一节 外　　耳

外耳（extermal ear）包括耳郭、外耳道和鼓膜。

一、耳郭

耳郭借软骨、韧带、肌和皮肤连于头部的两侧，分为隆凸的后内侧面和凹凸不平的前外侧面，前外侧面中央凹陷，中央的孔为外耳门。耳郭下 1/3 无弹性软骨，称为耳垂，是临床采血的常用部位。

二、外耳道

外耳道为从外耳门到鼓膜的“S”形弯曲的管道（图 19－1），弯曲的方向从外向内，先向前内，再转向后内上方，最后向前内下方。成人外耳道长 2.5～3.5cm，其外侧 1/3 为软骨部，内侧 2/3 为骨部，因此观察鼓膜时，可向后上方牵拉耳郭，使外耳道变直，易于观察。

外耳道表面被覆薄层皮肤，皮肤内含有大量的皮脂腺和耵聍腺，耵聍腺分泌的黏稠液体为耵聍，其干燥后形成痂块，大量痂块可阻塞外耳道，影响听力。

三、鼓膜

鼓膜（tympanic membrane）位于外耳道和鼓室之间，为椭圆形半透明的薄膜（图 19－2），其外侧面朝向前、下、外，与外耳道底约成 45° 的倾斜角。鼓膜上 1/4 薄而松弛，活体呈淡红色，称为松弛部；下 3/4 坚实而紧张，活体上呈灰白色，称为紧张部，其前下部有三角形的反光区，称为光锥，光锥可随鼓膜形态位置的改变而改变。鼓膜周缘较厚，中心向鼓室凹陷，称为鼓膜脐，是锤骨柄附着的部位。

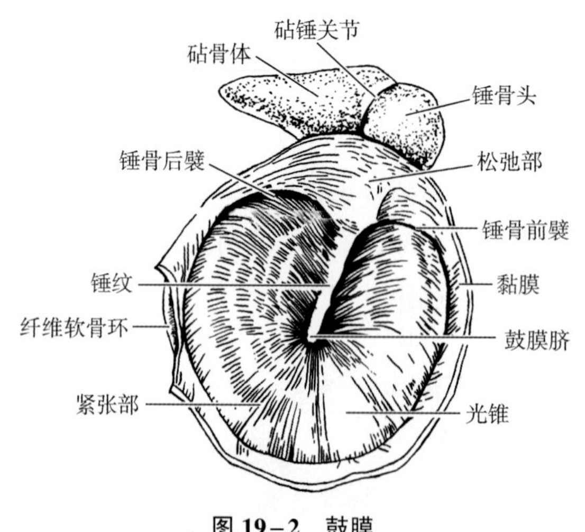

图 19－2　鼓膜

考点提示 鼓膜位于外耳道和鼓室之间，为椭圆形半透明的薄膜。

知识链接

鼓膜穿孔

鼓膜穿孔的常见原因有急性中耳炎和外伤，急性中耳炎导致的鼓膜穿孔好发于儿童，患者先有耳部疼痛，鼓膜穿孔后疼痛可减轻，耳内可有液体流出；外伤导致的鼓膜穿孔后，患者突感耳痛，听力立即减退伴耳鸣，也可伴外耳道出血和耳内闷胀感。

扫码“看一看”

扫码“学一学”

第二节　中　　耳

中耳（middle ear）包括鼓室、咽鼓管、乳突窦与乳突小房。

一、鼓室

鼓室是不规则的含气小腔，由颞骨的岩部、鳞部及鼓部和鼓膜所围成，通过咽鼓管与鼻咽部相通。鼓室的内面被覆黏膜，与咽鼓管和乳突窦的黏膜相连续。鼓室有六个壁，内有三块听小骨、两块听小骨肌、血管和神经等（图 19-3）。

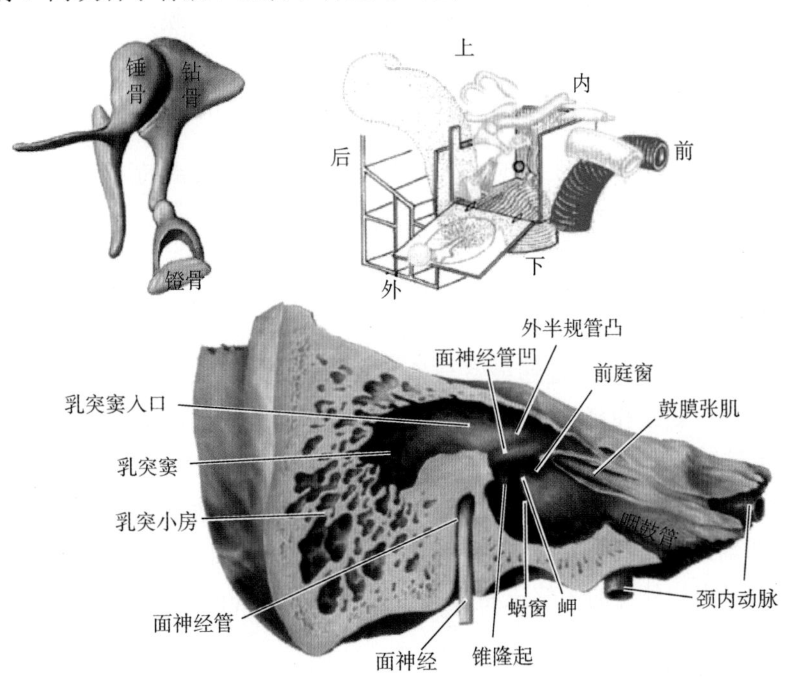

图 19-3　鼓室结构图

（一）鼓室壁

鼓室为不规则的腔隙，由六个壁构成。

1. 上壁　由颞骨岩部的鼓室盖构成，又称盖壁，为一层薄的骨板，分割鼓室与颅中窝，故中耳炎可侵犯此壁，引起颅内感染。

2. 下壁　为一薄层骨板，与颈静脉相邻，又称颈静脉壁。

3. 前壁 为颈动脉管的后外壁，又称颈动脉壁，其上部为颞骨岩部与鳞部的交界处，有咽鼓管的开口。

4. 后壁 又称乳突壁，上部有乳突窦的开口，向后通向乳突小房，中耳炎时可累及乳突小房，引起乳突炎。乳突窦入口的下方有一骨性突起为锥隆起，内有镫骨肌。

5. 外侧壁 主要由鼓膜构成，又称鼓膜壁。

6. 内侧壁 由内耳前庭部的外侧壁构成，又称迷路壁。壁中部的圆形隆起称为岬，岬后上方的卵圆形小孔称为前庭窗，由镫骨底封闭；岬后下方的圆形小孔称为蜗窗，由第二鼓膜封闭，当鼓膜损伤时，此膜可接受声波的振动。前庭窗后上方的弓形隆起为面神经管凸，内有面神经经过，面神经管壁骨质较薄，中耳炎或中耳手术时易突破此壁伤及面神经。

（二）鼓室内的结构

鼓室内的结构主要包括三块听小骨、两块运动听小骨的肌等。

1. 听小骨 每侧鼓室内有三块听小骨，分别是锤骨、砧骨和镫骨。锤骨形似鼓锤，分为头、柄、外侧突和前突四部分，锤骨柄附着于鼓膜脐，锤骨头与砧骨体形成砧锤关节；砧骨形似砧，分为体和长、短两脚；镫骨分为头、颈、两脚和一底，镫骨头与砧骨长脚形成砧镫关节，镫骨底借韧带连于前庭窗的周边，封闭前庭窗。听骨链由三块听小骨及它们之间的关节、韧带连结而成，由锤骨柄连于鼓膜，镫骨底封闭前庭窗，当声波冲击鼓膜时，听骨链运动，将声波从鼓膜传至前庭窗。

2. 听小骨肌 包括鼓膜张肌和镫骨肌。鼓膜张肌肌腹位于鼓膜张肌半管内，肌腱至鼓室内，止于锤骨柄上端，收缩时可牵拉锤骨柄向内侧，紧张鼓膜。镫骨肌位于锥隆起内，肌腱进入鼓室，止于镫骨颈，收缩时可牵拉镫骨头向后方，使镫骨底前部离开前庭窗，以减低迷路压力并解除鼓膜的紧张状态，该肌是鼓膜张肌的拮抗肌。

考点提示 鼓室是由颞骨的岩部、鳞部及鼓部和鼓膜所围成的不规则的含气小腔，包括内侧壁、外侧壁、前壁、后壁、上壁和下壁。

二、咽鼓管

咽鼓管（auditory tube）是连通鼓室与鼻咽部的通道，成人咽鼓管长 3.5～4.0cm，管壁内有黏膜，与鼓室内黏膜相延续（图 19-1）。咽鼓管可分为前内侧的软骨部和后外侧的骨部，软骨部占咽鼓管长度的 2/3，由结缔组织膜围成，向内侧开口于鼻咽部，为咽鼓管咽口；骨部占咽鼓管长度的 1/3，其外侧端向后外开口于鼓室前壁，为咽鼓管鼓室口。平时，咽鼓管咽口和软骨部均处于关闭状态，在吞咽或尽力张口时，咽口会暂时开放。咽鼓管的作用主要是使鼓室的压力与外界的大气压相等，以保持鼓膜内外的压力保持平衡。

三、乳突窦与乳突小房

乳突窦介于乳突小房与鼓室之间，位于鼓室上隐窝的后方，向前开口于鼓室，向后下方与乳突小房相通。乳突小房为颞骨乳突内的许多含气小腔，大小、形态不一且相互连通（图 19-3），乳突小房内被覆黏膜，且与乳突窦和鼓室内的黏膜相延续，故鼓室炎症时可经乳突窦侵入乳突小房而引起乳突炎。

考点提示 咽鼓管可使鼓室的压力与外界的大气压相等，以保持鼓膜内外的压力保持平衡。

第三节　内　　耳

内耳（internal ear）位于颞骨岩部的骨质内（图 19–4），鼓室内侧壁与内耳道底之间，因其构造复杂，又称为迷路。内耳分为骨迷路与膜迷路（图 19–5）。骨迷路主要包括耳蜗、前庭和骨半规管，是颞骨岩部内的不规则的骨性隧道；膜迷路套在骨迷路内，是封闭的膜性小管或小囊，包括蜗管、膜半规管、椭圆囊和球囊。膜迷路内充满内淋巴，膜迷路与骨迷路之间的间隙内含有外淋巴，内、外淋巴互不交通。膜迷路是听觉感受器和位置觉感受器所在的部位。

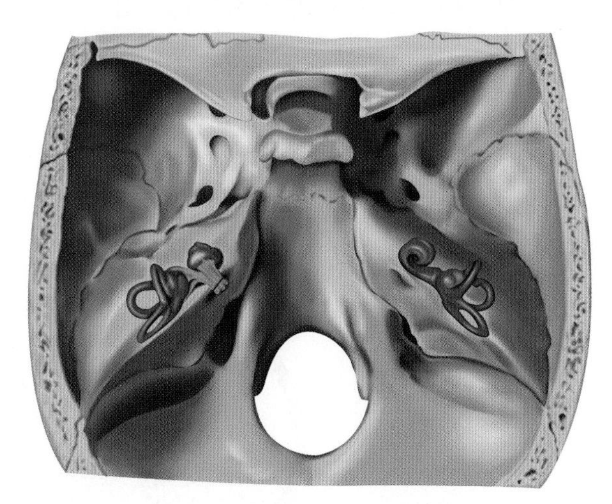

图 19–4　颞骨岩部内耳位置模式图

一、骨迷路

骨迷路（bony labyrinth）由骨密质构成，沿颞骨岩部长轴由后外向前内可分为骨半规管、前庭和耳蜗三部分，此三部分形态不同，但相互连通。

1. 骨半规管　为骨迷路的后部，是三个互相垂直的半环形骨管。根据它们的排列方位不同，称为前骨半规管、后骨半规管和外骨半规管（图 19–5）。每个骨半规管都有两个骨脚与前庭相连，一骨脚较膨大称为壶腹骨脚，膨大的部位称为骨壶腹，一个骨脚细小称为单骨脚。前、后骨半规管的单骨脚相互融合形成一个总骨脚，故三个骨半规管共有五个开口通向前庭。

2. 前庭　为骨迷路的中部，近似椭圆形的空腔，前部通过一个孔通向耳蜗，后部通过五个孔与三个骨半规管相通。

3. 耳蜗　为骨迷路的前部，形似蜗牛壳，由蜗轴和蜗螺旋管构成（图 19–5）。蜗螺旋管围绕蜗轴旋转两圈半，是中空的螺旋状骨密质骨管，自蜗轴发出的骨螺旋板伸入蜗螺旋管内，不完全分割蜗螺旋管，骨螺旋板的游离缘至蜗螺旋管的外侧壁有基底膜封闭，将蜗螺旋管分隔成上半部的前庭阶和下半部的鼓阶。前庭阶与前庭窗相连接，鼓阶与蜗窗相连接。基底膜达到蜗顶时，附着在螺旋板钩的外侧缘和蜗轴，围成蜗孔，前庭阶和鼓阶借蜗孔相通。

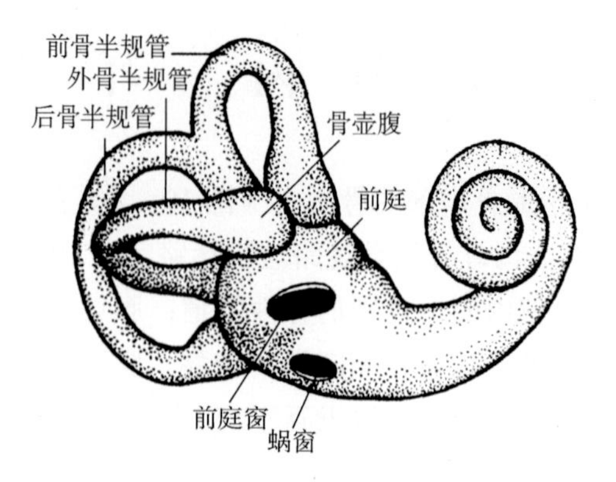

图 19-5 骨迷路与膜迷路结构模式图

二、膜迷路

膜迷路（membranous labyrinth）是套在骨迷路内的膜性囊管，内部充满内淋巴，从后向前依次是膜半规管、椭圆囊和球囊、蜗管，膜半规管位于骨半规管内，椭圆囊和球囊位于前庭内，蜗管位于耳蜗的蜗螺旋管内（图 19-6）。

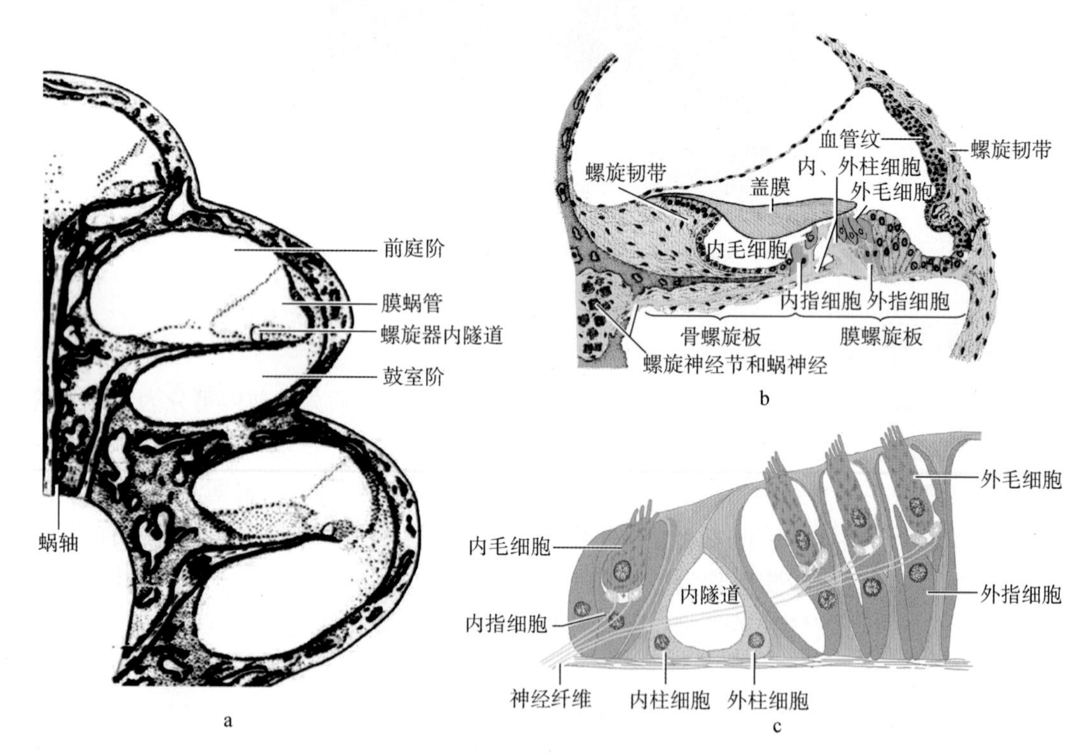

图 19-6 耳蜗膜蜗管、螺旋器结构模式图

a. 耳蜗；b. 膜蜗管和螺旋器；c. 螺旋器

1. 膜半规管 是套在同名骨半规管内的膜性管道，与骨半规管形态相似，但管径为骨半规管的 1/4～1/3。与骨壶腹相对应部位的膨大，称为膜壶腹，三个骨壶腹对应三个膜壶腹。膜壶腹壁上的隆起称为壶腹嵴，它们是位置觉感受器，可以感受头部旋转变速运动的刺激。

2. 椭圆囊和球囊 均位于骨迷路的前庭内，椭圆囊位于前庭后上方的椭圆囊隐窝内，其后壁上有五个孔与膜半规管相通，向前通过椭圆囊球囊管与球囊及内淋巴导管相通；球囊位于前庭前下方的球囊隐窝内，向前下通过连合管与蜗管相通。在椭圆囊上端的底部和

前壁上、球囊的前壁上均有感觉上皮，分别称为椭圆囊斑和球囊斑，它们是位置觉的感受器，感受头部静止的位置及直线变速运动引起的刺激。

3. 蜗管　位于耳蜗的蜗螺旋管内前庭阶和鼓阶之间，介于骨螺旋板和蜗螺旋管外侧壁之间，水平断面上呈三角形。蜗管前庭壁（上壁）即前庭膜，将前庭阶与蜗管分开，蜗管鼓壁（下壁）即基底膜，将鼓阶与蜗管分开，在基底膜上有螺旋器又称 Corti 器，为听觉感受器。

声波的传导途径：声波的传导途径有两种，即空气传导和骨传导，正常情况下以空气传导为主，声波经耳郭、外耳道传至鼓膜，引起鼓膜振动，再经听小骨链传导至前庭窗，振动前庭阶及鼓阶的外淋巴，进一步振动蜗管的内淋巴和基底膜，使螺旋器的毛细胞兴奋，发生神经冲动，由蜗神经将神经冲动传到大脑皮质的听区，产生听觉（图 19－7）。

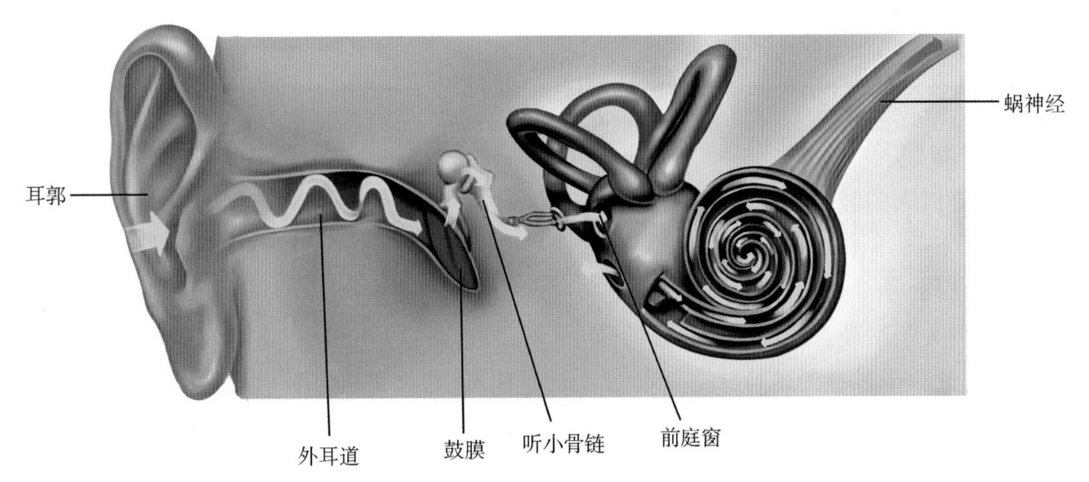

图 19－7　声波的传导途径示意图

考点提示　听觉感受器为在基底膜上的螺旋器，又称 Corti 器。

知识拓展

梅尼埃病

梅尼埃病，又称美尼尔病，是一种以膜迷路积水为主要病理特征的内耳病，病因不明。本病的病理变化为膜迷路积水，主要累及蜗管及球囊。压迫刺激耳蜗产生耳鸣、耳聋等耳蜗症状，压迫刺激前庭终末器而产生眩晕等前庭症状。典型的临床症状为反复发作的旋转性眩晕、波动性听力下降、耳鸣和耳闷胀感。本病多发生于 30～50 岁的中、青年人，儿童少见。发病无明显性别差异。

本章小结

前庭蜗器，又称位听器、耳，分为外耳、中耳和内耳，其中外耳和中耳具有收集和传导声波的作用，外耳包括耳郭、外耳道和鼓膜；中耳包括鼓室、咽鼓管及乳突窦与乳突小房。鼓室借鼓膜与外耳道相通，借前庭窗和蜗窗与内耳相通，鼓室内的三块听小骨借它们之间的关节和韧带形成听骨链，将声波的振动从鼓膜传至内耳。内耳是听觉感受器和位置觉感受器所在的部位，分为骨迷路与膜迷路，骨迷路包括骨半规管、前庭和耳蜗三部分，膜迷路包括膜半规管、椭圆囊和球囊、蜗管，骨迷路与膜迷路之间充满外淋巴，膜迷路内充满内淋巴。椭圆囊斑和球囊斑，壶腹嵴是位置觉的感受器，蜗管的基底膜上的螺旋器（Corti器）是听觉感受器。

扫码“练一练”

习 题

一、选择题

1. 检查成人的鼓膜时，须将耳郭拉向
   A. 下　B. 上　C. 前下　D. 后下
   E. 后上
2. 下列关于咽鼓管的描述，正确的是
   A. 开口于鼓室的颈静脉壁　B. 连通鼓室与口咽
   C. 内覆盖有黏膜　D. 成人的咽鼓管较短、粗
   E. 外侧部为软骨结构
3. 位置觉感受器位于
   A. 壶腹嵴　B. 耳蜗
   C. 前庭窗　D. 螺旋器
   E. 鼓室
4. 听觉感受器位于
   A. 壶腹嵴　B. 耳蜗　C. 前庭窗　D. 基底膜
   E. 前庭膜
5. 下列关于前庭的描述，正确的是
   A. 位于骨迷路外侧部　B. 呈圆形空腔
   C. 内藏有蜗管　D. 前部连通耳蜗
   E. 后部有六个孔连通骨半规管
6. 下列关于外耳道的叙述，错误的是
   A. 外侧 2/3 为骨部　B. 内侧 2/3 为骨部
   C. 皮肤与骨膜结合紧密　D. 软骨可移动
   E. 内有耵聍腺
7. 下列关于鼓膜的描述，正确的是
   A. 上 1/4 为紧张部　B. 下 3/4 为松弛部
   C. 与外耳道底垂直　D. 向后外下方倾斜
   E. 为鼓室的外侧壁

8. 鼓室内侧壁上有
   A. 咽鼓管的开口　　B. 乳突窦的开口
   C. 面神经管凸　　D. 鼓室盖
   E. 颈静脉窝
9. 下列关于内耳的描述，正确的是
   A. 前庭阶和鼓阶互不相通　　B. 前、后骨半规管的单骨脚合成总骨脚
   C. 前庭阶和鼓阶内充满内淋巴　　D. 膜迷路内充满外淋巴
   E. 耳蜗连于前庭后壁
10. 膜迷路不出现
   A. 耳蜗　　B. 蜗管　　C. 椭圆囊　　D. 球囊
   E. 膜半规管
11. 下列不属于骨迷路的是
   A. 鼓阶　　B. 前庭阶　　C. 蜗管　　D. 骨半规管
   E. 前庭
12. 下列关于耳蜗的叙述，正确的是
   A. 位于前庭的后方　　B. 蜗顶朝向后内侧
   C. 蜗底朝向前外侧　　D. 骨螺旋管环绕蜗轴盘曲两圈半
   E. 前庭阶与鼓阶借蜗孔相通
13. 下列关于听小骨的叙述，错误的是
   A. 位于鼓室内　　B. 镫骨底连于蜗窗
   C. 三块听小骨借关节相连　　D. 锤骨柄末端附于鼓膜脐
   E. 砧骨体与锤骨头形成锤砧关节
14. 下列关于鼓室壁的叙述，错误的是
   A. 上壁为鼓室盖壁　　B. 下壁为颈静脉壁
   C. 后壁为迷路壁　　D. 前壁为颈动脉壁
   E. 外侧壁为鼓膜壁

二、简答题

1. 简述鼓膜的结构。
2. 简述膜迷路的主要结构。

（宋海岩）

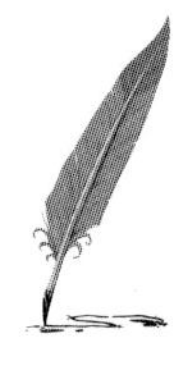

扫码“学一学”

第二十章

皮　　肤

学习目标

1. **掌握**　皮肤的组成；表皮的组织结构。
2. **熟悉**　真皮的结构；非角质形成细胞的特点。
3. **了解**　皮肤附属器的结构特点。
4. 学会运用合适的技术，正确分析皮肤科常见疾病的发病机制；辨认有毛皮和无毛皮的结构异同。
5. 具有正确护理皮肤的能力和保护皮肤健康的宣教意识。

案例讨论

【案例】

患者张某，男，35岁，头皮及上肢皮疹伴瘙痒反复发作，皮屑增多，挠后有大片皮屑脱落，有渗血。初步诊断为银屑病。

【讨论】

1. 表皮的分层如何？具有活跃的分裂能力的是哪种细胞？
2. 银屑病的组织学基础是什么？

皮肤（skin）是人体面积最大的器官，总面积1.2～2.0m^2。由表皮和真皮组成，通过皮下组织与深层组织相连，具有屏障保护、排泄、吸收、调节体温和参与免疫应答等功能。

一、表皮

表皮（epidermis）是皮肤的浅层，由角化的复层扁平上皮构成。组成表皮的主要细胞是角质形成细胞与非角质形成细胞。后者数量少，散在分布于角质形成细胞间。根据表皮的厚度，皮肤分为厚皮和薄皮，厚皮的结构典型，从基底到表面依次分为5层（图20－1，图20－2）。

（一）表皮的分层和角质形成细胞

1. 基底层　位于表皮最深层，附着于基膜，为一层矮柱状或立方形基底细胞。HE染色胞质呈强嗜碱性。胞质内含丰富的游离核糖体和角蛋白丝，角蛋白丝有很强的张力，又称张力丝。基底细胞是表皮的干细胞，有活跃的分裂能力，在皮肤创伤愈合中具有重要的再生修复作用。

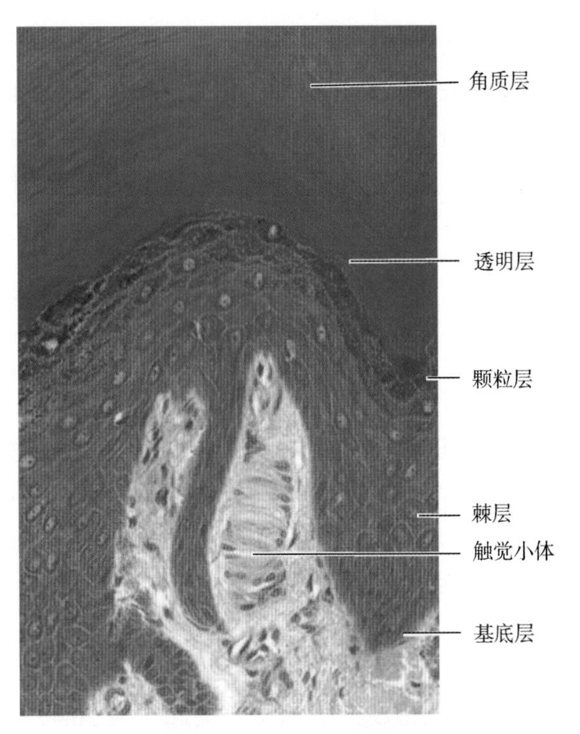

图 20－1　指皮（光镜）

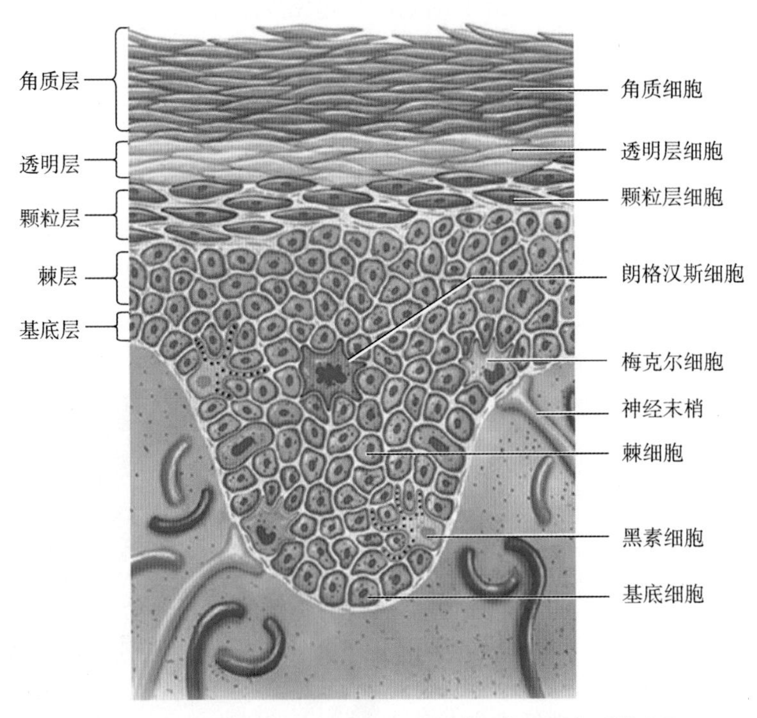

图 20－2　角质形成细胞和非角质形成细胞相互关系模式图

2. 棘层　位于基底层上方，由 4～10 层多边形的棘细胞组成，细胞表面伸出许多细而短的棘状突起。细胞间有大量桥粒。

3. 颗粒层　位于棘层的上方，由 3～5 层扁梭形细胞组成，该层细胞的核与细胞器已退化。胞质内出现强嗜碱性的透明角质颗粒。

4. 透明层　位于颗粒层的上方，由 2～3 层扁平细胞构成，细胞界限不清，核与细胞器

均已消失。HE 染色细胞呈均质透明状，强嗜酸性。

5. 角质层 位于表皮最浅层，由多层扁平的角质细胞构成。细胞已完全角化，变为干硬的死细胞，无细胞核和细胞器。角蛋白丝浸埋在均质状物质中，共同形成角蛋白，充满胞质。光镜下呈嗜酸性均质状，细胞轮廓不清。浅层角质细胞间的桥粒消失，细胞连接松散，脱落后形成皮屑。

考点提示 表皮是皮肤的浅层，由角化的复层扁平上皮构成。组成表皮的主要细胞是角质形成细胞与非角质形成细胞。

（二）非角质形成细胞

1. 黑素细胞 胞体散在于基底细胞之间，该细胞有多个较长的突起伸入基底细胞和棘细胞间（图 20–2）。胞质内含特征性的黑素体，内含酪氨酸酶，能将酪氨酸转化成黑色素，形成黑素颗粒。皮肤的颜色主要取决于黑素颗粒的大小、数量、分布和所含黑色素的多少。黑色素可吸收紫外线，保护深部组织免受辐射损害。

考点提示 非角质形成细胞包括黑素细胞、朗格汉斯细胞和梅克尔细胞。

2. 朗格汉斯细胞 散在于棘细胞之间，有多个突起（图 20–2），在 HE 染色的标本上不易辨认。朗格汉斯细胞是一种抗原呈递细胞，能识别、结合和处理侵入皮肤的抗原，该细胞迁移到淋巴结内，将抗原呈递给 T 细胞，引起免疫应答。

3. 梅克尔细胞 常分布于基底层，在 HE 染色标本中不易辨认。细胞基底部胞质含许多致密核心的小泡，基底面与感觉神经末梢形成类似突触的结构（图 20–2）。该细胞在指尖部位较多，可能为感受触觉刺激的感觉上皮细胞。

扫码“看一看”

二、真皮

真皮（dermis）是位于表皮深部的致密结缔组织，分为乳头层和网织层，二者间无明确界限。

1. 乳头层 紧邻表皮并向基底部突起形成大量乳头状结构，故称真皮乳头。此种结构扩大了表皮与真皮的连接面，有利于两者牢固连接及表皮从真皮的血管获得营养。部分乳头内含有神经末梢和触觉小体（图 20–1），称神经乳头；有些乳头含丰富的毛细血管，称血管乳头。

2. 网织层 位于乳头层的深部，较厚，粗大的胶原纤维密集成束，弹性纤维夹杂其间，使皮肤有很好的韧性和弹性。网织层内有较大的血管、淋巴管、神经以及汗腺、皮脂腺和毛囊，可见环层小体（图 20–3）。

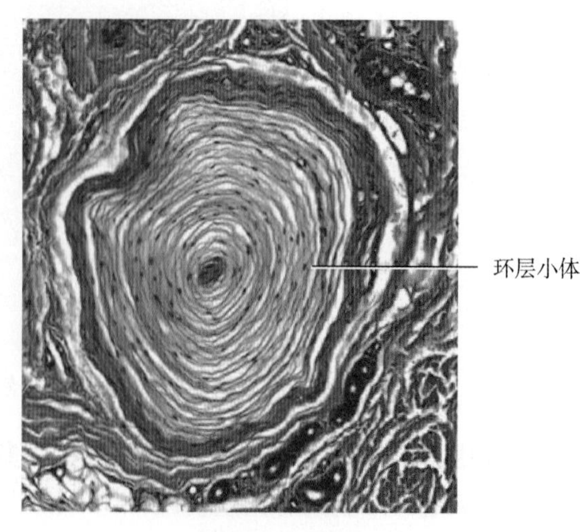

图 20–3 环层小体

三、皮肤的附属器

皮肤内有由表皮衍生的毛、皮脂腺、汗腺和指（趾）甲等，称皮肤附属器（图 20－4）

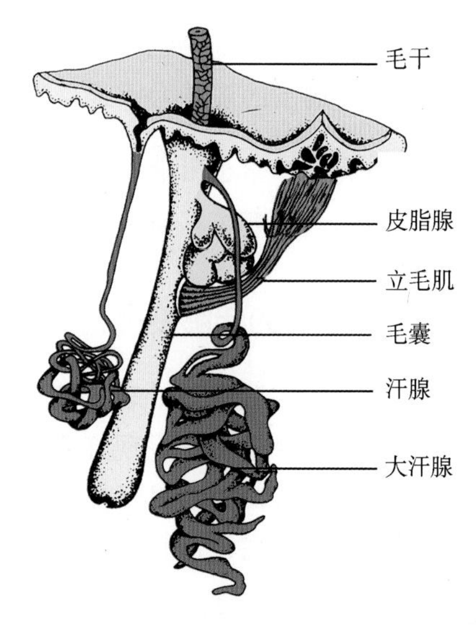

图 20－4　皮肤附属器模式图

1. 毛　人体皮肤除手掌和足底等处，均有毛分布。毛由毛干、毛根和毛球组成。露在皮肤外的部分称毛干；埋在皮肤内的部分称毛根；包在毛根外面的上皮及结缔组织形成的鞘称毛囊。毛根和毛囊末端膨大称毛球，是毛的生长点。毛球基底凹陷，结缔组织随神经和毛细血管突入其内，形成毛乳头，对毛的生长起诱导和营养作用。毛和毛囊与皮肤表面呈钝角的一侧，有一束斜行平滑肌，连接毛囊和真皮，称立毛肌。其受交感神经支配，收缩时使毛竖立，可帮助皮脂腺排出分泌物。毛有一定的生长周期，定期脱落和更新。

考点提示　毛由毛干、毛根和毛球组成。毛根和毛囊末端膨大形成毛球，是毛的生长点。

2. 皮脂腺　多位于毛囊和立毛肌间，由一个或几个腺泡与一个短导管构成。其分泌物称皮脂，有润滑皮肤、保护毛和抑菌等作用。皮脂腺的分泌受性激素的调节，青春期分泌旺盛。

知识链接

痤　疮

痤疮俗称青春痘，好发于青少年，常表现为面部粉刺、丘疹、结节和脓疱等。痤疮是皮肤慢性感染性炎症，主要与皮脂分泌过多、毛囊皮脂腺导管堵塞、细菌感染和炎症反应等因素密切相关。进入青春期后，雄激素分泌增多，促进皮脂腺发育并产生大量皮脂，皮脂腺导管的角化异常造成导管堵塞，皮脂排出受阻，形成角质栓，即粉刺。毛囊中多种微生物大量繁殖，产生的脂酶分解皮脂生成游离脂肪酸，趋化炎症细胞和介质，诱导并加重炎症反应，形成结节及脓疱。

3. 汗腺　分外泌汗腺和顶泌汗腺。

（1）外泌汗腺　又称小汗腺，分布广泛。分泌部位于真皮深部或皮下组织内，腺细胞呈立方形或锥体形，导管开口于皮肤表面的汗孔。分泌的汗液有湿润表皮、调节体温及排出部分代谢产物等作用，并参与水和电解质平衡的调节。

（2）顶泌汗腺　又称大汗腺，主要分布于腋窝、乳晕、肛门及会阴等处。分泌部由一层立形或矮柱状细胞围成，管腔大；导管开口于毛囊上段。分泌物黏稠，含蛋白质、碳水化合物和脂类。分泌物被细菌分解后产生特殊的气味，俗称狐臭。

4. 指（趾）甲　位于指（趾）端背面，露出体表的部分为甲体，由多层连接牢固的角

质细胞构成，为坚硬透明的长方形角质板。甲体后部埋入皮内的为甲根。甲体深面的皮肤为甲床，由表皮的基底层、棘层和真皮组成。甲根附着处的甲床上皮，其基底层细胞分裂活跃，称甲母质，是甲的生长部位。指（趾）受损或拔除后，如甲母质仍保留，则甲仍能再生。甲体周围的皮肤为甲襞。甲襞与甲体之间的沟称甲沟。

考点提示 甲根附着处的甲床上皮，其基底层细胞分裂活跃，称甲母质，是甲的生长部位。指（趾）受损或拔除后，如甲母质仍保留，则甲仍能再生。

四、皮肤的年龄变化

新生儿的皮肤很薄，表皮的角质层也较薄，真皮的结缔组织纤维较细，毛细血管网丰富，使相当透明的皮肤呈现红色。随着年龄的增长，表皮细胞层增多，角质层增厚，真皮的纤维成分增多，由细弱而变为粗壮，毛发变粗，腺体生长。

青年时期，在性激素的作用下，皮肤在形态和生理上都达到成熟阶段。这种状况维持很长的时间。到了老年，皮肤渐渐变松变薄，表皮棘层有空泡变性，真皮乳头变平，基底细胞增殖速度减慢，网状纤维消失，弹性纤维逐渐失去弹性，断裂成片断，毛细血管管壁变薄变脆，汗腺萎缩等。皮肤逐渐出现干燥、松弛、粗糙和弹性消失等老化现象。尤其表现为面部皱纹增多，特别是口周和眼外角处出现放射状皱纹等。毛发再生能力下降，黑色素合成障碍，毛发变为灰白或白色。

本章小结

皮肤由表皮和真皮组成。表皮为角化的复层扁平上皮，由角质形成细胞和非角质形成细胞组成。表皮角质形成细胞由深至浅分为基底层、棘层、颗粒层、透明层和角质层5层。非角质形成细胞包括黑素细胞、朗格汉斯细胞和梅克尔细胞。真皮位于表皮深层，由致密结缔组织组成，分为乳头层和网织层；乳头层含触觉小体，网织层含环层小体。皮肤的附属器包括毛、皮脂腺、汗腺和指（趾）甲等。毛由毛干、毛根和毛球组成；皮脂腺由腺泡和导管构成；汗腺分外泌汗腺和顶泌汗腺；指（趾）甲由甲体、甲根和甲床组成。

习题

扫码“练一练”

一、选择题

1. 厚表皮从基底到表层依次为
   A. 基底层、棘层、颗粒层、透明层和角质层
   B. 基底层、棘层、颗粒层和角质层
   C. 基底层、棘层、透明层和角质层
   D. 基底层、棘层、透明层、颗粒层和角质层
   E. 基底层、棘层、透明层、颗粒层
2. 下列关于表皮的组织特点，错误的是
   A. 细胞层次多，表皮细胞不断脱落

B. 细胞间隙内无毛细血管
C. 根据分布部位的不同分为角化和未角化两种类型
D. 基底层由一层矮柱状细胞构成，且分裂增殖能力强
E. 表皮由角化的复层扁平上皮构成

3. 组成表皮的两类细胞是
A. 角质形成细胞和黑素细胞 B. 角质形成细胞和梅克尔细胞
C. 角质形成细胞和非角质形成细胞 D. 郎格汉斯细胞和角质形成细胞
E. 郎格汉斯细胞和梅克尔细胞

4. 皮肤的角质层的特点为
A. 细胞立方形，胞质内含嗜碱性颗粒
B. 细胞无核无细胞器
C. 细胞高柱状，有一定的分裂增殖能力
D. 细胞无核，但有细胞器
E. 细胞有核，但无细胞器

5. 表皮中的干细胞是
A. 朗格汉斯细胞 B. 棘细胞 C. 基底细胞 D. 黑素细胞
E. 梅克尔细胞

6. 角质形成细胞内的黑素颗粒来源于
A. 朗格汉斯细胞 B. 黑素细胞 C. 梅克尔细胞 D. 角质形成细胞
E. 基底层细胞

7. 真皮的网织层内没有
A. 触觉小体 B. 毛囊 C. 皮脂腺 D. 汗腺
E. 环层小体

8. 真皮乳头内不含有
A. 毛细血管 B. 环层小体 C. 游离神经末梢 D. 触觉小体
E. 致密结缔组织

9. 毛发的生长点是
A. 毛乳头 B. 毛球 C. 毛根 D. 毛囊
E. 毛干

10. 包在毛根外面的上皮及结缔组织形成的鞘称
A. 毛囊 B. 毛球 C. 毛乳头 D. 毛根
E. 毛干

11. 下述关于皮脂腺的描述，错误的是
A. 位于毛囊和立毛肌之间 B. 有腺泡，无导管
C. 分泌物称皮脂 D. 其分泌受性激素的调节
E. 有腺泡，有导管

12. 下列关于汗腺的描述，错误的是
A. 分大汗腺和小汗腺 B. 分泌部由单层立方细胞组成
C. 大汗腺导管开口于毛囊下段 D. 小汗腺导管开口于皮肤表面的汗孔
E. 大汗腺导管开口于毛囊上段

二、思考题

1. 表皮的结构由深到浅分几层，主要由哪些细胞组成?
2. 表皮的非角质形成细胞有哪些，各有什么功能？
3. 痤疮为什么好发于青少年？

（程　云）

第六篇

内分泌系统

第二十一章

内分泌系统

学习目标

1. **掌握** 甲状腺和肾上腺的位置和毗邻关系，微细结构及其分泌功能；垂体的形态及其分部；垂体的微细结构及其分泌的激素。

2. **熟悉** 甲状旁腺的位置及形态；内分泌细胞分泌的激素作用。

3. **了解** 内分泌系统的组成；下丘脑与垂体的关系。

4. 学会辨识内分泌系统各器官的位置及形态。

5. 具备内分泌疾病相关健康知识宣教意识。

案例讨论

【案例】

患者，女，29岁，因"心悸，消瘦伴颈部肿块"入院，患者情绪易激动、焦虑，皮肤潮热，双手细颤，眼球突出，血检 T_3、T_4、FT_3、FT_4 明显升高。

【讨论】

1. 请判断可能是哪个器官异常？

2. 请分析出现上述症状的原因。

内分泌系统由内分泌腺和分布于其他器官的内分泌组织以及内分泌细胞组成，与神经系统共同维持机体内环境的稳定。内分泌腺包括甲状腺、甲状旁腺、肾上腺、垂体、胸腺及松果体等，其主要特点是腺体没有导管、体积小、血液供应丰富。

分布于其他器官的内分泌细胞有的聚集成群，如胰岛、睾丸间质细胞、卵巢黄体等。有的散在分布于消化道、呼吸道上皮内。内分泌细胞的分泌物称为激素（hormone），大多数激素通过血液循环作用于远处的器官或细胞；少数激素不进入血液，作用于邻近的细胞，称旁分泌。能够接受某种激素刺激的器官或细胞，称靶器官或靶细胞。

扫码"学一学"

第一节 垂　体

垂体（hypophysis）位于颅骨的垂体窝内，如豌豆大小，椭圆形，重约0.5g，借漏斗与下丘脑相连，前上方与视交叉相邻。垂体可分为前方的腺垂体和后方的神经垂体两部分。

其中，腺垂体又分为远侧部、中间部和结节部，远侧部和结节部合称前叶，中间部和神经部合称后叶（图 21–1）。腺垂体可分泌多种激素，促进机体的生长发育和影响其他内分泌腺。神经垂体又分为神经部和漏斗两部分，神经垂体无内分泌功能，暂时储存和释放其他器官分泌的激素。

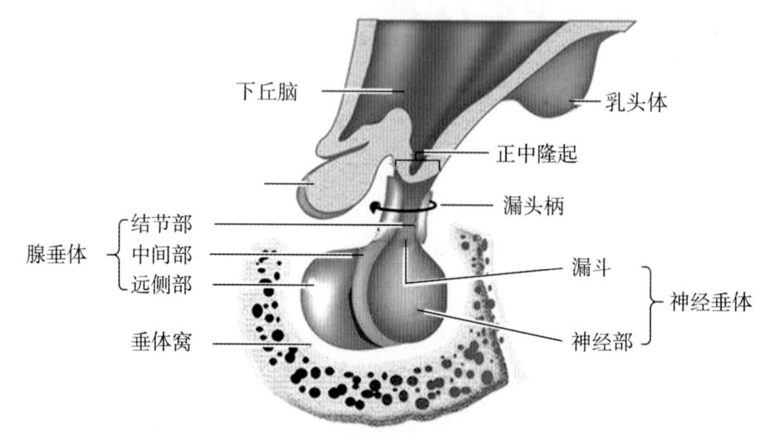

图 21–1　垂体结构模式图

考点提示　垂体分为腺垂体和神经垂体。

一、腺垂体

腺垂体包括远侧部、中间部和结节部（图 21–2）。

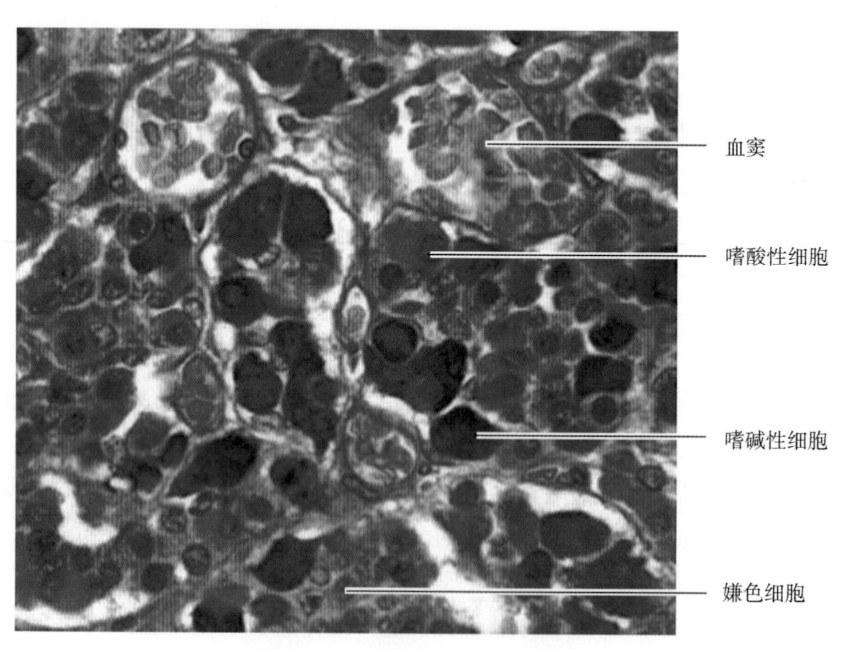

图 21–2　腺垂体远侧部光镜图

（一）远侧部

腺细胞排列成团索状或围成滤泡，腺细胞间有少量结缔组织和丰富的血窦。在 HE 染色标本中，根据腺细胞对染料的亲和力不同，分为嗜酸性细胞、嗜碱性细胞和嫌色细胞。

1. 嗜酸性细胞　数量较多，约占腺垂体细胞总数的 40%。胞体大，形态不规则，细

胞质中含有粗大的嗜酸性颗粒，根据嗜酸性细胞所分泌的激素不同又可分为两种。

（1）生长激素细胞　数量较多，此细胞合成和释放的生长激素（growth hormone，GH）能促进蛋白质合成和骨的生长，特别是刺激骺软骨生长，使骨增长。在幼年时期，生长激素分泌不足可致侏儒症；分泌过多可引起巨人症。在成年期分泌过多则可致肢端肥大症。

（2）催乳激素细胞　男、女均有，但女性较多，分娩前期和哺乳期，此细胞功能旺盛，分泌催乳激素，能促进乳腺发育和乳汁分泌。在男性，有睾酮存在的条件下，可促进前列腺和精囊的生长。

2. 嗜碱性细胞　数量较少，约占腺垂体细胞总数的10%。细胞大小不一，形态不规则，界限清楚，胞质内有嗜碱性颗粒。嗜碱性细胞可分为以下三种。

（1）促肾上腺皮质激素细胞　分泌促肾上腺皮质激素，能促进肾上腺皮质束状带细胞分泌糖皮质激素。

（2）促性腺激素细胞　能分泌卵泡刺激素和黄体生成素，卵泡刺激素在女性能促进卵泡的发育，在男性则能促进精子的发生；黄体生成素在女性促进排卵和黄体生成，在男性刺激睾丸间质细胞分泌雄激素。

（3）促甲状腺激素细胞　该细胞分泌的促甲状腺激素能促进甲状腺滤泡上皮细胞的增生及甲状腺激素的合成和释放。

3. 嫌色细胞　数量最多，体积小，胞质少，可分化为嗜酸性细胞和嗜碱性细胞。

（二）中间部

中间部位于远侧部与神经部之间，细胞可围成滤泡，滤泡周围有散在的嫌色细胞和嗜碱性细胞。

（三）结节部

结节部呈薄层状包绕着神经垂体的漏斗，有丰富的纵行毛细血管。主要为嫌色细胞，嗜酸性细胞和嗜碱性细胞数量较少。

（四）腺垂体的血液供应及腺垂体与下丘脑的关系

垂体有两条动脉供应。垂体上动脉从结节部走行至神经垂体的漏斗，分支并吻合成毛细血管网，称第一级毛细血管网；血管网继续下行至结节部下端汇集形成数条门微静脉，进入远侧部形成第二级毛细血管网；最后汇集成垂体静脉注入静脉窦。垂体门微静脉及两端的毛细血管网共同构成垂体门脉系统。垂体下动脉进入神经部，分支形成毛细血管网，最后注入静脉窦。

下丘脑的弓状核等核团的神经元具有内分泌功能，称神经内分泌细胞。这些细胞分泌的激素中，能促进腺垂体分泌的称释放激素，能抑制腺垂体分泌的称释放抑制激素。神经内分泌细胞产生的分泌颗粒沿轴突运输到漏斗，将激素释放到第一级毛细血管网，再沿垂体门微静脉到达远侧部，分别调节相应腺细胞的分泌活动（图21－3）。

二、神经垂体

神经垂体主要由大量的无髓神经纤维和神经胶质细胞构成，毛细血管丰富，不含腺细胞，没有分泌功能，但可以储存其他细胞分泌的激素（图21－4）。

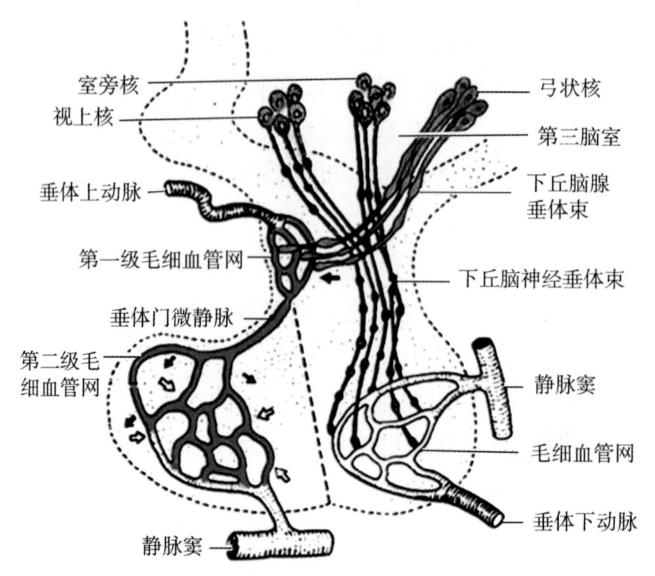

图 21－3　垂体的血管分布及垂体与下丘脑的关系示意图

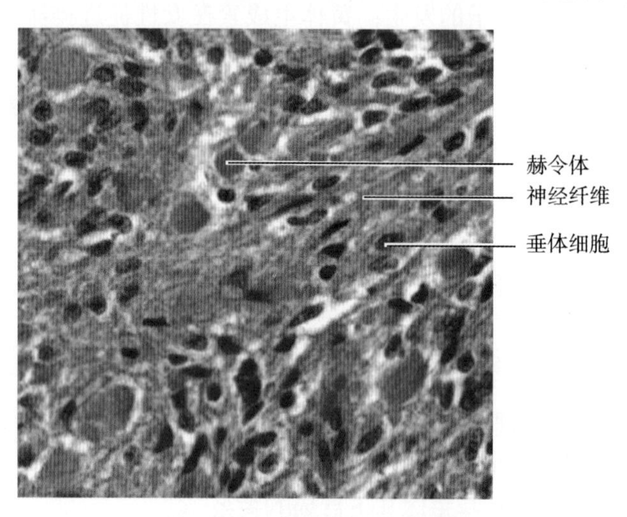

图 21－4　垂体神经部光镜图

神经垂体与下丘脑在结构和功能上关系密切。下丘脑视上核和室旁核等处的大型神经节内分泌细胞形成的分泌颗粒沿轴突运输到神经部。分泌颗粒在轴突沿途聚集成团，呈串珠状膨大，形成大小不等的嗜酸性团块，称赫令体。神经部的神经胶质细胞又称为垂体细胞。视上核分泌抗利尿激素，又称加压素，促进肾远端小管和集合管重吸收水分，使尿量减少。血液中该激素浓度过高时，可收缩血管平滑肌，使血压升高。

第二节　甲状腺

一、甲状腺的位置和形态

甲状腺（thyroid gland）位于颈前部，紧贴喉和气管的上部，略呈“H”形，质地柔软，分为左、右两个侧叶，中间以峡部相连。侧叶贴于喉和气管两侧，向上达甲状软骨中部，向下至第 6 气管软骨环。峡部多位于第 2～4 气管软骨环的前面，甲状腺借其韧带固定于喉

软骨上，吞咽时甲状腺可随喉的活动而上下移动（图 21－5）。

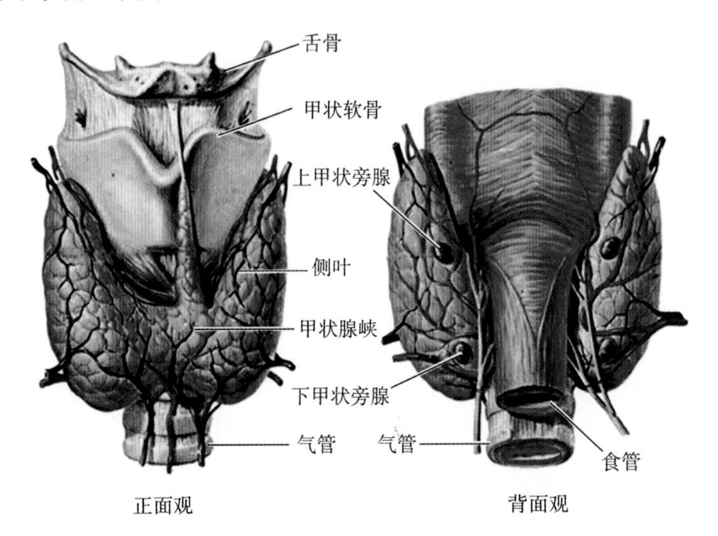

图 21－5 甲状腺及甲状旁腺的位置及形态

二、甲状腺的微细结构

甲状腺表面有结缔组织被膜，被膜深入腺体实质内，将实质分为若干小叶。每个小叶内有多个甲状腺滤泡和滤泡间结缔组织（图 21－6）。

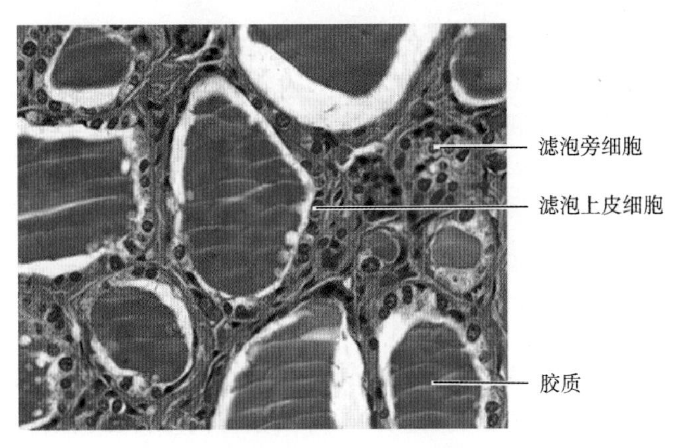

图 21－6 甲状腺光镜图

（一）甲状腺滤泡

甲状腺滤泡多呈球形或椭圆形。滤泡壁由滤泡上皮细胞构成，上皮细胞呈立方形，排列成单层，细胞核呈圆形，位于细胞的中央。滤泡上皮细胞能合成和分泌甲状腺激素。

滤泡中间为滤泡腔，腔内充满胶状物质，主要是滤泡上皮的分泌物，即碘化的甲状腺球蛋白，它是合成甲状腺激素的中间产物。在切片上呈均质状，嗜酸性。甲状腺激素的主要作用是促进机体的新陈代谢和生长发育，提高神经系统的兴奋性，特别对骨骼和神经系统的发育影响更大。幼年时分泌过少，可导致呆小症。

考点提示 甲状腺激素的主要作用是促进机体的新陈代谢和生长发育。

（二）滤泡旁细胞

在甲状腺滤泡之间或滤泡上皮细胞之间还有少量的滤泡旁细胞，在 HE 染色切片上，胞体稍大，胞质着色略淡，银染法可见胞质内有嗜银颗粒。滤泡旁细胞分泌降钙素，降钙素使骨盐沉积于类骨质，并抑制胃肠道和肾小管吸收钙离子，促进成骨细胞的活性，抑制破骨细胞活动，从而使血钙浓度下降。

扫码“学一学”

第三节 甲状旁腺

一、甲状旁腺的形态和位置

甲状旁腺（parathyroid gland）分为上、下两对，棕黄色，蚕豆大小，多位于甲状腺侧叶后方的纤维囊上，有时也可包埋于甲状腺组织内（图 21－5）。

二、甲状旁腺的微细结构

甲状旁腺的细胞呈索状或者团块状排列，细胞团、索之间有少量的结缔组织和丰富的毛细血管。甲状旁腺的腺细胞有主细胞和嗜酸性细胞，其中主细胞可以分泌甲状旁腺素（图 21－7）。

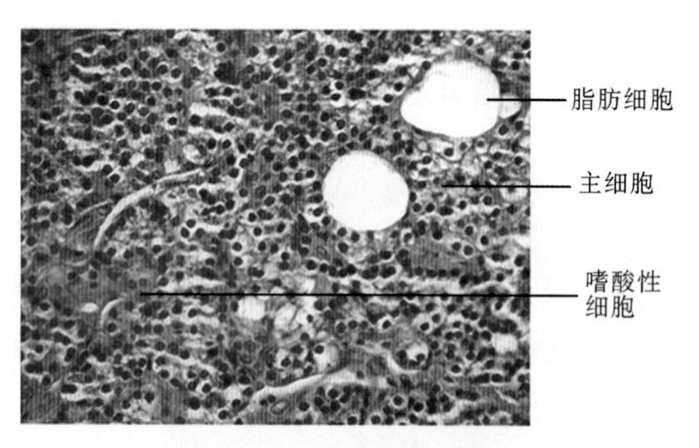

图 21－7 甲状旁腺光镜图

甲状旁腺素主要功能是调节体内钙磷代谢，维持平衡。甲状旁腺素可使骨盐溶解，并促进肠及肾小管吸收钙，从而使血钙升高，与降钙素协同维持血钙的稳定。因此，甲状腺切除术时，需密切注意保留甲状旁腺，否则会引起血钙浓度下降，出现手足抽搐。

第四节 肾 上 腺

一、肾上腺的形态和位置

肾上腺（suprarrenal gland）位于肾的内上方，左、右各一，为腹膜外位器官，左侧肾上腺呈半月形，右侧呈三角形（图 21－8）。

二、肾上腺的微细结构

肾上腺外包结缔组织被膜，其实质由周围的皮质和中央的髓质构成。

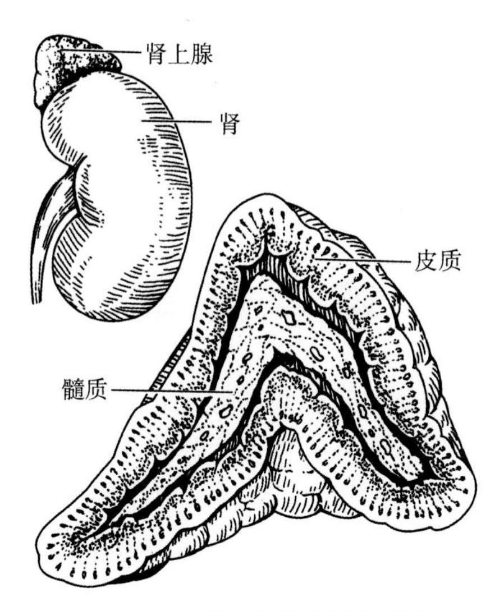

图 21-8 肾上腺的位置和形态

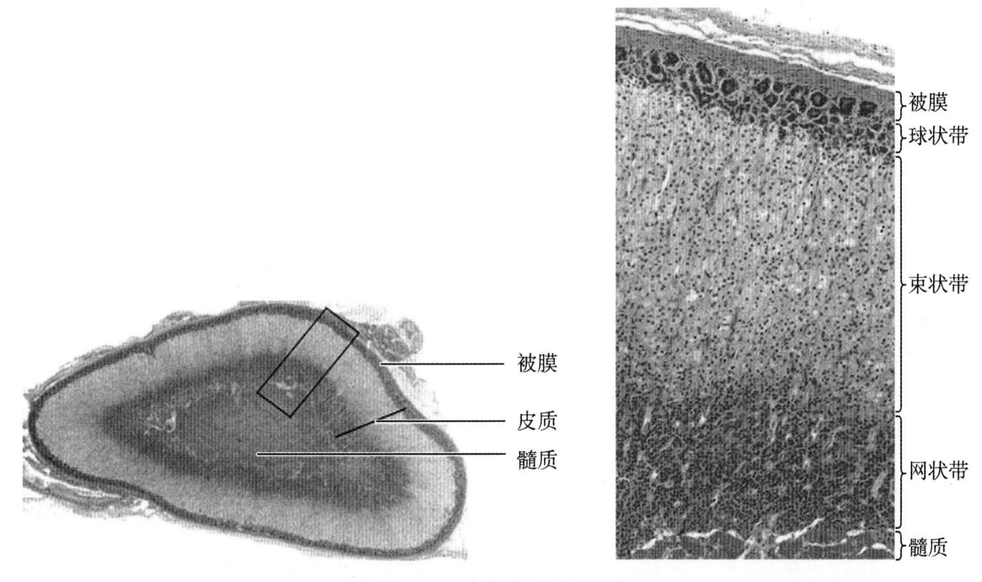

图 21-9 肾上腺光镜图

（一）皮质

皮质位于肾上腺的周围，占肾上腺体积的 80%～90%，由浅入深可分为球状带、束状带和网状带。

1. 球状带 较薄，细胞小，排列成球团状。细胞分泌盐皮质激素，主要成分为醛固酮，能促进远端小管和集合管重吸收 Na^+和排出 K^+。

2. 束状带 最厚，细胞大，呈多边形，胞质内含大量脂滴，因此，在 HE 染色切片上呈泡沫状。腺细胞排列成条索状，其间有丰富的血窦。细胞分泌糖皮质激素，主要为皮质醇和皮质酮，可以促进蛋白质及脂肪分解并转变为糖，还有抑制免疫和抗炎作用。

3. 网状带 细胞排列成索，并互连成网，主要分泌雄激素，还分泌少量雌激素和糖皮质激素。

（二）髓质

髓质位于肾上腺的中央，主要由髓质细胞组成，胞质内有颗粒，经铬盐处理后颗粒可

以染成黄褐色，又称为嗜铬细胞。细胞间血窦丰富，还有少量交感神经节细胞和结缔组织。髓质细胞分为肾上腺素细胞和去甲肾上腺素细胞。前者数量多，分泌肾上腺素，能加快心率，扩张血管；后者数量少，分泌去甲肾上腺素，可升高血压，增加心、脑和骨骼肌的血流速度。

扫码“学一学”

本章小结

内分泌系统由内分泌腺和分布于其他器官的内分泌组织以及内分泌细胞组成，与神经系统共同维持机体内环境的稳定，参与机体的新陈代谢、生长发育及生殖等活动的调节。内分泌腺包括甲状腺、甲状旁腺、肾上腺、垂体、胸腺及松果体等；内分泌组织包括胰岛、睾丸间质细胞和卵巢黄体等；内分泌腺的分泌物称为激素，对机体有重要的调节作用；内分泌腺或者内分泌组织结构的变化、激素分泌的异常，可导致内分泌功能紊乱，严重者时会引起内分泌疾病。

扫码“练一练”

习　题

一、选择题

1. 下列属于内分泌腺的是
   A. 前庭大腺　B. 垂体　C. 前列腺　D. 胰腺
   E. 睾丸
2. 内分泌腺的特点是
   A. 有导管　B. 无导管　C. 血管少　D. 体积大
   E. 血流快
3. 下列关于甲状腺的描述，错误的是
   A. 由峡和两个锥状叶组成　B. 质地较硬
   C. 吞咽时可随喉上、下移动　D. 可分泌甲状腺激素
   E. 峡部多位于第 2～4 气管软骨环的前面
4. 下列关于垂体的描述，错误的是
   A. 位于颅骨的垂体窝内　B. 前上方与视交叉相邻
   C. 分为腺垂体和神经垂体两部分　D. 借漏斗连于底丘脑
   E. 神经垂体可分泌多种激素
5. 下列关于腺垂体的描述，正确的是
   A. 包括远侧部、结节部和中间部　B. 由漏斗和神经部组成
   C. 内有赫令体　D. 可称为后叶
   E. 分泌催产素
6. 缺碘可引起哪种内分泌腺肿大
   A. 甲状旁腺　B. 垂体　C. 甲状腺　D. 肾上腺
   E. 睾丸

二、简答题

1. 简述“呆小症”的形成原因。
2. 简述垂体的分部及基本功能。
3. 试述肾上腺皮质的结构特点及功能。

（马永臻）

第七篇

神经系统

第二十二章

神经系统总论

扫码"学一学"

学习目标

1. **掌握** 神经系统的组成；神经系统的常用术语。
2. **熟悉** 神经系统的活动方式；反射弧的构成。
3. **了解** 反射的定义。
4. 能对中枢神经系统常见疾病的发病基础进行初步分析。
5. 具有良好的人际沟通能力，关注神经系统的保健知识。

案例讨论

【案例】

女性，39 岁，有风心病史 15 年，突然右侧肢体活动障碍，遂入院。体格检查：血压 135/75mmHg，神志尚清，构音障碍，心率 90 次/分，律不齐，心音强弱不等，心尖区闻及收缩期及舒张期杂音，两肺呼吸音粗糙，未闻及啰音，腹软，肝脏剑突下 3cm 处触及，神经系统检查：右侧肢体运动及感觉障碍，右侧肢体肌力 3 级、腱反射亢进，左侧肢体肌力、肌张力均正常。

【讨论】

1. 简述脑血管的分支与分部。
2. 脑脊髓的主要传导通路是什么？

神经系统（nervous system）由脑和脊髓以及周围神经组成，是机体内起主导作用的调节系统。通过调控各器官、系统的活动，使人体成为一个有机整体，以适应内、外环境的不断变化，保证生命活动的正常进行及自身和种系的生存与发展。

人类神经系统的结构和功能非常复杂。在进化过程中，由于生产劳动、语言交流和社会生活的产生、发展，神经系统尤其是大脑皮质得到高度发展。人类大脑皮质不仅是感觉和运动的最高中枢，也是思维、意识活动的物质基础，使人类既能适应外界环境的变化，又能主动认识和改造客观世界。

第一节 神经系统的组成

神经系统按所在位置可分为中枢神经系统（central nervous system，CNS）和周围神经

系统（peripheral nervous system，PNS）（图 22-1，表 22-1）。中枢神经系统包括脑和脊髓，分别位于颅腔和椎管内；周围神经系统是指脑和脊髓以外的神经成分。

周围神经系统按其连接部位不同，分为：①脑神经，12 对，与脑相连；②脊神经，31 对，与脊髓相连。周围神经系统按其分布范围，也可分为两部分：①躯体神经，分布于体表、骨、关节和骨骼肌；②内脏神经，主要分布于内脏、心血管和腺体。躯体神经和内脏神经均含有运动和感觉两种神经纤维，内脏运动神经又可分为交感神经和副交感神经。

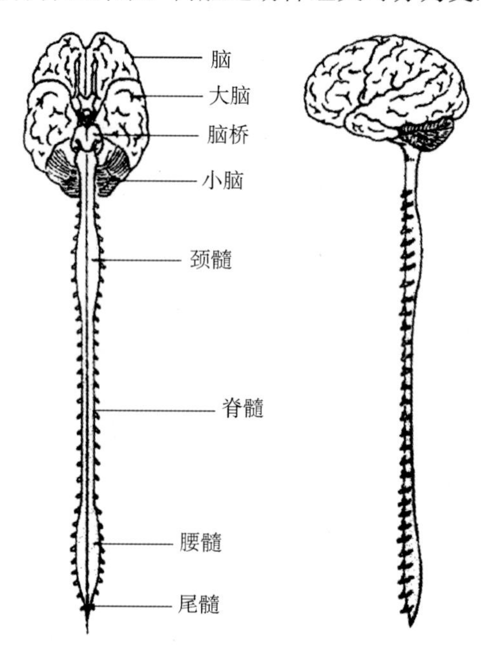

图 22-1　神经系统的组成

表 22-1　神经系统的组成

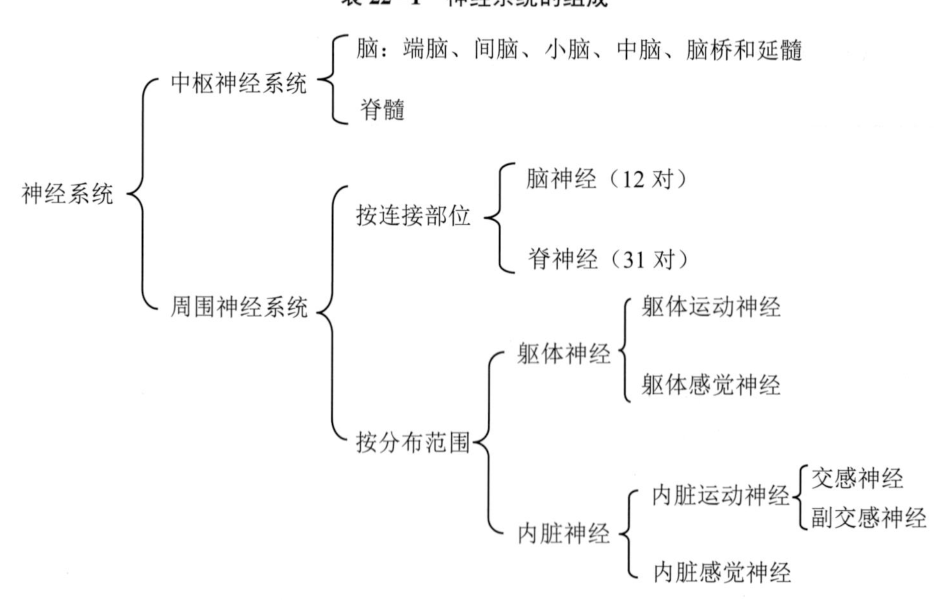

- 神经系统
  - 中枢神经系统
    - 脑：端脑、间脑、小脑、中脑、脑桥和延髓
    - 脊髓
  - 周围神经系统
    - 按连接部位
      - 脑神经（12 对）
      - 脊神经（31 对）
    - 按分布范围
      - 躯体神经
        - 躯体运动神经
        - 躯体感觉神经
      - 内脏神经
        - 内脏运动神经
          - 交感神经
          - 副交感神经
        - 内脏感觉神经

考点提示　神经系统由脑和脊髓以及周围神经组成。

第二节　神经系统的活动方式

神经系统的基本活动方式是反射。神经系统在调节机体的活动中，对内、外环境刺激做出适宜反应的过程，称反射（reflex）。反射活动的结构基础是反射弧。反射弧包括感受器、传入神经、中枢、传出神经和效应器等五部分。反射弧任何部分受损，即出现反射障碍。临床上常用检查反射的方法来诊断神经系统的疾病。

考点提示 神经系统对内、外环境刺激做出适宜反应的过程称反射。反射弧包括感受器、传入神经、中枢、传出神经和效应器等五部分。

第三节　神经系统的常用术语

神经系统结构较复杂，根据神经元胞体和突起的聚集方式及所在部位不同，规定了以下术语名称。

1. 灰质和皮质　在中枢神经系统内，神经元胞体和树突聚集的部位，在新鲜标本上颜色较灰暗，称灰质（gray matter）。端脑和小脑的灰质位于表层，称皮质。

2. 白质和髓质　在中枢神经系统内，神经纤维聚集的部位色泽白亮，称白质（white matter）。端脑和小脑的白质位于深层，称髓质。

3. 神经核与神经节　形态和功能相似的神经元胞体聚集成团或柱，在中枢神经系统内称神经核（nucleus）；在周围神经系统内则称神经节（ganglion）。

4. 神经和纤维束　在中枢神经系统内，起止、行程和功能相同的神经纤维聚集成束，称纤维束（fasciculus），又称传导束；在周围神经系统中，神经纤维聚集成束，称神经（nerve）。

5. 网状结构　在中枢神经系统内，神经纤维交织成网，神经元胞体或较小的核团散在其中，这种灰质、白质交错排列的结构称网状结构（reticular formation）。

扫码“看一看”

考点提示 在中枢神经系统内，神经元胞体和树突聚集的部位，在新鲜标本上颜色较灰暗，称灰质；神经纤维聚集的部位色泽白亮，称白质。

本章小结

神经系统按其所在位置可分为中枢神经系统和周围神经系统。其中，中枢神经系统包括脑和脊髓。反射是指神经系统对内、外环境刺激做出的适宜性反应。反射弧包括感受器、传入神经、中枢、传出神经和效应器等五部分。

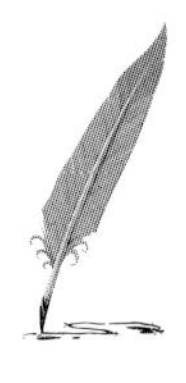

扫码“练一练”

习　题

一、选择题

1. 在中枢神经系统内，神经元胞体和树突聚集的部位称为
A. 白质　　B. 皮质　　C. 灰质　　D. 神经核
E. 网状结构

2. 在中枢神经系统内，神经纤维聚集的部位称为
A. 灰质　　B. 白质　　C. 皮质　　D. 神经节
E. 髓质

3. 在周围神经系统内，神经元胞体聚集成的团块称为
A. 白质　　B. 皮质　　C. 灰质　　D. 神经核
E. 神经节

4. 在周围神经系统内，神经纤维聚集成束称为
A. 白质　　B. 神经　　C. 灰质　　D. 神经核
E. 纤维束

二、简答题

1. 简述神经系统的组成。

2. 简述反射弧的组成。

（张　波）

第二十三章

中枢神经系统

学习目标

1. **掌握** 脊髓的位置及外形；脑的分部；脑干的分部；内囊的概念、分部、走行结构及临床意义；硬膜外隙和蛛网膜下隙的概念。

2. **熟悉** 脊髓的内部结构；脑干的形态；间脑的分部；大脑皮质的主要功能区。

3. **了解** 脑干内部结构。

4. 学会在标本和模型上辨识中枢神经系统的器官及结构。

5. 具有神经系统的保健知识，养成科学的用脑习惯。

案例讨论

【案例】

患者，男性，65 岁。患有高血压病史，因“白天与邻居吵架，情绪过度激动”而发病。出现头痛、恶心、呕吐和“三偏综合征”，入院后诊断为脑出血（内囊出血）。

【讨论】

内囊的位置和分部，一侧内囊受损可损伤哪些结构，出现哪些临床症状？

第一节 脊 髓

扫码“学一学”

一、脊髓的位置和外形

脊髓（spinal cord）位于椎管内，上端在枕骨大孔处与延髓相续，下端在成人约平第 1 腰椎体下缘，新生儿可达第 3 腰椎体下缘水平。

脊髓呈前后略扁的圆柱形，全长 42～45cm，粗细不等，有两处膨大，上方的称颈膨大，连接分布到上肢的神经；下方的称腰骶膨大，连接分布到下肢的神经。脊髓的末端变细，呈圆锥状，称脊髓圆锥。圆锥向下延伸为无神经组织的细丝，附于尾骨的背面，称终丝（图 23-1）。

脊髓表面有六条平行的沟，纵贯脊髓全长。位于前面正中的称前正中裂，较深；位于后面正中的称后正中沟，较浅。在前正中裂和后正中沟的两侧各有两条平行的沟，分别称

前外侧沟和后外侧沟，沟内分别有31对脊神经的前、后根附着。前根由运动纤维组成，后根由感觉纤维构成，后根在近椎间孔处膨大，称脊神经节。每对脊神经的前根和后根在椎间孔处合并成一条脊神经（图23-2），从相应的椎间孔穿出。

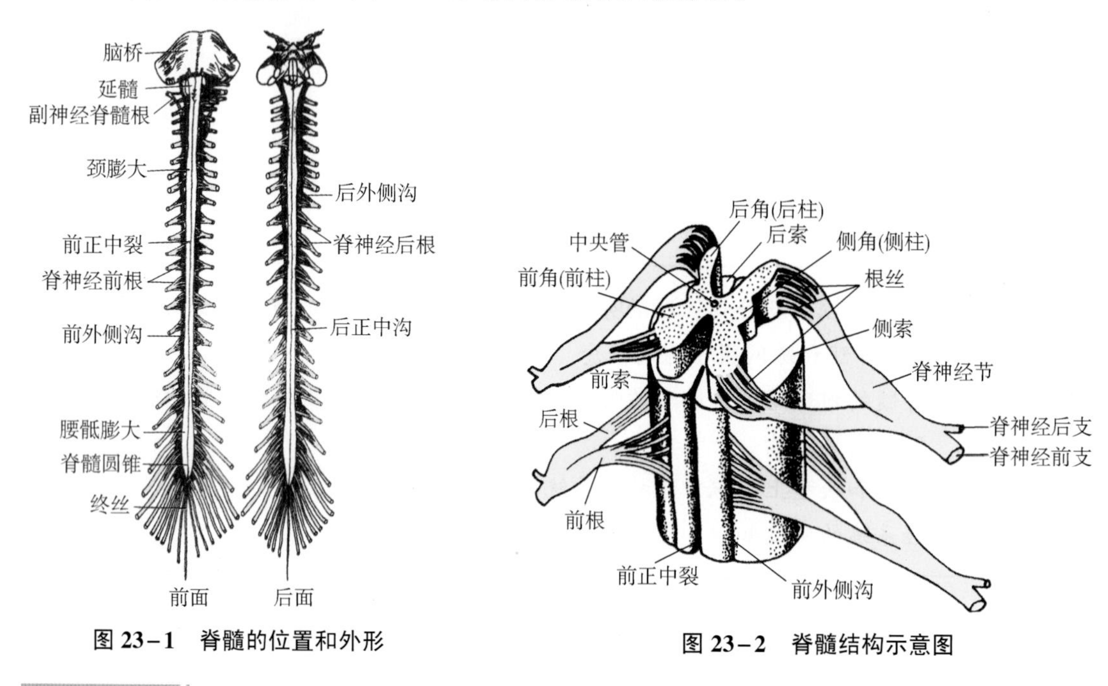

图23-1　脊髓的位置和外形

图23-2　脊髓结构示意图

考点提示 成人脊髓下端约平第1腰椎体下缘，新生儿可达第3腰椎体下缘水平。

二、脊髓节段与椎骨的对应关系

脊髓在外形上无明显节段性，通常把每对脊神经根丝相连的一段脊髓，称一个脊髓节段。脊髓可分为31个节段，即8个颈节（C）、12个胸节（T）、5个腰节（L）、5个骶节（S）和1个尾节（Co）。

胚胎早期，脊髓与脊柱的长度相等，所有的脊神经均呈水平方向进入相应椎间孔。自胚胎3个月后，脊髓增长的速度逐渐慢于脊柱增长的速度。由于脊髓上端连于脑而被固定，因此脊髓上段与脊柱的位置关系变化较小，而中、下部节段渐高于相应的椎骨，脊神经根随椎间孔被拉向下。至成年，脊髓终于第1腰椎的下缘水平，腰、骶和尾神经根在椎管内斜向下行，围绕终丝形成马尾。因此，临床腰椎穿刺常在第3、4或第4、5腰椎之间进行，以免损伤脊髓。

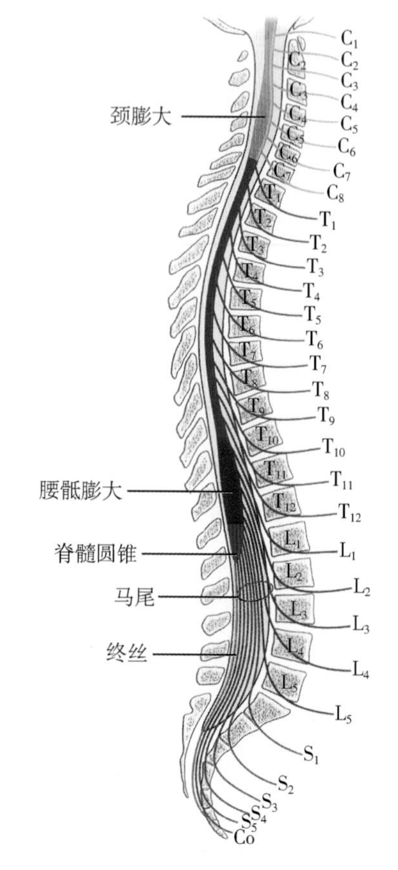

图23-3　脊髓节段与椎骨的对应关系

由于脊髓长度比脊柱短，所以成人脊髓节段与相应序数的椎骨不完全对应（图23-3），两者的位置关系见表23-1。了解脊髓节段与椎骨的对应关系，可凭借受伤的椎骨来推算脊髓可能受损的节段，也可根据脊髓节段的病变推算出平对的椎骨平面，有重要的临床意义。

表 23-1　脊髓节段与椎骨的对应关系

脊髓节段	对应椎骨	推算举例
上颈髓 $C_{1\sim4}$	与同序数椎骨同高	C_3 对第 3 颈椎
下颈髓 $C_{5\sim8}$ 上胸髓 $T_{1\sim4}$	较同序数椎骨高 1 个椎骨	C_7 对第 6 颈椎 T_4 对第 3 胸椎
中胸髓 $T_{5\sim8}$	较同序数椎骨高 2 个椎骨	T_6 对第 4 胸椎
下胸髓 $T_{9\sim12}$	较同序数椎骨高 3 个椎骨	T_{11} 对第 8 胸椎
腰髓 $L_{1\sim5}$	平对第 10～12 胸椎	
骶髓 $S_{1\sim5}$ 和尾髓 Co	平对第 12 胸椎和第 1 腰椎	

考点提示　临床腰椎穿刺常选择在第 3、4 或第 4、5 腰椎之间进行，以免损伤脊髓。

三、脊髓的内部结构

在脊髓的横切面上，中央有被横断的中央管。中央管周围是略呈“H”状的灰质，灰质的周围是白质。每侧灰质的前部扩大称前角，后部狭长称后角。前、后角之间的区域为中间带。在胸髓和腰髓（T_1～L_3）的前、后角之间，有向外侧突出的侧角。连接两侧灰质的横行部分称灰质连合。白质以脊髓的纵沟分为三个索：前正中裂与前外侧沟之间为前索，前、后外侧沟之间为外侧索，后外侧沟与后正中沟之间为后索。在中央管前方，左、右前索间有横越的纤维，称白质前连合（图 23-4，图 23-5）。

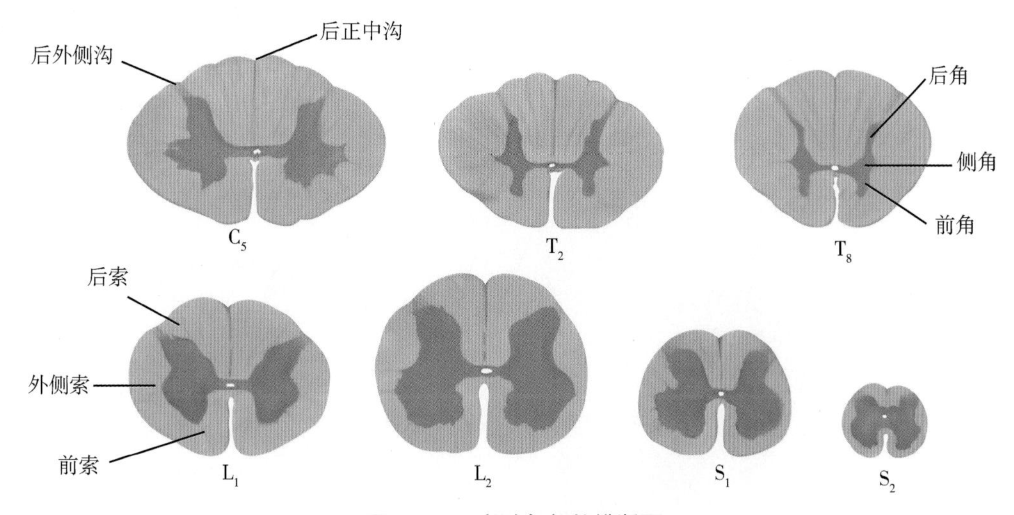

图 23-4　脊髓各部的横断面

（一）灰质

1. 前角　也称前柱，内含躯体运动神经元，其轴突自前外侧沟穿出，组成脊神经前根，支配躯干和四肢的骨骼肌。

2. 后角　又称后柱，内含联络神经元，接受后根进入脊髓的传入纤维。

3. 侧角　又称侧柱，仅见于 T_1～L_3 脊髓节段，内含交感神经元，是交感神经的低级中枢，其轴突随前根出椎管，构成交感神经的节前纤维。

4. 骶副交感核 仅见于第2～4骶髓节段，内含副交感神经元，是副交感神经的低级中枢，其轴突随前根出椎管，构成副交感神经的节前纤维。

（二）白质

白质主要由密集的纵行纤维束构成，有上行和下行两种，主要联系脑和脊髓（图23－5）。另外还有联系脊髓各节段的上升、下降纤维，它们紧靠灰质周围排列，称固有束，其功能是参与脊髓节段间的反射活动。

1. 上行纤维束

（1）薄束和楔束 位于后索，薄束在内侧，楔束在外侧，均由起自脊神经节的中枢突组成，经脊神经后根入脊髓后索直接上升。薄束来自T_5以下的纤维，楔束来自T_4以上的纤维。其功能是传导意识性本体感觉（肌、腱、关节的位置觉、运动觉和振动觉），精细触觉（辨别物体的纹理粗细）和两点辨别觉（辨别两点间的距离）信息。

（2）脊髓丘脑束 位于外侧索和前索，将来自躯干和四肢的痛、温、触压觉冲动传入脑。

（3）脊髓小脑后束和脊髓小脑前束 位于外侧索边缘，传导躯干和四肢非意识性本体感觉至小脑。

2. 下行纤维束

（1）皮质脊髓束 分为皮质脊髓侧束和皮质脊髓前束，分别位于外侧索和前索中。它们均起自大脑皮质躯体运动中枢，下行到延髓锥体交叉处，大部分纤维交叉至对侧形成皮质脊髓侧束，小部分不交叉的纤维形成皮质脊髓前束。主要功能是支配躯干和四肢骨骼肌的随意运动。

（2）其他下行纤维束 红核脊髓束，位于外侧索；网状脊髓束，起自脑干的网状结构，在前索和外侧索中下行；前庭脊髓束，位于前索。以上三束与骨骼肌张力和运动协调有关。

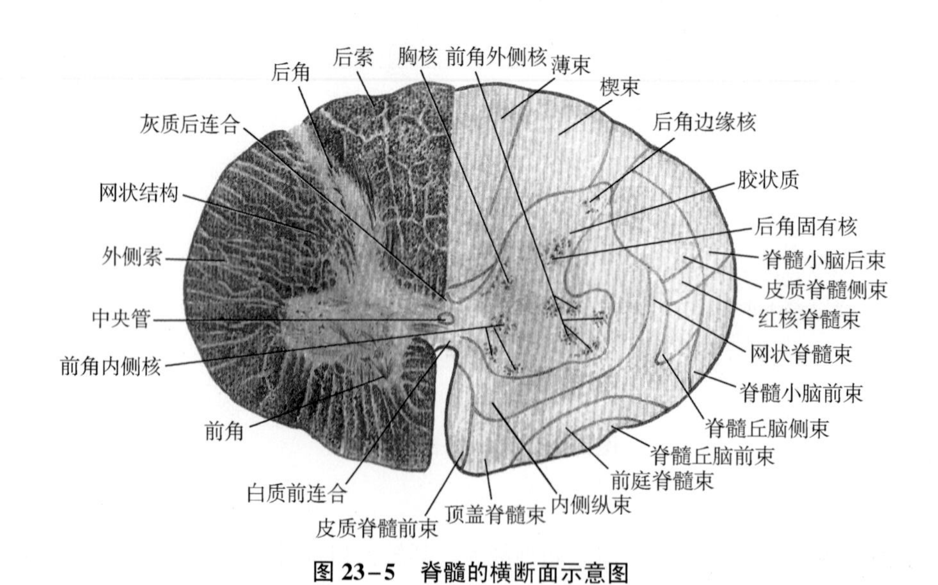

图23－5 脊髓的横断面示意图

考点提示 脊髓横断切面上，中央为中央管，中央管周围是略呈“H”状的灰质，灰质的周围是白质。

四、脊髓的功能

（一）传导功能

脊髓内上、下行纤维束是实现传导功能的主要结构。因此，脊髓是脑与躯干、四肢感受器、效应器发生联系的重要枢纽。

（二）反射功能

脊髓的反射功能是对内、外环境的刺激所产生的不随意性反应。脊髓为低级中枢，有多种反射中枢位于其内，如膝反射的中枢位于 $L_2 \sim L_4$ 节段，排便中枢在骶髓，血管舒缩中枢在脊髓侧角。

知识链接

脊髓损伤

1. 脊髓全横断　脊髓完全横断后，横断平面以下感觉和运动全部丧失，反射消失，处于无反射状态，称为脊髓休克。数周或数月后，各种反射可逐渐恢复，但离断平面以下的感觉和运动功能不能恢复。

2. 脊髓半横断　外伤、肿瘤、脊髓空洞症等均可导致脊髓的损伤。典型的脊髓半横断损伤表现为：薄束、楔束损伤导致同侧损伤平面以下躯干和四肢本体感觉障碍，脊髓丘脑束损伤导致损伤平面以下对侧痛温觉障碍，皮质脊髓束损伤导致损伤平面以下同侧躯干和四肢骨骼肌中枢性瘫。

3. 脊髓前角受损　主要伤及前角运动神经元，表现为受损神经元所支配的骨骼肌呈迟缓性瘫痪、肌张力低下、腱反射减弱或消失、肌萎缩、无病理反射，感觉无异常，如脊髓灰质炎。

第二节　脑　干

扫码“学一学”

脑（brain）位于颅腔内，分为端脑、间脑、中脑、脑桥、延髓和小脑 6 部分（图 23－6）。通常把中脑、脑桥和延髓合称脑干。

脑干（brain stem）自上而下依次是中脑、脑桥和延髓，上接间脑，下续脊髓，背连小脑。脑桥、延髓和小脑之间的腔隙为第四脑室（图 23－7）。

一、脑干的外形

1. 腹侧面　延髓（medulla oblongata）上宽下窄，表面有与脊髓相续的同名沟、裂。前正中裂两侧各有一个锥形隆起，称锥体。锥体的下端有左、右纤维相互交叉，称锥体交叉。锥体外侧有呈椭圆形隆起的橄榄。锥体与橄榄间的前外侧沟内有舌下神经根出脑。在橄榄背侧，自上而下依次是舌咽神经根、迷走神经根和副神经根（图 23－8）。脑桥（pons）的腹侧面宽阔而膨隆，称基底部。基底部正中有一纵行的基底沟，沟内有基底动脉通过；

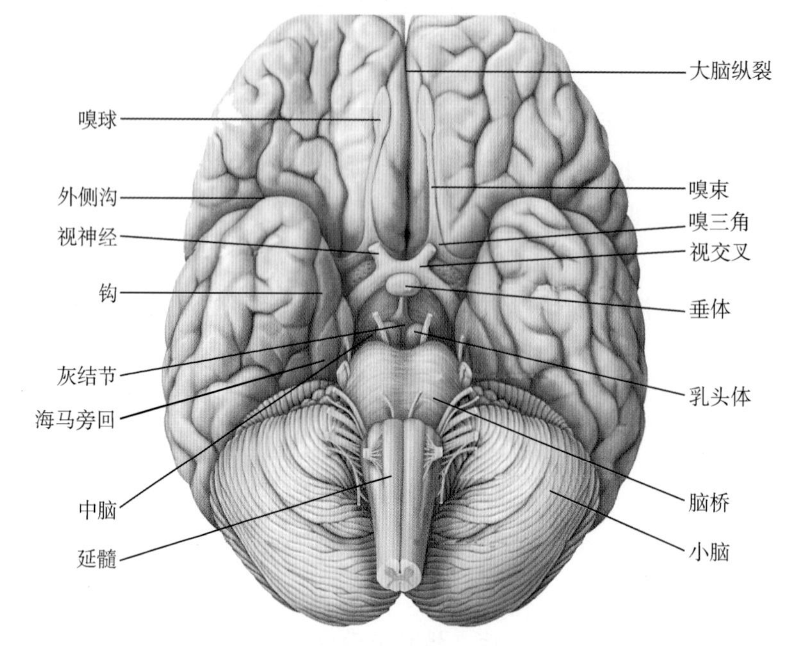

图 23-6 脑的底面

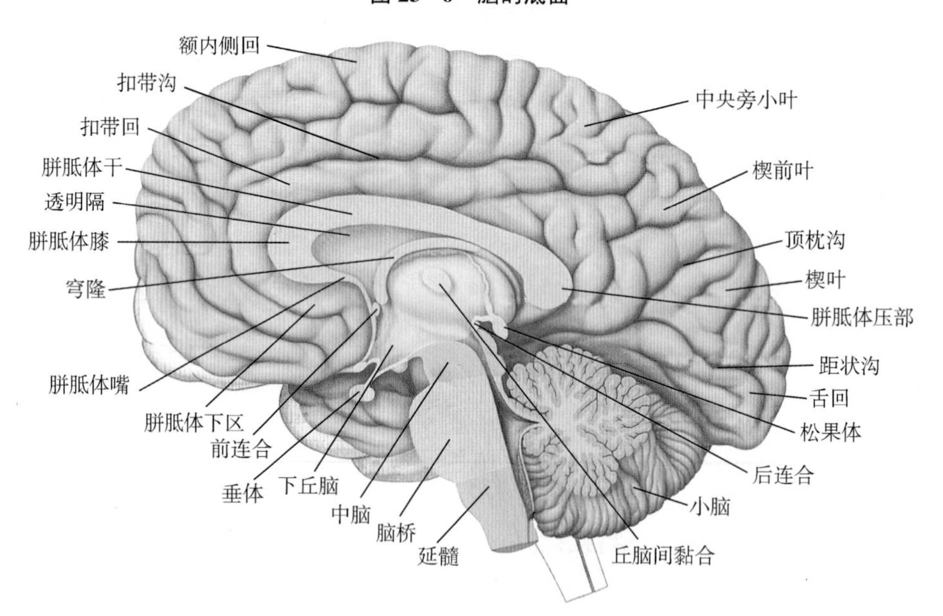

图 23-7 脑的正中矢状切面

向两侧逐渐变细形成小脑中脚，与背侧的小脑相连。基底部与小脑中脚移行处有三叉神经根附着。脑桥的上缘与中脑相接，下缘借延髓脑桥沟与延髓分开，沟中自内侧向外侧依次有展神经根、面神经根和前庭蜗神经根附着。中脑（midbrain）的腹侧面有一对柱状结构，称大脑脚。两脚之间的凹窝称脚间窝，动眼神经由此穿出。

2. 背侧面 延髓背侧面下半部形似脊髓，其后正中沟两侧各有一对隆起，内侧的称薄束结节，外侧的称楔束结节，深面分别有薄束核和楔束核。楔束结节外上方的粗大纤维束称小脑下脚。延髓上部和脑桥共同形成菱形窝（图 23-9），又称第四脑室底。菱形窝中部有横行的髓纹，为脑桥和延髓的分界。菱形窝中线有正中沟，将其分为左、右两半，每侧又被纵行的界沟分为内、外侧两部分。内侧称内侧隆起，外侧的三角区称前庭区。在髓纹上方，内侧隆起上有一个圆形隆起，称面神经丘，其深面是展神经核。中脑的背面有两对

隆起，上方的一对称上丘，与视觉反射有关；下方的一对称下丘，与听觉反射有关。下丘下方有滑车神经根附着。

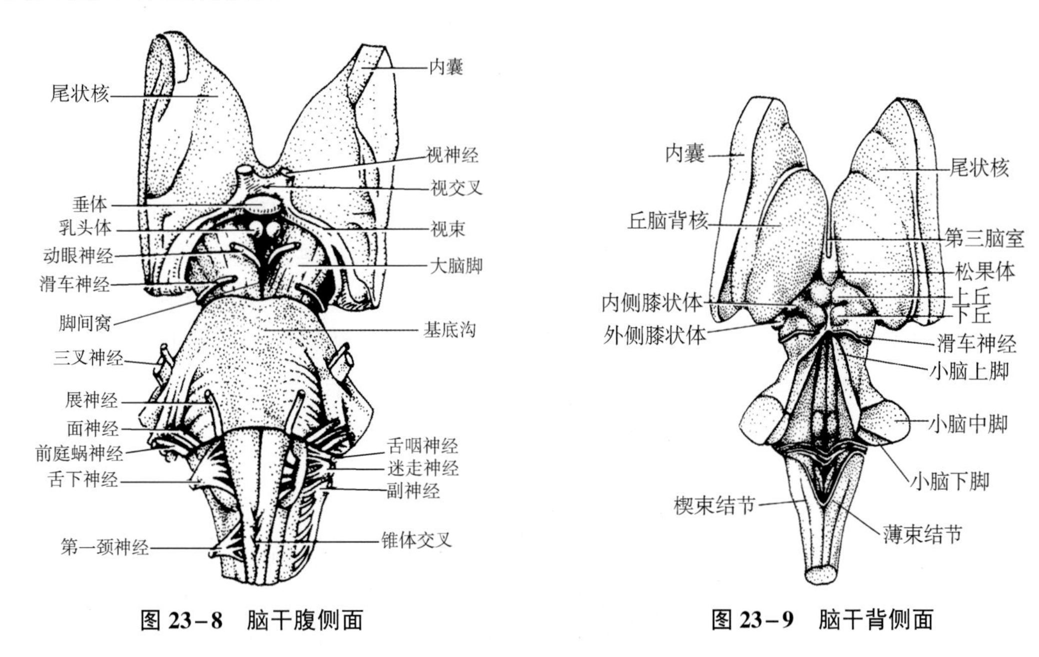

图 23-8　脑干腹侧面　　　　图 23-9　脑干背侧面

考点提示　脑干自上而下依次是中脑、脑桥和延髓，上接间脑，下续脊髓。

3. 第四脑室　位于脑桥、延髓和小脑之间，由菱形窝和第四脑室顶构成（图 23-10）。第四脑室向上经中脑水管通第三脑室，向下经延髓中央管通脊髓中央管，并借第四脑室正中孔和第四脑室左、右外侧孔与蛛网膜下隙相通。

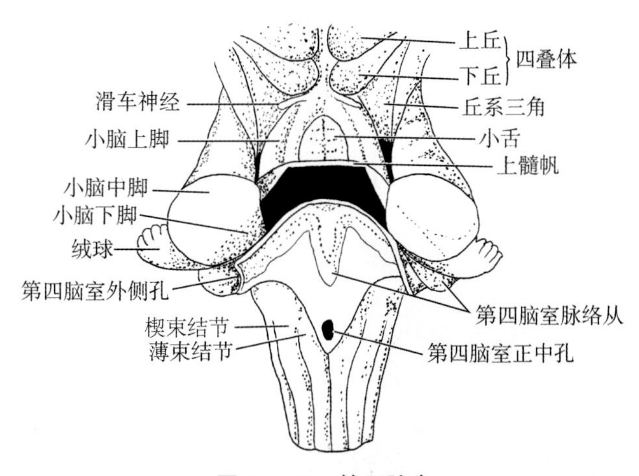

图 23-10　第四脑室

考点提示　第四脑室位于脑桥、延髓和小脑之间，向上经中脑水管与第三脑室相通，向下经延髓中央管通脊髓中央管。

二、脑干的内部结构

脑干的内部结构包括灰质、白质和网状结构。与脊髓相比有以下特征：①与脑神经相连的灰质不再呈连续的柱状，而是分段聚合成彼此独立的神经核。②延髓上部的中央管向后敞开成为菱形窝，致使脊髓前角和后角的腹背关系变成内外侧关系，即界沟内侧为运动

神经核，外侧为感觉神经核。脊髓灰质与白质的内、外排列关系在脑干的大部分区域也变成了背腹排列关系。③许多纤维束在脑干内交叉传导，模糊了脊髓原来灰质、白质的界线。

1. 脑干的灰质 脑干内的灰质可分为脑神经核和非脑神经核两部分。

脑神经核是脑神经的发起核或终止核。第 3～12 对脑神经的核都位于脑干内，位置基本与其连脑部位一致。脑神经核按功能不同可分为 4 种类型（图 23－11），自内侧向外侧分别是躯体运动核、内脏运动核、内脏感觉核和躯体感觉核。躯体运动核：共 8 对，分别是动眼神经核、滑车神经核、展神经核、舌下神经核、三叉神经运动核、面神经核、疑核和副神经核。内脏运动核：共 4 对，分别是动眼神经副核、上泌涎核、下泌涎核和迷走神经背核。内脏感觉核：1 对，孤束核。躯体感觉核：共 5 对，分别是三叉神经中脑核、三叉神经脑桥核、三叉神经脊束核、前庭神经核和蜗神经核。非脑神经核即传导中继核，主要有薄束核和楔束核（图 23－12），与本体感觉和精细触觉的传导有关。

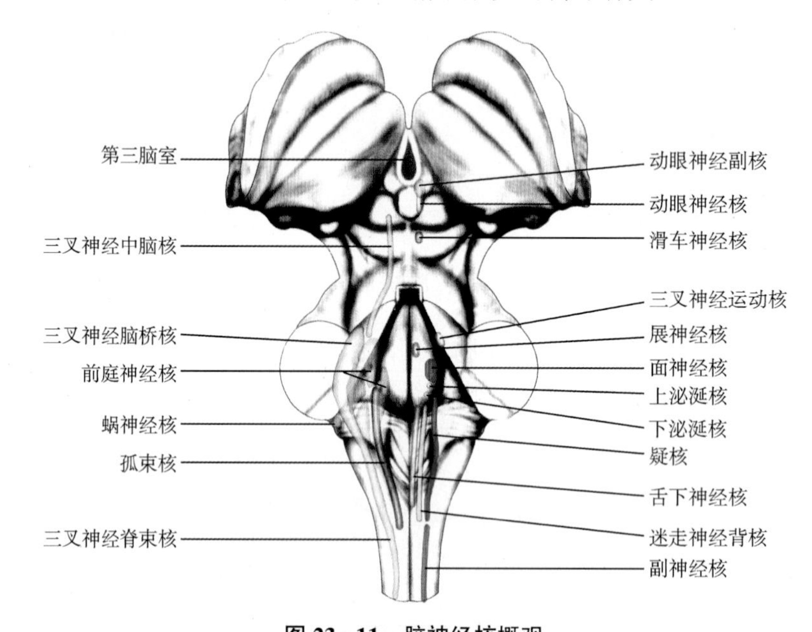

图 23－11 脑神经核概观

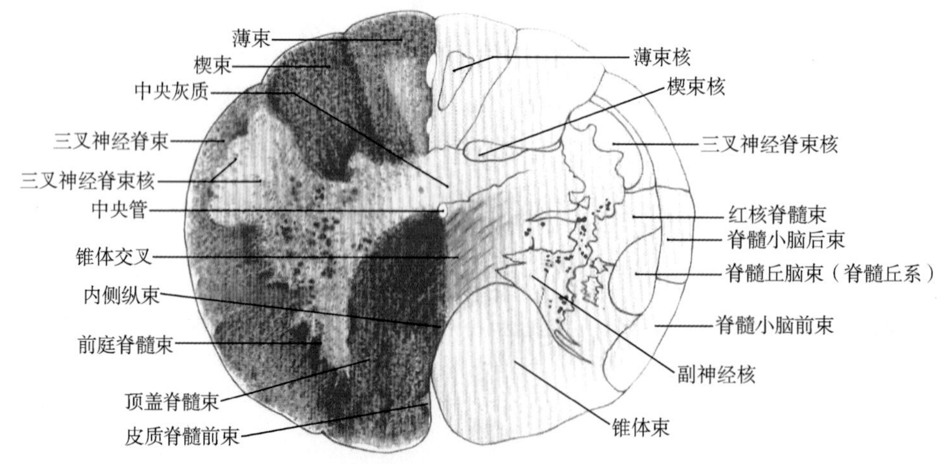

图 23－12 延髓横切面

2. 脑干的白质

（1）上行纤维束 ①内侧丘系：由薄束核和楔束核发出的二级感觉纤维组成。薄束核

及楔束核发出的纤维，呈弓状走向中央管的腹侧，在正中线与对侧的纤维相互交叉，形成内侧丘系交叉，交叉后的纤维折而上行形成内侧丘系，终于背侧丘脑腹后外侧核。传导对侧躯干、四肢的本体感觉和精细触觉。②脊髓丘系：也称脊髓丘脑束，脊髓内的脊髓丘脑前束和侧束上升至延髓中部后合并在一起，即称脊髓丘系，终于背侧丘脑腹后外侧核。传导对侧躯干、四肢的痛、温觉和粗略触觉。③三叉丘系：由三叉神经脑桥核和三叉神经脊束核发出的二级纤维交叉到对侧上行组成三叉丘系，终于背侧丘脑腹后内侧核。传导对侧头面部的痛、温和触压觉。④外侧丘系：由蜗神经核发出的纤维大部分在脑桥中、下部左右交叉，然后折行向上形成外侧丘系，终于间脑的内侧膝状体，传导双侧听觉。

考点提示　脑干内侧丘系传导对侧躯干、四肢的本体感觉和精细触觉；脊髓丘系传导对侧躯干、四肢的痛温觉和粗略触觉。

（2）下行纤维束　锥体束是大脑皮质控制随意运动的下行纤维束，包括皮质核束和皮质脊髓束。前者在脑干内下行过程中，陆续发出纤维止于脑神经运动核；后者经脑干下行到脊髓，止于脊髓前角运动神经元。

3. 脑干的网状结构　在脑干内，边界明显的神经核及长距离的纤维束外的区域，纤维纵横交错，其间散在有大小不等的神经细胞群，这些区域称网状结构。网状结构是进化上较古老的部分，其细胞为多突触联系，可接受各种感觉信息，其传出纤维可直接或间接地到达中枢神经系统的各个部分。

考点提示　锥体束是大脑皮质控制随意运动的下行纤维束，包括皮质核束和皮质脊髓束。

三、脑干的功能

1. 传导功能　联系大脑皮质、小脑和脊髓的上行、下行纤维束都经过脑干。因此，脑干是大脑皮质联系脊髓和小脑的重要通路。

2. 反射功能　脑干内具有多个反射活动的低级中枢，如延髓内有调节呼吸运动和心血管活动的“生命中枢”，若损伤可危及生命。此外，脑干内还有呕吐反射、角膜反射和瞳孔反射等中枢。

3. 网状结构　有维持大脑皮质觉醒、引起睡眠、调节骨骼肌张力以及内脏活动等功能。

知识链接

觉醒的维持

经脑干上行的所有特异性感觉传导束向脑干的网状结构发出侧支，与多个神经元形成多突触联系，经多次更换神经元后，止于背侧丘脑的非特异性核团，后者发出纤维弥散地投射到大脑皮质的广泛区域，这种非特异性的上行投射系统称脑干网状结构的上行激动系统。这一系统失去了传导的专一性和定位性，其功能主要是维持和调整大脑皮质的兴奋性，使之保持觉醒状态。当上行激动系统受到损伤或阻断时，机体将处于昏睡状态。

扫码"学一学"

第三节　小　　脑

小脑（cerebellum）位于颅后窝内，在脑桥和延髓的背侧。

一、小脑的外形及分叶

（一）小脑的外形

小脑上面平坦，前、中 1/3 交界处有一略呈"V"形的深沟，称原裂。两侧部膨大，称小脑半球；中间部缩细，称小脑蚓。下面膨隆，靠近延髓的部分较突出，称小脑扁桃体（图 23－13）。

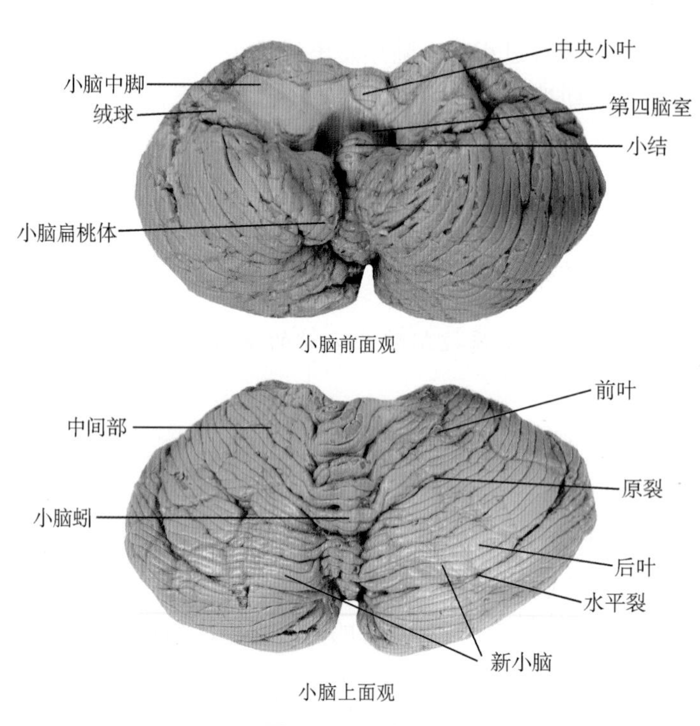

图 23－13　小脑

小脑扁桃体紧靠枕骨大孔，当颅内压突然增高时，可被挤压而嵌入枕骨大孔内，压迫延髓，危及生命，临床上称为小脑扁桃体疝或枕骨大孔疝。

（二）小脑的分叶

根据小脑的发生、功能和纤维联系不同，可将其分为三叶。

1. 绒球小结叶　位于小脑下面的最前部，包括半球上的绒球和小脑蚓前端的小结，其间以绒球脚相连。因在发生上最古老，称原（古）小脑，其纤维主要与脑干前庭神经核联系，所以又称前庭小脑。

2. 前叶　位于小脑上部原裂以前的部分，包括小脑下面的蚓垂和蚓锥体，因在发生上晚于绒球小结叶，又称旧小脑。主要接受来自脊髓的信息，又称脊髓小脑。

3. 后叶　位于原裂以后的部分，占小脑的大部分。在进化中出现最晚，与大脑皮质的发展有关，故称新小脑。

二、小脑的内部结构

小脑的灰质位于表层，称小脑皮质。皮质深面的白质称小脑髓质。髓质的深面埋藏有4对灰质核团，称小脑核，包括齿状核、顶核、栓状核和球状核（图23-14）。其中齿状核最大，位于小脑半球的中心部，接受新小脑皮质的纤维，是小脑传出纤维的主要发起核。

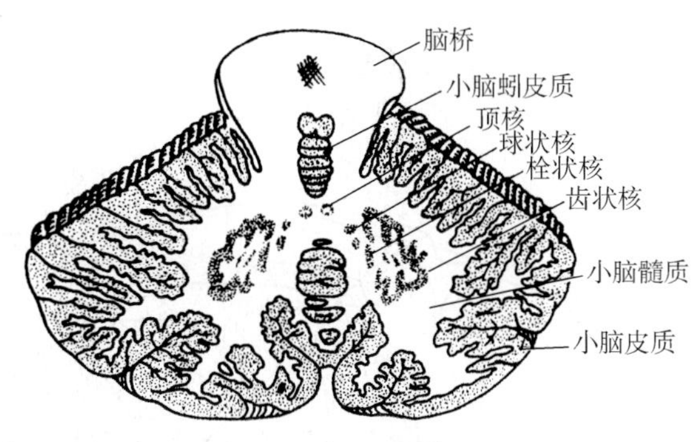

图23-14　小脑横切面

三、小脑的功能

小脑的主要功能是维持身体平衡、调节肌张力和协调肌肉的运动。小脑蚓的主要功能是维持躯体的平衡，该部损伤时，患者身体平衡功能障碍，表现为站立不稳、步态蹒跚。小脑半球的主要功能是调节肌张力，协调运动中各肌群的动作。因此，小脑半球受损时，患者表现为同侧肌张力降低、腱反射减弱和共济运动失调，如指鼻试验阳性等。

考点提示　小脑的主要功能是维持身体平衡、调节肌张力和协调肌肉的运动。

第四节　间　　脑

扫码“学一学”

间脑（diencephalon）位于中脑和端脑之间，两侧和背面被大脑半球所掩盖，仅腹侧下丘脑部分露于脑底。间脑可分为背侧丘脑、上丘脑、后丘脑、底丘脑和下丘脑5部分。间脑内部的矢状位狭窄间隙称第三脑室（图23-7，图23-15）。

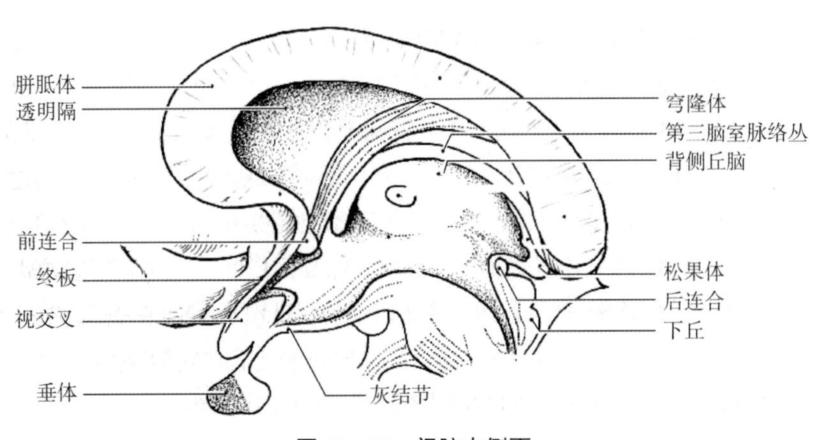

图23-15　间脑内侧面

一、背侧丘脑

背侧丘脑又称丘脑，为一对卵圆形的灰质团块，借丘脑间黏合相连，前端称丘脑前结节，后端称丘脑枕。背侧丘脑内部有一自外上斜向内下的“Y”形白质板，称内髓板，将背侧丘脑分为前核群、内侧核群和外侧核群（图 23–16）。外侧核群腹侧部的后份称腹后核，腹后核又分腹后内侧核和腹后外侧核。腹后内侧核接受三叉丘系和味觉纤维，腹后外侧核则接受内侧丘系和脊髓丘系的纤维。腹后核发出的纤维投射到大脑皮质中央后回的感觉中枢。

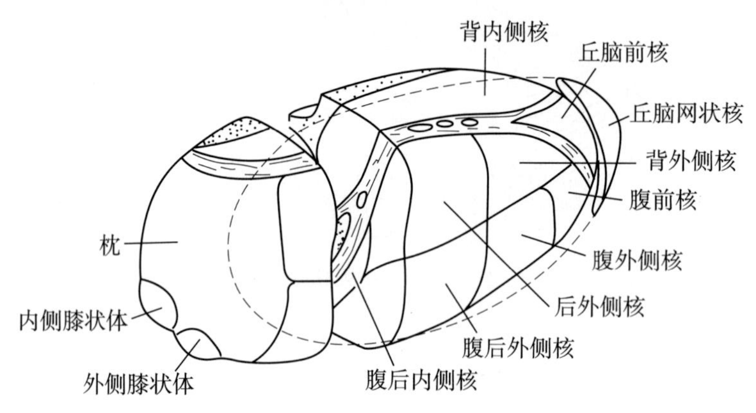

图 23–16　背侧丘脑示意图

二、后丘脑

后丘脑位于丘脑枕的下方，包括内侧膝状体和外侧膝状体。前者借下丘臂连于下丘，为听觉反射中枢；后者借上丘臂连于上丘，为视觉反射中枢。

三、上丘脑

上丘脑位于第三脑室顶部的周围，包括髓纹、缰三角和松果体等。

四、底丘脑

底丘脑为间脑和中脑的移行区。

五、下丘脑

下丘脑位于丘脑的前下方，构成第三脑室的下壁和侧壁的下部，包括视交叉、灰结节、乳头体、漏斗和垂体等结构（图 23–17）。

视交叉前续视神经，向后移行为视束。灰结节位于视交叉的后方，向前下移行为漏斗，漏斗的末端与垂体相连，垂体属内分泌腺。乳头体是灰结节后方的一对隆起，与内脏活动有关。下丘脑中含有多个核群，重要的有视上核和室旁核。视上核位于视交叉的上方，分泌加压素，具有调节水盐代谢的作用；室旁核位于第三脑室的侧壁，分泌催产素。视上核和室旁核分泌的激素，各经其核内神经元的轴突输送至垂体后叶，释放入血液而发挥作用。

此外，下丘脑还发出下行纤维，直接或间接到达脑干的内脏运动核和脊髓侧角的交感神经元及骶副交感核，借此调节内脏的活动。下丘脑不仅是调节内脏活动和内分泌腺的较

高级中枢，而且对体温、摄食、水盐平衡及情绪的改变等也有重要作用。

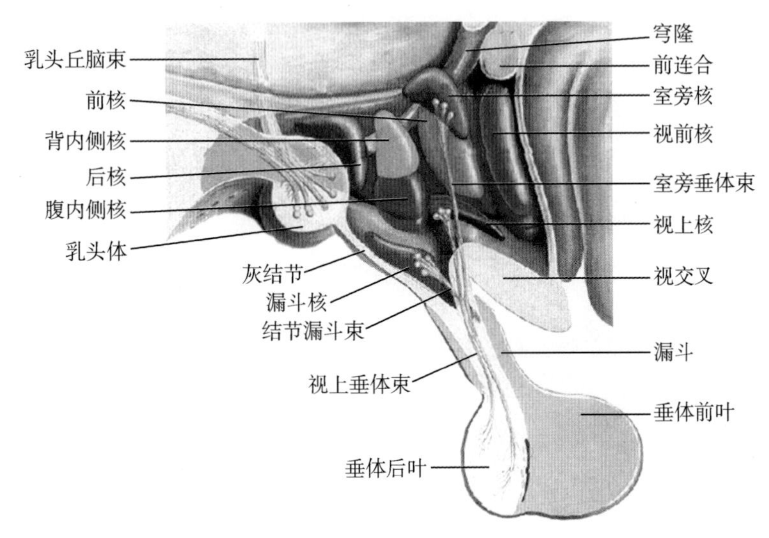

图 23－17　下丘脑示意图

六、第三脑室

第三脑室是位于背侧丘脑和下丘脑之间的一个矢状位裂隙。前方借室间孔与两个侧脑室相通，向后经中脑水管通第四脑室。

考点提示　间脑位于中脑和端脑之间，包括背侧丘脑、上丘脑、后丘脑、底丘脑和下丘脑五部分。

第五节　端　　脑

扫码“学一学”

端脑（telencephalon）包括左、右大脑半球，是脑的最高级部分。人类大脑半球高度发育，覆盖在间脑、中脑和小脑的上面。大脑半球和小脑之间有大脑横裂。两侧大脑半球之间，隔以纵行的深裂，称大脑纵裂，裂底有连接左、右两半球的白质板，称胼胝体。

一、大脑半球的外形和分叶

大脑半球的表面凹凸不平，凹陷处成沟，称大脑沟，相邻沟之间隆起的部分称大脑回。每侧大脑半球均可分为 3 个面，即内侧面、上外侧面和下面；并借 3 条叶间沟分为 5 个叶（图 23－18，图 23－19）。

1. 叶间沟　外侧沟起于半球下面，先行向前外，至半球的下缘，折而向后上，行于半球上外侧面。中央沟自半球上缘中点稍后方斜行向前下，上端延伸至半球内侧面。顶枕沟位于半球内侧面，自胼胝体后端的稍后方，斜向后上并延伸至半球上外侧面。

2. 分叶　额叶位于外侧沟以上，中央沟之前。枕叶位于半球的后部，前界为顶枕沟与枕前切迹的连线。顶叶位于中央沟之后、枕叶的前方，下界为外侧沟的末端与枕叶前界中点的连线。颞叶位于外侧沟以下。岛叶略呈三角形，藏于外侧沟的深处（图 23－20）。

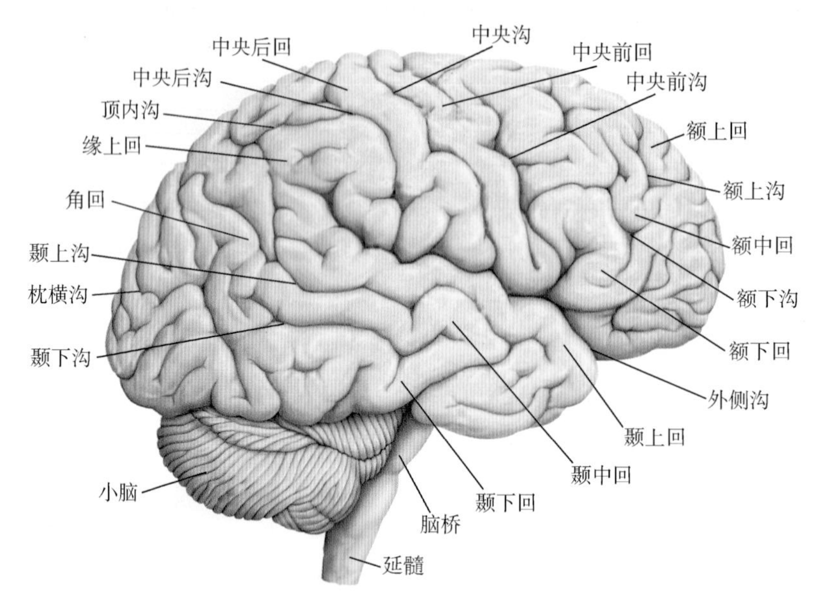

图 23-18　大脑半球外侧面

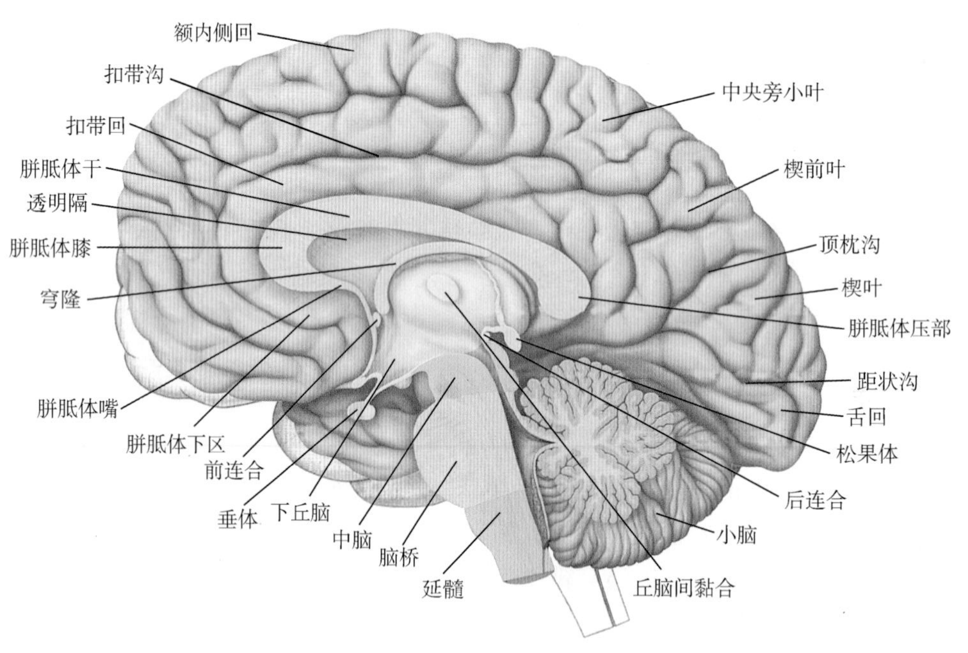

图 23-19 大脑半球内侧面

二、大脑半球的重要沟回

1. 上外侧面

（1）额叶　中央沟的前方有与之平行的中央前沟，两沟之间的部分为中央前回。由中央前沟向前有两条横行沟，分别称额上沟和额下沟，将中央前沟以前的额叶分为额上回、额中回和额下回（图 23-18）。

（2）顶叶　在中央沟的后方也有一条与之平行的沟，称中央后沟，两沟之间的部分称中央后回。中央后沟的后方，有一条略与半球上缘平行，并常有间断的顶内沟。围绕外侧沟末端的脑回称缘上回，颞上沟末端的脑回称角回。

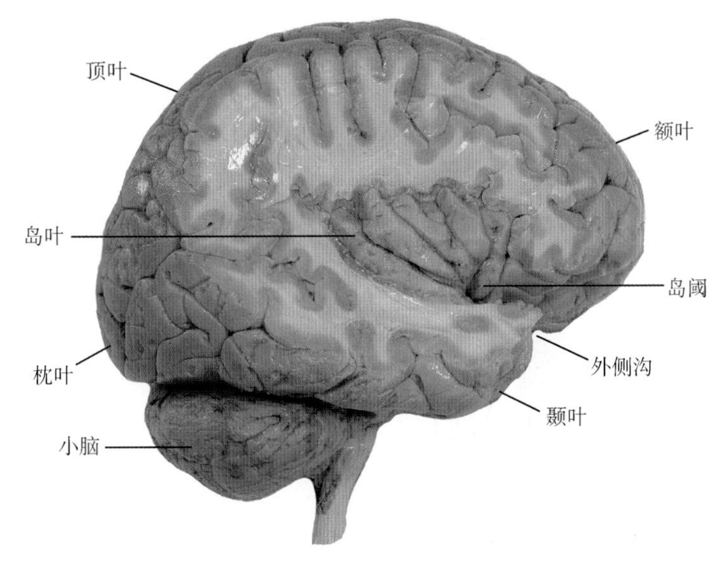

图 23-20　岛叶

（3）颞叶　在颞叶内有大致与外侧沟平行的颞上沟和颞下沟，将颞叶分成颞上回、颞中回及颞下回。由颞上回翻入外侧沟内的横行脑回称颞横回。

2. 内侧面　大脑半球内侧面中部可见胼胝体的纵切面。胼胝体背面的沟称胼胝体沟，此沟绕过胼胝体后端，向前移行为海马沟。在胼胝体沟的上方，有与之平行的扣带沟。扣带沟与胼胝体沟之间是扣带回。扣带沟的上方有中央旁小叶，是中央前、后回在内侧面的延续。顶枕沟之后的枕叶上有前、后弓状走向的距状沟。距状沟的下方，有前、后方向的侧副沟。侧副沟和海马沟之间为海马旁回，其前端弯曲向后呈钩形，称钩（图 23-19）。

扫码"看一看"

在大脑半球内侧面，胼胝体周围和侧脑室下角底壁可见一圆弧形结构，包括扣带回、海马旁回和被挤入侧脑室下角的其他脑回，合称边缘叶。边缘叶属于脑的古老系统，与情绪、行为和内脏活动有关。

3. 大脑半球的下面　额叶下面有一条纵行的白质带，称嗅束，其前端膨大，称嗅球，与嗅神经相连。嗅束后端扩大为嗅三角（图 23-6）。

考点提示　每侧大脑半球可分为内侧面、上外侧面和下面三面；分为额叶、顶叶、枕叶、颞叶和岛叶五个叶。

三、大脑半球的内部结构

大脑半球表层的灰质称大脑皮质，深部的白质称大脑髓质，位于髓质深部的灰质团块称基底核。半球内部的室腔称侧脑室。

1. 大脑皮质的功能定位　大脑皮质是人体运动、感觉的最高级中枢和语言、思维活动的物质基础。机体各种机能活动的最高级中枢在大脑皮质上具有定位关系，形成的功能区定位如下。

（1）躯体运动区　主要位于中央前回和中央旁小叶的前部，管理对侧半身的骨骼肌运动，身体各部在运动区形成倒立的人体投影（头面部正立）。即中央前回的下部管理头面部的运动，中部与躯干和上肢的运动有关，上部及中央旁小叶的前部则管理下肢的运动（图 23-21）。身体各部代表区的大小与该部运动的灵巧和精细程度有关。

（2）躯体感觉区　主要位于中央后回和中央旁小叶的后部。它接受来自对侧半身的浅、

深感觉冲动，并形成一个倒立的人体投影（头面部正立），即传导头面部感觉冲动的神经纤维，投射到中央后回的下部，而来自躯干、四肢的纤维则投射到中央后回的中、上部和中央旁小叶的后部（图23-22）。身体各部投射区面积的大小与该部感觉的敏感程度有关。

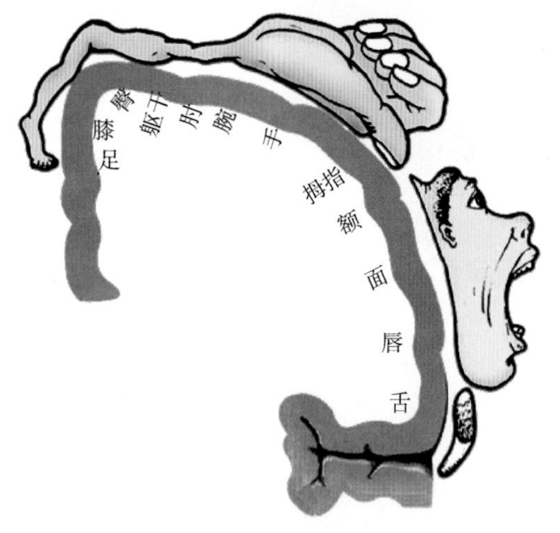

图23-21 大脑皮质躯体运动中枢的定位

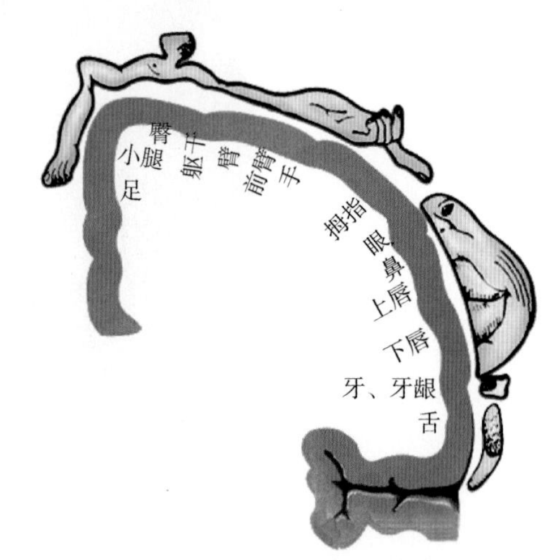

图23-22 大脑皮质躯体感觉中枢的定位

（3）视区　位于枕叶内侧面，距状沟两侧的皮质。

（4）听区　位于颞横回。

（5）语言区　左侧大脑半球是语言“优势半球”。语言中枢包括听讲、说话、阅读、书写4个中枢。

1）听觉性语言中枢（听话中枢）　位于颞上回后部。此区受损，听觉无障碍，有说话能力，但不能理解他人的语言，称字聋或感觉性失语症。

2）运动性语言中枢（说话中枢）　位于额下回后部。此区损伤，喉肌等虽不瘫痪，也能发音，但不能将音节、词组等组成有意义的语言，称运动性失语症。

3）视觉性语言中枢（阅读中枢）　位于角回。此区受损后，视觉虽无障碍，但不能理解文字符号，称失读症。

4）书写中枢　位于额中回后部。若此部受损，手虽能运动，但却丧失了书写文字符号的能力，称失写症。

考点提示　语言中枢包括听觉性语言中枢、运动性语言中枢、视觉性语言中枢、书写中枢。

知识链接

脑震荡

脑震荡是头部受到外力撞击后，即刻发生短暂的脑功能障碍。病理改变为无肉眼可见的神经病理改变，具体发生机制至今仍有许多争论。临床表现为短暂性昏迷（时间一般不超过30分钟），近事遗忘以及头痛、恶心和呕吐等症状，神经系统检查无阳性体征。它是脑损伤中最轻的一种，经治疗后一般可以痊愈。

2. 基底核　包括尾状核、豆状核、杏仁体和屏状核。豆状核与尾状核合称纹状体（图 23–23、图 23–24）。

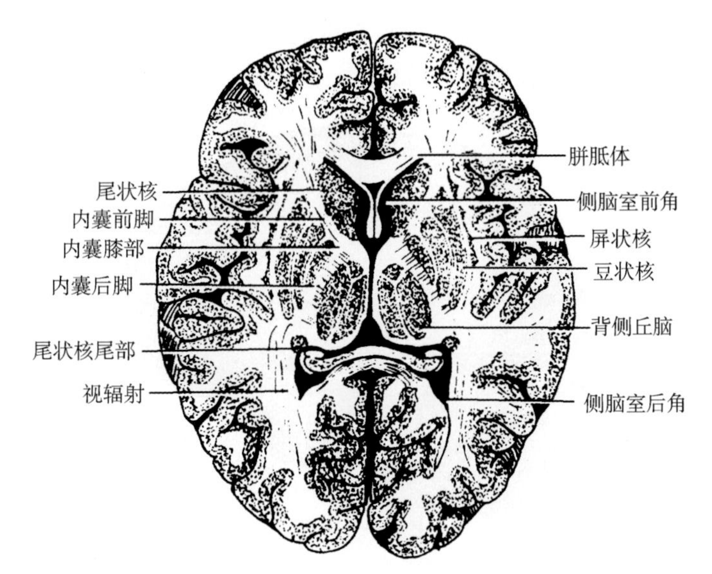

图 23–23　大脑半球水平切面

（1）尾状核　呈"C"形弯曲，分头、体、尾 3 部，环绕于背侧丘脑的背外侧，末端连有杏仁体。

（2）豆状核　位于背侧丘脑的外侧，被穿行于其中的白质纤维分为 3 部分，外侧部最大称壳，内侧两部合称苍白球（图 23–23）。从种系发生上看，苍白球更为古老，又称旧纹状体。尾状核和壳则称新纹状体。纹状体的主要功能是维持肌张力，协调肌群间的运动。

（3）杏仁体　位于海马旁回的深面，连于尾状核尾部，与内脏活动、行为及内分泌有关。

（4）屏状核　位于豆状核和岛叶之间，功能不明确。

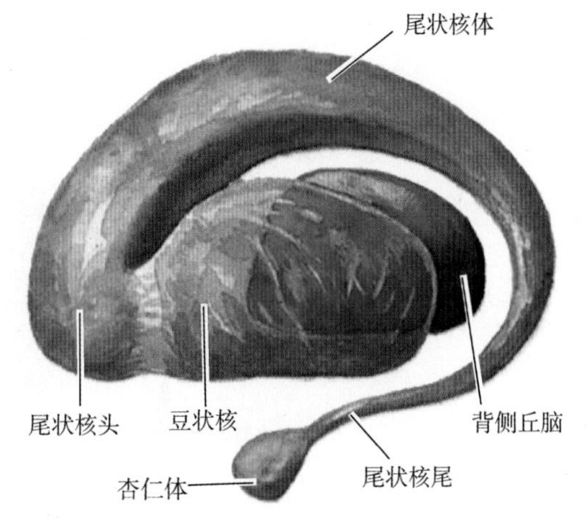

图 23–24　基底核与背侧丘脑示意图

3. 大脑髓质　大脑髓质的神经纤维可分为 3 种：联络纤维、连合纤维及投射纤维（图 23–25）。

（1）联络纤维　联系同侧大脑半球各部之间的纤维。其中短纤维联系相邻脑回，称弓状纤维；长纤维联系各叶，如上纵束、下纵束和钩束等。

（2）连合纤维　联系两侧大脑半球皮质的纤维，包括胼胝体和前连合等。胼胝体位于大脑纵裂底，连接两侧半球相应部位的皮质，在脑的正中矢状切面上，前部略呈钩状，后部粗厚弯向后下。胼胝体自前向后可分为嘴、膝、干、压 4 部分，其纤维向两侧呈扇状散开，广泛联系两侧大脑半球。

（3）投射纤维　联系大脑皮质与皮质下结构的上、下行纤维，这些纤维大部分经过内囊。

内囊由宽厚的白质板构成，位于背侧丘脑、尾状核与豆状核之间，在脑水平切面上，左、右略呈"＞＜"形（图 23–26），分内囊前肢、内囊膝和内囊后肢 3 部。内囊前肢位于

豆状核与尾状核之间，主要有额桥束和丘脑前辐射通过。内囊后肢位于豆状核与背侧丘脑之间，主要有皮质脊髓束、丘脑中央辐射、视辐射和听辐射通过。前、后肢相交处称内囊膝，有皮质核束通过。内囊是上、下行投射纤维高度集中的区域，此处病灶即使不大，也可造成投射纤维传导阻断，导致严重的后果。

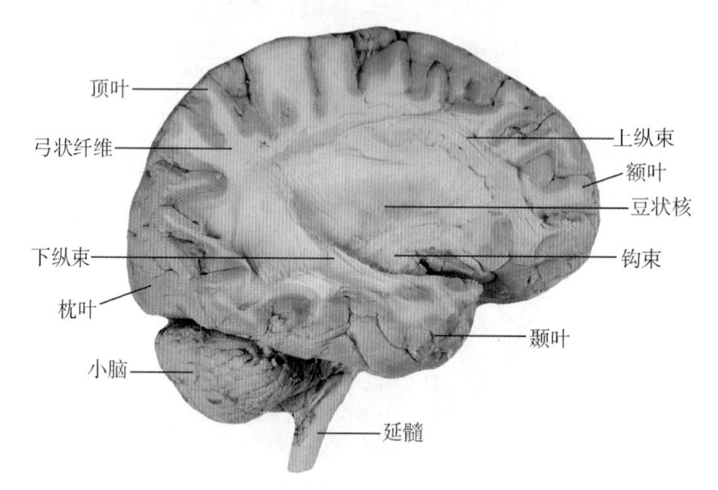

图 23－25 大脑的联络纤维

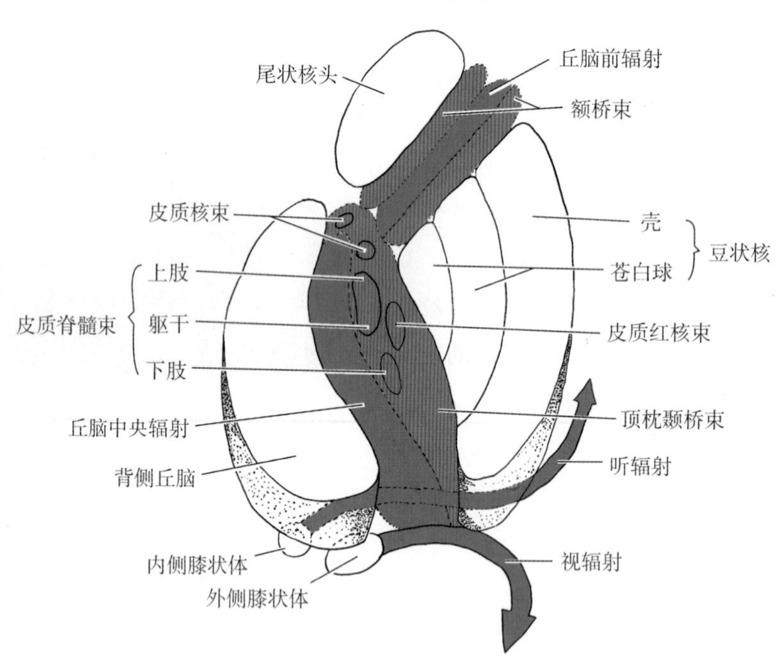

图 23－26 内囊

一侧内囊大范围损伤时，患者可出现对侧半身浅、深感觉障碍（偏身感觉障碍），对侧半身痉挛性瘫痪（偏瘫），患侧视野鼻侧偏盲和健侧视野颞侧偏盲（偏盲），即“三偏综合征”。

考点提示 内囊位于背侧丘脑、尾状核与豆状核之间，分为内囊前肢、内囊膝和内囊后肢三部分。

4. 侧脑室 位于大脑半球内，左、右各一，由位于顶叶内的中央部、伸入额叶的前角、伸入枕叶的后角和伸入颞叶的下角构成，前角有室间孔通第三脑室。

本章小结

脊髓位于椎管内，上端平枕骨大孔处与延髓相连，下端在成人平第 1 腰椎体下缘，全长 40～45cm。呈前后略扁的圆柱形，有两处膨大，位于上部的称颈膨大，位于下部的称腰骶膨大。脊髓末端逐渐变细呈圆锥状，称脊髓圆锥。脊髓内部由灰质和白质两大部分组成。脑位于颅腔内，脑由端脑、间脑、小脑和脑干组成。脑干自上而下依次是中脑、脑桥和延髓。其上接间脑，下连脊髓，后有小脑。延髓、脑桥和小脑之间有第四脑室。大脑皮质是脑最重要的部分，是高级神经活动的物质基础。人类在长期进化过程中，大脑皮质的不同部位，逐渐形成接受某种刺激，完成某些反射活动的较集中区域，称大脑皮质功能区。

习　题

扫码“练一练”

一、选择题

1. 成人脊髓下端位于

A. 第 2 腰椎下缘　　B. 第 3 腰椎下缘　　C. 第 1 腰椎下缘　　D. 第 3 骶椎下缘　　E. 第 4 腰椎下缘

2. 锥体交叉位于

A. 脊髓　　B. 延髓　　C. 脑桥　　D. 中脑　　E. 端脑

3. 脊髓后角的神经元属于

A. 感觉神经元　　B. 交感神经元　　C. 联络神经元　　D. 运动神经元　　E. 副交感神经元

4. 脊髓前角的神经元是

A. 感觉神经元　　B. 交感神经元　　C. 联络神经元　　D. 运动神经元　　E. 副交感神经元

5. 脊髓内传导躯干、四肢本体感觉的纤维束是

A. 皮质脊髓前束　　B. 内侧丘系　　C. 脊髓丘脑束　　D. 薄束和楔束　　E. 皮质脊髓侧束

6. 传导躯干、四肢浅感觉的纤维束是

A. 皮质脊髓侧束　　B. 内侧丘系　　C. 脊髓丘脑束　　D. 薄束和楔束　　E. 皮质脊髓前束

7. 通过内囊膝部的纤维束是

A. 皮质脊髓束　　B. 皮质核束　　C. 丘脑中央辐射　　D. 视辐射

E. 脊髓丘脑束

8. “生命中枢”位于

A. 端脑　B. 小脑　C. 延髓　D. 脑桥

E. 中脑

9. 与端脑相连的脑神经是

A. 眼神经　B. 动眼神经　C. 视神经　D. 嗅神经

E. 滑车神经

10. 单纯脊髓丘脑束损伤可致损伤平面以下

A. 同侧浅感觉丧失　B. 对侧浅感觉丧失

C. 双侧深、浅感觉丧失　D. 对侧深感觉丧失

E. 对侧运动障碍

11. 中央前回位于大脑皮质的

A. 额叶　B. 颞叶　C. 枕叶　D. 岛叶

E. 顶叶

12. 连于脑干背侧面的脑神经是

A. 舌下神经　B. 动眼神经　C. 舌咽神经　D. 副神经

E. 滑车神经

13. 纹状体是指

A. 豆状核和杏仁体　B. 尾状核和杏仁体

C. 苍白球和杏仁体　D. 豆状核和壳

E. 豆状核和尾状核

14. 大脑皮质的躯体运动区位于

A. 中央前回和中央旁小叶的前部　B. 距状沟的两侧

C. 扣带回　D. 中央后回和中央旁小叶的后部

E. 颞横回

15. 中央后回位于大脑皮质的

A. 额叶　B. 颞叶　C. 枕叶　D. 岛叶

E. 顶叶

16. 大脑皮质的躯体感觉区位于

A. 中央前回和中央旁小叶前部　B. 距状沟的两侧

C. 颞横回　D. 中央后回和中央旁小叶后部

E. 扣带回

17. 颞横回是

A. 躯体运动区　B. 躯体感觉区　C. 视区　D. 听区

E. 听觉语言中枢

18. 右侧内囊受损可出现

A. 全身瘫痪　B. 左半身瘫痪

C. 右半身瘫痪　D. 左眼全盲

E. 头面部全部肌肉瘫痪

二、简答题

1. 脊髓白质各索内主要传导束的名称、位置和功能如何？
2. 分布于端脑背外侧面的主要中枢有哪些？
3. 试述内囊的概念及分部。

（张　波）

第二十四章

脑和脊髓的被膜、血管及脑脊液循环

学习目标

1. **掌握** 脑和脊髓被膜的性质、包被概况，各层形成的主要结构；脑动脉的来源及主要分支、分布；脑脊液的产生及循环途径。

2. **熟悉** 硬脑膜形成的特殊结构；硬脊膜的形态特征；硬膜外隙的位置与内容；大脑动脉环的位置、构成及生理意义。

3. **了解** 脑的静脉回流。

4. 能综合运用所学知识分析蛛网膜下隙腰穿麻醉时要经过哪些层次和结构。

5. 具有进行脑血管健康宣教的能力，具有维护健康、关爱生命的意识。

案例讨论

【案例】

患者，男性，33岁，因头部外伤，头痛、呕吐后昏迷不醒，被家属送入院就诊，检查受伤部位除头皮挫伤外，头皮局部肿胀；CT检查在颅骨内板下方有双凸形边缘清楚的高密度影，提示脑外占位病变征象，诊断为硬膜外血肿。

【讨论】

1. 外力击后引起颅骨骨折，易刺破哪些血管引起出血？

2. 脑的被膜有哪些？可形成哪些特殊结构？

第一节　脑和脊髓的被膜

扫码“学一学”

脑和脊髓的表面包有三层膜，由外向内依次是硬膜、蛛网膜和软膜。它们对脑和脊髓起到保护和支持的作用。

一、脊髓的被膜

脊髓的被膜从外向内依次是硬脊膜、脊髓蛛网膜和软脊膜（图24－1）。

1. 硬脊膜 是一层厚而且坚韧的致密结缔组织膜，包裹着脊髓。上端附于枕骨大孔的边缘，向上与硬脑膜相延续；下部在第2腰椎水平逐渐变细，包裹着马尾；末端附于尾骨。

椎管内面的骨膜与硬脊膜之间的疏松间隙称为硬膜外隙，此隙略呈负压，内含疏松结缔组织、脂肪、淋巴管及静脉丛，并有脊神经根通过，硬膜外隙与颅腔不相通。临床上进行硬膜外麻醉就是将药物注入此间隙，以阻滞脊神经根的神经传导。在椎间孔处，硬脊膜与脊神经的外膜相延续。

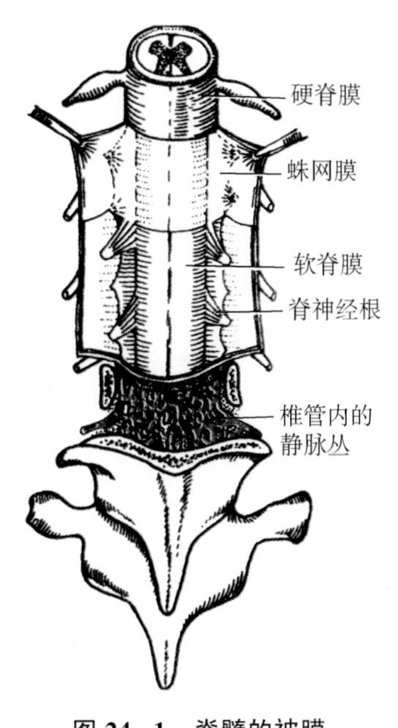

图 24－1　脊髓的被膜

扫码“看一看”

2. 脊髓蛛网膜　为硬脊膜与软脊膜之间半透明的薄膜，紧贴硬脊膜的内面，向上与脑蛛网膜相延续。硬脊膜与脊髓蛛网膜之间潜在的腔隙为硬膜下隙，脊髓蛛网膜与软脊膜之间较为宽阔的间隙为蛛网膜下隙，其间有许多结缔组织小梁相连，并充满清亮的脑脊液。蛛网膜下隙的下部，自脊髓下端至第 2 骶椎水平处扩大，称为终池，内有马尾，故临床上进行蛛网膜下隙穿刺通常选择在第 3、4 或第 4、5 腰椎之间，以抽取脑脊液或注入药物而不会伤及脊髓。脊髓蛛网膜下隙与脑蛛网膜下隙相通。

3. 软脊膜　紧贴在脊髓表面，并延伸至脊髓的沟裂中，薄而富有血管，软脊膜向上与软脑膜相延续，向下在脊髓下端移行为终丝。软脊膜在脊髓两侧脊神经前、后根之间形成齿状韧带，此韧带附着于硬脊膜上。脊髓借齿状韧带和脊神经根固定于椎管内，并浸泡于脑脊液中，加上硬膜外隙内的脂肪组织和椎内静脉丛对脊髓起到弹性垫作用，使脊髓不易受外界震荡的损伤。

二、脑的被膜

脑的被膜从外向内依次为硬脑膜、脑蛛网膜和软脑膜（图 24－2）。

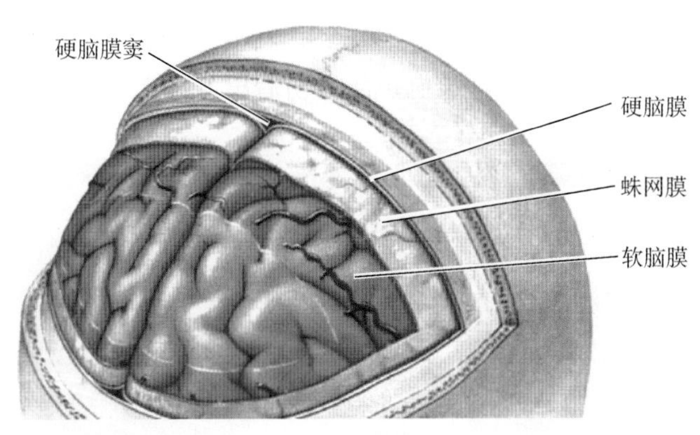

图 24－2　脑的被膜

（一）硬脑膜

硬脑膜坚硬而有光泽，与硬脊膜不同的是，硬脑膜由两层构成，外层即颅骨内骨膜，内层较坚厚，两层之间有丰富的血管和神经。硬脑膜与颅顶骨结合疏松，易于分离，当颅骨损伤时，可在硬脑膜与颅骨之间形成硬膜外血肿。在颅底处，硬脑膜与颅骨结合紧密，故当颅底骨折时，易将硬脑膜及蛛网膜同时撕裂，导致脑脊液外漏。当颅前窝骨折时，脑脊液可以通过鼻腔流到体外，称为鼻漏。

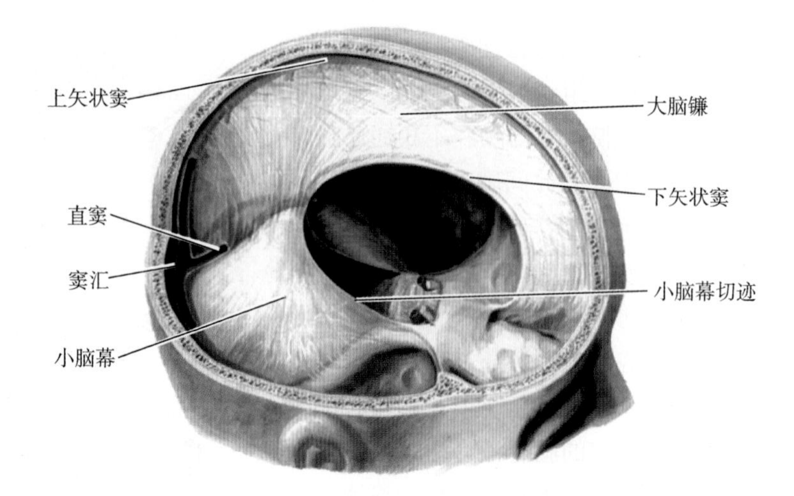

图 24-3　硬脑膜及其形成的结构

硬脑膜不仅包在脑的表面，在某些部位，硬脑膜内层折叠形成板状突起，伸入脑的某些裂隙中，形成隔幕，以更好地保护脑组织（图 24-3）。

1. 硬脑膜隔

（1）大脑镰　呈镰刀形，伸入两侧大脑纵裂，后端连于小脑幕上面，下缘游离于胼胝体上方。

（2）小脑幕　形似幕帐，伸入大脑横裂。小脑幕的前缘游离，形成弧形切迹，称为小脑幕切迹，此切迹与鞍背形成一孔，内有中脑通过，小脑幕后外侧缘附于枕骨横窦沟和颞骨岩部上缘。小脑幕将颅腔不完全地分隔为上、下两部分，当上部颅腔的颅脑病变引起颅内压增高时，可将位于小脑幕切迹上方的海马旁回和钩挤入切迹内，压迫大脑脚和动眼神经，称为小脑幕切迹疝。

（3）小脑镰　伸入两侧小脑半球之间。

2. 硬脑膜窦　在某些部位硬脑膜两层分开，内衬内皮细胞，形成硬脑膜窦（图 24-4），窦壁无平滑肌，不能收缩，窦内含静脉血，故损伤后出血难止，易形成颅内血肿。

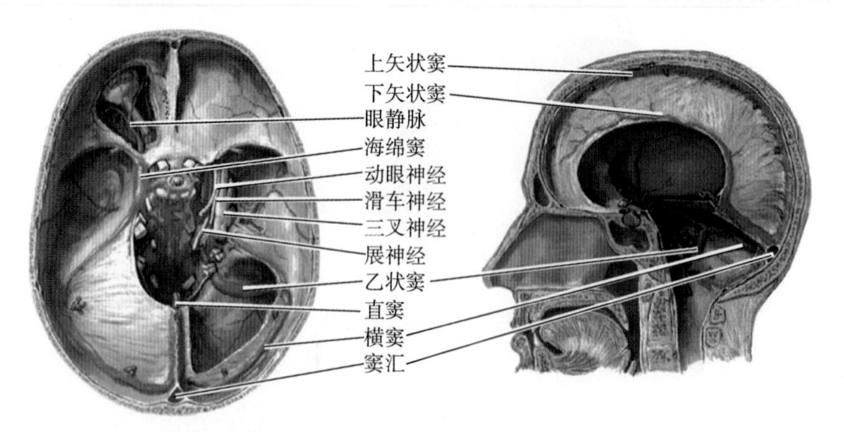

图 24-4　硬脑膜窦

硬脑膜形成的硬脑膜窦如下。

（1）上矢状窦　位于大脑镰上缘，前方起自盲孔，向后流入窦汇。

（2）下矢状窦　位于大脑镰下缘，向后汇入直窦。

（3）直窦　位于大脑镰与小脑幕连接处，由大脑大静脉和下矢状窦汇合而成。

（4）横窦　位于小脑幕后外侧缘附着处的横窦沟内，成对存在，连接乙状窦和窦汇。

（5）乙状窦　位于乙状窦沟内，成对存在，是横窦的延续，向前于颈静脉孔处出颅，延续为颈内静脉。

（6）窦汇　由左右横窦、上矢状窦、直窦共同汇合而成。

（7）海绵窦　位于蝶鞍两侧，因形似海绵而得名，是硬脑膜两层之间的不规则腔隙（图 24-5）。窦内有颈内动脉和展神经通过，窦的外侧壁，自上而下有动眼神经、滑车神经、眼神经和上颌神经通过。海绵窦的交通：两侧海绵窦借横支相通，海绵窦前方接受眼静脉，两侧接受大脑中静脉，向后外经岩上窦、岩下窦连通横窦、乙状窦或颈内静脉。因海绵窦借眼静脉与面静脉相交通，故面部感染可累及海绵窦，引起海绵窦炎和血栓形成，进一步累及海绵窦内的神经，出现相应的症状。海绵窦向后借基底静脉丛与椎内静脉丛相交通，而椎内静脉丛又与上、下腔静脉系相交通，故腹盆部的感染可经此途径进入颅内，引起颅内感染。

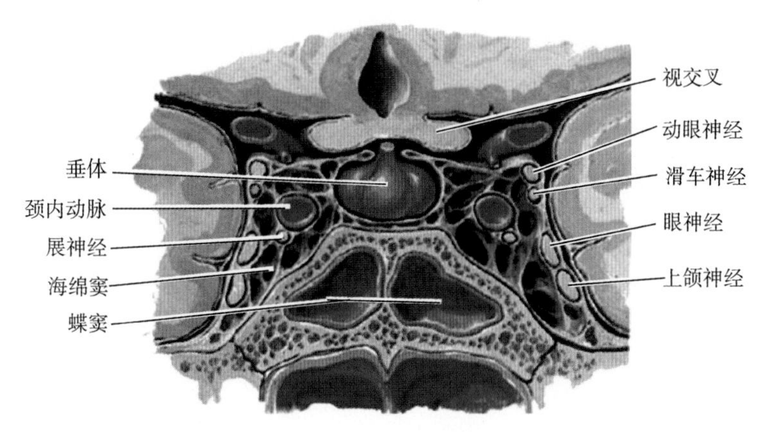

图 24-5　海绵窦

（二）脑蛛网膜

脑蛛网膜位于硬脑膜与软脑膜之间，薄而透明，缺乏血管和神经。蛛网膜和软脑膜之间的腔隙，称蛛网膜下隙，其内含有脑脊液。蛛网膜下隙在某些部位扩大，称为蛛网膜下池，如在小脑和延髓之间的为小脑延髓池，在视交叉前方的为交叉池，在大脑脚之间的为脚间池，在脑桥腹侧为桥池。蛛网膜在上矢状窦处形成许多细小的突起，突入上矢状窦内称蛛网膜粒（图 24-6）。脑脊液通过蛛网膜粒渗入上矢状窦，回流入静脉血液中。

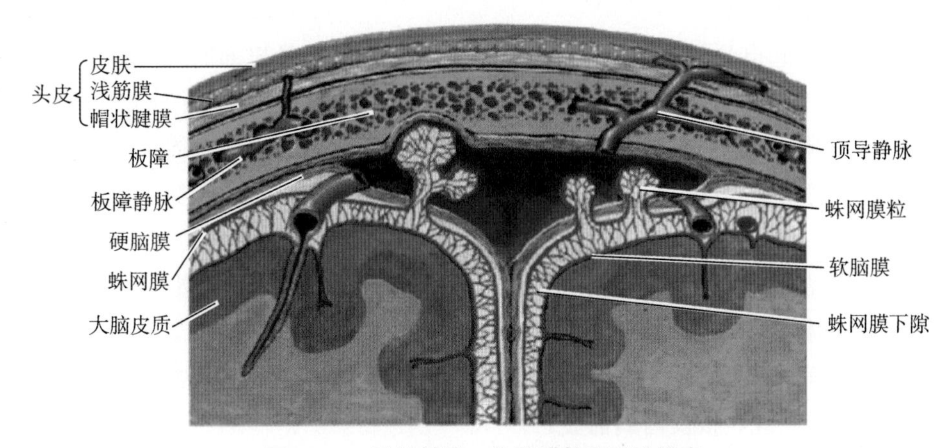

图 24-6　脑的被膜、蛛网膜粒和硬脑膜窦

（三）软脑膜

软脑膜薄而富含血管，覆盖在脑的表面，并深入其沟、裂内。在脑室的一定部位，软脑膜及其血管与该部位的室管膜上皮共同构成脉络组织。某些部位脉络组织的血管反复分支成丛，连同其表面的软脑膜及室管膜上皮一起突入脑室内，称为脉络丛，是产生脑脊液的主要结构。

考点提示 脊髓的被膜从外向内依次是硬脊膜、脊髓蛛网膜和软脊膜；脑的被膜从外向内依次为硬脑膜、脑蛛网膜和软脑膜。

知识拓展

化脓性脑膜炎

化脓性脑膜炎是由各种化脓性细菌引起的脑膜炎症，系细菌性脑膜炎中的一大类，为颅内的严重感染之一。本病多发于小儿及老年人。主要的临床表现为发热、头痛、呕吐和烦躁等，严重时可引起脑膜粘连和脑实质的损害，出现颅神经麻痹、失明、听力障碍、肢体瘫痪、癫痫及智力减退等后遗症。

扫码“学一学”

第二节　脑和脊髓的血管

一、脑的血管

（一）脑的动脉

脑的血液供应非常丰富，这是与脑的功能相适应的。脑的动脉来自于颈内动脉和椎动脉（图 24-7）。以顶枕沟为界，颈内动脉分支供应大脑半球的前 2/3 与部分间脑；椎动脉供应大脑半球后 1/3 及部分间脑、脑干和小脑，故脑的动脉可归纳为颈内动脉系和椎-基底动脉系，其动脉的分支可分为皮支和中央支，皮支供应大脑皮质及其深面的髓质，中央支供应基底核、内囊及间脑等。

1. 颈内动脉　起自颈总动脉，自颈部向上至颅底，经颞骨岩部的颈动脉管进入颅腔，在海绵窦的内侧壁向前上，至前床突的内侧又向上弯转，穿出海绵窦并分支。故按其行程，颈内动脉可分为颈部、岩部、海绵窦部和前床突上部四段。其中，海绵窦部和前床突上部合称虹吸部，常弯曲成“U”或“V”形，是动脉硬化的好发部位。在穿出海绵窦处，颈内动脉发出眼动脉，除此之外，颈内动脉供应脑的主要分支有以下四条。

（1）大脑前动脉　在视神经上方向前内行，进入大脑纵裂，然后沿胼胝体沟向后行，两侧的大脑前动脉借前交通动脉相连（图 24-8）。大脑前动脉的皮质支分布于顶枕沟以前的大脑半球内侧面、额叶底面的一部分及额、顶叶上外侧面的上部；中央支穿皮质进入脑实质，供应尾状核、豆状核及内囊前肢。

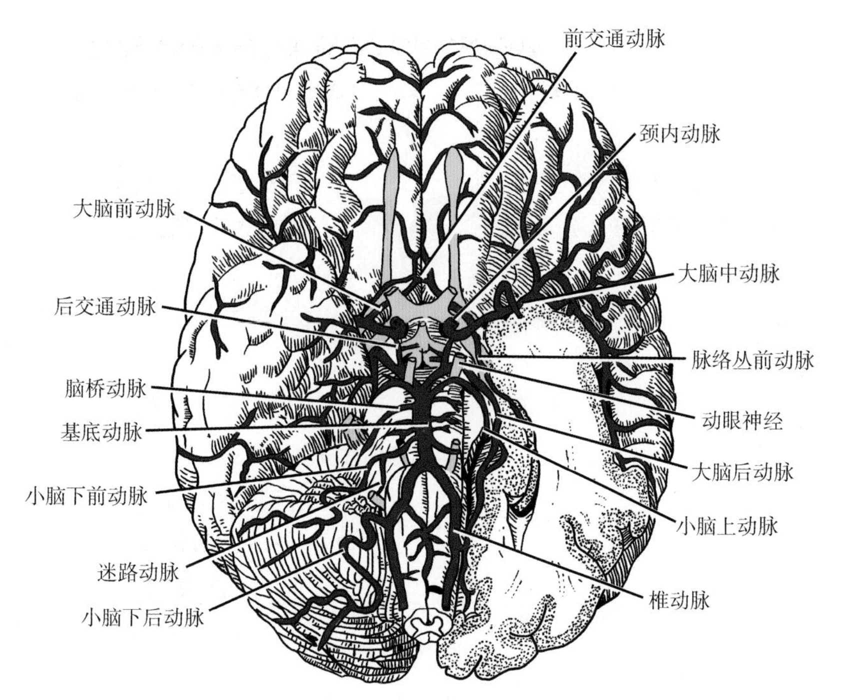

图 24-7　脑底的动脉

（2）大脑中动脉　为颈内动脉的直接延续，行于大脑半球的外侧沟内，数支皮质支营养半球上外侧面的大部分和岛叶（图 24-9），包括躯体运动中枢、躯体感觉中枢及语言中枢，故若该动脉发生阻塞，将出现严重的功能障碍。大脑中动脉发出细小的中央支，称为豆纹动脉（图 24-10），它们垂直进入脑实质，供应尾状核、豆状核、内囊前肢上部、内囊膝和内囊后肢前上部。豆纹动脉的行程呈“S”形弯曲，因血流动力学关系，在高血压动脉硬化时易破裂出血，导致严重的功能障碍，故又称“出血动脉”。

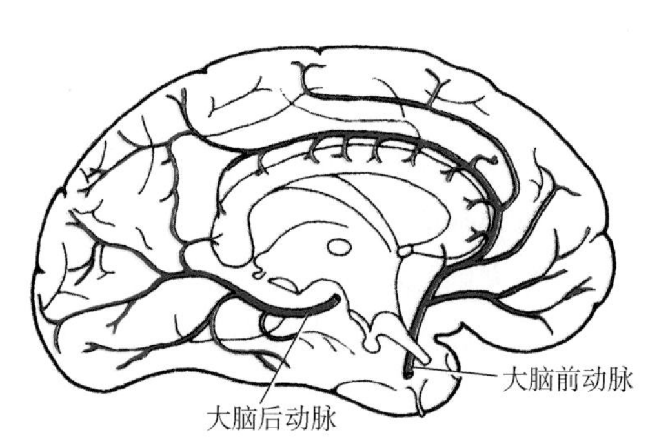

图 24-8　大脑半球内侧面的动脉

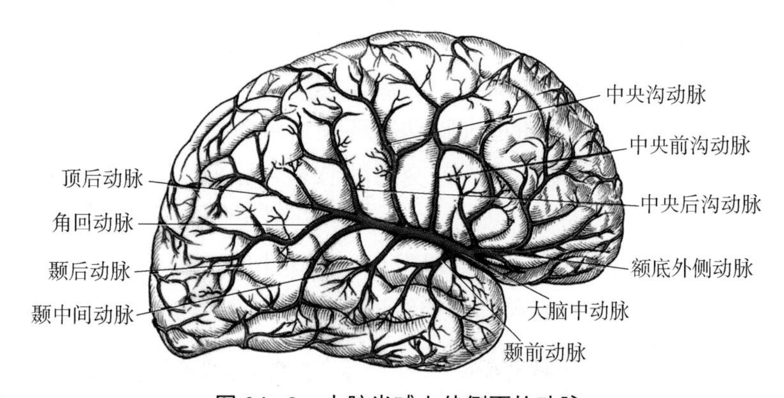

图 24-9　大脑半球上外侧面的动脉

（3）脉络丛前动脉　沿视束下面向后外走行，经大脑脚与海马沟回之间进入侧脑室下脚，终止于脉络丛。脉络丛前动脉发出的分支主要供应外侧膝状体、内囊后肢的后下部、大脑脚底的中 1/3、苍白球等结构。

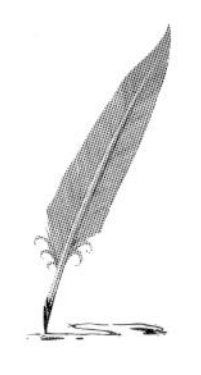

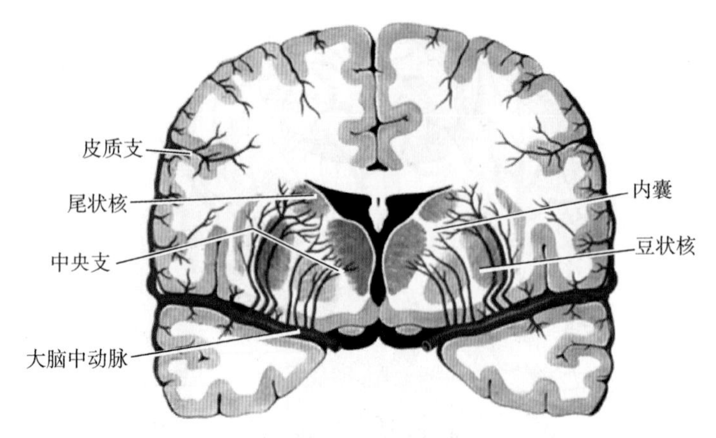

图 24-10　大脑中动脉的皮支与中央支

（4）后交通动脉　在视束下面向后走行，与大脑后动脉吻合，是颈内动脉系与椎-基底动脉系的吻合支。

2. 椎动脉　起自锁骨下动脉，向上穿第 6 至第 1 颈椎横突孔，经枕骨大孔进入颅腔，入颅后，左、右椎动脉逐渐相互靠拢，在脑桥与延髓的交界处，左、右椎动脉合成一条基底动脉，在脑桥的腹侧，基底动脉沿基底沟上行，至脑桥上缘分为左、右大脑后动脉。椎动脉的主要分支有脊髓前、后动脉与小脑下后动脉，后者是椎动脉最大的分支，供应小脑下面后部和延髓后外侧部，由于其行程弯曲，易发生栓塞而出现同侧面部浅感觉障碍，对侧躯体浅感觉障碍和小脑共济失调等。小脑下后动脉还发出脉络丛支，参与组成第四脑室脉络丛。

基底动脉的主要分支如下。

（1）大脑后动脉　是基底动脉的终末支，绕大脑脚向后，沿海马旁回的钩转至颞叶和枕叶的内侧面。皮质支分布于颞叶的内侧面和底面及枕叶，中央支供应背侧丘脑、内侧膝状体、外侧膝状体、下丘脑及底丘脑等。大脑后动脉起始部与小脑上动脉根部之间夹着动眼神经，颅内压升高时海马旁回的钩向小脑幕切迹下方移行，大脑后动脉也向下移位，可牵拉、压迫动眼神经，引起动眼神经麻痹。

（2）大脑动脉环（Willis 环）　位于脑底下方，蝶鞍上方，环绕视交叉、灰结节及乳头体周围。大脑动脉环由两侧大脑前动脉起始部、两侧颈内动脉末端、两侧大脑后动脉借前、后交通支连通而共同组成。此环使两侧颈内动脉系与椎-基底动脉系相交通。正常情况下，大脑动脉环两侧的血液不相混合，而是作为一种代偿的潜在装置，当某处发育不良或被阻断时，可在一定程度上通过大脑动脉环使血液重新分配和代偿，以维持脑的血液供应。异常的动脉环易出现动脉瘤，前交通动脉和大脑前动脉的连接处是动脉瘤的好发部位。

（3）小脑下前动脉　自基底动脉起始段发出，到达小脑下面，供应小脑下面的前部。

（4）迷路动脉　伴随面神经和前庭窝神经进入内耳，供应内耳迷路。

（5）脑桥动脉　供应脑桥基底部。

（6）小脑上动脉：近基底动脉的末端发出，绕大脑脚向后，供应小脑上部。

（二）脑的静脉

脑的静脉是收集大脑血液的静脉和收集脑干与小脑血液的静脉，主要包括大脑外静脉和大脑内静脉等。

考点提示 大脑动脉环由两侧大脑前动脉起始部、两侧颈内动脉末端、两侧大脑后动脉借前、后交通支连通而共同组成。

二、脊髓的血管

1. 动脉　脊髓的动脉来源有两个，即椎动脉和节段性动脉（图 24–11）。椎动脉发出的脊髓前、后动脉在下行的过程中，不断得到节段性动脉分支的增补，以保障脊髓足够的血液供应。脊髓前动脉分为左、右两支，在延髓腹侧部合二为一，沿脊髓前正中裂下行至脊髓末端，脊髓后动脉自椎动脉发出后，绕延髓两侧向后走行，沿脊神经后根两侧下行，直至脊髓末端。脊髓前、后动脉之间借环绕脊髓表面的吻合支互相交通，形成动脉冠，后者再发出分支进入脊髓内部。脊髓前动脉的分支主要分布于脊髓前角、侧角、灰质连合、后角基部、前索和侧索；脊髓后动脉的分支分布于脊髓后角的其余部分、后索和侧索后部。

2. 静脉　脊髓的静脉主要有脊髓前、后静脉，最后注入椎内静脉丛。

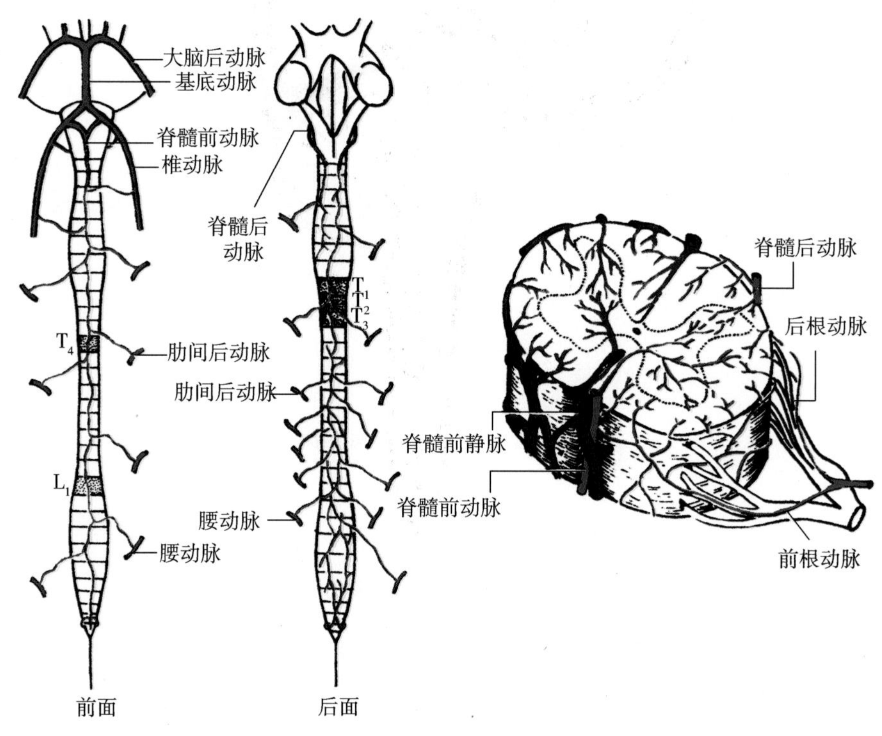

图 24–11　脊髓的动脉

考点提示 脊髓的动脉来自于椎动脉和节段性动脉。

第三节　脑脊液及其循环

1. 脑脊液的产生　脑脊液主要由脑室脉络丛产生，少量由室管膜上皮和毛细胞产生，为无色透明的液体，充满脑室系统、蛛网膜下隙和脊髓中央管内。脑脊液中含有各种不同浓度的无机离子、葡萄糖、微量蛋白和少量淋巴细胞，功能上相当于外周组织的淋巴，对中枢神经系统起到缓冲、保护、运输代谢产物和调节颅内压等作用。正常情况下，脑脊液总量在成人平均约 150ml，它处于不断产生、循环和回流的平衡状态。

2. 脑脊液的循环 由侧脑室脉络丛产生的脑脊液经室间孔流入第三脑室，与第三脑室脉络丛产生的脑脊液一起，经中脑水管流入第四脑室，再与第四脑室脉络丛产生的脑脊液一起经第四脑室正中孔和两个外侧孔流入蛛网膜下隙，因脊髓蛛网膜下隙与脑蛛网膜下隙相通，故脑脊液沿脊髓蛛网膜下隙流向大脑背面，再经蛛网膜粒渗透到硬脑膜窦内，回流至静脉血液中（图 24－12）。若脑脊液的循环通路发生阻塞，可导致脑脊液在脑室内潴留，造成脑积水和颅内压升高，挤压脑组织，造成其移位，甚至形成脑疝而危及生命。有少量的脑脊液可经室管膜上皮、蛛网膜下隙的毛细血管、脑膜的淋巴管和脑、脊神经周围的淋巴管回流。

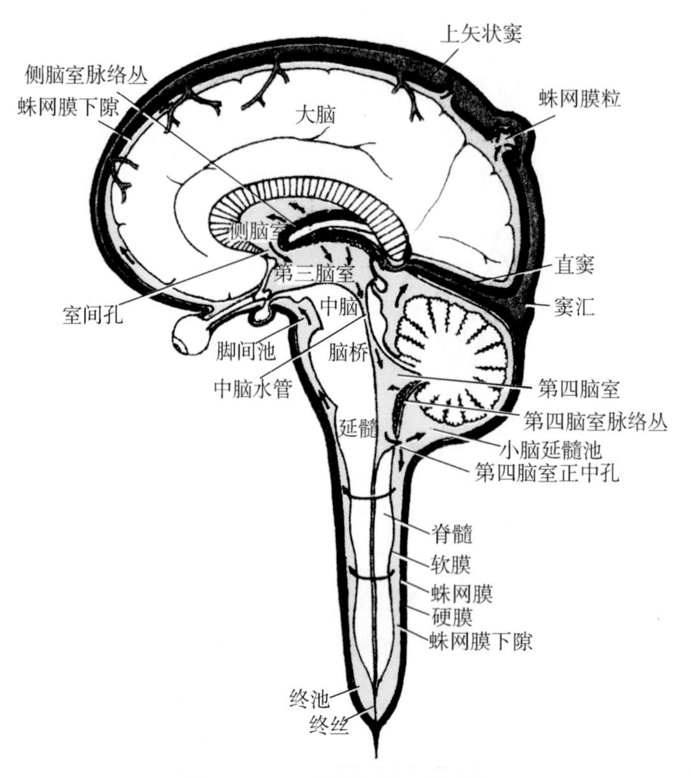

图 24－12 脑脊液循环模式图

考点提示 脑脊液主要由脑室脉络丛产生，有缓冲、保护、运输代谢产物和调节颅内压等作用。

知识链接

脑 积 水

脑积水是因脑脊液循环障碍（脑脊液吸收障碍、分泌过多）导致的脑脊液异常积聚于脑室内或蛛网膜下腔。按年龄分为成人脑积水和儿童脑积水。成人颅内压增高的高压性脑积水主要表现为头痛、恶心、呕吐、视力障碍等症状及视盘水肿和共济失调的体征。婴幼儿脑积水主要表现为头围在出生后数周或数月内出现快速增大，头型变圆，头发稀疏，头皮薄而亮，脑颅大而面颅较小。

本章小结

脑的表面有三层被膜，从外向内依次是硬脑膜、脑蛛网膜和软脑膜。硬脑膜可形成特殊的结构，如大脑镰、小脑幕和硬脑膜窦等，脑蛛网膜位于硬脑膜与软脑膜之间，蛛网膜和软脑膜之间的腔隙，称蛛网膜下隙，其内含有脑脊液，蛛网膜在上矢状窦处形成许多细小的突起，突入上矢状窦内称蛛网膜粒。脊髓的被膜也分为三层，即硬脊膜、脊髓蛛网膜和软脊膜，硬脊膜与椎管骨膜之间的间隙为硬膜外隙，内有椎内静脉丛等通过，硬膜外隙与颅腔不相通。硬脊膜与脊髓蛛网膜之间潜在的间隙为硬膜下隙，脊髓蛛网膜与软脊膜之间的间隙为蛛网膜下隙，内有脑脊液，脊髓的蛛网膜下隙与脑的蛛网膜下隙相通。脑脊液主要由脑室脉络丛产生，充满脑室系统、蛛网膜下隙和脊髓中央管内，经蛛网膜粒渗入上矢状窦，回流入静脉血液中。脑的动脉来自于颈内动脉系和椎–基底动脉系，颈内动脉分支供应大脑半球的前2/3与部分间脑；椎动脉供应大脑半球后1/3及部分间脑、脑干和小脑。脊髓的动脉来自于椎动脉和节段性动脉。

习 题

扫码“练一练”

一、选择题

1. 下列关于脑脊液的描述，正确的是
   A. 位于硬脊膜与蛛网膜之间　B. 主要由脑室的室管膜上皮产生
   C. 经室间孔流入硬脑膜窦　D. 充满于蛛网膜下隙内
   E. 经蛛网膜粒渗入下矢状窦
2. 不参与构成大脑动脉环的是
   A. 大脑前动脉　B. 大脑后动脉　C. 大脑中动脉　D. 后交通动脉
   E. 颈内动脉末端
3. 基底动脉的主要分支包括
   A. 大脑前动脉　B. 大脑后动脉　C. 大脑中动脉　D. 小脑下后动脉
   E. 后交通动脉
4. 脊髓前、后动脉发自
   A. 颈内动脉　B. 基底动脉　C. 大脑前动脉　D. 大脑中动脉
   E. 椎动脉
5. 脊髓的被膜最外层是
   A. 软脊膜　B. 蛛网膜　C. 硬脊膜　D. 硬膜下隙
   E. 硬膜外隙
6. 硬脑膜形成的特殊结构不包括
   A. 大脑镰　B. 小脑幕　C. 小脑镰　D. 鞍隔
   E. 小脑延髓池
7. 硬脑膜窦不包括
   A. 海绵窦　B. 上矢状窦　C. 乙状窦　D. 终池
   E. 横窦

8. 经过海绵窦外侧壁的神经不包括
A. 视神经　B. 动眼神经　C. 滑车神经　D. 眼神经
E. 上颌神经

9. 椎管内终池位于
A. 第一腰椎平面　B. 第二腰椎平面
C. 第一骶椎平面　D. 第二骶椎平面
E. 第三腰椎平面

10. 腰椎穿刺脑脊液流出时，表示穿刺针已到达
A. 硬膜外隙　B. 椎管　C. 蛛网膜下隙　D. 硬膜外隙
E. 软膜下隙

11. 走行于外侧沟的动脉是
A. 大脑前动脉　B. 大脑后动脉　C. 大脑中动脉　D. 前交通动脉
E. 后交通动脉

12. 颈内动脉系与椎–基底动脉系的吻合支是
A. 脑桥动脉　B. 前交通动脉　C. 后交通动脉　D. 大脑中动脉
E. 脉络丛前动脉

13. 下列关于椎动脉的描述，正确的是
A. 起自颈总动脉　B. 发出脊髓动脉
C. 经椎管入颅腔　D. 起自颈内动脉
E. 与椎静脉完全伴行

14. 下列关于海绵窦的叙述，错误的是
A. 位于蝶鞍两侧　B. 左、右海绵窦相交通
C. 向后与基底静脉丛相交通　D. 面部感染可蔓延至此处
E. 血液可直接注入颈内静脉

二、思考题

某老年男性，打麻将时过于激动，突然晕倒，入院就诊，经 CT 检查发现大脑中动脉栓塞。

1. 大脑中动脉的主要分支有哪些？其栓塞后会出现哪些部位的缺血？
2. 大脑中动脉栓塞会出现哪些功能障碍？

（宋海岩）

第二十五章

周围神经系统

学习目标

1. **掌握** 颈丛、臂丛、腰丛、骶丛的组成、位置及主要的分支分布；12对脑神经的名称、性质、连脑部位、出颅部位及分支分布。

2. **熟悉** 脊神经的纤维成分；胸神经前支的节段性分布；交感神经与副交感神经的区别。

3. **了解** 内脏运动神经与躯体运动神经的区别；内脏痛的特点；牵涉痛。

4. 能运用所学知识分析各脑神经与脊神经损伤后的临床表现。

5. 具有在日常活动中保护脑神经和脊神经的意识。

案例讨论

【案例】

患者，男性，46岁。出现进行性的声音嘶哑、吞咽困难、心动过速、头部转动困难等，入院就诊检查发现，在颈静脉孔处有颈静脉瘤。

【讨论】

1. 出入颈静脉孔的血管神经有哪些？

2. 颈静脉孔阻塞会压迫哪些神经？引起哪些症状？

周围神经系统（peripheral nervous system）一端连于中枢神经系统的脑和脊髓，另一端借各种终末装置连于各系统和器官。按连接部位可分为脑神经和脊神经。按照不同分布对象可分为躯体神经和内脏神经，躯体神经分布于体表、骨、关节和骨骼肌；内脏神经分布于内脏器官、心血管、平滑肌和腺体。但是，在脑神经和脊神经中均含有躯体神经和内脏神经，一般把周围神经系统分为脑神经、脊神经和内脏神经，在这三者中都含有感觉和运动成分。感觉成分又称传入神经，是将神经冲动由感受器传向中枢；运动成分又称传出神经，是将神经冲动由中枢传出达效应器。根据形态、功能及药理特点又将内脏传出神经分为交感神经和副交感神经。

在周围神经系统中，神经元的胞体聚集的部位称为神经节。按分布部位来分，神经节分为脑神经节、脊神经节和内脏运动神经节，前两者为感觉性神经节。脑神经节连于脑神经上，节内的神经元多为假单极神经元或双极神经元，双极神经元有中枢突和周围突；脊神经节连于脊神经后根上，节内的神经元为假单极神经元。神经元的中枢突进入脑和脊髓内，周围突随脑神经和脊神经分布于感受器。神经元的长突起和包在其外的神经胶质细胞

构成神经纤维，神经纤维聚集在一起构成神经。

扫码“学一学”

第一节 脊神经

一、概述

脊神经（spinal nerves）是与脊髓相连的周围神经，共 31 对，包括 8 对颈神经、12 对胸神经、5 对腰神经、5 对骶神经和 1 对尾神经。与每对脊神经相连的脊髓称为一个脊髓节段，故脊神经对应有 31 个脊髓节段。

（一）脊神经的构成、毗邻和纤维成分

1. 脊神经的构成 每对脊神经都是由连于脊髓前外侧沟的前根和连于脊髓后外侧沟的后根在椎间孔处汇合而成。前根和后根均由许多根丝构成，前根为运动性，后根为感觉性，故脊神经为混合性神经。脊神经后根在近椎间孔处有椭圆形的膨大，称为脊神经节，内含假单极神经元，其中枢突构成脊神经后根（图 25-1）。在 31 对脊神经中，第 1 颈神经干经枕骨和寰椎之间穿出椎管，第 2～7 颈神经干均经同序数椎骨上方的椎间孔穿出，第 8 颈神经干经第 7 颈椎下方的椎间孔穿出，12 对胸神经干和 5 对腰神经干均经同序数椎骨下方的椎间孔穿出，第 1～4 骶神经经同序数的骶前孔和骶后孔穿出，第 5 骶神经和尾神经经骶管裂孔穿出。由于椎管比脊髓长，故脊神经前根、后根在椎管内走行的方向和长度也各不相同，其中腰骶神经根较长，近似垂直下行，构成马尾。

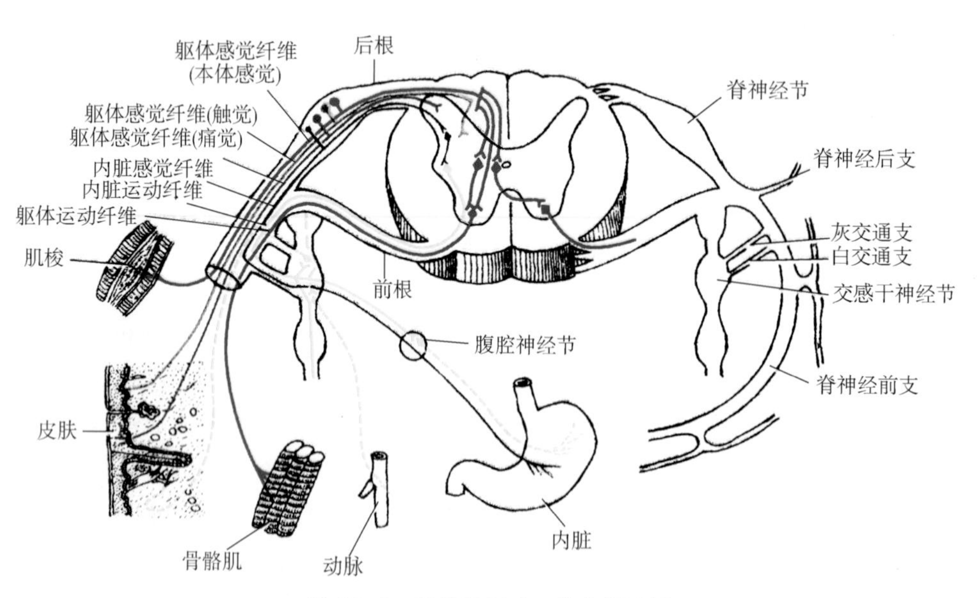

图 25-1 脊神经组成、分布示意图

2. 脊神经的毗邻结构 在椎间孔处，脊神经的前方为椎体与椎间盘，后方为关节突关节和黄韧带，上方为上位椎弓的椎下切迹，下方为下位椎弓的椎上切迹，故脊柱的病变如椎间盘脱出、椎骨骨折、骨质增生、韧带增生都可能会累及脊神经，出现感觉和运动障碍。伴脊神经穿经椎间孔的还有脊髓的动、静脉及脊神经的脊膜支。

3. 脊神经的纤维成分 主要有四种。①躯体感觉纤维：脊神经节内假单极神经元的中

枢突进入脊髓，周围突分布于皮肤、骨骼肌、肌腱和关节，将皮肤的浅感觉（痛、温、触觉）和肌、肌腱、关节的深感觉（位置觉与运动觉等）冲动传入中枢。②躯体运动纤维：来自脊髓前角运动神经元，分布于骨骼肌，支配其运动。③内脏感觉纤维：脊神经节内假单极神经元的中枢突进入脊髓，周围突分布于内脏、心血管和腺体，将这些器官的感觉冲动传入中枢。④内脏运动纤维：来自胸腰段脊髓侧角或骶副交感核，分布于内脏、心血管和腺体，支配心肌、平滑肌的运动，控制腺体的分泌（图 25－1）。

4. 脊神经的典型分支 脊神经干很短，出椎间孔后立即分为四支（图 25－2）。①前支：粗大，为混合性，分布于躯干前外侧和四肢的肌肉与皮肤，除胸神经前支保持节段性走行和分布外，其余各部脊神经前支分别交织成丛，即形成颈丛、臂丛、腰丛和骶丛四个脊神经丛，再由各丛发出分支分布于相应区域。②后支：较细，为混合性，经相邻椎骨横突之间或骶后孔向后走行，支配脊柱附近的皮肤和肌肉。③脊膜支：从椎间孔穿出后，接受来自邻近灰交通支或来自胸交感神经节的分支后，再经椎间孔返回入椎管，分布于脊髓被膜、血管壁、骨膜、韧带及椎间盘等处。④交通支：为连接于脊神经与交感干之间的细支。分为白交通支和灰交通支，发自脊神经至交感干的为白交通支，发自交感干至脊神经的为灰交通支。

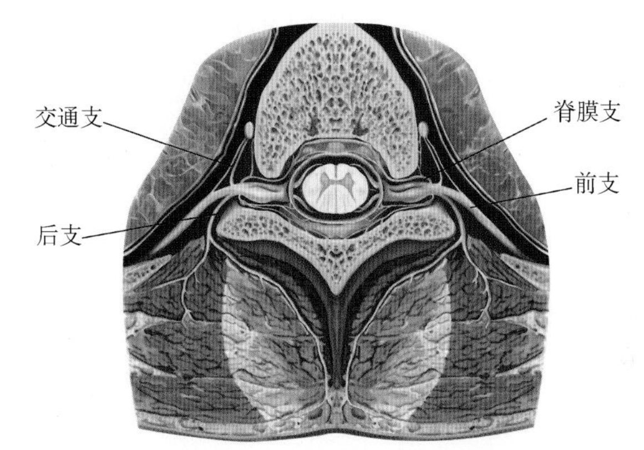

图 25－2 脊神经分支示意图

5. 脊神经走行分布规律 ①较大的神经干多与血管伴行，构成血管神经束，行于结缔组织鞘内，多在关节的屈侧走行。②较大的神经一般分为皮支、肌支和关节支。皮支多穿经深筋膜浅出至皮下，可与浅静脉伴行，可传导躯体感觉，支配血管平滑肌、竖毛肌及汗腺。肌支多伴血管入肌，传导肌的感觉，支配肌的运动。关节支分布于关节，主要传导关节的感觉。③某些大神经可不与血管伴行，如坐骨神经，这是由于随着胚胎的发育，血管发生了退化。④分布有一定的节段性和重叠性。

二、颈丛

（一）颈丛的组成与位置

颈丛（cervical plexus）由第 1～4 颈神经前支交织而成，位于胸锁乳突肌上部的深面，中斜角肌和肩胛提肌起端的前方。

（二）颈丛的分支

颈丛的分支主要包括皮支和肌支，肌支分布于深层肌肉，皮支行走表浅，于胸锁乳突肌后缘中点附近浅出，随后向各个方向散为数支（图 25－3），因此，胸锁乳突肌后缘中点为颈部浅层结构浸润麻醉的一个阻滞点。颈丛的主要分支有：①枕小神经，沿胸锁乳突肌后缘上行，分布于枕部及耳郭背面上部的皮肤。②耳大神经，沿胸锁乳突肌表面向耳垂方向上行，分布于耳郭及附近皮肤。③颈横神经，从胸锁乳突肌后缘中点发出后，横过胸锁乳突肌表面向前行，分布于颈部的皮肤，此神经可与面神经相交通。④锁骨上神经，有 2～4 支向下、外方辐射状分布，分布于颈侧区、胸壁上部和肩部的皮肤。⑤膈神经，是颈丛中最重要的分支，也是颈丛走行最长的分支。膈神经的运动纤维支配膈肌的运动，感觉纤维

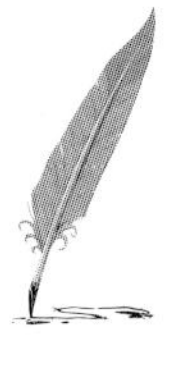

分布于胸膜和心包及膈下面的部分腹膜。

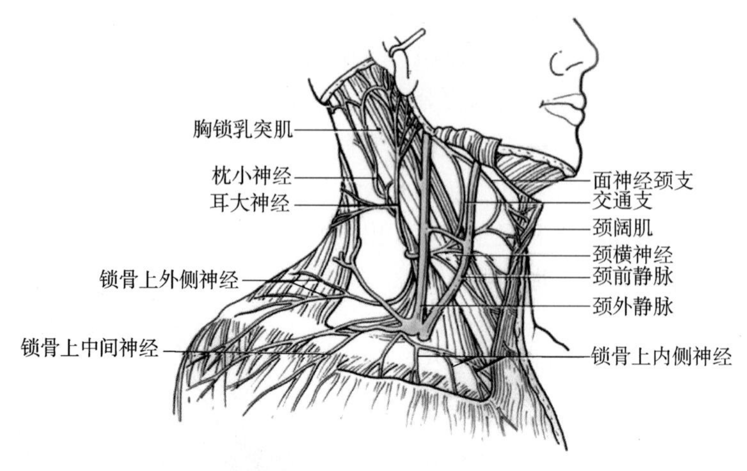

图 25-3　颈丛皮支的分布

膈神经受刺激可产生呃逆。临床上一侧膈神经损伤后表现为同侧半膈肌瘫痪，腹式呼吸减弱或消失，严重者可窒息。

颈丛与副神经、迷走神经和交感神经之间存在交通支，其中最重要的是颈丛与舌下神经之间的交通。

考点提示　颈丛皮支于胸锁乳突肌后缘中点附近浅出，随后再向各个方向散为数支，包括枕小神经、耳大神经、颈横神经和锁骨上神经。

三、臂丛

（一）臂丛的组成和位置

臂丛由第 5～8 颈神经前支和第 1 胸神经前支的大部分纤维组成，臂丛从斜角肌间隙穿出后位于锁骨下动脉的后上方，然后经锁骨的后方进入腋窝，臂丛的 5 支来源反复分支组合形成上、中、下 3 干，前、后 2 股，最后形成 3 个束，即内侧束、外侧束和后束，分别从内侧、后方、外侧三个方向包绕腋动脉中段（图 25-4）。臂丛的分支分布于颈深肌、背浅肌（斜方肌除外）、部分胸上肢肌及上肢带肌、肩部、胸部、臂部、前臂部和手部的肌肉、关节、皮肤。臂丛在锁骨中点的后方比较集中易于触摸，临床上常在此行臂丛阻滞麻醉。

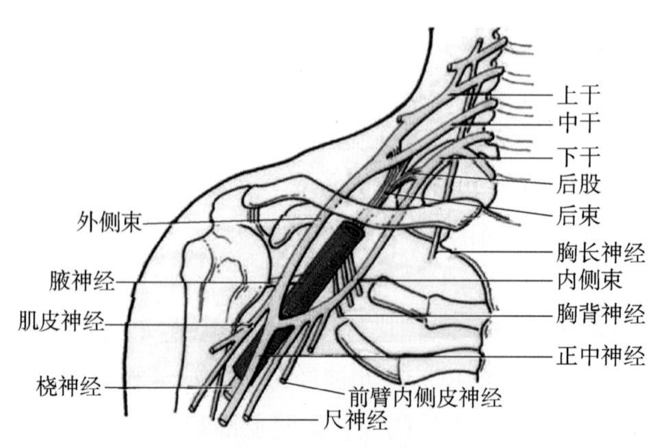

图 25-4　臂丛的组成

（二）臂丛的分支

臂丛的分支可根据其发出的位置分为锁骨上部分支和锁骨下部分支。

1. 锁骨上部分支　多为短肌支，其主要分支如下。

（1）胸长神经　自神经根发出，沿胸侧壁前锯肌表面伴随胸外侧动脉下行，分布于前锯肌和乳房。若胸长神经损伤可引起前锯肌瘫痪，使肩胛骨脊柱缘翘起，形成“翼状肩”。

（2）肩胛背神经　自神经根发出，穿中斜角肌向后越过肩胛提肌，伴肩胛背动脉，分布于菱形肌和肩胛提肌。

（3）肩胛上神经　自臂丛的上干发出，经肩胛上切迹进入冈上窝，伴肩胛上动脉转入冈下窝，分布于冈上肌、冈下肌和肩关节。若在肩胛上切迹处该神经受损，表现为冈上肌、冈下肌无力及肩关节疼痛等。

2. 锁骨下部分支

（1）肩胛下神经　起自臂丛的后束，分上、下两支分布于肩胛下肌和大圆肌。

（2）胸内侧神经　起自臂丛的内侧束，与胸外侧神经一支联合，分布于胸小肌和胸大肌。

（3）胸外侧神经　起自臂丛的外侧束分布于胸大肌和胸小肌。

（4）胸背神经　起自臂丛的后束，伴肩胛下血管分布于背阔肌。

（5）正中神经　发自臂丛内侧束与外侧束（图 25-5），在臂部沿肱二头肌内侧沟下行至肘窝，向下穿旋前圆肌及指浅屈肌腱弓，后行于前臂的正中，在指浅、深屈肌间达腕部，穿过腕管达手掌。正中神经在臂部无分支，在肘部及前臂发出许多分支，支配除肱桡肌、尺侧腕屈肌、指深屈肌尺侧半以外的所有前臂屈肌和旋前肌及附近关节。另外在屈肌支持带下方，正中神经外侧缘发出一返支进入鱼际，支配鱼际肌（拇收肌除外）。在手掌区，分布于第 1、2 蚓状肌及鱼际肌（拇收肌除外），掌心、桡侧三个半指的掌面及其中节、远节指背的皮肤（图 25-6）。正中神经损伤易发生于臂部和腕部，臂部正中神经受压后，其所支配的肌无力，手掌感觉受损；在腕部，正中神经受压形成腕管综合征，表现为鱼际肌萎缩、手掌平坦，称“猿手”（图 25-7），同时，拇指、示指和中指掌面感觉障碍。

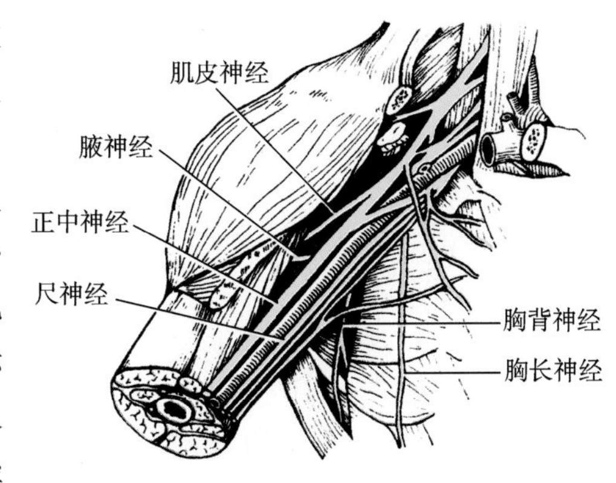

图 25-5　臂丛及其分支

（6）尺神经　自臂丛内侧束发出后，沿肱二头肌内侧沟下行至尺神经沟，伴尺动脉进入手掌（图 25-6）。尺神经在臂部无分支，在前臂发出分支支配尺侧腕屈肌和指深屈肌尺侧半，在桡腕关节上方发出手背支，分布于手背尺侧半和小指、环指及中指尺侧半背面的皮肤，在手掌，尺神经的浅支分布于小鱼际、小指和环指尺侧半掌面皮肤，传导上述部位的感觉，深支分布于小鱼际肌、拇收肌、骨间掌侧肌、骨间背侧肌及第 3、4 蚓状肌，支配这些肌肉的运动。尺神经易受损部位在肘部肱骨内上髁后方、尺侧腕屈肌两起点之间或豌豆骨外侧。前两部位尺神经受损的表现为屈腕无力，环指和小指远节指关节不能屈曲，小鱼际萎缩，拇指不能内收，骨间肌萎缩，各指不能靠拢，各掌指关节过伸，形成“爪形手”（图 25-7）。手掌、手背内侧缘皮肤感觉丧失。若在豌豆骨外侧尺神经受损，主要表现为骨间肌运动障碍。

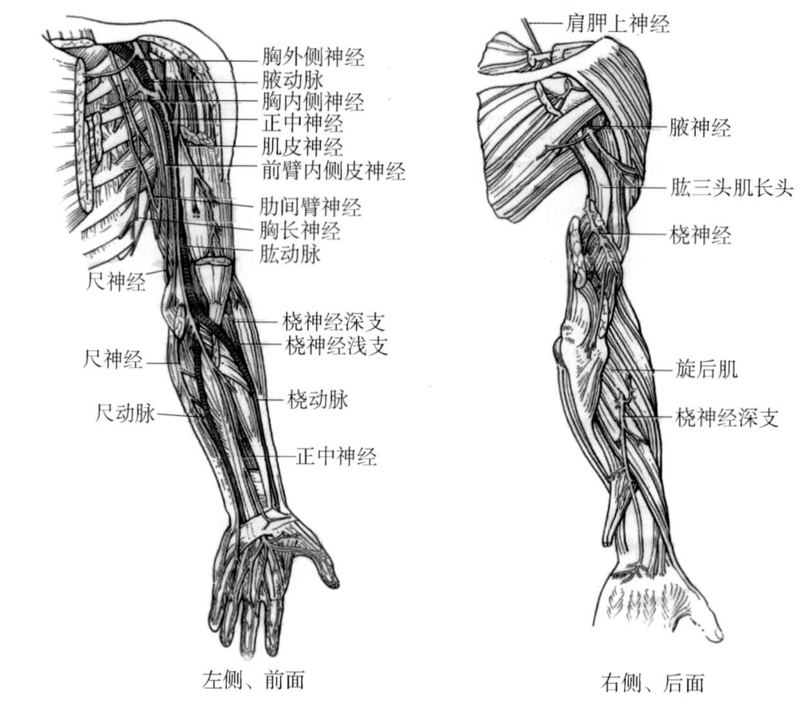

图 25–6　上肢的神经

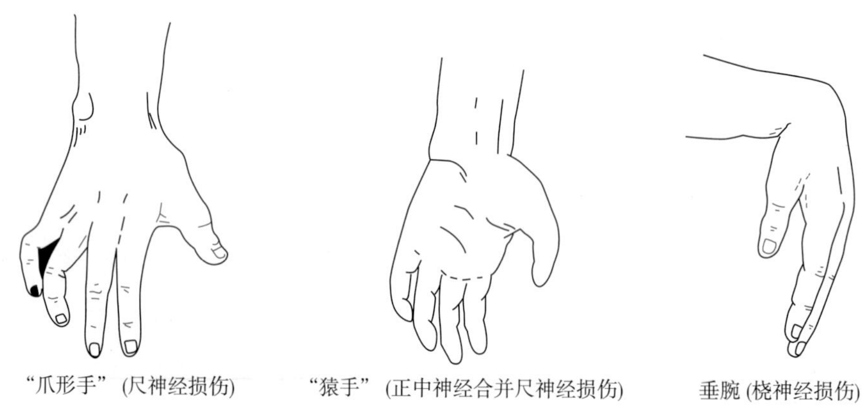

图 25–7　尺神经、桡神经、正中神经损伤时的手形

（7）桡神经　自臂丛后束发出，走行于腋动脉的后方，伴肱深动脉下行，沿桡神经沟向下外走行（图 25–6），在肱骨外上髁上方穿外侧肌间隔至肱肌与肱桡肌之间，继续下行于肱肌与桡侧腕长伸肌间。桡神经在肱骨外上髁前方分为浅支与深支。桡神经沿途发出分支分布于臂和前臂背侧的肌群和皮肤，在臂部的分支有皮支、肌支和肘关节支，皮支为臂后皮神经、臂外侧皮神经与前臂后皮神经，分布于臂后区皮肤、臂下外侧部皮肤及前臂后面皮肤；肌支支配肱三头肌、肘肌、肱桡肌和桡侧腕长伸肌；关节支分布于肘关节。桡神经终支有桡神经浅支与桡神经深支。桡神经浅支在前臂中下部转至手背，分出 4～5 支指背神经，分布于手背桡侧半和桡侧两个半手指近节背面的皮肤和关节；桡神经深支在前臂浅、深伸肌之间下行，沿前臂骨间膜后面下行至腕关节背面，沿途分支分布于前臂伸肌、尺桡远侧关节、腕关节和掌骨间关节。肱骨中段处骨折易伤及经过桡神经沟的桡神经，表现为前臂伸肌瘫痪，前臂不能抬起，呈“垂腕”状（图 25–7），同时第 1、2 掌骨间背面皮肤感觉障碍；若桡骨颈骨折伤及桡神经深支，主要表现为伸腕力弱、不能伸指。

（8）腋神经　自臂丛后束发出后，穿腋窝后壁的四边孔（图 25–6），绕肱骨外科颈至三角肌深面，分布于三角肌与小圆肌；部分纤维形成臂外侧上皮神经，分布于肩部、臂外侧区上部的皮肤。肱骨外科颈骨折、肩关节脱位等均可损伤腋神经，损伤后表现为三角肌瘫痪，臂不能外展，肩部、臂外侧上部的皮肤感觉障碍，由于三角肌瘫痪，肩部失去圆隆外观，呈“方肩”状。

（9）肌皮神经　发自臂丛外侧束，穿喙肱肌，沿肱二头肌与肱肌间下行，沿途发出肌支支配喙肱肌、肱肌和肱二头肌；皮支为前臂外侧皮神经，分布于前臂外侧部的皮肤。

（10）臂内侧皮神经及前臂内侧皮神经　臂内侧皮神经自臂丛内侧束发出，行于腋静脉的内侧，后沿贵要静脉内侧下行至臂中部浅出，分布于臂前面及臂内侧的皮肤；前臂内侧皮神经自臂丛内侧束发出，于腋动脉与腋静脉之间下行，后沿肱动脉内侧下行至臂中部浅出并与贵要静脉伴行，分两支分布于前臂内侧区前面与后面的皮肤。

考点提示　臂丛的主要分支有胸长神经、肩胛下神经、胸背神经、尺神经、桡神经、正中神经、腋神经和肌皮神经等。

四、胸神经前支

（一）组成和分布位置

胸神经前支共 12 对，其中 1～11 对为肋间神经，位于相应的肋间隙内肌和最内肌（图 25－8）；第 12 对为肋下神经，位于第 12 肋下方。肋间神经沿肋沟走行，在肋间内肌和最内肌之间，肋间血管的下方，至腋前线附近离开肋骨下缘。上 6 对肋间神经的肌支分布于肋间肌、胸横肌等，皮支分布于胸侧壁、肩胛区、胸前壁皮肤与胸膜壁层。其中，第 4～6 肋间神经的外侧皮支和第 2～4 肋间神经的前皮支分布于乳房。第 2 肋间神经的外侧皮支与臂内侧皮神经交通，分布于臂上部内侧面的皮肤。第 7～11 肋间神经及肋下神经沿肋间隙向前下行于腹内斜肌和腹横肌之间，继而经腹直肌外缘进入腹直肌鞘，达到腹直肌，下 5 对肋间神经发出的肌支分布于肋间肌及腹前外侧肌群，皮支也分为外侧皮支和前皮支，分布于胸腹部皮肤、壁胸膜和壁腹膜。

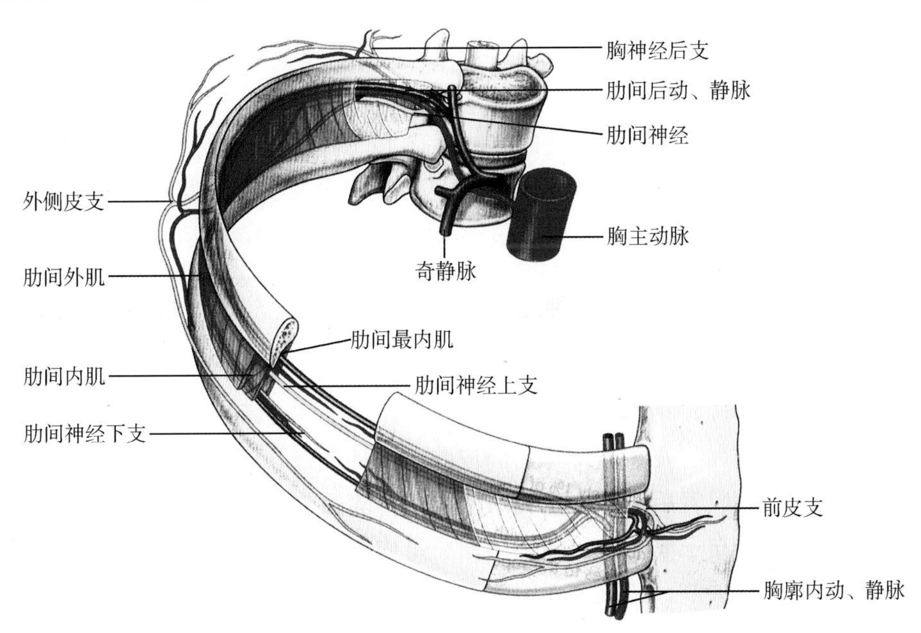

图 25－8　肋间神经走行及分支

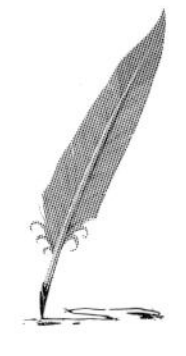

（二）胸神经前支的走行

在胸、腹壁皮肤呈节段性分布，由上向下依次排列，即 T_2 分布区相当于胸骨角平面，T_4 相当于乳头平面，T_6 相当于剑突平面，T_8 相当于肋弓平面，T_{10} 相当于脐平面，T_{12} 相当于脐与耻骨联合连线中点平面（图 25-9）。临床上常以节段性分布区的感觉障碍来推断损伤平面的位置。

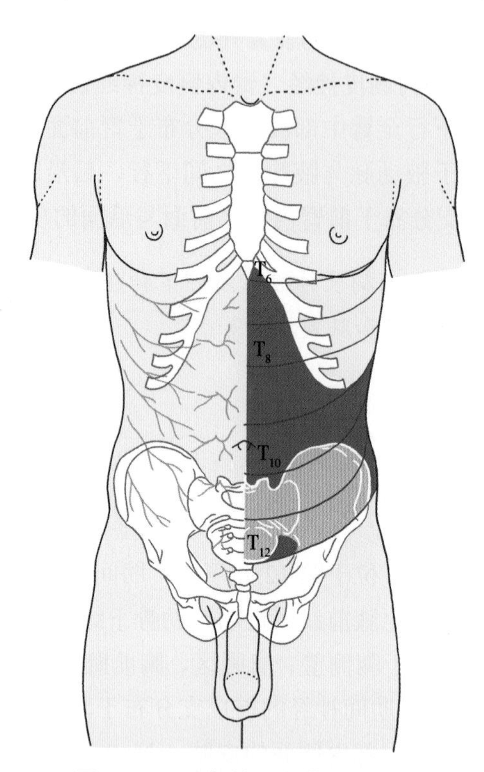

图 25-9　肋间神经的节段性分布

考点提示　胸神经前支在胸、腹壁皮肤呈节段性分布，由上向下依次排列。

五、腰丛

（一）腰丛的组成和位置

腰丛位于腰大肌的深面，腰椎横突前方，由第 12 胸神经前支的一部分、第 1～3 腰神经的前支与第 4 腰神经前支的一部分组成。腰丛除发出分支支配髂腰肌和腰方肌外，还发出分支分布于大腿的前部与内侧部，以及腹股沟区（图 25-10）。

（二）腰丛的分支

1. 股神经　是腰丛最大的分支，自腰大肌外缘穿出，在腰大肌与髂肌间下行，在腹股沟韧带中点稍外侧，经腹股沟韧带深面、股动脉外侧进入三角区，随即分出数支肌支和皮支（图 25-10，图 25-11），肌支支配髂肌、耻骨肌、股四头肌和缝匠肌；皮支为股内侧、股中间皮神经，分布于大腿及膝关节前面的皮肤。股神经最长的皮支为隐神经，在股部，隐神经伴股动脉穿经收肌管后下行至膝关节的内侧，随后伴大隐静脉沿小腿内侧面下行至足内侧缘，沿途分支分布于髌下及小腿内侧面、足内侧缘的皮肤。股神经损伤后表现为屈髋障碍，坐时不能伸膝关节，膝跳反射消失，行走困难，大腿前面、小腿内侧面和足内侧缘皮肤感觉障碍。

2. 闭孔神经 自腰大肌内侧缘穿出后，紧贴小骨盆内侧壁下行，伴随闭孔血管穿闭膜管出小骨盆，分前、后两支。闭孔神经发出肌支支配闭孔外肌、长收肌、短收肌、大收肌、股薄肌及耻骨肌，皮支分布于大腿内侧面皮肤（图 25-11）。闭孔神经也发出细支分布于髋、膝关节。

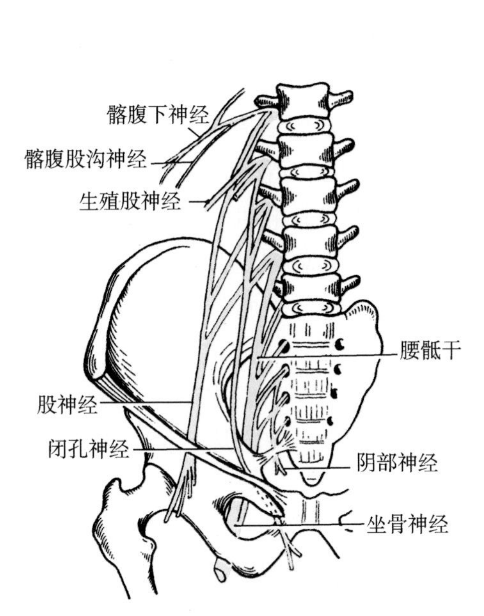

图 25-10 腰丛的组成及分支（前面）

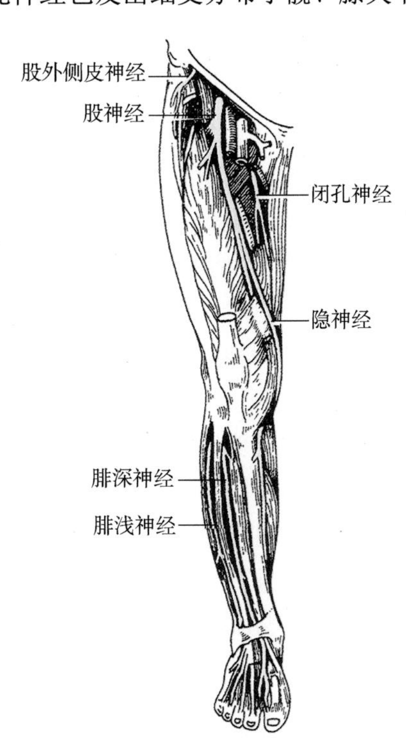

图 25-11 下肢的神经（前面）

3. 生殖股神经 自腰大肌前面穿出，在其前面下行，经输尿管后方前行，在腹股沟韧带上方分为生殖支与股支。生殖支进入腹股沟管，在男性支配提睾肌和阴囊，在女性分布于大阴唇；股支穿股鞘与阔筋膜后分布于股三角区域的皮肤。

4. 髂腹下神经 自腰大肌外侧缘穿出，在肾后面与腰方肌前面之间下行，于腹横肌与腹内斜肌及腹内斜肌与腹外斜肌之间走行，在腹股沟管浅环上 3cm 处穿腹外斜肌腱膜达皮下。肌支分布腹横肌与腹内斜肌、腹外斜肌，皮支分布于臀外侧区、腹股沟区及下腹部的皮肤。

5. 髂腹股沟神经 自髂腹下神经下方出腰大肌外侧缘，跨腰方肌和髂肌上部，穿腹横肌后在腹横肌与腹内斜肌之间走行，自腹股沟管浅环穿出。其肌支分布于腹壁诸肌，皮支分布于腹股沟部、阴囊或大阴唇皮肤。

6. 股外侧皮神经 自腰大肌外侧缘穿出，向前外侧走行，达髂前上棘内侧，经腹股沟韧带深面达股部，在髂前上棘下方 5～6cm 处穿出深筋膜，分布大腿前外侧部的皮肤（图 25-11）。

考点提示 腰丛的主要分支有股神经、闭孔神经和生殖股神经等。

六、骶丛

（一）骶丛的组成和位置

骶丛是全身最大的脊神经丛，位于盆腔内，骶骨和梨状肌的前面、髂血管的后方，由

第 4 腰神经前支余部和第 5 腰神经前支合成的腰骶干及全部的骶神经和尾神经前支组成。左侧骶丛前方有乙状结肠，右侧骶丛前方有回肠袢。

（二）骶丛的分支

骶丛的分支主要分布于盆壁、会阴、臀部、股后部、小腿和足等处的肌肉和皮肤，及梨状肌、闭孔内肌与腰方肌等。其主要分支如下。

1. 坐骨神经 经梨状肌下孔出盆腔，在臀大肌的深面（图 25－12），经坐骨结节与股骨大转子连线的中点下行于股二头肌的深面，至腘窝上方分为胫神经和腓总神经二终支。坐骨神经是全身最粗大、最长的神经。在股后区，坐骨神经干发出肌支分布于大腿后群肌及髋关节。胫神经为坐骨神经本干的直接延续（图 25－13），沿股后区中线下行至腘窝，在小腿部，穿比目鱼肌深面后伴胫后血管继续下行，经内踝后方穿踝管至足底，分为足底内侧神经和足底外侧神经。胫神经的分支分布：肌支分布于小腿后群肌和足底肌，皮支分布于小腿后面的皮肤、足底的皮肤及足背与小趾外侧缘皮肤。腓总神经在腘窝近侧部自坐骨神经发出，沿股二头肌肌腱内侧向外下走行，绕腓骨颈向前，分为腓浅神经和腓深神经，前者在腓骨长、短肌与趾长伸肌之间下行，肌支分布于腓骨长、短肌，皮支在小腿中下部浅出，分布于小腿外侧、足背和第 2～5 趾背的皮肤；后者随胫前血管先下行于胫骨前肌与趾长伸肌之间，继而下行于胫骨前肌与䠴长伸肌之间，经踝关节前方达足背，肌支分布于小腿前群肌、足背肌，皮支分布于第 1、2 趾相对缘的皮肤。

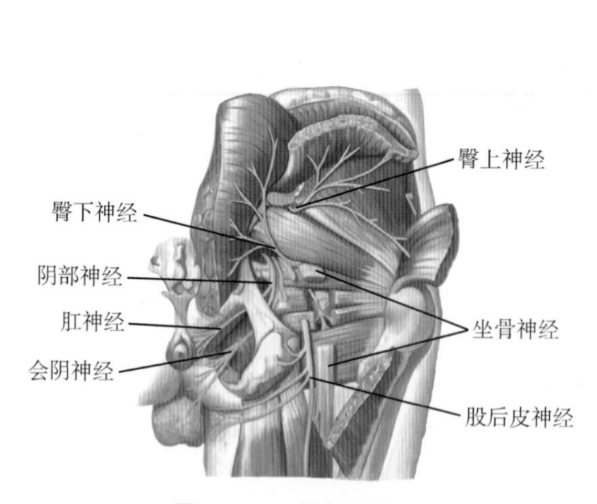

图 25－12 臀部的神经

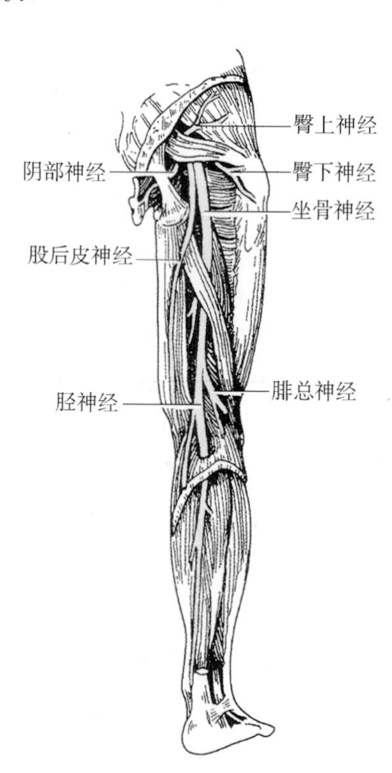

图 25－13 下肢的神经（后面）

坐骨神经及胫神经、腓总神经损伤表现：自坐骨结节和大转子之间的中点向下至股骨内、外侧髁之间中点连线的上 2/3 段，为坐骨神经的体表投影，坐骨神经痛时，在此投影上出现压痛。当坐骨神经从梨状肌之间穿出时，由于受梨状肌收缩的压迫，坐骨神经干血供受损影响其功能，出现“梨状肌综合征”。胫神经损伤后表现为小腿后群肌无力，足不能跖屈，足尖不能站立，足底不能内翻，皮肤感觉障碍。由于小腿外侧群肌过度牵拉，使足背

屈，外翻，呈“钩状足”畸形。腓总神经损伤后表现为足不能背屈、趾不能伸，足下垂且内翻，呈“马蹄”内翻足畸形（图 25-14），且小腿前外侧及足背感觉障碍。

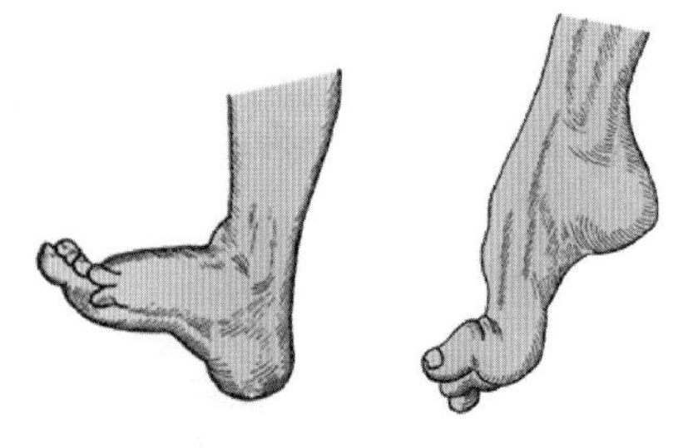

图 25-14　胫神经、腓总神经损伤时的足形

2. 阴部神经　自梨状肌下孔穿出，伴阴部内血管，绕坐骨棘经坐骨小孔入坐骨直肠窝后继续前行，分布于会阴部和外生殖器、肛门的肌肉和皮肤。分支：肛神经分布于肛门外括约肌与肛门部皮肤；会阴神经分布于会阴诸肌和阴囊或大阴唇皮肤；阴茎（阴蒂）神经分布于阴茎（阴蒂）海绵体及皮肤。

3. 股后皮神经　自梨状肌下孔出骨盆，位于臀大肌深面沿其下缘浅出，分支分布于臀区、股后区和腘窝的皮肤。

4. 臀上神经　自梨状肌上孔伴臀上血管出骨盆，行于臀中、小肌之间，支配臀中、小肌及阔筋膜张肌。

5. 臀下神经　自梨状肌下孔伴臀下血管出骨盆，行于臀大肌深面，支配臀大肌。

考点提示　骶丛的主要分支有坐骨神经、阴部神经、股后皮神经、臀上神经和臀下神经。

知识链接

脊神经损伤

脊神经受损的常见原因主要有挤压伤、牵拉伤及摩擦伤。挤压伤多见于椎间盘脱出、骨质增生等，椎管变窄压迫脊神经，出现功能障碍；牵拉伤多见于交通事故，牵引肢体引起的神经撕裂伤，出现感觉与运动障碍；摩擦伤主要是神经绕过骨突、神经沟的部位可引起慢性摩擦伤。主要临床表现为损伤神经所支配的范围出现放射性麻木、疼痛、肌力减退、感觉与运动障碍等。

第二节　脑神经

扫码“学一学”

脑神经（cranial nerves）是与脑相连的周围神经，共 12 对，其排列顺序一般用罗马数字表示（Ⅰ～Ⅻ）（图 25-15）。脑神经的纤维成分较为复杂，含有 7 种纤维成分，即一般躯体感觉纤维（分布于皮肤、肌、肌腱和口、鼻大部分黏膜）、一般躯体运动纤维（分布于眼球外肌、舌肌等）、一般内脏感觉纤维（分布于头、颈、胸、腹的脏器）、一般内脏运动纤维（分布于平滑肌、心肌和腺体）、特殊躯体感觉纤维（分布于视器和前庭蜗器）、特殊内脏感觉纤维（分布于味蕾和嗅器）及特殊内脏运动纤维（分布于咀嚼肌、面肌和咽喉肌等）。

与脊神经不同，脑神经并不都是混合性神经，分为感觉性神经、运动性神经和混合性

神经。其中嗅神经、视神经和前庭窝神经是感觉性神经，只含有感觉纤维；动眼神经、滑车神经、副神经和舌下神经为运动性神经，只含有运动纤维；三叉神经、面神经、舌咽神经和迷走神经为混合性神经，既含有感觉纤维，又含运动纤维。

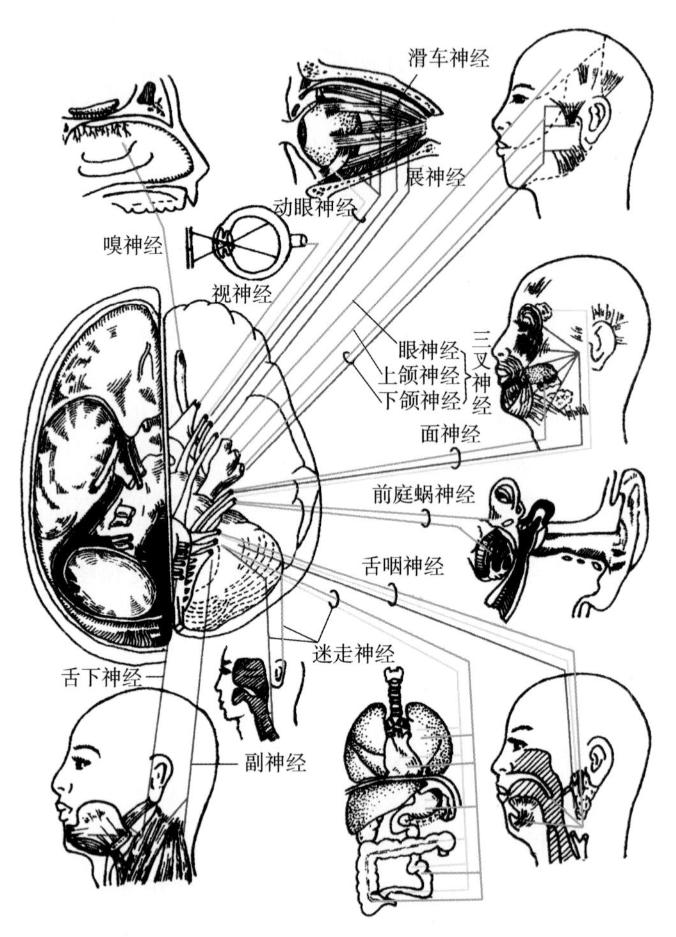

图 25-15　脑神经概况

考点提示 12 对脑神经包括嗅神经、视神经、动眼神经、滑车神经、三叉神经、展神经、面神经、前庭蜗神经、舌咽神经、迷走神经、副神经和舌下神经。

一、嗅神经

嗅神经为感觉性神经，由特殊内脏感觉纤维组成，由嗅细胞的中枢突聚集而成，包括 20 多条嗅丝。嗅神经穿筛板上的筛孔入颅，进入嗅球，传导嗅觉（图 25-16）。由于筛板位于颅前窝，当颅前窝骨折累及筛板时，可撕脱嗅丝和颅底的脑膜，造成嗅觉障碍，脑脊液也可流入鼻腔，形成鼻漏。

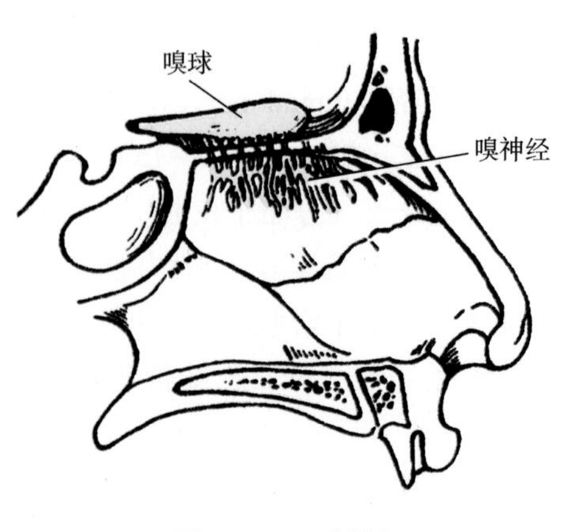

图 25-16　嗅神经

二、视神经

视神经为感觉性神经，由特殊躯体感觉纤维组成，由视网膜节细胞的轴突在视神经盘处聚集后穿

巩膜筛板而构成，传导视觉。视神经穿经视神经管入颅，连于视交叉，经视束连于间脑。视神经外面包绕的 3 层被膜由脑膜延续而来，故颅内压升高时，常出现视神经盘水肿。

三、动眼神经

（一）行程及分布

动眼神经为运动性神经，含有两种纤维成分，即一般躯体运动纤维和一般内脏运动纤维，动眼神经自大脑脚间窝出脑，穿海绵窦外侧壁，经眶上裂入眶，分支分布于除上斜肌和外直肌以外的眼外肌及上睑提肌。动眼神经中的内脏运动纤维（副交感纤维）在视神经与外直肌之间的睫状神经节交换神经元后，分布于睫状肌和瞳孔括约肌，参与调节反射和瞳孔对光反射（图 25－17）。

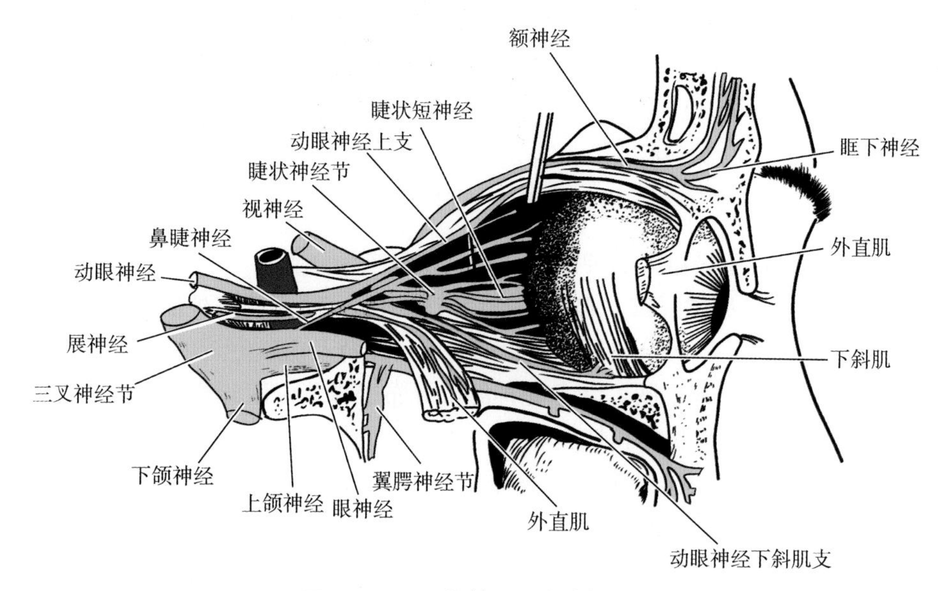

图 25－17　眼的神经（右外侧观）

（二）受损后表现

动眼神经受损后，它所支配的眼外肌全部瘫痪，出现上睑下垂、瞳孔斜向外下方、瞳孔开大及对光反射消失等症状。

四、滑车神经

滑车神经（trochlear nerve）为运动性神经，起自中脑的滑车神经核，自中脑背侧下丘的下方出脑，绕大脑脚外侧前行，穿海绵窦外侧壁，经眶上裂入眶支配上斜肌，滑车神经是脑神经中唯一从脑干背侧面发出的神经，也是最细的神经。

五、三叉神经

（一）行程及分布

三叉神经为混合性神经，含有两种纤维成分，即一般躯体感觉纤维和特殊内脏运动纤维，后者起自脑桥的三叉神经运动核，组成三叉神经运动根，进入三叉神经的第 3 支下颌神经中，经卵圆孔出颅，分支分布于咀嚼肌等。三叉神经内的躯体感觉纤维的胞体位于三叉神经节内，传导痛温觉的纤维终止于三叉神经脊束核，传导触觉的纤维终止于三叉神经

脑桥核（图 25－18）。

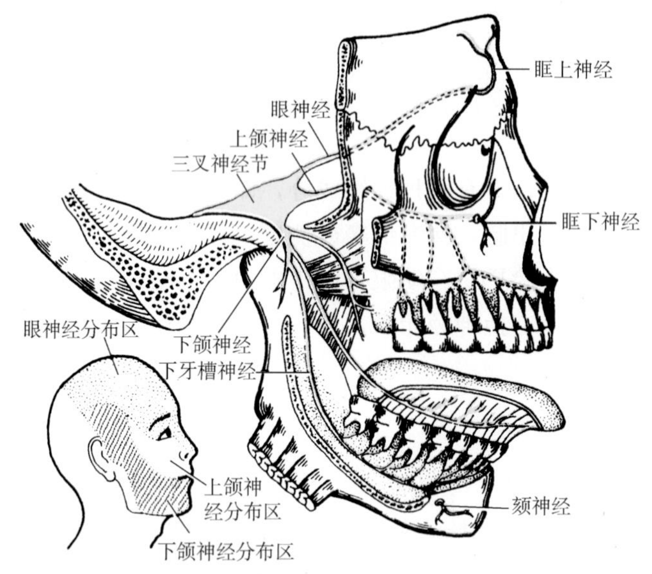

图 25－18　三叉神经的分布

三叉神经为脑神经中最粗大的神经，主要有以下三大分支。

1. 眼神经　含躯体感觉纤维，自三叉神经节发出后，穿海绵窦外侧壁，经眶上裂入眶后分为数支：①额神经，分布于额顶、上睑部皮肤、鼻背及内眦附近的皮肤。②泪腺神经，分布于泪腺、上睑和外眦部皮肤。③鼻睫神经，分布于鼻背、眼睑皮肤、泪囊、筛窦、鼻腔黏膜、硬脑膜、角膜、睫状体和虹膜等。

2. 上颌神经　含躯体感觉纤维，自三叉神经节发出后，穿海绵窦外侧壁，经圆孔出颅，经眶下裂入眶，终末支为眶下神经。其主要有以下分支：①眶下神经，分布于下睑、鼻翼、上唇的皮肤和黏膜。②颧神经，分布于颧与颞部皮肤。颧神经借交通支将面神经中的副交感神经导入泪腺神经，控制泪腺分泌。③上牙槽神经，分布于上颌牙齿、牙龈及上颌窦黏膜。④翼腭神经，分布于腭、鼻腔的黏膜及腭扁桃体。

3. 下颌神经　为混合性神经，含有一般躯体感觉纤维和特殊躯体运动纤维，是三叉神经分支中最粗大的一支。自卵圆孔出颅后分为前、后两干，前干除了发出肌支分布于咀嚼肌、鼓膜张肌和腭帆张肌外，还发出颊神经；后干的肌支支配下颌舌骨肌和二腹肌前腹。其主要有以下分支：①耳颞神经，分布于颞区皮肤，其中分布于腮腺的分支将舌咽神经的副交感神经导入腺体，控制腮腺分泌。②颊神经，分布于颊部皮肤及口腔侧壁黏膜。③舌神经，分布于口腔底及舌前 2/3 黏膜，传导一般感觉。面神经的鼓索加入舌神经，将面神经中的味觉纤维和副交感纤维加入舌神经，接受舌前 2/3 的味觉；副交感纤维发出分支至下颌下神经节，换元后，节后纤维控制下颌下腺和舌下腺的分泌。④下牙槽神经，分布于下颌牙及牙龈、颏部及下唇的皮肤和黏膜。下牙槽神经中的运动纤维支配下颌舌骨肌及二腹肌前腹。下牙槽神经为混合性神经。⑤咀嚼肌神经，分布于咬肌、颞肌、翼内肌及翼外肌。

（二）受损后表现

三叉神经损伤后的表现为面部皮肤及眼、口和鼻黏膜的一般感觉障碍；角膜反射消失；咀嚼肌瘫痪萎缩，张口时下颌偏向患侧。

考点提示　管理视器的神经包括视神经、三叉神经、动眼神经、滑车神经、展神经、副交感神经和交感神经。

六、展神经

展神经为运动性神经，起自脑桥的展神经核，纤维自脑桥延髓沟中线两侧出脑，穿海绵窦，经眶上裂入眶，支配外直肌。展神经损伤可致外直肌瘫痪，产生内斜视。

七、面神经

面神经为混合性神经，含有 4 种纤维成分，即特殊内脏运动纤维、一般内脏运动纤维、特殊内脏感觉纤维和一般躯体感觉纤维。特殊内脏运动纤维起自脑桥的面神经核，支配面肌的运动；一般内脏运动纤维起自脑桥的上泌涎核，为副交感纤维节前纤维，在副交感神经节换元后为节后纤维，控制泪腺、下颌下腺、舌下腺及鼻、腭的黏膜腺等腺体的分泌；特殊内脏感觉纤维即味觉纤维，分布于舌前 2/3 黏膜的味蕾，传导舌前 2/3 的味觉；一般躯体感觉纤维，分布于耳部皮肤和表情肌，传导耳部皮肤的躯体感觉和表情肌的本体感觉。

（一）行程及分布

面神经由两个根组成，即运动根和混合根，二者进入内耳门合成一干，穿内耳道底进入面神经管，由茎乳孔出颅，向前穿腮腺达面部。

面神经的分支包括面神经管内的分支与管外分支。其主要分支如下。

1. 管内分支　①鼓索：含有两种纤维，即味觉纤维和副交感纤维，前者随舌神经分布于舌前 2/3 黏膜的味蕾，传导舌前 2/3 的味觉；后者在下颌下神经节换元后节后纤维分布于下颌下腺和舌下腺，支配腺体分泌。②岩大神经：分支分布于泪腺、腭及鼻黏膜的腺体，控制腺体的分泌。③镫骨肌神经：支配鼓室内的镫骨肌。

2. 管外分支　面神经从茎乳孔出颅，发出 3 支小分支，支配枕肌、耳周围肌、二腹肌后腹及茎突舌骨肌。面神经主干穿腮腺后从腮腺前缘呈辐射状穿出（图 25－19），分为五支：颞支支配额肌和眼轮匝肌等；颧支支配眼轮匝肌与颧肌等；颊支支配颊肌及口轮匝肌等；下颌缘支支配下唇诸肌；颈支支配颈阔肌。

扫码“看一看”

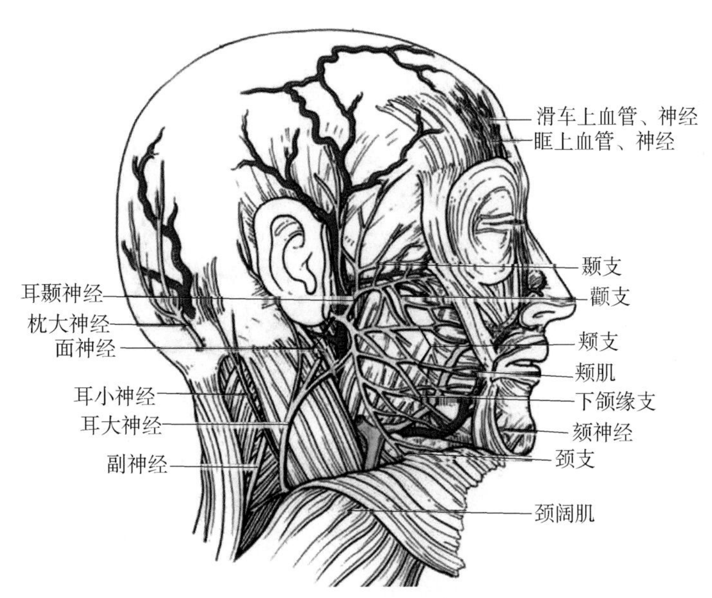

图 25－19　面神经的管外分支

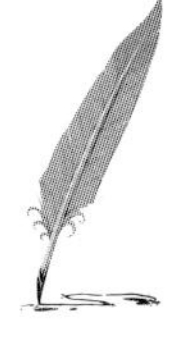

（二）受损后表现

面神经管外损伤主要表现为，笑时口角偏向健侧、不能鼓腮，说话时唾液从口角流出，伤侧额纹消失、鼻唇沟变平坦，闭眼困难、角膜反射消失等症状。面神经管内损伤若伤及面神经管段的分支时除了上述肌肉瘫痪外，还出现听觉过敏、舌前2/3味觉障碍、泪腺和唾液腺的分泌障碍等症状。

八、前庭蜗（位听）神经

前庭蜗神经为特殊感觉性脑神经，包括前庭神经和蜗神经（图25–20），传导平衡觉和听觉。

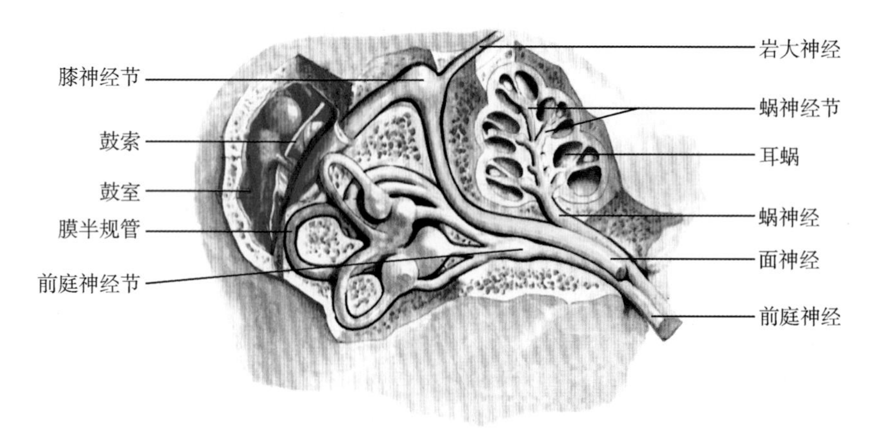

图25–20　前庭蜗神经

1. 前庭神经　前庭神经节中的双极神经元的周围突分布于内耳球囊斑、椭圆囊斑和壶腹嵴中毛细胞，中枢突构成前庭神经。前庭神经经内耳门入颅，经脑桥延髓沟外侧部入脑，终于前庭神经核群和小脑等。前庭神经传导平衡觉。

2. 蜗神经　蜗神经节内的双极细胞的周围突分布于内耳螺旋器上的毛细胞，中枢突构成蜗神经，蜗神经经内耳门入颅，经脑桥延髓沟外侧部入脑，终于蜗神经腹侧、背侧核。蜗神经传导听觉。

前庭蜗神经损伤后的主要表现为伤侧耳聋和平衡功能障碍、眩晕及眼球震颤，可伴有呕吐等症状。

九、舌咽神经

舌咽神经为混合性神经，含有五种纤维成分，即特殊内脏运动纤维、一般内脏感觉纤维、特殊内脏感觉纤维、一般躯体感觉纤维及副交感纤维。特殊内脏运动纤维起自疑核，支配茎突咽肌；一般内脏感觉纤维，分布于咽、舌后1/3、咽鼓管和鼓室等处的黏膜，传导这些部位的一般感觉；特殊内脏感觉纤维，分布于舌后1/3的味蕾，传导味觉；一般躯体感觉纤维，分布于耳后皮肤；副交感纤维，起自下泌涎核，分布于腮腺，支配腮腺分泌。

舌咽神经的根丝连于延髓的橄榄后沟上部，与迷走神经、副神经一起穿颈静脉孔出颅（图25–21），然后在颈内动、静脉间下降，继而弓形向前，经舌骨舌肌内侧达舌根。在颈静脉孔内，舌咽神经干上的膨大为上神经节，出孔后的膨大为下神经节。除发出扁桃体支和茎突咽肌支外，舌咽神经主要有以下分支。

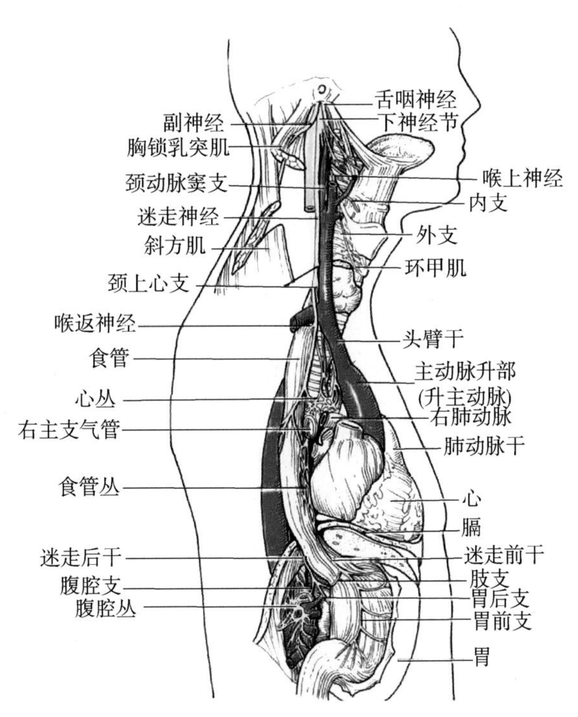

图 25-21 舌咽神经、副神经与迷走神经的走行

1. 舌支 经舌骨舌肌深面分布于舌后 1/3 黏膜和味蕾，传导一般感觉和味觉。舌支为舌咽神经的终支。

2. 咽支 分布于咽壁，与迷走神经和交感神经交织成丛，由丛发出分支分布于咽肌与咽黏膜。

3. 颈动脉窦支 在颈静脉孔下方发出，沿颈内动脉下行分布于颈动脉窦和颈动脉小球，将动脉压力变化和二氧化碳浓度变化的刺激传入中枢，反射性的调节血压和呼吸。

4. 鼓室神经 起自下神经节入鼓室，与鼓室内侧壁黏膜内的交感神经纤维共同形成鼓室丛，分支分布于鼓室、乳突小房及咽鼓管黏膜，传导感觉。鼓室的终支岩小神经含有副交感纤维，出卵圆孔达耳神经节，并进行神经元交换，节后纤维随耳颞神经走行，分布于腮腺，支配腮腺的分泌。

与舌咽神经有关的副交感神经节为耳神经节，其位于卵圆孔下方，含有 4 根，即副交感根、交感根、运动根及感觉根，支配腮腺的分泌，支配鼓膜张肌和腭帆张肌，传导腮腺的一般感觉。

舌咽神经损伤后的主要表现为同侧舌后 1/3 味觉消失，舌根及咽峡区痛觉消失，同侧咽肌无力。

十、迷走神经

迷走神经为混合性神经，含有四种纤维成分，即特殊内脏运动纤维、一般内脏感觉纤维、一般躯体感觉纤维和副交感纤维。特殊内脏运动纤维，起自疑核，支配咽喉部肌；一般内脏感觉纤维，分支分布于颈、胸、腹部等多种器官，传导一般内脏感觉；一般躯体感觉纤维，分支分布于硬脑膜、耳郭及外耳道皮肤，传导一般感觉；副交感纤维起自迷走神经背核，分支分布于颈、胸、腹多种器官，并在副交感神经节交换神经元，交换后的节后纤维支配平滑肌、心肌和腺体的活动。

迷走神经以多条根丝连于延髓的橄榄后沟，经颈静脉孔出颅（图 25-21），在此处有迷走神经上、下神经节，而后在颈部下行于颈动脉鞘内，沿颈内静脉与颈内动脉之间的后方至颈根部。左迷走神经在左颈总动脉与左锁骨下动脉之间下行，越过主动脉的前方，经左肺根后方至食管前面，沿途发出左肺丛和食管前丛，继续下行延续为迷走神经前干；右迷走神经越过右锁骨下动脉前方，沿器官右侧下行，经右肺根达食管后面，发出右肺丛和食管后丛，继续下行延续为迷走神经后干。迷走神经前、后干穿食管裂孔进入腹腔，分布于胃前、后壁，其终末支为腹腔支，参与腹腔丛。迷走神经是行程最长、分布最广的脑神经，沿途发出众多的分支，主要包括颈部的分支、胸部的分支和腹部的分支。

1. 颈部的分支 ①喉上神经：起自迷走神经下神经节处，于颈内动脉内侧伴其下行，在舌骨大角高度分为内、外两支。外支伴甲状腺上动脉下行，支配环甲肌；内支为感觉支伴喉上动脉入喉腔，分布于咽、会厌、舌根及声门裂以上的黏膜，传导一般内脏感觉和味觉。②颈心支：分上、下两支，二者与颈交感神经节发出的心神经交织成心丛，参与调节心脏活动，另外，上支的分支分布于主动脉弓壁内，感受血压变化和化学刺激。③耳支：发自迷走神经上神经节，分布于耳郭后面及外耳道的皮肤，传导一般躯体感觉。④咽支：发自迷走神经下神经节，与舌咽神经和交感神经咽支构成咽丛，分布于咽缩肌、软腭的肌肉及咽部黏膜。⑤脑膜支：发自迷走神经上神经节，分布于颅后窝硬脑膜，传导一般感觉。

2. 胸部的分支

（1）喉返神经　左、右喉返神经的起点和行程不同。右喉返神经在经过右锁骨下动脉前方的迷走神经干处发出，并钩绕锁骨下动脉向上走行，返回颈部；左喉返神经在跨过主动脉弓前方的左迷走神经干处发出，并钩绕主动脉弓向上走行，返回颈部。左、右喉返神经均行于气管、食管之间的沟内，经甲状腺侧叶深面、环甲关节后方入喉，终支为喉下神经。喉返神经支配除环甲肌以外的所有喉肌及喉黏膜。此外。喉返神经还发出心支、支气管支和食管支，参与形成心丛、肺丛和食管丛。

喉返神经支配大多数喉肌的运动，因此，喉返神经损伤可引起患者声音嘶哑、失音、呼吸困难，甚至窒息。

（2）支气管支和食管支　迷走神经在胸部发出众多小支，与交感神经的分支共同构成肺丛和食管丛，再分支分布于气管、支气管、肺及食管。传导脏器和胸膜的感觉，支配器官的平滑肌及腺体。

3. 腹部的分支 迷走神经腹部的分支主要包括内脏运动纤维和内脏感觉纤维，包括胃前支、胃后支、肝支和腹腔支。①胃前支：起自迷走神经前干，沿胃小弯向右，沿途发出 4～6 支小支，分布于胃前壁，终支呈“鸦爪”状分布于幽门部前壁。②胃后支：起自迷走神经后干，沿胃小弯后面向右走行，沿途发出分支分布于胃后壁，终支呈“鸦爪”状分布于幽门窦及幽门管后壁。③肝支：起自迷走神经前干，向右行于小网膜内，分支分布于肝及胆囊等。④腹腔支：为迷走神经后干的终支，行至腹腔干处，与交感神经一起构成腹腔丛，伴血管分支分布于肝、胆囊、胰、脾、肾及结肠左曲以上的腹部消化管。

迷走神经是副交感神经的主要组成部分，分布极为广泛，可分布于硬脑膜、耳郭、外耳道、咽喉、气管和支气管、心、肺、肝、胆、胰腺、脾、肾及结肠左曲以上的消化管等。因此，迷走神经主干损伤后主要表现为心悸、心动过速、恶心、呕吐、呼吸深慢、声音嘶哑、语言和吞咽困难，甚至窒息等症状。

十一、副神经

副神经为运动性神经，由脑根和脊髓根两部分组成。脑根起自延髓的疑核，参与形成迷走神经，支配软腭肌和喉肌；脊髓根起自颈髓的副神经核，二者均是特殊内脏运动纤维。脑根与脊髓根合成副神经，经颈静脉孔出颅（图 25－21），绕颈内静脉行向外下方，经胸锁乳突肌深面发出分支后，终支在胸锁乳突肌后缘上、中 1/3 交点处继续向外下后斜行，在斜方肌前缘中、下 1/3 交点处，进入斜方肌。副神经分支分布于胸锁乳突肌与斜方肌。

副神经脊髓根损伤后主要表现为头不能向患侧侧屈，面部不能转向对侧，患侧肩胛骨下垂。因舌咽神经、迷走神经与副神经均从颈静脉孔出颅，故颈静脉孔处的病变常累及这些神经，出现“颈静脉孔综合征”。

十二、舌下神经

舌下神经为运动性神经，起自延髓的舌下神经核，在延髓前外侧沟出脑，经舌下神经管出颅，继而在颈内动、静脉之间呈弓形向前下走行，在舌神经与下颌下腺管下方穿颏舌肌入舌，支配全部的舌内肌和大部分舌外肌。

若一侧舌下神经损伤，伸舌时，舌尖偏向患侧，这是因为患侧半颏舌肌瘫痪不能伸舌，而健侧半颏舌肌收缩可使健侧半舌伸出，若舌肌瘫痪时间过长可造成舌肌萎缩。

知识链接

面神经瘫痪

面神经瘫痪又称面神经炎，是以面部表情肌群运动功能障碍为主要特征的一种疾病，发病不受年龄限制。临床上根据损害发生部位可分为中枢性面神经炎和周围性面神经炎两种。中枢性面神经炎病变位于面神经核以上至大脑皮层之间的皮质延髓束；周围性面神经炎病损发生于面神经核和面神经。主要临床表现为病侧面部表情肌瘫痪，额纹消失、鼻唇沟平坦、口角下垂，不能做鼓腮、噘嘴等动作。鼓腮和吹口哨时，因患侧口唇不能闭合而漏气。

第三节　内脏神经

扫码“学一学”

内脏神经主要分布于内脏、心血管、平滑肌和腺体，与躯体神经一样，内脏神经也分为感觉纤维和运动纤维。内脏运动神经主要调节内脏、心血管的运动和腺体的分泌，不受人的意识支配，不支配骨骼肌的运动，又称为自主神经或植物神经。

一、内脏运动神经的特点

内脏运动神经与躯体运动神经相比，在形态结构和功能上有较大区别，具体区别主要有以下几个方面：①支配的器官不同；②纤维成分不同；③神经元数目不同；④纤维粗细

不同；⑤节后纤维分布形式不同。

二、内脏运动神经的分部

内脏运动神经分为交感神经和副交感神经两部分（图 25-22）。

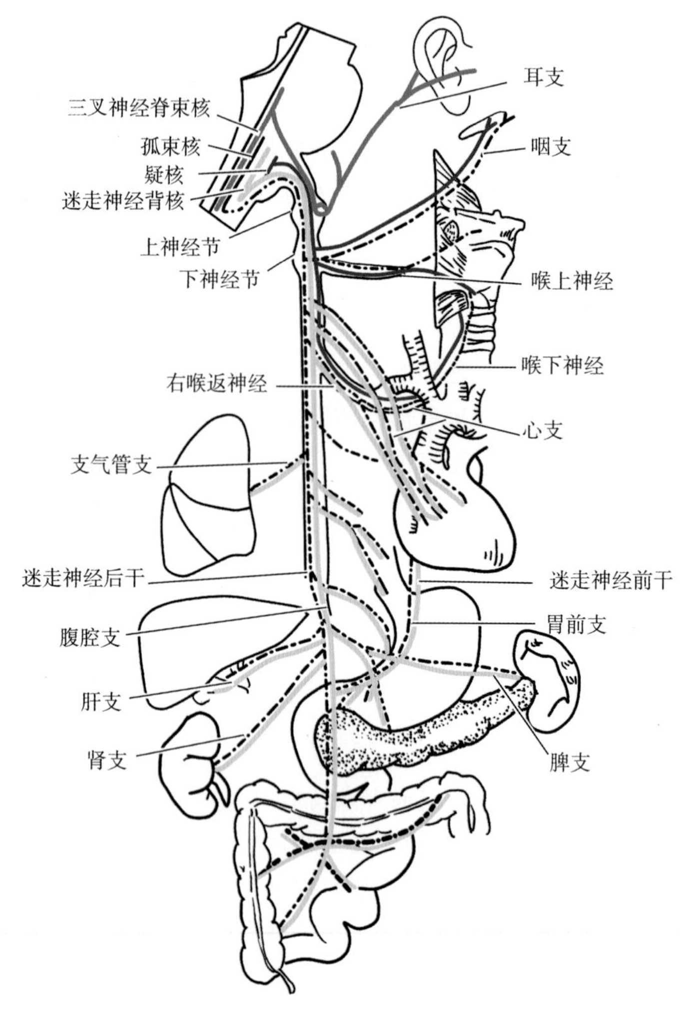

图 25-22　内脏运动神经分支分布模式图

黑色为节前纤维；黄色为节后纤维

1. 交感神经　其低级中枢位于脊髓胸 1 至腰 2 或腰 3 节段的灰质侧柱的中间外侧核，交感神经的周围部包括交感干、交感神经节及由节发出的分支和交感神经丛。

2. 副交感神经　其低级中枢位于脑干内的副交感神经核和脊髓骶部第 2～4 脊髓节段灰质的骶副交感核。颅部的副交感神经节主要有睫状神经节、下颌下神经节、翼腭神经节及耳神经节等。

3. 交感神经与副交感神经的区别　交感神经与副交感神经在神经来源、形态结构、分布范围及功能上均有明显的区别，具体如下：①低级中枢的部位不同；②周围神经节的位置不同；③节前神经元与节后神经元的比例不同；④分布范围不同；⑤对同一器官所起的作用不同。

考点提示　交感神经与副交感神经的区别：低级中枢的部位不同；周围神经节的位置

不同；节前神经元与节后神经元的比例不同；分布范围不同；对同一器官所起的作用不同。

三、内脏感觉神经

内脏感觉与躯体感觉不同，其特点是：①痛阈较高；②内脏感觉对切割、灼烧等刺激不敏感，但对机械性牵拉、膨胀、痉挛、炎症及缺血等刺激敏感；③疼痛弥散，定位模糊。

四、牵涉痛

当体内的某些器官发生病变时，在体表的某些特定区域会产生感觉过敏或疼痛，临床上把这种现象称为牵涉痛。不同脏器病变发生牵涉痛的部位有所不同。例如，心绞痛时，患者常常感觉胸前区及左臂内侧皮肤疼痛；而在肝胆疾病时，患者常常感觉右肩部皮肤疼痛。

牵涉痛的发生机制：一般认为发生牵涉痛的部位与病变脏器往往受同一脊髓节段的脊神经的支配，传导患病脏器的感觉神经与牵涉痛区域皮肤的感觉神经进入同一脊髓节段，故从患病脏器传来的感觉冲动可影响到邻近的躯体感觉神经元，从而产生牵涉痛。

本章小结

根据连接部位不同，周围神经包括与脑相连的脑神经和与脊髓相连的脊神经；根据支配对象不同分为躯体神经和内脏神经。脊神经为混合性神经，有四种纤维成分，共31对，每条脊神经在椎间孔处分为4支，即前支、后支、交通支和脊膜支。其中前支较为粗大，形成4个丛，即颈丛、臂丛、腰丛与骶丛（胸神经前支除外），自神经丛再发出众多的分支分布于躯干、四肢骨骼肌和皮肤。脑神经共12对，分感觉性、运动性和混合性，共有7种纤维成分。其中Ⅰ（嗅神经）、Ⅱ（视神经）和Ⅷ（前庭蜗神经）是感觉性神经，只含有感觉纤维，感受嗅觉、视觉及听觉与平衡觉；Ⅲ（动眼神经）、Ⅳ（滑车神经）、Ⅵ（展神经）、Ⅺ（副神经）和Ⅻ（舌下神经）为运动性神经，只含有运动纤维，支配眼外肌、舌肌、胸锁乳突肌和斜方肌的运动；Ⅴ（三叉神经）、Ⅶ（面神经）、Ⅸ（舌咽神经）和Ⅹ（迷走神经）为混合性神经，既含有感觉纤维，又含运动纤维，支配咀嚼肌、面肌、咽喉肌的运动和头面部感觉、舌的味觉及腹腔脏器感觉。内脏神经包括内脏感觉神经和内脏运动神经。内脏运动神经分为交感神经和副交感神经，交感神经的低级中枢位于脊髓胸1至腰2或腰3节段的灰质侧柱的中间外侧核，交感神经的周围部包括交感干、交感神经节及由节发出的分支和交感神经丛；副交感神经的低级中枢位于脑干内的副交感神经核和脊髓骶部第2～4脊髓节段灰质的骶副交感核，颅部的副交感神经节主要有睫状神经节、下颌下神经节、翼腭神经节及耳神经节等。内脏感觉神经具有痛阈较高、疼痛弥散及牵涉痛等特点。

习　题

一、选择题

1. 管理头面部皮肤感觉的神经是

扫码“练一练”

A. 舌下神经　B. 舌咽神经　C. 面神经　D. 三叉神经
E. 舌神经

2. 支配咀嚼肌运动的神经是
A. 上颌神经　B. 下颌神经　C. 舌咽神经　D. 舌下神经
E. 副神经

3. 可使瞳孔转向外下方的神经是
A. 动眼神经　B. 滑车神经　C. 展神经　D. 眼神经
E. 视神经

4. 动眼神经不支配
A. 上直肌　B. 下直肌　C. 内直肌　D. 下斜肌
E. 上斜肌

5. 支配胸锁乳突肌和斜方肌运动的神经是
A. 副神经　B. 枕大神经　C. 枕小神经　D. 迷走神经
E. 三叉神经

6. 支配三角肌的神经是
A. 尺神经　B. 桡神经　C. 腋神经　D. 肌皮神经
E. 正中神经

7. 损伤后出现“垂腕”的神经是
A. 尺神经　B. 桡神经　C. 腋神经　D. 正中神经
E. 肌皮神经

8. 支配大腿内侧肌群的神经是
A. 闭孔神经　B. 股神经　C. 坐骨神经　D. 阴部神经
E. 隐神经

9. 支配小腿外侧肌群的神经是
A. 股神经　B. 隐神经　C. 腓深神经　D. 腓浅神经
E. 腓肠神经

10. 穿过四边孔的神经是
A. 尺神经　B. 桡神经　C. 腋神经　D. 正中神经
E. 肌皮神经

11. 第 6 胸神经前支分布于
A. 胸骨角平面　B. 乳头平面　C. 剑突平面　D. 肋弓平面
E. 脐平面

12. 腰丛的主要分支不包括
A. 股神经　B. 闭孔神经　C. 髂腹下神经　D. 阴部神经
E. 生殖股神经

13. 坐骨神经支配
A. 臀大肌　B. 股四头肌　C. 耻骨肌　D. 股薄肌
E. 股二头肌

14. 控制泪腺分泌的神经是
A. 泪腺神经　B. 面神经　C. 眼神经　D. 动眼神经

E. 上颌神经

15. 支配下斜肌的神经是

A. 动眼神经　B. 滑车神经　C. 展神经　D. 眼神经

E. 视神经

16. 管理舌前 2/3 味觉的神经是

A. 舌咽神经　B. 舌下神经　C. 舌神经　D. 迷走神经

E. 面神经

17. 经圆孔出入颅底的神经是

A. 眼神经　B. 下颌神经　C. 滑车神经　D. 上颌神经

E. 视神经

18. 支配瞳孔开大肌的神经是

A. 交感神经　B. 副交感神经　C. 动眼神经　D. 滑车神经

E. 展神经

19. 支配瞳孔括约肌的神经是

A. 视神经　B. 眼神经　C. 动眼神经　D. 滑车神经

E. 展神经

二、简答题

1. 简述大腿肌肉的神经支配。
2. 简述眼球外肌的神经支配。
3. 简述 12 对脑神经的名称及纤维成分。

三、思考题

某女性，骑电动车时不慎摔倒，右手支撑着地，着地时右上肢处于伸直位，随即出现右上肢疼痛及肩关节运动障碍，入院就诊，经 X 光检查，诊断为右侧肱骨外科颈骨折。

1. 请考虑臂丛发出支配上肢肌肉运动的神经有哪些？
2. 肱骨外科颈骨折可能伤及何神经？可能出现哪些症状？

（宋海岩）

第二十六章

神经系统的传导通路

学习目标

1. **掌握** 躯干、四肢深、浅感觉传导通路；视觉传导通路；锥体束的组成。
2. **熟悉** 头面部的浅感觉传导通路；上、下运动神经元损伤后的不同表现。
3. **了解** 锥体外系的组成及功能。
4. 能运用本章的基本知识，解释常见神经系统疾病的日常生活现象。
5. 具有分析常见神经系统疾病病因的能力，学会探究相关临床案例，增强自主学习的意识。

案例讨论

【案例】

男性，56岁。自1月前开始感右侧肢体麻木，未在意。2小时前右侧肢体逐渐活动失灵。无头痛，无恶心、呕吐，不发热，大小便正常。有高血压史10余年。无心脏病史。查体见双眼向左凝视，双瞳孔等大2mm，光反应正常，右侧鼻唇沟浅，伸舌偏向右侧，右侧上、下肢肌力0级，右侧腱反射低，右侧巴氏征（+）。诊断为脑血栓。

【讨论】

试分析出现上述症状的原因。

神经系统的传导通路是指从感受器到大脑皮质中枢，或从大脑皮质中枢到效应器之间传导神经冲动的途径。其中，将感觉冲动从感受器传到大脑皮质中枢的途径称感觉（上行）传导通路；将运动冲动从大脑皮质传到效应器的途径称运动（下行）传导通路。

扫码“学一学”

第一节　感觉传导通路

一、躯干和四肢意识性本体感觉和精细触觉传导通路

本体感觉又称深感觉，是指肌、腱、关节等处的位置觉、运动觉和振动觉。该通路还传导皮肤的精细触觉（辨别两点间距离和物体的纹理粗细等），由三级神经元组成（图26－1）。

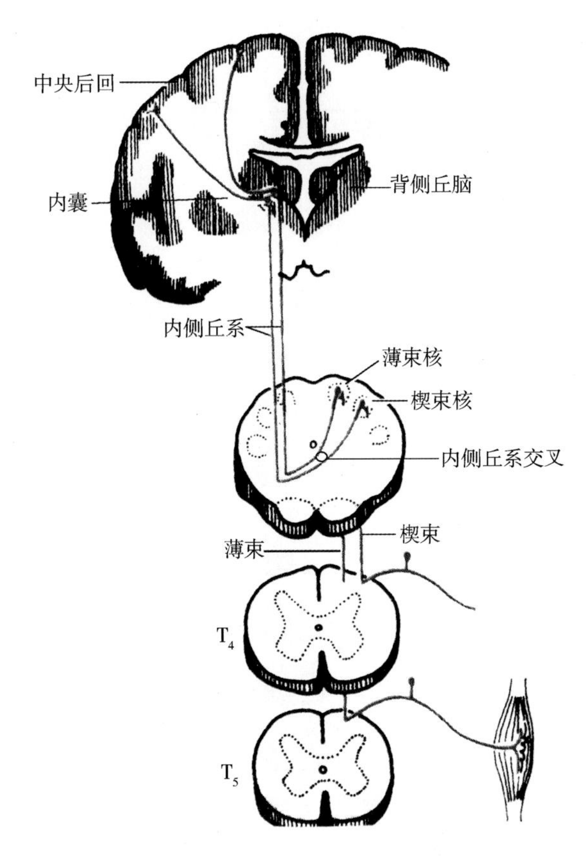

图 26－1　躯干四肢深感觉传导通路

第 1 级神经元胞体位于脊神经节内。其周围突随脊神经分布于肌、腱、关节及皮肤的感受器，中枢突经脊神经后根进入脊髓后索组成薄束和楔束，上行至延髓，分别止于薄束核和楔束核。

第 2 级神经元胞体位于薄束核和楔束核内。其轴突组成纤维束交叉至对侧组成内侧丘系，上行止于背侧丘脑腹后外侧核。

第 3 级神经元胞体位于背侧丘脑腹后外侧核内。其轴突组成丘脑中央辐射（丘脑皮质束），经内囊后肢投射到中央后回的中、上部和中央旁小叶后部。

考点提示 本体感觉又称深感觉，是指肌、腱、关节等处的位置觉、运动觉和振动觉。

二、躯干和四肢的痛温觉、粗触觉和压觉传导通路

此通路又称浅感觉传导通路，传导躯干、四肢的痛觉、温度觉、粗触觉和压觉，由 3 级神经元组成（图 26－2）。

第 1 级神经元胞体位于脊神经节内，其周围突分布于躯干和四肢皮肤的感受器，中枢突随脊神经后根进入脊髓后角。

第 2 级神经元胞体位于脊髓后角固有核内，其轴突组成的纤维交叉到对侧，组成脊髓丘脑束，上行至背侧丘脑腹后外侧核。

第 3 级神经元胞体位于背侧丘脑腹后外侧核内，其轴突发出丘脑中央辐射，经内囊后肢投射至中央后回的中、上部和中央旁小叶后部。

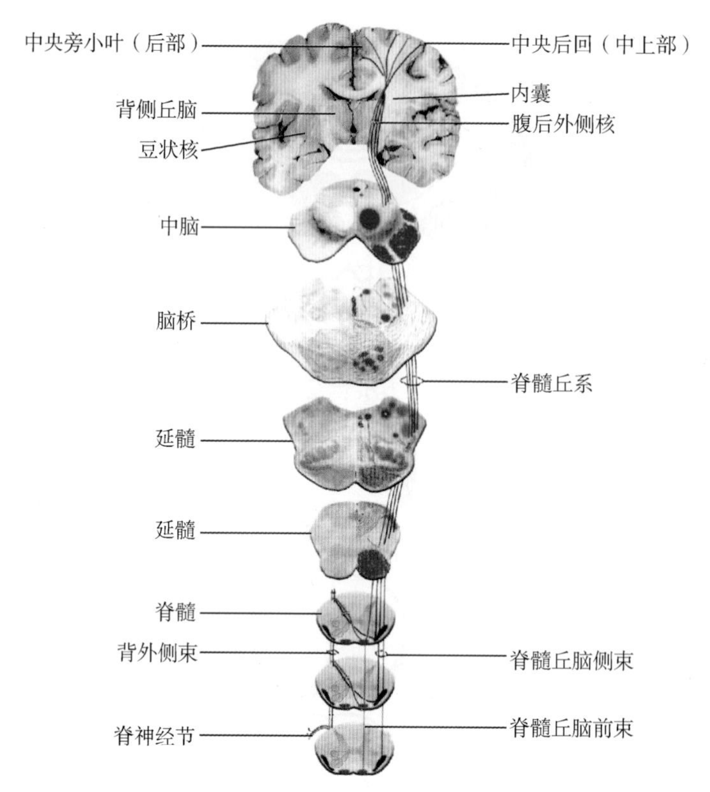

图 26-2　躯干、四肢浅感觉传导通路

三、头面部的痛温觉、粗触觉和压觉传导通路

此通路传导头面部皮肤和黏膜的感觉冲动，由三叉神经传入，主要由 3 级神经元组成。

第 1 级神经元胞体位于三叉神经节内，其周围突组成三叉神经感觉支，分布于头面部皮肤和口腔、鼻腔黏膜的感受器，中枢突经三叉神经感觉根入脑桥，止于三叉神经感觉核群。

第 2 级神经元胞体位于三叉神经感觉核群内，其纤维交叉至对侧组成三叉丘系，在内侧丘系的背侧上行，止于背侧丘脑腹后内侧核。

第 3 级神经元胞体位于背侧丘脑腹后内侧核内，发出纤维组成丘脑中央辐射，经内囊后肢投射到中央后回下部（图 26-3）。

四、视觉传导通路和瞳孔对光反射通路

（一）视觉传导通路

视觉传导通路由 3 级神经元组成。

第 1 级神经元为视网膜的双极细胞，其周围突与视锥细胞和视杆细胞形成突触，中枢突与节细胞构成突触。

第 2 级神经元为节细胞，其轴突在视神经盘处集合成视神经，经视神经管入颅腔形成视交叉，后延续为视束。在视交叉中，来自双眼视网膜鼻侧半的纤维交叉，来自视网膜颞侧半的纤维不交叉。因此，每侧视束是由同侧视网膜颞侧半的纤维和对侧视网膜鼻侧半的纤维组成，视束的大部分纤维终止于外侧膝状体。

第 3 级神经元的胞体位于外侧膝状体内，其发出的纤维组成视辐射，经内囊后肢投射

到枕叶距状沟两侧的皮质（图 26-4）。

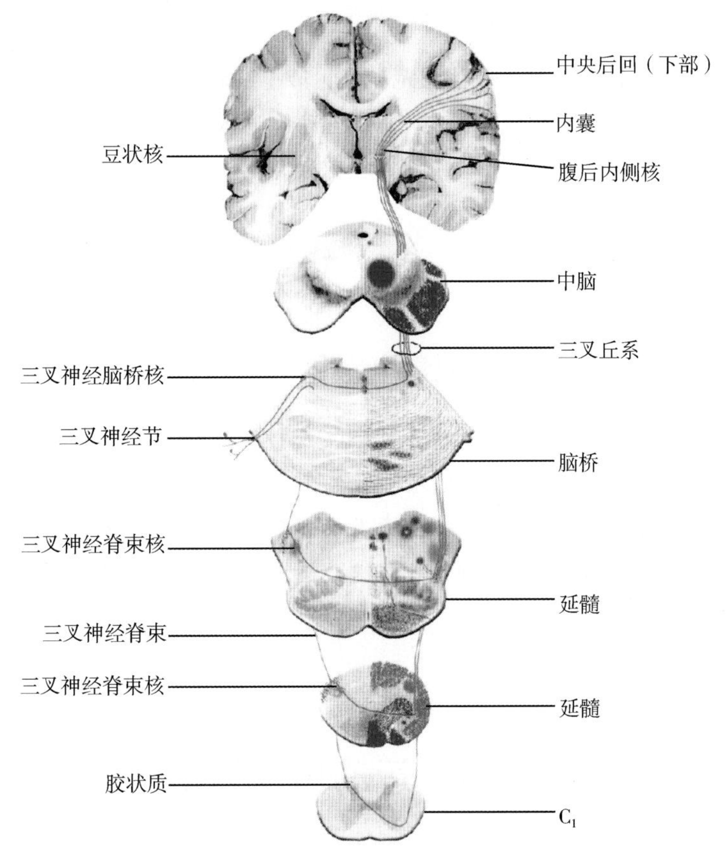

图 26-3　头面部浅感觉传导通路

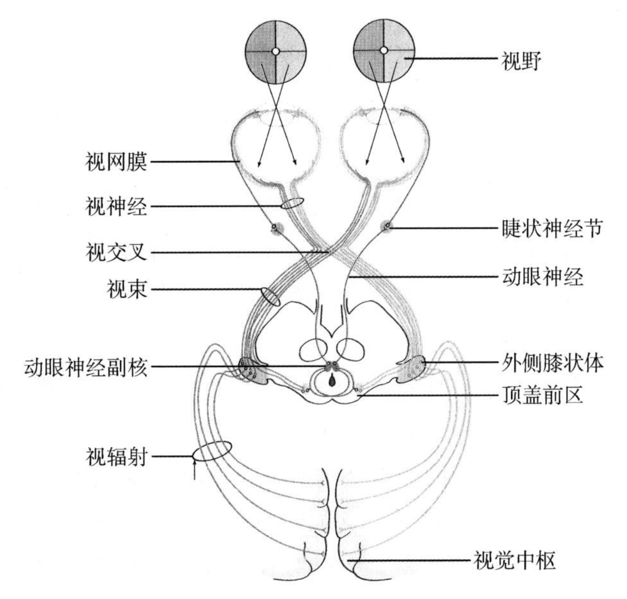

图 26-4　视觉传导通路与瞳孔对光反射

（二）瞳孔对光反射通路

光照一侧瞳孔，引起双眼瞳孔都缩小的反应称瞳孔对光反射。其反射通路由光照射一侧视网膜开始，经视神经、视交叉至视束，视束部分纤维经上丘臂至顶盖前区，发出的纤维与两侧的动眼神经副核联系，动眼神经副核发出的副交感节前纤维经双侧动眼神经分别

至同侧睫状神经节，节内发出的副交感节后纤维分布于瞳孔括约肌和睫状肌，调节瞳孔和晶状体。因此，当光照一侧时两侧瞳孔同时收缩。

扫码“看一看”

考点提示 视觉传导通路由3级神经元组成，第1级神经元为视网膜的双极细胞，第2级神经元为节细胞，第3级神经元的胞体位于外侧膝状体内，其发出的纤维组成视辐射。

知识链接

视觉相关损伤

视觉传导通路不同部位损伤，表现不同：①视神经损伤，患眼全盲，直接对光反射消失、间接对光反射存在；健眼直接对光反射存在、间接对光反射消失。②视交叉损伤，双眼颞侧视野缺损，对光反射正常。③视束及其以后部分损伤，双眼病灶对侧视野同向偏盲，对光反射正常。另外，动眼神经损伤，患者视觉正常，但损伤侧直接、间接对光反射均消失，健侧对光反射正常。

第二节 运动传导通路

扫码“学一学”

运动传导通路管理骨骼肌的运动，包括锥体系和锥体外系两部分。

一、锥体系

锥体系（pyramidal system）管理骨骼肌的随意运动，由上运动神经元和下运动神经元两级神经元组成。上运动神经元为位于大脑皮质中央前回和中央旁小叶前部等区域的锥体细胞，其轴突组成下行纤维束，称锥体束。锥体束下行，经内囊至脑干和脊髓，其中下行至脊髓的纤维束称皮质脊髓束，止于脑干躯体运动核的纤维束称皮质核束。下运动神经元胞体位于脑干躯体运动核和脊髓灰质前角内，所发出的轴突分别加入脑神经和脊神经。

（一）皮质脊髓束

上运动神经元为中央前回上、中部和中央旁小叶前半部的锥体细胞，其轴突组成皮质脊髓束下行，经内囊后肢、脑桥基底部至延髓锥体。在锥体的下端，大部分纤维左、右交叉，形成锥体交叉，交叉后的纤维沿脊髓外侧索下行，形成皮质脊髓侧束，沿途发出侧支，逐节止于脊髓各节段的前角运动神经元，支配四肢肌。小部分未交叉的纤维在同侧脊髓前索内下行，形成皮质脊髓前束，该束一部分纤维在白质前连合交叉到对侧，支配躯干肌和四肢肌的运动；另一部分纤维始终不交叉，止于同侧前角运动神经元，支配躯干肌。因此，躯干肌是受两侧大脑皮质支配，而四肢肌只受对侧支配（图26-5）。

（二）皮质核束

皮质核束由中央前回下部的锥体细胞轴突组成，经内囊膝下行至脑干，大部分纤维止于双侧脑神经运动核，支配眼球外肌、咀嚼肌、睑裂以上面肌、胸锁乳突肌、斜方肌和咽

喉肌等；小部分纤维止于对侧面神经核下部和舌下神经核，支配对侧睑裂以下面肌和舌肌（图 26－6）。

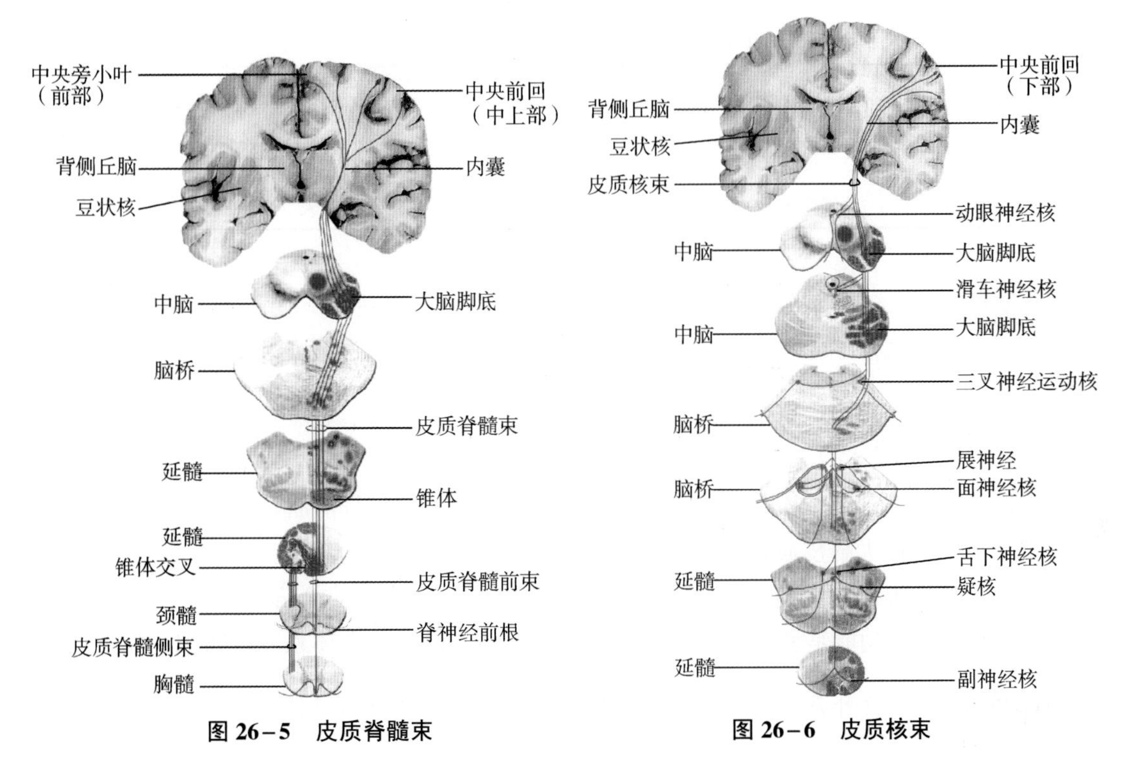

图 26－5　皮质脊髓束　　**图 26－6　皮质核束**

一侧皮质核束受损，可导致对侧睑裂以下面肌和对侧舌肌瘫痪，表现为对侧鼻唇沟变浅或消失、口角低垂并向病灶侧偏斜、伸舌时舌尖偏向病灶对侧，称核上瘫（图 26－7）。一侧面神经核或面神经损伤可导致病灶侧面肌全瘫，表现为额横纹消失、不能闭眼、口角下垂、鼻唇沟消失等；一侧舌下神经受损，可导致病灶侧舌肌瘫痪，表现为伸舌时舌尖偏向病灶侧，称核下瘫（图 26－7）。

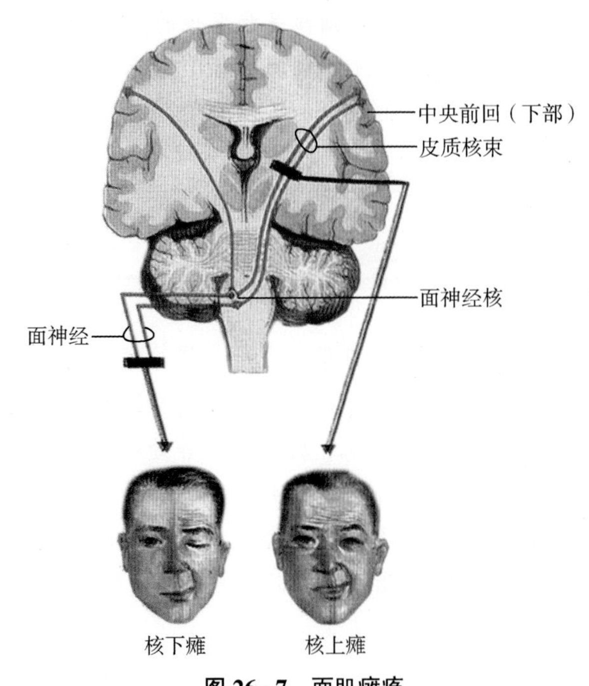

图 26－7　面肌瘫痪

锥体系的任何部位损伤都可引起支配区的随意运动障碍，即瘫痪。上、下运动神经元损伤后虽都表现为瘫痪，但临床表现各不相同（表 26-1）。

表 26-1　上、下运动神经元损伤的区别

损伤部位	瘫痪类型	肌张力	腱反射	病理反射	早期肌萎缩
上运动神经元	痉挛性瘫（硬瘫、中枢性瘫）	增高	亢进	阳性	不明显
下运动神经元	弛缓性瘫（软瘫、周围性瘫）	降低	减弱或消失	阴性	明显

考点提示 上运动神经元为位于大脑皮质中央前回和中央旁小叶前部等区域的锥体细胞；下运动神经元胞体位于脑干躯体运动核和脊髓灰质前角内。

二、锥体外系

锥体外系（extrapyramidal system）是指锥体系以外的控制骨骼肌运动的神经传导通路。结构较复杂，包括大脑皮质、纹状体、背侧丘脑、红核、黑质、小脑、脑干网状结构及其纤维联系。其纤维起自大脑皮质中央前回以外的皮质，止于脊髓前角运动神经元和脑干躯体运动核。其主要功能是调节肌张力，协调肌群运动，以协助锥体系完成精细的随意运动。

考点提示 锥体外系是指锥体系以外的控制骨骼肌运动的神经传导通路。

知识链接

痉挛性瘫痪与弛缓性瘫痪

当上运动神经元损伤时，由于下运动神经元失去了大脑皮质的抑制作用，虽然随意运动丧失，但肌张力则表现增高，所以瘫痪是痉挛性的（硬瘫），出现病理反射，无营养障碍，肌肉不萎缩；当下运动神经元损伤时（如小儿麻痹后遗症），由于肌失去了神经支配，表现肌张力降低，瘫痪是弛缓性的（软瘫），肌因营养障碍而出现萎缩，无病理反射。

本章小结

神经系统内存在两大类传导通路。感觉（上行）传导通路指由感受器经过传入神经、各级中枢至大脑皮质中枢的神经通路；运动（下行）传导通路指由大脑皮质传导效应器的神经通路。本体感觉又称深感觉，是指肌、腱、关节等处的位置觉、运动觉和振动觉。视觉传导通路的不同部位受损，会引起不同的视野缺损。运动传导通路管理骨骼肌的运动，包括锥体系和锥体外系两部分。锥体系管理骨骼肌的随意运动，由上运动神经元和下运动神经元两级神经元组成。锥体外系是指锥体系以外的控制骨骼肌运动的神经传导通路。

扫码“练一练”

习 题

一、选择题

1. 本体感觉和精细触觉传导通路需

A. 三级神经元　B. 二级神经元　C. 一级神经元　D. 四级神经元

E. 五级神经元

2. 本体感觉传导通路中第三级神经元的胞体位于

A. 薄束核与楔束核　B. 丘脑腹后核

C. 丘脑腹前核　D. 中央后回

E. 中央旁小叶后部

3. 浅感觉传导通路中第二级神经元的胞体位于

A. 脊神经节内　B. 脊髓灰质后角

C. 中央旁小叶　D. 丘脑腹后核

E. 中央后回

4. 下列关于脊髓丘脑束的描述，正确的是

A. 传导对侧肢体浅感觉

B. 传导头面部浅感觉

C. 传导同侧肢体深感觉

D. 一侧损伤后，损伤平面以下双侧肢体浅感觉障碍

E. 传导头面部深感觉

5. 左侧视神经损伤

A. 左眼视野全盲，右眼视野正常　B. 双眼右侧视野偏盲

C. 右眼视野全盲，左眼视野正常　D. 双眼对侧视野同向性偏盲

E. 左眼瞳孔散大，直接、间接对光反射均消失

二、简答题

1. 试述瞳孔对光反射途径。

2. 针刺示指末节，痛觉是如何传导至中枢的？

（张敏平）

第八篇

人体胚胎学概要

第二十七章

人体胚胎早期发育

学习目标

1. **掌握**　受精、植入的概念；胚泡的结构；三胚层的形成；胎盘的结构和功能；先天畸形的发生原因。

2. **熟悉**　生殖细胞的发育和成熟；二胚层胚盘的形成；三胚层的分化；胎膜的组成及其功能。

3. **了解**　蜕膜形成；胚体的形成；双胎与多胎。

4. 学会运用胚胎学知识解释胚胎发育规律以及先天畸形的形成原因。

5. 具有进行优生优育知识宣教的能力，具有维护健康、关爱生命的意识。

案例讨论

【案例】

某已婚女性，27 岁，既往身体健康，月经规律，月经周期为 30～32 天。因月经推迟 26 天就诊，无其他不适症状，检查腹部无异常，早孕试纸检测尿液呈阳性反映，B 超显示宫腔内有单孕囊存在，输卵管无异常。

【讨论】

1. 请做出诊断。

2. 临床上行早期妊娠诊断时，通常检测孕妇尿中的哪种激素水平以帮助确诊？

人体胚胎学（human embryology）是研究人体出生前的发生、发育及其规律的科学，研究内容包括生殖细胞发生、受精、胚胎发育、胚胎与母体的关系及先天畸形等。人胚胎在母体内发育是一个连续而复杂的过程，历时 38 周（约 266 天）。可分为两个时期：①胚期，从受精卵形成到第 8 周末，此期器官原基建立，胚体初具人形。②胎期，从第 9 周至出生，此期胎儿逐渐长大，各器官的结构和功能逐渐完善。

扫码“学一学”

第一节　生殖细胞与受精

一、生殖细胞

生殖细胞（germ cell）又称配子，包括精子和卵子。在其发生过程中经过两次减数分裂形成单倍体，染色体数目为23条，其中22条是常染色体，1条是性染色体。

精子在睾丸内发育至形态成熟，后转运至附睾达到功能成熟。卵细胞在卵巢内发生发育，排出的次级卵母细胞处于第2次减数分裂的中期，在受精时才完成分裂而变为成熟的卵子。若未受精，卵细胞则不能成熟，于排卵后12～24小时内退化。

二、受精

成熟的精子与卵子结合形成受精卵的过程，称受精（fertilization）。受精部位多在输卵管壶腹部。精子的穿越激发了次级卵母细胞完成第2次减数分裂，精子的核和卵子的核逐渐膨大并相互靠近，核膜融合，染色体混合，形成二倍体的受精卵，又称合子（图27－1）。

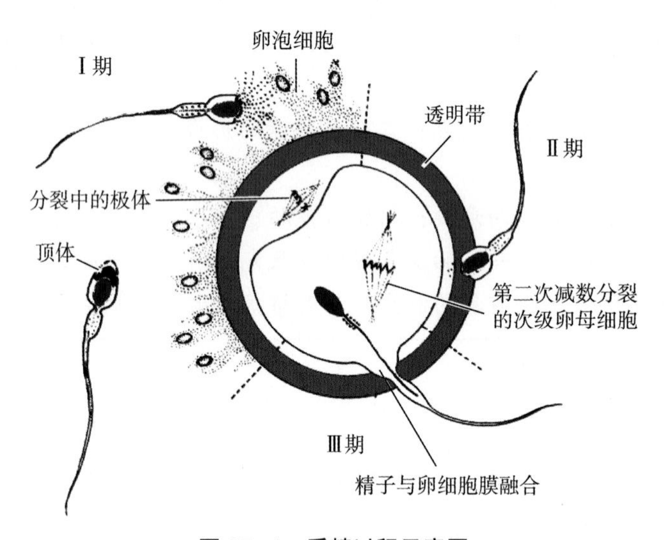

图27－1　受精过程示意图

受精恢复了染色体数目，决定了新个体的性别，带有Y染色体的精子与卵子结合，发育为男性胎儿；带有X染色体精子与卵子结合则发育为女性胎儿。

考点提示　受精是成熟的精子与卵子结合形成受精卵的过程。

第二节　植入前的发育

扫码“学一学”

一、卵裂

受精卵形成后，一边分裂一边向子宫腔方向运行。受精卵外包透明带，细胞在分裂间期无生长过程，细胞数目逐渐增加，细胞体积变小，这种特殊的有丝分裂，称卵裂（cleavage）。卵裂产生的子细胞称卵裂球。受精后第3天，形成一个含12～16个卵裂球的实心细胞团，称桑葚胚（图27－2）。

二、胚泡形成

桑葚胚的细胞很快增至100个左右，细胞间开始出现小的腔隙，随后逐渐融合成一个大腔，称胚泡腔。此时，实心的桑葚胚变为中空的泡状，称胚泡（blastocyst）。胚泡壁为一

层扁平细胞，称滋养层；腔内一侧的细胞团称内细胞群，内细胞群的细胞为胚胎干细胞，将来分化为胚胎的各种组织结构和器官系统。覆盖在内细胞群外面的滋养层，称极端滋养层（图 27–2）。

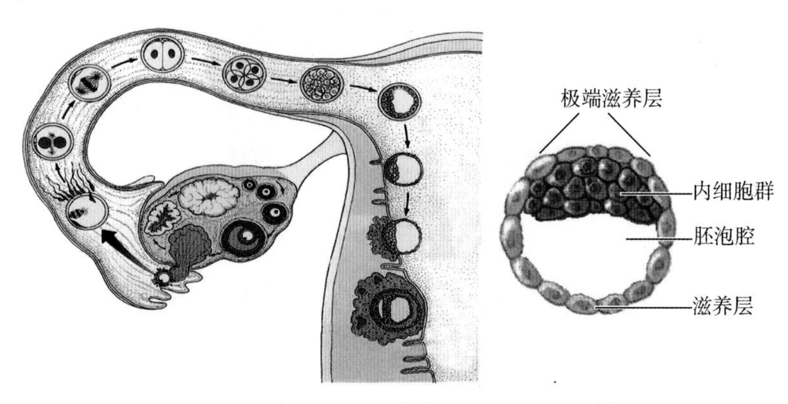

图 27–2　排卵、受精与卵裂过程及胚泡结构

考点提示 胚泡的结构包括内细胞群、滋养层、极端滋养层和胚泡腔。

知识链接

胚胎干细胞

胚胎干细胞是从胚泡的内细胞群或胎儿原始生殖细胞中分离提取的具有发育全能性的干细胞。胚胎干细胞具有无限增殖、自我更新和多向分化的特性，无论在体内或体外环境，都可以被诱导分化为几乎所有的细胞类型。目前，胚胎干细胞成为早期胚胎发生、组织分化、基因表达调控等发育生物学基础研究的理想模型和工具，也是进行动物胚胎工程开发和用于治疗各种疾病、修复受损伤的组织和器官的重要途径，具有广泛的应用前景。当然，在进行基础研究和临床应用时需符合伦理要求。

扫码“学一学”

第三节　植入和植入后的发育

扫码“学一学”

一、植入

胚泡埋入子宫内膜功能层的过程称植入（implantation），又称着床。植入于受精后第 5～6 天开始，第 11～12 天完成。胚泡第 4 天到达子宫腔，透明带变薄、消失，外露的极端滋养层与子宫内膜接触，分泌蛋白酶将子宫内膜局部溶解，形成缺口，胚泡逐渐埋入子宫内膜后，缺口被修复，植入完成。植入部位通常在子宫体或底部。胚泡在子宫以外部位植入，称异常植入，常见于输卵管，也可发生于腹膜腔、肠系膜或卵巢等处（图 27–3）。

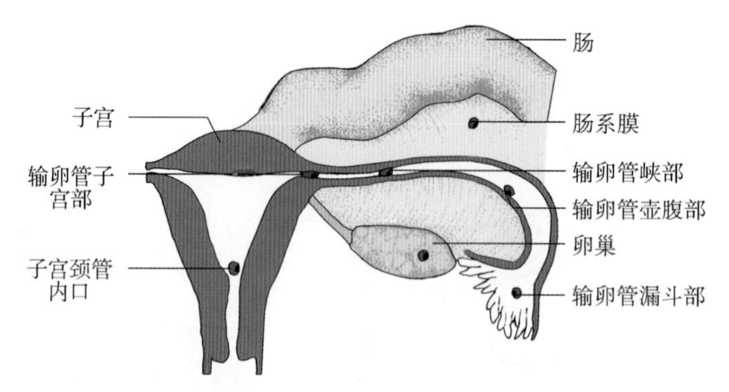

图 27-3　异常植入部位

考点提示　植入部位通常在子宫体或底部；植入在子宫以外部位为异常植入，常见于输卵管，也可发生于腹膜腔、肠系膜、卵巢等处。

二、蜕膜形成

植入后，分泌期子宫内膜进一步增厚，血液供应更加丰富，腺体分泌更旺盛，基质细胞变肥大并含丰富的糖原和脂滴，子宫内膜的这些变化称蜕膜反应。发生了蜕膜反应的子宫内膜，称蜕膜。依据胚与蜕膜的关系，蜕膜分三部分：位于胚深部的蜕膜称基蜕膜，将来参与胎盘的形成；覆盖在胚宫腔侧的蜕膜为包蜕膜；其余部分的蜕膜称壁蜕膜。壁蜕膜与包蜕膜之间为子宫腔（图 27-4）。

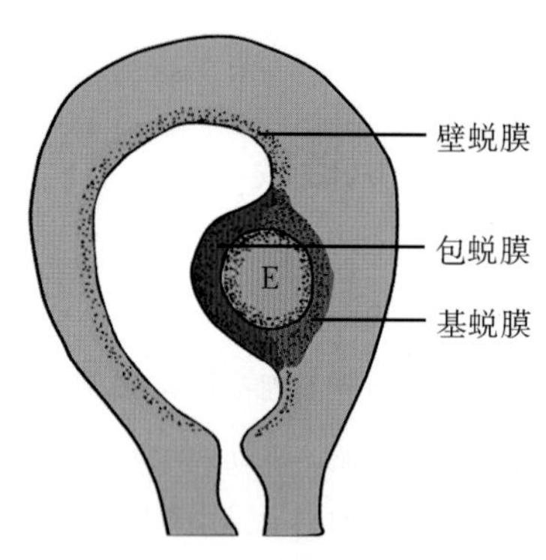

图 27-4　蜕膜与胚的关系

三、二胚层胚盘的形成

1. 滋养层的分化　植入过程中，极端滋养层迅速增生，滋养层增厚并分化为两层。外层细胞相互融合，细胞界限消失，称合体滋养层；内层细胞界限清楚，称细胞滋养层（图 27-5）。合体滋养层内出现一些小的腔隙，称滋养层陷窝，与蜕膜的小血管连通，其内充满母体血液。滋养层向外长出许多突起侵入蜕模，与母体血液直接接触，并进行物质交换，为胚泡发育提供营养。

2. 内细胞群的分化　植入的同时，内细胞群细胞增殖、分化为两层，邻近滋养层的一层柱状细胞称上胚层；靠近胚泡腔一侧的一层立方形细胞称下胚层。随后，在上胚层细胞与滋养层之间出现一腔隙，称羊膜腔，上胚层构成了羊膜腔的底。下胚层周边的细胞向腹侧生长、延伸，形成卵黄囊，下胚层构成了卵黄囊的顶。上胚层和下胚层紧密相贴，逐渐形成一圆盘状结构，称胚盘（embryonic disc），又称二胚层胚盘。胚盘是人体发生的原基（图 27-5）。

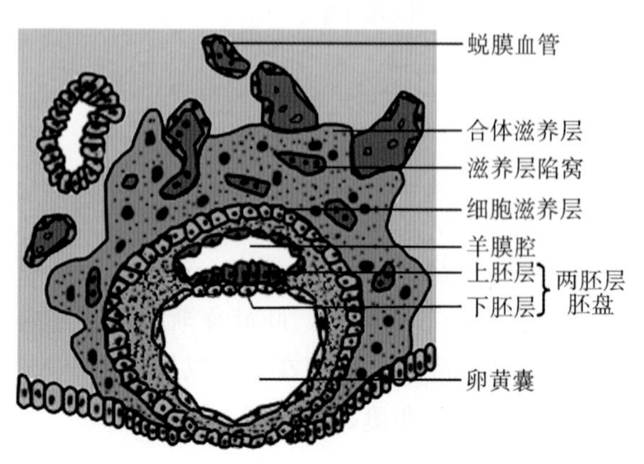

图 27-5　二胚层胚盘及相关结构示意图

此时，胚泡腔内出现松散分布的星状细胞和细胞外基质，充填于细胞滋养层和

卵黄囊、羊膜囊之间，形成胚外中胚层。

考点提示 二胚层胚盘包括上胚层和下胚层。

四、三胚层胚盘的形成

第 3 周初，部分上胚层细胞迅速增殖，在胚盘一端中轴汇聚，形成一条细胞索，称原条。原条的出现，决定了胚盘的头尾端和左右侧，出现原条的一端为尾端。原条的头端略膨大，为原结。继而在原条的中线出现浅沟，原结的中心出现浅凹，分别称原沟和原凹（图 27－6）。原沟深部的细胞在上、下胚层之间向周边扩展迁移，一部分细胞在上、下胚层间形成一个夹层，称胚内中胚层，即中胚层（图 27－6）；另一部分细胞进入下胚层，并逐渐全部置换了下胚层的细胞，形成的新细胞层称内胚层。在内胚层和中胚层出现后，原上胚层改称为外胚层。此时的胚体由内胚层、中胚层和外胚层构成，称三胚层胚盘。

原凹底部的细胞向头端迁移，在内、外胚层之间形成一条单独的细胞索，称脊索，原条和脊索构成了胚盘的中轴，对早期胚胎起支持作用。脊索诱导神经管形成后退化，形成椎间盘当中的髓核。随着胚体发育，脊索向胚盘头端增长迅速，原条生长缓慢，相对缩短，最后退化消失。若原条退化不全，残留的细胞会继续增殖分化形成畸胎瘤。

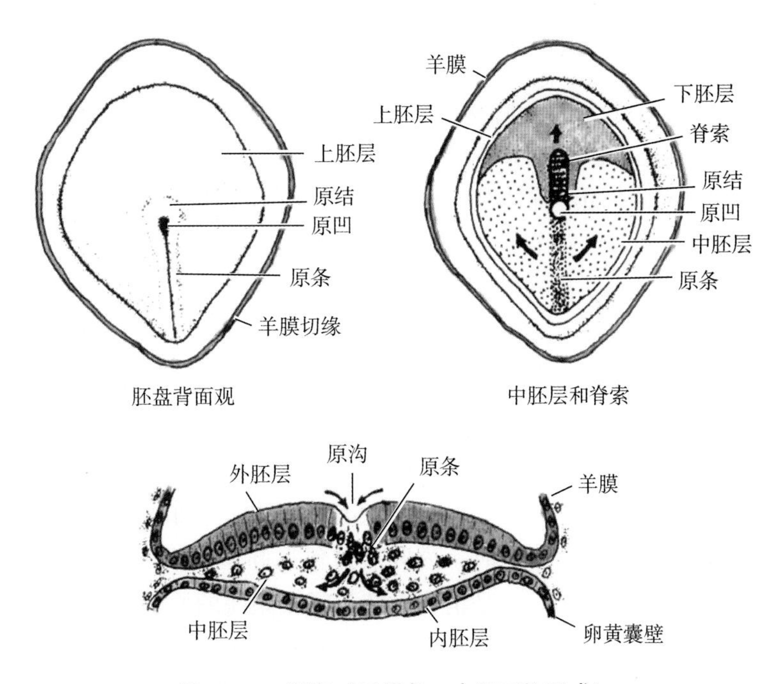

图 27－6 胚盘（示原条、中胚层的形成）

考点提示 三胚层胚盘包括外胚层、中胚层和内胚层。

五、三胚层的分化和胚体形成

在胚胎第 4～8 周，三个胚层逐渐分化形成各器官的原基。

1. 外胚层的分化 在脊索诱导下，脊索背侧的外胚层中间部分细胞增厚形成神经板，神经板两侧边缘隆起形成神经褶，中央沿长轴下陷形成神经沟；外胚层其余部分称体表外

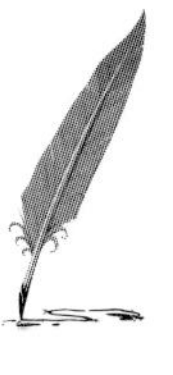

胚层。第 3 周末，神经沟加深并愈合形成神经管，将来发育成中枢神经系统。在神经褶愈合的过程中，它的一些细胞迁移到神经管背侧形成两条纵行细胞索，称神经嵴，是周围神经系统的原基。神经管两侧的体表外胚层在其背侧愈合，将分化为表皮及其附属结构、釉质、角膜上皮、晶状体、内耳迷路和腺垂体等（图 27－7）。

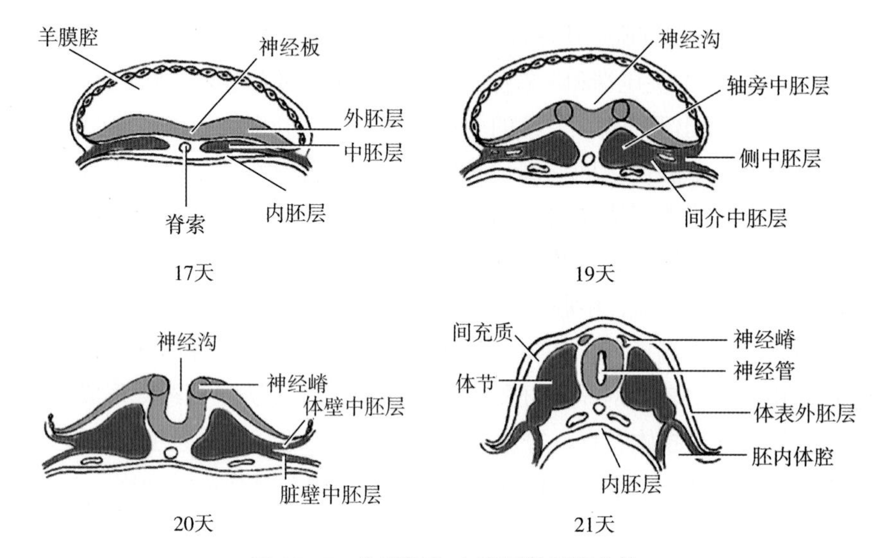

图 27－7　外胚层和中胚层的早期分化

2. 中胚层的分化　中胚层位于脊索的两侧，随着外胚层的发育和分化，中胚层从内侧向外侧依次分化为轴旁中胚层、间介中胚层和侧中胚层（图 27－7）。轴旁中胚层细胞迅速增殖，随即横裂为块状细胞团，称体节，第 5 周末，共形成 42～44 对体节，随后将分化为背部的真皮、大部分中轴骨（如脊柱、肋骨）及骨骼肌。间介中胚层分化为泌尿生殖系统的主要器官。侧中胚层组织中出现腔隙，称胚内体腔，将侧中胚层分为体壁中胚层和脏壁中胚层（图 27－7）。体壁中胚层分化为腹膜壁层以及体壁的骨、肌、结缔组织等；脏壁中胚层包于原始消化管的外侧，分化为腹膜脏层以及消化、呼吸系统器官管壁的平滑肌和结缔组织等。胚内体腔依次分隔形成心包腔、胸膜腔和腹膜腔。在中胚层分化过程中，间充质细胞将分化成结缔组织、肌组织和心、血管等。

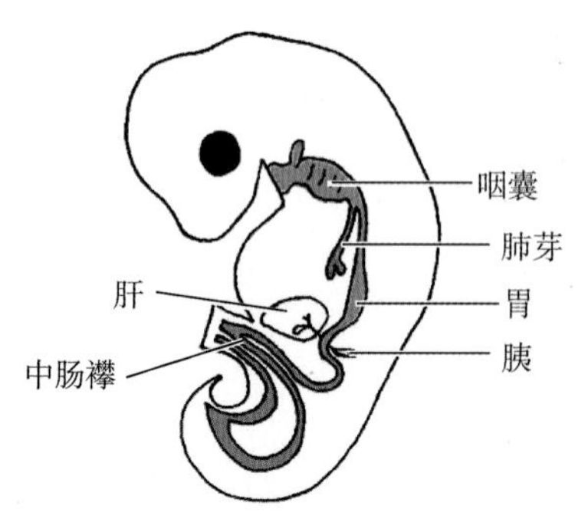

图 27－8　内胚层的早期分化

3. 内胚层的分化　当胚胎逐渐由盘状卷折成桶状时，内胚层被包入胚体形成原始消化管，又称原肠，是消化系统与呼吸系统的原基，还形成中耳、甲状腺、甲状旁腺、胸腺及膀胱等器官的上皮（图 27－8）。

4. 胚体形成　早期胚盘为扁平的盘状结构，原条、脊索、神经管和体节相继形成并位于中轴线上，是促使胚体变成圆柱体的因素之一。第 4 周初，由于体节及神经管生长迅速，胚盘中央部的生长速度远较边缘快，致使扁平的胚盘向羊膜腔内隆起，胚盘的边缘向腹侧卷折，同时头、尾两端逐渐向腹侧脐部卷折并合拢，外胚层包于体表，内胚层卷入胚体内，至第 4 周末，胚体由圆盘状变为“C”形的圆柱状，并突入羊膜腔内。随后，上肢芽和下肢芽逐渐出现并发育成上下肢，颜面部形成并发育，至第 8 周末胚体初具人形。

第四节　胎膜与胎盘

胎膜与胎盘是胚胎发育过程中的附属结构，对胚胎起保护、营养、呼吸和排泄等作用，胎盘有内分泌功能。胎儿娩出后，胎膜和胎盘一并排出，总称衣胞。

一、胎膜

胎膜（fetal membrane）包括绒毛膜、羊膜、卵黄囊、尿囊和脐带（图 27-9）。

1. 绒毛膜　胚泡植入子宫内膜后，滋养层逐渐增厚并分化为两层，继而向外周发出一些不规则有分支的绒毛，绒毛之间的间隙内充满母体血，胚胎借绒毛汲取母血中的营养物质并排出代谢产物。胚外中胚层形成后，胚外中胚层与滋养层紧密相贴形成绒毛膜板。绒毛膜板及绒毛统称绒毛膜。胚胎早期，绒毛分布均匀，第 8 周后，基蜕膜侧的绒毛因营养丰富而生长旺盛，形成丛密绒毛膜，与基蜕膜共同构成胎盘。包蜕膜侧的绒毛因营养不良而退化，称平滑绒毛膜。

2. 羊膜　为半透明薄膜，由单层羊膜上皮和薄层胚外中胚层构成。羊膜腔内充满羊水，为胚胎的发育提供适宜的微环境，并具有保护胎儿免受外力损伤、防止黏连的作用。

3. 卵黄囊　位于原始消化管腹侧，人胚卵黄囊不发达，退化早，它的出现只是生物进化过程的重演。卵黄囊壁上的胚外中胚层产生原始的造血干细胞，尾侧壁的内胚层是原始生殖细胞的发生部位。

4. 尿囊　是卵黄囊尾侧的内胚层向体蒂内长入的一个盲管。尿囊根部参与形成膀胱顶部，其余部分卷入脐带内并退化，尿囊壁的胚外中胚层组织以后演变为脐动脉和脐静脉。

5. 脐带　是胎儿与胎盘间物质运输的通道，内有 2 条脐动脉和 1 条脐静脉以及黏液组织。胎儿出生时，脐带长约 55cm。脐带过短可影响胎儿娩出或分娩时引起胎盘早期剥离而出血过多。脐带过长可能缠绕胎儿颈部或其他部位，影响胎儿发育甚至导致胎儿死亡。

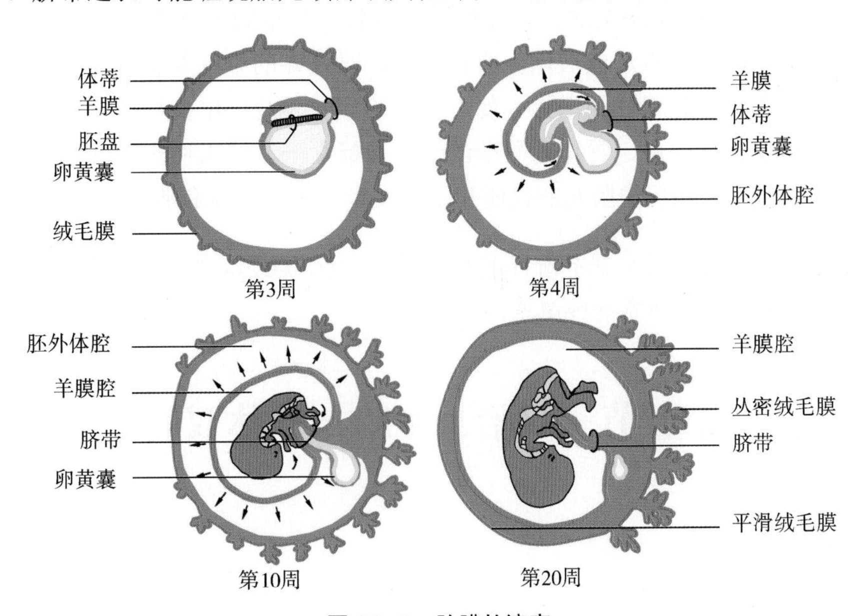

图 27-9　胎膜的演变

考点提示 胎膜包括绒毛膜、羊膜、卵黄囊、尿囊和脐带，对胚胎起保护、营养和排泄等作用。

二、胎盘

1. 胎盘的结构 胎盘是由胎儿的丛密绒毛膜与母体的基蜕膜共同组成的圆盘形结构。足月胎儿的胎盘重约500g，直径15～20cm，中央厚，周边薄。胎盘的胎儿面光滑，表面覆有羊膜，脐带附于中央或稍偏；胎盘的母体面粗糙（图27－10）。

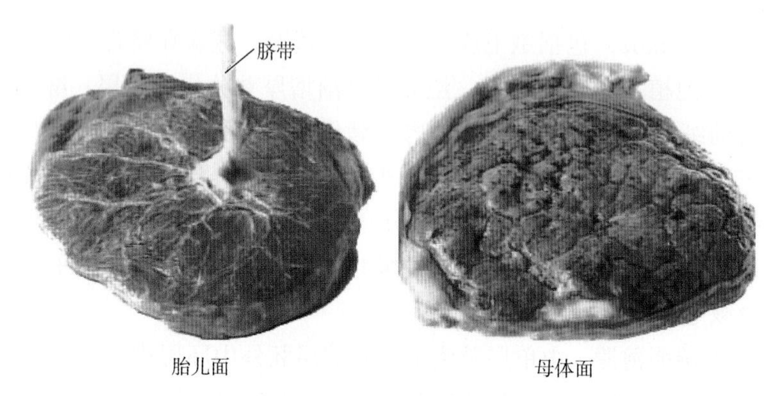

图27－10 胎盘整体观

2. 胎盘的血液循环和胎盘膜 胎盘内有母体和胎儿两套血液循环，两者的血液在各自的封闭管道内循环，互不相混，但可进行物质交换。胎儿血与母体血在胎盘内进行物质交换所通过的结构，称胎盘膜或胎盘屏障。早期胎盘膜较厚，随着胎儿的发育长大逐渐变薄，更有利于胎血与母血间的物质交换。

3. 胎盘的功能

（1）物质交换和屏障作用 选择性物质交换是胎盘的主要功能。胎盘膜具有屏障作用，可以阻挡母血中的大分子物质进入胎儿血液，但此屏障功能是有限的，某些药物、病毒和激素可以透过胎盘屏障进入胎儿体内，影响胎儿发育，故孕妇需谨慎用药。

（2）内分泌功能 胎盘形成后逐步取代黄体，对妊娠的维持起重要作用。胎盘分泌的激素主要有：①人绒毛膜促性腺激素，促进黄体的生长发育，维持妊娠；还能抑制母体对胎儿、胎盘的免疫排斥作用，常作为早孕的诊断指标之一。②人胎盘催乳素，既能促进母体乳腺的生长发育，又能促进胎儿的代谢和生长发育。③孕激素和雌激素，维持继续妊娠。

考点提示 胎盘有物质交换和屏障作用，还能分泌人绒毛膜促性腺激素、人胎盘催乳素以及孕激素和雌激素。

扫码“学一学”

第五节 双胎、多胎与连体双胎

一、双胎

双胎（twins）又称孪生，双胎的发生率约占新生儿的1%。双胎有两种。

1. 双卵双胎 又称假孪生，是来自两个受精卵的双胎，占双胎的大多数。它们性别相同或不同，相貌和生理特性的差异如同一般的同胞兄妹。

2. 单卵双胎　又称真孪生，指来自一个受精卵的双胎，故此种双胎儿的遗传基因完全一样。单卵双胎的发生有以下情况：①形成两个卵裂球，并各自发育成一个胎儿。②形成两个内细胞群，各自发育成一个胎儿。③形成两个原条与脊索，诱导形成两个神经管，分别发育为两个胎儿。这类孪生儿于同一个羊膜腔内发育，两个胎儿可能局部联接，形成联胎（图 27－11）。

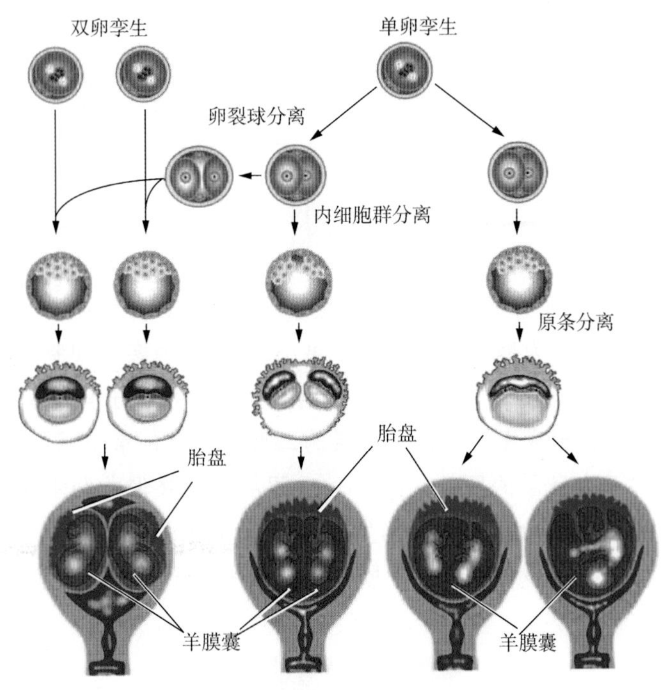

图 27－11　双胎形成

二、多胎

一次分娩出生两个以上的新生儿，称多胎。多胎形成的原因与孪生相同，有单卵多胎、多卵多胎及混合多胎等三种类型。四胎以上十分罕见，多胎不易存活。多胎自然发生率极低，但近年随着临床应用促性腺激素治疗不孕症以及试管婴儿技术的应用，其发生率有所增高。

三、联胎

联胎（conjoined twins）是指两个未完全分离的单卵双胎。当一个胚盘出现两个原条并分别发育为两个胚胎时，若两原条靠近，胚体形成时发生局部联接，则导致连体双胎。连体双胎有对称型和不对称型两类。对称型指两个胚胎大小差不多，根据联接的部位可分为头联体、臀联体、胸膜联体等。不对称型指双胎大小差异较大，小者常发育不全，形成寄生胎；如果小而发育不全的胚胎被包裹在大的胎体内则称胎中胎。

扫码“学一学”

第六节　先天畸形

先天畸形是由于胚胎发育紊乱所致的出生时即可见的形态结构异常。器官内部的结构异常或生化代谢异常，则在出生后一段时间或相当长时间内才显现。故将形态结构、功能、代谢和行为等方面的先天性异常，统称出生缺陷。

先天畸形的发生原因包括遗传因素、环境因素和两者的相互作用，多数的先天畸形是遗传因素和环境因素相互作用的结果。遗传因素主要包括染色体数目的异常和染色体结构异常。能引起先天畸形的环境因素统称为致畸因子，主要包括生物性致畸因子、物理性致畸因子、致畸性药物、致畸性化学物质等。在胚前 2 周受到致畸因子作用后，胚通常死亡而很少发展为畸形。胚期第 3～8 周，胚体内细胞增殖分化活跃，易受致畸因子的干扰而发生畸形，所以此时期称致畸敏感期。由于各器官的发生与分化时间不同，故致畸敏感期也不尽相同。

本章小结

人体胚胎经历 266 天发育成熟。成熟的精子和卵结合成受精卵，受精卵的细胞分裂称为卵裂，卵裂形成的细胞称为卵裂球。受精后第 3 天形成的实心细胞团称为桑葚胚，继而形成胚泡，第 4 天胚泡运行至子宫腔，透明带消失并逐渐植入子宫内膜。受精后第 2 周，胚泡的内细胞群逐渐分化形成上、下两个胚层的二胚层胚盘，第 3 周，上胚层细胞逐渐分化为包含外、中、内三个胚层的胚盘，随后，三胚层逐渐分化成人体各器官的原基；胚泡的滋养层逐渐发育成胎盘和胎膜，为胚体发育提供营养和保护，并产生维持妊娠的多种激素。胚胎在发育过程中可以形成双胎或多胎，受到致畸因子影响也可能形成畸形。

习 题

扫码“练一练”

一、选择题

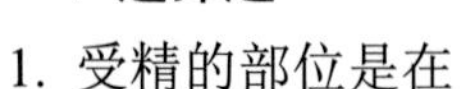

1. 受精的部位是
   A. 输卵管壶腹部　　B. 输卵管峡部
   C. 输卵管漏斗部　　D. 子宫底部
   E. 卵巢
2. 参与形成胎盘的结构是
   A. 基蜕膜　　B. 包蜕膜　　C. 壁蜕膜　　D. 平滑绒毛膜
   E. 羊膜
3. 下列哪种结构诱导神经板的形成
   A. 原条　　B. 脊索　　C. 原结　　D. 原肠
   E. 神经管
4. 正常植入的部位是
   A. 子宫颈部　　B. 子宫体或底部
   C. 输卵管壶腹部　　D. 卵巢
   E. 肠系膜
5. 致畸敏感期是在胚胎发育的
   A. 第 3～8 周　　B. 第 3～8 月　　C. 第 10～14 周　　D. 第 1～3 周

E. 前 8 周

6. 下列哪些结构来源于神经嵴

A. 中枢神经系统　　B. 周围神经系统

C. 皮肤及其附属器　　D. 神经垂体和腺垂体

E. 神经管

7. 胎盘不产生

A. 人绒毛膜促性腺激素　　B. 人胎盘催乳素

C. 雄激素　　D. 雌激素

E. 孕激素

8. 人胚初具人形的时间是

A. 第 4 周末　　B. 第 6 周末　　C. 第 8 周末　　D. 第 10 周末

E. 第 12 周末

二、思考题

1. 简述胚泡植入的时间和部位。
2. 简述外胚层的分化。
3. 试述胎盘结构和功能。

（马永臻）

参考答案

第一章

1. B 2. B 3. E 4. A 5. B 6. B 7. B 8. D 9. D 10. B

第二章

1. C 2. E 3. E 4. A 5. B 6. D 7. D 8. E 9. E 10. C

第三章

1. D 2. E 3. B 4. C 5. B 6. E 7. E 8. B 9. C 10. E 11. C 12. B 13. D 14. E 15. D 16. E 17. C 18. B 19. D

第四章

1. B 2. C 3. C 4. D 5. E 6. B 7. E 8. E

第五章

1. D 2. C 3. A 4. B 5. D 6. C 7. D 8. E 9. A 10. D 11. B

第六章

1. E 2. A 3. E 4. D 5. B

第七章

1. D 2. C 3. E 4. E 5. C

第八章

1. C 2. B 3. C 4. A 5. D 6. A 7. A

第九章

1. D 2. D 3. D

第十章

1. B 2. D 3. A 4. D 5. D 6. A 7. B 8. B 9. B 10. C 11. A 12. D 13. B 14. C 15. B 16. D

第十一章

1. C 2. E 3. C 4. B 5. D 6. D 7. C 8. C 9. D 10. C 11. B 12. C

第十二章

1. D 2. D 3. C 4. C 5. D 6. A 7. B 8. C 9. D

第十三章

1. D 2. C 3. C 4. B 5. B 6. C 7. A 8. D

第十四章

1. E 2. D 3. E 4. D 5. B 6. A 7. B 8. C 9. C 10. B 11. D 12. E 13. C 14. C 15. A 16. B 17. D 18. D

第十五章

1. C 2. D 3. C 4. C 5. E 6. E 7. D 8. E 9. D

第十六章

1. A 2. E 3. C 4. C 5. D 6. C 7. E 8. A 9. A 10. B

第十七章

1. C 2. B 3. E 4. B 5. C 6. A 7. B 8. C 9. B 10. D 11. A 12. D 13. B 14. C

第十八章

1. D 2. C 3. B 4. B 5. C 6. D 7. B 8. D 9. D 10. D 11. A 12. E 13. E 14. E

第十九章

1. E 2. C 3. A 4. D 5. D 6. A 7. E 8. C 9. B 10. A 11. C 12. E 13. B 14. C

第二十章

1. A 2. C 3. C 4. B 5. C 6. B 7. A 8. B 9. B 10. A 11. B 12. C

第二十一章

1. B 2. B 3. B 4. E 5. A 6. A

第二十二章

1. C 2. B 3. E 4. B

第二十三章

1. C 2. B 3. A 4. D 5. D 6. C 7. B 8. C 9. D 10. B 11. A 12. E 13. E 14. A 15. E 16. D 17. D 18. B

第二十四章

1. D 2. C 3. B 4. E 5. C 6. E 7. D 8. A 9. D 10. C 11. C 12. C 13. B 14. E

第二十五章

1. D 2. B 3. B 4. E 5. A 6. C 7. B 8. A 9. D 10. C 11. C 12. D 13. E 14. B 15. A 16. E 17. D 18. A 19. C

第二十六章

1. A 2. B 3. B 4. A 5. A

第二十七章

1. A 2. A 3. B 4. B 5. A 6. B 7. C 8. C